国家电网公司基建部　组编

国家电网公司输变电工程
标准工艺（四）

典型施工方法（第一辑）

中国电力出版社
CHINA ELECTRIC POWER PRESS

内容提要

为进一步提升工程建设质量和工艺水平，国家电网公司基建部总结工程建设质量和标准化管理成果，组织编制了《国家电网公司输变电工程标准工艺》成果系列。

本书为《国家电网公司输变电工程标准工艺（四） 典型施工方法（第一辑）》，内容涵盖了输变电工程常用的 31 项典型施工方法。每项典型施工方法重点介绍了施工工艺流程及操作要点、安全质量控制措施，以及适用范围、人员组织、机具配置等内容，并附有相关应用案例，是施工技术和管理经验的总结，对具体的施工作业有很强的指导意义。

本书适用于从事电力输变电工程管理的各级领导，以及工程建设、施工、监理单位管理人员使用，也可供相关专业人员参考。

图书在版编目（CIP）数据

国家电网公司输变电工程标准工艺. 4，典型施工方法. 第 1 辑 / 国家电网公司基建部组编. —北京：中国电力出版社，2011.11（2020.11重印）

ISBN 978-7-5123-2227-1

Ⅰ. ①国… Ⅱ. ①国… Ⅲ. ①输电–电力工程–标准–汇编–中国②变电所–电力工程–标准–汇编–中国 Ⅳ. ①TM7-65②TM63-65

中国版本图书馆 CIP 数据核字（2011）第 212297 号

中国电力出版社出版、发行

（北京市东城区北京站西街 19 号 100005 http://www.cepp.sgcc.com.cn）

北京盛通印刷股份有限公司印刷

各地新华书店经售

*

2011 年 11 月第一版 2020 年11月北京第七次印刷

880 毫米×1230 毫米 16 开本 32.25 印张 988 千字

印数 12001—13000 册 定价 **190.00** 元

编　委　会

序

“十一五”期间，公司认真贯彻落实科学发展观，积极推进“两个转变”，电网发展和建设取得了巨大成就，特高压交直流工程成功投运，电网关键技术和设备研制取得重大突破，智能输变电工程建设取得重要进展，电网网架结构得到优化，资源优化配置能力和安全供电水平稳步提升。公司以“建设世界一流电网”为愿景，不断加强质量制度、标准建设，以“标准工艺”深化研究与应用为抓手，狠抓工程质量管理基础工作，工程质量管理水平和实体质量水平持续提高。

刘振亚总经理在公司 2011 年第四季度工作会议报告中指出：“十二五”期间，国家电网投资规模将持续加大，到 2020 年国家电网的规模总体将再翻一番，实现由传统电网到坚强智能电网的跨越发展，提高发展质量尤为重要和紧迫；提高电网发展质量，关系到能源安全和公共安全，是转变电网发展方式的重要内容；公司上下要牢固树立“电网大计、质量第一”意识，把改进工艺作为提升质量的突破口，加大工艺改进和“标准工艺”推广力度，不断提高施工工艺的先进性、实用性和普及率。公司明确提出要通过一流的技术、一流的设计、一流的设备、一流的施工、一流的管理，持续提升工程建设安全质量和工艺水平，努力实现在国际上同行业中领先、在国内各行业中领先。

为落实公司要求，进一步提升工程建设质量和工艺水平，公司基建部总结优秀成果，面对不同的读者对象，组织编制了《国家电网公司输变电工程标准工艺（一） 施工工艺示范手册》、《国家电网公司输变电工程标准工艺（二） 施工工艺示范光盘》、《国家电网公司输变电工程标准工艺（三） 工艺标准库》、《国家电网公司输变电工程标准工艺（四） 典型施工方法》“标准工艺”成果系列。“标准工艺”成果系列是公司工程建设质量管理和施工技术经验的结晶，凝结了公司各级领导和广大质量管理人员的心血和汗水，相信“标准工艺”成果系列的出版，将对公司输变电工程质量和工艺水平的持续提升发挥积极的作用。

公司各单位要进一步提高认识、更新理念，高度重视工程建设安全质量和工艺，坚持安全质量第一，实施“质量强网”，强化管理，落实责任，结合实际制定和实施落实“标准工艺”的具体措施，深化施工工艺研究，全面普及“标准工艺”，实现工程建设质量的稳步提升，为加快建设“一强三优”现代公司作出新的更大的贡献。

郑宝森

二〇一一年十月

前　　言

为总结施工管理经验、统一施工工艺要求、规范施工工艺行为、提高施工工艺水平，推动施工技术水平和工程建设质量的提升，国家电网公司基建部自 2005 年以来，组织对输变电工程施工工艺进行了深入研究，逐步形成了“标准工艺”成果体系，即《国家电网公司输变电工程标准工艺》。“标准工艺”成果体系是国家电网公司工程建设质量管理和施工技术经验的结晶，具有先进性、可推广性，由《国家电网公司输变电工程标准工艺（一） 施工工艺示范手册》、《国家电网公司输变电工程标准工艺（二） 施工工艺示范光盘》、《国家电网公司输变电工程标准工艺（三） 工艺标准库》和《国家电网公司输变电工程标准工艺（四） 典型施工方法》四个系列组成。国家电网公司建立了“标准工艺”研究更新常态机制，定期对《国家电网公司输变电工程标准工艺（三） 工艺标准库》进行滚动修订，并对《国家电网公司输变电工程标准工艺（四） 典型施工方法》进行补充、完善，及时将特高压、智能电网建设及施工工艺创新中出现的新工艺纳入其中。

近年来，通过“标准工艺”的深化研究与应用，有效地促进了电网施工技术进步和技术积累，加大成熟施工技术、施工工艺的应用，推动施工技术水平和技术创新能力的提高，保障工程建设质量的稳步提升。

本书为《国家电网公司输变电工程标准工艺（四） 典型施工方法（第一辑）》，内容涵盖了输变电工程常用的 31 项典型施工方法。每项典型施工方法重点介绍了施工工艺流程及操作要点、安全质量控制措施，以及适用范围、人员组织、机具配置等内容，并附有相关应用案例，是施工技术和管理经验的总结，对具体的施工作业有很强的指导意义。本书主要适宜设计、施工、监理单位工程项目质量、技术管理人员，为工程项目编制施工技术方案提供经典的范例，提高施工技术方案的技术先进性、安全可靠性。

技术创新是电网建设的永恒课题，希望公司系统有关单位要认真学习、借鉴本书相关内容，结合工程特点灵活应用，并在实践中注意总结提高。

公司将继续组织开展典型施工方法评审活动，每年组织编制、出版新的《国家电网公司输变电工程标准工艺（四） 典型施工方法》。

本书的出版，凝聚了公司基建战线广大工程管理、技术人员的智慧和心血，向大家付出的辛勤劳动表示衷心的感谢！

国家电网公司基建部

二〇一一年十月

目　　录

典型施工方法名称：灌注桩典型施工方法

典型施工方法编号：GWGF001-2010-SD-XL

编　制　单　位：黑龙江省送变电工程公司

推　荐　单　位：东北电网公司

主 要 完 成 人：郑清富　肖景瑞　张　峙

目　　次

1 前言

随着国民经济的发展，工业建设可用土地越来越受限制，输变电工程线路走廊多穿越山地、江河、湖泊、沼泽及地质情况复杂的地区。线路工程钻孔灌注桩基础因其适应性强，在薄弱地基地区被广泛采用。

黑龙江省送变电工程公司自 1990 年起开始对钻孔灌注桩施工技术研究，经多年对施工技术和经济效益进行分析、总结，形成了较为成熟的施工方法。

目前，本典型施工方法已经在全国送变电公司以及各基建行业广泛采用，效果良好。

2 本典型施工方法特点

（1）灌注桩基础在使用功能上具有承载力大、稳定性好、沉降量小、节约材料、能适应多种地质情况等优势。

（2）钻孔灌注桩具有适应性强、施工操作简单、设备投入不大等优点，但是由于钻孔灌注桩的施工大部分是在地面以下进行，其施工过程无法直接观察，给桩身质量检验带来不便。

（3）可以穿越各种地质层，嵌入基岩，更可以扩大底部，更好的发挥桩端土的作用。

（4）成品不需要搬运，桩身成型过程不必承受打击。

3 适用范围

（1）本典型施工方法适用于输变电工程各电压等级的灌注桩基础施工。

（2）送电线路单桩基础、群桩承台式基础。

（3）要求承载力较高的建筑物、变电构支架基础。

（4）冲刷的河床和不稳定的河道地区。

（5）施工水位高或地下水位较浅的地势。

4 工艺原理

主要工艺原理：直接在设计桩位上成孔，利用比重较大的泥浆循环带出钻渣，采用循环泥浆的压力形成泥浆护壁，清孔后放入钢筋笼，再安装混凝土输送导管，连续浇筑混凝土，从而完成灌注桩的施工，如图 1-4-1 所示。

图 1-4-1　灌注桩施工现场图

5 施工工艺流程及操作要点

5.1 施工工艺流程

本典型施工方法施工工艺流程如图 1-5-1 所示。

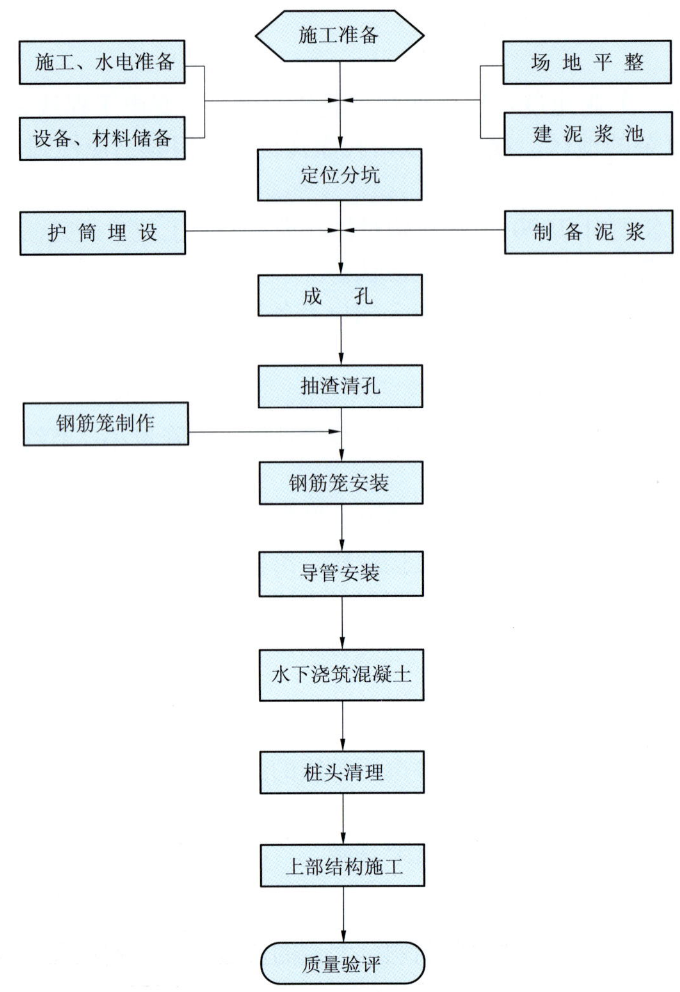

图 1-5-1 灌注桩施工工艺流程图

5.2 操作要点

5.2.1 施工准备

(1) 先进行场地平整，处理地上、地下障碍物，保证机械设备安全进场，合理布置施工用水、用电。

(2) 测量、检测仪器仪表及钢尺检测合格。

(3) 根据工程量组织施工材料和加工，严格检查水泥出厂合格证、复检报告和砂石复检报告，如发现实样与质保书不符，应立即取样进行复查，严禁使用不合格材料。

(4) 泥浆池的容量应满足成孔时泥浆循环的需要。

5.2.2 定位分坑和确定成孔顺序

检查、校核桩位、档距、转角角度是否与断面图和图纸明细表相符，如塔位桩丢失应重新测量补桩。

在确定桩的成孔顺序时应注意以下两个方面：

(1) 机械成孔灌注桩、干作业成孔灌注桩等，在成孔时对土的挤密作用很小，一般按现场条件和桩机行走最方便的原则确定成孔顺序。图 1-5-2 为常见的桩基行走路线。

(2) 冲孔灌注桩、振动灌注桩和爆扩成孔灌注桩等，在成孔时对土有挤密作用和振动影响，一般可结合现场施工条件，采用下列方法确定成孔顺序：

1) 不依次成孔，可间隔 1～2 个桩位进行成孔；

2) 在相邻桩体混凝土初凝前或终凝后再成孔；

3) 5 根单桩以上的群桩基础，位于中间位置的桩先成孔，周围的桩后成孔。

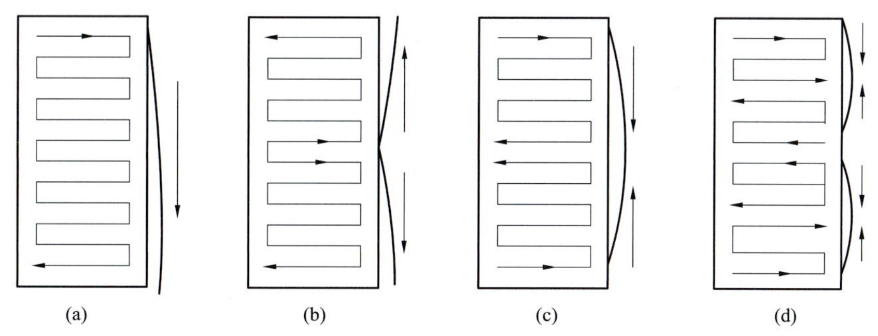

图 1–5–2　常见的桩基行走路线

(a) 单面单侧；(b) 单面内双侧；(c) 单面外双侧；(d) 双面外双侧

5.2.3　成孔

5.2.3.1　埋设护筒

埋设护筒的主要作用是固定桩位，防止地表水流入孔内，保护孔口和保持孔内水压力，防止出现塌孔、成孔时引导钻头的钻进方向等，如图 1–5–3 所示。

图 1–5–3　埋设护筒

护筒的中心与桩位中心的偏差应控制在 50mm 以内，护筒与孔壁间的缝隙应用黏土填实。护筒一般用厚度为 4～8mm 的钢板制作而成，内径应比钻头直径大 10～20mm，埋入土中的深度不宜小于 1.0～1.5m，护筒顶面应高出地面 400～600mm。在护筒的顶部应开设 1～2 个溢浆孔。在成孔时，应保持泥浆液面高出地下水位 2m 以上。

5.2.3.2　制备泥浆

泥浆是泥浆护壁成孔施工中不可缺少的材料，泥浆的质量往往影响桩孔的成败，其在成孔过程中起到护壁、携渣、冷却和润滑作用。泥浆护壁成孔作业如图 1–5–4 所示。

护壁所用泥浆的相对密度较大，孔内泥浆液面应高于地下水位；利用泥浆产生的静水压力作为对孔壁水平方向的液体支撑，稳固孔壁、防止塌孔；泥浆在孔壁上形成低透水性的泥皮，稳定护筒内的泥浆液面，保持孔内壁的静水压力，以达到护壁的目的。

图 1–5–4　泥浆护壁成孔作业

由于泥浆有较高的黏性和较大的密度，通过循环泥浆可将切削破碎的土渣及石块悬浮起来，随同泥浆排出孔外，起到携渣排土的作用。

在钻孔的施工过程中，钻具与土摩擦易发热而磨损，循环的泥浆对钻机起着冷却和润滑的作用，并可以减轻钻具的磨损。

制备泥浆的方法应根据成孔的土质而确定。在黏性土中成孔时，可在孔中注入清水，随着钻机的旋转，将切削下来的土屑与水搅拌，利用原土即可造浆，泥浆的密度应控制在 1.1～1.2t/m^3；在其他土质中成孔时，泥浆制备应选用高塑性黏土或膨润土。当砂土层较厚时，泥浆密度应控制在 1.3～1.5t/m^3；在成孔的施工中应经常测定泥浆的相对密度，并定期测定黏度、含砂率和胶体率等指标，以保证成孔和成桩顺利。

5.2.3.3　成孔方法

泥浆护壁成孔灌注桩的成孔方法很多，在基础工程中常用的有回转钻成孔、潜水钻成孔、冲击钻成孔、套管成孔、人工掏挖成孔等。本典型施工方法以最为普遍的回转钻成孔、潜水钻成孔和冲击钻成孔为主进行典型成孔方法介绍。

（1）回转钻成孔。回转钻成孔时采用常规的地质钻机，在泥浆护壁的施工条件下，由动力装置带动钻机回转装置，再经回转装置带动装有钻头的钻杆转动，慢速钻进切削、排渣成孔，这是最为常用和应用范围较广的成孔方法之一。

按泥浆循环方式的不同，可分为正循环回转钻机和反循环回转钻机钻孔，其示意图如图 1–5–5 所示。

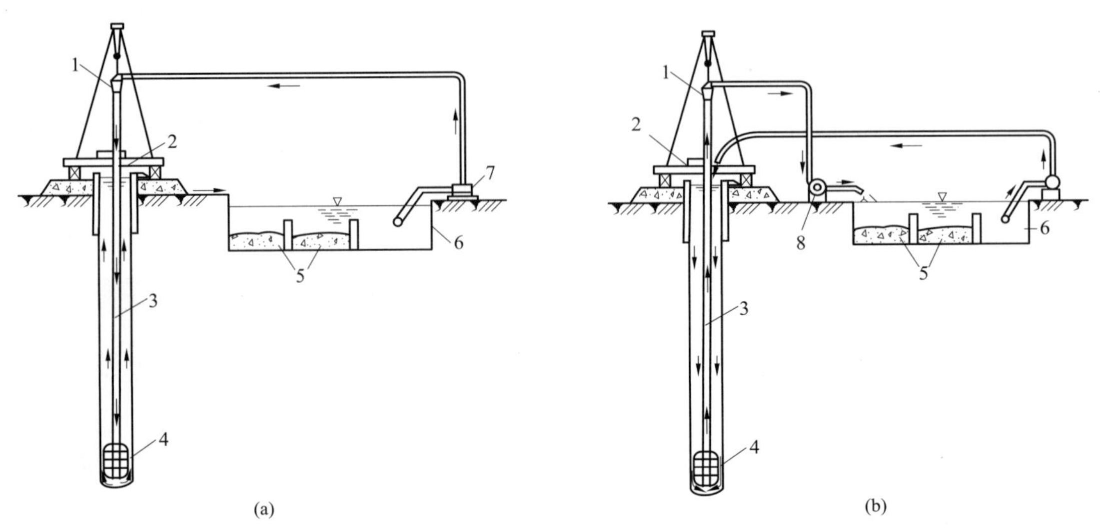

图 1–5–5　正、反循环回转钻机钻孔示意图

（a）正循环回转钻机；（b）反循环回转钻机

1—泥浆笼头；2—转盘；3—钻杆；4—钻头；5—钻渣；6—泥浆池；7—泥浆泵；8—吸泥泵

1）正循环回转钻机的成孔工艺。钻机回转装置带动钻杆和钻头回转切削破碎岩土，从空心钻杆内部空腔注入的加压泥浆或高压水，由钻杆底部喷出，裹携着切削下来的土渣沿孔壁向上流动，由孔口溢浆孔排出后流入泥浆池，经沉淀后将泥浆再次返回孔内进行循环。

正循环钻孔泥浆上返速度较低，排渣能力比较差，适用填土、淤泥、黏土、粉土和砂土等地层成孔，成孔直径不宜大于 1m，钻孔深度不宜超过 40m。

2）反循环回转钻机的成孔工艺。反循环回转钻机由钻机回转装置带动钻杆和钻头回转切削破碎岩土，孔内泥浆自孔口流入，利用泵吸等措施经由钻杆内腔抽吸出孔外至泥浆池。泵吸反循环利用砂石泵的抽吸作用使钻杆内的水流上升，钻杆内径相对较小，而上返流速较大，所以携带岩粉的能力强。

反循环回转钻孔适用于填土、淤泥、黏土、粉土、砂土、砂砾等地层成孔。当采用圆锥式钻头时，可以在软岩层中成孔；当采用牙轮式钻头时，可以在硬岩层中成孔。

（2）潜水钻成孔。潜水钻成孔是利用潜水电钻机构中密封的电动机、变速机构、直接带动钻头在泥浆中旋转切土，同时用泥浆泵压送高压泥浆（或用水泵压送高压清水），使其从钻头底端射出，与切碎的土颗粒混合，以正循环方式不断地由孔底向孔口溢出，将孔内泥渣排出，或利用砂石泵或空气吸泥机用以循环方式排出泥渣，如此连续钻进、排泥渣，直至形成所需要深度的桩孔。潜水钻机及主机构造示意图如图 1–5–6 所示。

潜水钻成孔直径一般为 500～1500mm，孔深一般为 20～30m，最深可达 50m。适用于地下水位较高的软硬土层，如淤泥、淤泥质土、黏土、粉质黏土、砂土、砂夹卵石及风化页岩中成孔。潜水钻在成孔前，孔口也要埋设钢板护筒。

潜水钻成孔具有设备定型、体积较小、重量较轻、移动灵活、维修方便、无振动、无噪声、钻孔深、成孔精度高、劳动强度低、成孔速度快等特点。

（3）冲击钻成孔。冲击钻成孔施工，利用桩机动力装置将具有一定重量的冲击钻头，在一定的高度内使钻头提升，然后使钻头自由降落，利用冲击动能冲挤土层或破碎岩层形成桩孔，再用掏渣筒或其他

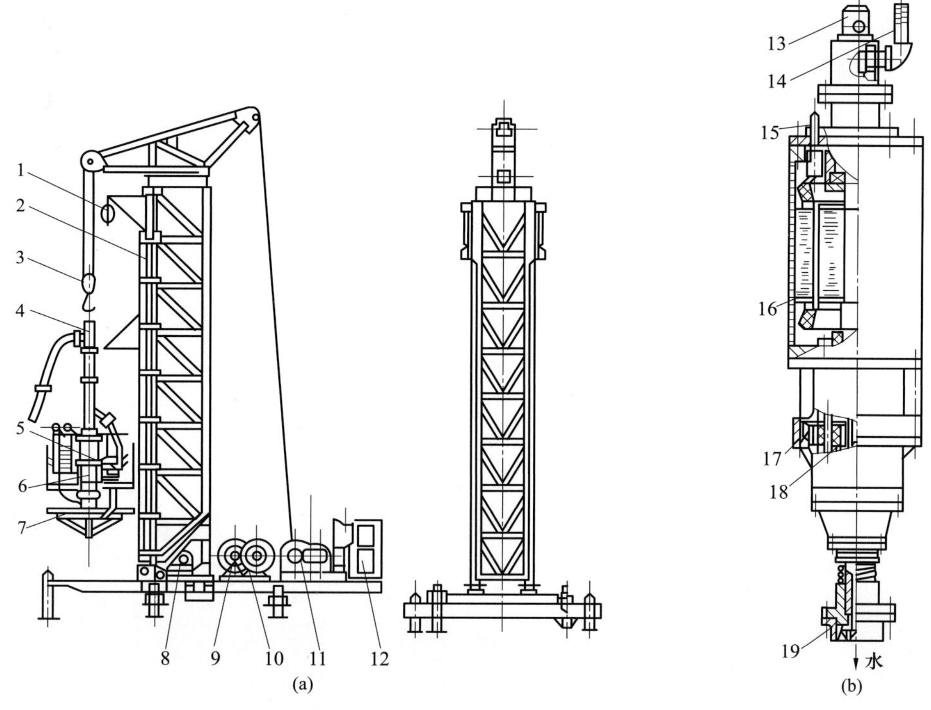

图 1-5-6　潜水钻机及主机构造示意图

(a) KQ20000 型潜水钻机整机外形；(b) 潜水钻主机构造示意图

1—滑轮；2—钻孔台车；3—滑轮；4—钻杆；5—潜水泵；6—主机；7—钻头；8—副卷扬机；9—电缆卷筒；10—调度绞车；11—主卷扬机；12—配电箱；13—提升盖；14—进水管；15—电缆；16—潜水钻机；17—行星减速箱；18—中间进水管；19—钻头接箍

方法将钻渣岩屑排出，每次冲击之后，冲击钻头在钢丝绳转向装置带动下转动一定的角度，从而使桩孔得到规则的圆形断面。

冲击土层时的冲挤作用形成的孔壁较坚固；在含有较大卵石层、漂石层的地质状况下成孔效率较高；设备简单，操作方便，钻进参数容易掌握；设备移动方便，机械故障少；泥浆不是循环的，故泥浆用量小，消耗小；只有在提升钻具时才需要动力，能耗小；在流沙层中亦能钻进。但是成孔过程中大部分时间消耗在提放钻头和掏渣土上，故钻进效率低；容易出现桩孔不圆的情况；容易出现斜孔、卡钻和掉钻等事故；由于冲击能量的限制，孔深和孔径均比回转钻和潜水钻成孔施工法的小，并且岩屑多次重复破碎导致施工效率低。

冲击钻成孔适用于填土层、黏土层、粉土层、淤泥层、砂土层和碎石土层；也适用于砾卵石层、岩溶发育岩层和裂隙发育的地层；特别适合于有孤石的砂砾石层、漂石层、坚硬土层、岩层；对流沙层亦可克服；但对淤泥及淤泥质土，则应慎重使用。

5.2.4　抽渣清孔

清孔为重要的工序，其目的是为了减少桩基的沉降量，提高其承载能力。当钻孔达到设计深度后，应及时验孔和清孔工作，清除孔底的沉渣和淤泥。

对于不易塌孔的桩孔，可用空气吸泥机清孔，气压一般掌握在 0.5MPa，使管内形成强大高压气流上涌，被搅动的泥渣随着高压气流上涌从喷口排出，直至喷出清水为止，待泥浆相对密度降到 $1.1t/m^3$ 左右，即认为清孔合格；对于稳定性差的桩孔，应用泥浆循环法或抽渣筒排渣，泥浆的相对密度达到 $1.15\sim1.25t/m^3$ 时方为合格。

潜水钻成孔达到设计深度后，清孔可用循环换浆法，即让钻头在原位旋转，继续向孔内注水，用清水换浆，使泥浆密度控制在 $1.1t/m^3$ 左右。如孔壁土质较差，宜用泥浆循环清孔，使泥浆密度控制在 $1.15\sim1.25t/m^3$，在清孔过程中应及时补给稀泥浆，并保持浆面稳定。

沉渣的厚度可用沉渣仪进行检测。在清孔时，应保持孔内泥浆面高出地下水位 1.0m 以上。孔底沉渣厚度指标，若为端承桩应不大于 50mm，若为摩擦桩应不大于 30mm。如果不能满足要求，应继续清孔。待清孔满足要求后，应立即安放钢筋笼，浇筑混凝土。

5.2.5 钢筋笼制作、安装

制作钢筋笼或钢筋骨架时，要求纵向钢筋沿环向均匀布置，箍筋的直径和间距、纵向钢筋的保护层、加劲筋的间距应符合设计规定。箍筋和纵向钢筋（主筋）之间采用绑扎时，应在其两端和中部采用焊接，以增加钢筋骨架的牢固程度，便于吊装入孔。成品钢筋笼如图 1–5–7 所示。

钢筋笼的直径大小除满足设计要求外，还应符合以下规定：

（1）采用导管法灌注水下混凝土的灌注桩，钢筋笼的直径应比导管连接处的外径大 100mm 以上。

（2）在钢筋笼的制作、运输和安装的过程中，应采取措施防止产生过大变形，并设置保护层垫块。

（3）钢筋笼吊放入孔时，应对准孔的中心，不得碰撞孔壁；浇筑混凝土时，应采取措施固定钢筋笼的位置，防止产生上浮和位移。

图 1–5–7 成品钢筋笼

5.2.6 导管安装

导管直径宜为 200～250mm，导管分节长度视工艺要求而确定。在下导管前，应在地面试组装和试压，试压的水压力一般为 0.6～1.0MPa，底管长度不宜小于 4m，各节导管用法兰进行连接，要求接头处不漏浆、不进水。将整个导管安置在起重设备上，可以根据需要进行升降，在导管顶部设有漏斗。将安装好的导管吊入桩孔内，使导管顶部高于泥浆面 3～4m，导管的底部距桩孔底部 300～500mm。

5.2.7 水下浇筑混凝土

5.2.7.1 原理

泥浆护壁成孔灌注桩混凝土的浇筑，是在孔内泥浆中进行的，所以称为水下混凝土浇筑。浇筑水下混凝土不能直接将混凝土倾倒于水中，必须在与周围环境隔离的条件下进行。水下混凝土浇筑的方法，最常用的是导管法。导管法是将密闭连接的钢管作为混凝土水下浇筑的通道，混凝土沿竖向导管下落至孔底，使混凝土不与泥浆接触，导管底部以适当的深度埋在混凝土内。水下浇筑混凝土示意图如图 1–5–8 所示。

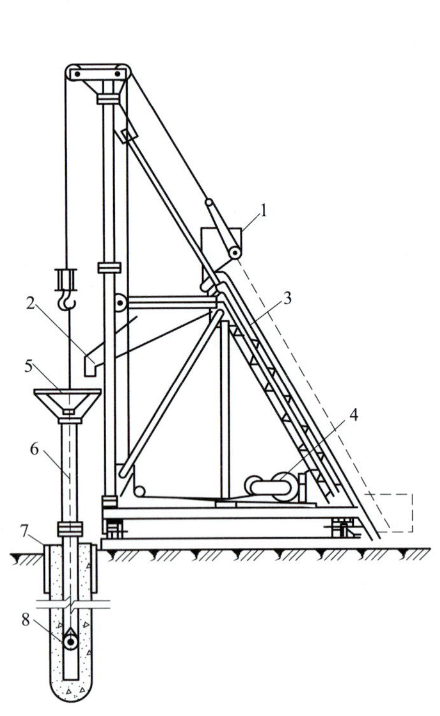

图 1–5–8 水下浇筑混凝土示意图

1—上料斗；2—储料斗；3—滑道；4—卷扬机；5—漏斗；6—导管；7—护筒；8—隔水栓

5.2.7.2 配制混凝土

灌注桩的混凝土配制，选用合适的石子粒径和混凝土坍落度很关键。石子的粒径要求：卵石不宜大于 50mm，碎石不宜大于 40mm，钢筋混凝土桩不宜大于 30mm，石子最大粒径不得大于钢筋净距的 1/3。坍落度要求：水下灌注的混凝土宜为 180～220mm；干作业成孔的混凝土宜为 80～100mm；套管成孔的混凝土宜为 60～80mm。

5.2.7.3 混凝土浇筑

在导管内部放置预制隔水栓，并用细钢丝悬吊在导管中下部，钢丝由顶部漏斗中引出。浇筑混凝土时，当导管中首批混凝土灌注量达到要求后，剪断悬吊隔水栓的钢丝，混凝土在自重压力作用下，随隔水栓冲出导管下口。首批混凝土灌注量应保证导管能埋入混凝土面以下 800mm 以上，由于混凝土的密度比泥浆大，混凝土下沉时排挤泥浆沿导管外壁上升，导管底部被埋入混凝土内。浇筑过程中导管内的混凝土在一定落差压力作用下，挤压下部管口处的混凝土，使其在已浇筑的混凝土层内部流动、扩散，边浇筑混凝土边拔导管，逐节拆除上部导管，如此连续浇筑直至桩顶而成桩。

5.2.8 桩头清理

水下混凝土浇筑完成后，应进行桩头清理，即破桩头。当桩身上部结构有连续施工要求时，在水下混凝土浇筑完成后应立即进行桩头清理，将混合层清理干净露出桩身混凝土并将桩身混凝土上部 400mm 范围内的混凝土清除，在混凝土终凝前完成上部结构的钢筋和模板安装，并进行上部混凝土连续浇筑。

当桩身上部结构无连续施工要求时，可在桩身达到预定标高后停止浇筑。待桩身达到设计强度后，在上部结构施工前，清理桩身，凿除桩身上部 400mm 范围内的混凝土，凿毛处理后，再进行上部混凝土浇筑。

5.2.9 上部结构施工

桩身上部结构应根据设计进行施工。

6 人员组织

灌注桩施工班组的人员应根据成孔方式、地形复杂程度、混凝土方量以及作业内容等情况配置，通常情况下灌注桩施工人员配置见表 1–6–1。

施工前，应按照要求对全体施工人员进行安全技术交底，特殊作业人员必须经过安全技术培训，考试合格后方可上岗。

表 1–6–1 灌注桩施工人员配置

序号	岗　位	数量（人）	职　责　划　分
1	工作负责人	1	负责灌注桩施工全面工作，包括现场组织、工器具调配、物料转运进场及地方关系协调等工作
2	现场指挥	1	负责单基灌注桩的施工、现场劳动力协调、现场指挥等工作
3	技术员（测工）	1～2	负责灌注桩施工全过程技术数据的控制、检查，协助现场指挥指导各工序之间的配合顺序
4	质检员	1～2	负责灌注桩施工全过程的质量检查和标准的控制
5	安全员	1～2	负责灌注桩施工现场的安全
6	钻机操作手	2～4	负责钻机的机械操作和维护
7	材料管理员	1	负责灌注桩施工的材料供应、检验、使用和回收
8	电焊工（钢筋工）	2～4	负责灌注桩基础钢筋笼的制作、安装
9	电工	1～2	负责灌注桩施工电源设备的检查、安装、操作和维护
10	普工	30	负责现场工器具搬运，混凝土灌注时砂石、水泥等上料，设备转运，配合技术人员工作等

7 材料与设备

灌注桩施工所用的机械设备及工器具等应根据工程量大小、地理环境的变化进行合理配备。本典型施工方法按普通钻孔灌注桩施工进行机械设备及工器具的配置，如表 1−7−1 所示。

表 1−7−1　　钻孔灌注桩主要施工机械设备及工器具配置

序号	名　称	规　格	单位	数量	备　注
1	钻机	CZ150	台	1	
2	吊车	12t	台	1	
3	发电机	STC−50	台	2	
4	钢筋切断机	J3G3−400	台	1	
5	振捣器	ZX−50	台	3	
6	电焊机	ZXT−400	台	2	
7	搅拌机	JZC350	台	2	
8	导管	250～350mm	m	30	按孔深 15m 考虑
9	导向管	6m	根	4	按孔深 15m 考虑
10	泥浆泵	5kW	台	2	
11	吊斗	1.5m^3	个	2	
12	漏斗	1.5m^3	个	2	
13	手推车		辆	4	砂、石手推车各 2 辆
14	经纬仪	J2	台	2	
15	水准仪		台	1	
16	钢卷尺	20m	把	1	

8 质量控制

8.1 主要质量标准、技术规范

GB 50026—2007　工程测量规范
GB 50204—2002　混凝土结构工程施工质量验收规范
GBJ 107—1987　混凝土强度检验评定标准
JGJ 18—2003　钢筋焊接及验收规程
JGJ 52—2006　普通混凝土用砂、碎（卵）石质量标准及检验方法
JGJ 55—2000　普通混凝土配合比设计技术规范
JGJ 94—2008　建筑桩基技术规范
J 140—2001　钢筋焊接接头试验方法标准

8.2 现场施工质量控制要点

灌注桩施工质量控制要点如表 1−8−1 所示。

表 1-8-1　　灌注桩施工质量控制要点

施工程序	发生项目	发 生 原 因	预 防 及 处 理
钻孔	孔位偏移过大	（1）测量分点有误差。 （2）钻机对点产生偏差。 （3）基面过软，机械整平时滑动	（1）分点测量时，两人以上核对。 （2）对点时应 90° 两侧对点桅杆升起前预留偏差。 （3）液压腿下垫长枕木，先支低点后支高点
	孔口坍塌倾斜	（1）护筒安装短，外围夯填不实。 （2）孔内压力水头小。 （3）钻进过快。 （4）升降钻头砸碰孔口或护筒	（1）根据土质情况，确定护筒长度，分层夯实黏土回填。 （2）随时保持压力水位。 （3）优质泥浆，慢钻低挡，钻过护筒刃脚 1m 以下。 （4）升降钻头时应慢升慢降，有人监护
	孔壁坍塌	（1）孔内遇流砂层。 （2）泥浆比重低，孔内水压太低。 （3）升降钻头乱碰孔壁	（1）加大泥浆比重或加黏土回填 1m 以上，待沉淀 24h 以后重新开钻。 （2）加大泥浆比重，提高水压头。 （3）观察是否钻机位移动，升降钻头防止过快碰壁
	埋钻卡钻	（1）坍孔、缩径。 （2）孔内有异物。 （3）钻进过快，沉淀物过多，未及时提出钻头	（1）钻进时保持孔内水压头，加大泥浆比重，放慢钻进速度，加大泵量。 （2）缩孔可采用上下反复扫孔。 （3）变换钻头，慢进钻或二次成孔。 （4）可用掏筒或用大泵量冲浮松动。 （5）遇有情况，应立即提出或提起钻头
	钻杆折断	（1）钻进中选用的转速不当，使钻杆扭转或弯曲折断。 （2）钻杆使用过久连接处有伤或磨损过甚。 （3）地质坚硬，进度太快，超负荷引起	（1）控制进尺，遇复杂地质层认真操作。 （2）钻杆连接丝扣完好。 （3）经常检查钻具磨损情况，损坏的及时更换。 （4）控制钻机转速和钻进速度，可分二次钻进方法成孔
	落钻落物	（1）钻杆折断，钻头结构或焊接强度不够。 （2）操作方法不当异物落入孔内	（1）开钻前应清除孔内落物。 （2）经常检查钻具。 （3）为钻进方便在钻身围捆几圈钢丝绳
钢骨架入孔	钢骨架入孔放不下去	（1）骨架起吊安装后变形。 （2）孔壁错台。 （3）缩径	（1）骨架制作吊装时，应设临时支撑。 （2）拔出骨架，重新扫孔
	骨架脱落	（1）骨架连接不牢。 （2）吊装方法不对	（1）重新连接、补强。 （2）改变吊装方法，增加补强措施
混凝土灌注	灌注过程中导管漏水	使用前没做水压试验	使用前应做水压试验，检查接头螺栓是否拧紧
	灌注过程中孔壁坍塌	（1）成孔至灌注结束时间过长。 （2）护壁不好	（1）钻进时用大比重泥浆。 （2）缩短焊接吊装钢筋笼时间，加快灌注时间，保持水压头高度
	灌注中埋管	（1）埋管过深。 （2）中断时间过长	严格控制埋深及保证灌注的连续性
	导管拔断及拔漏	（1）导管卡钢筋骨架。 （2）没控制好埋深及中心位置。 （3）混凝土配比有问题	（1）安装导管扶正器或用木杆控制导管的位置。 （2）先测埋深后提升导管，提升高度严格控制。 （3）严格控制混凝土配合比及“三项指标”。 （4）如出现拔漏，马上停止灌注，重新把导管插入混凝土内 1m 以上，用泥浆泵把导管内的水抽出，用掏子将混合的混凝土掏出，再向导管内注入 1:1.25 的砂浆 $0.1m^3$
	水析现象	（1）振捣时间过长。 （2）模板接缝不严。 （3）混凝土坍落度不合格	（1）防止过振、漏浆出现砂流。 （2）模板接缝加设密封条。 （3）保证混凝土坍落度符合配比要求，合理选配骨料，混凝土搅拌均匀，下料均匀，与振捣协调一致

8.3　施工注意事项

（1）冻方的挖掘和回填。

1）泥浆池的冻方，采用人工和挖掘机配合方法。先用人工将土方一部分挖至暖土层，然后再用挖掘机的汽锤或单钩将冻土层凿成块，再用挖斗挖出土石方。

2）土方回填时用暖土将混凝土围填，其厚度控制在300mm以上，其他用破碎的冻土回填，但冻土块的粒径不得大于150mm。其含量（按体积记）不得超过30%，铺填时冻土块应分散开并应逐层夯实。

3）冻土方回填高度应比自然地面高出500mm的预留沉降量，待化冻后重新平整。

（2）冬期混凝土施工方法选用。冬期混凝土施工方法通常选用暖棚法、外加剂掺入法、外部加热法三种方法。可根据不同气温和部位综合或单项使用。具体施工时执行混凝土冬期施工规范。

（3）钢筋负温焊接。

1）当环境温度低于−20℃时和风速超过3级时应搭设暖棚，施焊操作人员及施焊部位同在暖棚内进行，避免焊样碰到冰雪和急速冷脆。

2）在实焊过程中可根据钢筋级别、直径和焊接部位，选择适当电流，防止产生过热、烧伤、咬肉和裂纹，采用分层控温施焊。

9 安全措施

（1）机械设备进场前应进行检修和维护，保证性能良好。

（2）钻机操作人员应在现场负责人指挥下，严格按操作规程施工，料斗、导管钢筋笼的吊放，按起重程序施工。

（3）发电机、电焊机等电气设备应接地或接零，手持电动工具应装防护器，并由持岗位合格证的人员进行操作。

（4）钻机、发电机、泥浆泵、电焊机、搅拌机等设备要每周进行一次检查，进行必要的调试和检修，确保其安全运行。

（5）对电焊工、电工等特殊工种持证上岗。

（6）向孔内灌注混凝土时，应设专人指挥，钻机操作人员及地面施工人员应配合默契，听从指挥。

（7）对临时性电源和电闸箱应有安全设施和标牌，如盖防雨罩，严禁非职业人员操作。施工用电线应架空或埋地设置，不得使用无防水的电线或绝缘有损伤的电线。

（8）不得跨越传动轴、皮带等传动部件，严禁清扫运行中的机械部件。

（9）吊装过程中吊物下方外侧3m内不允许站人或走动。

10 环保措施

环境保护的目标：加强企业管理，实行文明施工，建立环保监控体系，保护植被，减少空气污染、水源污染、噪声污染。

（1）加强环保的检查和监控工作，采取合理措施，保护工地及周围的环境，减少空气污染、水源污染、噪声污染或由于其施工方法不当造成的公共人员和财产的危害。

（2）施工过程中，注意保护土地植被，做到少破坏植被，余土、弃渣妥善处理。

（3）场内必须保持平整整洁、排水畅通，泥浆必须及时清理运出至允许地点或深埋。泥浆坑恢复必须使用开挖原土进行回填。

（4）砂、石进场时采用彩条布与地面隔离，钢筋等用木方与地面隔离，水泥与地面架空隔离，并铺设和覆盖彩条布，做好防护，防止雨浇和受潮。

（5）施工现场在施工完毕后，派专人进行清理，包括施工驻地的环境，临时工程的清除、移走。做到工完料尽场地清，恢复地貌。如图1−10−1所示。

图1−10−1 施工后场地恢复标注图

11 效益分析

（1）与其他基础形式对比。当荷载一样，地质条件不好，其他基础形式不能达到受力要求或施工困难时，灌注桩基础因其结构特点突出，可降低费用，节省成本。

（2）控制与提高自身效益的方法。影响灌注桩工程效益的原因较多，主要包括生产设备、成孔技术方式、材料成本、混凝土用量、材料损耗等几个方面。

通过分析可以看出，正确选择施工方法、合理配备设备和人员、科学计算材料配比、控制混凝土充盈系数和超灌量、提高劳动生产率等是有效控制和降低灌注桩施工成本的有效途径。

12 应用实例

12.1 实例 1：220kV 三南甲乙送电线路跨江塔基础工程

建设地点：本工程地处黑龙江省松花江沿岸二道江内，地表地貌为沼泽地，地表水丰富。

建设时间：1998 年 4～5 月。

建设规模：灌注桩基础，桩孔直径 1.5m，深度 40m，单桩混凝土量 316.42m^3。

地质情况：以砂层为主含有部分砾石，最大粒径 170mm。

结构特点：一腿一桩，地面上桩头部分高度 5.3m，桩身至桩头部分要求混凝土连续浇筑，一次性完成。

施工方法：反循环回转钻机成孔。

应用效果：建成至今，运行正常，表面观感保持完好。

12.2 实例 2：500kV 扎乌送电线路基础工程

建设地点：本工程地处内蒙古自治区扎兰屯至乌兰浩特境内，地表地貌为草原、沼泽，地表水丰富。

建设时间：2004 年 8～10 月。

建设规模：灌注桩基础，桩孔直径 1.2m，深度 20m，单桩混凝土量 27.52m^3。

地质情况：以砾石层为主，含有部分亚黏土，最大粒径 110mm。

结构特点：一腿一桩，地面上结构为桩头加连梁。桩身混凝土连续浇筑，桩头和连梁部分一次性浇筑完成。

施工方法：冲击钻成孔。

应用效果：建成至今，运行正常，表面观感保持完好。

12.3 实例 3：500kV 荆孝送电线路跨江塔基础工程

建设地点：本工程地处湖北省汉江沿岸，地表地貌为耕地。

建设时间：2002 年 12 月～2003 年 4 月。

建设规模：灌注桩群桩基础，桩孔直径 1.2m，深度 27m，单桩混凝土量 30.52m^3。

地质情况：以砾石层为主，含有部分亚黏土，最大粒径 120mm。

结构特点：一腿多桩，地面上结构为大体积混凝土承台。桩身混凝土连续浇筑，承台部分一次性浇筑完成。

应用效果：建成至今，运行正常，表面观感保持完好。

钻孔灌注桩以其适应性强、成本适中、施工简便等特点，在工程界得到了广泛的应用。钻孔灌注桩适用于地下水位以下的黏性土、粉土、砂土、填土、碎（砾）石土、风化岩层及地质情况复杂、夹层多、风化不均、软硬变化较大的岩层。目前，它除广泛用作工程桩（承受及传递上部结构的荷载）外，还应用于各种围护结构。钻孔灌注桩的施工质量直接影响到上部结构的稳定及围护结构的安全。了解并掌握钻孔灌注桩的施工工艺流程，认识其施工规律，抓住影响其质量的关键环节和关键因素，并采取有效的控制措施，对提高和保证钻孔灌注桩的成桩质量，提高工程建设的经济效益和社会效益都将起到积极的作用。

典型施工方法名称：地脚螺栓式斜柱现浇基础典型施工方法

典型施工方法编号：GWGF002-2010-SD-XL

编　制　单　位：宁夏送变电工程公司

推　荐　单　位：宁夏电力公司

主 要 完 成 人：赵忠伟　朱俊宇　马爱民　陈　明　周　鹏

目　次

1 前言

随着我国电网高速发展，科技水平日趋提高和完善，输电线路基础型式不断更新，新材料、新技术、新工艺在输电工程中不断得到采用，尤其是斜柱式现浇基础以其在经济效益、环境效益、基础结构受力合理性等方面的优越性而得到广泛应用。为总结斜柱式基础施工经验，推广其先进的施工工艺方法，提高斜柱式基础施工质量与安全，国家电网公司组织编写了《地脚螺栓式斜柱现浇基础典型施工方法》。

斜柱式基础有效地将铁塔所受外力转化为基础下压力及上拔力，并有效地将受力传递到地表，使铁塔受力更合理、更科学；斜柱式基础有效地改善了铁塔及基础受力状况，从而减小了基础底板尺寸，有效地降低了基础混凝土用量，减少工程建设资金投入，具有可观的经济效益；斜柱式基础多使用在山地、丘陵地带，且依据地形条件较多采用不等高设计，减少了基础开方，降低了基坑占地面积，有效地减少了电力建设对植被及现场周边环境的破坏，具有良好的环境效益。

斜柱式基础的施工难度比较大，基础施工精度要求高、难度大（尤其是全方位不等高基础），地脚螺栓及模板的加工、安装、操平、找正、固定比较困难，对施工工艺要求较高，通过在多条输电线路工程中不断总结、完善，形成一套完整的成熟的斜柱式基础施工工法，经过实践证明本典型工法完全可以正确指导各种地形条件下的斜柱式基础施工，能够满足基础施工安全要求，能够保证基础施工质量，具有推广价值。

2 本典型施工方法特点

（1）基础模板安装采用悬吊式与推顶器结合，有效地降低斜柱式基础模板找正难度，对高差、坡度控制较容易实现。

（2）地脚螺栓安装采用模具控制，方便斜地脚螺栓找正，便于地脚螺栓高差、根开尺寸控制。

（3）基础（对角）根开控制由以往的虚点控制完善改进为实点控制，使基础（对角）根开控制更容易、更准确。

（4）阐明了斜柱式基础施工的工艺、方法，采用该工法可加快施工进度，保证施工安全，提高施工进度，具有普遍指导意义和推广价值，使斜柱式基础施工标准化、规范化。

3 适用范围

（1）本典型施工方法适用于山地、丘陵地形条件下架空输电线路工程地脚螺栓斜柱式现浇基础施工。

（2）本典型施工方法只阐述了 8 根 1 组地脚螺栓安装、固定及找正，对于其他配置型式的地脚螺栓安装、固定及找正可参照执行。

（3）在斜柱式基础施工中，存在着施工方法更新和发展的问题，对出现的新技术、新工艺，应随时进行更新，以保证本典型施工方法的先进性和创新性。

（4）其他斜柱式基础亦可参照执行。

4 工艺原理

（1）模板安装中采用科学的吊装技术，实现斜柱基础模板坡度、高差及菱形精确控制。

（2）完善改进基础地脚螺栓控制和找正方法，由虚点找正转化为实点找正，即将地脚螺栓找正点由原来的地脚螺栓组几何中心的虚点转化到地脚螺栓模具上的实点进行地脚螺栓找正。

5 施工工艺流程及操作要点

5.1 施工工艺流程

本典型施工方法施工工艺流程见图 2–5–1。

5.2 操作要点

5.2.1 施工准备

(1) 施工前应做好施工图纸会检，并根据施工图及施工图会检纪要编制相关施工技术资料。

(2) 做好基础施工原材料的取样、检验、见证取样以及配合比试验工作。

(3) 施工前做好施工人员的配备，做好施工人员的安全、质量培训工作以及做好电工、测工、机械操作手的操作证的复评工作。

(4) 施工前应做好施工工器具的配备工作，施工工器具的数量及安全性应满足施工需要。

5.2.2 基础分坑

5.2.2.1 基础分坑技术准备

(1) 技术人员应仔细阅图，做到熟悉各个施工图纸，掌握各种数据间的关系。

(2) 应编写基础分坑数据控制卡（基础施工卡片），其内容应包括与基础分坑有关的所有数据资料，以便提高基础分坑效率和质量。

(3) 应对线路进行复测，符合设计及规范要求后方可开始基础分坑。

5.2.2.2 基础分坑要点

(1) 基础分坑应由培训合格有资格的测工担任，无证人员不得从事基础分坑作业。

(2) 基础分坑前，应对各级技术人员进行分坑技术及分坑方法培训和交底，使施工技术人员熟练掌握基础分坑计算方法和检验方法。

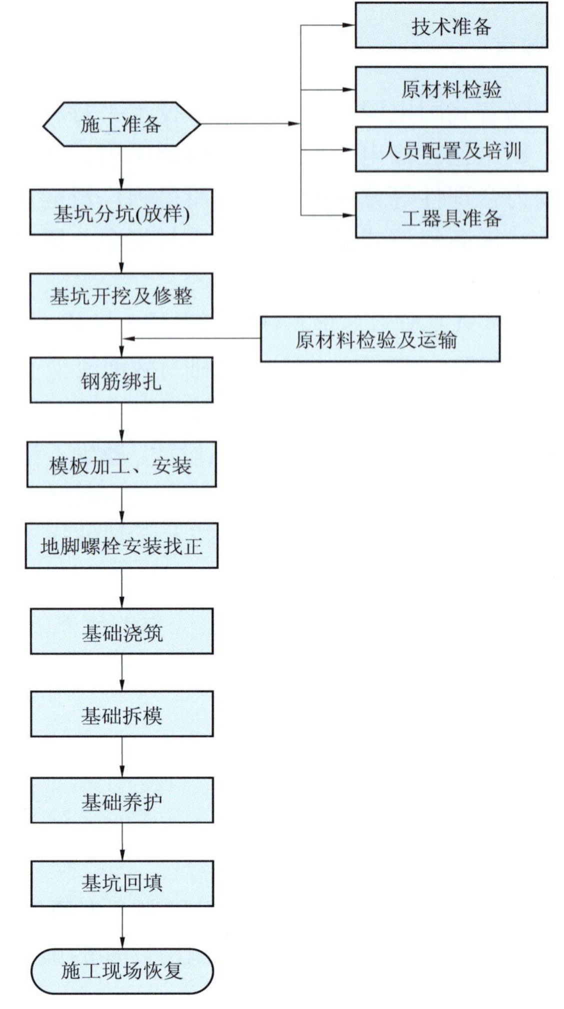

图 2-5-1 地脚螺栓式斜柱现浇基础施工工艺流程图

5.2.2.3 基础分坑方法

由于斜柱式基础多为全方位不等高基础，在分坑时宜采用单腿分坑。

直线塔基础分坑示意图见图 2-5-2，转角塔基础分坑示意图见图 2-5-3。

图 2-5-2、图 2-5-3 中：O 为基础中心；O′为位移后基础中心；A、B、C、D 分别为基础立柱中心；A′、B′、C′、D′分别为基础底板中心；*L* 为基础立柱中心至基础底板中心水平距离，mm；F_{E1}、F_{E2} 为转角塔二等分线桩；F_{A1}～F_{A8}、F_{B1}～F_{B8}、F_{C1}～F_{C8}、F_{D1}～F_{D8} 分别为基础底板及立柱中心找正桩。

5.2.2.4 分坑步骤

(1) 直线塔基础分坑。

1）将经纬仪支于基础中心桩 O 上并调平，对准前后视校核直线塔的直线性。

2）确保铁塔基础中心桩直线性符合规范要求后对前后视将经纬仪旋转 45°，使用经纬仪定向及三角高程法定距的方法分别钉出基础底板中心 A′、B′、C′、D′和基础顶面中心控制点 A、B、C、D。

3）将仪器分别搬至 A′、B′、C′、D′和 A、B、C、D 点，对准基础中心桩 O 点旋转 45° 钉出相应的控制桩或找正桩 F_1～F_8。

(2) 转角塔分坑步骤。

1）将经纬仪支于基础中心桩 O 上并调平，对准前后视校核前后档档距及转角塔转角度数。

2）确保实测转角塔转角度数误差在 1′30″ 内后，根据实测转角度数计算转角塔转角的二等分线度数。

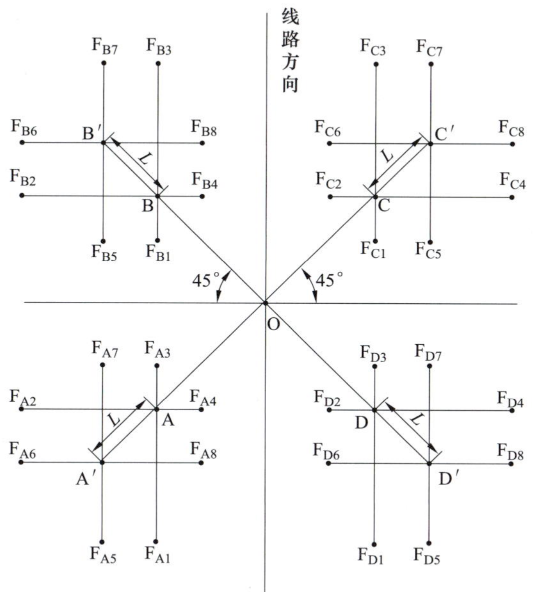

图 2-5-2 直线塔基础分坑示意图

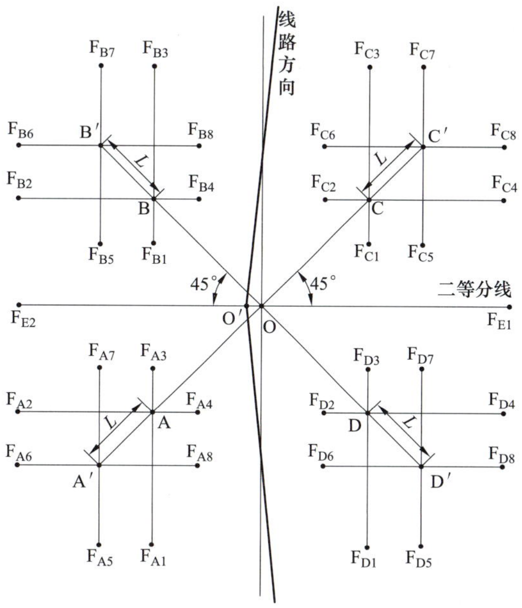

图 2-5-3 转角塔基础分坑示意图

3）按 2）中计算的度数旋转经纬仪，分别钉出二等分线桩（见图 2-5-3 中 F_{E1} 和 F_{E2}）。

4）将仪器搬至 F_{E1}（或 F_{E2}）并调平对准 F_{E2}（或 F_{E1}）及中心桩 O′点，确保三点一线后根据设计给定的中心桩位移值及位移方向钉出中心位移桩 O 点。

5）再将仪器支于 O 点并调平，对准 F_{E1} 和 F_{E2} 旋转 45° 按基础施工卡片中所给相应数值，使用三角高程法分别钉出基础底板中心 A′、B′、C′、D′和基础顶面中心控制点 A、B、C、D。

6）分别将仪器搬至 A′、B′、C′、D′和 A、B、C、D 点，按如图 2-5-3 所示钉出相应的控制桩 F_1～F_8。

5.2.2.5 基础分坑注意事项

（1）基础分坑前应测量并校核铁塔基础塔基断面。

（2）在分坑前应校核所在杆塔前后档档距及所在杆塔塔位中心桩的直线性或水平转角度数。

（3）分坑过程所使用的经纬仪精度不低于 6″，且经检验合格；钢尺应有出厂合格证，且有 MC 标记。

（4）分坑完毕后，应立即校核其根开和对角线以及整基基础扭转，校核后数据超出要求应重新分坑。

（5）基础分坑完毕后，应妥善保护好基础中心桩。中心桩保护效果如图 2-5-4 所示。转角塔还应保护好位移桩和二等分线桩，以作为基础检查和验收的依据。

图 2-5-4 中心桩保护效果图

（6）二等分线桩应设在离中心桩 20m 以外不易受到破坏的特征地貌处，并且钉好后及时进行校核。

5.2.2.6 坑口放样

（1）基坑放样（开口）尺寸计算。在基坑放样前应计算基坑坑口放样尺寸，在确保施工安全的前提下减少开挖方量，达到节约施工成本，加快施工进度的目的。

对设计允许底板以土代模基坑开口尺寸的计算如下

$$A=a_s+2h_s\gamma$$

对全开挖基坑开口尺寸的计算如下

$$A=a_x+2h_m\gamma+400$$

上两式中 A——基坑开口尺寸，mm；

a_s——基坑底板上平面断面尺寸，mm；

h_s——基坑底板上平面到地面的高度，mm；

γ——土壤放坡系数；

a_x——基坑底板断面尺寸，mm；

h_m——基础埋深，mm。

（2）画坑时以基础底板中心为基准，依据底板尺寸和相应的放坡，根据现场实际地质情况，按相应放坡系数进行放坡，给出坑口尺寸。放坡系数见表 2–5–1。

表 2–5–1　放　坡　系　数

土质分类	砂土、砾土	砂质黏土	黏土、黄土	坚　土
坡度（深:宽）	1:0.75	1:0.50	1:0.30	1:0.15

（3）斜柱式基础立柱较长时应考虑其内角侧适当放大坡度，以免影响立柱安装和固定。

5.2.3　基坑开挖及修整

5.2.3.1　开挖方法概述

地形及地质条件允许时可采用机械开挖以确保施工进度，提高施工效率。由于杆位地形及地质条件限制，基坑无法采用机械开挖时采用人工开挖。对于岩石基础可采用松动爆破和人工开挖相结合的施工方法。

5.2.3.2　基坑开挖及修整

（1）基坑开挖时应每边预留 100mm，开挖至基坑底部时也应预留 100mm 的人工修整裕度，以确保基坑成型质量。斜柱基础基坑开挖示意图及成型效果图。如图 2–5–5 所示采用机械开挖时其预留裕度应根据土质的不同适当增加。

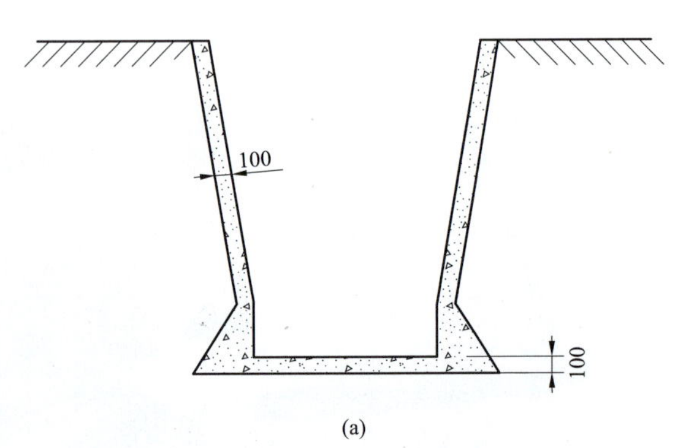

(a)

(b)

图 2–5–5　斜柱基础基坑开挖示意图及成型效果图

（a）基坑开挖示意图；（b）基坑开挖成型效果图

（2）采用人工开挖时，坑深超过 3m 时应采用机械提升弃土，或在坑深 1/2 处搭设转土平台。

（3）基坑开挖过程中，施工技术人员应进行技术指导及质量检查，随时对基坑中心、开挖深度等进行检查。

（4）基础坑开挖完成后应按设计图纸要求进行基坑修整，确保基坑几何尺寸满足设计及施工要求。

5.2.4　原材料检验及运输

（1）材料运输前必须提前选择好路线，对道路进行修复加宽，对各种材料的堆放场地应作相应的平整。但在平整过程中应以满足施工要求为原则，不得随意扩大占地面积。

（2）所有基础钢材均应有出厂合格证，并经有资质的实验室抽样复检合格方可使用；装卸运输中应防止弯曲变形、丝扣损坏和沾浸油脂杂物。

（3）砂、石必须在取样化验合格的地点采集，运输到现场的砂、石应堆放整齐、有序，且应铺彩条布，减少对植被破坏。

（4）水泥的品种、标号必须与配合比试验报告相符，对运到浇筑现场的水泥必须进行检查，查明标号、品种、出厂日期，如出厂超过3个月，需重做标号试验，虽未超过3个月但因保管不良受潮结块时，必须重新进行标号试验。

（5）不同品种、不同批号的水泥必须分类堆放，挂牌标识，使用时应有专人核定水泥的品种，并应填写跟踪记录。

（6）储存，堆放水泥应做好防潮措施，在施工现场水泥应堆放在高处，但高度不宜超过 12 袋。堆放整齐，底部垫架板、铺油毡，上盖彩条布，防止水泥受潮或雨淋。

（7）浇筑混凝土用水应使用饮用水，对浇筑用水质有怀疑时应进行化验。

5.2.5 钢筋绑扎

（1）所绑扎的钢筋数量及规格必须符合设计要求，不得出现少绑或漏绑。

（2）绑扎钢筋时不得以小代大、以短代长。

（3）绑扎前应除锈，并采取防油、防污措施。

（4）钢筋若有焊接头，在绑扎时，钢筋焊接头部位应错开，不得放在同一面上。

（5）所有箍筋接头均应错开或隔开布置，不得连续布置在同一面上。

（6）钢筋绑扎顺序：

1）在钢筋绑扎前应由技术人员测量出底板（立柱钢筋笼）中心，并做好标记，作为钢筋绑扎位置的施工依据。

2）钢筋绑扎原则上应先进行底板筋的绑扎，再进行立柱筋的绑扎。但在绑扎底板筋时应预留立柱筋插入位置，以确保立柱筋正常放入底板筋中，确保立柱筋位置准确及位置调整。

3）在钢筋绑扎前应按照设计保护层厚度要求制作与基础混凝土同标号的混凝土垫块，并预先内置22号铁丝，外露长度一般为80～100mm为宜，钢筋绑扎时衬垫，以保证各部位保护层符合设计要求。

5.2.6 模板加工、安装

5.2.6.1 模板加工

（1）斜柱式基础模板制作其难度主要在异型部分，在加工前，施工技术人员应根据铁塔基础坡度、相应底板或立柱高度及相应底板或立柱断面计算出底板及立柱异型模板的尺寸及数量，为模板加工提供技术依据。

（2）依据施工技术部门提供的异型模板加工尺寸及数量可委托专业制造厂家进行加工。

（3）异型模板加工计算。异型模板尺寸计算如下

$$L=\sqrt{(h\times\delta)^2+h^2}$$
$$\delta=\sqrt{2}\varepsilon$$
$$l=a\varepsilon$$

式中 ε——基础单面坡度；

δ——基础综合坡度；

a——模板宽度，mm；

L——模板长度，mm；

h——模板高度，mm；

l——异型模板高，mm。

即加工时两直角边分别为 a 和 l 值进行加工。加工数量视该种基础型式数量而定。

异型模板加工示意图如图 2-5-6 所示。

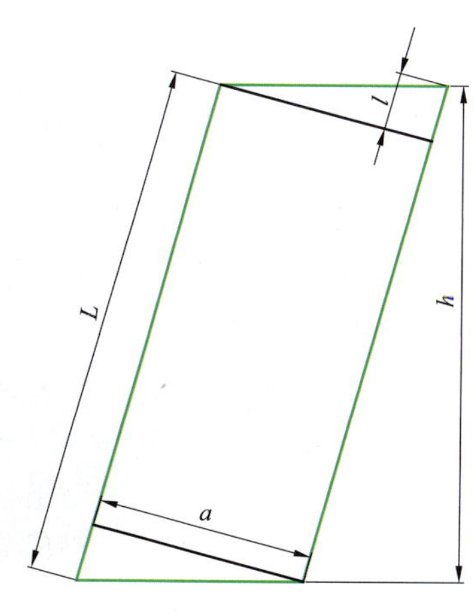

图 2-5-6 异型模板加工示意图

（4）模板可采用钢模板或竹胶模板，为保证基础表面质量及异型模板加工的便利性，本工法推荐使用竹胶模板。

5.2.6.2　模板安装

（1）模板组装。模板加工好后按如图 2-5-7 所示在坑内进行组装。

模板间连接可采用角钢或木条，将使 4 块模板组成一个整体。

图 2-5-7 中：①、②、③、④分别为已加工好的 4 块立柱模板，虚线部分为异型模板。

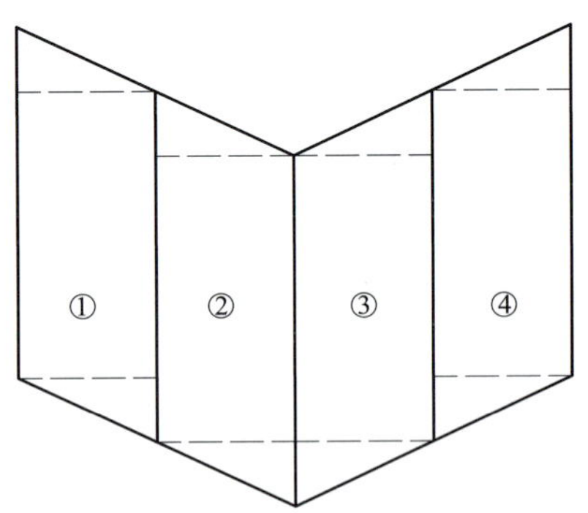

图 2-5-7　模板组装示意图

（2）模板安装。模板安装的方法有悬吊式、角钢支撑式等，吊装式具有易调整高差、易控制坡度、根开的优点，本典型施工工法推荐采用悬吊式模板进行安装和固定。其安装示意图见图 2-5-8。

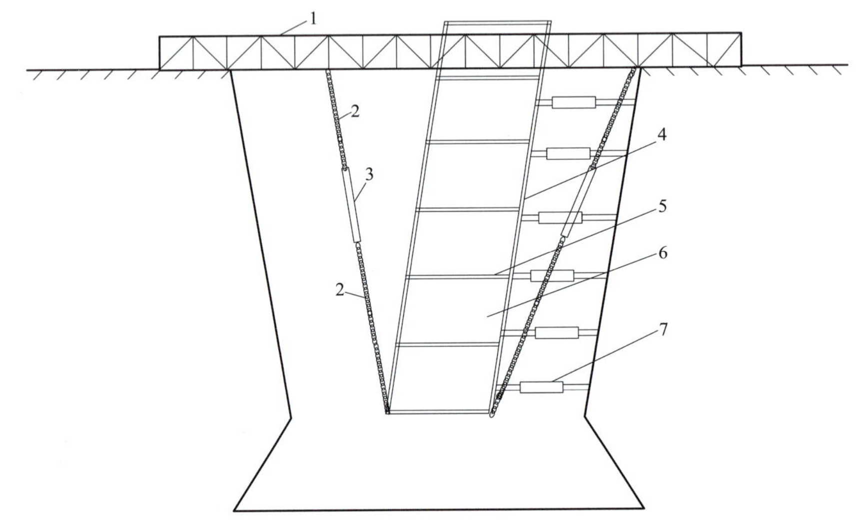

图 2-5-8　悬吊式模板安装示意图

1—浇制抱杆；2—钢丝绳套；3—双沟或花栏；4—棱角固定角钢；5—加强角钢；6—竹胶模板；7—模板推顶器

（3）模板安装后应固定牢靠，安装完毕后应立即检测各部尺寸，模板顶面与基础中心桩间高差不得超过±5mm；模板断面尺寸不得小于设计断面尺寸；模板上下对角线应相等，不得出现菱形现象；模板沿基础对角线侧两个棱应在基础对角线上，不得出现偏移或扭转。

（4）模板吊装的各索具应连接牢靠，且应均匀受力，各部技术参数符合设计要求后，应及时使用支顶器或支撑木进行支顶，尤其是两内角侧必须每隔 400～500mm 间距使用模板推顶器进行一道支撑，确保模板在浇筑过程中不发生移动和变形。模板连接及支顶实物图如图 2-5-9 所示。

图 2-5-9　模板连接及支顶实物图

1—木条连接；2—角钢条连接；3—推顶器

5.2.7 地脚螺栓安装找正

5.2.7.1 地脚螺栓安装

（1）地脚螺栓在安装前必须校对螺栓直径、长度、坡度及材质等进行检查，所检查项符合设计要求后方准安装。

（2）斜柱式基础均采用制弯地脚螺栓，在地脚螺栓安装时宜采用地脚螺栓模具进行地脚螺栓固定，以保证地脚螺栓安装质量。

（3）地脚螺栓固定除使用地脚螺栓模具样板孔进行固定外，还应使用 10 号绑扎丝将其根部固定在钢筋笼的主筋上，以保证弯地脚螺栓的位置相对固定。

（4）对于直线塔式基础，地脚螺栓相对较少，螺栓较轻，可以预先焊接成型后穿入地脚螺栓模具样板孔，用螺帽固定，将地脚螺栓模具和地脚螺栓装入立柱钢筋笼内，调整地脚螺栓根开及对角线，符合设计要求后将模具固定在立柱模板上。

（5）对于转角塔基础由于地脚螺栓较多，无法在地面一次将地脚螺栓装入模具板孔内，应首先将模具放在立柱模板上后，逐根将地脚螺栓穿入模具样板孔内，用两个螺帽将模具夹紧，调整模具使对角线符合设计要求后，将模具固定在立柱模板上。

（6）地脚螺栓丝扣露出模具的高度应在操平模板后符合设计图纸要求规定。螺栓丝扣部分在基础浇筑完成后应用钢丝刷清理干净并涂以黄油后用牛皮纸包裹，以防锈蚀。利用模具固定地脚螺栓实物图如图 2-5-10 所示。

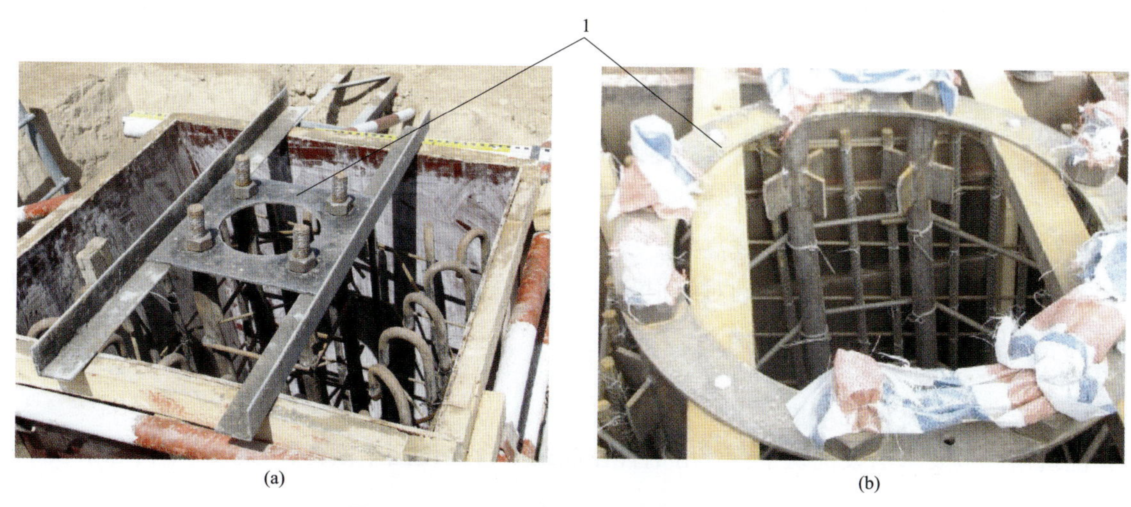

图 2-5-10 利用模具固定地脚螺栓实物图

（a）4 根 1 组地脚螺栓固定；（b）8 根 1 组地脚螺栓固定

1—固定螺栓模具

5.2.7.2 地脚螺栓模具加工

按地脚螺栓的规格、数量、根开及对角根开等参数制作地脚螺栓模具，其数量及规格视基础型式而定，在制作时应满足以下要求：

（1）模具钢板厚度应保证地脚螺栓安装后模具不变形，视地脚螺栓的重量不同，一般采用 5～8mm 钢板；

（2）模具眼孔位置应正确无误，其误差不得大于 2mm，孔径应略大于地脚螺杆直径，一般按 2mm 考虑；

（3）在模具制作时应标明地脚螺栓同心圆星线在对角线方向相邻地脚螺栓弧线中线，并标明交点，如图 2-5-11 地脚螺栓模具加工示意图中所示 A 点和 B 点，以便于地脚螺栓找正。

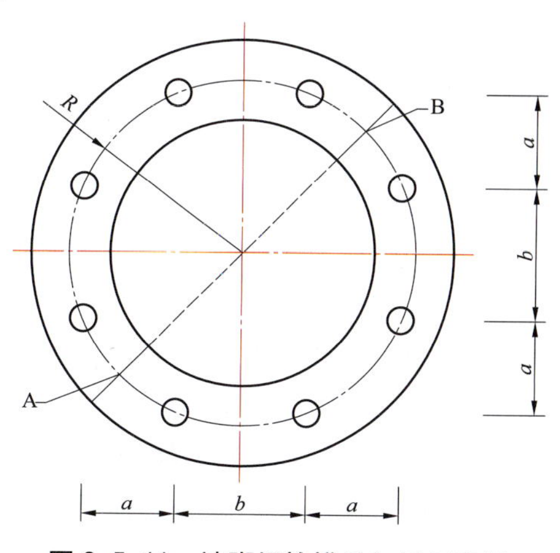

图 2-5-11 地脚螺栓模具加工示意图

5.2.7.3 地脚螺栓的找正

（1）将地脚螺栓安装好并进行找平并校验地脚螺栓根开、对角线及保护层合格后即可进行地脚螺栓找正工作。

（2）地脚螺栓找正示意图见图 2–5–12。将经纬仪安放在基础中心桩上并调平对前后视旋转 45°，微调地脚螺栓及模具，使 A 点和 B 点处于基础对角线上，分别测量 A 点和 B 点与基础中心桩间水平距离，使其分别等于 $M+R$ 或 $M-R$ 便视为地脚螺栓位置正确。

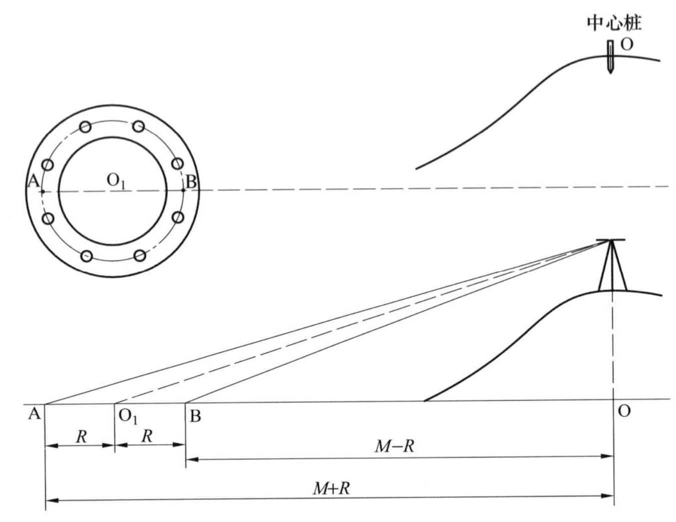

图 2–5–12 地脚螺栓找正示意图

O—铁塔基础中心桩；R—地脚螺栓同心圆半径，mm；O_1—基础顶面、模具中心；

A、B—地脚螺栓同心圆星线在对角线方向相邻地脚螺栓弧线中点；M—基础顶面半对角根开

（3）地脚螺栓找正后应再次检查其高差，确保满足设计要求。

（4）本典型施工方法有效地将基础对角根开测量由虚点转变为实点测量，提高了测量精度，加快了地脚螺栓找正速度。

5.2.8 基础浇筑

5.2.8.1 浇筑平台搭设及搅拌机设置

（1）浇筑前应按要求搭设浇筑平台，用钢管在浇筑平台上设挡车横栏，且浇筑平台应搭设牢固、可靠。

（2）浇筑平台搭设面积应能够满足混凝土投注要求。

（3）浇筑平台表面应平整，有不得过高的棱坎或其他障碍物，防止作业人员意外摔倒掉入坑内。

5.2.8.2 搅拌机设置

（1）搅拌机应设置在距坑口 1.0m 以外，若地质较软时，搅拌机应远离坑口，或增大搅拌机与地面接触面积。若使用大型搅拌机时，搅拌机应安置在远离坑口进出料方便的地方。

（2）在使用前应对搅拌机的性能及安全设施进行检查，确保搅拌机性能可靠，安全设施齐全。

5.2.8.3 基础浇筑

（1）混凝土搅拌。

1）基础浇筑采用机械搅拌，施工时为保证基础浇筑的连续性，保证混凝土浇筑质量，应设有应急搅拌机、发电机及振捣器。

2）使用搅拌机前，应将滚筒内浮渣清除干净，并进行投料运转试验，机器转动正常后，才能投入浇筑作业。

3）投料顺序一般是砂、水泥、水、石。从而克服了混凝土粘筒、搅拌费力、搅拌不匀等缺点。

4）搅拌机使用完毕或中途停机时间较长，必须在旋转中用清水冲洗滚筒，然后再停机。

5）混凝土搅拌时间应遵照混凝土搅拌最短时间执行，见表 2–5–2。

表 2-5-2 混凝土搅拌最短时间 s

坍落度	机型	搅拌机容积		
		＜250	250～650	＞650
≤30mm	强制式	135	180	225
	自落式	90	135	180
＞30mm	强制式	135	135	180
	自落式	90	90	135

（2）投料。

1）混凝土拌和合格后，应立即进行浇筑，浇筑时应先从一角或一边开始，逐渐浇到四周。

2）投料过程中应随时注意模板及支撑是否出现变形、下沉、移动、跑浆等现象，钢筋笼保护层是否符合要求。

3）混凝土浇筑应连续进行。

4）坑深超过 2m 时应设溜槽，以防止主副料离析。

（3）混凝土的捣固。

1）混凝土振捣应采用插入式振捣棒机械振捣，捣固由有经验的熟练工担任。

2）为保证上下浇筑后的结合，插入下层混凝土的深度一般为 30～50mm，以消除两层间的接合缝。在振捣时振捣器不得紧靠模板。

3）操作应"快插慢拔"按一定顺序进行，插点均匀排列，逐点移动，有序进行，不得漏振或过振，振捣时应均匀振捣，振动棒移动间距不得大于振捣器作用半径的 1.5 倍。

4）浇筑的混凝土应分层捣固，每层厚度不应超过振动棒长度的 1.25 倍。

5）操作时应避免碰撞钢筋笼和模板。

6）不得用振动棒对堆积的混凝土进行摊平。

7）每一振动点作用时间，以混凝土表面呈水平并出现水泥浆和不再出现气泡，不再显著沉落为宜，一般每次宜为 20～30s。不允许捣固过久，防止出现漏浆现象。严禁将振动棒插入混凝土中停留或休息。

8）上层捣固好后，不得再捣固下层。

9）基础立柱较长断面较大，振捣器无法在长距离落到指定位置，振捣人员直接到立柱中进行振捣，或使用有足够强度的延长杆，将振捣器绑于其上，深入立柱中振捣，以保证混凝土振捣质量。

5.2.8.4 模板及地脚螺栓校验

（1）在基础底板浇筑完成后应立即进行基础模板校验，校验项目包括立柱坡度、根开等。

（2）在基础立柱浇筑到地脚螺栓以下 200mm 时应对地脚螺栓的规格、根开、对角线、保护层、基础半对角根开进行校验，确保各检验项符合设计要求。

5.2.8.5 基础收面

（1）基础浇筑完毕后，应安排专人负责对基础顶面和底板上平面进行收面。

（2）基面不得二次抹面，必须做到一次成型。

（3）收面过程中，应对基础四角高差进行测量，确保基面平整。

5.2.8.6 混凝土试块制作

（1）混凝土试块。直线塔 5 基做 1 组，转角塔 1 基 1 组。

（2）试块必须取同一盘混凝土制作，并且与基础同等条件下养护。试块编号必须标明桩位号、塔腿号、混凝土等级及制作日期。

（3）施工技术人员应做好基础试块的登记及统计工作，以免发生遗漏。

5.2.9 基础拆模

（1）基础达到拆模强度后方可拆模。拆模时，应保持混凝土表面及棱角不受损坏。

（2）拆模后应及时在基础内角进行支撑，以防止基础回填过程中根开及高差发生变化。

（3）拆模要自上而下进行，敲击要得当，保证混凝土表面及棱角不受损坏。

（4）拆除的模板应立即进行清理，整理备用。

（5）拆模后将地脚螺栓表层混凝土清理干净，涂黄油后缠绕塑料薄膜或其他遮盖物进行保护。

（6）拆模时应做好隐蔽工程检验签证，并做好检查记录。

5.2.10 基础养护

5.2.10.1 基础拆模前养护

（1）基础浇筑后12h内开始浇水养护，天气炎热时应在3h内进行浇水养护，浇水次数应能保持混凝土表面始终湿润。

（2）在气温较高时，应采取基础外露部分铺设草帘，并保持草帘湿润等有效措施防止基础暴晒。

（3）当冬季施工后基础养护宜采用蒸汽养护或温棚养护法进行基础养护。

5.2.10.2 基础拆模后养护

（1）基础拆模后宜采用浇水养护，养护不得少于7昼夜。

（2）对于水资源缺乏、运输较为困难、日照强度大的地区，基础拆模后可采用塑料薄膜包裹基础养护法养护，即模板拆除后采用塑料布将敞露的混凝土覆盖严密（缠裹时应由上至下进行缠裹），边回填边在基础与塑料薄膜间浇水，使塑料薄膜内有足够的水，直至基础回填完毕。

5.2.11 基础回填

（1）基础坑回填时应清除树根、杂草等异物，且基坑内不得有水。

（2）回填土应分层夯实，每层厚度为300mm。回填后应设防沉层，其范围不小于基坑上口尺寸，塔基表面不得积水。

（3）基础拆模后，经检查合格后应立即回填，严禁将基础长时间裸露。

（4）回填时应均匀回填，且应在内角侧进行必要的支撑，防止基础发生位移。

5.2.12 施工现场恢复

（1）基础回填后剩余回填土即视为弃土，基础回填完毕后，塔基弃土必须妥善处理，不得直接丢弃在塔基下坡方向，避免破坏植被和坡体稳定。不得影响塔位的自然排水，应按照设计规定地点进行处理。设计未作要求者，应将其运至合适的地点进行堆放，以减少对环境的影响，防止水土流失。

（2）一次性做好地表处理及基面回填工作，恢复施工现场原有地形地貌，做到不留施工痕迹。

（3）基坑回填后，应在表面做5%左右的散水坡，保持基面排水通畅，防止基面积水。

（4）施工结束后，施工人员应及时清理施工现场，做到工完、料净、场地清。

6 人员组织

基础施工人员配置见表2-6-1。

表2-6-1　　基础施工人员配置

序号	岗　位	数量（人）	职　责　划　分
1	工作负责人	1	负责施工组织、现场协调工器具准备
2	安全负责人	1	负责整个施工过程安全监护
3	技术（测工）	1	负责现场技术、质量
4	电工	1	负责现场临时用电的管理及维护
5	振捣	2	混凝土振捣施工及振捣棒的维护保养
6	机械操作	1	搅拌机操作及搅拌机的维护保养
7	上料	8～10	砂、石、水的运输及运输工器具的保养及维护

续表

序号	岗　　位	数量（人）	职　责　划　分
8	投料	3～5	投放混凝土及溜槽的安放、拆除及清理
9	运输	4	混凝土的运输
10	配合比、坍落度及试块制作	1	配合比检查、坍落度试验及试块制作及养护

7　材料与设备

基础施工工器具配置见表 2–7–1。

表 2–7–1　　基础施工工器具配置

序号	名　称	规　　格	数量	单位	备　　注
1	经纬仪	精度不小于 6″	1	台	经检验合格，且在有效期内
2	水准仪	JS–3	1	台	经检验合格，且在有效期内
3	钢卷尺	30m	1	把	有 MC 标志
4	钢卷尺	5m	1	把	有 MC 标志
5	塔尺	5m	1	副	有合格证
6	花杆	3m	2	副	有合格证
7	小锤	3 磅	1	把	
8	小钉	0.5 寸	若干	个	
9	细线绳	2mm	30	m	坑口放样
10	木桩	40mm×40mm×400mm	40	个	用于钉辅桩
11	搅拌机	轻型自落式	2	台	其中 1 台备用
12	发电机		2	台	其中 1 台备用
13	振捣器	电动	3	台	其中 1 套备用
14	配电箱		1	个	
15	灰斗车		6	辆	运输骨料及混凝土
16	铁皮		3～5	张	
17	钢管	ϕ48mm×6m	20～25	根	用于搭设浇筑平台
18	竹夹板		15	块	用于浇筑平台搭设
19	模板推顶器	自制	40	个	用于固定模板
20	双钩	3t	16	个	用于模板悬吊
21	钢丝绳套	ϕ11mm×3m	32	根	用于模板悬吊
22	卸扣	5t	32	个	用于模板悬吊
23	抱杆	□380mm×380mm×4000mm	16	根	用于固定模板
24	扳手	12 寸	2	把	
25	手钳		2	把	
26	彩条布		若干	条	根据现场需要配置
27	铁锹		10	把	

续表

序号	名 称	规 格	数量	单位	备 注
28	钢钎		4	根	
29	镐		5	把	
30	管钳		1	把	
31	经纬仪	2″或 6″	1	台	检验合格
32	塔尺	5m	1	副	检验合格
33	花杆	5m	2	副	
34	钢卷尺	30m	1	把	检验合格
35	卷尺	5m	2	把	检验合格
36	模板固定角钢		40	副	
37	大锤	10 磅	1	把	
38	小锤	5 磅	1	把	
39	坍落筒		1	套	含捣固钢钎及测量尺
40	试模	□150mm×150mm×150mm	1	组	

8 质量控制

8.1 质量标准

GB 50204—2002 混凝土结构工程施工质量验收规范

GB 50233—2005 110～500kV 架空送电线路施工及验收规范

GB 50389—2006 750kV 架空送电线路施工及验收规范

DL/T 5168—2002 110kV～500kV 架空电力线路工程施工质量及评定规程

Q/GDW 115—2004 750kV 架空送电线路施工及验收规范

Q/GDW 121—2005 750kV 架空送电线路施工质量检验及评定规程

Q/GDW 153—2006 1000kV 架空送电线路施工及验收规范

Q/GDW 163—2007 1100kV 架空送电线路施工质量检验及评定规程

Q/GDW 225—2008 ±800kV 架空送电线路施工及验收规范

Q/GDW 226—2008 ±800kV 架空送电线路施工质量检验及评定规程

8.2 质量要求

（1）基础施工质量要求。

基础根开及对角线（%）：地脚螺栓式±0.10，高塔±0.06。

整基基础扭转（′）：8。

基础坑深（mm）：+100，−50。

钢筋绑扎（mm）：主筋±10；箍筋±20。

（2）质量检验。

1）基础施工前应进行技术质量交底，明确质量、技术要求及施工方法。

2）基础分坑前，施工技术人员应校核塔基断面是否与设计相符；应校核直线基础的直线性及前后相临档距；转角塔应校核其水平转角度数及前后档距。不等高基础在分坑完毕后，必须由另外一名测工进行检验。

3）基坑开挖应保留塔位中心桩，作为校验立柱顶高、基础埋深的依据，若不能保留，应将塔位中心桩引出。

4）基坑开挖过程中应核实地质与《地质勘测报告书》中描述的地质情况是否一致，若不一致，应及时通知设计单位。

5）基坑清理应清理完毕后，应测量底板断面尺寸及坑深等技术数据，并做好记录。

6）铁塔基础坑深允许偏差为+100、−50mm，在允许范围内按最深一坑操平。超出误差部分必须按规范要求处理。

7）钢筋绑扎前应校核其规格、材质、数量是否与设计相符，且应在绑扎前除锈除污。

8）原材料控制。

a. 砂石的规格应符合配合比通知单要求，其产地应为试验取样产地。

b. 浇筑用水应使用清洁的饮用水，若对水质有怀疑时应送检测部门进行检验。

c. 水泥的品种应符合配合比通知单要求，不同品种的水泥不得在同一浇筑体中使用。

9）基础配合比及水灰比控制。

a. 骨料误差控制要求。水泥、水≤±2%，石子、砂≤±3%。

b. 在上料前应清除基础骨料中柴草、泥土等杂质。若试验报告要求对砂料过筛时，则应按《配合比通知单》要求对砂石进行过筛。

c. 施工中应对基础配合比及水灰比进行检查，每班次或每基基础不得少于 2 次，并做好记录。

10）混凝土搅拌时间应根据搅拌机规格、型号的不同按表 2-5-2 混凝土搅拌最短时间要求进行控制。

11）当混凝土自由下落高度超过 2m 时，必须使用溜桶（槽），防止混凝土砂、石离析。

12）基础浇筑过程中，施工技术人员应随时监控地脚螺栓高程、基础坡度等数值的变化，确保基础各项数据符合设计要求。

13）混凝土振捣应采用机械振捣，每 300mm 振捣一次，振捣时应采用“快插慢拔”法，不得出现漏振；层与层结合部插入深度不得小于 50mm。

14）基础浇筑后 12h 内开始浇水养护，天气炎热、应在 3h 内进行浇水养护；天气炎热时，基础裸露部分应加盖草帘等遮盖物，并保持其湿润；基础浇水养护不得少于 7 昼夜；当日平均气温低于 5℃时不得浇水养护；但采用养护剂养护时不得进行浇水养护。

15）应做好基础成品保护，应采取措施保护基础棱角，地脚螺栓外露部分应在回填前涂刷防腐剂并进行包裹。

16）基础回填必须按设计要求进行夯实，回填后应制作防沉层，表面应做 3%～5%散水坡。

9 安全措施

9.1 安全标准

DL 5009.2—2004 电力建设安全工作规程 第 2 部分：架空电力线路

国家电网安监［2009］664 号 关于印发《国家电网公司电力安全工作规程（变电部分）、（线路部分）》的通知

9.2 安全措施

（1）线路复测尤其是带电体交跨的测量，应保证塔尺或花杆与带电体间有足够距离。

（2）现场施工人员应设立专职场安全负责人，负责现场安全监督。

（3）机械开挖时，挖掘机作业半径范围内不得有人。

（4）坑深超过 1.5m 时，坑下作业人员应使用爬梯上下。

（5）基础坑口边缘 1m 以内不得堆土，不得堆放材料和工具，并在基础周围陡坡面设警戒线，防止人员坠入坑内。

（6）基坑开挖完成后应尽快进行支模浇筑，防止塌方；未能及时浇筑的，坑口应设醒目警告标志，严防出现坠坑伤害等意外。

（7）浇筑抱杆、模板应牢靠固定，防止斜柱基础浇筑后发生位移或倾斜。

（8）模板安装及拆除时，其重量在 50kg 以下时可采用人力抬运，对于重量大于 50kg 者，应采用

绳索吊运。

(9) 严禁施工人员在模板、推顶器具上行走。

(10) 发电机、搅拌机及电动振捣器的接线应有专人负责，配有电源箱，剩余电流动作保护装置，防止漏电伤人。发电机应设安全围栏，设醒目警告标志，严禁非操作人员入内。

(11) 搅拌机应设置在平整坚实的地基上，安置应牢固可靠，保持与坑边的安全距离，安装后应使支架受力，不得以轮胎代替支架。搅拌机在施工时需设可靠接地。

(12) 搅拌机运转中，严禁将工具伸入滚筒内扒料，加料斗升起时，料斗下方不得有人；手推车运送混凝土时，倒料平台应设挡车措施，倒料时严禁撒把。

(13) 振捣器应设可靠保安接地，且振捣人员应配备绝缘手套和绝缘胶鞋，电源必须设漏电保护装置。

(14) 搅拌机、发电机、振捣器及运输车辆应又持证人员操作或驾驶，无证或未复证人员严禁进行操作或驾驶。

(15) 车辆行驶时，应严格遵守交通规则，不开英雄车、赌气车、疲劳车，不开带病车。

(16) 运输器材时，器材要摆设整齐，布局合理，绑扎牢固，若遇装载超长物件时，必须悬挂红布标志。

(17) 严禁客货混装；施工人员乘车到现场不得将身体任何部位伸出车厢之外，不得在车厢内打闹、玩耍。

(18) 施工现场应配备有急救箱，并配置相应的急救药品。

10 环保措施

(1) 运输车辆不得超载，运载工程砂、石应进行遮盖，防止飞尘污染。

(2) 水泥尽量安排在库房内存储，在露天存放时应采用严密遮盖，运输和卸运时防止遗洒飞扬以减少扬尘。

(3) 生活垃圾应按当地要求集中存放或掩埋，严禁随意倾倒，减少对大气污染。

(4) 施工现场距离居民点较近时避免夜间施工，杜绝在夜间噪声对周边居民的影响。杜绝人为敲打、叫嚷、野蛮装卸噪声等现象，最大限度地减少噪声扰民。

(5) 在施工中，在满足施工及生活用水外，应节约用水，减少对水资源的浪费。

(6) 施工场地满足施工要求即可，尽量减少施工临时占地，减少植被的破坏和对农田的踩踏。

(7) 基础开挖时，应将生熟土分开堆放，基础回填时，应先回填生土，再将熟土回填在基础表面，以利于植被的生长，从而起到保护植被和防止水土流失，保护环境。

(8) 基土堆放时，应铺垫彩条布，保护地表植被，防止水土流失。

(9) 在坡状地形进行基础开挖时，应采取用蛇皮带在坎边围护弃土、弃石等物的方法防止水土流失。

(10) 施工完毕，应及时恢复原始地形、地貌，各塔位在基础施工后的余土，不允许就地倾倒，要求搬运至塔位附近对环境影响最小的地方堆放，且不影响农田耕作。做到对植被进行保护。

(11) 材料堆放要合理得当，沙、石、水泥及各种材料的堆放场地应选择合理的地方，水泥堆放场地应选择地势较高，避开自然水流冲刷地带，在地面上垫高 200mm，并铺设彩条布，采取必要的防潮、防雨措施；砂石料的堆放应在地面上铺设彩条布，并在水泥、砂石料上方加盖彩条布，达到对材料的“下铺上盖”。施工完后，多余材料全部运走，做好施工场地恢复工作，做到工完、料净、场地清，减少遗留砂石等材料对植被的破坏，恢复植被的自然生长。

11 效益分析

本典型施工方法采取吊装式安装模板，采用模具进行地脚螺栓固定及在模具上做出根开测量印记点等工艺，具有易调整模板高差、易控制模板坡度、根开的优点，可加快模板、地脚螺栓找正及基础根开测量速度，提高工作效率，节省人工，节约施工投入，降低施工费用。

在施工中，可减少挖土方量，从而减少对施工现场植被的破坏及环境的扰动；减少因施工材料运输、储存、堆放对环境的影响，具有较好的环保效益和社会效益。

12　应用实例

12.1　750kV 兰州东—平凉—乾县输电线路工程

基础施工时间为 2007 年 4～7 月。

750kV 兰州东—平凉—乾县输电线路工程。起于甘肃省兰州东 750kV 变电站，途径甘肃、宁夏、陕西，止于陕西乾县 750kV 变电站（新建）。

750kV 兰州东—平凉—乾县输电线路工程兰平 X 标段线路全长 25.197km，共设铁塔 71 基（单回路铁塔 67 基，双回路铁塔 4 基），其中转角塔 24 基，直线塔 47 基。全标段基础混凝土方量 3561.71m^3。

基础型式主要有斜柱式基础和原状土掏挖基础两种，其中斜柱式基础 56 基，原状土基础 15 基。两种基础均采用底脚螺栓连接，其中斜柱式基础采用弯底脚螺栓连接，原状土基础采用直底脚螺栓式连接。

全标段基础桩位均为山地，运输条件较差；地质多为坚土。

该工程基础施工采用本典型施工工艺，基础施工自 2007 年 4 月 26 日开始，历时 92 天（其中 22 天为雨天），于 2007 年 7 月 27 日完成所有铁塔基础施工。施工安全可靠，工程质量优良。

实例图片见图 2-12-1。

(a)　(b)　(c)

图 2-12-1　实例图片

（a）固定地脚螺栓模具实物图；（b）模板固定实物图；（c）地脚螺栓保护实物图

1—地脚螺栓模具；2—模板提升索具；3—模板卡具；4—可调节模板推顶器；5—浇筑完成的基础

12.2　其他实例

本典型施工工艺在 750kV 兰白银输电线路工程白宁Ⅱ标段（基础施工时间为 2007 年 10～12 月）、徐家庄—月牙湖 330kV 输电线路工程（基础施工时间 2005 年 5～7 月）；330kV 黄河变—太阳山输电线路工程（基础施工时间 2009 年 10 月～2010 年 1 月）、宁东—山东±660kV 直流输电示范工程宁Ⅰ标段（基础施工时间 2009 年 8～12 月）等工程基础施工中均有采用。

通过使用本典型施工工艺，在工艺流程上简化了工艺流程，使斜柱式基础施工工艺流程简便化，便于操作；如采用吊装时支模，便于立柱模板坡度、高度的控制；采用模具进行地脚螺栓找正，将虚点找正提升为实点找正，简化找正方法；在工程质量方面，保证立柱的坡度、立柱顶面与基础中心桩的高差、地脚螺栓偏心等较为难以控制的质量控制点的质量控制易于控制，保证了斜柱基础施工的工程质量；在工程进度及效益方面，由于工艺具有可操作性，较易实现，与以往常规施工方法比较，基础模板及地脚螺栓找正时间缩短 2～4h，节约了施工时间，加快了工程进度，在一定程度上增加了施工效益。

通过实践，应用本典型施工工艺可有力地保障施工安全，确保斜柱式基础施工安全顺利进行，不存在由于施工方法不当而给工程带来的安全隐患。

典型施工方法名称：岩石嵌固式基础典型施工方法

典型施工方法编号：GWGF003-2010-SD-XL

编 制 单 位：新疆送变电工程公司

推 荐 单 位：新疆电力公司

主 要 完 成 人：许 建 马小云 贾喜远

目　次

1 前言

随着近年来电网建设的快速发展，输电线路工程的路径选择也愈加的困难，经常需要在高山峻岭之间进行穿越，传统的大开挖基础和掏挖式基础越来越不适应山区基础施工，在山区地形采用岩石嵌固式基础进行施工已被广泛采用。为总结、推广岩石嵌固式基础施工技术，提高施工安全与技术水平，减少对山区环境的破坏，国家电网公司特组织编写了《岩石嵌固式基础典型施工方法》。

2 本典型施工方法特点

嵌固式基础是指利用机械（或人工）在岩石地基中直接钻（挖）成所需要的基坑，将钢筋骨架和混凝土直接浇注于岩石基坑内而形成的基础。本典型施工方法施工特点如下：

（1）基础施工易操作、易控制，确保根开尺寸的精度。

（2）施工机械简单，可分解运输，对山区复杂地形环境的适应性强。

（3）比常规基础施工，减少了施工工序，降低了劳动强度，减少了植被破坏，较好地保护了自然环境。

（4）施工方便且工期短，经济效果非常明显。

3 适用范围

本典型施工方法适用于35～1000kV电压等级输电线路工程在中风化、坚硬岩石地质条件下的基础施工。

4 工艺原理

嵌固式基础典型施工方法是利用混凝土直接与坑壁结合，使基础增加了与地基的黏合力，增强了基础下压支撑力，增大了基础的抗拔力，并不用支模板和二次回填的一种基础施工型式。

根据复测后的杆塔基坑中心桩，按设计要求整理施工基面，铲除覆盖层。分坑时以设计的基础根开为各塔腿控制尺寸，对A、B、C、D 4条塔腿确定出各腿的基础中心。如遇高低腿，首先计算出各腿的相对高差以及各高低腿的坡度值，以各腿的中心按设计要求画圆后进行人工开凿或用风镐开挖、松动爆破开挖，呈圆柱形向下开挖。同时用各预先钉好的控制桩，校正基坑中心位置不得偏离，直到满足设计深度。坑口的直径和坑底部直径均符合设计要求尺寸，坑壁尽量平直，保持原土原石。经检验基坑直径符合设计要求后方可直接进行混凝土浇灌，并用经纬仪校正好地脚螺栓距离，其余施工方法和普通混凝土基础施工方法相同。

5 施工工艺流程及操作要点

5.1 施工工艺流程

本典型施工方法施工工艺流程如图3-5-1所示。

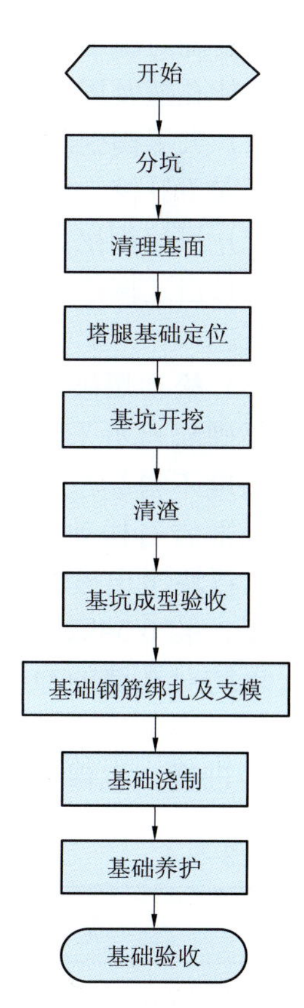

图3-5-1 岩石嵌固式基础典型施工工艺流程图

5.2 操作要点

5.2.1 分坑

根据设计图纸，用经纬仪精确复测线路的档距、标高、高差，准确定出各塔腿中心位置。

5.2.2 清理基面

（1）根据复测后的杆塔基础中心桩，按设计要求尺寸清理施工基面，铲除覆盖层，使岩石完全暴露出来。清理的范围必须要比基坑坑口边各放出

500mm 左右，且基坑口周围具备支模板的地形条件。

(2) 基面清理时严禁破坏基面的完整性。当采用爆破清理施工基面时，距离设计标高 1m 范围内不得使用爆破。清理基面过程中，应采用经纬仪随时观测基础腿相对基础面高差以及塔腿之间的相对高差。如遇高低腿，则应按基础设计坡度、坑深、开档对角线等计算出各腿的中心位置。

(3) 基面验收。基坑开挖前应组织有关专业人员对基面清理现场进行勘测，并请设计人员到场验槽，以确定地质性质是否适合嵌固式掏挖基础，边坡距离是否满足基础抗拔设计。

5.2.3 塔腿基础定位

基面清理完毕后，利用经纬仪在基面上准确定出各塔腿中心位置，并定好控制桩。

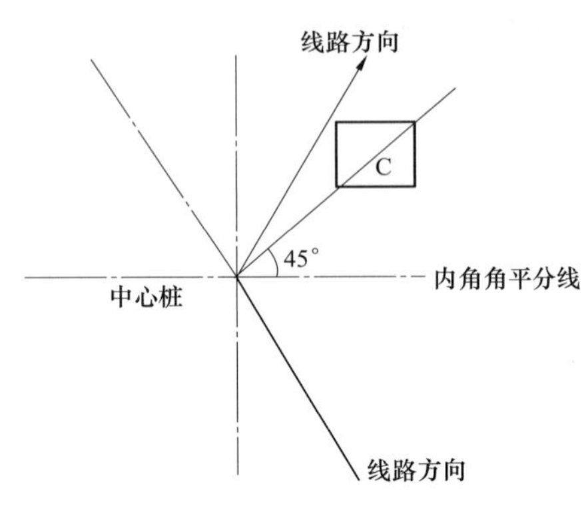

图 3-5-2 转角塔分坑示意图

(1) 直线塔（以正方塔为例）。将经纬仪架于中心桩上，对准相邻塔位中心桩，在距离中心桩大号及小号方向 10m 以外（方便施工的位置）各钉一个辅助桩，以方便基坑的校核和基础浇制。经纬仪归零后旋转 45° 进行分坑，依次类推定出 A、B、C、D 4 条腿的基坑中心位置。

(2) 耐张塔。将经纬仪架于中心桩上（如果中心桩有位移时，应将经纬仪架于位移桩上）对准相邻塔位中心桩，在距离中心桩大号及小号方向 10m 以外（方便施工的位置）各钉一个辅助桩，测量出实测转角度数，作出角平分线，钉一个辅助桩，然后将经纬仪架在中心桩上，对准角平分线经纬仪归零后旋转 45° 进行分坑，依次类推定出 A、B、C、D 4 条腿的基坑中心位置，转角塔分坑示意图如图 3-5-2 所示。

5.2.4 基坑开挖

基坑开挖根据现场实际地质情况，可采用人工开挖、风镐开挖、放小炮松动爆破开挖交错进行。岩石嵌固基础对施工质量有着严格的要求，特别是在掏挖成孔的过程中，必须保证不破坏岩体结构的整体性，保持孔壁及周围岩体的地质原状，以充分利用岩体的力学特性，确保基础受力稳定。

(1) 人工掏挖。主要使用十字镐、铁锹、钢钎、钻子、榔头等工器具，开挖一层后就清理一层，呈圆柱形向下开挖。此开挖方法适用于强风化纹理发育的较松散岩石。

(2) 风镐掏挖。主要用空压机带动风镐，钻头改为尖状钻子型对岩石进行打击式掏挖，打一层清理一层，适用于地质状况为纹理发育节裂性岩石。

(3) 松动爆破。采用炸药放小炮松动爆破开挖，对风化纹理发育的较坚硬岩石可采用少量炸药放小炮进行松动，药量必须严格控制。打眼深度不得超过 500mm，具体装药量见表 3-5-1。其效果是打闷炮，使其底部岩石松动，再用人工清理。使周边原石原土不被破坏，以防气浪、石块飞出破坏基础洞口，影响掏挖质量。基坑中心打深 500mm 的炮眼，装 0.34kg 炸药。孔壁边缘打间距 150mm 的空炮眼，不装炸药，以防对孔壁的冲击破坏。特殊岩石可少量使用炸药，每次不超过 0.5kg。采取如图 3-5-3 所示的人工开挖与放小炮的施工方法，加快了施工的进度，也保证了基础质量。

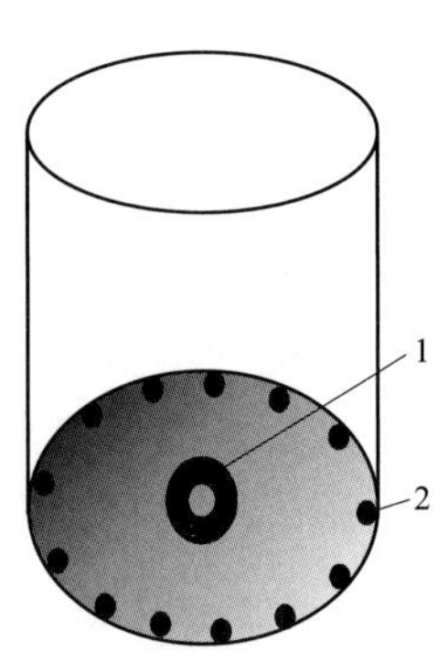

图 3-5-3 爆破示意图

1—爆破孔；2—防震孔

表 3-5-1 硝铵炸药用量参照

岩 石 质 地	孔径（mm）	孔深（m）	用药量（kg）
砂砾花岗岩、黏土质砂岩、石灰岩	ϕ35	0.4～0.5	0.34
风化严重软质花岗岩、片麻岩、正长岩	ϕ35	0.4～0.5	0.25

5.2.5 清渣

基坑分层开挖完毕后再进行清渣工作，坑深超过 2m 清理废渣必须采用在坑口搭设三脚架，缓慢提升吊篮的方式清除坑内开挖的废渣。

5.2.6 基坑成型验收

基坑开挖完毕后，施工人员应上报施工项目部及监理项目部，会同设计人员及监理对已掏挖成型的基础坑进行全部尺寸、洞壁及地质情况检查核实并认真做好施工记录，基坑尺寸不允许有负偏差。基坑经验收合格后方可进入下一道工序。

5.2.7 基础钢筋绑扎及支模

（1）钢筋笼制作可以在坑内绑扎完成，也可以在地面上绑扎完成，再整体放入坑内找正。

（2）基础支模前应用经纬仪认真核对基坑各项尺寸，确保模板及地脚螺栓各项尺寸达到设计要求。

（3）模板支撑应牢固，支设完毕后严禁施工人员踩踏。浇制过程中也应复查模板尺寸，防止模板松动或位移。

5.2.8 基础浇制

（1）浇筑前，应再次检查坑内无残渣或杂物等。

（2）在施工道路允许的条件下，混凝土浇制时优先选用机械搅拌方式。

（3）现场浇筑基础应采取措施，防止泥土等杂物混入混凝土中。

（4）机械搅拌宜选用体积较小，容易运输的搅拌机，每次搅拌时间不得少于 1.5min，基础浇制如图 3–5–4 所示。

图 3–5–4 基础浇制

（5）地脚螺栓的各部尺寸应符合设计要求，基础顶部应平整平滑，转角时按设计角度进行计算预偏。

（6）如果山区地形受限制，需人工搅拌时，应采取“三三制”，即先将砂子和水泥倒在搅拌平台上反复拌三次，使其颜色均匀，然后加入 80%用量的水搅拌三次成为砂浆。再将石子倒入砂浆内反复搅拌三次，搅拌时加入剩余的水，直至搅均匀。

（7）严格控制配合比并按规范要求检查坍落度，将所需的水泥、砂、石、水等材料用台秤称重，偏差不得超过表 3–5–2 的规定。

表 3–5–2　　材料重量差控制

偏差名称	允许值	偏差名称	允许值
水泥和干燥状态的拌和料	±2%	水、外加剂的溶液	±2%
砂石	±5%		

（8）混凝土中如果需要加入添加剂，必须征得设计人员同意。

（9）浇筑完成后，承台按标高要求收光，要求一次成型，杜绝二次抹面。

（10）设计要求进行防风化处理时，岩石表面按要求进行防风化处理。在浇制防风化保护层以前，一定要将保护范围内的杂物、泥土清理干净，还应注意排水，避免岩石基础地表积水。

5.2.9 基础养护

（1）地面以下的混凝土采用自然养护方法。

（2）地面以上部分，12h 内浇水养护。当天气炎热、干燥有风时在 3h 内基础表面加覆盖物，浇水养护，浇水次数应能保证基础表面湿润。

（3）在 30 日内，以基础为中心，半径为 5m 之内不允许有对基础造成影响的作业，半径为 30m 之内不允许有爆破作业。

（4）基础拆模要保持表面及基础棱角不受损坏，强度不低于 2.5MPa，在不同温度下拆模时间参考见表 3–5–3。

表 3-5-3　　拆模时间参考　　天

水泥品种	平均气温（℃）			
	5	10	15	20
硅酸盐水泥	4	3	2	2
矿渣水泥	6	5	4	3

5.2.10　基础验收

基础养护完毕后，应组织有关技术人员对基础各部尺寸进行验收，检查混凝土表面质量及各部尺寸是否满足规范要求，并及时认真填写施工记录。

6　人员组织

施工前，应按要求对全体施工人员进行安全技术交底，交底要有记录，签字齐全。特种作业人员必须经过安全技术培训、考试，合格后方可上岗。

人员配置见表 3-6-1。

表 3-6-1　　人员配置

序号	岗位	数量（人）	职责划分
1	工作负责人	1	负责基础施工全面工作，现场组织协调、工器具准备、物资供应计划，安全、质量、进度控制以及对外联系等工作
2	安全监护人	1	负责施工现场安全监护和检查工作
3	爆破工	2	严格按照爆破作业指导书和安全措施要求，负责松动爆破中的炸药装填和起爆工作
4	技工	4	严格按照作业指导书和技术措施要求进行施工，确保产品符合规范要求
5	普工	15	了解现场危险点，熟悉作业流程，做好本职工作

7　材料与设备

（1）水泥。

1）水泥标号等级不得低于 32.5 级，性能指标必须符合 GB 175—2007《通用硅酸盐水泥》的要求。

2）水泥的采购、运输、保管使用等按照一般基础规定程序进行。

（2）水。

1）搅拌混凝土用水，可采用饮用水，不得使用污水、海水及不符合 JCJ 63—2006《混凝土用水标准》要求的其他水体。

2）施工前应科学计算施工用水量，在现场设有集水坑或储水罐，对污水进行适当处理后方可排放。

（3）砂。砂的颗粒级配、含泥量、堆积密度、杂质含量应符合 JCJ 52—2006《普通混凝土用砂、石质量及检验方法标准》的要求。

（4）石。石子颗粒级配、含泥量、针状和片状的含量、强度、堆积度、杂质含量等应符合 JCJ 52—2006《普通混凝土用砂、石质量及检验方法标准》的要求。

（5）机具材料配置。机具材料配置见表 3-7-1。

表 3-7-1　　机具材料配置

序号	名　称	规　格	单位	数量	备注
1	空压机	$3m^3$	台	1	
2	汽压管	30mm	m	100	
3	风钻		台	2	
4	风镐		台	3	
5	振捣器		台	2	
6	发电机	3kW	台	1	
7	经纬仪	DJ2	台	1	
8	抽水泵	1kW	套	1	
9	储水罐	$1.2m^3$	个	2	
10	铁板	2	m^2	6	
11	台秤	200kg	台	1	
12	搅拌机	小型	台	1	
13	枕木	5m	根	4	
14	模板		m^2	若干	
15	钢钎	3m	根	4	
16	桶		个	2	
17	坍落度筒		个	1	
18	试块盒	150mm×150mm×150mm	个	3	

8　质量控制

8.1　执行规范

GB 175—2007　通用硅酸盐水泥

GB 50026—1993　工程测量规范

GB 50119—2003　混凝土外加剂应用技术规范

GB 50202—2002　建筑地基基础工程施工质量验收规范

GB 50204—2002　混凝土结构工程施工质量验收规范

GB 50233—2005　110～500kV 架空送电线路施工及验收规范

JGJ 18—2003　钢筋焊接及验收规范

JGJ 52—2006　普通混凝土用砂、石质量及检验方法标准

JGJ 94—2008　建筑桩基技术规范

JGJ 104—1997　建筑工程冬期施工规程

8.2　质量控制标准

（1）混凝土浇筑前，必须对基坑进行检查，经技术人员对基坑检验合格后，方可浇筑混凝土。

（2）嵌固式基坑直径允许偏差：+20mm，−0mm，且应保证设计锥度。

（3）嵌固式基坑坑深允许偏差：不应小于设计值。

（4）基础保护层厚度允许偏差：−5mm。

8.3　质量控制措施

（1）开挖过程中的注意事项。

1）不论人工开凿、风镐开挖，还是小炮振松岩石，严格保护掏挖坑的坑壁，不允许任意扩大基础尺寸，不允许将基础口破坏。

2）开挖过程中应高度关注坑壁上有无松动的浮石，如发现应立即清除。

3）距坑口 1.0m 以内严禁堆放材料或工器具等杂物，避免堆放物落入坑内伤人。

4）如遇大石或塌方，圆筒壁遭到严重破坏，立即请设计单位、监理单位、业主单位等技术人员到场评估，做出合理方案后再行施工。

（2）爆破人员必须经专业技术培训，经考核合格并取得相应证书者方可上岗作业。

（3）测量器具必须经专业机构检测，使用人员熟悉正确的使用操作方法。

（4）技术人员技术数据准确，技术措施到位，深入现场指导施工。

（5）严格按规范要求选用原材料，使用过程中严格控制误差。

（6）严格控制混凝土配合比，坍落度不得超过规定值。

（7）混凝土搅拌应均匀。混凝土振捣应使混凝土均匀，不触击地脚螺栓并保证不产生移动。

（8）基坑坑壁清理由专人负责，专人检查。

（9）认真贯彻工程质量三级检查验收制，施工人员对其施工质量负责，加强工序之间检查及队（班）自检工作，未经检查验收不准进入下道工序施工。

9　安全措施

（1）坚持“安全第一、预防为主、综合治理”的安全方针，严禁冒险作业，施工前要进行安全教育，从思想上提高安全防护意识。

（2）现场设专职检查员，在施工前和施工中应进行认真检查，发现问题及时处理，待清除隐患后，再行作业，对违章作业有权制止。

（3）开始施工时，对施工机械要进行一次全面检查，严禁机械设备带病作业，所用设备、设施安全装置、工具配件以及个人劳保用品等必须经常检查，确保完好和安全使用。

（4）搅拌机应设置在平整坚实的地基上，装设好后应由前、后支撑架承力，不得以轮胎代替支撑架，机械传动处应设防护装置。

（5）用手推车运送混凝土时，倒料平台口应设挡车措施；倒料时严禁撒把。

（6）施工场地内必须配有灭火器材，进入施工场地不得携带火种。

（7）为防止缺氧窒息、有毒气体中毒等现象发生，在施工过程中采用鼓风机进行通风，排除坑内的爆破烟气和有毒气体等，送足足够的新鲜空气。方可下坑操作。

（8）用凿岩机或风钻打孔时，操作人员应戴口罩和风镜，手不得离开钻把上的风门，严禁骑马式作业；更换钻头应先关闭风门。

（9）向炮孔内装炸药和雷管时，应轻填轻送，不得用力挤压药包；严禁使用金属工具向炮孔内捣送炸药。

（10）雷雨天气应停止作业，雪后应将作业范围内的积雪清除干净后方可作业。

（11）现场指挥人员命令准确，语言清晰，精神集中。

10　环保措施

（1）施工前，认真对现场进行环保策划，制订出减少废渣废水排放措施，选择最小限度破坏地面植被的运输路径，施工材料放置位置材料机具定置摆放。

（2）现场设置垃圾回收设施，对作业产生的垃圾及看护人员的生活垃圾进行回收。

（3）机械设备进场维修时应对维修场地进行铺垫，防止废油污染土地。

（4）坚持一日一清，每日工作结束后将材料机具及时放回原位。施工完毕后，必须做到工完、料净、场地清，及时恢复地貌。

11　效益分析

（1）可在中风化的软质碎石岩地质条件下采用，适用性强。

（2）基坑可用人工掏挖或小药量爆破开挖，浇制不需制模，施工方便且工期短。

（3）嵌固式基础应用于水平力大的转角塔，其经济效果非常明显。

（4）施工基本不破坏山体自然坡度，可通过调节主柱高度及配合铁塔高低腿共同使用的方式实现平衡，减少对施工基面的土石方开挖量，最大限度减少对自然环境的破坏，社会效益明显。

12 应用实例

12.1 实例 1：220kV 哈密山北双回输电线路工程

220kV 哈密山北双回输电线路从哈密 750kV 变电站出线，翻越天山山脉到山北 110kV 变电站。该输电线路全长约 60km，全线戈壁滩占 50%，高山占 50%，山区地势险要，地形复杂，交通运输极为不便，地质均为纹理风化发育坚硬岩石，该工程中实际应用了 76 基岩石嵌固式基础。该工程目前正在建设中。

12.2 实例 2：220kV 林皇一、二回输电线路工程

220kV 林皇一、二回输电线路从伊犁吉林台水电站变电站出线，翻越最高海拔 3660m 的北天山山脉到精河县 220kV 皇宫变电站。两回线路全长均约 98km，基本平行架设。全线戈壁滩约占 35%，高山大岭约占 65%，山区地势险要，地形复杂，交通运输极为不便，地质均为纹理风化发育坚硬岩石，该工程中实际应用了 126 基岩石嵌固式基础。

该工程一回于 2005 年 7 月 26 日投运，二回于 2007 年 10 月 20 日投运。经过回访，反馈结果为林皇一、二回输电线路铁塔及基础运行状况良好，特别是在 2010 年 2 月伊犁地区发生特大雪崩，造成皇林二回 5 基铁塔倒塌的事故中经受住了大自然的严峻考验（其中有 2 基是岩石掏挖基础），基础未受任何损坏，由此充分证明该基础型式的可靠性。

12.3 实例 3：220kV 下英输电线路工程

220kV 下英输电线路从喀什地区下坂地水电站变电站出线，翻越最高海拔 4280m 的南天山山脉到英吉沙县 220kV 变电站。线路全长约 167km，全线戈壁滩占 23%，高山大岭占 77%，山区地势险要，地形复杂，交通运输极为不便，地质均为纹理风化发育坚硬岩石，该工程中实际应用了 118 基岩石嵌固式基础。

该工程一回于 2010 年 5 月 16 日投运，目前铁塔及基础运行状况良好。

典型施工方法名称：岩石锚杆基础典型施工方法

典型施工方法编号：GWGF004-2010-SD-XL

编　制　单　位：华东送变电工程公司

推　荐　单　位：华东电网有限公司

主 要 完 成 人：王　焱　汪孔屏　陈茂平
鲁　飞　袁华东

目　次

1 前言

随着电网建设的快速发展，电力线路走廊多为山区，目前山区输电线路工程中多采用大板式基础、掏挖基础等型式，国家电网公司为了在输变电线路工程中实现“环境友好、资源节约、绿色施工”的理念，因地制宜设计、施工了岩石锚杆基础，该基础形式不仅提高了施工水平，减轻了劳动强度，降低了工程造价，保护自然植被具有重要的意义，而且发挥了原状岩体的力学性能，具有较好的抗拔功能，与其他类型基础相比，减轻了结构自重，大大降低了基础材料的消耗，在运输困难的高山峻岭地区，经济效益更为明显，是值得推广的一种先进施工施工方法。岩石锚杆基础施工经±800kV 向家坝—上海特高压直流输电线路工程实践，创新了锚杆基础的钻孔垂直度保证措施、清孔方法、非压力灌注混凝土的工艺，施工的岩石锚杆基础经检验均达到优良标准，该施工方法操作简单，安全高效，取得了很好的社会效益和经济效益。

2 本典型施工方法特点

（1）岩石锚杆基础必须首先保证钻机钻孔的垂直度，本典型施工方法利用 2 台经纬仪从正交的两个方向监控钻杆垂直度，进而保证了成孔的垂直度。

（2）钻孔达到设计深度，拆除钻机、钻杆后注入清水，利用压缩空气从孔底部向上反向吹出坑壁上黏附的岩石颗粒及岩粉，重复多次注水、吹孔过程，直至满足钻孔无杂质、异物的要求。

（3）定制了小型混凝土振动棒及插扦，灌注振捣ϕ110mm 小直径钻孔混凝土，保证细石混凝土的密实和浇制质量。

计算钻孔内混凝土方量，核实实际灌注混凝土用量，保证钻孔混凝土浇制的密实度。

采用非压力灌浆，工艺简单，操作方便，尤其适合运输困难的山区施工。

3 适用范围

适用于山区岩石地质条件下的岩石锚杆基础施工。

4 工艺原理

线路复测后确定锚杆基础的中心桩位置，分坑后分别铲除四条腿的覆盖层，不能破坏基岩的整体结构使岩石暴露出来，开凿出承台的位置并留出操作机械的必要空间，再利用经纬仪定位出每个腿的钻孔位置并标记。安置锚杆钻机底座并固定调节，连接钻架，液压泵机，根据动力需要连接合适的柴油发电机、空气压缩机以及合适的钻头，利用成 90° 放置的经纬仪在钻杆钻进的整个过程不断监控调节钻杆的垂直度，直至达到施工的深度，检测合格后采取措施进行封堵孔口防止杂物落入孔内。

锚杆基础的锚孔全部成孔后，进行注水压缩空气吹孔，确认其孔壁清洁后植入锚杆并定位在孔中心，定位其露出高度并固定好后进行细石混凝土的浇筑，浇筑严格控制混凝土总量、混凝土的坍落度及配合比。利用定制的小振动棒进行振捣辅以人工振捣。浇筑完成后及时进行保养，养护期满后根据有关要求进行抗拔试验，合格后浇筑群桩上部承台浇筑承台。

5 施工工艺流程及操作要点

5.1 施工工艺流程

本典型施工方法施工工艺流程见图 4-5-1。

5.2 操作要点

5.2.1 施工准备

5.2.1.1 现场准备

（1）对塔位地质情况进行设计对比，有问题及时处理。

（2）对地下埋设物和障碍物等在施工前应再度进行仔细复核，确认无影响后方可施工。

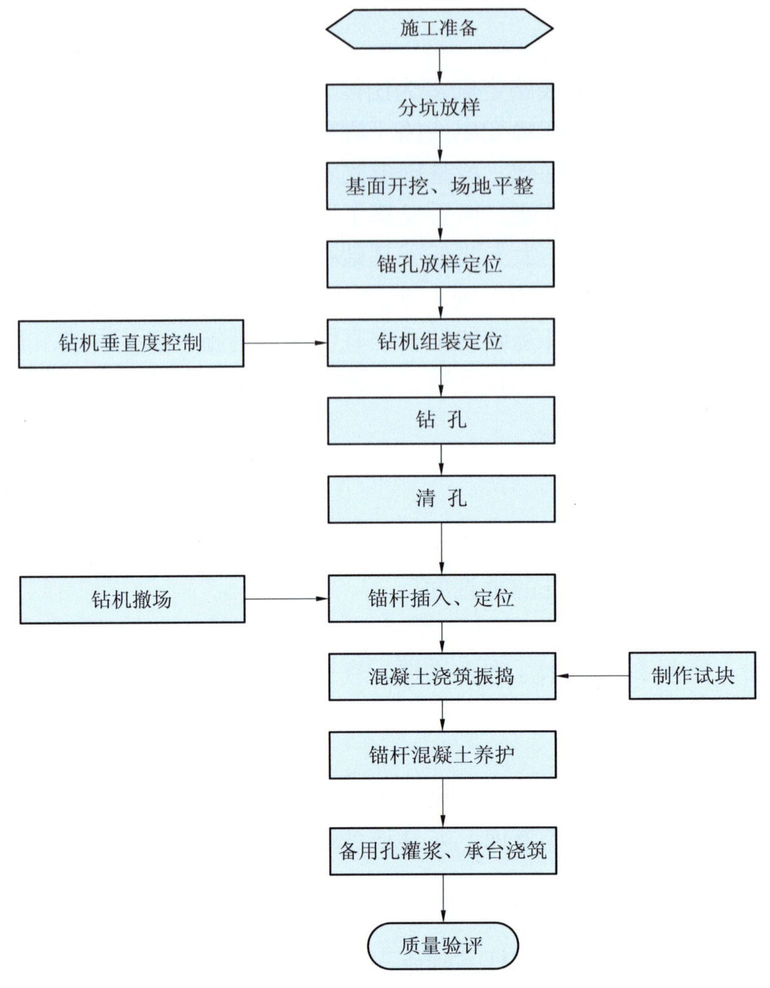

图 4–5–1　岩石锚杆基础施工工艺流程图

（3）检查测量仪器、量具，保证完好且在检测的有效期内。

（4）测量人员应经培训合格后持证上岗。

（5）准备分坑用桩及相关设计图纸。

5.2.1.2　材料准备

（1）锚杆进场后，对锚杆的外观、直径、长度、焊接等检查。锚杆质量必须达到国家有关标准、规范和设计要求，并有出厂合格证明。

（2）水泥的采购、运输、保管、使用等必须按相关规定程序进行。水泥标号不得低于 42.5。

（3）浇制用水为饮用水、清洁的河溪水或池塘水。

（4）选用中砂，砂的颗粒级配、含泥量、坚固性、有害物质含量、氯盐含量等应符合普通混凝土用砂质量标准及检验方法。

（5）碎石选择连续级配碎石，孔洞中细石混凝土中的碎石粒径为 5～10mm、承台混凝土的碎石粒径为 5～40mm。石子的颗粒级配、含泥量、针状和片状颗粒的含量、强度、坚固性、有害物质含量等应符合普通混凝土用碎石或卵石质量标准及检验方法的要求。

（6）根据普通混凝土配合比设计规程要求，结合材料和施工条件进行混凝土配合比的设计、试验。考虑孔洞内混凝土的流动性，孔洞内混凝土取坍落度为 160～180mm。

5.2.1.3　施工机具准备

（1）主要机具有钻机、发电机组、空压机组、定制小型振动棒、经纬仪等。

（2）钻机性能参数。

1）钻头。根据岩石的硬度选用合金或金刚石钻头。

2）可钻岩层。可钻 2～12 级的砂质黏土及基岩层。
3）钻孔深度。额定钻孔深度 10m。
4）钻孔直径。额定开孔直径 110mm，最大开孔直径 150mm。
5）重量。钻机单件重量（不包括动力设备）不大于 200kg。
钻机性能参数见表 4-5-1。

表 4-5-1　钻机性能参数

项　目	性能参数	项　目	性能参数
钻探深度	中深孔钻机	用途	锚固、管棚
施工场地	地表钻机	破碎方式	冲击回转式钻机
重量（kg）	550	电动机功率（kW）	11
钻孔角度范围（°）	0～90	钻孔深度（m）	40～50
钻孔直径（mm）	75～168	型号	CSJ-40 锚固钻机

（3）钻机特点。

1）重量轻、功能实用。主机可直接与脚手架相连，非常适合高边坡作业。

2）钻进能力大。钻机的回转扭矩为 1700N·m，最大起拔力为 25kN。

3）操作简便，安全性好。液压油路采用集成油路，故障少，重量轻，效率高。液压回路采用双保险，防止进油路和回油路的过负荷。

4）具有钻机和孔内钻具过负荷保护性能。

（4）配备 2 台 15kW 发电机组、3 台并联空压机为钻机、清孔提供动力。

使用中的钻机见图 4-5-2。

图 4-5-2　使用中的钻机

5.2.1.4　岩石锚杆基础结构

岩石锚杆基础施工图及平面图分别见图 4-5-3、图 4-5-4。

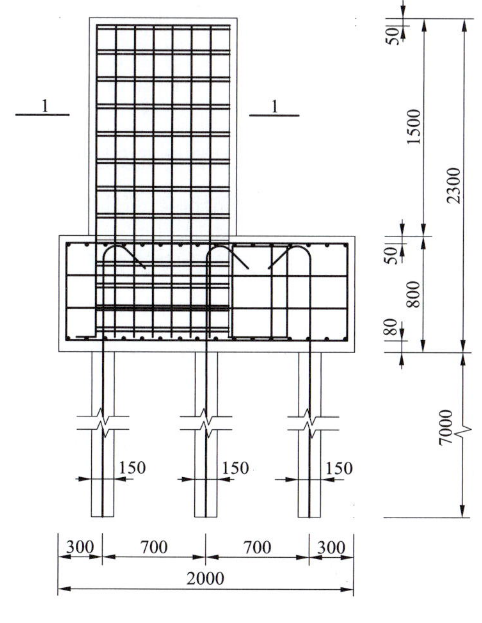

图 4-5-3　岩石锚杆基础施工图

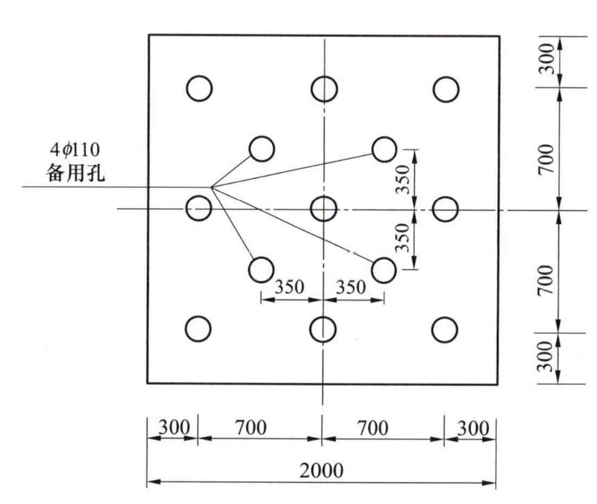

图 4-5-4　岩石锚杆基础平面图

岩石锚杆基础由上下两部分组成，上面部分为承台部分，主要起承压和抗水平力作用，下面为岩石锚杆部分，13ϕ110mm×7m 锚孔埋设 9 根ϕ36mm 螺纹钢组成，其中 4 孔为预备孔，主要起抗上拔力的作用。

5.2.2 分坑放样

分坑时先前后视，复核该塔邻档档距及角度，校核中心桩到方向桩的距离，适合位置定必要的辅助桩并妥善保管，以便施工和质量检查。铁塔中心桩与方向桩连线定出塔腿中心。

5.2.3 基面开挖、场地平整

(1) 据复测后的杆塔基础中心桩，按设计要求清理场地浮土，使岩石完全暴露出来，必要时采用松动爆破、人工风镐开挖出施工基面。进行场地平整，清理的范围按照锚杆机底盘及作业方便的原则，一般以基础腿中心外 1.5～2m。基面清理过程中严禁破坏基岩的整体结构。

(2) 基面开方后应清理危石，并预先考虑可能与铁塔结构相碰的山体的距离，对于坚硬岩石不小于 200mm，对于较软岩石应不小于 500mm。

5.2.4 锚孔放样定位

根据铁塔基础中心桩用经纬仪确定承台中心，再根据承台中心位置放样确定各锚孔的中心位置并做出标识。

5.2.5 钻机组装定位

(1) 钻机分解运至作业现场，对动力及液压设备进行合理布置。

(2) 操平定位和固定钻架，将钻机的下底架移至基础腿中心，测量确定打孔位置，参照孔位放置下底架，并通过底架下的四角螺栓或在底盘上配重稳固，防止钻机在钻孔过程中跳动移位。

(3) 连接钻架和液压泵站上的管路，确保接头连接牢固，胶管合理弯曲。同时把钻架与泵站、泵站与空压机间的 2 条气路胶管连接牢固。

(4) 钻机钻杆垂直度控制。钻机钻杆的垂直度用 2 台经纬仪正交测量调控（正面 1 台，侧面 1 台），当钻机钻杆发生偏移时，应及时进行纠偏。

钻杆垂直度控制示意图见图 4-5-5。

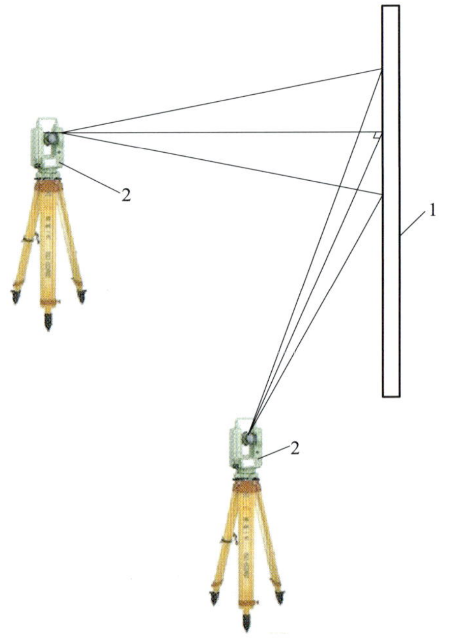

图 4-5-5 钻杆垂直度控制示意图

1—钻杆；2—经纬仪

5.2.6 钻孔

(1) 机手检查设备各部位是否安装稳固，连接牢固。

(2) 根据不同岩石的硬度，选择不同的钻头，当钻进速度较慢或出岩芯时，可加入钢砂配合钻头钻孔。

(3) 启动柴油机及液压设备，下降冲击器，在接近工作孔位前开始送风，冲击器开始工作，当冲击器进入岩层后，控制推进和回转速度以适应该岩层钻进作业及确保孔口完整。

(4) 当一根钻杆行程结束后（每根钻杆 1.5m 长），进行下一根钻杆的连接、钻孔，重复进行直到完成钻孔施工。使用专用卡具卡牢钻头后换接钻具。根据锚杆深度，换接不同根数的钻头，直至孔深满足要求。

(5) 一个钻孔完成后，用垂球测量孔深，为防止杂物掉落不能满足深度，孔深为设计深度加上适当深度，符合后及时将孔口封堵，防止钻头及杂物掉入孔内。然后移动钻架完成该基础腿的其他锚孔的钻孔工作。

(6) 钻孔全过程中观测钻机底座的稳固性，始终保证钻杆垂直，如有失稳现象，立即停机处理。

(7) 技术人员观察记录岩层变化情况，发现地质情况与设计提供资料不符时应停机，并通知设计部门处理。

(8) 钻孔施工过程中发现排渣异常，出现夹土层、地下水、暗沟、溶洞、地下管道、文物、墓穴等异常情况时，停止钻孔，查明情况后再施工。

（9）每个锚孔钻完之后，立即检查成孔质量，进行根开校正，确保误差在允许误差范围内。

（10）锚杆钻孔不得扰动周围土层，钻进 200mm 左右提钻清孔一次，如果钻进过程中发现进持速度发生明显变化，或者清出的石粉中夹杂大量的颗粒状碎石，则表明岩石夹有碎石层，及时通知监理、设计等部门处理。

5.2.7 清孔

（1）钻孔施工完成后，移开钻孔设备，清理基面杂物，锚孔清洗前检查其他锚孔封堵是否完好，防止杂物流入或掉入孔内。

（2）孔内注水后，利用压缩空气从孔底部向上反向吹出坑壁上黏附的岩石颗粒及岩粉，重复多次注水、吹孔过程，直至满足钻孔无杂质、异物的要求。

（3）清洗后用海绵将孔底积水吸干，及时封堵，防止杂物落入孔内（利用压缩空气或者水清孔）。

（4）重复此方法对其他锚孔逐个清孔。

（5）验孔及处理。清孔后，用垂球检查锚孔深度是否满足设计孔深，如深度不够，重新钻孔、清孔直至满足要求。达到设计孔深后，钻机撤场。

5.2.8 锚杆插入、定位

验孔完成后，将锚杆置于孔内，锚杆中部设置三向定位支撑，保证锚杆位于锚孔中心。

浇制前将露出地面锚杆固定在地面槽钢支架上，保证锚杆露出基面的高度符合设计要求。

5.2.9 混凝土浇筑振捣

（1）混凝土浇筑要采用机械搅拌的方式，机械搅拌宜选用体积较小、容易运输的搅拌机，每次搅拌时间不得少于 1.5min。

（2）采用专用的开口漏斗向孔内灌注细石混凝土，浇筑混凝土漏斗示意图与实际使用漏斗分别见图 4-5-6、图 4-5-7。浇筑过程中禁止摇晃锚杆。

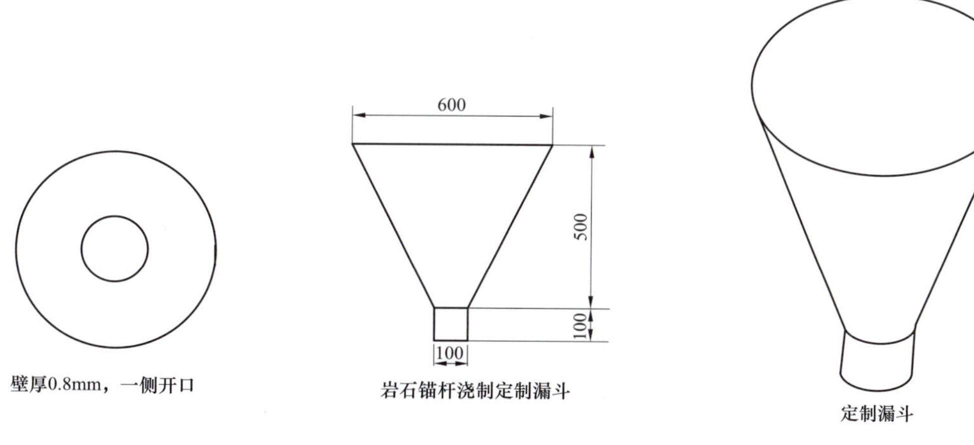

图 4-5-6　浇筑混凝土漏斗示意图

（3）严格控制水灰比和坍落度，按照 C30 细石混凝土配合比将所需的水泥、砂、石、水等材料用台秤称重搅拌。细石粒径要求 5～8mm。考虑孔洞内混凝土的流动性，坍落度要求为 160～180mm。同时按照水泥重量的 3%～5% 添加膨胀剂，灌注混凝土前，湿润锚孔孔壁，通过混凝土量控制，按每 200mm 分层灌注和捣固，沿锚杆四围用定制小型振动棒、插扦均匀捣固。

图 4-5-7　实际使用的漏斗

（4）计算钻孔内混凝土用量，核实实际灌注混凝土用量，混凝土的体积要与锚孔实际体积相同，保证钻孔混凝土浇制的密实度。

（5）每根锚杆一次浇筑完成，每基锚杆不少于 1 组混凝土试块。

5.2.10 锚杆混凝土养护

（1）锚孔内砂浆和混凝土养护为自然养护。

（2）养护期间，距锚杆 5m 之内不允许有影响的作业。

5.2.11 备用孔灌浆，承台浇筑

根据要求对达到龄期的锚杆抗拔力进行抽样检测，如抗拔力达不到设计值，则应按设计规定，利用备用锚孔浇筑新的锚杆基础，以增强整体抗拔力。锚杆抗拔力抽样检测合格后，将备用孔灌浆填实。

对承台底部岩石基面进行防风化处理、清理杂物、排除积水。浇筑承台混凝土，承台浇筑完成后，要求标高抹面，一次成型，杜绝二次抹面，待承台稍凝后，重新抹光。

承台养护：浇筑完毕后，12h 内浇水养护，当天气炎热、干燥有风时，在 3h 内基础表面加覆盖物浇水养护，浇水次数应能保护基础表面湿润。

6 人员组织

岩石锚杆基础施工人员配置见表 4–6–1。

表 4–6–1 岩石锚杆基础施工人员配置

序号	工　种	人 数	备　注
1	施工负责人	1	负责施工全过程
2	技术员	1	计算、校核、控制
3	安全专职	1	负责安全方面
4	质量专职	1	控制成孔质量，混凝土浇筑
5	操作工人	3	钻机操作
6	辅助工	6	

7 材料与设备

岩石锚杆基础主要材料与设备见表 4–7–1。

表 4–7–1 岩石锚杆基础主要材料与设备

序号	工器具名称	规　格	单 位	数 量
1	钻机	CSJ–40	台	1
2	钻杆	76m×1.5m	根	7
3	钻杆	76m×1m	根	1
4	冲击器	110	台	2
5	钻头	110	根	5
6	空压机	7kg/3.5m^3	台	3
7	气管	11/2 英寸	m	60
8	发电机	15kW	台	2
9	中间接头	三通	个	5

续表

序号	工器具名称	规　　格	单　位	数　量
10	搅拌机	250L		
11	支撑槽钢		根	若干
12	锚杆		根	36
13	模板			
14	卡扣		个	若干
15	经纬仪	J2	台	2
16	塔尺	5m	根	1
17	水平尺		把	1
18	铁锹		把	10
19	定制小型振动棒	ϕ30mm	根	1
20	插扦	8m	根	1
21	漏斗		个	1

8　质量控制

（1）保证项目。

1）锚杆工程所用原材料、钢材、水泥浆、水泥砂浆标号必须符合设计要求。

2）锚固体的直径、标高、深度和倾角必须符合设计要求。

3）锚杆的组装和安放必须符合 CECS22:2005《岩土锚杆（索）技术规程》的要求。

4）锚杆的张拉、防锈处理必须符合设计和施工规范的要求。

5）土层锚杆的试验和监测必须符合设计和施工规范的规定。

（2）基本项目。

1）水泥、砂浆必须经过试验，并符合设计和施工规范的要求，有合格的试验资料。

2）在进行时，施加轴力的台座承压面应平整，并与锚杆的轴线方向垂直。

3）锚杆灌注混凝土试块每条腿不少于 1 组，每组不少于 3 个试块，试块进行同条件养护，作为评定基础强度的依据。

（3）允许偏差。

1）锚杆水平方向孔距误差不应大于 50mm，垂直方向孔距误差不应大于 100mm。

2）钻孔底部的偏斜尺寸不应大于锚杆长度的 3%。

3）锚杆孔深不应小于设计长度，也不宜大于设计长度的 1%。

4）锚杆锚头部分的防腐处理应符合设计要求。

尺寸控制要求见表 4–8–1。

表 4–8–1　　尺寸控制要求

序号	项　　目	允许偏差	备　　注
1	孔直径允许偏差	0～+20mm	
2	锚孔深度允许偏差	0～+100mm 以内	不小于设计值
3	锚孔倾斜度允许偏差	小于 1%h	h 为锚孔设计深度
4	锚孔间距允许偏差	小于 100mm	
5	钻头直径允许偏差	不小于钻孔直径的 3mm	

（4）避免工程质量通病。

1）根据设计要求和岩层条件，选择合理的钻具，防止发生钻孔坍塌、掉块、涌砂和缩径，保证锚杆顺利安插和顺利灌注。

2）按设计要求正确组装锚杆，认真安插，确保锚杆安装质量。

3）按设计要求严格控制混凝土配合比，掌握搅拌质量，并使设备和管路处于良好工作状态。

4）根据所用锚杆类型正确选用锚杆试验机具，正确安装台座和张拉设备，保证试验数据准确可靠。

9 安全措施

（1）抗拔试验设备应牢靠，试验时应采取防范措施，防止夹具飞出伤人。

（2）气管管路应畅通，防止压力过大。

（3）机械设备的运转部位应有安全防护装置。

（4）电器设备应设接地、接零，并由持证人员安装操作，电缆、电线必须架空。

（5）施工人员进入现场应戴安全帽，操作人员应精神集中，遵守有关安全规程。

（6）锚杆钻机应安设稳固可靠。

10 环保措施

主要环境因素为机器油污污染环境，因此机器在安装现场拆除后，要安排人员回收油污，做好无害化处理；另外，钻孔也产生大量的岩石粉尘，应用布袋及时回收，防止污染周围大气。

11 效益分析

随着特高压输电线路的建设，路径越来越多的选在山区，岩石锚杆基础应用日趋广泛，岩石锚杆基础实现了环境友好、资源节约、绿色施工，对减少地表破坏，防止水土流失起到良好作用，取得很好的经济及社会效益。购买特定钻机优化岩石锚杆基础施工工艺，有效应用技术及设备能力，大大提高了机具的利用率，机具搬运重量大大减轻，方便山地运输，节省了大量费用。本典型施工方法采用无压力灌浆的锚杆技术，设计采用预留孔，弥补可能出现的上拔力不足状况，大大减少了返工浪费，施工难度有了很大减轻。

（1）经济效益。由于采用了锚杆基础型式，故不需要大面积开挖基础基坑。在山区的岩石地带进行基础施工非常适合应用该施工方法。一般岩石基坑开挖费用为 450 元/m^3（其中包括爆破及人工开挖费用），每基按照方量估计大约为 200m^3，即应用该典型施工方法后，仅仅开挖岩石基坑每基就可节约费用约 90 000 元。另锚杆基础施工采用的是机械开挖方式，不仅可节约人工费和材料（如炸药等）费，且机械设备以后还可继续使用，费用大约每基可节省 30 000 元（包括小运、材料等费用）。

（2）安全效益。基本采用机械开凿，基本不采用炸药，大大降低了安全风险，可避免飞石伤人，避免炸药丢失引起的安全社会隐患。

12 应用实例

12.1 实例 1：向家坝—上海±800kV 特高压直流输电示范工程皖 2 标段

（1）工程概况。向家坝—上海±800kV 特高压直流输电示范工程西起向家坝复龙换流站，东至上海奉贤换流站，采用±800kV 直流输电方案，输电能力 6400MW，是世界直流输电技术发展的创新工程，是目前已建和在建的世界上电压等级最高、输电距离最远、容量最大的输电工程。

向家坝—上海±800kV 特高压直流输电示范工程皖 2 标段，线路起自吉阳大跨越南岸锚塔，止于墩上镇西北约 4km 的下洋河分界塔 4013 号，线路长 99.205km。其中，山地占 67.8%，丘陵占 20.2%，平地占 6.0%，河网、泥沼占 6.0%，共有铁塔 217 基。

（2）施工情况。皖 2 标段设计有岩石锚杆基础，由于采取了本典型施工方法，故施工全过程处于安全、稳定、快速、优质的可控状态，工程质量优良率达 100%。经检测单位检测，锚杆抗拔变形率仅为允许值的一半。质量得到了各方的好评，取得较好的经济效益和社会效益。

(3) 结果评价。经过紧张有序的施工，完成了全标段全部岩石锚杆基础施工任务，确保安全零事故、质量零缺陷、工期零延误，避免了大量人员和机械设备的进场，获得了业主和监理单位的好评。

施工实践证明：本典型施工安全可靠、施工效率高，在人工、材料、机械等几方面均节约了费用，提高了施工效益。在施工过程中，各级领导亲临现场指导检查，对施工给予高度评价，并要求在以后的施工中进行推广。

12.2 实例 2：锦屏—苏南±800kV 特高压直流输电示范工程皖 2 标段

(1) 工程概况。锦屏—苏南±800kV 特高压直流输电示范工程西起四川锦屏，东至江苏省吴江市苏南换流站，和向家坝—上海±800kV 特高压直流输电线路平行架设。

本工程采用±800kV 直流输电方案，直流电流按 4.5kA 设计，输电能力 7200MW，是目前已建和在建的世界上电压等级最高、输电距离最远、输送容量最大的直流输电创新输电工程。

(2) 施工情况。锦屏—苏南±800kV 特高压直流输电示范工程皖 2 标段运用本典型施工方法施工岩石锚杆基础。皖 2 标段起自吉阳大跨越南岸锚塔，止于墩上镇西北约 4km 的下洋河分界塔，线路长度为 99.415km。其中，山地占 67.8%，丘陵占 20.2%，平地占 6.0%，河网、泥沼占 6.0%，共计铁塔 211 基，其中锚杆基础 11 基。

(3) 应用效果。该工程于 2009 年 6 月开工建设，同年 12 月基础结束。经中南电力设计院现场检测，岩石锚杆基础质量优良，全部满足设计要求。

12.3 实例 3：500kV 马鞍山第二发电厂送出工程

500kV 马鞍山第二发电厂送出工程是从马鞍山第二发电厂送出，至马鞍山变电站的Ⅰ、Ⅱ回送电工程。线路全长 19.8km，有铁塔 59 基，山地占 25%、平地 75%，其中有锚杆基础 5 基。

该工程于 2008 年 10 月竣工投入运行，已经稳定运行 2 年。经过回访，反馈结果为 500kV 马鞍山第二发电厂送出工程Ⅰ、Ⅱ回线路基础运行良好。

典型施工方法名称：半掏挖式基础典型施工方法

典型施工方法编号：GWGF005-2010-SD-XL

编　制　单　位：重庆电网建设有限公司

推　荐　单　位：华中电网有限公司

主 要 完 成 人：许　斌　付　啸　赵昆渝　贺　君

目　次

1 前言

所谓半掏挖式基础是指基础底板在原状土内掏挖，掏挖部分以上按普通基础开挖回填而成的基础（见 DL/T 5219—2005《架空送电线路基础设计技术规定》）。半掏挖式基础从严格意义上讲是部分掏挖成型的基础。

半掏挖式基础分为直柱式和斜柱式两种型式，其中斜柱式又分地脚螺栓式和插入角钢式，地脚螺栓式是将主柱的坡度设置与地脚螺栓坡度相同，插入角钢式是将主柱的坡度设置与插入角钢坡度相同。

由于利用了原状土结构抵抗基础上拔力，相比利用基础回填土和自重抵抗基础上拔力要经济，并具有施工占地面积小、施工周期短的优点，使掏挖式基础在无地下水的老黏性土中得到广泛应用。但掏挖式基础施工要求表层开口小，竖直下挖，底端扩大，这种施工方式对坑壁稳定要求更高，因此掏挖式基础只能在土体状态好、黏着力高的地区使用。

半掏挖式基础与掏挖式基础的差别仅在于施工土胎成型的上部不是小开口和直壁开挖方式，其开口较掏挖式基础上部宽度稍大，并以适当的安息角挖至一定深度后在底部掏挖扩大，这样既减少了施工难度，又改善了坑壁的稳定性，与掏挖式基础比较，其适用范围更广。同时，半掏挖式基础与同等地质条件下的阶梯式基础相比较具有很好的经济性。因此，半掏挖式基础在输电线路工程中得到了广泛应用。

重庆电网建设公司近年来陆续在 500kV 广安—万县Ⅱ回送电线路工程、500kV 北碚变电站“π”接线路工程中，针对半掏挖式基础的设计特点和技术要求，采用半掏挖式基础典型施工方法，取得了较好的经济和社会效益。本典型施工方法是在大量工程实际应用的基础上编制完成。

2 本典型施工方法特点

（1）符合国家电网公司“两型一化”工程建设要求，基础开挖土石方量较小，对土层扰动和植被的破坏较轻，减少了对环境的影响；工艺简便、工具通用性高，达到提高工效、降低成本、缩短工期的目的。

（2）采取措施，确保基础掏挖部分土质结构不受破坏，可充分发挥原状土的承载能力。

（3）基坑开挖时放坡适度，支护简便，整个工艺流程坑壁保护措施简单有效，安全可靠。

（4）采用机械或人力垂直提土、余土远运，避免边坡或基坑受压垮塌，确保施工质量，符合环保要求。

3 适用范围

（1）在无地下水或天然溶洞地区，地质状态在可塑以上（可塑、硬塑、坚硬）、塑性指数大于 7 的各类黏土中均可采用半掏挖式基础；对第四纪洪积或冲积生成的一般黏性土或粉质黏土上，当土层厚度（从地面算起）大于 3m，液性指数小于 0.75，属于正常固结的中等压缩性土中，也可采用半掏挖式基础。

（2）本典型施工方法具有经济环保、施工简便的特点，适用于 110～500kV 不同电压等级、符合相应设计地质条件地区的一般基础施工。

4 工艺原理

（1）基础施工中，立柱开挖在确保边坡稳定的前提下开口应尽可能小、斜壁尽可能陡，以确保原状土体抗拔强度。

（2）底板掏挖部分采用控制成型工艺，确保掏挖尺寸符合设计要求。

（3）掏挖过程采取截水、遮护措施避免雨水浸泡，底板成形后尽快浇灌混凝土，避免原状土体长时间暴露与大气接触风化，以防止坑壁强度降低。

（4）混凝土浇筑采用机械振捣，一个基坑的混凝土必须一次连续灌注，中间不得出现施工缝，保证基础结构整体性。

5 施工工艺流程及操作要点

5.1 施工工艺流程

本典型施工方法施工工艺流程见图 5-5-1。

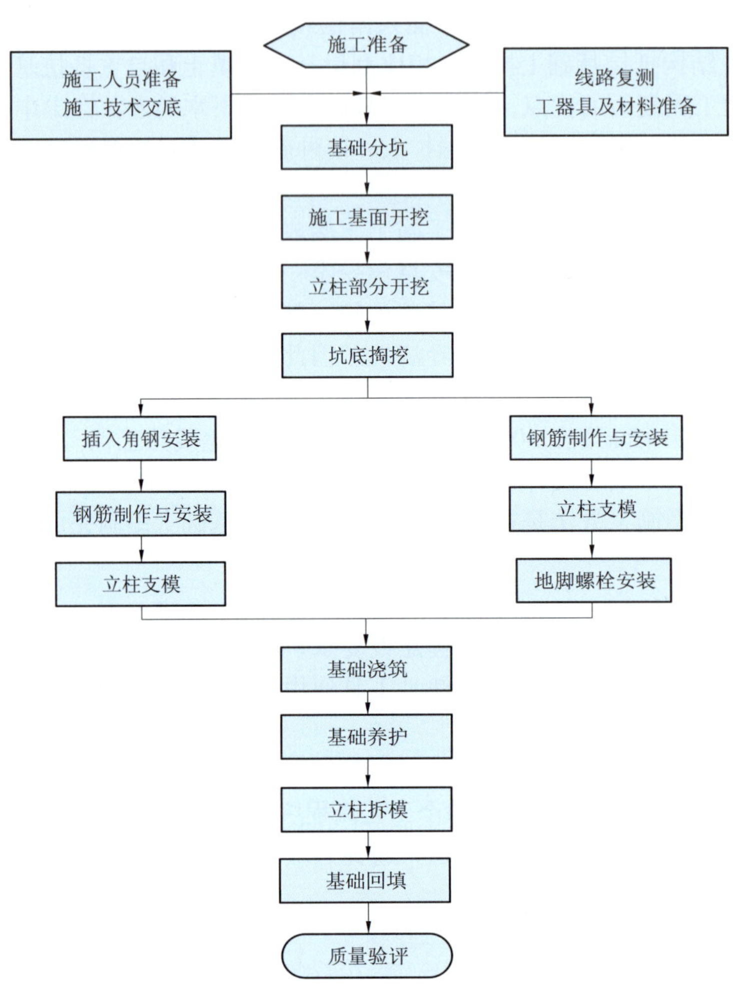

图 5-5-1 半掏挖式基础施工工艺流程图

5.2 操作要点

5.2.1 施工准备

（1）进行现场查勘，图纸会审，编制施工方案，并进行三级技术交底。施工中采用的设备、材料、工器具等应进行相关检验、试验，合格后方可使用，并满足施工质量、数量要求；特殊工种必须持证上岗；如果采用爆破施工，爆炸物品使用的审批手续必须齐全。

（2）通过线路复测，校核和补齐塔位中心桩和各塔位前后线路方向桩，恢复后的偏差须符合规范要求。清理基面附近障碍物。

1）直线塔桩位恢复。采用正倒镜分中法确定线路方向并用视距法或量尺法确定桩位，见图 5-5-2。

2）转角塔桩位恢复。采用正倒镜分中法确定线路方向，可用 2 台仪器交叉钉桩，亦可先延长一侧线路方向，在桩位附近钉辅助桩拉老弦，仪器移置另一侧以同样方法将线路方向做延长线，在老弦交汇点钉桩。仪器置于新钉塔位桩测其线路转角及两侧档距，其测量数值应符合设计值，偏差须符合规程要求。见图 5-5-3。

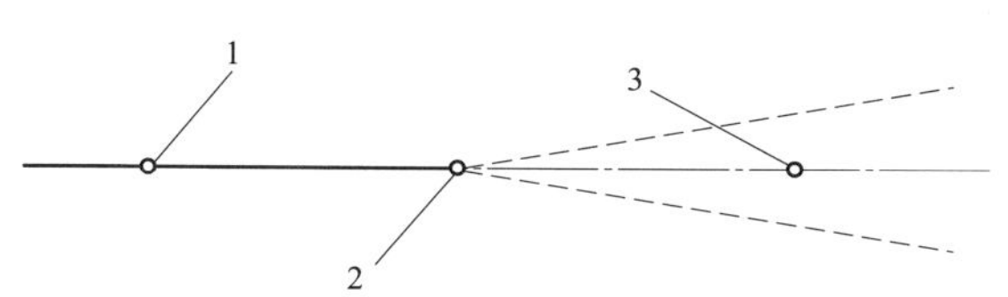

图 5-5-2　直线塔桩位示意图

1—直线桩；2—仪器；3—补直线桩

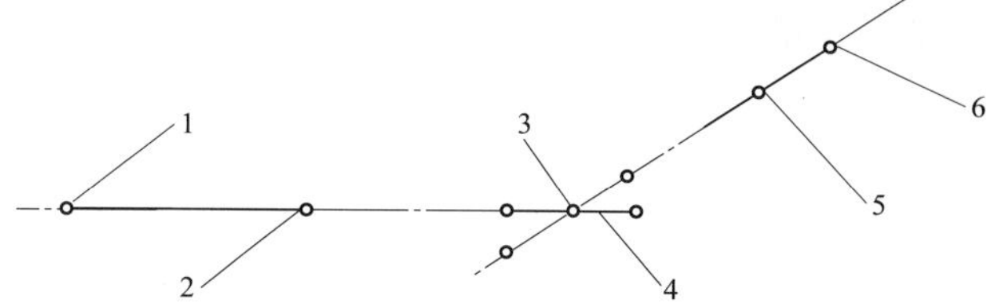

图 5-5-3　转角塔桩位示意图

1—直线桩；2—仪器；3—补转角桩；4—辅助桩及老弦；5—仪器；6—直线桩

5.2.2　基础分坑

基础分坑方法如下：

（1）分坑前必须再次核对相邻两档档距、高差，在确认塔位中心桩后，复核塔型和基础型式、定位高差及基础顶面至中心桩高差符合设计图纸后方可分坑。

（2）转角塔中心桩位移沿角平分线的垂线（即横担方向）移动，按设计要求向线路转角内侧或外侧移动。

（3）在塔位附近不影响作业且又便于保护的地方设立施工测量辅助桩，数量及其位置依现场实际情况而定，数量一般为 4 个。直线塔在横顺线路前后各设 2 个，转角塔一般在线路大小号方向侧及转角平分线各设 2 个，分坑辅助桩在横线路的 45° 线上各设 1 个。辅助桩既是用来恢复塔位中心桩又是分坑找正的基准桩，因此辅助桩必须准确无误，且应记录标识辅助桩的方向、距离、高程等，并确保其牢固不丢失。

（4）直线塔以线路方向为基准，转角塔基础一般以线路转角的二等分线方向为基准分坑（有特殊说明的按设计要求分坑）。经纬仪置于塔位中心桩上（需位移的应以位移后的塔位中心桩为准），对准方向桩（或横线路辅助桩）转 45° 角，按分坑数据先标出坑口内 a 点、c 点，再按坑口宽度用长钢尺按 2 倍坑口宽取中法确定坑口另外 b 点、d 点，依此方法确定出另外三个坑口位置。见图 5-5-4。

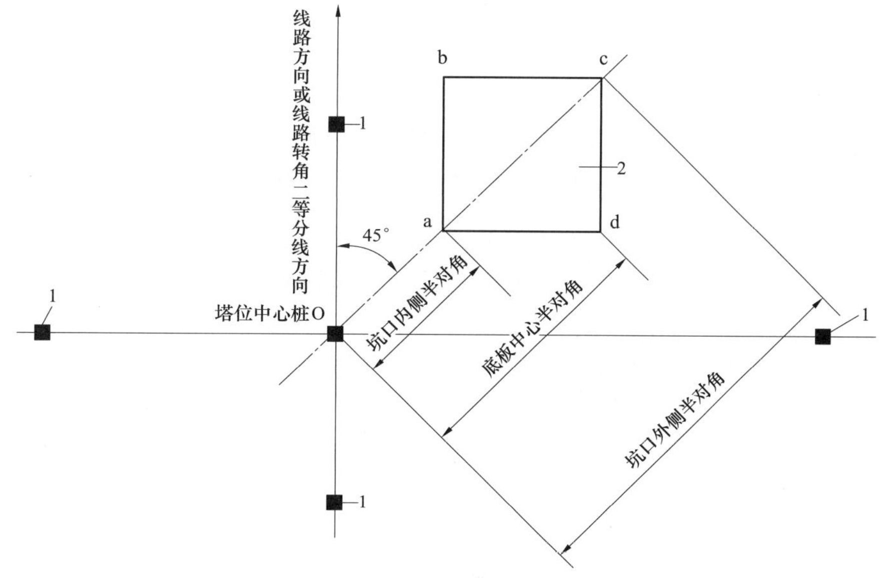

图 5-5-4　半掏挖式基础单腿分坑示意图

1—辅助桩；2—坑位

5.2.3　施工基面开挖

施工基面的开挖应以设计图为准，按不同地质条件规定开挖边坡，开挖前及时清除周边的浮石、悬石。坡度的大小应视土质特性和深度确定，具体可参照表 5-5-1。基面开挖后应平整、不积水，边坡不应坍塌，如果发现现场地质情况与设计图纸不符，应立即停止开挖并及时通知设计单位。爆破施工必须按照国家相关规定进行。

表 5-5-1　　各类土质的坡度

土质类别	砂质黏土	黏土、黄土	硬黏土
坡度（深:宽）	1:0.50	1:0.30	1:0.15

5.2.4　立柱部分开挖

（1）上部分开挖在确保边坡稳定的前提下开口应尽可能小、坑壁尽可能陡，以确保原状土体抗拔强度，开挖过程采取截水、遮护措施防止基坑积水。每开挖 500mm，在坑中心吊一垂球检查坑位及坑深，接近开挖深度时应增加检查次数，防止超挖及基坑偏移。

（2）开挖提土方法。以三脚架稳固地架设在坑顶，架设时架脚应牢固嵌入土中，并保证三脚架钢管对地夹角在 50° 左右，在架顶盘挂环和底脚挂环上分别挂上 1 个 1t 定滑轮，以箩筐盛土（注意：箩筐必须牢固，盛土不得高过筐口），提土用 ϕ16mm 白棕绳，用人力或小型电动卷扬机进行上下提升，卷扬机必须有可靠的制动装置，采用人力时必须拉好绳尾，需有防止盛土箩筐失控回落坑内措施。余土应运离坑口。见图 5-5-5。

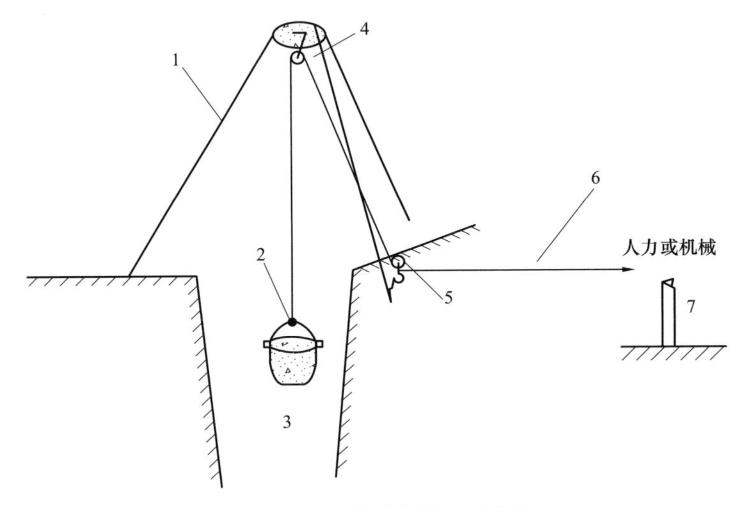

图 5-5-5　基坑提土示意图

1—钢管三脚架；2—加固箩筐；3—基坑；4、5—1t 定滑轮；6—ϕ16mm 白棕绳；7—拴绳角桩

（3）人工开挖。人工开挖时，坑底面积在 $2m^2$ 以内时，只允许 1 坑 1 人操作，坑底面积超过 $2m^2$ 时，也可 2 人同时操作，但不得面对面操作；如发现坑壁有塌方先兆时，应立即暂停，人员及时撤离，并及时报告工地技术负责人，地质条件与设计不符时应及时通知设计单位。

（4）机械开挖。机械开挖一般适用于强风化岩石或硬塑土体，可选择小型凿岩机等机械，对岩石或硬塑土体进行松动，然后用人工清除弃土，半掏挖式基础施工中严禁使用大型机械进行开挖。

（5）爆破开挖。岩石基坑立柱部分开挖允许采用松动爆破，但炮眼深度不得超过 500mm，且装药量应适当，坑壁应打防震孔，防止破坏坑壁完整性，最后用人工清除浮石并修理坑壁。

5.2.5　坑底掏挖

（1）根据不同的地质情况，可采用人工掏挖或辅以小型机械掏挖。掏挖部分严禁采用爆破。掏挖步骤如下：

1）按照掏挖部分的上口尺寸垂直向下进行掏挖，并且在接近掏挖深度 500mm 时随挖随量，直至达到整个设计深度要求后停止开挖。

2）用钢尺进行坑深测量，用吊锤进行坑底中心测量，并用木桩或油漆在坑底中心作上标记，用油漆在坑壁掏挖扩底高度处画上印记。

3）以设计底板嵌入夹角向四周进行掏挖扩底。

4）坑壁修整及坑底操平。

上述掏挖步骤见图 5-5-6。

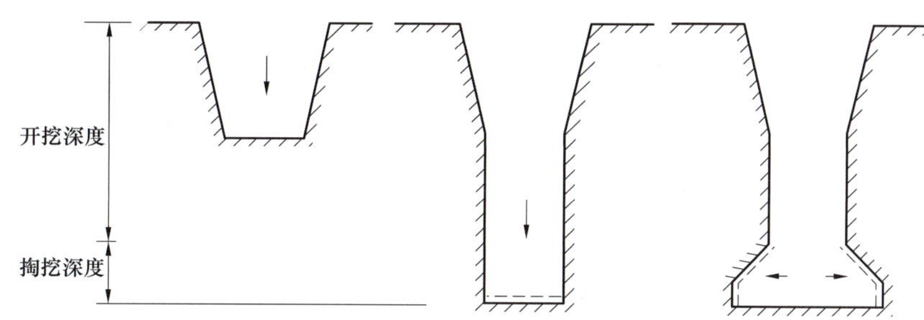

图 5-5-6　半掏挖基坑开挖施工步骤示意图

（2）掏挖部分中心和尺寸的控制：

1）掏挖断面为正方形。保证半掏孔基坑工艺的控制示意图见图 5-5-7。利用坑中心的横向和纵向控制桩，分别牵 2 根相互垂直的 14 号铁丝，对称地用红油漆作上标记。然后用铅垂球分别在 4 个油漆点处对基坑进行垂吊，以检测掏挖尺寸及水平截面是否扭转。其工艺控制实例图见图 5-5-8。边掏挖边检测，以保证掏挖尺寸和坑中心不偏移。对坑底尺寸的检测方法为：先用铅垂球在坑底进行吊中，做上标记，然后用钢卷尺在坑底进行检测。

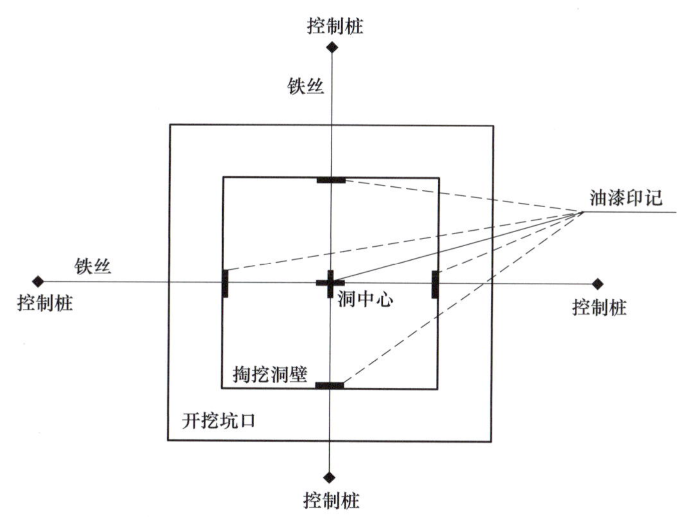

图 5-5-7　半掏挖基坑工艺控制示意图

2）为了保证掏挖孔洞的截面尺寸不至于过大，应采取先掏挖后修整的程序，掏挖时宜预留 50mm。在掏挖过程的检测中，铅垂球应挂在油漆印记的内侧约 50mm 处。掏挖成型后，应及时检查掏挖部分尺寸，保证保护层厚度符合设计要求。底板掏挖部分成型实例图见图 5-5-9。

图 5-5-8　半掏挖基坑工艺控制实例图

图 5-5-9　底板掏挖部分成型实例图

5.2.6 插入角钢安装

当采用插入角钢式基础时，在基础开挖完成后即可安装插入角钢。

（1）施工时在基础中心的上方坑口搭设跳板，按基础分坑尺寸表中的尺寸，量出插入角钢的坑底定位点位置，固定角钢底部，或采取悬浮式用花篮螺栓固定插入角钢底部。

（2）按基础分坑尺寸表中的尺寸，插入角钢上端采用 3 根专用可调支杆将主角钢固定于地面上。

（3）复核控制角钢棱顶点的根开、高差以及角钢正面和侧面的倾斜率。

（4）插入角钢固定完毕，即可在基坑内扎制钢筋并支模。工作中不得碰撞角钢、找正架等。

（5）双插入式角钢的定位与单插入式角钢基本一致，但在校准上顶角根开时，不考虑准线值。

（6）插入角钢找正要点。

1）校核插入角钢底座的安装位置（校核内容包括下支点根开、对角线、底座高差等尺寸），下支点正面半根开尺寸 L 计算公式为

$$L=l+a\frac{\alpha_2}{\sqrt{1+\alpha_1^2}}$$

式中 l——基础正面半根开尺寸；

a——角钢埋入长度；

α_1——综合坡比；

α_2——正面坡比。

2）将经纬仪支在找正桩上，按照找正尺寸调整插入角钢空间位置，测量铁塔根开及插入角钢顶角根开，同时使根开的中心分别位于横线路、顺线路上，在保证根开符合规范的同时确保四个基础的插入角钢正侧面坡度比正确，单插入式角钢上顶角半根开尺寸 L 的计算公式为

$$L=l-b\times\frac{\alpha_2}{\sqrt{1+\alpha_1^2}}+d$$

式中 l——基础半根开尺寸；

b——角钢外露；

α_1——综合坡比；

α_2——正面坡比；

d——准线值。

对于双插入式角钢，不考虑准线值。

3）同时用钢尺测量插入角钢上顶角根开、对角线及插入角钢处根开、对角线以保证插入角钢正、侧面坡度符合设计要求（插入角钢式基础根开及对角线允许误差为+0.8‰）。

4）操平四个腿插入角钢高差，使操平印记位于同一水平面上（相对高差误差允许值为+4mm）。

5）钢尺测量主角钢准线对立柱中心偏移，使其误差值不超过 8mm。

5.2.7 钢筋绑扎

基础钢筋绑扎在坑内进行，坑口可用横木辅助固定。钢筋绑扎顺序由下向上按图纸要求布置，底板下层钢筋应设置混凝土垫块作为保护层。底板钢筋为圆钢时，注意钢筋弯钩方向。钢筋绑扎实例图见图 5-5-10。

图 5-5-10 钢筋绑扎实例图

5.2.8 立柱支模

立柱支模前应检查基坑的深度、大小、方位，清除浮土，检查好后按设计要求铺设垫层。

（1）支模方法。立柱模板通过大横梁进行固定，并控制立柱模板根部位置的高度，以确保底板保护层厚度。

（2）立柱模板安装示意图见图 5-5-11。

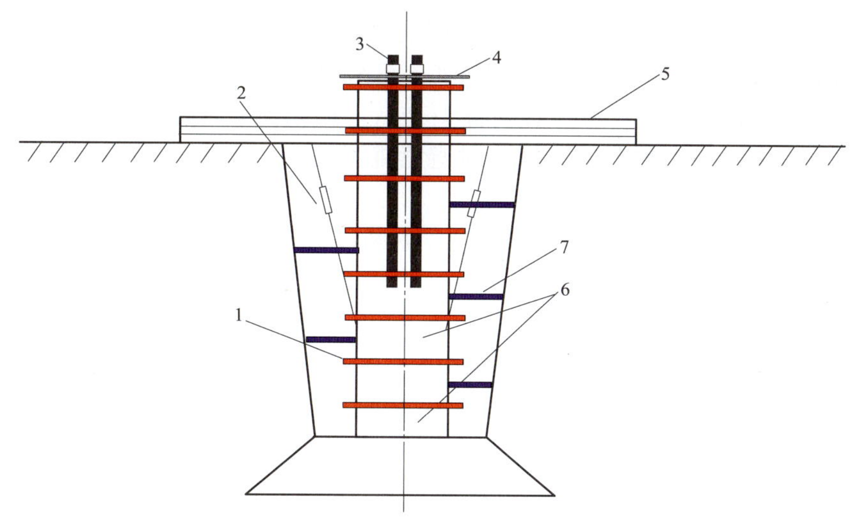

图 5-5-11　立柱模板安装示意图

1—钢管；2—花篮螺栓；3—地脚螺栓；4—地脚螺栓定位板；5—大横梁；6—模板；7—支撑管

1）将适当长度的方木（应超过底板宽度 2m 以上）作为大横梁平行放置在坑口地面，间距略大于模板宽度，在坑口面处设置凹槽或用坚土填平夯实进行固定，保证对大横梁的稳固。

2）采用花篮螺栓将组合的立柱模板吊至大横梁。立柱模板应略高于基础顶面，以便于基础顶面一次成型。

3）立柱部分必须校正高差、中心、扭转和变形。为保证模板安装不移位、不变形，尺寸准确，必须每间隔 0.5～1.0m 用钢管对模板四周加设一道水平抱箍。支模完成后，应采用支撑固定模板。

4）对于斜柱式基础应制作与立柱坡度相匹配的模板。

5）立柱钢筋与模板间应设置同强度混凝土垫块，确保立柱钢筋保护层厚度。

5.2.9　地脚螺栓安装

当采用地脚螺栓式基础时，立柱模板安装完成后即可安装地脚螺栓。

（1）地脚螺栓上部用卡具牢靠固定在立柱模板支撑架上，其安装示意图见图 5-5-12。

（2）地脚螺栓底端用铁丝与立柱主筋牢固连接。

（3）地脚螺栓安放后需校核地脚螺栓规格、根开尺寸、外露长度，并用经纬仪和水平仪操平。地脚螺栓外露丝扣部分应采取保护措施。

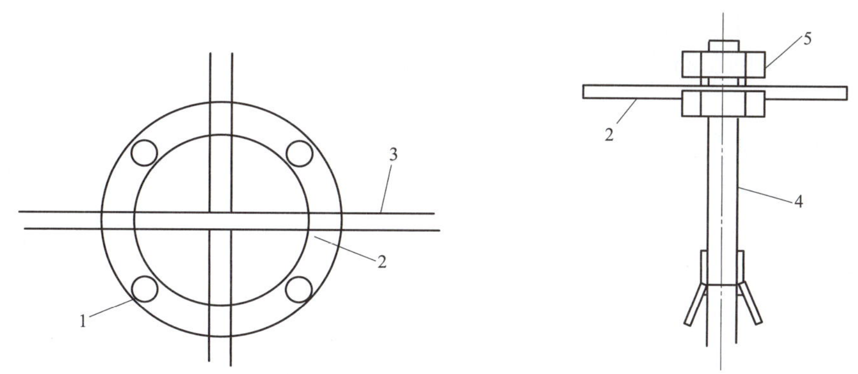

图 5-5-12　地脚螺栓安装示意图

1—地脚螺栓孔；2—地脚螺栓卡具；3—支撑架（焊接成十字型）；4—地脚螺栓；5—地脚螺帽

5.2.10　基础浇筑

（1）搅拌台的搭设。施工中搅拌机支撑在基面中便于施工的平地上，用方木（或钢管）及竹跳板搭设下料台。

（2）混凝土必须采用机械搅拌、机械振捣。当基础坑深超过 2m 时，混凝土浇筑应采用溜槽、串筒等方法下料，防止混凝土离析。基础混凝土必须连续浇筑，中间不允许出现施工缝。

（3）为保证基础底板扩大头部位混凝土捣固密实，可采取适当措施，增加混凝土和易性。

（4）应使用插入式振捣器振捣（现场必须备 1 个以上振捣棒），振捣时振动棒应与混凝土面垂直（掏挖部分除外），振动棒应“快插慢拔”，操作时避免碰撞模板、钢筋、地脚螺栓或插入角钢，并与坑底和坑壁保持一定的距离。

（5）掏挖部分浇筑饱满且振捣完毕后应注意观察判断周边是否残存气体，必要时可适当补充砂浆，以填充空隙。

5.2.11 基础养护

（1）对于拆模前的基础以及拆模后不能立即回填的基础，要按下述要求进行养护：

1）当日平均气温大于 5℃时，混凝土浇筑后应在 12h 内开始浇水养护，养护时应在基础表面加遮盖物，浇水次数应能保持混凝土表面始终湿润，根据实际情况采用养护，养护用水应与拌制用水相同。

2）气温大于 20℃，天气干燥、炎热、有风时，应在 3h 内开始浇水养护。

（2）养护必须在浇筑完后 12h 内开始，炎热或有风天气 3h 后开始养护。回填好的基础，对外露部分仍需遮盖养护。

（3）混凝土浇水养护日期不得少于 7 天。

5.2.12 立柱拆模

（1）混凝土基础经过养护，其强度达到 2.5MPa 后即可将模板拆除，基础拆模参照时间见表 5–5–2。拆模时应自上而下进行，敲击要得当，保证混凝土表面及棱角不受损坏。

表 5–5–2　　基础拆模参照时间

平均气温（℃）	5	10	15	20	25	30
时间（天）	6	4	3	2.5	2	2

（2）拆模前应通知工程监理人员和项目部质检人员，经监理人员和质检人员现场鉴定，且无质量问题后，应立即进行基础回填；对基础外露部分需加遮盖物继续养护。

5.2.13 基础回填

（1）基坑回填时应先用生土回填至耕作深度，再用熟土进行回填，应按每 300mm 分层夯实，夯实程度应达到原状土密实度的 70%及以上。

（2）如坑内有积水，则应先排除坑内积水再回填。

（3）对于岩石基坑，可按石土比 3:1 均匀掺和后回填夯实。

（4）对于回填后多余的土石应移运到塔位之外，防止危及基础安全或受雨水冲刷破坏植被。

5.2.14 质量验评

施工质量等级评定标准及检查方法执行 DL/T 5168—2002《110kV～500kV 架空电力线路工程施工质量及评定规程》。

6 人员组织

实际工作中应根据工程量和现场实际条件合理安排人员，施工管理人员组织见表 5–6–1，施工人员组织见表 5–6–2。

表 5–6–1　　半掏挖式基础施工管理人员组织

序号	岗　位	数量（人）	职　　责
1	项目经理	1	全面负责整个半掏挖项目的实施
2	技术人员	1	负责半掏挖施工方案的策划、技术交底、施工期间各种技术问题的处理

续表

序号	岗　位	数量（人）	职　　责
3	质量员	1	负责半掏挖基础施工期间质量检查及验收，包括各种质量记录
4	安全员	1	负责半掏挖基础施工期间的安全管理
5	材料员	1	负责半掏挖基础施工期间的各种材料、工器具的准备
6	施工队长	1	负责半掏挖基础施工期间各种资源的调配、安排及现场施工管理

表 5-6-2　　半掏挖式基础施工人员组织（一个作业点）

序号	施工项目内容	工种	数量（人）	备　　注
1	线路复测、基础分坑	测工	1	
		技工	3	
2	基础开挖与基础回填	技工	8	
3	钢筋绑扎	钢筋工	3	
4	立柱支模、拆模	技工	4	
5	基础浇筑	技工	10	
		电工	1	
		机械操作工	1	
6	其他零星用工	技工	10	含运输材料人员及基础养护人员

7　材料与设备

半掏挖式基础施工主要使用的工器具可分为土石方工程、立柱支模和混凝土浇筑 3 个部分，各部分主要工器具的配置情况分别见表 5-7-1～表 5-7-3。

表 5-7-1　　土石方工程主要工器具配置情况（一个班组用）

序号	名　　称	规　　格	单位	数量	备　　注
1	经纬仪		台	1	
2	塔尺	5m	副	1	
3	钢卷尺	5m，20m	把	各 1	
4	垂球		只	4	
5	花杆	3m	条	2	
6	爬梯	4m	个	2	
7	钢锹	2 号尖锹	个	4	
8	钢锹	3 号尖锹	个	2	
9	铁锤	4kg	把	1	
10	铁锤	2.7kg	把	2	
11	钢钎	ϕ32mm×2m	根	2	
12	钢钎	ϕ32mm×0.8m	根	2	
13	钢钎	ϕ32mm×1.2m	根	2	
14	钢钎	ϕ32mm×2.5m	根	2	

续表

序号	名　　称	规　　格	单位	数量	备　　注
15	短把铲	把长 500mm	条	4	
16	短把镐	把长 500mm	把	2	
17	凿岩机	NY–30A	台	2	根据实际需求
18	十字镐	JBA–2/500	把	2	
19	箩筐		只	2	
20	土箕		对	4	
21	扁担	1.5m	条	4	
22	三脚架		个	1	掏挖提升土用
23	定滑轮	1t	个	2	掏挖提升土用
24	加固箩筐		个	4	掏挖提升土用
25	麻绳	ϕ16mm×10m	根	2	掏挖提升土用
26	油漆	红色	桶	2	标记
27	铁丝	14 号	m	若干	
28	钢管	ϕ50mm×1.8m	根	20	防雨篷支架
29	锁扣		个	50	
30	彩条布或雨布		m^2	100	防雨篷或衬垫
31	角钢桩	600mm	根	2	
32	炮棍				根据实际需求
33	消耗材料				根据实际需求
34	炸药				根据实际需求
35	雷管、导火索				根据实际需求
36	膨胀剂				根据实际需求

表 5–7–2　　立柱支模主要工器具配置情况（一个班组用）

序号	名　　称	规　　格	单位	数量	备　　注
1	经纬仪		台	1	游标尺读数不大于 1′
2	塔尺	5m	副	1	
3	钢卷尺	15m	把	2	
4	垂球		只	2	
5	花杆	2.5m	条	2	
6	木锯		把	1	
7	水平尺		把	2	
8	斧头		把	1	
9	手锤	1kg	把	3	
10	钢锹	2 号尖锹	个	2	

续表

序号	名　称	规　格	单位	数量	备　注
11	木杠	ϕ80mm×2m	根	4	
12	大横木	ϕ150mm×4m～5m	根	8	一基用料
13	撑木	ϕ60mm×0.5m～1.5m	根		视需要定数量
14	模板及卡具				视需要定数量
15	铁线	8～10 号	m	50	
16	铁线	18 号	m	50	拉水平线用

表 5–7–3　　混凝土浇筑主要工器具配置情况（一个班组用）

序号	名　称	规　格	单位	每队数量	备　注
1	搅拌机	JFR150	台	2	
2	发电机	5kW	台	2	
3	振捣器	插入式	台	2	
4	捣固钎	ϕ18mm×1.5m	把	2	
5	捣固钎	ϕ18mm×2.5m	把	2	
6	坍落度量筒	ϕ100mm/ϕ200mm×300mm	个	1	
7	试块盒	150mm×150mm×150mm	组	3	
8	方锹	225mm×410mm	把	4	2 把装砂、2 把推混凝土
9	方锹	167mm×350mm	把	12	4 把装石、8 把翻混凝土
10	钉耙		把	1	
11	土箕		对	2	
12	箩筐		对	5	
13	抬扛	ϕ80mm×2m	条	4	
14	大水桶	200kg	个	2	可用旧汽油桶改制
15	小水桶	20kg	对	5	
16	扁担	–20mm×80mm×1.5m	条	5	
17	磅秤	100kg	台	1	
18	大锤	3.6kg	把	1	
19	手锤	1.5kg	把	1	
20	薄铁板	–2mm×1m×1.5m	块	6	制作溜槽
21	钢卷尺	5mm，15m	把	各 2	
22	游标卡尺	130mm/0.2mm	把	1	
23	下料斗		个	1	
24	爬梯	4m	个	2	
25	手推斗车		部	4	

8 质量控制

（1）选料。

1）砂、石、水、水泥、混凝土试块及钢筋等必须按 JGJ 52—2006《普通混凝土用砂、石质量及检验方法标准》、JGJ 63—2006《混凝土用水标准》、GB 175—2007《普通硅酸盐水泥》、GB 50233—2005《110～500kV 架空送电线路施工及验收规范》等规定进行抽样检验或试验。

2）检、试验单位选定必须报审，并具有相应资质。

3）工程中使用的材料必须见证取样，且与送检样品保持一致。

4）混凝土配合比应根据现场原材料进行设计，并按要求制作试块，相关试验合格后方可在工程中使用。

图 5-8-1 防雨篷实例图

（2）土石方施工。

1）基坑内外边坡坡距、基面放坡在满足作业指导书及各基坑设计高差要求时，应严格按作业指导书要求进行分坑开坑，同时在分坑前对塔基中心桩进行校核。如果超深应采取相应措施。

2）为了避免影响原状土抗拔强度，应控制基坑开口不能过大、斜壁不能过缓。掏挖过程必须采取截水、遮护措施避免雨水浸泡。见图 5-8-1。

3）掏挖成型后底板必须尽快浇筑混凝土，避免长时间暴露；坑内严禁积水，以防止坑壁强度降低而影响坑壁稳定和土体抗拔强度。

4）原状土的极限承载力随着埋深增加而增大，基坑开挖深度应根据现场地质情况和设计要求严格控制，并不得小于设计深度要求。

（3）钢筋制作。

1）按施工图核对钢筋的材质、品种、规格和数量，图纸中钢筋的尺寸仅为提供统计重量用，具体要根据实际进行放样，严格按所给的尺寸和角度进行加工。

2）钢筋表面应洁净、无损伤，当钢筋表面有颗粒状麻点或片状生锈的钢筋不得使用。钢筋应集中加工，每基塔的各个基础钢筋应挂牌标识，以免错用。

3）主筋接头要求执行 JGJ 18—2003《钢筋焊接及验收规程》。

4）立柱主筋接头布置：焊接接头应相互错开，同一根钢筋不得有 2 个接头，且同一区段内有接头的受力钢筋截面面积不宜超过受力钢筋总截面面积的 50%。

（4）插入角钢安装。

1）检查插入角钢规格、尺寸、数量、下部联板等符合设计要求。

2）立柱模板安装后，应复核插入角钢的位置，不符合要求时应进行调整和校正。

3）钢筋绑扎、立柱支模、混凝土浇筑过程中不得碰撞角钢、找正架等。

（5）基础钢筋绑扎、支模。

1）经项目部质检人员和监理工程师复查基础坑深、坑底、坑口尺寸及不等高腿各基面相对高差，依据基础施工图，核对钢筋规格、数量，确认无误后进行基础钢筋绑扎。

2）基础钢筋网交叉点绑扎必须牢固，绑扎完成后进行立柱支模、操平、找正。

3）立柱模板找正必须按作业指导书的要求进行，主筋净保护层厚度必须符合规范、设计等要求。

（6）地脚螺栓安装。

1）核实地脚螺栓、螺帽规格、尺寸、数量等是否符合设计要求。

2）混凝土浇筑前应再次进行核实地脚螺栓大小根开等数据，确保准确无误。

3）混凝土浇筑过程中不得碰撞地脚螺栓及其支撑。

（7）混凝土浇筑。

1）浇筑前校核基础钢筋、模板及支架，清理模板内的杂物及钢筋上油污，经项目部质检人员及监理工程师确认符合要求后方可开始浇筑混凝土。

2）混凝土投料。严格按检测单位提供的配合比进行投料，投料偏差严禁超出 DL/T 5168—2002《110kV～500kV 架空电力线路工程施工质量及评定规程》的要求，对底板与立柱结合部位应采取措施防止漏浆。

3）混凝土坍落度（机械搅拌 30～50mm）检查，每日或每个基础至少 2 次。检查坍落度时，应选择平整、稳固的地方，采用标准坍落度筒分 3 层捣固，每层捣固次数不得少于 25 次。在每日或每个基础浇筑过程中，应随时检查混凝土搅拌时间。

4）混凝土浇筑应连续进行，不得出现施工缝，在投料过程中应采取措施防止混凝土离析。

5）混凝土插入式振捣器振捣：每一振点的振捣延续时间应使混凝土表面呈现浮浆和不再下沉，振捣器移动间距不得大于其作用半径的 1.5 倍，振捣器与模板的距离不应大于其作用半径的 0.5 倍，振捣器插入下层混凝土内的深度不应小于 50mm。

6）混凝土浇筑过程要随时观察模板、支架及钢筋网有无移位、变形，并应对基础的有关几何尺寸进行校核。

7）在混凝土浇筑现场根据要求见证取样制作试块，并与基础混凝土同条件养护。

（8）混凝土养护。混凝土浇筑完毕后应在 12h 以内浇水养护（根据当时具体环境及气温决定）；当天气炎热，干燥有风时，应在 3h 内浇水养护。养护时应在基础模板外加遮盖物，养护浇水次数以保持混凝土表面处于润湿为宜，当日平均气温低于 5℃时，可不浇水。对于普通硅酸盐及矿渣硅酸盐水泥拌制的混凝土，浇水养护不得少于 7 昼夜。

（9）拆模、质检、回填。

1）基础拆模应保证混凝土棱角、表面不受损坏，且强度不应低于 2.5MPa。

2）拆模后依据施工原始记录及施工评级记录的项目要求，由队（组）质检员对成形混凝土基础进行全面详细检查，并邀请监理工程师检查，形成隐蔽工程记录。

3）基坑回填严禁采用块石。回填土应按每 300mm 分层夯实，夯实程度应达到原状土密实度的 70%及以上，坑口地面应筑防沉层，防沉层的上部边宽不得小于坑口边宽。防沉层高度视回填土夯实程度确定，基础验收时宜为 300～500mm。经过沉降后应及时补填夯实。

（10）数码照片管理。按照国家电网公司 Q/GDW 135—2006《国家电网公司纸质档案数字化技术规范》、基建安全［2007］25 号《关于利用数码照片加强输变电工程安全质量过程控制的通知》要求对基础安全质量进行过程控制。

9 安全措施

（1）任何人员进入施工现场必须戴安全帽，上下基坑必须使用爬梯。

（2）人工开挖基坑时必须采取有效的安全措施，开挖作业时，基坑上应有专人监护，必须始终监视坑壁稳定及基坑内通风，并要注意坑下人员的施工状态。

（3）开挖过程中应及时清除坑口附近的浮土及坑壁松散的活石，确保坑口及坑壁作业面自成稳定体系（由施工现场负责人参与确认）。

（4）坑底掏挖时，坑下坑上人员配合紧密，随时检查各种深度的土质情况，如发现有易塌土层时，应立即停止掏挖，及时上报。

（5）基坑提土时，坑内人员应停止作业，提升机械应有可靠的制动装置，防止回落伤人。

（6）掏挖施工时，坑内作业人员必须佩紧急救护绳并将绳头栓至坑外。

（7）及时清除开挖坑口附近浮土、石块，坑边禁止无关人员逗留。作业人员不准在坑内休息。

（8）上下传递工器具时要用绳索，严禁向坑内抛掷物品或工器具。

（9）开挖的弃土不得堆积在坑口附近，以防基坑承载力不足引起塌方。

（10）施工前应根据现场实际情况搭设操作平台，并应设置护栏。操作平台材质和搭设应符合要求，并捆绑牢固。上料平台不得搭设悬臂结构，中间应设支撑点并确保结构可靠。基础混凝土浇筑时，搭设的平台要牢固可靠，平台横梁应加撑杆，以防平台横梁垮塌伤人。

（11）模板应支撑牢固，振捣人员、养护人员不得在模板或撑木上走动。

（12）拆除模板自上而下进行，拆下的模板应集中堆放，木模板外露的铁钉应及时拔掉或打弯。

（13）坑口边缘 800mm 内不得堆放材料和工器具。

（14）机电设备使用前应全面检查，确认机电装置完整，绝缘良好，接地可靠，方可使用。

（15）搅拌机应设置在平整坚实的地基上，装好后应由前后支架承力，不得以轮胎代替支架。搅拌机在运转时，严禁将工具伸入滚筒内扒料，加料斗升起时，料斗下方不得有人。

（16）用手推车运送混凝土时，倒料平台口应设挡车措施，倒料时严禁撒把。

10 环保措施

（1）施工前，根据企标 Q/GDW 250—2009《输变电工程安全文明施工标准》要求，结合工程实际情况和气候特点制订适应工程特点的环保措施。

图 5-10-1 生、熟土分别堆放实例图

（2）严格按照建质［2007］233 号文《关于印发〈绿色施工导则〉的通知》的要求，全面实施绿色施工，最大限度减少对环境负面影响。

（3）合理规划施工区域，减少林木砍伐及植被破坏。

（4）减少基面开挖范围，基础开挖施工土层按生、熟程度分开堆放；弃土不允许在基坑口或向塔位下方倾倒；基坑回填上部用熟土，利于植被生长。生、熟土分别堆放实例图见图 5-10-1。

（5）施工机械采用铺垫隔离，防止漏油污染环境。

（6）现场施工剩余材料及物品及时整理清除，做到工完、料净、场地清。

11 效益分析

从设计理论上说，在同等地质条件下，半掏挖式基础和掏挖式基础极限承载力基本相同，虽然半掏挖式基础开挖土体方量要稍大，但由于施工简便，提高了施工效率，两者经济性差别很小。与同等地质条件、相同受力情况的阶梯式基础相比，半掏挖式基础具有节省混凝土、减少土方量（减少 1/4～1/3）和降低施工模板用量等优点，每基基础可降低造价约 35%。

以重庆北碚 500kV 输变电工程为实例，在相同地质条件下，以相同的底板宽度与高度、相同的立柱全高与断面尺寸，半掏挖式基础比阶梯式基础抗拔力提高 2 倍以上，模板用量减少 31%，混凝土用量减少 19%，土石方量减少 37%。

因此，采用半掏挖式基础典型施工方法，可以减少基坑开挖量及小平台开挖量，降低对自然地貌的影响，有利于植被的恢复。与其施工方法比较，缩短了基础施工工期，保证了施工安全质量，降低了施工费用，取得较好的经济、环保和社会效益。

12 应用实例

本典型施工方法已经在广安—万县Ⅱ回 500kV 输电线路、重庆北碚 500kV 输变电等工程中应用，经济及社会效益显著。其中，广安—万县Ⅱ回 500kV 输电线路工程通过了水利电力部组织的水保验收，并荣获国家电网公司优质工程。

12.1 广安—万县Ⅱ回 500kV 输电线路工程

广安—万县Ⅱ回 500kV 输电线路工程线路全长 155km，共有铁塔 349 基，其中直线塔 289 基，耐张塔 60 基。其中半掏挖式基础共 81 基，占铁塔总数约 23%。

12.2 重庆北碚 500kV 输变电工程

重庆北碚 500kV 输变电工程“π”接线路起点为重庆市北碚区复兴镇 500kV 北碚变电站，终点为已建陈长Ⅰ、Ⅱ回 500kV 线路开断“π”接点，新建线路共计长度 7.311km（按同塔双回路计），共使用铁塔 23 基，其中采用半掏挖式基础的铁塔 15 基，占铁塔总数约 65%。

典型施工方法名称：人工挖孔桩基础典型施工方法

典型施工方法编号：GWGF006-2010-SD-XL

编　制　单　位：吉林省送变电工程公司

推　荐　单　位：吉林省电力公司

主 要 完 成 人：王晓波　贾　宏　李　霆

金连勇　仲崇明

目　　次

1 前言

人工挖孔桩基础是干作业成孔灌注桩的一种，采用人工开挖方式成孔，现浇基础成型的基础型式。由于人工挖孔桩基础具有施工机具设备简单，操作方便，环境影响小，施工质量可靠，工程造价低等优点，目前在铁路、公路、市政、电力等工程建设领域广泛应用。本文主要介绍在电网基础施工中人工挖孔桩基础的工艺流程及施工过程。

2 本典型施工方法特点

（1）施工所需设备、工器具数量少，能形成固定的作业程序，施工人员数量定量化。

（2）施工操作简单，施工工艺不复杂。

（3）占地面积小，土石方开挖量小，弃土量较少，对环境影响较小。

（4）地质条件必须满足要求，施工过程需及时鉴定地质情况。

（5）工程造价较低。

（6）安全风险较大，应制订规范化的安全措施。

3 适用范围

（1）人工挖孔桩基础桩直径不得小于800mm，且不宜大于2500mm。桩深不宜大于30m。

（2）人工挖孔桩基础适用于无地下水或地下水较少的黏土、粉质黏土，含少量的砂、砂卵石、浆结石的黏土层采用，特别适于黄土层使用，在岩石地质也有一定应用。

4 工艺原理

人工挖孔桩基础施工工艺是以人工开挖成孔并采用钢筋混凝土护壁或其他方式对桩壁进行支撑保护，浇筑基础施工全过程的方法。与机械成孔灌注桩基础施工工艺相比，减少机械设备进场，有利环境保护，减少施工费用。

5 施工工艺流程及操作要点

5.1 施工工艺流程图

本典型施工方法施工工艺流程见图6-5-1。

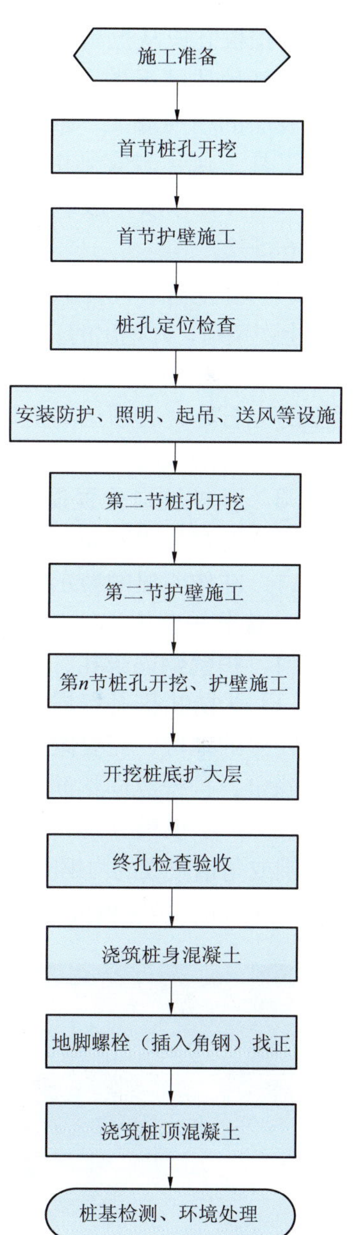

图6-5-1 人工挖孔桩基础施工工艺流程图

5.2 操作要点

5.2.1 施工准备

5.2.1.1 技术准备

施工前组织专业人员进行图纸审核，编制相应的技术措施、质量措施、安全措施等。

5.2.1.2 人员准备

根据人工挖孔桩工程特点配备相应的施工人员，并应进行施工前安全、质量技术培训，培训合格后方可进行施工作业。

5.2.1.3 工器具准备

根据人工挖孔桩工程特点准备相应的工器具、设备，并对工器具、设备进行检查确认，经检查符合要求后才能进入施工现场。

5.2.1.4 材料准备

施工所需材料如砂、石、水泥、钢筋等进场前应进行检查，并取得合格证明。

5.2.1.5 施工布置

根据基础施工现场的实际情况，合理安排各种设施、材料的位置，预留出弃土的运输通道、处理地点，尽量少占地，保护环境。

5.2.1.6 基础分坑定位

根据相应的基础施工图、现场塔位中心桩及方向桩，测定好人工挖孔桩桩位中心，以中心为圆心，以桩身半径加护壁厚度为半径画出桩基圆周。撒石灰线作为桩孔开挖尺寸线。孔位线定好之后，在开挖前必须进行复查，确认无误后方可施工。

5.2.2 首节孔桩开挖

开挖桩孔应从上到下逐层进行，先挖中间部分的土方，然后扩及周边，有效地控制开挖的截面尺寸。根据桩基地质情况的不同，选取不同的开挖工具，对地表层的粉质黏土一般采用短柄铁锹、镐、锤、钎等工具，风化岩宜采用风镐、风枪等工具进行开挖，单节开挖高度一般以 1000mm 为宜。基础开挖见图 6–5–2。

图 6–5–2 基础开挖

5.2.2.1 开挖首节桩孔土方时，事先应清除坑口附近的浮土、杂物，开挖出的弃土要及时清理。

5.2.2.2 宜采用电动提土装置进行提土作业，孔桩运出的土石方，必须运离坑口 1m 以外的地方堆放，避免土、石落入坑内伤人。

5.2.2.3 孔桩坑口位置设置刚性围栏进行防护，刚性围栏高度宜为 800mm，每日施工完毕后应覆盖严密坑口，并作明显的警示。

5.2.3 首节护壁施工

5.2.3.1 护壁钢筋绑扎、模板的支护

（1）为防止桩孔壁坍方，确保安全施工，孔桩开挖成孔后应立即进行护壁施工，有设计要求或地质情况较差的地段，需要做护壁配筋的，一定要进行护壁配筋，配筋应根据基础施工图及孔桩单节开挖高度来确定。护壁纵向钢筋露出模板下端长度应满足设计要求。绑扎首节护壁钢筋见图 6–5–3。

（2）护壁模板宜做成 4 片，模板之间用卡具、扣件连接固定，在每节模板的上下端各设一道圆弧形、用槽钢或角钢做成的内钢圈作为内侧支撑，防止内模因受力而变形。模板上口直径与桩径相等，下口直径为桩径+100mm，护壁模板单节高度一般为 1000mm。护壁模板见图 6–5–4。

图 6–5–3 绑扎首节护壁钢筋

图 6–5–4 护壁模板

（3）首节护壁以高出地坪 100～150mm 为宜，便于挡土、挡水。护壁厚度一般为 100～150mm，第一节护壁厚度应比下面其他护壁厚度增加 100～150mm。

5.2.3.2 浇筑首节护壁混凝土

桩孔护壁应在绑筋、支模完成后立即浇筑混凝土。护壁混凝土一般采用细石混凝土，混凝土强度根据设计要求确定。护壁混凝土采用人工浇筑，捣固钎或振捣器捣实。浇制完毕24h后方可拆除模板（如气温较低，可适当延长拆模时间）。浇筑护壁示意图见图6–5–5。

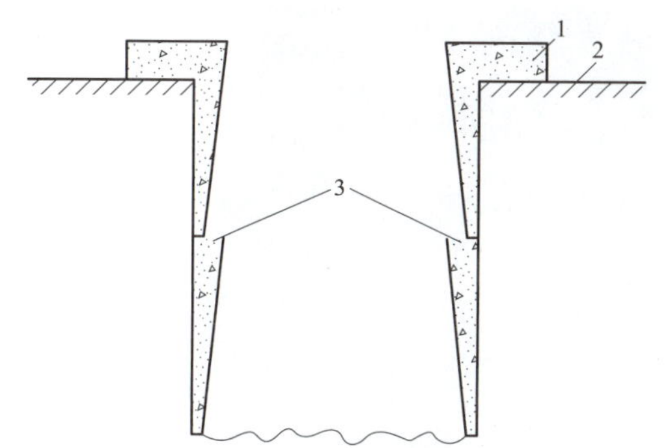

图6–5–5 浇筑护壁示意图

1—护壁；2—地面；3—进料口

5.2.4 桩孔定位检查

首节桩孔护壁做好以后，必须将桩位十字轴线和标高测设在护壁的上口，然后用十字线对中，吊线坠向井底投设，复查桩位中心偏差，桩位中心与设计偏差不得大于20mm，检查孔壁的垂直平整度，同一水平面上桩孔任意直径极差不得大于50mm。桩孔深度必须以基准点为依据进行测量。保证桩孔轴线位置、标高、断面尺寸满足设计要求。

5.2.5 安装防护、照明、起吊、送风等设施

5.2.5.1 安装提升起吊设施

根据工程特点，安装电动提升器或人力提升装置，进行提土作业，地面运土可用手推车等工具。

5.2.5.2 安装吊桶、照明、活动挡板、软梯、水泵和通风设施

（1）在安装吊桶时，应使吊桶位于桩孔中心位置，防止吊桶提升时碰伤护壁混凝土。

（2）井底照明必须用带灯罩的防水安全灯具。

（3）当桩孔深大于10m时，应向桩孔内送风，加强空气对流，风量不宜小于25L/s。对于现场施工认为需要送风时，可不受开挖深度限制，随时进行送风，防止有害气体的危害。可采用向孔内吊放燃烧蜡烛等措施检验孔内氧气含量的方法，避免施工人员贸然施工作业发生窒息情况。挖孔作业时上下人员轮换作业，桩孔外人员时时对桩内作业进行监护，宜配备无线对讲机等通信工具保持与孔内人员联系。

（4）桩孔口及孔内护壁上口处安装活动挡板等安全设施，当桩孔内有人作业时，应掩好孔口活动挡板；提土时，孔内人员躲于活动挡板下，防止落物伤人。施工无关人员禁止靠近桩孔。

5.2.6 第二节桩孔开挖

5.2.6.1 第二节桩孔开挖与首节桩孔开挖相同，从上到下逐层进行，先挖中间部分的土方，然后扩及周边，利用提升设备提土，桩孔内人员应戴好安全帽，系好安全带。吊桶离开孔口上方1.0m时，将活动挡板遮盖孔口，防止弃土回落孔内伤人。

5.2.6.2 桩孔开挖应及时检查桩孔的直径及井壁圆弧度，及时修整孔壁做到上下垂直、平顺。

5.2.7 第二节护壁施工

5.2.7.1 钢筋绑扎及模板支护

（1）绑扎安放第二节护壁钢筋，护壁纵向钢筋应与上节护壁纵向钢筋连接牢固、可靠。

（2）护壁钢筋绑扎成型后，拆除上节护壁模板，支护下节护壁模板，下节护壁模板与上节护壁之间的搭接长度不得小于50mm。支护护壁模板见图6–5–6。

5.2.7.2 浇筑第二节护壁混凝土

混凝土用串桶输送，人工浇筑，人工插捣密实，上下节护壁重叠处混凝土应捣固密实。拆模后发现护壁有蜂窝、漏水现象时，应及时补强。

图6–5–6 支护护壁模板

5.2.8 第 *n* 节桩孔开挖、护壁施工

第 *n* 节桩孔开挖、护壁施工，与第二节护壁施工方法相同。施工过程中安全、合理地使用活动挡板、通风设备等安全设施进行防护。桩孔检查、校正方法与首节桩孔方法一致。

图 6-5-7 施工成型护壁

5.2.9 开挖桩底扩大层

开挖桩底扩大层时，应先将扩底部位桩身的圆柱体挖好，桩底应支承在设计所规定的持力层上。再按扩大部位的尺寸形状自上而下削土扩充至满足设计图纸要求。

5.2.10 终孔检查验收

成孔以后必须对桩身直径、扩头尺寸、桩长、桩位中心位置、井壁垂直度、虚土厚度等进行全面检查。会同设计、监理单位办理隐蔽验收手续，并做好施工记录。施工成型护壁见图 6-5-7。

5.2.11 桩身混凝土浇筑

5.2.11.1 钢筋笼制作及吊放，埋设检测装置

（1）钢筋应按照相关规范标准进行复检，并取得合格证明。

（2）钢筋笼绑扎应按照 JGJ 18—2003《钢筋焊接及验收规程》要求制作成型。

（3）吊放钢筋笼，埋设桩身检测装置。

1）放入前应先绑好混凝土垫块，混凝土垫块的强度应与桩身强度相同，尺寸根据桩身钢筋保护层厚度确定。

2）吊放钢筋笼时，要对准孔位，直吊扶稳、缓慢下放，避免碰撞孔壁。

3）钢筋笼下放至设计位置后，检查钢筋保护层及钢筋笼位置，满足要求后及时固定。

4）遇有两段钢筋笼连接时，应采用焊接，双面施焊，接头数按 50%错开，以确保钢筋位置正确。钢筋绑扎见图 6-5-8。

5）根据设计的具体要求，预埋桩身检测装置，预埋的检测装置应牢固、可靠。

5.2.11.2 浇筑桩身混凝土

桩身混凝土采用机械搅拌，混凝土必须通过溜槽下料，当落距超过 2m 时，应采用串筒向桩孔内浇筑混凝土，串筒末端距孔底高度不宜大于 2m，也可采用导管泵送。

混凝土连续浇筑，宜采用插入式振捣器分层振捣密实，见图 6-5-9。

图 6-5-8 钢筋绑扎

图 6-5-9 浇筑混凝土

5.2.12 地脚螺栓（插入角钢）找正

5.2.12.1 地脚螺栓的找正

（1）根据地脚螺栓的布置，制作相应的单腿找正样板，地脚螺栓小根开误差应小于 2mm。

（2）地脚螺栓无扣部分应在基础顶面，保证地脚螺栓的露高，且应垂直于基础顶面。

（3）安装地脚螺栓时，根据地脚螺栓的规格、数量和重量采用安全、合理的方法安装，并用规格匹配的样板固定。

（4）找正地脚螺栓时，地脚螺栓小根开尺寸、基础根开尺寸、对角线尺寸等基础控制数据满足规程、规范要求。

5.2.12.2　插入角钢的找正

图 6-5-10　找正插入角钢

（1）插入角钢安装以三角支架为支撑，链条葫芦等工具配合吊装，安放到设计位置，角钢底部三角（两肢宽、角钢楞）采用 8 号铁线束固定在钢筋笼上，插入角钢顶部用链条葫芦来控制露出高度。

（2）插入角钢宜实行单腿固定找正。角钢端头采用自制钢管套筒可调式调整工具，可调工具直角布置，端头用螺栓固定在角钢头部，尾端用螺栓连接在事先打入地面内的角钢钢钎上，然后，用可调系统调整插入角钢的根开尺寸和正侧面坡度，使其达到设计值。找正插入角钢见图 6-5-10。

（3）角钢找正应本着多组数据反复检测、立体控制的原则才能达到设计要求。

5.2.13　浇筑桩顶混凝土

5.2.13.1　浇筑桩顶混凝土

（1）混凝土应严格按照配合比施工。

（2）混凝土振捣应符合相关规范要求。

（3）混凝土应按规范要求制作试块，试块养护条件应符合规范要求。

5.2.13.2　混凝土养护、拆模

（1）混凝土养护。

1）混凝土浇筑完毕后，应在 12h 内开始浇水养护，当天气炎热、干燥有风时，应在 3h 内进行浇水养护。当冬期施工气温较低时，不应浇水养护。

2）混凝土浇水养护日期，对普通硅酸盐和矿渣硅酸盐水泥拌制的混凝土，不得少于 5 昼夜。

3）浇水次数应以保持混凝土具有足够的润湿状态为度。

（2）拆模。

1）浇水养护的混凝土，当其强度达到 2.5MPa 或以上时，方可拆模。

2）拆模时，要注意保护混凝土基础棱角，不可使模板拆模时粘掉混凝土或以任何方式损伤基础棱角。

5.2.14　桩基检测、环境处理

5.2.14.1　人工挖孔桩基础检测

完成的人工挖孔桩基础在混凝土达到强度要求后，应根据 JGJ 106—2003《建筑基桩检测技术规范》的要求对桩基进行检测，检测数量应满足要求。

基础施工完毕应按照相关规范对基础进行检查，评级，并填写相应记录。

施工中如遇不良地质情况，与设计文件存在不符，应及时与设计、监理单位沟通，确认现场实际地质情况，并编制专项施工措施后，再进行施工。

5.2.14.2　基础场地环境保护

基础施工完毕应将施工场地恢复原始地貌，妥善处理弃土。基础成型见图 6-5-11。

图 6-5-11　基础成型

6　人员组织

人工挖孔桩基础施工应根据工程量和作业条件合理安排人员组织施工，以一基四根桩为例，施工人员配置如表 6–6–1 所示。

表 6–6–1　　施工人员配置（以一基四根桩为例）

序号	岗　　位	数量（人）	岗 位 职 责
1	施工负责人	1	负责人工挖孔桩基础施工的组织、协调、现场指挥等工作
2	安全员	1	负责人工挖孔桩施工现场的安全监护和检查指导工作
3	质量技术员	1	负责人工挖孔桩施工全过程质量标准的控制、执行、监督和检查；负责施工现场全过程的技术管理工作，协助现场施工负责人工作
4	测工	1	负责人工挖孔桩基础施工的测量工作
5	钢筋工	2	负责人工挖孔桩基础钢筋加工，钢筋笼的制作、安装工作
6	模板工	2	负责人工挖孔桩基础模板的组装、拆卸等工作
7	电工	1	负责施工电源设备的安装、操作、检查和维护
8	机械操作手	2	负责人工挖孔桩施工机械的操作和维护
9	挖孔工人	8	负责人工挖孔桩开挖、护壁施工等工作
10	混凝土工人	12	负责人工挖孔桩基础混凝土浇筑、养护等工作
合　　计		31	

7　材料与设备

人工挖孔桩基础施工应根据工程量和作业条件合理安排施工，主要材料为水泥、粗细骨料、地脚螺栓（插入角钢）等，以一基四根桩为例，主要工器具及设备如表 6–7–1 所示。

表 6–7–1　　主要工器具及设备（以一基四根桩为例）

序号	名　　称	规　　格	单位	数量	备　　注
1	搅拌机	170L/350L	台	2	
2	振捣器	汽油机/电动	台	2	
3	发电机	12kW	台	1	
4	水泵	配 30m 水带	台	1	
5	经纬仪	J2	台	1	配塔尺、花杆
6	鼓风机		台	4	带送风管
7	护壁模板	各种规格	套	4	带卡扣
8	绞车	带吊桶	套	4	提土用
9	电焊机	BS1–330	台	1	
10	配电设施		套	1	
11	空压机		台	2	
12	运水罐	$1.4m^3$	个	1	

8　质量控制

8.1　主要质量标准、技术规范

GB 8076—1997　混凝土外加剂

GB 50026—2007　工程测量规范

GB 50107—2009　混凝土强度检验评定标准

GB 50202—2002　建筑地基基础工程施工质量验收规范

GB 50204—2002　混凝土结构工程施工质量验收规范

GB 50233—2005　110kV～500kV 架空送电线路施工及验收规范

DL/T 5168—2002　110kV～500kV 架空送电线路工程施工质量及评定规程

JGJ 18—2003　钢筋焊接及验收规程

JGJ 52—2006　普通混凝土用砂、碎（卵）石质量标准及检验方法

JGJ 55—2000　普通混凝土配合比设计技术规范

JGJ 94—2008　建筑桩基技术规范

JGJ 104—1997　建筑工程冬季施工规程——混凝土工程

JGJ 106—2003　建筑基桩检测技术规范

J 140—2001　钢筋焊接接头试验方法标准

Q/GDW 153—2006　1000kV 架空送电线路施工及验收规范

Q/GDW 163—2007　1000kV 送电线路施工质量验收及评定规程

Q/GDW 248—2008　输变电工程建设标准强制性条文实施管理规程

建标［2006］102 号　建设部关于发布 2006 年版《工程建设标准强制性条文》（电力工程部分）的通知

8.2　基础质量控制要点

（1）基础分坑控制要点。施工过程应妥善保护好场地的中心桩、辅助桩。

（2）桩孔开挖控制要点。

1）桩孔上口应做好挡土及排水措施，防止孔壁坍塌。

2）开挖过程中应随时对桩孔进行校核，确保桩孔尺寸。

3）已挖好的桩孔应及时吊放钢筋笼，并及时浇筑混凝土。有地下水的桩孔应及时施工，并尽快浇筑混凝土，避免地下水浸泡桩孔，造成塌孔。

（3）护壁施工控制要点。

1）护壁模板应支护牢固，防止出现模板变形等现象。

2）护壁混凝土振捣应密实，不应出现露石、孔洞等现象。

（4）成孔保护控制要点。人工挖孔桩施工现场必须有良好的排水设施，严防地面雨水流入桩孔内，浸泡桩孔。

（5）钢筋笼制作控制要点。钢筋笼应保持清洁，已成形的钢筋笼，不得扭曲、松动变形。吊入桩孔时，不得碰坏孔壁。浇筑混凝土时，应将钢筋笼顶部牢固固定。

（6）浇筑混凝土控制要点。浇筑混凝土时，串桶应垂直放置，防止因混凝土斜向冲击孔壁，破坏孔壁土层，造成夹土现象。

（7）材料控制要点。

1）基础施工钢筋、水泥、水、砂石必须经过检验，试验合格并取得合格证。

2）材料站对材料进行检验，做好记录，不合格的禁止进入施工现场；施工现场对材料进行验收，不合格的不准进行基础浇制。

3）材料堆放有标识，材料的保管、发放、回收要有材料卡，使材料处于全过程控制状态。

（8）冬期、雨季施工控制要点。

1）冬期施工应编制冬期施工方案，浇筑混凝土时，应采取加热保温措施。浇筑的入模温度应由冬期施工方案确定。

2）雨天不宜进行人工挖桩孔施工，如必须施工，应对桩孔采取可靠的防雨措施。

8.3 基础质量常见问题及预防、控制措施

基础质量常见问题及预防、控制措施见表 6–8–1。

表 6–8–1 基础质量常见问题及预防、控制措施

序号	质量问题	产生原因、现象	预防、控制措施	备注
1	垂直偏差过大	由于开挖过程未按要求每节核验垂直度，致使挖完以后垂直超偏	每挖完一节，必须根据桩孔口上的轴线吊直、修边、使孔壁圆弧保持上下顺直	
2	孔壁坍塌	因桩位土质不好，或地下水渗出而使孔壁坍塌	开挖前应掌握现场土质情况，错开桩位开挖，缩短每节高度，随时观察土体松动情况，必要时可在坍孔处用砌砖，钢板桩、木板桩封堵；操作进程要紧凑，不留间隔空隙，避免坍孔	
3	孔底残留虚土太多	成孔、修边以后有较多虚土、碎砖，未认真清除	在放钢筋笼前后均应认真检查孔底，清除虚土杂物。必要时用水泥砂浆或混凝土封底	
4	孔底出现积水	当地下水渗出较快或雨水流入，抽排水不及时，就会出现积水	开挖过程中孔底要挖集水井，及时进行抽水，当渗水量过大时，应采取场地截水、降水或水下灌注混凝土等有效措施。严禁在桩孔中边抽水边开挖边灌注	
5	钢筋笼扭曲变形	钢筋笼加工制作时点焊不牢，未采取支撑加强钢筋，运输、吊放时产生变形、扭曲	钢筋笼应在专用平台上加工，主筋与箍筋点焊牢固，支撑加固措施要可靠，吊运要竖直，使其平稳地放入桩孔中，保持骨架完好	
6	桩孔混凝土质量差	有振捣不实、夹土等现象	在浇筑混凝土前一定要做好操作技术交底，坚持分层浇筑、分层振捣、连续作业	

9 安全措施

9.1 主要安全规范、文件

DL 5009.2—2004 电力建设安全工作规程 第 2 部分：架空电力线路

Q/GDW 434.2—2010 国家电网公司安全设施标准 第二部分：电力线路

国家电网基建［2010］1020 号 关于印发《国家电网公司基建安全管理规定》的通知

9.2 基础施工安全措施

（1）所有施工人员进场时必须戴好安全帽、穿绝缘胶鞋。

（2）认真研究设计提供的地质资料，分析地质情况，出现流砂、管涌等情况及时与设计、监理沟通，并制定相应的专项措施方案。

（3）人工挖孔桩开挖施工时，孔上必须有专人监督防护，桩孔周围要设置安全防护栏。

（4）每孔必须设置安全绳及应急软爬梯，软梯制作材料应满足使用要求，上端应牢固固定，确保使用安全。

（5）孔深超过 10m 必须设置通风设施，以便向孔内强制输送清洁空气，排除有害气体。

（6）已挖好的桩孔必须用木板或钢筋网片等盖好，防止土块、杂物、人员坠落。严禁用草袋等虚盖。

9.3 用电、防火安全措施

（1）施工用的发电机、搅拌机等，必须保证其绝缘良好，性能可靠，做好电器设备的接地保护。使用潜水泵必须有防漏电装置。桩孔内照明必须用带灯罩的防水安全灯具。

（2）生活用电必须保证其绝缘良好，接地性能可靠，做到人走电断。

（3）在林区施工时，杜绝乱用火源，设防火区，防止森林火灾。

10 环保措施

（1）严格控制施工临时占地量，减少对地表植被地破坏。

（2）受施工影响的农田、沟渠、道路等设施，施工完毕应尽快恢复。施工完毕后，临时道路和临时占地应及时进行复耕，恢复植被。

（3）加强对施工燃油、工程材料、设备、弃土的控制和处理。

1）施工燃油应及时进行回收处理。

2）施工设备应定期检查油路，防止设备漏油。

3）剩余工程材料应回收，并作妥善处理。

4）开挖弃土应按要求进行处理，余土应外运至指定位置，不得随意堆放，做到工完、料尽、场地清。

11 效益分析

本典型施工方法具有环保、施工工器具需求少、施工人员投入较少，施工方式简便、质量控制直观、易控等特点。与开挖式基础相比具有开挖量小、占地面积少、弃土量少、环境影响小的优点。与机械成孔灌注桩相比具有操作简便、成本低廉、设备简单、占地面积小、因不需设泥浆池而对环境影响小的优点，具有很好的经济效益和社会效益。

12 应用实例

12.1 实例 1：石棉—雅安Ⅲ、Ⅳ回 500kV 线路工程（1 标段）

（1）施工时间。2010 年 5～8 月。

（2）工程概况。石棉—雅安Ⅲ、Ⅳ回 500kV 线路工程 1 标段线路位于雅安市石棉县和汉源县境内，线路全长 45.75km，基础全部采用人工挖孔桩式插钢基础，桩径为 1400～2400mm，基础本体和护壁混凝土强度为 C25 级，混凝土总量为 11 500m^3。

（3）桩孔开挖。

1）桩孔开挖直径=基础直径+护壁厚度×2，护壁厚度为 100mm。

2）在基坑开挖时，每开挖 1.0m 时进行了护壁施工，待护壁混凝土达到一定的强度后再进行下一段基坑的开挖。

3）为保证安全，基础堆土距坑边 1.0m 以上，坑口周围严禁堆放重物。

（4）桩孔开挖完毕后。桩孔开挖完毕后按照要求进行钢筋制作、混凝土浇筑工作。

12.2 实例 2：500kV 长沙至揭阳Ⅱ回送电线路工程（B 标段）

施工时间：2005 年 1～11 月。

部分基础采用人工挖孔桩基础施工，安全、优质地完成施工任务。

12.3 实例 3：三峡右岸送出 500kV 输电线路工程枢纽部分内外七工程

施工时间：2005 年 2～9 月。

部分基础采用人工挖孔桩基础施工，安全、优质地完成施工任务。

典型施工方法名称：高原冻土旋挖成孔基础典型施工方法

典型施工方法编号：GWGF007-2010-SD-XL

编　制　单　位：西藏电力有限公司电网建设管理分公司

葛洲坝集团电力有限责任公司

推　荐　单　位：西藏电力有限公司

主 要 完 成 人：杨　魁　罗　欣　田晓明

雷志勇　洛桑达娃

目　次

1 前言

随着青海、西藏电网建设的不断发展，电压等级不断提高，针对青藏高原季节性冻土地区的铁塔基础施工技术也在不断成熟和完善。通过多年实践和改进，目前已形成了较为系统的高海拔地区、冻土地带的输电线路工程基础施工方法。

青藏高原输电线路大部分位于3000～5000m海拔高度以上，穿越季节性冻土地带较多，所在地区生态系统极其脆弱，高寒草甸、高寒草原、季节性冻土环境扰动后很难恢复，目前国内尚无高海拔冻土地带输电线路施工工艺的成熟技术资料，为解决多年冻土的融沉、冻胀和不良冻土现象对杆塔基础施工造成的影响，国家电网公司西藏电力有限公司从研究冻土的地质特性入手，本着控制融化和保护冻土的原则，探寻高原冻土地区输电线路基础开挖、浇筑、保温、防冻胀措施，组织开展了“高原冻土旋挖成孔基础典型施工方法”课题研究，形成了较成熟的高海拔冻土地带旋挖成孔基础施工方法。

冻土是处于负温或零度并含有冰的土类和岩石，一般位于海拔3000～5000m高度范围。由于冻土中含有冰，因而它是一种对温度极为敏感且性质不稳定的土体。季节性冻土层冬季冻结时体积增大，形成冻胀现象。夏季冻土层融化时，形成融沉现象。冻土中含冰量越大，冻胀、融沉现象越严重。严重冻胀、融沉病害，可能导致工程结构变形。

季节性冻土有着一定的冻结深度，一般在2.8～4.0m之间。以110kV当雄—那曲—安多II回线路工程为例，各区段最大季节冻结深度情况见表7-1-1。

表7-1-1　当雄—那曲—安多各区段最大季节冻结深度

地　　名	最大季节冻结深度（m）
安多段	3.70～3.90
那曲段	2.80～3.00
当雄段	1.20～1.50

2 本典型施工方法特点

（1）在高原冻土地区采用旋挖钻机机械干法成孔取代传统的人工掏挖和机械冲击成孔，提高了施工工效，有效降低了施工人员的劳动强度，保证了施工进度。

（2）干式旋挖与其他开挖方式相比，具有噪声小、污染少、钻孔速度快，施工时间短的特点，对冻土层扰动更小，可以有效地减少对高原环境的破坏。

（3）旋挖钻机最大钻孔直径可达1.8m，最大钻孔深度60m，适用的基础型式范围较广，既适用于全掏挖基础、人工挖孔桩基础，同样适用于灌注桩基础的施工。旋挖钻机自备履带行走方便，操作采用微电脑系统控制，精度高，速度快，能自动调整孔身的垂直度和倾斜度及深度，同时自带挤扩施工设备，满足扩挖施工的要求。

（4）对于各种地质条件的适用范围较强。一般配备潜孔锤，可在岩石结构地质下施工，同时配备钢护筒，也可在易坍塌、多水地质施工。旋挖钻机自身较重，因此对道路运输要求较高。一般要求基础所在位置便于设备进场，同时进场前要对道路进行准备，避免对植被造成较大的破坏。

（5）钻孔完成后，在现浇基础最大冻结深度或最大融化深度范围内安装柱形玻璃钢模板，用于消除冻土冻结切向冻胀力。

3 适用范围

（1）本典型施工方法适用于海拔在3000～5000m范围的高原季节性冻土地区的掏挖式、人工挖孔桩式以及灌注桩基础的施工。

（2）要求地形进场条件较好，便于大型施工设备到达。

4 工艺原理

（1）旋挖成孔首先是由旋挖机动力头转动底门镶嵌斗齿的桶式钻斗切削岩土，并将原状岩土装入钻斗内，然后再由钻机卷扬机和伸缩钻杆将钻斗提出孔外卸土，这样循环往复，不断地取土卸土，直至钻至设计深度，再利用机扩头对基坑底部进行扩孔。

（2）本典型施工方法就是利用旋挖钻机机械干式旋挖基坑成孔、底部扩孔、放置钢筋笼、安装玻璃钢模板、灌注混凝土，最后形成具有良好的抗拔性能和承载力的杆塔基础。

5 施工工艺流程及操作要点

5.1 施工工艺流程

本典型施工方法施工工艺流程见图 7-5-1。

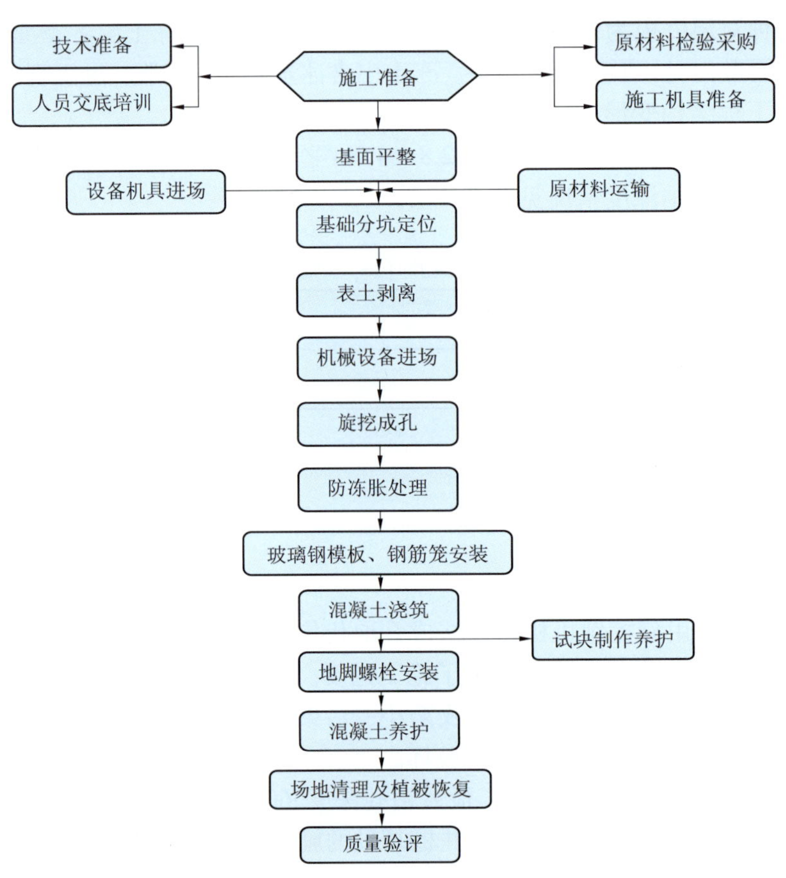

图 7-5-1 高原冻土旋挖成孔基础施工工艺流程图

5.2 操作要点

5.2.1 施工准备

（1）了解和掌握施工地区的地形情况，确认具备大型机械设备进场施工条件。

（2）明确地质情况，包括岩土的类型、结构、特征及物理力学特性及冻土层最大冻结深度和融化深度。

（3）必须了解和掌握线路所在施工地区的气温、降雨等变化情况，以便合理制订施工计划和施工方案。

（4）调查了解线路沿线特别是开挖土石方地区周围情况，包括自然环境和社会环境，如自然保护区、牧区草场、居民区和当地的民族风俗习惯等，以达到恰当的选择施工方法。

（5）开挖前，施工负责人应对现场全体作业人员进行技术、安全交底，并签字记录，做好现场安全措施。

（6）施工机械设备、工器具和材料数量及规格满足施工现场需要。见图 7–5–2。

（7）玻璃钢模板需要在生产厂家定制，然后根据设计的冻土最大冻结深度切割加工。见图 7–5–3。

图 7–5–2　旋挖钻机

图 7–5–3　玻璃钢防冻胀模板

5.2.2　基面平整

5.2.2.1　确定降基范围

（1）基础开挖等各项要求必须遵照 GB 50233—2005《110～500kV 架空电力线路施工及验收规范》执行，基础施工前应认真阅读设计文件，进行图纸会审，若有疑问及时通知设计单位，不可贸然施工。

（2）基础降基施工时，应注意在保证塔腿能露出地面的前提下，在原天然地面直接开挖基坑，将基础主柱加高部分深埋，尽量保留原地形和自然植被。

（3）成孔前，根据塔基情况估算土石方开挖量，按估算土石方量确定遮盖土石方所需要的彩条布和草袋，减少弃土对草场环境的破坏，便于以后草皮植被恢复。见图 7–5–4。

5.2.2.2　清理施工场地

（1）对位于高寒草原区、高寒草甸区的塔基，砂、石料堆放前，要事先覆盖原草地，砂、石料堆放后，也要采取覆盖措施。见图 7–5–5。

（2）划定作业范围，施工人员和施工机械应在施工便道和工程划定的范围内作业，不得擅自任意行驶。机械、车辆严格固定行走路线，不得随意碾压便道以外的植被。

图 7–5–4　施工范围

图 7–5–5　覆盖草地

5.2.2.3　降基面开方

（1）基础降基施工顺序应遵循先下坡侧后上坡侧，先深后浅的原则。基坑开挖时余土不得堆放在塔位的下坡侧，严禁直接向正下陡坡侧下倒，尽量堆放在塔位附近两侧，如无法堆放应远运。对塔位的弃土堆放应严格按设计要求施工，在施工过程中，应保留测量中心桩，采用水泥砂浆灌注稳固，以免碰动，作为校验桩顶标高，基础埋深的标志。

（2）基础配置表中注明有挡水墙、护坡和排水沟的塔位，应根据实际地形情况，宜在基础施工时同时进行施工，所挖除的土应堆放在塔位附近两侧，以避免被冲回沟内及基面上。挡水埝、护坡和排水沟应严格按施工图要求施工，排水沟距基础底板边缘为 4～5m（特殊情况根据实际地形而定），挡土墙内外侧均必须用水泥砂浆进行沟缝，必须采用ϕ100 PVC 管做排水孔，排水孔处用碎石掺粗砂做滤水层。

（3）在原天然地面直接开挖基坑，测量方法是用经纬仪测主高程方法，根据降基面数值及附近地形，定出降基面的范围桩，另外顺、横线路必须定出辅助桩，移出塔位中心桩，并记录中心桩的相对高程，以便检查降基面情况及降基后恢复塔位中心桩。

5.2.3　基础分坑定位

（1）根据施工图纸，对塔位基面进行操平，并按设计施工数据进行分坑。

（2）对于直柱式基础，以主柱尺寸为坑口尺寸，当基础的底脚螺栓相对基础中心有一定的偏移时，铁塔基础根开加上底脚螺栓偏移值才是基础主柱中心位置。

（3）根据基坑开挖尺寸线挖出样洞，开挖直径=基础直径+护壁厚度×2，基底相应扩大。

5.2.4　表土剥离

（1）除戈壁滩以外的施工地段，实施表土剥离措施。表层土壤是经过熟化过程的土壤，其中的水、肥条件更适合植物生长，剥离的表土在施工过程中单独堆存，并采取临时拦挡、覆盖措施。表土用于植物生长的换土、整地，以保证植物的成活率。

图 7-5-6　草皮移植

（2）对位于高寒草原区、高寒草甸区的塔基，堆放土方要事先覆盖原草地；在高寒草甸区，为保护塔基区等开挖面的植被和腐殖土，开挖前先将开挖区域的地表草甸等植被采取分割划块铲起，人工就近堆码整齐，用于植被恢复时草皮回铺，尽可能恢复原有植被，保护生态环境。严禁挖取其他地方的草皮用于恢复塔基周围植被。见图 7-5-6。

（3）对开挖的临时土方，集中堆放，并采取临时拦挡、覆盖措施。弃土全部用作塔基回填防沉层，回填时将块状冻土清除。

5.2.5　机械设备进场

（1）本典型施工方法所采用的旋挖机械体积较为庞大，自重约为 70t，因此施工机械的进场应首先对进出场道路进行勘测，确保进场道路满足施工的要求，对道路条件较差的，应提前进行修筑。

（2）本典型施工方法所采用的旋挖机在进场过程中主要采用两种方式：对于距离相距较远的塔位，主要是采取将旋挖机分解拆卸后用货车运至施工现场；对于相邻塔位，则采取旋挖机自行开至塔位的进场方式。

5.2.6　旋挖成孔

5.2.6.1　钻机就位、护筒埋设

（1）施工场地平整处理，保证旋挖钻机底座场地应平整、夯实，避免在钻进过程中钻机产生沉陷。见图 7-5-7。

（2）桩位确定后，利用十字线放出四个控制桩位，并以四个控制桩为基准进行埋设护筒。

图 7-5-7　旋挖钻机就位

（3）坑口护筒埋设。护筒由厚度 4～6mm 钢板制成，护筒直径比桩基孔径大 100～150mm，护筒长度 1.0～1.5m，护筒至少高出地面 30cm。以防止杂物、泥水流入孔内。

（4）旋挖钻机在埋设护筒时，应由人工进行辅助配合，护筒埋设利用旋挖机的钻斗挤压作用做相应的调整。

5.2.6.2 旋挖施工

旋挖钻机采用筒式钻斗。钻机就位后，调整钻杆垂直度，然后进行钻孔。当钻头下降到预定深度后，旋转钻斗并施加压力，将土挤入钻斗内，仪表自动显示筒满时，钻斗底部关闭，提升钻斗将土卸于堆放地点，通过钻斗的旋转、削土、提升、卸土（见图 7–5–8）以及钻机的电脑程序控制反复循环直至达到设计深度，然后更换扩孔专用钻头进行底部扩孔成孔。见图 7–5–9。

图 7–5–8 卸土

图 7–5–9 扩孔器

5.2.7 防冻胀处理

（1）对于冻土层对基础的冻胀破坏处理，可采用玻璃钢模板进行处理，利用在基础的侧壁外层安装固定玻璃钢模板来减小和消除冻土对基础切向冻胀力，玻璃钢埋设深度与基础的最大冻结深度相同，玻璃钢加工的厚度应≥5mm。

（2）混凝土浇制前，在玻璃钢外侧抹 5mm 厚润滑剂（分 3 次进行），润滑剂为沥青混 5%废机油、工业凡士林、重油等憎水性物质。见图 7–5–10。

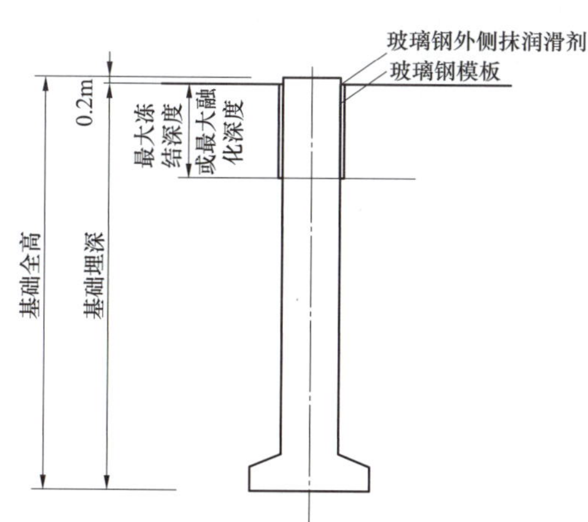

图 7–5–10 掏挖基础防冻胀处理

5.2.8 玻璃钢模板、钢筋笼安装

（1）采用吊车将玻璃钢模板吊入孔中，用角钢或圆钢固定并调整定位，使玻璃钢模板的中心与基础中心重合。

（2）玻璃钢模板安装完毕后，采用吊车将钢筋笼调入玻璃钢模板内。

（3）在钢筋笼和玻璃钢模板之间插入 4 根ϕ50 的长钢管或绑扎混凝土垫块，以保证主筋净保护层满足 50mm 要求，并检查其垂直度满足设计要求。

（4）放置十字样架和地脚螺栓，校核好根开尺寸后，可以进入浇制混凝土阶段。

5.2.9 混凝土浇筑

（1）浇筑的混凝土粗骨料可选用卵石或碎石，其最大粒径应小于 40mm，并不得大于钢筋间最小净距的 1/3；并宜选用中粗砂。

（2）浇筑的混凝土必须具有良好的和易性，坍落度宜为 35～45mm。混凝土配合比应经过试验确定。配合比的计量采用重量比，施工中砂、石量必须过秤，并应按砂、石的含水率进行调整。

（3）混凝土采用机械搅拌，搅拌前材料按配合比严格称量，上料顺序为先上砂子，后上水泥、石子，最后用水，拌机搅拌时间不得小于 3min。

（4）下料过程中，混凝土从搅拌机出来下到铺垫的铁皮上，再由人工下入基坑。坑深超过 2m 时应采用滑槽或溜斗下料以防混凝土离析；掏挖基础因立柱部分较高，下料时必须用溜斗。

（5）浇筑的混凝土应分层振捣，每层厚度不得超过振捣器作用部分长度的 1.25 倍（一般为 300mm）。

（6）使用插入式振捣器的振捣方法有两种：一种是垂直振捣，另一种是斜向振捣。使用时要“快插慢拔”，插点要均匀排列，逐点移动，顺序进行，不得遗漏，达到均匀振实。每一插点在振捣时应将振捣棒上下抽动 5～10cm，连续分层浇筑，振捣棒要插入前一层内 5cm，以使上下层相结合。

（7）振捣时要“快插慢拔”，慢拔可防止振捣棒拔出时形成空洞，振捣时应避免碰撞钢筋、模板，底脚螺栓周围必须振捣，并应防止移动。振捣器每一次的振捣持续时间，以混凝土表面呈水平并且水泥浆不再出现汽泡、不再显著沉落为宜。振捣时间一般为 20s。

（8）普通混凝土浇筑时按照常规混凝土施工，必须满足振捣要求，混凝土的振捣不得过振或欠振、漏振，振捣搓平完毕的混凝土应马上顶浆覆盖，充分利用混凝土的早期蓄热与水化热，不得长时间暴露于大气环境中，而导致混凝土早期热量迅速散失。

（9）由于西藏地区昼夜温差大，混凝土灌注不宜在夜间施工。

（10）当连续 5 天室外平均气温低于 5℃时，混凝土基础施工必须采取冬季施工措施，且混凝土按负温混凝土施工。

（11）在负温混凝土中需添加多种外加剂时，宜采用新型的复合型外加剂，以便正确使用。

5.2.10 地脚螺栓安装

（1）对于底脚螺栓的安装和固定，可采用小样板的辅助工具来操平找正底脚螺栓。小样板是由一根比立柱模板宽度稍长一点的槽钢制成，小样板上根据基础底脚螺栓规格及间距钻孔。将小样板放在立柱模板顶面，底脚螺栓的上端穿过小样板的孔，并拧紧螺帽，伸出小样板的螺丝长度应符合设计尺寸，按立柱模板中心位置找到底脚螺栓大致位置，用仪器找正底脚螺栓，用钢尺测量其到中心桩距离及间距，最后用仪器测量底脚螺栓高差，用垂球找正不使其倾斜，用铁丝、铁钉把小样板固定于立柱模板上。

（2）地脚螺栓安装完毕，必须进行全面的检查，如有差错要及时纠正。检查的主要内容及标准要求如下：

1）用钢尺检查基础根开及对角线。地脚螺栓式基础根开及对角线误差范围为±1.6‰。

2）用钢尺检查地脚螺栓的小根开及对角线。同组地脚螺栓间距误差范围为±1mm。

3）检查各组地脚螺栓中心是否与立柱中心重合，其误差不超过 5mm。

4）用经纬仪和钢尺检查基础顶面其相对高差不超过 5mm，地脚螺栓间高差不超过 2mm。

5.2.11 混凝土养护

（1）混凝土外露部分加塑料薄膜遮盖，养护时应始终保持混凝土表面湿润。见图 7-5-11。

（2）养护日期对采用普通水泥制成的混凝土，不得少于 7 天。

（3）基础拆模经表面检查合格并经隐蔽工程验收后应立即回填土，回填土覆盖的混凝土表面可不再浇水养护。

(4) 养护用水应与搅拌用水相同，宜采用饮用水。

(5) 当设计无具体要求时，混凝土拆模的最少养护天数应符合表 7-5-1 所示的要求。

表 7-5-1　　混凝土拆模的最少养护天数　　天

混凝土达到设计强度的（%）	混凝土强度等级	日平均气温（℃）						适用水泥种类
		+5	+10	+15	+20	+25	+30	
25	C20	3	2	2	2	2	2	普通水泥

(6) 冬季混凝土养护是冬期施工中尤为关键的环节，在混凝土浇筑前，应首先根据混凝土作业量，备足保温防风材料。

1）−15℃以上气温条件下，可采用一层塑料布＋一层保温棉毡进行防风保温。

2）−15℃以下气温条件下，应采用一层或二层塑料布＋二层保温棉毡进行防风保温。

3）保温材料不得受潮，否则会失去保温的效果，施工单位应注意在储存与施工过程中的保管。

4）对于混凝土结构的迎风面、棱角突出部位、不易蓄热部位，应加强保温措施，并加强温度的监测。

5）冬期施工中，任何时候都不得在混凝土表面浇水养护。为防止混凝土水化热的散失，应在混凝土浇筑完毕后及时用防风材料（塑料布）进行围护。

6）混凝土养护过程中温度的监测。按 JGJ 104—1997 的规定，混凝土在达到抗冻临界强度之前，每 2h 测量一次；在达到抗冻临界强度之后，每 6h 测量一次（具体温度要求按有关规程执行）。

7）为保证混凝土的强度持续发展，满足验收龄期的要求，混凝土在达到抗冻临界强度后，不得将混凝土直接暴露于环境中，应继续保温养护至达到设计规定强度。见图 7-5-11。

5.2.12　场地清理及植被恢复

(1) 基础施工完毕后，必须尽快对施工场地进行清理，余土必须运到指定的堆放场地处理平整。

(2) 有保坎的塔位，将保坎砌制完毕后，按照要求进行培土或基面平整。

(3) 塔基平整后，边缘应整齐规范，表面无块石、卵石、泥沙等杂物。

(4) 基面平整要保证塔基外露尺寸，不得将基础掩埋。

(5) 对于基础中心为土包的塔位，要保证堆土与组塔后的塔材距离大于 1m。

(6) 对于排水不畅通的塔位，应将塔腿周围的土石清理平整，保证边坡外缘与基础边缘距离大于 1m，同时保证雨水能顺利排出。边坡坡度满足设计要求。

(7) 将塔基内的草皮移植回原来塔位，浇水养护。见图 7-5-12。

图 7-5-11　基础养护

图 7-5-12　植被恢复

6 人员组织

单基基础施工人员配置见表 7-6-1。

表 7-6-1　　单基基础施工人员配置

序号	岗位名称	工　作　任　务	数量（人）
1	施工队长	负责基础施工的全面工作，现场组织协调，工器具准备，物资供应计划，现场安全、质量、进度控制和对外协调	1
2	安全员	制止和纠正现场违章行为，负责现场布置和工器具的检查，做好现场安全监护	2
3	质量员	负责现场施工过程的质量控制，督促施工人员按照质量标准和相关技术规程及技术措施要求施工	1
4	机械操作手	严格按照机具操作规程操作，定期对机具和设备进行保养维护，严格执行现场指挥人员的指令	2
5	钢筋绑扎人员	负责基础钢筋的绑扎，严格按照图纸进行施工	3
6	模板工	负责玻璃钢模板安装和防冻胀处理	2
7	混凝土工	严格按照配合比要求进行上料	2
8	测工	负责基础开挖前分坑放样	1
9	普工	了解现场施工危险点，熟悉作业流程，做好自己本职工作	6

7 材料与设备

主要工器具与材料表见表 7-7-1。

表 7-7-1　　主要工器具与材料

序号	工器具名称	规　　格	数量	备　注
1	经纬仪	J2	1 台	
2	水准仪	DS3	1 台	
3	钢卷尺	50m	1 把	
4	旋挖钻机	ZR220A-2	1 台	
5	混凝土搅拌机		1 台	
6	振捣棒		2 台	
7	起重吊车	25t	1 台	
8	交流弧焊机	BX-300	2 台	
9	台秤	200kg	1 套	
10	混凝土搅拌机		1 套	
11	钢筋切割机		1 台	
12	钢筋弯曲机		1 台	
13	坍落度筒		1 套	
14	试块模具	150mm×150mm×150mm	2 组	
15	温度计			

8 质量控制

8.1 工程质量主要执行的标准（其他参照国标、部标执行）

GB 50204—2002 混凝土结构工程施工质量验收规范

GB 50233—2005 110～500kV 架空送电线路施工及验收规范

JGJ 94—2008 建筑桩基技术规范

JGJ 104—1997 建筑工程冬期施工规程

JGJ 118—1998 冻土地区建筑地基基础设计规范

8.2 质量保证措施

（1）每道工序施工前应组织施工人员认真学习各个工序作业指导书，按照质量体系的要求安排布置施工。

（2）建立完善的质量体系，加强质量管理，强化质量控制和质量保证，使工程质量全过程受控。

（3）认真学习 GB 50233—2005，提高施工人员业务水平。

（4）工程所用材料必须经过检验合格，严禁使用不合格品。

（5）严格按照设计图纸组织施工，不得擅自更改。

（6）每道工序施工完毕，及时填写施工记录，记录要真实、完整、准确。

（7）严格三级验收制度，发现问题及时解决，避免质量事故的发生。

（8）对易发生的质量通病，事先制定好切实可行的预防措施，做到责任到人、措施具体可行。

9 安全措施

（1）安全管理制度。

1）认真学习各个工序作业指导书中安全措施部分，制订各工序安全技术措施，提高个人的安全意识，认真按要求施工，做到“三不伤害”。

2）贯彻“安全第一，预防为主，综合治理”的方针，建立健全安全保证体系，落实安全生产责任制度，充分发挥各级安全监督作用。

3）新上岗人员需进行培训，并经三级安全教育方可上岗。

4）认真执行各级安全规章制度，定期开展各种安全活动。

5）尊重、支持安全管理人员的工作，服从安全生产管理。

6）加强劳务人员的安全管理，明确责任，制订安全技术措施，认真进行技术交底。

（2）安全措施。

1）由于钻机设备较重，施工场地必须平整、宽敞，并有一定硬度，避免钻机发生沉陷倾覆。

2）钻机施工中检查钻斗，发现侧齿磨坏，钻斗封闭不严时必须及时整修。

3）因黏土层中钻进过深易造成颈缩现象，在钻机施工时应严格一次钻进深度。

4）钢筋笼向孔内放置时，应由吊车吊起，将其垂直、稳定放入孔内，避免碰坏孔壁，使孔壁坍塌。

5）在易塌方的地区，如当天不能浇制混凝土时，应缓挖扩大头部分。

6）遇有特种作业、特殊情况及作业指导书中未包含的施工作业内容，再另行制订专项安全技术措施。

7）施工现场设置防火设施，施工过程中注意预防草原火灾。

10 环保措施

（1）搞好施工现场的办公生活区的绿化工作，改善生活环境，现场垃圾及时回收，并派专人负责，保持现场环境卫生。

（2）将环境保护教育纳入教育培训计划，提高职工环保意识，遵守当地政府对环保的要求，精心组织施工。

(3) 开挖塔基基础时，限制人、车活动范围，机械、车辆、人员严格固定行走路线，不得随意碾压便道以外的冻土植被，应制订合理的放线开挖措施，尽量不降或少降基面，保留原地形和自然植被，减少水土流失，山坡处应有防止滚石下坡措施，减少天然植被的破坏。

(4) 耕地开挖时，将生、熟土分开放置，施工完成后，先填生土后填熟土，保持耕地原貌，多余弃土必须移走。

(5) 施工中尽可能少占地，减少草原及经济作物的砍伐，搞好砂石料及开挖土石方的堆放及合理性，并做防护坝，减少水土流失，采用篷布铺垫，便于清理和保护植被。

(6) 施工结束，及时恢复施工中损坏的草场和地表，做好现场废料清理和植被绿化工作。

(7) 对草原牧场、房屋搬迁、土地征用和青苗赔偿，严格遵照执行当地政府的法律法规，签订协议、制订方案，减少对生态的破坏。

(8) 加强现场检查和监管的力度，随查随纠，及时整改。

(9) 严格控制人为噪声，施工现场不得高声喊叫、无故甩打模板、乱吹哨等，最大限度减少噪声扰民。

(10) 采取有效措施，作好对古迹、文物及野生动物、原始草场和矿产等保护工作，严禁破坏。

(11) 制订严格的管理措施，运输、保管、储存和使用好基础原材料。

(12) 施工中必须消除烟尘、灰尘的飘洒，现场禁止一切焚烧物料的行为，一旦发现，给予重罚。消灭现场的“白色污染”，现场禁止一切牲畜进入。

(13) 建立健全消防、保卫网络，制订严格的管理制度，在驻点、作业点、物资站应配备足够数量的消防器材，制订严密的草场防火措施，杜绝因施工引起的草场火灾，严格执行动火管理制度，现场严禁生火取暖和使用电炉取暖，进入牧区严禁携带火种，严禁吸烟。

(14) 施工中需要停水、停电、封路而影响环境等时，必须经有关部门的批准，并事先告示，同时采取防护措施和标志，准备应急预案。

(15) 实行工序交接、验收、签字制度，移交时必须是干净、整洁、工艺质量符合验收标准的工作面。

(16) 各种施工垃圾、废料应堆放在指定场所，执行“随做随清，随做随净”制度，做到一日一清，一日一净。

11 效益分析

由于西藏地区可施工季节少，采用常规人工开挖不仅费时，而且开挖进度缓慢，采用旋挖钻机后，开挖的进度加快，同时降低了工人的劳动强度，加快了工程进度。根据目前西藏地区的实际施工情况，旋挖钻机平均每小时可以钻进 3～5m，成孔非常快，一般情况，2～3h 可以成一个孔。

采用一次性玻璃钢防冻胀模板，确保了基础冻土层的稳定性。

12 应用实例

本典型施工方法在当雄—那曲—安多Ⅱ回 110kV 线路等工程中得到广泛应用，成效显著，通过采用此典型施工方法，有效地解决了高原冻土地区施工效率低和高原冻土层对基础的冻胀破坏等突出问题。

(1) 工程名称：110kV 当雄—那曲—安多Ⅱ回线路工程。

(2) 工程概况：那曲—安多Ⅱ回 110kV 线路工程起于那曲 110kV 变电站，止于安多 110kV 变电站，线路全长约 110.537km，共有铁塔 297 基，为新建单回路 110kV 线路。本段铁塔及基础共计 297 基，有 233 基直线塔基础，64 基耐张塔基础，基础型式主要采用了锥柱式基础、原状土掏挖基础和灌注桩基础，共有 40 种基础型式，其中锥柱式基础 14 种，原状土掏挖基础 16 种，灌注桩基础 10 种，未遇发育多年冻土的区段，塔位地基均为发育季节性冻土。塔位处冻土以弱冻胀为主，少量塔位为冻胀及强冻胀。掏挖基础采用旋转钻孔成孔。

(3) 施工情况及结果。施工时间为 2010 年 5～8 月，施工地点是安多、那曲和当雄地区。大部分为原状土全掏挖基础，基础全高在 3.7～5.9m 之间，基础桩径在 1.0～1.2m 之间，海拔高度在 4500～5000m 之间，冻土普遍存在，基础开挖采用旋挖钻孔成型施工，优质、高效地完成了基础施工任务。

典型施工方法名称：季节性冻土地区棱台基础典型施工方法

典型施工方法编号：GWGF008–2010–SD–XL

编 制 单 位：呼伦贝尔电业局基建部

推 荐 单 位：内蒙古东部电力有限公司

主 要 完 成 人：卫茂忠　何宝元　萨如拉　张兴岭　吴　刚

目　次

1　前言

在我国北方高纬度地区，冬季漫长寒冷、夏季凉爽短暂，年平均气温为−5～2℃，最低气温在−54℃，最高气温为40℃，该区域有不同程度的冻土区。由于特殊的气候特点以及特定的地形情况，铁塔基础在冬季易受冻胀力的作用，使铁塔基础遭受冻融破坏或冻胀倾斜，使铁塔及导线受力发生改变，严重威胁输电线路运行安全。实践证明，采用棱台基础能有效地解决基础冻胀问题，保证了输电线路基础的安全运行，施工简便、经济。为此编写了《季节性冻土地区棱台基础典型施工方法》。

该地区冻土厚度一般在3m左右。冻土是一种特殊的土体，其成分、结构、热物理及力学性质不同于一般土体，冻土区埋藏较浅的活动层每年都发生着季节性的融化和冻结，易形成土体冻胀，冻胀问题也就成为冻土区考虑的一个主要问题。在高温不稳定冻土区，由于季节融化厚度较大，冻结速度慢，如果有细颗粒土壤等补给水分，则产生较大的水分迁移，产生冻胀；如果地下水埋藏浅且有冻结敏感性土，也会产生冻胀。以上冻土的特性，对输电线路杆塔基础造成了严重的破坏影响，如基础的强度破坏、上拔、下压、倾覆等问题。

2　本典型施工方法特点

本典型施工方法根据棱台基础的结构具有以下特点：

（1）不需要配筋，基础采用素混凝土浇筑成棱台，施工时要振捣到位，保证棱台基础侧面光滑。

（2）由于棱台基础型式下面大，上头小，在基础浇制、振捣过程中，模板会自然向上移动，使原来的几何尺寸与高差发生变化，本典型施工方法能够有效地控制立柱模板整体上移。

（3）采用这种棱台基础形式，要求选用表面平整、抗压强度大的模板。

（4）采用这种棱台的坡面来抵消切向冻胀力，是本基础形式的主要目的。

（5）不但可以在地下水位之上，也可在地下水位之下应用。

（6）耐久性好，在反复冻融作用下防冻胀效果不变。

（7）不用任何防冻胀材料就可解决切向冻胀问题。

3　适用范围

本典型施工方法（棱台基础）适用于季节性冻土地区（冻土厚度一般在3m左右）输电线路铁塔基础施工。有配筋的棱台基础也可参照执行。

4　工艺原理

冻土地区对基础造成危害的原因是作用于基础上的切向冻胀力。国内外工程界的试验研究结果表明，按照图8-4-1基础型式施工，当其倾斜角$\beta \geqslant 9^{\circ}$时，将不会出现因切向冻胀力作用而导致混凝土基础破坏。

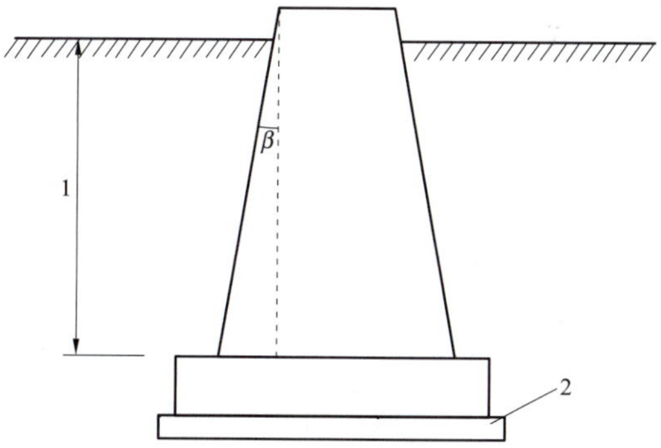

图8-4-1　棱台基础断面图

1—冻胀土区域；2—垫层

5　施工工艺流程及操作要点

5.1　施工工艺流程

本典型施工方法施工工艺流程如图8-5-1所示。

5.2　操作要点

5.2.1　施工准备

基础工程开工前，项目工程部要向参加本工程建设的全体施工和管理人员进行详细技术交底。对直接影响质量的关键控制点，要着重进行详尽讲述，在过程工作中要加强现场的监视和控制。

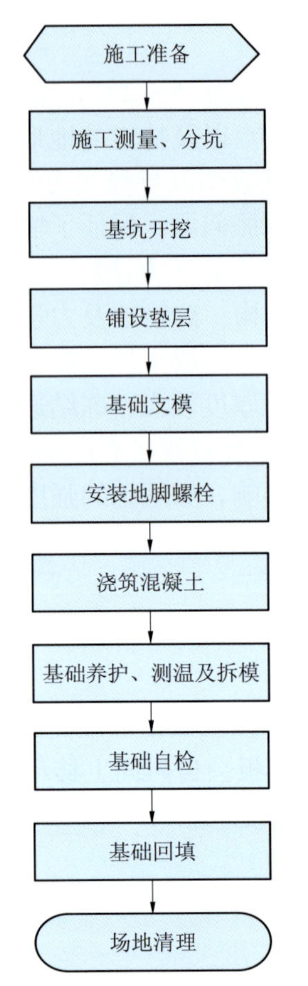

图 8-5-1　季节性冻土地区棱台基础施工工艺流程图

5.2.2　施工测量、分坑

(1) 施工测量以设计勘测标定的两相邻直线桩（方向桩）为基准，用正倒镜分中法检查塔位中心桩位置是否正确，用方向法复测线路转角，用经纬仪视距法或测绳复核档距，以上参数应与设计值相符或不超过以下规定：

1) 方向桩控制塔位桩，相邻两塔位档距误差不大于设计值的 1%。

2) 以方向桩为基准，其横线路方向偏移不大于 30mm。

3) 转角塔角度值用方向法复测时，与设计角度值之差不大于 1′30″。

4) 如发现与设计不符或超过以上标准时，要通过施工项目部及时和设计联系，查找原因，进行核实。

(2) 施工测量时，应根据塔位中心桩的位置钉出必要的、作为施工及质量检查的辅助桩。施工中保留不住的塔位中心桩必须对其钉立辅助桩并作记录，以便恢复该中心桩。

(3) 分坑时应仔细校对塔位所对应的基础型式、各部尺寸及方位。

(4) 分坑测量按照分坑手册所给定的放线尺寸进行，并在坑位附近钉立辅助桩，以便在安装模板和地脚螺栓时，通过辅助桩上放线来找正。

5.2.3　基坑开挖和铺设垫层

(1) 人力开挖。不用挡土板挖坑时，坑壁应留有适当坡度，坡度的大小视土质特性、挖掘深度等条件确定。坑底面积超过 $2m^2$ 时可由两人同时开挖。两人及以上在坑下作业时，应相互照顾，以不相互碰撞为宜。坑深超过 1.5m 时上下坑应有攀登措施，施工时坑上应设监护人。应注意坑壁边坡的稳定情况，必要时应放大边坡。在开挖过程中，发现有坍塌可能时，应马上离开，待加固好支撑挡土板后，再进行工作。

(2) 机械开挖。机械必须稳定可靠设置，避免扰动原状土，开挖至距离设计坑深 0.5m 时改为人力开挖。

(3) 如果设计有垫层，按照设计图纸要求，在基础底部铺设垫层。

(4) 一般要求。

1) 坑上土石堆放距坑边一般不小于 1m（水坑 1.5m），高度不超过 1.6m。

2) 土石方开挖时，各塔位中心桩、转角位移桩、找正辅助桩及移出的测量标记等，均应保持完好，不得碰动、挖掉或丢失。

3) 基坑的深度应以设计的施工基面为准。

4) 基坑坑深的允许偏差为+100mm，−50mm，坑底应平整，同基基础坑在允许误差范围内按最深的坑整平，基础坑超深+100mm 以上时，其超深部分应采用铺石灌浆处理。

5) 基础周围应做好排水措施，因地制宜挖好排水沟，防止雨水灌入基坑内。雨后应检查土坑有无塌方现象，必要时加支撑挡土板，加固牢靠方可继续施工。

5.2.4　基础支模

(1) 首先再次复测线路直线、转角、档距、分坑位置及坑深，无误后再进行下道工序施工。

(2) 基础地脚螺栓箍筋规格、数量、尺寸要与施工的塔位号及设计图纸相符。钢筋位置、间隔要准确，绑扎要牢固。

(3) 地脚螺栓的箍筋弯曲时，其弯曲部位的半径应与地脚螺栓直径相配合。

(4) 模板表面应平整，无黏结物，接缝要严密，模板内表面应涂脱模剂（要防止脱模剂污染钢筋及地脚螺栓），模板成型尺寸要符合要求，否则必须进行处理（棱台基础立柱模板最好选用新的模板，以保证基础成型后表面光滑，如图 8-5-2 所示）。

图 8-5-2　棱台立柱模板

(5) 模板安装步骤：安装底层模板→安装控制立柱模板框架钢管→安装立柱模板→安装地脚螺栓。

1）安装底层模板。按图纸所给的尺寸，利用前面所钉立的辅助桩进行放线，并在线上找出底层模板的四角位置。底层模板组装好后，用垂球通过线上所确定的四角位置对模板进行找正。另外，还要对模板四角操平，支撑杆一端在围楞上，一端顶在坑壁上，距离要均匀，支撑杆的作用是配合围楞保证模板外形尺寸正确可靠、防止跑模、达到工艺美观的目的，所以支顶一定要牢固。

2）安装控制立柱模板框架钢管。在安装好底层模板后要安装控制立柱模板框架钢管，以便进行立柱安装和固定。钢管安装一定要起到牢固、支顶的作用，防止在混凝土浇制过程中造成立柱的偏斜和位移（如图 8-5-3 所示）。

3）安装立柱模板。在底层模板的四角上架设托架角钢，将立柱模板安装在四根托架角钢上，托架角钢为∠75，并做好立柱模板的支顶（如图 8-5-4 所示）。

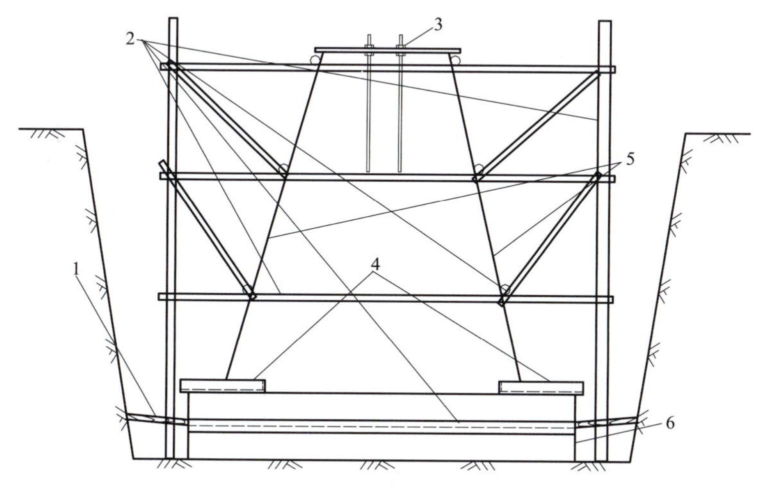

图 8-5-3　支模示意图

1—支撑横木；2—钢管；3—样板及地脚螺栓；4—托架角钢；5—立柱模板；6—底盘模板

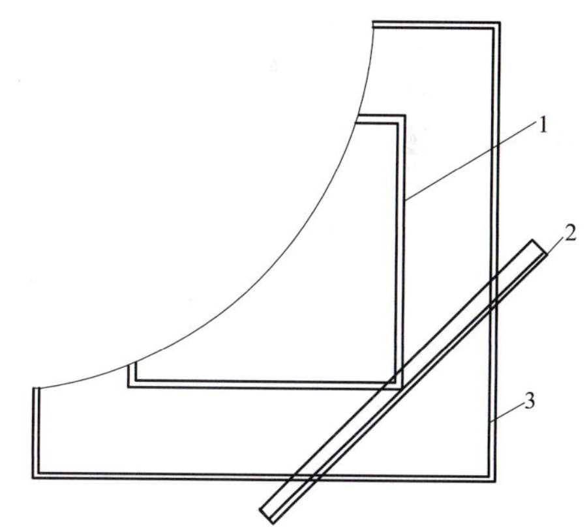

图 8-5-4　立柱模板的支顶

1—上层模板；2—托架角钢∠75；3—下层模板

5.2.5　安装地脚螺栓

(1) 对于地脚螺栓式基础，地脚螺栓安装时可先将样板找正，然后再将地脚螺栓用双螺母与样板拧紧固定。地脚螺栓固定完毕，混凝土浇制时随时检查，防止浇制混凝土时地脚螺栓偏移，造成大的误差。

(2) 模板与地脚螺栓安装完毕，必须进行全面的检查，如有差错要及时纠正，检查的主要内容及标准要求如下：

1）用钢尺检查基础根开及对角线。地脚螺栓式基础根开及对角线误差范围为±1.6‰。

2）用钢尺检查地脚螺栓的小根开及对角线。同组地脚螺栓间距误差范围为±1mm。

3）检查各组地脚螺栓中心是否与立柱中心重合，其误差不超过 5mm。

4）用经纬仪和钢尺检查基础顶面其相对高差不超过 5mm；地脚螺栓间高差不超过 2mm。

5）检查各层模板和立柱模板是否方正，各层之间相对位置是否正确，立柱模板倾斜度是否超差，各部位模板保护层尺寸是否符合设计要求。其各部位误差范围如下：

立柱和底座、各层模板的内口尺寸：−1%。

立柱模板在其底层模板上的位移：3mm。

地脚螺栓的倾斜率：0.8%。

5.2.6 浇筑混凝土

（1）配合比的计量采用重量比，施工中砂、石用量一定要过秤，在料车上要画出标记线，并经常检查用料量。检查方法是装料人员装完后，再卸车称重，水泥应抽 10 袋过秤，取平均值再计算砂、石用量，砂、石用量误差不应大于±3%，水泥用量误差不应大于±2%。

（2）混凝土浇筑应在原材料、机械设备、人员配置等准备工作就绪，天气状况良好时方可进行。

（3）浇筑用砂石料应符合标准要求，拌制及养生用水应清洁。水泥要放置于地势较高的地方，下面再垫道木或木板，四周要修防水埂，上面用毡布掩盖，要求水泥不要在现场存放时间过长，一般以浇制前一天运到为宜。

（4）基础混凝土浇制应采用机械搅拌、机械振捣。

（5）机械搅拌。

1）搅拌机操作人员必须经过培训考试合格并持证上岗，搅拌机在使用前须检查是否架稳，电源是否良好，传动系统是否正常。机械要经常维护保养，不得带病运转。搅拌机停机后，应及时将筒内混凝土拌和物清除干净。电气接线应由考试合格的持证电工操作，并持证上岗。机械接地要良好，电源要设触电保护装置。

2）向料斗中装料顺序是：石子—水泥—砂子。装料应符合搅拌机容量，不得超量，加水时一并投入。搅拌时间重力式不少于 2min（一般滚筒 18rad），强制式应符合有关规定，保证混凝土混合物颜色均匀、和易性好。

3）在机械搅拌过程中，容易出现砂浆粘在叶片上，出料混有干石子的情况，这时，应停机将搅拌机叶片上的砂浆清除，再行搅拌。

（6）混凝土拌制过程中，用坍落度严格控制用水量，严格控制砂、石及水泥用料的用量。

（7）浇制混凝土前，应检查支模及钢筋绑扎质量，底板筋是否支垫合格，各部保护层是否符合要求，有问题及早处理。模板内的杂物、泥土等应清除干净。

（8）混凝土自高处倾落的自由高度，不应超过 2m，为防止发生离析现象，超过 2m 深应使用溜筒，使混凝土沿溜筒流入模板内，或用大锹直接端送。应先从一角或一处开始浇筑，逐渐向四周延伸。

（9）混凝土浇制时可分层浇筑、分层振捣，并一次浇筑完成。浇筑的混凝土应分层捣实，浇筑层的厚度为振捣部分长度的 1.26 倍（300mm），振捣棒的移动间距不应大于作用半径的 1.5 倍（450mm）。振捣棒插点要均匀排列，每个位置的振捣时间应能保证混凝土获得足够的振实程度，一般控制在 20～30s，混凝土不再显著下沉，不再出现水泡，表面泛出灰浆为宜。振动时间过短，混凝土不能充分振实，时间过长，则会使混凝土发生离析现象。振动棒下部的振幅要比上部大得多，因此，要求每一插点在振捣时应将振动棒上下抽动 5～10cm，连续分层浇筑时，振动棒要插入前一层内 5cm，以使上下层互相结合，要防止漏振。振捣时要做到“快插慢拔”，慢拔可防止振动棒抽出时形成空洞，振捣时应避免碰撞钢筋、模板。振捣棒的电源连接要安全可靠，移动中要注意保护电线不受损伤，要谨防触电。

（10）在浇筑过程中，要经常检查基础根开、对角线、模板支顶、钢筋位置、立柱模板顶面位置和标高等情况是否发生变化，必要时应进行调整。浇筑完毕，应将底盘及各层台阶表面一定要抹光。校核各部几何尺寸，并及时填写施工记录表格。

（11）浇制混凝土时，应连续进行，如遇不可阻挡的外来因素影响，必须间歇时，间歇时间应尽量缩短，并应在前层混凝土初凝之前将次层混凝土浇筑完毕。间歇最长时间不应超过两小时，否则必须待混凝土抗压强度不低于 1.2MPa 后，将表面打毛并用水清洗，然后再浇一层与原混凝土同样成分的水泥砂浆，再继续浇筑。

（12）浇筑混凝土时应按下列规定进行质量检查：

1）坍落度。每日或每个基础至少检查 2 次。

2）配合比。每班日或每个基础至少检查两次，其误差应控制在水泥±2%、砂石±3%，要对所浇筑的基础底盘部分、立柱部分或某个台阶部分用多少水泥心中有数，从另一角度检验配合比。

3）试块是检查混凝土基础是否达到设计强度的依据，试块应与基础浇制同地点、同条件养护。对于耐张承力塔基础每基取 1 组，对于一般直线塔位按同一施工班组同等混凝土配合比连续浇制 5 基或不满 5 基取 1 组。试块每组 3 块。

4）混凝土的搅拌时间应随时检查。

5.2.7 基础养护、测温及拆模

5.2.7.1 基础养护

（1）蓄热法。蓄热法主要是作为基础暖棚法养护的辅助措施。

蓄热法是选用塑料薄膜将露出地面的基础整个覆盖，以提高保温效果。薄膜层搭盖要严密，防止透风，对结构构件的边棱、端部和凸角，要特别加强保温、挡风。

（2）暖棚法。暖棚法作为冬期混凝土施工所有基础养护的主要措施。

暖棚法是在基础上面用保温材料搭设暖棚，棚内生火炉，以保持棚内的正温环境（不低于 5℃），并保持混凝土表面湿润，使混凝土在正温下达到预定强度。

搭设暖棚时应注意，在基础混凝土和暖棚之间要留足够的空间，使暖空气流通；为降低搭设成本和节能，应注意减少暖棚体积，同时围护要严密，不透风；采用火炉作热源要特别注意安全和防火。

5.2.7.2 基础测温

养护期间应定时测量暖棚内以及周围环境温度，每 6h 测定一次，并认真填写测温记录表，测温点应设在有代表性的结构部位，测温表留置在测温孔内的时间不小于 3min。

5.2.7.3 基础拆模与回填

（1）土方回填作业时间应安排在 10:00～15:00 进行，当天基础坑必须回填完，防止受冻。

（2）当日均气温在 0～−10℃时，基础浇筑后应按蓄热法养护 3 昼夜；当日均气温在−10～−20℃时，基础浇筑后应按蓄热法养护 4 昼夜，养护期间确保养护期间基础坑内温度不低于 5℃。

（3）拆模时注意不得使混凝土表面及其棱角受损，拆下的模板如有变形，要加以修整，刮净附着物，涂刷脱模剂或废机油，以便周转使用。拆模后的棱台基础见图 8-5-5。

（4）基础拆模后，按设计及规程要求进行回填，基坑回填不允许采用含泥量过多的砂和冻块土进行回填，每回填 300mm 必须夯实（可使用自制的木夯），如遇泥水，必须先清水，再回填。回填土密实度应达到原状土的 85%以上，并做好护坡以防积水或冲刷。地脚螺栓要涂抹黄油并用塑料布包实，防止生锈。

图 8-5-5　拆模后的棱台基础

5.2.8 场地清理

施工现场在施工完毕后，派专人进行清理，做到工完、料尽、场地清，及时恢复地貌。

5.3 棱台基础冬期混凝土控制要点

5.3.1 混凝土冬期施工方法的原则性

（1）由于工程地处冻土地区。冬期气温低于 0℃，基础工程应采取冬期施工措施，并应采取防冻措施（如加入早强防冻剂）。

（2）根据以往施工的经验，冬期混凝土搅拌需对搅拌用水和砂、石进行加热，水泥要放置在暖棚内。

（3）混凝土应在+5℃以上正温养护，直到混凝土抗压强度达到设计值的 30%以上（或为了便于组塔，需要养护到设计值的 70%）；养护采用蓄热法和暖棚法相结合的方法；当单独采用蓄热法不能保证+5℃养护温度（环境温度低于+5℃）时，生火进行暖棚法养护，确保混凝土在受冻之前达到抗冻极限强度（设计值的 70%）。严格测温监控，暖棚内测温点应选择具有代表性位置进行布置，在离地面 50cm 高度处必须设点，每昼夜测温不应少于 4 次。

5.3.2 混凝土冬期施工热工计算

（1）本计算的目的是保证混凝土基础的入模温度不低于+5℃。

（2）混凝土拌和物的温度计算公式

$$T_0=[0.92(m_{ce}T_{ce}+m_{sa}T_{sa}+m_gT_g)+4.2T_w(m_w-w_{sa}m_{sa}-w_gm_g)+c_1(w_{sa}m_{sa}T_{sa}+w_gm_gT_g)-c_2(w_{sa}m_{sa}+w_gm_g)]\,/\,[4.2m_w+0.9(m_{ce}+m_{sa}+m_g)]$$

式中 T_0——混凝土拌和物的温度，℃。

m_w、m_{ce}、m_{sa}、m_g——水、水泥、砂、石的用量，kg。

T_w、T_{ce}、T_{sa}、T_g——水、水泥、砂、石的温度，℃。

w_{sa}、w_g——砂、石的含水率，%。

c_1、c_2——水的比热容，kJ/（kg·K）；溶解热，kJ/kg。当骨料温度＞0℃时，$c_1=4.2$，$c_2=0$；当骨料温度≤0℃时，$c_1=2.1$，$c_2=335$。

（3）混凝土拌和物的出机计算公式

$$T_1=T_0-0.16(T_0-T_i)$$

式中 T_1——混凝土拌和物的出机温度，℃。

T_0——混凝土拌和物的温度，℃。

T_i——搅拌机棚内温度，℃。

（4）混凝土拌和物经运输至成型完成时的温度计算公式

$$T_2=T_1-(\alpha t_1+0.032n)(T_1-T_a)$$

式中 T_2——混凝土拌和物经运输至成型完成时的温度，℃。

t_1——混凝土自运输至浇筑成型完成时的时间，h。

n——混凝土转运次数，次。

T_a——运输时的环境温度，℃。

α——温度损失系数。当用手推车时，$\alpha=0.5$。

（5）混凝土热工计算参考数据见表 8-5-1（入模温度测试不得低于 5℃）。

表 8-5-1 混凝土热工计算参考数据 ℃

室外平均气温	水温	水泥	砂	石	混凝土拌和温度	混凝土出机温度
0	60	5	10	10	12.1	10.2
−5	60	5	15	10	13.8	10.8
−10	60	5	20	10	15.4	11.4
−15	60	5	25	10	17.1	12
−20	60	5	30	10	18.8	12.6

注 表中混凝土出机温度为理论计算所得，仅供参考，现场以实际测温为准。

5.3.3 控制要点

冬期混凝土施工的控制要点见图 8-5-6。

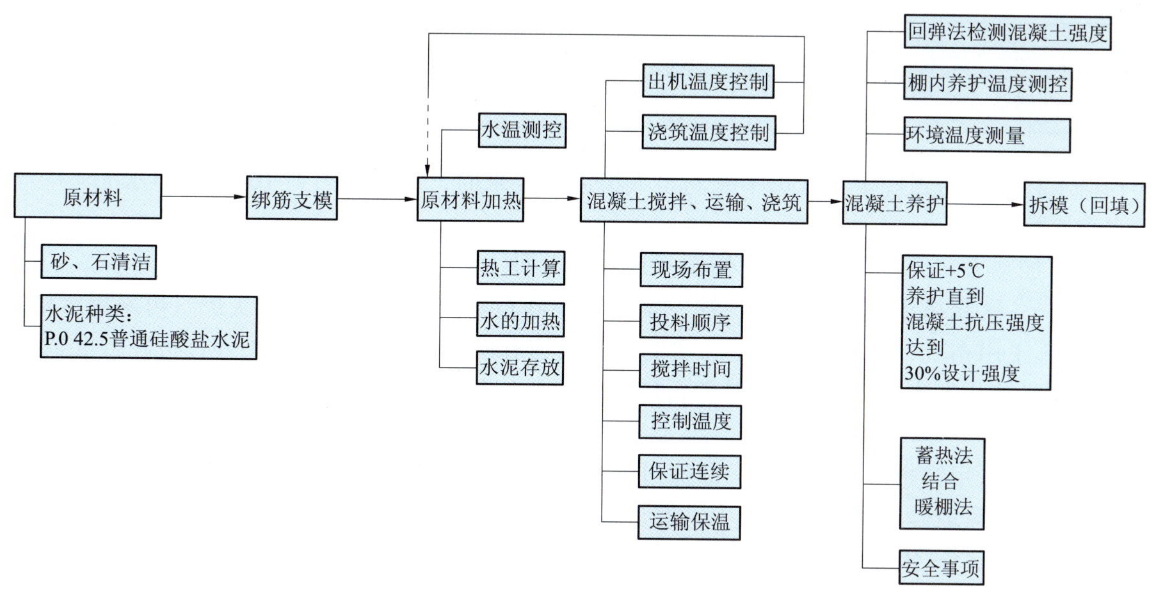

图 8-5-6　冬期混凝土施工控制要点

5.3.4　基础材料和加热器具的要求

（1）混凝土骨料。砂、石必须清洁，不得含有冰、雪等冻结物及易冻裂的矿物质。

（2）水泥。基础施工水泥全部采用 P.0 42.5 普通硅酸盐水泥，具备有利冬期施工的早强特性。

（3）考虑冬季降雪，砂、石难免带有较多水分，在施工中应根据实际情况注意考虑，并用坍落度严格控制水灰比，不应大于 0.6，水泥每立方米混凝土不应少于 300kg。

（4）制作加温用的水桶和炒砂、石用的铁板，并做好加温水桶的支架及炉灶。也可以采用锅炉蒸汽进行砂、石加热，一般选用生活煤做炉灶的燃料。

（5）加温灶具的安放位置，既要考虑施工方便，不易发生火灾，又要不对混凝土搅拌产生污染。

（6）做好混凝土保温材料（一般为塑料布）的采购，支护材料的准备；做好生火灶具（包括吹风机）、燃料的采购，每个基础坑内必须准备一支以上的温度计。

（7）做好施工现场的防火器材准备，每处施工作业点，根据现场可燃物情况，准备 2 个以上 5kg 灭火器。

5.3.5　原材料的加热、混凝土的搅拌要求

（1）水的加热一般采用生煤炭灶用大锅或铁桶烧水的办法，用温度计检测水温合格后可将搅拌机水泵吸水头放进加热水中直接供应。

（2）根据当地气象情况，需对水、砂和石进行加热，即可满足入模温度不低于+5℃的要求。因此，可对水进行加热，搅拌前应用热水冲洗搅拌机，并遵照下面投料顺序：

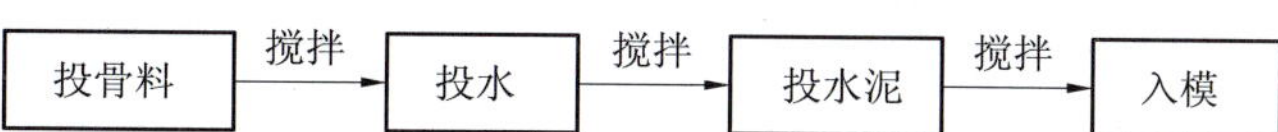

即应先投入砂、石和水拌和，然后再投入水泥拌和，不得将水泥和热水直接搅拌，以免产生假凝。

（3）施工过程中注意经常对混凝土拌和物的出机温度、浇筑基础的温度进行监测，并根据偏差对水温进行调整，使混凝土拌和物的出机温度达到热工计算表要求以上，以满足最终浇筑基础温度达到不低于+5℃的最终目的。但一般控制在 35℃以内，温度过高会引起和易性变差，或导致热收缩裂缝。

（4）水泥不得直接加热，宜在使用前运入暖棚内存放。

（5）当加热水的方法仍不能满足入模温度要求时，可对骨料进行加热，水、骨料加热的最高温度不得超过表 8-5-2 的规定。

表 8-5-2　　水、骨料加热的最高温度　　℃

水泥品种及标号	拌和水最高温度	骨料最高温度
普通硅酸盐水泥 P.0 42.5	60	40

(6) 当水和骨料达到规定温度仍不能满足入模温度要求时，水可加热到 100℃，但水泥不应与 80℃以上的水直接接触。

(7) 砂石加热方案可根据现场具体情况采取如下三种方案：

1) 方案一。采用搭设暖棚，内设炭炉方案。即在砂石堆内均匀布置 4 个炭炉（可采用水桶内装木炭），再通过施工用布（三色布）除预留必要的取砂通道和防煤气中毒通风孔洞外，将砂石堆整体覆盖，内设多点支撑（防止发生火灾事故），对砂石进行加热，加热温度通过棚内悬挂温度计监控，应在 25～40℃之间。

2) 方案二。采用铁板炒砂石方案。即通过在大铁板下直接布置炭炉（均匀布置 4～6 个炭炉）烘烤铁板，按每一搅拌盘取砂石量运至铁板上，通过人力搅拌将砂石在铁板上进行炒热。温度控制通过温度计进行监控，亦在 25～40℃之间。

3) 方案三。采用锅炉蒸汽进行加热。通过施工用布（三色布）将砂石堆整体覆盖，内设多点支撑，把锅炉蒸汽管插入砂石堆内，对砂石进行加热，加热温度通过温度计监控，应在 25～40℃之间。

(8) 通过热工计算在外界温度为−13℃时，加热水及砂方案是可行的，但为进一步确保混凝土施工质量，要求各施工班组要尽量避开每日内外界气温最低区域，即一早、一晚和大风降温天气。各施工班组要时刻掌握每日的天气情况，一般混凝土浇制工作要尽量安排于日外界温度最高时间，即中午时段进行。

6　人员组织

棱台基础施工人员配置见表 8-6-1。

表 8-6-1　　棱台基础施工人员配置

<table>
<tr><th rowspan="2">工　序</th><th rowspan="2" colspan="2">工　作　内　容</th><th rowspan="2">数量（人）</th><th colspan="2">其　　中</th><th rowspan="2">备　　注</th></tr>
<tr><th>技工</th><th>普工</th></tr>
<tr><td>施工测量</td><td colspan="2">复测、分坑</td><td>12</td><td>3</td><td>9</td><td></td></tr>
<tr><td rowspan="2">土方</td><td colspan="2">挖方、清理、检查</td><td>16</td><td>1</td><td>15</td><td>水坑、流砂坑增加技工 2 人、普工 6 人</td></tr>
<tr><td colspan="2">铺垫层</td><td>18</td><td>2</td><td>16</td><td></td></tr>
<tr><td rowspan="12">混凝土基础工程</td><td colspan="2">支模、清理、检查</td><td>12</td><td>2</td><td>10</td><td></td></tr>
<tr><td rowspan="9">混凝土浇制</td><td>指挥</td><td rowspan="9">20</td><td>1</td><td></td><td rowspan="9">按机械搅拌人力运输混凝土，若为水坑，增加技工 2 人、普工 6 人</td></tr>
<tr><td>配合比</td><td>1</td><td></td></tr>
<tr><td>机手</td><td>1</td><td></td></tr>
<tr><td>捣固</td><td>2</td><td></td></tr>
<tr><td>供石</td><td></td><td>6</td></tr>
<tr><td>供沙</td><td></td><td>3</td></tr>
<tr><td>供水泥</td><td></td><td>1</td></tr>
<tr><td>供水</td><td></td><td>1</td></tr>
<tr><td>供混凝土</td><td></td><td>4</td></tr>
<tr><td colspan="2">拆模、养生</td><td>12</td><td>2</td><td>10</td><td></td></tr>
<tr><td colspan="2">回填、夯实</td><td>12</td><td>2</td><td>10</td><td></td></tr>
</table>

7 材料与设备

（1）基础材料。

1）水泥为普通硅酸盐 P.0 42.5 标号水泥。品种及标号符合设计要求，不同厂家、不同标号的水泥不得用在同一个基础腿内。水泥进场后，应由当地有资质的实验室出具复检报告，合格后方允许使用。

2）砂子为中砂，石子为细石。砂一般为中砂，要求无杂质，含土量≤1%～2%；碎石用 2～4cm，无杂质，含土量≤3%～5%。砂、石应取样到有资质的专业实验室进行筛分和常规鉴定试验，合格后使用。运到现场的砂石，下边必须垫彩条布，以免混入泥土及其他杂物。

3）水。现场浇筑混凝土必须使用饮用水或清洁河水，并做好记录，如有怀疑时应做水质试验，提出试验报告。

4）钢材。地脚螺栓及钢筋规格符合设计要求，并按照规定进行检验和试验。基础地脚螺栓，厂家必须提供出厂合格证、原材料力学和化学试验报告。基础钢材应存放在干燥通风的地方，避免锈蚀。对轻微生锈的钢筋可用钢丝刷除锈。装卸、运输时应避免出现钢筋弯曲。

（2）基础设备。棱台基础设备明细见表 8–7–1。

表 8–7–1　　基础设备明细

序号	名　称	规　　格	单位	数量	备　　注
1	发电机	12kW	台	1	
2	配电箱	一主三分	套	2	带漏电保护器
3	电缆线	4 芯	m	60	
4	搅拌机	350L	台	1	
5	振捣器	棒式	台	2	
6	钢管		个	100	
7	经纬仪		台	1	
8	钢尺	30m	个	1	
9	塔尺		个	1	
10	抹子		个	2	
11	跳板	50mm×200mm×2500mm	块	50	
12	道木	200mm×200mm×2500mm	块	10	
13	水包	1.5t	个	2	
14	水桶		个	3	
15	料车	$0.13m^3$	辆	8	
16	铁锹		把	16	
17	铁板	ϕ3mm	张	3	
18	溜筒		套	1	
19	竹（木）梯		个	1	
20	苫布	4m×6m	块	4	
21	尖扳手	M16	把	8	
22	钢筋钩		把	16	
23	编织布	4m 宽	m	100	

续表

序号	名　称	规　　格	单位	数量	备　　注
24	台磅	500kg	台	1	
25	试块箱		组	3	每组 3 个
26	验电笔		只	2	
27	坍落度筒		个	1	
28	绝缘手套		副	2	
29	绝缘鞋		双	2	
30	挡土板		个	若干	
31	温度计		支	若干	

8　质量控制

（1）执行规范。

GB 175—2007　通用硅酸盐水泥

GB 50010—2002　混凝土结构设计规范

GB 50026—1993　工程测量规范

GB 50119—2003　混凝土外加剂应用技术规范

GB 50204—2002　混凝土结构工程施工质量验收规范

GB 50233—2005　110～500kV 架空送电线路施工及验收规范

GB/T 50344—2004　建筑结构检测技术标准

DL/T 5168—2002　110kV～500kV 架空电力线路工程施工质量及评定规程

JGJ 52—2006　普通混凝土用砂、石质量及检验方法标准

JGJ 55—2000　普通混凝土配合比设计规程

JGJ 104—1997　建筑工程冬期施工规程

GNJ 107—1987　混凝土强度检验评定标准

（2）尺寸控制。基础施工成型尺寸见表 8-8-1。

表 8-8-1　　基础施工成型尺寸

项　　目	地脚螺栓式	项　　目	地脚螺栓式
基础根开及对角线（‰）	±1.6	同组地脚螺栓对立柱中心的偏移（mm）	8
基础顶面高差（mm）	5	整基基础横线路位移（mm）	24
立柱断面尺寸（%）	−0.8	整基基础扭转（′）	8
地脚螺栓露出基础顶面高度（mm）	+10，−5		

（3）质量检查。浇筑混凝土时应按下列规定进行质量检查：

1）坍落度。每日或每个基础至少检查 2 次。

2）配合比。每班日或每个基础至少检查 2 次，其误差应控制在水泥±2%、砂石±3%，要对所浇筑的基础底盘部分、立柱部分或某个台阶部分用多少水泥心中有数，从另一角度检验配合比。

3）试块是检查混凝土基础是否达到设计强度的依据，试块应与基础浇制同地点、同条件养护。对于耐张承力塔基础每基取一组，对于一般直线塔位按同一施工班组同等混凝土配合比连续浇制 5 基或不满 5 基取 1 组。试块每组 3 块。

（4）工程质量必须满足设计图纸和设计文件的要求。认真落实质量责任，严格技术纪律，保证工程质量自始至终受到有效的控制。

（5）项目部工程科要加强施工资料的控制管理，施工资料的编写、校核、审批、发放应严格执行质量保证体系既定的实施程序，并使施工资料处于完全受控状态，杜绝由于施工资料的错误造成工程质量事故。

（6）加强对采购的原材料及加工产品的验证工作，凡是未经检验合格的产品和没有正常证明材料的产品一律不得运往施工现场；各种施工原材料要建立跟踪管理台账。

（7）基础工程开工前，施工项目部要向参加工程建设的全体施工人员和管理人员进行详细技术交底。对直接影响质量的关键控制点，要着重进行详尽讲述，在过程工作中要加强现场的监视和控制。

（8）施工过程中必须及时填写各种记录，填写人和审核人对施工记录的真实性及准确性负责。且强调各种施工记录必须做到现场填写，对于施工全过程必须认真按质量体系程序文件（过程控制程序）进行操作，严禁违规现象出现。

（9）工程施工过程执行施工班组自检、施工项目部复检和公司抽检的“三级”检验制度，隐蔽工程不得紧急放行。所有检验都必须准确记录，并标明检验者，记录必须妥善保管，以证明工程已按规定的验收标准检验合格。根据检测任务及要求的准确度，选择和核查适用的检测仪器，使其检测能力满足工程检测要求，并具有合适的量程、精度和准确度。

（10）基础施工中，应特别注意对外观质量的控制，基面顶面应抹平并压光，基础棱台立柱侧面拆模后光滑、平整，同时要注意对基础边角的保护，不得碰坏基面和边角。

9 安全措施

（1）加强员工的安全教育工作，提高员工的安全意识。特殊工种应通过专业培训，持证上岗。

（2）对从事施工测量、机械操作、电气操作的人员，要求必须认真执行操作规程，规范操作行为。

（3）施工全过程必须严格执行安全工作票制度。认真把好安全工作票的填、审、签、读、行、收、查关，杜绝废票、白票。

（4）严格执行并填写《作业现场交底（班前会）记录表》。

（5）进入施工现场的全体施工人员必须正确佩戴安全帽及必要的劳动保护用品，统一着装。

（6）施工现场要设明显的安全警示牌，且明确无关人员不得进入施工现场。

（7）混凝土浇制前对运抵现场的全部机械设备及工器具，要求施工队负责人必须认真组织人员进行检查验收或试运行，确保浇制工作安全顺利进行。

（8）基础工程中带电机械设备的接地安装，要求施工负责人必须认真组织按规程操作，避免漏电现象或触电事故的发生。

（9）施工项目部质检、安监人员要认真做好现场跟踪指导、跟踪监督、跟踪服务。施工前，检查作业现场是否有明显的安全警示标志，查现场安全设施是否健全，查现场是否采取环保和文明施工措施，查个人劳动防护用品的安全情况，查现场机械设备及器具是否处于良好备用状态。施工中，查现场各项规章制度的执行情况，查个人劳动防护用品的安全情况和使用情况，查机械设备及器具的运转情况和设备的接地情况。做到及时发现、及时消除事故隐患，达到预控事故的目的。

（10）机电设备使用前应全面检查，确认是否绝缘良好、接地可靠。

（11）搅拌机在运转时，严禁将工具伸入滚筒内扒料，加料斗升起时，下方不得有人。

（12）用手推车运送混凝土时，倒料平台口应设挡车措施，倒料时严禁撒把。

（13）基础养护人员不得在模板支撑上或在易塌落的坑边走动。

（14）基础需用搭棚养生时，每班值班人员不得少于 2 人，养生人员不宜下坑，确需下坑时，应尽量减少在坑内逗留时间，一人下坑，另一人在坑上安全监护。

（15）基础养生看护人员的简易小房内严禁生火取暖，以防煤气中毒。养生覆盖的塑料薄膜一定要压牢，以防大风刮开后坑内气温降低冻坏基础影响基础强度。

(16) 养生后的煤渣应倒入基坑内回填时用泥土覆盖，不得倒在坑外，倒在坑外即污染环境又容易引发火灾。

10 环保措施

(1) 施工现场的材料堆放、工器具、设备的放置应合理有序，各个塔号需要破坏植被的，应在满足施工的前提下，尽量减少占用面积。

(2) 为确保满足环保及文明施工要求，基础原材料要求必须做到砂、石、水泥不落地，即要求原材料下方铺垫苫布或编织布。施工现场要做到工完、料净、场地清，在被破坏的草原植被处撒种草籽，进行草原植被恢复。

图 8-10-1 生熟土分离放置

(3) 在居民区、饲养场附近施工，应提前通知，并采取必要的防范措施方可施工。

(4) 积极与当地有关部门联系，遵守当地环境保护有关规定，配合做好环境保护工作。

(5) 基坑开挖严格执行生熟土分开放置，回填时先生土后熟土；基坑内挖出的土要采取防风固沙措施。生熟土分离放置见图 8-10-1。

(6) 在施工开挖中如果发现文物、化石、硬币及其他有价值的物品，应立即采取保护措施，防止人为移动和损害这些物品，并及时向监理项目部和业主项目部汇报，并按照监理项目部和业主项目部的指令处理这些物品。

(7) 施工过程中，注意保护草原植被、林地树木、农田庄稼，做到少破坏植被，少砍树木，少毁庄稼；保护野生动物、文化古迹和文物。

(8) 施工现场不得焚烧可产生有毒有害烟尘和恶臭气味的废弃物，禁止将有毒有害废弃物做土方回填，余土、弃渣、生活垃圾妥善处理，严禁倒入江河湖泊，开方余土、弃渣应按当地情况按照垃圾要求进行处理。

(9) 装载施工材料、渣土或生活垃圾的车辆，应采取防止尘土飞扬、洒落或流溢的有效措施；施工现场应根据需要设置机动车辆冲洗设施。

(10) 施工现场在施工完毕后，派专人进行清理，包括施工及驻地等的环境，临时工程的清除、转移。做到工完料尽场地清，及时恢复地貌。

11 效益分析

本典型施工方法解决了在季节性冻土和多年冻土地段进行铁塔基础施工的难题，而且在铁塔基础施工时不使用任何防冻胀材料，在反复冻融作用下防冻胀效果不变，耐久性好，而且比灌注桩基础成本大大降低。

通过实践，此典型施工方法切实有效，能够达到在“安全可靠、技术先进、经济适用”的基础上，建设一条投资合理、安全可行、优质高效的高压输电线路要求。

12 应用实例

(1) 于 2007 年 4 月 30 日开工，2007 年 9 月 30 日竣工的 220kV 海东变—宝日希勒送电线路在内蒙古东部呼伦贝尔地区季节性冻土和多年冻土地段，采用了棱台基础。

(2) 于 2008 年 8 月 20 日开工，2009 年 9 月 7 日竣工的 220kV 友好—牙西郊送电线路在内蒙古东部呼伦贝尔地区季节性冻土和多年冻土地段，采用了棱台基础。

以上线路经过几年运行，效果良好，未发生铁塔基础冻胀现象。基础施工时支好模的棱台基础、进行浇制的棱台基础、拆模后的棱台基础、拆模后的棱台基础养护分别见图 8-12-1～图 8-12-4。

图 8-12-1　支好模的棱台基础

图 8-12-2　进行浇制的棱台基础

图 8-12-3　拆模后的棱台基础

图 8-12-4　拆模后的棱台基础养护

典型施工方法名称：冻土地质人工挖孔预制桩基础典型施工方法

典型施工方法编号：GWGF009-2010-SD-XL

编　制　单　位：黑龙江省送变电工程公司

推　荐　单　位：黑龙江省电力有限公司

主 要 完 成 人：李　鹏　张　醒　鞠　涛

目　　次

1 前言

我国幅员辽阔，随着经济的发展和社会的进步，电网覆盖区域不断向高纬度、高海拔等高寒地区拓展。目前东北地区电网已覆盖到大兴安岭腹地，大兴安岭地区气候属寒温带大陆性气候，为我国多年冻土分布区之一。

黑龙江省送变电工程公司近年来通过对多年冻土地质条件下电网基础施工的实践与总结，摸索出适合多年冻土地质条件下的基础形式主要有装配式预制基础、干式成孔灌注桩基础、人工挖孔预制桩基础。

人工挖孔预制桩基础施工方法作为适合冻土地质条件下的基础施工方法之一，具有对冻土扰动性小、对塔基地貌破坏性小、有利于环境保护、有利于保障成品质量和施工精度等优点，因此以其作为多年冻土地质基础的典型施工方法加以推广。

2 本典型施工方法特点

（1）采用人工挖孔预制桩基础冬季施工，解决了施工过程中温度变化及扰动对多年冻土的影响。

（2）预制桩可实现车间标准化生产，有利于保证构件质量。

（3）基础桩头（含连梁）或承台采取现场二次浇筑，有利于保证基础成品质量。

（4）大大减少了现场浇制混凝土的工作量，即减少现场沙、石及水泥等建筑材料的用量及损耗，对节约材料及环境保护均具有重要意义。

3 适用范围

（1）适用于作业场地较开阔、地势相对平坦的塔位基础施工。

（2）适用于孔径不小于 0.8m，不大于 2.5m；孔深不大于 30m 的桩基础施工。

（3）适合于冬季施工。

（4）此方法不适于山区及施工作业面狭小的塔位基础施工。

4 工艺原理

人工挖孔预制桩基础由人工挖孔预制桩和现场二次浇筑的桩头（含连梁）或承台组成，本节将对人工挖孔预制桩的施工工艺原理重点介绍。桩孔采用人工挖孔成孔方式，桩本体预制，桩孔径比桩径大 200mm，桩端进入持力层深度不小于 600mm（由设计根据持力层土质确定），成孔深度应大于桩底埋深 500mm，桩孔挖到设计深度后并彻底清底，随即对桩孔的中心位置、孔深、孔径、垂直度、桩端持力层进行检验，确认各检查项目符合设计要求后，应立即分层填充设计要求的换填材料，分层夯实，换填层总厚度为 500mm。预制桩安装就位后，桩周分层填充设计要求的换填材料，并振捣密实，不灌浆。工艺原理图如图 9-4-1 所示。通过不含水分的换填层将预制桩与孔底及孔壁隔离，避免破坏冻土形态，从而解决冻土地质基础施工的难题。

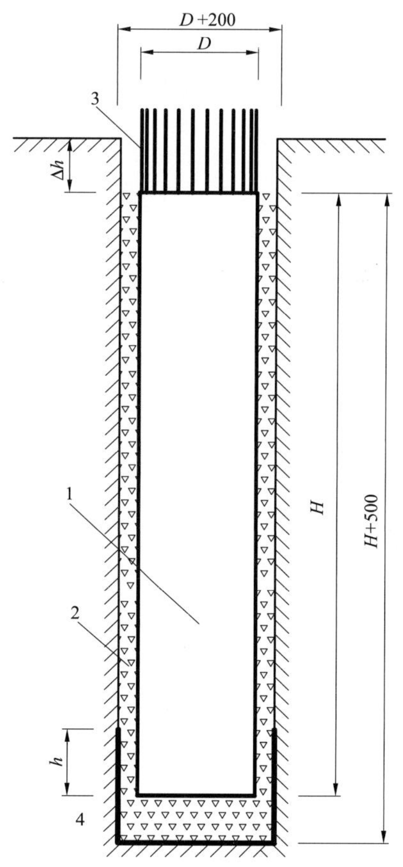

图 9-4-1 工艺原理图

1—预制桩；2—换填材料；3—预留主筋；4—持力层；
D—桩径；H—桩长；
h—桩端入持力层深度；Δh—桩顶与自然地面的高差

5 施工工艺流程及操作要点

5.1 施工工艺流程图

本典型施工方法施工工艺流程见图 9-5-1。

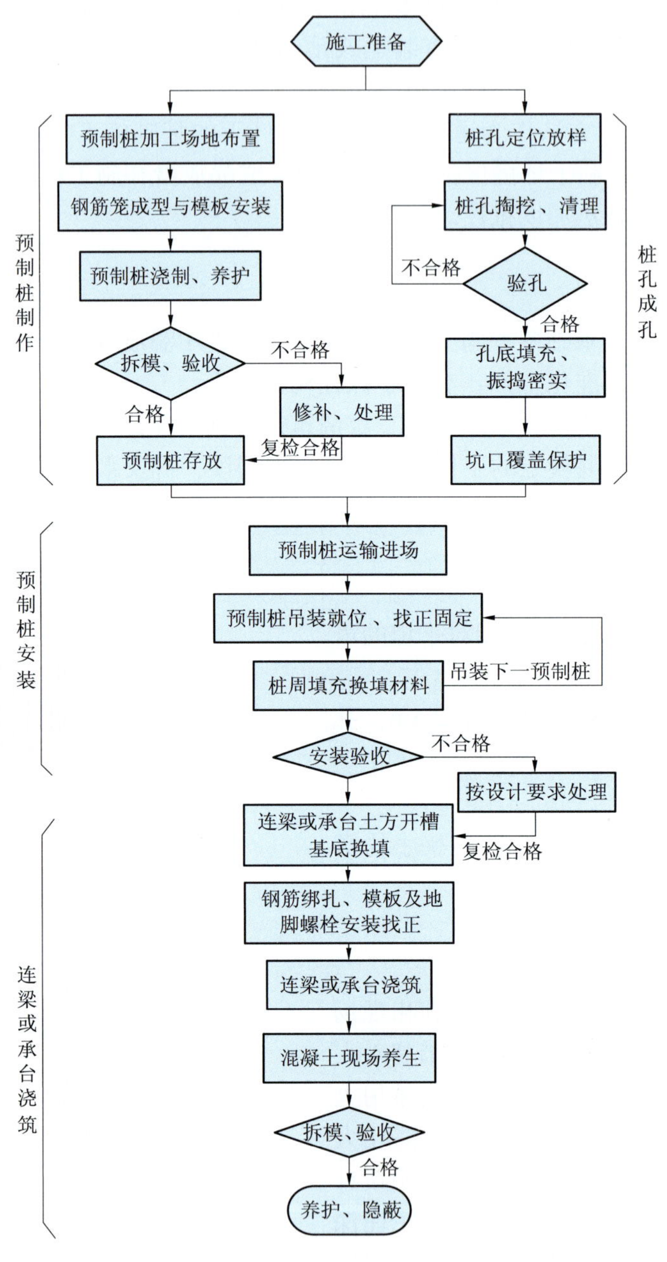

图 9-5-1 冻土地质人工挖孔预制桩基础施工工艺流程图

5.2 操作要点

5.2.1 施工准备

5.2.1.1 技术准备

(1) 施工前应与工程所在地的气象部门取得联系，提前掌握天气和温度的变化情况，并根据气象预报和历年气象资料，按其最恶劣条件进行施工准备。

(2) 施工前，由项目总工负责，针对桩孔成孔、桩的预制与吊装、承台与连梁浇制等各施工阶段的安全、质量要求及操作要点等项组织专题安全技术交底。

（3）施工技术交底的主要内容包括图纸交底、详细施工技术要点、质量安全要求和施工的安排。

5.2.1.2 现场作业条件准备

（1）正确规划材料、物资存放地，提前备足施工所需材料。

（2）预制桩吊装现场应做好如下工作：

1）吊装作业现场按要求整平，作业区清理完毕。

2）预制桩加工场地至施工现场的道路清理畅通。

3）现场运输及吊装车辆、吊装索具按要求配备。

4）桩孔中心线校核完毕。

5）预制桩中心墨线及标高控制墨线已弹好。

6）预制桩编号并在桩端予以标注。

（3）冬期施工应做好如下准备工作：

1）搭设施工暖棚，须保证施工过程中的操作空间及连续施工要求，并满足施工人员的安全性及实用性。

2）搅拌机棚的保温：搅拌机棚前后台的出入口应做好封闭、棚内供暖。设置热水灌、外加剂存储容器。

3）锅炉的准备：进入冬期施工前，按施工需要应配备锅炉，并做好使用前的检查工作，以备用于加热水、沙等材料及混凝土的养生。

5.2.1.3 材料准备

（1）冬季施工所用保温材料，应根据工程类型、结构特点、施工条件和当地气温情况选用。一般就地取材，综合利用。

（2）冬期浇筑的混凝土，应优先选用硅酸盐水泥或普通硅酸盐水泥。水泥强度等级不低于 42.5；进入施工现场的砂、石、材料均用彩条布与地面隔离，钢筋、水泥存放时，底部应铺设木方或彩条布与地面隔离，并有空隙，以免地面潮湿雪水的侵蚀，上部和四周也应该用彩条布加以覆盖以免风雪侵蚀；水泥宜在暖棚内存放，有助于提高混凝土的出机温度。

5.2.1.4 工器具准备

（1）施工用搅拌机、振捣器（棒）、发电机、运输车辆使用前认真检修，做好使用准备。

（2）施工机械应加强保养，对加水、加油润滑部件勤检查，勤更换，防止设备施工过程中发生故障。

（3）起重机械：转动装置应灵活可靠，油路、电路应畅通，运转正常。机械的额定输出力应能满足施工的要求。由机械操作者负责检查工作。

5.2.2 桩孔成孔

多年冻土地区，桩孔成孔宜在冬季进行，以最大限度地减少施工过程中温变及扰动对桩孔周边冻土层的影响。

5.2.2.1 桩位定位放样

（1）开孔前，需对施工面进行必要的清理，以方便桩孔成孔操作。

（2）桩位应按设计图纸准确定位放样，在桩位外侧设置定位基准桩，作为桩孔掏挖的参照点。

5.2.2.2 桩孔开挖

冻土桩孔开挖的主要设备推荐选用风镐及辅助设备见图 9-5-2。桩孔成型的操作要点如下：

图 9-5-2 采用风镐进行桩孔开挖

（1）人工挖孔预制桩的桩孔成型应按开挖尺寸线先挖出样孔，深度约 300mm，孔径为预制桩设计直径 D+200mm。

（2）样孔挖好后应校核桩孔中心的根开、对角线等项目的尺寸；桩孔中心与设计偏差不大于 20mm。

（3）为了保证桩孔的垂直度和圆度，应每挖深 1.0m 校核一次桩孔垂直度，同一水平面的孔径任意直径极差不得大于 50mm。

（4）为避免对孔底土层的扰动，可保留 200mm 厚的土层暂不挖去，待垫层铺填前再挖至设计标高。

（5）桩孔成型过程中，如孔壁出现松散土质，应采用钢护筒撑护孔壁。

（6）挖至设计标高后，应清除孔壁上的浮土和孔底残渣，并及时进行隐蔽工程验收。验收项目包括桩孔的中心位置、孔深、孔径、垂直度、桩端持力层，验收合格后应立即封底，填充符合设计要求的换填材料。

5.2.2.3 孔底填充

（1）多年冻土孔底垫层选用非冻胀性材料（如中砂、粗砂、砾石、卵石、炉渣等）。

（2）垫层需分层铺填，分层夯实，分层厚度一般取 200～300mm；垫层铺填接近设计标高时，技术人员进行测量找平。

（3）夯实用的施工机械一般选用平板振动器或振动碾。

5.2.2.4 坑口覆盖保护

完成垫层的铺填、夯实和找平后，应对孔洞采用刚性盖板遮盖，在其上覆盖隔热材料，并在孔口四周设置护栏。

5.2.3 预制桩制作

为保证预制桩制作质量，应设预制场集中加工制作，如工期允许，应避免冬期制作，以降低施工成本；如能就近订购，也可委托专业的厂家加工制作。下面就预制桩集中制作做以简要介绍。

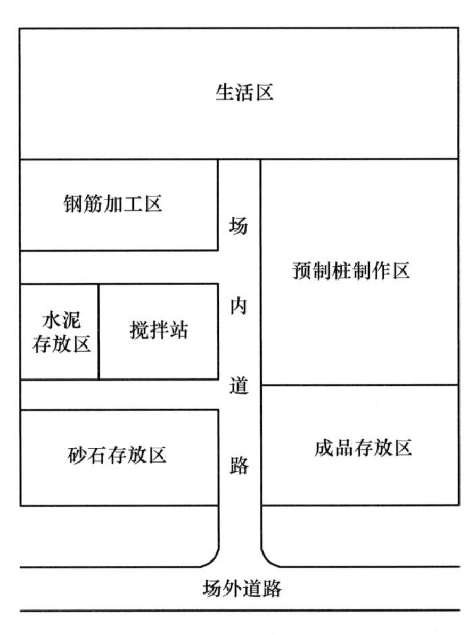

图 9–5–3 预制桩制作场地平面布置示意图

5.2.3.1 预制桩制作场地布置

预制桩制作场地应具备如下条件：场地平整、宽阔，临近主要公路，水、电方便接入，平面布置示意图见图 9–5–3。

5.2.3.2 钢筋笼成型与模板安装

（1）钢筋笼采取一次焊接成型，为提高钢筋笼加工效率，保证钢筋笼加工质量，制作现场需配备钢筋笼成型机；制作过程中，骨架内需增加必要的临时支撑钢筋，以增加钢筋笼的整体刚度；预制桩顶面应预留吊环，吊环须焊接于主筋上，其规格及位置需经设计验算同意。冬季焊接环境温度不得低于−20℃，如低于−20℃应搭设保温棚。

（2）保护层厚度以预制的混凝土垫块加以控制，预制垫块为与桩体等强度的带中心孔的圆柱体，柱体壁厚等于保护层厚度，中心孔径略大于主筋直径；垫块需在钢筋笼成型前穿入主筋，均匀分布，保护层厚度允许偏差为±5mm。

（3）预制桩模板，采用 A、B 两片合口的圆柱钢模板，在其中 B 模板预留 300mm 的弧面作为浇筑口，桩端用圆形平模封堵。

（4）预制场地应坚实平整，并沿预制桩切向铺放标准枕木，将与桩径相符的 A 模板按预制桩设计长度在枕木上组装，模板连接部位用两面胶条粘牢，并将模板底部两侧用楔脚掩牢。

（5）用吊车将钢筋笼起吊、安置在 A 模板内，检查桩端保护层及外露钢筋长度满足设计要求；随后将 B 模板逐段与 A 模板组合，并将预留口的对拉螺栓紧固牢靠。

（6）将穿钢筋侧端部模板的预留口封堵好，并调整浇筑口的位置，以便于混凝土的浇筑。

（7）在混凝土浇制过程中，建议使用柱箍以防止发生胀模。

（8）模板找正之后，在其顶部四周用木方或特制的可调工具等支撑顶紧，以防移动。

5.2.3.3 预制桩的浇制与养护

如果预制桩批量较大，可采用商品混凝土，如现场搅拌，应设置搅拌站，并配备混凝土泵机、混凝土布料机以提高混凝土的输送效率、浇筑质量，降低损耗。下面就现场搅拌混凝土的施工过程简要描述如下：

（1）混凝土浇筑。

1）混凝土应分层浇筑，每层厚度为 200～300mm。一般按由一端向另一端的顺序浇筑，也可采取中间向两端或两端向中间的顺序浇筑。

2）浇筑过程中，应经常观察模板、支撑、钢筋等的情况，当发现有变形、移位时，应立即停止浇筑，并应在已浇筑的混凝土凝结前修整完好。

a. 混凝土浇筑完毕及模板拆除后，可采用暖棚法养护。棚内各测点温度应控制在 15℃左右，最低不得低于 5℃，并设专人检测混凝土及棚内温度，严格控制混凝土升温阶段、降温阶段的棚内温差速度，升温和降温阶段应每隔 1h 测量一次，恒温阶段每隔 2h 测量一次。

b. 拆模时混凝土温度与环境温度差大于 20℃时，拆模后的混凝土表面应及时覆盖，使其缓慢冷却。

c. 项目经理部设置对外联络小组，与气象台联系，预测半个月内的天气情况，使混凝土的浇筑避开大风、大雪时间，并根据气象变化及时调整混凝土配合比。

（2）混凝土振捣。

1）现场浇筑混凝土，应采用插入式振动器和人工振捣相结合的方法进行振捣。

2）振动器的振捣方法有：垂直振捣，即振动棒与混凝土表面垂直；斜向振捣，即振动棒与混凝土表面成 40°～45°。振动器的操作，要做到“快插慢拔”。在振动过程中，宜将振动棒上下略为抽动，以使上下振捣均匀。

3）混凝土分层浇筑时，每层混凝土厚度应不超过振动棒长的 1.25 倍；振捣上一层时，应插入下层中 50mm 左右，以消除两层之间的接缝，同时在振捣上层混凝土时，要在下层混凝土初凝之前进行。

4）振动器使用时，振动器与模板的距离，不应大于其作用半径的 0.5 倍，并应避免碰撞钢筋、模板等。

5）振捣器的橡胶软管，不能插入到混凝土中；软轴的弯曲半径不要小于 500mm；振动器移动或暂停工作时，要切断电流，以保证安全。

（3）混凝土的养护。

1）采用养护剂养护时，应在拆模并表面检查合格后立即涂刷，涂刷后不再浇水。

2）夏季一般采取在自然条件下养护，冬季建议采用常压蒸汽养护。养护窑内最高养护温度不超过 80℃。加热养护混凝土升温不大于 15℃/h，停止养护降温速度不大于 10℃/h。蒸汽加热阶段应排除冷凝水，当有蒸汽喷出口时，喷嘴与混凝土外露面的距离不得小于 300mm。

3）预制桩养护至设计强度 30%后拆模；养护至设计强度 70%可起吊移动；强度达到 100%后方可运输。

（4）拆模。

1）预制桩拆模强度不小于设计强度的 30%。

2）对已拆除模板的混凝土，应采取保温材料予以保护。其表面先用塑料薄膜封闭，再用保温材料包附在混凝土面上，将混凝土表面包成密不透风的保温层。

（5）缺陷处理。

如工程中有缺陷要进行处理，须先告知监理人员知晓，在同意处理意见后再进行处理。

1）面积较小数量不多的蜂窝或露石的混凝土表面，可用同标号的混凝土砂浆抹平。在抹砂浆之前，必须用钢丝刷或加压水洗刷基层。

2）较大面积的蜂窝、露石和露筋，应将其全部深度软弱的混凝土层和个别突出的骨料凿去，然后用钢丝刷或加压水洗刷表面，再用比原标号高一级细骨料混凝土填塞，并仔细捣实。

3）影响结构性能的缺陷，应会同设计单位和有关单位研究处理。

4）所有为处理缺陷而抹平的砂浆，填塞的混凝土等，都必须加强养护。

5.2.3.4　预制桩成品存放

（1）预制桩养护达到设计强度 70%，可起吊转移至预制桩存放区集中存放。

（2）桩起吊应采取相应措施，保证安全平稳，保护桩身质量。

（3）水平运输时，应做到桩身平稳放置，严禁直接拖拉桩体。

（4）吊运过程中应轻吊轻放，避免剧烈碰撞。

（5）堆放场地应坚实平整，垫木采用枕木，避免预制桩直接接触地面，堆放稳固，不得滚动。

（6）应按不同规格、长度及施工流水顺序分别堆放。

（7）当场地条件允许时，宜单层堆放；叠层堆放不宜超过2层；沿预制轴向垂直于桩轴至少设置2道垫木，距桩端0.2l（l为桩长）处必设垫木，桩与垫木接触位置应用木楔塞紧。

（8）预制桩两端均应标明规格、长度、制作日期。

5.2.4 预制桩安装

5.2.4.1 预制桩运输

预制桩单重一般不超过25t，运输车辆选用载重量30t左右，车厢长度不小于0.8l，行驶时速控制在10～15km/h。如路面有积雪，预制桩运输前将路面撒粗沙防滑，并在坡度较大处配备枕木，专人负责，防止溜车。

预制桩吊运装车时采用汽车吊两点起吊，两吊点分别设在距离两端0.207l处。先在汽车上铺设2根枕木（200mm×200mm，长同车宽），按5.2.3.4中（7）的要求固定。然后用吊车将预制桩吊至运输汽车上，按垫木位置合理摆放，并用钢丝绳和拉链葫芦将预制桩固定在运输汽车上，运至各施工现场。吊点布置示意图见图9–5–4，预制桩装车见图9–5–5。

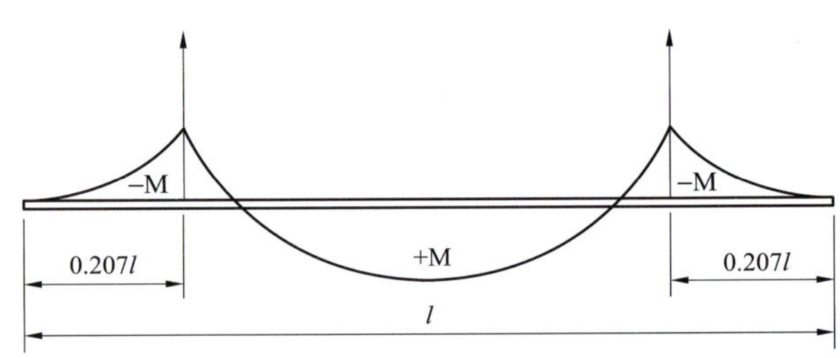

图9–5–4 吊点布置示意图

预制桩在汽车上固定，钢丝绳从两侧绑扎在汽车拖板上（钢丝绳在桩体上缠绕1圈），再通过5t拉链葫芦调紧绑扎钢丝绳。此绑扎点应设3处，即靠近桩的两端及中间各绑扎一处，见图9–5–6。同时在桩柱绑点两侧对称设置楔木（底边长400mm×上边长200mm×高200mm），为防止楔木滑移，需用铁钉将其固定在道木上。

图9–5–5 预制桩装车

图9–5–6 车上固定预制桩实图

5.2.4.2 预制桩吊装、找正

预制桩的吊装、找正应按如下程序进行：

（1）为保证桩位精确，预制桩安装前先在孔口安装导向管。导向管采用5mm厚铁板制作，高1.0m，内径为预制桩径D+50mm，其外周加焊高为50mm的加劲肋。预制桩入孔前将导向管准确固定在坑口。

（2）对照施工图检测复查混凝土柱的直径及就位位置，弹出定位轴线。

（3）预制桩平放，桩的下端对准孔口，距离约1.5m，使桩的起立吊点、桩下端中心和桩孔中心3

点共圆，该圆的圆心为起重机的回转圆心，半径为圆心到吊点的距离。

（4）吊装点选择。

1）起立吊点选在桩顶端以下 0.207*l* 处，采用两条等长起吊绳分别环套方式系紧，使两吊点位于桩柱侧面。

2）起吊吊点为桩顶的吊环，采用两条等长的吊绳，分别以双头通过卸扣与两个吊环相连。

（5）预制桩吊装。

1）预制桩的吊装采用 A、B 2 台 50t 汽车吊，分 3 步进行：

a. 吊车 A 以“旋吊法”将预制桩立直，即起重机先起钩，然后回转起重杆，接着起钩，再回转起重杆，使预制桩绕柱脚旋转而逐渐吊起，起吊时应使吊钩滑车组始终保持垂直状态，如图 9-5-7 所示。

b. 吊车 B 通过预制桩顶面的吊环将预制桩吊起离开地面，吊车 A 不再受力，开始放松吊钩。吊车 B 转臂、与孔口的导向管对正，缓慢放松吊绳，使预制桩沿导向管平缓下降；预制桩起立用绑扎绳降至距地面约 1.5m 时，将其拆除。

c. 吊车 B 继续平缓放松吊绳，使预制桩底面平稳降至孔底。

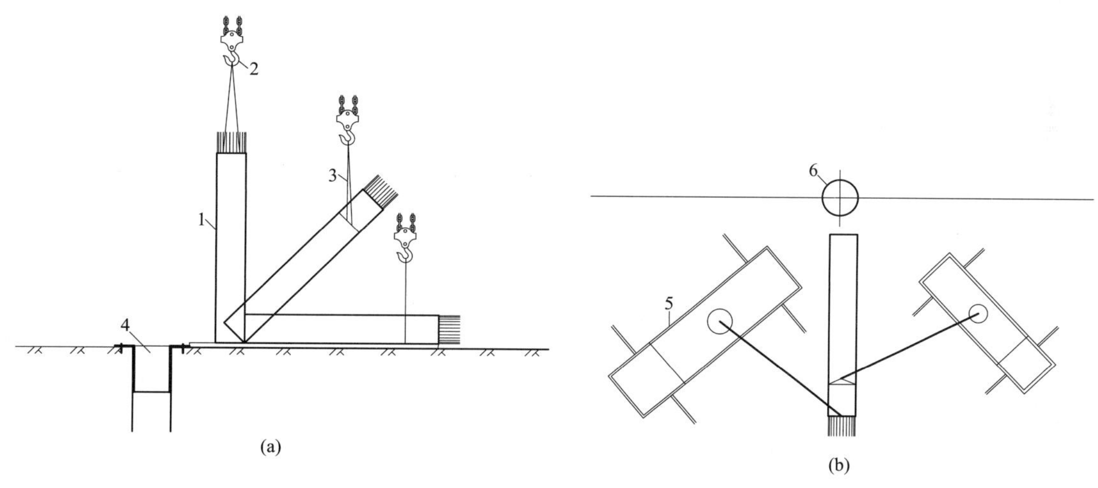

图 9-5-7　预制桩吊装示意图

（a）起吊过程示意图；（b）桩起吊平面布置示意图

1—预制桩；2—吊钩；3—起吊绳；4—导向管；5—吊车；6—桩孔

2）预制桩吊点吊起 200mm 时应暂停，检查制动装置及吊点绳索、桩柱的受力情况，确认状态良好方可继续起吊。整个起吊过程中，必须保证起吊速度缓慢、受力均匀。

3）拆钩前要复查预制桩中心线位置、桩的垂直度，确认合格后用木楔掩牢。

5.2.4.3　桩周填充

（1）桩周填充材料应按设计要求选择。

（2）为使填充材料密实，按弧长每隔 600～800mm 设一条振捣棒，回填前，需将振捣棒下放至孔底，使振捣棒呈竖直状态。

（3）填充材料分层回填，一般以 500mm 厚为 1 层，填充物没过振捣棒后开启一次，振捣 30s 左右。然后上提振捣棒，振捣棒不能拔出填充物顶面，始终保持棒端 50～100mm 埋入填充物内，直至全部填充完成。

5.2.4.4　预制桩安装验收

对已安装的预制桩的中心位置、垂直度、桩周填充材料密实度进行检验，合格后应覆盖保护（防止雨、雪沿填充层渗入），转入下一工序。

5.2.5　桩头或承台浇筑

桩头（含连梁）、承台采取现场二次浇筑，地脚螺栓安装找正在现场进行，有利于控制基础顶面高差及根开、对角线的精度。为降低工程成本，同时也为降低质量风险，如工期允许，不宜在寒冬季节施工。

5.2.5.1 土方开槽与基底换填

（1）承台基底应在季节冻融线 200mm 以下，由于基底之下为多年冻土，其下一般宜设厚度为 300～500mm、由不含水的松散材料填充的垫层，因此坑深为承台埋深 h+300～500mm。

（2）基坑开挖至多年冻土层，应注意保温，为避免对基底土层的扰动，可保留 200mm 厚的土层暂不挖去，待垫层铺填前再挖至设计标高。

（3）挖至设计标高后，应立即验坑，符合设计要求即填充垫层，垫层需按 200～300mm 分层填充，分层夯实。

（4）坑壁与承台立面之间需预留 200～300mm 作为支模的操作空间，施工期间需做好截水、防水措施，防止地面积水或雨水流入基坑。

（5）设连梁的基础，连梁下应预留 150～300mm 的空隙，也可将梁下原土用炉渣等松散材料换填。

（6）对于有抗洪要求的基础，在满足抗洪要求的同时，也应避免冻胀作用对基础的影响，一般使承台底面应高于自然地面。

5.2.5.2 模板及地脚螺栓安装找正

（1）垫层铺填完成后应立即安排承台钢筋绑扎，绑扎过程中需做好防雨、雪措施，钢筋绑扎应执行 GB 50204—2002《混凝土结构工程施工质量验收规范》的有关规定。

（2）钢筋绑扎完成后，即安装模板。对模板进行就位找正，用半对角线法或井字线法控制断面尺寸，按设计要求的基础顶面标高，抄平模板顶面并划出基础顶面印记。模板找正之后，在其四周用木方或可调工具支撑顶紧，以防移动。

（3）模板安装后，按设计图纸对地脚螺栓定位，并增设模板对拉筋，以保证模板在混凝土浇筑过程中不变形。

5.2.5.3 混凝土浇筑与养护

（1）混凝土浇筑。混凝土浇筑采用机械搅拌、机械振捣，承台应连续浇筑，不留施工缝。

（2）混凝土养护。

1）混凝土浇水养护不少于 7 昼夜，夏季拆模时混凝土强度不小于 2.5MPa，养护时间不少于 72h。

2）冬季混凝土养护必须达到受冻临界强度，即采用硅酸盐水泥或普通硅酸盐水泥配制的混凝土应为混凝土设计强度标准值的 30%，采用矿渣硅酸盐水泥配制的混凝土应为混凝土设计强度标准值的 40%，并不低于 5MPa。

（3）冬期混凝土养护。

施工现场可采用蒸汽、炭炉、蓄热等方法暖棚养护混凝土，养护时棚内温度不得低于 5℃，并应保持混凝土表面湿润。

5.2.5.4 回填、隐蔽

（1）拆模后需对混凝土进行表面质量检查，合格后应立即回填。

（2）回填材料一般为非冻胀性材料（如中砂、粗砂、砾石、卵石、炉渣等），根据设计要求选用。

（3）回填材料需分层铺填，分层夯实，对称进行，分层厚度一般为 200～300mm；坑口应筑高出自然地面 300mm 的防沉层。

（4）夯实用的施工机械一般选用平板振动器、振捣棒或蛙式夯。

（5）当基础处于易受水浸的低洼地时，应按设计的防水构造形式做防水层。

6 人员组织

预制桩基础的施工应根据工程量和进度计划合理安排施工，施工人员组织配备及岗位职责见表 9-6-1。

表 9-6-1　　施工人员组织配备及岗位职责

序号	岗　位	人数	岗　位　职　责
1	工作负责人	1	负责基础施工现场全面工作，现场组织协调、工器具准备、物资供应，安全、质量、进度控制等
2	吊装指挥	1	负责预制桩吊装的现场布置、起重机具的安全检查及预制桩的起吊、入孔、定位过程的指挥工作
3	技术质量员	2	负责施工过程的技术工作和质量控制，督促施工人员按相关质量标准、相关技术规程和技术措施施工，对施工现场可能造成质量缺陷的操作过程提出控制措施，负责线路复测、分坑、桩孔定位、桩孔垂直度、孔深控制、预制桩就位找正、承台模板安装测量、地脚螺栓安装找正、基础标高控制等工作
4	安全员	2	制止和纠正违章作业行为，负责施工场地布置和工器具的检查，做好施工过程中的安全监护工作
5	材机员	2	保证材料质量符合设计及规程要求，机具规格型号满足施工需要，做好物资领取、清退流水账，做到台账准确、清晰、规范，账、卡、物相符
6	机械操作	4	严格按照操作规程操作，定期对机械进行保养和检查，严格执行工作负责人和现场指挥的各项指令
7	电工	3	熟悉发电机的运行、维护工作，掌握施工用电线路架设及接线工作，负责施工用电的维护工作
8	电焊工	2	熟练掌握焊接的相关技术要求及操作要领，负责现场钢筋焊接等工作
9	钢筋工	8	熟悉钢筋加工图纸及技术要求，负责钢筋加工、钢筋笼制作等工作
10	模板工	4	熟悉模板特性，熟悉构件或构筑物的外形特征及设计尺寸，对承重模板应了解模板所承受的重力，负责模板的支护和设计工作
11	木工	2	负责异型模板及预制桩找正用木楔子的加工
12	振捣工	2	熟练掌握混凝土振捣工作要领及技术要求，负责混凝土浇制过程中的振捣工作
13	养护工	2	掌握不同环境条件下混凝土养护的技术要求，负责混凝土的养护工作
14	瓦工	2	负责基础表面的成型及混凝土构件缺陷的处理
15	吊车司机	2	负责预制构件装卸及就位吊装
16	卡车司机	2	负责预制构件及其他材料的进场运输，指导进场道路的拓宽与修筑工作
17	起重工	2	负责检查吊件起吊绳索及绑扎方式，指挥预制件的装卸及就位安装
18	普工	20	了解现场施工危险点，熟悉作业流程，做好自己本职工作

7　材料与设备

本典型施工方法以 220kV 塔漠线、漠兴线人工挖孔预制桩基础施工为例，对主要工器具及材料归纳如下。

7.1　主要工器具及材料

主要工器具及材料见表 9-7-1。

表 9-7-1　　**主要工器具及材料**

序号	名　称	规　格	单位	数量	备　　注
1	测　量　仪　器				
1-1	全站仪	D0303E	台	1	配备棱镜杆和单棱镜
1-2	经纬仪	TDJ2	台	1	配备 5.0m 花杆
1-3	水准仪	S3	台	1	
1-4	塔尺	TX98	把	2	
1-5	钢卷尺	30m	把	1	
1-6	钢卷尺	5m	把	2	
2	桩　孔　成　孔				
2-1	风镐	TCB130/200	台	2	配备气泵
2-2	发电机	12kW	台	2	
2-3	振捣棒	ZX-50	个	4	
2-4	平板振动器	HW01	台	2	用于振密坑底碎石
2-5	铁锹		把	10	
2-6	钢钎	1.2m	把	10	
3	预　制　桩　制　作				
3-1	钢筋切断机	JIC-400	台	1	
3-2	钢筋弯曲机	GW40	台	1	
3-3	搅拌站	2HZS25	套	1	
3-4	钢筋笼成型机	HL8-15	台	1	
3-5	混凝土泵机	$60m^3$	台	2	手动式
3-6	混凝土布料机		台	2	
3-7	振捣棒	ZX-50	台	8	
3-8	发电机	12kW	台	4	
3-9	模板		m^2	5000	含半圆形柱模、圆形平面封堵模板
3-10	试块模	150mm×150mm×150mm	套	50	
3-11	坍落度筒		个	8	
3-12	回弹仪	DIGI	台	6	
3-13	翻斗车	1t	台	2	
3-14	锅炉		台	4	
3-15	水泵		个	4	搅拌站上水用
3-16	铁锹		把	10	
3-17	温度计	-30～+50℃	支	10	
4	预制桩运输及吊装				
4-1	汽车吊	25t	台	1	
4-2	汽车吊	50t	台	2	

续表

序号	名　称	规　格	单位	数量	备　　注
4-3	载重汽车	30t	台	2	
4-4	载重汽车	5t	台	2	
4-5	振捣棒	ZX-50	个	4	
4-6	发电机	12kW	台	2	
4-7	手扳葫芦	5t	台	8	
4-8	钢丝绳套			若干	装卸车、封车、起吊用
4-9	导向管		个	2	辅助预制桩就位
4-10	木楔		个	若干	
4-11	枕木		根	若干	
4-12	钢板	3m×1.5m	块	40	
5	承　台　浇　筑				
5-1	混凝土搅拌机	HZX50	台	1	
5-2	发电机	12kW	台	2	
5-3	振捣棒	ZX-50	个	4	
5-4	振动碾		台	2	
5-5	模板		m^2	500	
5-6	找正架		副	4	安装地脚螺栓用
5-7	手推车	$0.12m^3$	台	8	
5-8	锅炉		台	1	
5-9	水罐	$2.5m^3$	个	1	
5-10	钢板	2m×1m	块	40	

7.2 吊车系统说明

7.2.1 吊车的选择

现以吊装直径 d=1.2m、桩长 H=8.0m、单重 22.7t 的预制桩为例选择吊车。其性能计算原理图见图 9-7-1。具体计算过程如下：

（1）起重机必须具备的吊装高度。

吊装高度按下式计算

$$H = H_1 + H_2 + H_3 + H_4$$

式中　H_1——导向管高度，取 $H_1 = 0.2$m；

H_2——腾空高度，取 $H_2 = 0.3$m；

H_3——预制桩长度，取 $H_3 = 8.0$m；

H_4——吊索高度，取 $H_4 = 2.0$m。

故

$$H = H_1 + H_2 + H_3 + H_4 = 0.2 + 0.3 + 8.0 + 2.0 = 10.5\text{m}$$

（2）确定起重机站车位置。

起重机幅度 R 的确定

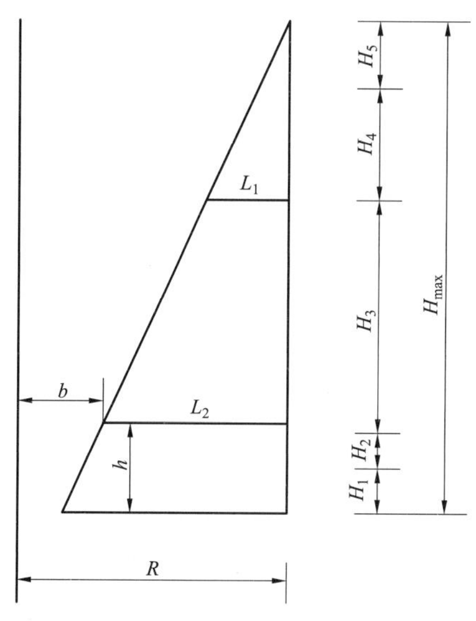

图 9-7-1　性能计算原理图

$$R \geqslant L_1 \times \frac{H_{max} - h}{H_{max} - (H_1 + H_2 + H_3)} + b$$

$$H_{max} = H + H_5 = 10.5 + 1.5 = 12\text{m}$$

$$L_1 = r + a + \frac{c}{2} = 0.6 + 0.3 + \frac{1.0}{2} = 1.4\text{m}$$

式中　R——幅度，按站车位置确定，m；

H_{max}——臂头高度，m；

H_5——滑车组最短极限距离，取 $H_5 = 1.5\text{m}$；

L_1——预制桩中心至吊臂中心的距离；

r——预制桩半径，取 $r = 0.6\text{m}$；

a——预制桩至吊臂的安全距离，取 $a = 0.3\text{m}$；

c——起重机吊臂宽度；

b——起重机旋转中心至吊臂铰链的水平距离；

h——起重机吊臂铰链高度。

为安全起见，取 b=0，h=0，则

$$R \geqslant L_1 \times \frac{H_{max}}{H_{max} - (H_1 + H_2 + H_3)} = 1.4 \times \frac{12}{12 - (0.3 + 0.2 + 8)} = 4.8\text{m}$$

（3）确定起重机。

选用 TG—500E 多田野牌汽车起重机，查其中性能表，作业幅度定为5m，采用 15m 主臂，最大起升高度为 14.1m，大于设备安装要求的 12m；额定荷载大于 33t，大于设备重量 22.7t，经验算通过性满足要求，故起重机满足工程需要，方案可行。

7.2.2　吊索选择

（1）确定计算荷载。

计算荷载按下式计算

$$Q_j = K_d \, K_b \, (Q + q)$$

式中　K_d——动荷系数，取 1.1；

K_b——不平衡系数，取 1.2；

Q——待安装预制桩重量，kN；

q——吊索吊具重量，取 $q = 2.5\% \times Q$，kN。

（2）吊索选择。

为保证设备平稳起吊，吊索采用 4 分支形式，吊索通过卸扣与吊环连接，每分支与水平面夹角均为 α，吊索布置示意图见图 9–7–2。

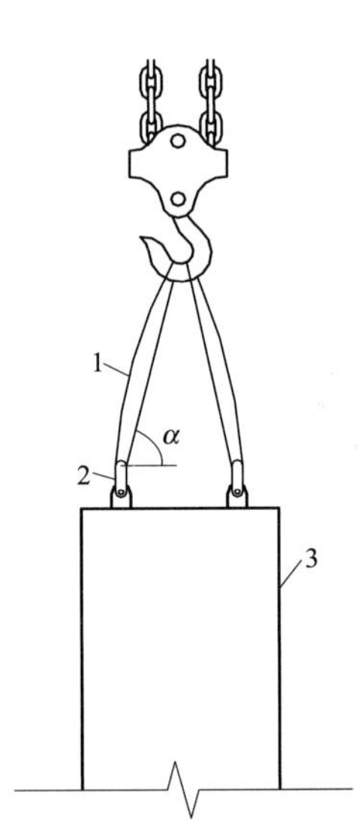

图 9–7–2　吊索布置示意图

1—吊索；2—吊环；3—桩体

每分支吊索的计算荷载

$$P_{jd} = \frac{1}{4\sin\alpha} Q_j$$

钢丝绳直径按下式确定

$$\frac{50d^2 \times \sigma_b}{160} \geqslant KT$$

式中　d——钢丝绳直径，mm；

K——吊索安全系数，一般取 K=6～10；

σ_b——吊索的公称抗拉强度，N/mm^2；

T——每分支吊索的拉力，$T = P_{jd}$，kN。

7.2.3 其他注意事项

（1）根据现场作业区情况和地形特点确定吊车进场路线、吊车场内运行路线及作业顺序、吊车退场路线。

（2）吊车支腿距桩孔中心不小于 2.0m，防止孔壁垮塌。

（3）吊车支腿应以枕木钢板垫实，防止起吊过程中支腿滑动或下沉造成危险或事故。

8 质量控制

8.1 本典型施工方法依据的主要规程、规范

GB 50119—2003 混凝土外加剂应用技术规范

GB 50202—2002 建筑地基基础工程施工质量验收规范

GB 50204—2002 混凝土结构工程施工质量验收规范

GB 50233—2005 110～500kV 架空送电线路施工及验收规范

GBJ 107—1987 混凝土强度检验评定标准

DL/T 5024—2005 电力工程地基处理技术规程

JGJ 18—2003 钢筋焊接及验收技术规程

JGJ 52—2006 普通混凝土用砂、石质量及检验方法标准（附条文说明）

JGJ 63—2006 混凝土用水标准（附条文说明）

JGJ 79—2002 建筑地基处理技术规范

JGJ 94—2008 建筑桩基技术规范

JGJ 104—1997 建筑工程冬期施工规程

JGJ/T 23—2001 回弹法检测混凝土抗压强度技术规程

8.2 本典型施工方法主要质量要求

（1）预制桩模板宜采用钢模板，模板应具有足够刚度，并应平整，尺寸应准确。

（2）预制桩钢筋骨架的允许偏差见表 9–8–1。

表 9–8–1 预制桩钢筋骨架的允许偏差

项次	项　目	允许偏差（mm）
1	主筋间距	±5
2	箍筋间距或螺旋筋的螺距	±20
3	钢筋笼直径	±5
4	钢筋笼长度	±100

（3）混凝土预制桩制作允许偏差见表 9–8–2。

表 9–8–2 混凝土预制桩制作允许偏差

项次	项　目	允许偏差（mm）
1	桩顶直径	±5
2	保护层厚度	±5
3	桩身弯曲矢高	不大于 1‰桩长，且不大于 20
4	桩端面倾斜	≤0.005
5	桩节长度	±20

（4）钢筋混凝土预制桩施工质量标准和检验方法见表 9–8–3。

表 9-8-3　　钢筋混凝土预制桩施工质量标准和检验方法

<table>
<tr><th>序号</th><th colspan="2">检　查　项　目</th><th>质量标准</th><th>单位</th><th>检验方法及器具</th></tr>
<tr><td rowspan="2">1</td><td rowspan="2">桩位偏差</td><td>桩数为 1 根桩基中的桩</td><td>≤20</td><td>mm</td><td rowspan="2">经纬仪、钢尺检查</td></tr>
<tr><td>桩数为 2 根及以上桩基中的桩</td><td>≤50</td><td>mm</td></tr>
<tr><td>2</td><td colspan="2">斜桩倾斜度偏差</td><td>±0.15 斜角正切</td><td></td><td>角度尺或吊线、用钢尺检查</td></tr>
<tr><td>3</td><td colspan="2">桩体质量检验</td><td>应符合现行国家规范 JGJ 106 的规定</td><td></td><td>按规范 JGJ 106 的规定</td></tr>
<tr><td>4</td><td colspan="2">桩顶标高偏差</td><td>±50</td><td>mm</td><td>水准仪</td></tr>
</table>

（5）承台与基坑侧壁间隙回填土或采用换填垫层法处理地基前，应排除积水，清除虚土和杂物，填土应按设计要求选料，分层夯实，对称进行。

（6）预制桩每根应取 3 组试块，其中 2 组作为桩体强度及起吊移动的依据，试块与桩体同条件养护；余下 1 组标准养护，备用。桩头（含连梁）或承台每基取 2 组，1 组同条件养护，1 组标准养护。

9　安全措施

（1）桩孔成孔。

1）孔内必须设置应急软爬梯供人员上下。使用的电葫芦、吊笼等应安全可靠，并配有自动卡紧保险装置，不得使用麻绳或尼龙绳吊挂或脚踏井壁凸缘上下；电葫芦宜用按钮式开关，使用前必须检验其安全起吊能力。

2）每日开工前必须检测井下有毒、有害气体，并应有相应的安全防范措施；当桩孔开挖深度超过 10m 时，应有专门向井下送风的设备，风量不宜少于 25L/s。

3）孔口四周必须设置护栏，护栏高度宜为 0.8m。挖孔暂停施工时，孔口应用盖板盖好。

4）挖出的土石方应及时运离孔口，不得堆放在孔口周边 1m 范围内，机动车辆的通行不得对井壁的安全造成影响。

5）施工现场的一切电源、电路的安装和拆除必须遵守现行行业标准《施工现场临时用电安全技术规范》JGJ 46 的规定。

6）桩孔下部岩层需进行爆破时，应采用小炮，严格控制炸药用量及爆破深度，引爆前要派专人警戒，保证人员安全。

（2）预制桩制作。

1）搅拌机的电动机应装设外壳或采用其他保护措施，防止水分和潮气浸入而损坏。电动机必须安装自动开关，速度由缓变快。下班后及停机不用时，切断电源，以策安全。

2）所使用的电机设备，事前应经全面检查，确认装置完整，绝缘良好，接地可靠。

3）施工用导线绝缘必须良好，严禁裸露，导线根据负荷情况合理选择，严禁超负荷使用。所有电气设备要合理安装触电保护器。

（3）预制桩吊装。

1）特种作业人员（包括起重指挥）要持证上岗。无证不允许上岗。

2）吊车安全操作规程。

a. 吊车司机须体检合格，经安全规程学习并考试合格且持有国家劳动部门颁发的操作证者担任。

b. 吊车开动前，司机应对机器运转部分、吊钩、制动器、卷扬机、滑轮、钢丝绳、仪表等进行全面检查，各部件是否灵敏、安全、可靠。

c. 吊车开动前要发出信号，起吊重大物件时要经过试吊，试吊高度不超过 500mm（指重物离地面），此时要指定专人进行检查，确认安全后才能正式起吊。

d. 起吊重物时要有专人指挥，吊起的重物不准在空中长时间停留，吊车运行时，司机不准离开操作室。

3）绑挂桩柱时，应由技术人员与指挥人员进行绑挂点的确认。确认绑挂无误后，方可由指挥人员负责指挥起吊。

4）起重指挥人员应信号清晰、准确。与操作人员进行联系时，指挥人员应站在使操作人员能看清指挥信号的安全位置上。

5）桩柱吊装就位后，必须立即用木楔四面掩牢，只有确认可靠时方能松钩或拆除临时固定工具。

6）运输桩柱时，桩柱的重心与车厢的承重中心要基本一致。运输途中设专人领车、监护，并设必要的标志。中途停运时，在运输车辆前、后方 50m 处、30m 处设警告标志示警，并设专人看守。

（4）承台浇筑。

1）施工机械进场必须经过安全检查，合格后方可使用，施工机械操作人员必须建立机组负责制，并依照有关规定持证上岗，禁止无证人员操作。

2）施工现场用电线路、用电设施的安装和使用必须符合安装规范和安全操作规程，严禁随意接线接电，施工现场必须有保证安全施工的夜间照明，危险潮湿场所的照明以及手持照明灯具的工作电压必须符合安全电压。

3）各种可燃保温材料不许堆放在电闸箱、电焊机和电动工具周围，防止材料长时间蓄热自燃，同时远离电线，避免线路打火引燃保温材料。

4）搅拌机上料斗提升后，斗下禁止人员通行。必须在斗下清渣时，需将升降料斗用保险链条挂牢或用木杠顶住，并停机，以免落下伤人。

5）震动器操作人员应穿胶靴、戴绝缘手套；震动器不能挂在钢筋上，湿手不能接触电源开关。

10 环保措施

（1）做好水土保持工作，对可能产生严重土壤流失的地方，覆盖处理。

（2）合理规划施工，开挖的土石及时进行维护、处理、集中堆放，及时回填，多余的土石应及时外运。

（3）设备、车辆检修、清洗作业处，一律进行硬地作业，合理布置排水。

（4）对可能产生噪声的作业，积极采用低噪声设备。

（5）认真执行环保措施，施工前做好布置，施工中认真执行。

（6）及时清理场地，垃圾集中，用填埋或外运处理。现场的设施、设备专人管理，需处理或运走的责任落实到人。

（7）禁止在施工现场焚烧油毡、橡胶、塑料、皮革、树叶、枯草以及其他会产生有毒、有害烟尘和恶臭气体的物质。

（8）禁止将有毒、有害废弃物用作土方回填。

（9）施工完毕后做到工完、料净、场地清。建筑垃圾应集中定点堆放，不随意乱倒。

（10）林区施工应统筹布局，尽量减少树木砍伐和植被破坏，落实森林防火责任。

11 效益分析

与承受相同荷载的灌注桩基础、装配式基础相比，本施工方法施工质量、精度更容易得到保证，同时对植被及冻土形态影响最小，有利于工程的环境保护。

通过对已完成的工程案例分析，合理确定预制场场址、合理配置机械设备、精干人员组织、合理安排施工工期是提高本施工方法经济效益的关键。预制桩制作批量的大小也是影响工程效益的关键因素。

12 应用实例

（1）工程概况。220kV 塔河—漠河送电线路新建工程标包Ⅰ、220kV 漠河—兴安送电线路新建工程标包Ⅱ是黑龙江省送变电工程公司近期承建的含有预制桩基础的工程。这两项工程均位于大兴安岭高寒地区，其中，220kV 塔漠送电线路工程沿线为混合冻土区，多年冻土多为岛状冻土区。220kV 漠兴送电线路工程沿线为连续多年冻土区。共同特点是河谷沼泽地区多年冻土层的厚度明显高于垄岗、山地，线路设计根据该地区冻土分布特点，预制桩基础均设置在河谷沼泽区域，为大、中型机械设备进入施工现场创造了条件。上述工程基础施工时间为 2009 年 12 月初～2010 年 3 月末，是一年中最寒冷的季节，施工期间白天气温一般在−20℃以下，夜间甚至接近−50℃，施工条件非常苛刻，预制桩制作必须在寒冷的冬季完成，并且不具备使用商品混凝土的条件。

（2）预制桩的制作与养生。

1）为保证预制桩的成品质量，制作场地专门搭设暖棚（见图 9−12−1），混凝土的搅拌、预制桩的制作（见图 9−12−2）、养生均在暖棚内进行，施工期间暖棚内的平均温度不低于 10℃，养生区的温度不低于 20℃。预制桩采用 C30 混凝土。

2）养护期间测量棚内湿度，混凝土不得有失水现象。当有失水现象时，应及时采取增湿措施或在混凝土表面洒水养护。

3）拆模时混凝土温度与环境温度差大于 20℃时，拆模后的混凝土表面应及时覆盖，使其缓慢冷却。

4）预制桩养护至设计强度 30%后拆模；养护至设计强度 70%可起吊移动；预制桩强度达到 100%可安排工地运输。上述过程均已同条件养护试块的抗压强度为准。

图 9−12−1　暖棚外景图

图 9−12−2　预制桩制作

（3）预制桩桩孔成孔。

1）桩成孔开挖尺寸线先挖出样孔，深度约 300mm。桩成孔直径等于桩径+200mm，样孔挖好应复测根开、对角线等项尺寸。

2）桩成孔要求桩端进入持力层深度不小于 600mm，成孔深度应大于桩底埋深 500mm。

3）桩孔成孔采用 TCB130/200 型风镐作为主要挖掘工具，盛土工具为橡胶吊桶，提土（或石渣）通过人力辘轳提运。

4）为了保证桩的垂直度，每挖深 1m 应校核中心位置及垂直度 1 次。

5）施工过程中，孔口设专人监护，要求孔内作业人员必须正确配戴安全帽，井下设半边安全钢筋网，井内设可靠的救生软梯。挖孔暂停施工时，井口应用盖板盖好。

6）桩孔开挖至距设计孔深尚有约 200mm 时，在其底部钉出桩孔中心桩，边挖掘边检查尺寸，直至基坑周边尺寸符合设计图纸要求为止。

7）成孔后，应将孔底虚土清理干净，及时检查成孔质量，合格后立即按设计要求向孔底填充 500mm 深的 20～50mm 粒径级配碎石，并用电动打夯机分层夯实填充的碎石，测量找平至设计孔底标高。

8）预制桩安装前，须注意做好孔洞的隔热保护。

（4）预制桩的运输与吊装。

1）由于本工程预制桩规格分别为ϕ800mm×8m、ϕ1000mm×8m、ϕ1200mm×8m，桩本体最大重量约 23t，最小重量为约 10t，预制桩的装卸、安装采用 50t 汽车吊，运输车辆采用 25t 载重汽车，车厢长度为 9.5m，前 4 后 8 轮载重汽车，重车时速控制在 10～15km/h。

2）为保护预制桩成品，方便装卸，需在运输车拖板上均匀设置 3～4 道枕木，装车时需根据垫木位置合理摆放预制桩，并用楔木对称掩牢，再通过钢丝绳和拉链葫芦将预制桩固定在运输汽车上。

3）运输期间，由于进场运输道路有积雪，预制桩运输前需在撒沙子防滑（见图 9–12–3），并将运输汽车轮胎安装防滑链（见图 9–12–4），有效地避免了运输过程中因路滑发生意外，保证了施工的安全有序进行。

图 9–12–3　道路撒沙防滑

图 9–12–4　轮胎加装防滑链

4）现场吊装采用 50t 吊车沿基础外缘逐一进行吊装。预制桩吊起约 0.8m 后，应停止起吊，立即检查绳索、桩的受力情况。确认绳索受力正常后，继续起吊，整个起吊过程中，必须保证起吊速度平缓、受力均匀。

5）当预制桩垂直吊后，将其吊至设计位置上，落钩前要复查中心线，用木楔子找正预制桩位置。

6）预制桩就位后，应及时校正桩位偏差，对于单桩偏差不大于 50mm，对于双桩偏差不大于 100mm，确认合格后，及时回填 20～50mm 级配碎石，并振捣密实。预制桩就位找正图见图 9–12–5。

（5）桩头或承台的浇制。

1）本工程各单腿采用单桩、双桩两种布局方式，双桩另设承台，桩头及承台现场浇制。

2）由于施工期间自然气温较低，桩头或承台浇制现场需搭设施工暖棚（见图 9–12–6），施工期间保证棚内温度不低于 10℃，对搅拌用水和沙子加温的同时，需控制混凝土的出罐温度不低于 10℃。

图 9–12–5　预制桩就位找正图

图 9–12–6　基础施工暖棚

3）养护时棚内温度不得低于 5℃，并应保持混凝土表面湿润。由于工期紧迫，加温养生应持续到混凝土强度达到 20N/mm^2。

4）停止加温养生后，混凝土温度与环境温度差大于 20℃时，应采取措施，使混凝土降温速度低于 10℃/h，平缓降至环境温度。

采用本典型施工方法，历经 2009 年 12 月～2010 年 3 月前后 4 个月时间，黑龙江省送变电工程公司在高纬度、高寒的大兴安岭地区顺利完成 220kV 塔漠、漠兴两项工程中的预制桩基础施工任务，工程质量满足设计要求，达到了优良级标准，并于 2010 年 4 月转入组塔施工阶段。

典型施工方法名称：湿陷性黄土地基处理灰土垫层典型施工方法

典型施工方法编号：GWGF010−2010−SD−XL

编　制　单　位：甘肃省送变电工程公司

推　荐　单　位：西北电网公司

主 要 完 成 人：李雪岩　刘玉杰　刘增胜

目　次

1 前言

在我国西北、华北地区的山区、丘陵、高原、平原、河流阶地等地貌单元均有黄土分布，其覆盖厚度从几米到几十米甚至达到近 200m。天然状态下低湿度的黄土一般具有较高的强度和较低的压缩性，但其中部分黄土（Q3、Q4 黄土及部分 Q2 黄土）具有湿陷性，这种湿陷性黄土在干燥情况下，且有较高强度和较低压缩性，遇水后在一定外力作用或在自重作用下强度骤降的一种特殊岩土。湿陷性黄土对电力工程的工程危害主要表现为铁塔基础遇水后的不均匀沉降，引起铁塔基础的倾斜、下陷，从而引起线路倾倒，危害电网安全运行，所以必须采取有效方法加以预防。

随着电网建设的快速发展，输电线路路径经过地质湿陷性黄土地区越来越多，为优质高效地完成基础工程施工任务，统一和规范灰土的施工工艺和质量，特以湿陷性黄土地基处理灰土垫层最典型施工方法 2:8 灰土垫层的处理为例，详细介绍其施工方法。

2 本典型施工方法特点

（1）对于地处湿陷性黄土地区，在以往的施工实践中，对输电线路铁塔基础湿陷性黄土地基的处理方法广泛采用了灰土垫层基础，见图 10–2–1。

（2）本典型施工方法的特点是设计、施工简便易行，费用低廉，工期短，经济效益显著。铁塔基础施工时按图 10–2–2 设置 2:8 灰土垫层，压实系数不小于 0.95（或按设计要求执行），推荐处理范围见图 10–2–2、表 10–2–1。

（3）本典型施工方法详细阐明了湿陷性黄土地基施工的工艺、方法。采用该典型施工方法可加快施工进度，保证施工安全，提高施工进度，具有普遍指导意义和推广价值，使湿陷性黄土地基施工标准化、规范化。

图 10–2–1 湿陷性黄土地质铁塔基坑

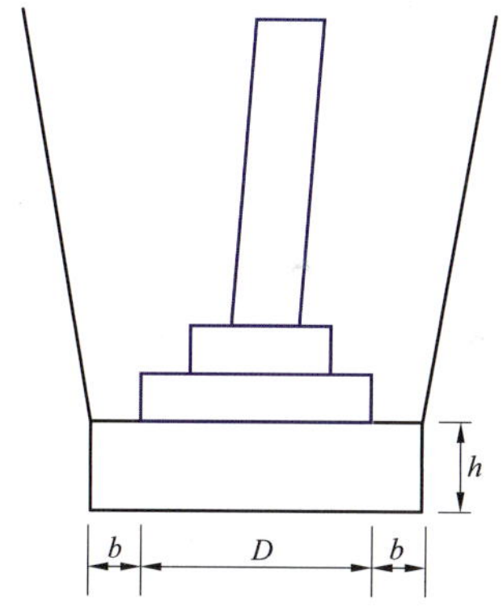

图 10–2–2 **2:8** 灰土垫层

D—基础底盘宽度，m；*b*—基础底盘加宽长度，m；*h*—基础底盘厚度，m

表 10–2–1 地基处理尺寸

塔 型	加宽长度 *b*（m）	厚度 *h*（m）	塔 型	加宽长度 *b*（m）	厚度 *h*（m）
直线塔	1.0	2.0	直线转角塔	1.5	2.5
转角塔	1.5	2.5			

3 适用范围

本典型施工方法适用于湿陷性黄土地区 35～750kV 输电线路工程铁塔基础的 2:8 灰土施工，其他灰土处理方法可参考。

4 工艺原理

湿陷性黄土在天然含水率时，往往具有较高的强度和较小的压缩性，但是水侵蚀后，水分子楔入土颗粒之间，破坏联结薄膜，并逐渐溶解盐类，同时水膜变厚，土的抗剪强度迅速降低，在土的自重力和铁塔基础附加压力作用下，结构逐渐被破坏，颗粒向大孔中移动，骨架挤紧，从而导致地基湿陷，引起上部铁塔基础的不均匀下沉。从这个破坏的过程而言，灰土施工可以通过特有的化学反应增加土壤颗粒间的附着强度，从而避免铁塔基础沉降的发生。详细的化学过程是石灰［氧化钙（生石灰）和氢氧化钙（消石灰）的统称］与土壤成分（二氧化硅或三氧化二铝以及三氧化二铁等物质结合）反应，水化后生成胶结体的硅酸钙、铝酸钙以及铁酸钙，将土壤胶结起来，使灰土有较高的强度和抗水性，灰土逐渐硬化。

5 施工工艺流程及操作要点

5.1 施工工艺流程

本典型施工方法施工工艺流程见图 10-5-1。

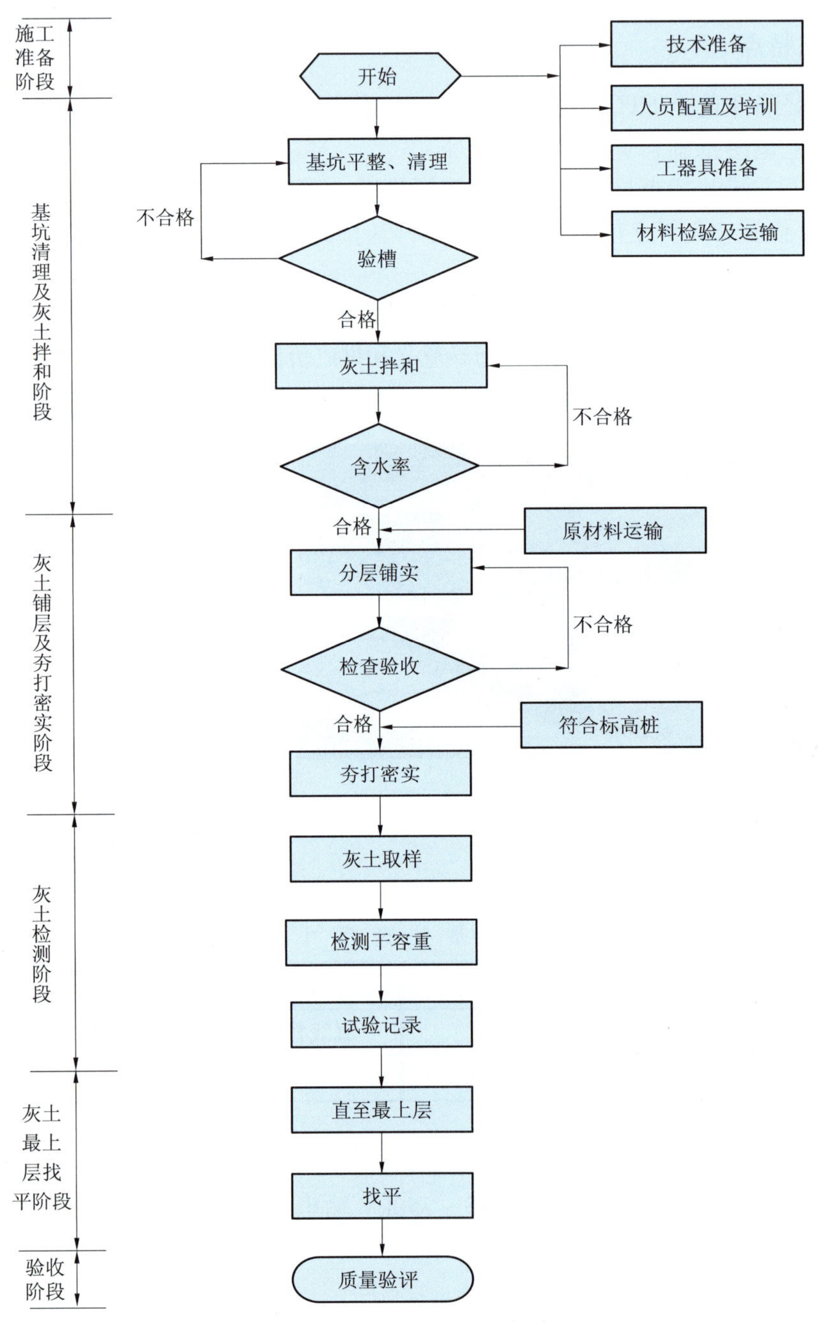

图 10-5-1　湿陷性黄土地基处理灰土垫层施工工艺流程图

5.2 操作要点

5.2.1 施工准备阶段

（1）技术准备。技术准备主要包括施工组织、安全、技术措施的编制、审批和审核，明确本施工过程的人员组、工艺流程、质量要求、安全施工要点及人身健康及环境保护和文明措施。

（2）人员配置及培训。人员培训主要是针对工艺要点，对参加施工人员进行安全、技术、质量及安全措施进行培训和交底，使施工人员素质和知识符合工艺质量要求，保证施工过程按各项要求顺利完成。

（3）工器具准备。机具准备指本工艺所涉及的各项施工机具及质检物品，包括场地文明布置所需各项物品，施工机械设备详见表 10-7-1。

（4）材料检验及运输。材料运输指本工艺过程所需灰土等材料的运输，所涉及材料质量要求详见本典型施工方法第 8 章中有关内容。在运输的过程中要注意环保及文明要求，注意采取防扬尘措施。

5.2.2 基坑清理及灰土拌和阶段

5.2.2.1 基坑平整、清理

基坑开挖时注意不要一次挖到设计深度，以防雨水汇集引起黄土湿陷。待所有材料备齐后方可进行打垫层工序。地基处理宽度和高度必须符合设计要求。清除松土，并打两遍底夯，要求平整干净。如有积水、淤泥，应排出后将坑底晾干；局部有软弱土层或孔洞，应及时挖除后用灰土分层回填夯实。

5.2.2.2 验槽

基坑在铺灰土前必须先行验槽，确保基础地质条件符合设计要求，地质条件及稳定性满足铁塔受力要求。并按设计、监理的要求办完隐检手续。为减少对原状土的扰动，基础开挖应尽量减少基坑曝露时间，避免雨水汇入。

5.2.2.3 基坑清理

进行灰土处理前，基坑底或基土表面应清理干净。特别是坑边掉下的虚土，风吹入的树叶、木屑纸片、塑料袋等垃圾杂物应清理干净，确保灰土质量。施工前，应作好水平高程的标志。在基坑边坡上每隔 200～250mm 钉上灰土上平面的标高桩。铺设灰土前，须进行验槽，合格后方能铺设灰土。基坑（槽）内应无积水。

5.2.2.4 灰土拌和

（1）土料。宜优先采用基坑中挖出的土，土内不得含有松软杂质和耕植土，土料基颗粒不应大于 15mm，现场用 15mm 筛子过筛，确保粒径的要求。拌和加土可用体积确定的推车进行，严格体积比规定，过程中注意安全防护用品的正确佩戴见图 10-5-2。

图 10-5-2　灰土的拌和——加土

（2）石灰。石灰宜采用袋装成品熟石灰。灰若以生石灰消解 3～4 天后过筛使用，其颗粒不得大于 5mm，现场用 5mm 筛子过筛，且不应夹有未熟化的生石灰块粒及其他杂质，也不得含有过多水分，灰土中石灰氧化物含量对强度的影响较大，见表 10-5-1。拌和加灰方法见图 10-5-3，过程中要注意安全防护用品的正确佩戴。

表 10-5-1　灰土中石灰氧化物含量对强度的影响

活性氧化钙含量（%）	81.74	74.59	69.49
相对强度（%）	100	74	60

（3）水。灰土拌和宜使用饮用水，无饮用水时可采用经化验合格的河溪水或清洁的池塘水。水中不得含有油脂、酸性物质，其上游亦无有害化合物流入。洒水时，宜用在水管前端安装花洒浇水，由专人

控制将水在拌和过程中均匀地洒入，切不可用漫浸方法给水。拌和加水方法见图 10–5–4。

图 10–5–3　灰土的拌和——加灰

图 10–5–4　灰土的拌和——加水

（4）拌和。在各项准备工作完成的基层上，即可展开灰土拌和作业。灰土的配合比为体积比，设计要求为 2:8。基础垫层灰土必须过标准斗，严格控制配合比。拌和时必须均匀一致，至少翻拌两次，拌和好的灰土颜色应一致。

图 10–5–5　灰土含水量现场检测方法

灰土配合比应符合设计规定，用人工翻拌，不少于 3 遍，使其达到均匀，颜色一致，并适当控制含水量，现场以手握成团，两指轻捏即散为宜，见图 10–5–5。一般最佳含水量为 13%～14%，如含水量过高或过低，则应稍晒干或洒水湿润；如有球团，应打碎，要求随拌随用。

5.2.3　灰土铺层及夯打密实阶段

每一层灰土拌和完成，检查达到最优含水量后，可人力在坑底均匀铺开，每层虚铺厚度电动打夯机时为 200～250mm，人工打夯时为 200mm。各层铺摊后均应用木耙找平，与坑边壁上预留的标高桩对应检查。

每一层灰土铺至设定厚度后，即可开展夯打密实的工序，一般采用立式或蛙式机械打夯机，夯打（压）的遍数应根据设计要求的干土质量密度确定，应不少于 3 遍。为确保灰土密实均匀，打夯时要充分注意夯夯重叠 1/3，行行相接，纵横交叉。在基坑边角处用方形夯，确保夯实有效。

灰土应当天铺填夯实，入槽（坑）灰土不得隔日打夯。夯实后的灰土 30 天内不得受水浸泡，并及时进行基础施工与基坑回填，或在灰土表面作临时性覆盖，避免日晒雨淋。雨季施工时，应采取适当防雨、排水措施，以保证灰土基槽（坑）在无积水的状态下进行。刚打完的灰土，如突然遇雨，应将松软灰土除去，并补填夯实；稍受湿的灰土可在晾干后补夯。

5.2.4 灰土检测阶段

（1）取样检测。灰土回填每层夯（压）实后，除满足外观应夯压密实，表面无松散、起皮外，还必须根据规范规定进行环刀取样，测出经夯实后的灰土的质量密度，确认含水量达到设计要求时，才能进行上一层灰土的铺摊。

（2）取样位置及数量。对每个基坑的每一层不少于 3 点检验，取样点可在基坑内随机取样。

（3）取样方法。检验时用环刀取样，具体方法是，先用铁锹将上层浮土铲掉，在本层灰土厚度下 2/3 区段，用榔头将环刀打入本层灰土，取出环刀，用刀将环刀两边的灰土铲平，即完成灰土取样，见图 10–5–6。

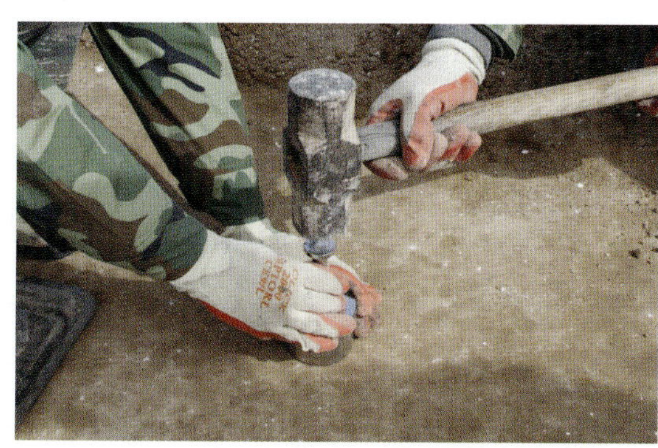

图 10–5–6 环刀取样

（4）检测。完成灰土取样后，称出环刀及灰土重；然后将灰土铲出放入炒盘内炒干后称出干灰土的重量。计算出试样干容重，合格后方可进入下一层铺垫夯实。否则，应找出原因继续夯实，直到合格为止。

检测的详细方法和原理详见本典型施工方法第 8 章中相关内容。

（5）记录。检验时应有监理工程师在场且做好原始记录，监理工程师应在原始记录上签字（2:8 灰土回填密实度原始试验记录见附件）。

5.2.5 灰土最上层找平阶段

灰土最上一层完成后，应拉线或用靠尺检查标高和平整度，超高处用铁锹铲平；低洼处应及时补打灰土，并在基础施工前进行验坑。灰土顶面标高、表面平整度，用水平仪或拉线和尺量检查。

5.2.6 验收阶段

灰土地基打完后，应及时进行混凝土浇筑，如特殊原因不能浇筑时，应临时遮盖，防止日晒雨淋，在灰土表面铺设 300～500mm 厚的素土。经监理、业主验收合格后结束本工序。

6 人员组织

施工前对全体施工人员进行安全技术交底，交底应有记录并签字齐全。对特殊作业人员，必须经培训、考试合格后，持证上岗。

一般情况下人员配置见表 10–6–1。

表 10–6–1 人 员 配 置

序号	人员配备	人数	工 作 内 容	备 注
1	工作负责人	1	负责施工现场的全面工作	
2	安全负责人	1	负责施工现场的安全工作，兼电工	有电工证
3	试验检验员	1	做试验	专业试验员
4	施工人员	10～16	打夯、拌土、洒水等工作	

7 材料与设备

灰土的配合比 2:8 指的是体积比，灰土搅拌不允许在坑下进行，灰土的计量使用刚性容器进行。

施工机械设备见表 10–7–1。

表 10–7–1 施工机械设备

序号	名　称	型号/规格	单位	数量	备　注
1	柴油发电机	7.5kW	台	1	
2	打夯机		台	2	
3	配电箱			1	
4	灰刀			2	
5	电炉	800W		1	
6	天平		架	1	带砝码，已鉴定
7	环刀			2	
8	炒土盘		个	1	
9	大改锥		把	1	平口
10	筛网	5、15mm	张	2	
11	绝缘鞋		双	4	
12	绝缘手套		双	4	
13	台秤		台	1	已鉴定
14	水桶	5kg		5	
15	塑料薄膜				覆盖基坑用

8 质量控制

8.1 土壤容重的测定

（1）目的和要求。土壤容重又叫土壤的假比重，是指土壤在自然状态下，每单位体积土壤的干重，通常用 g/cm^3 表示。土壤容重除用来计算土壤总孔隙度外，还可用于估计土壤的松紧和结构状况。

（2）内容与原理。用一定容积的钢制环刀，切割自然状态下的土壤，使土壤恰好充满环刀容积，然后称量并根据土壤自然含水量计算每单位体积的烘干土重即土壤容重。

（3）主要仪器设备。① 容积为 100cm^3 的钢质环刀；② 削土刀及小铁铲 1 把；③ 感量精度为 0.1g 及 0.01g 的粗天平各 1 架；④ 烘箱、干燥器及小铝盒等。

（4）操作方法与实验步骤。

1）在室内先称量环刀（连同底盘、垫底滤纸和顶盖）的重量，环刀容积一般为 100cm^3。

2）将已称量的环刀带至现场采样。采样前，将采样点土面铲平，去除环刀两端的盖子，再将环刀（刀口端向下）平稳压入土中，切忌左右摆动，在土柱冒出环刀上端后，用铁铲挖周围土壤，取出充满土壤的环刀，用锋利的削土刀削去环刀两端多余的土壤，使环刀内的土壤体积恰为环刀的容积。在环刀刀口一端垫上滤纸，并盖上底盖，环刀上端盖上顶盖。擦去环刀外的泥土，立即带回室内称量。

3）在紧靠环刀采样处再采土 10～15g，装入铝合带回室内测定土壤含水量。

（5）计算方法。根据以下公式计算土壤容重

$$\text{环刀内干土重（g）}=\frac{100}{100+\text{土壤含水量(\%)}}\times\text{环刀内湿土重（g）}$$

$$土壤干容重（g/cm^3）=\frac{环刀内干土重(g)}{环刀容积(100cm^3)}$$

$$土壤湿容重（g/cm^3）=\frac{环刀内湿土重(g)}{环刀容积(100cm^3)}$$

$$土壤含水量（\%）=\frac{环刀内湿土重(g)-环刀内干重(g)}{环刀内干土重(g)}\times 100$$

$$压实系数（\geqslant 94\%\sim 97\%）=\frac{土壤干容重}{土壤容重(设计测定)}\times 100\%$$

注：土壤容重根据土壤湿陷性测定，由设计单位给定，在 1.5～1.7g/cm^3 之间。

（6）规范依据。

1）JGJ 79—2002《建筑地基处理技术规范》第 4.2.6 条；

2）GB 50025—2004《湿陷性黄土地区建筑规范》第 6.2.3 条。

8.2 操作方法

对每个基坑的每一层不少于 3 点检验，取样点可在基坑内随机取样。检验时用环刀取样，取样时用铁锹将上层浮土铲掉，用榔头将环刀打入地下，取出环刀，用刀将环刀两边的灰土铲平，称出环刀及灰土重。然后将灰土铲出放入炒盘内炒干（见图 10-8-1）后称出干灰土的重量（见图 10-8-2）。此检测过程应在室内进行，并且要注意防风。计算出试样干容重，合格后方可进入下一层铺垫夯实。否则，应找出原因继续夯实，直到合格为止。

图 10-8-1 灰土放入炒盘内炒干

图 10-8-2 称出干灰土的重量

8.3 工艺要求

（1）压实后的灰土 30 天内不得受水浸泡，同时也应防止日晒雨淋，需用彩条布作临时遮盖。

（2）灰土的干密度或贯入度，应按规定分层试（检）验，其结果必须符合设计要求和施工规范的规定。

（3）雨天不宜做灰土工程，施工时严格执行施工方案中的技术措施，防止造成灰土水泡、胀裂等质量返工事故。

（4）对于基础设计有灰土防水层及散水坡的塔位施工参照上述要求进行。

9 安全措施

（1）在基坑开挖时要采取防雨淋和暴雨冲刷的安全防护措施，尤其是遇到下雨，坑口要采取覆盖措施，防止土方坍塌。

（2）施工人员上下基坑的应设专用铝合梯子或软梯等安全防护设施，确保基坑开挖过程中的安全。

（3）材料运输要修筑合理的人力运输和农用车运输道路，严禁随意破坏草皮植被。

（4）施工现场应注意安全用电，现场接线必须由专业电工操作（证件齐全）。

（5）打夯机必须使用三相四线的电源线，零线接地良好。

(6) 发电机和配电盘必须有良好可靠的接地，配电盘必须安装有空气开关和漏电保护器。

(7) 打夯人员必须穿绝缘鞋，戴绝缘手套。

(8) 灰土作业人员按要求佩戴防护面具。

10 环保措施

(1) 基坑开挖时应将上层熟土与下层生土分开堆放，回填时先回填下层生土再回填上层熟土，以保持地表层土壤的肥力。

(2) 施工后及时清理现场，尽可能恢复原状地貌，将余土和施工废弃物运出现场，做到工完、料净、场地清，现场整洁，保持原有生态。各种施工垃圾、废料应堆放在指定场所，现场执行“随做随清、随做随净”制度，必须达到一日一清、一日一净。

(3) 熟石灰应用统一的编织带装好，以便于计量和保护环境。

(4) 施工现场应用彩条布设置围挡，防止白灰和土污染周围环境。

11 效益分析

2:8 灰土垫层具有强度有保障、水稳定性好和抗渗性好的特点，西北地区地处湿陷性黄土地区，在以往的施工实践中，对输电线路铁塔基础湿陷性黄土地基处理方法，广泛采用了灰土垫层基础。该典型施工方法具有设计、施工简便易行，费用低廉，工期短，经济效益显著，施工工艺简单，取材容易的特点，因此被广泛的应用。

12 应用实例

12.1 实例 1：750kV 官亭—兰州东输电线路工程 2 标段

由甘肃送变电工程公司承建的 750kV 官亭—兰州东输电线路工程 2 标段，地处黄土高原西部边缘地区，根据地质条件，工程设计选用 2:8 灰土垫层结合表层冲压的灰土防水方法进行地基处理，共设计有 2:8 灰土垫层地基处理 38 基，共计 5392m^3。施工时间为 2004 年 8 月 30 日～2004 年 10 月 17 日。该工程一回于 2005 年投运，已运行 6 年。经过回访，反馈结果为 750kV 官亭—兰州东输电线路铁塔及基础运行状况良好，基础未受任何损坏。充分证明了该基础型式的可靠性较高，能经受大自然的严峻考验。

12.2 实例 2：330kV 平凉电厂送出到 330kV 兰州东输电线路工程

由 330kV 平凉电厂送出到 330kV 兰州东输电线路工程，采用 2:8 灰土垫层结合表层冲压的灰土防水方法进行地基处理，共设计 2:8 灰土垫层地基处理 108 基。该工程于 2000 年投运，目前铁塔及基础运行状况良好。

附件

2:8 灰土回填密实度原始试验记录

建设单位：　　　　施工单位：　　　　试验日期：　　年　　月　　日　　试验编号：

工程名称				施工单位				土样类别		2:8灰土	设计要求	≥0.95
施工日期	标高（m）	深度（cm）	编号	含水率（%）				湿容重（g/cm^3）			干容重（g/cm^3）	压实系数
				盒重	湿土	干土	含水率	环刀/湿土重	环刀重	湿容重		
			1	实测值	实测值	烘干后	求值	实测值	实测值	求值		≥0.95
			2									
			3									
			4									
			5									
			6									
			7									
			8									
			9									
			10									
			11									
			12									
取样位置，标高示意图 注：标高为相对中心桩高度。	取样腿：　　腿 标高： m　m　m　m　m　m　m　m　m　m　m											

监理：　　　　专职质检员：　　　　施工负责人：　　　　检查人：

典型施工方法名称：内悬浮双摇臂内拉线抱杆分解组塔典型施工方法

典型施工方法编号：GWGF011-2010-SD-XL

编制单位：安徽送变电工程公司

推荐单位：安徽省电力公司

主要完成人：薛慧君　黄成云　陈永贵

目　次

1 前言

在送电线路杆塔分解组立施工中，较早使用落地式冲天抱杆组塔，由于电压等级的提高，杆塔结构发生了变化，杆塔根开尺寸越来越大，杆塔高度也越来越高。导致落地式冲天抱杆组塔施工不能适应新情况的需要，经过对落地式冲天抱杆不断改进，发展到使用内悬浮双摇臂内拉线抱杆分解组塔施工，其发展过程大致有如下四个阶段：

第一阶段利用外拉线落地式冲天抱杆组塔施工。其特点是抱杆落地稳定，拉线端头锚固在地面，施工操作方便；

第二阶段利用外拉线落地式双摇臂抱杆组塔施工。其特点是使根开大的铁塔在进行吊装时，减少留绳力量，可不需设置控制留绳或减少留绳人员数量；

第三阶段利用外拉线内悬浮双摇臂抱杆组塔施工。与落地抱杆相比其特点是能减少大量的抱杆运输工作量，可明显节约抱杆工器具使用数量和施工费用；

第四阶段利用内悬浮双摇臂内拉线抱杆组塔施工。其特点是对于高度在 100m 及以上的杆塔采用内拉线组塔，拉线长度明显缩短，拉线端头固定在塔上操作，施工方便，四根拉线受力也容易调整均匀。

安徽送变电工程公司在杆塔组立吊装施工方法上经过多年的不断摸索、改进，目前形成 2×8t 内悬浮双摇臂内拉线抱杆组塔施工方法，经多个工程使用后证明本套抱杆各项功能满足施工需要，使用效果理想，并且在工程实践中总结整理出一套行之有效的作业标准和施工方法。

安徽送变电工程公司采用内悬浮双摇臂内拉线抱杆分解组塔施工方法，顺利完成 500kV 潜咸线长江大跨越、500kV 淮蚌线蚌埠大跨越、500kV 淮六线凤台大跨越、±800kV 向上线新吉阳大跨越等工程跨越塔组立吊装施工。

2006 年 1 月，该典型施工方法关键技术通过中华人民共和国建设部组织的审定，获得国家级工法，获奖证书名称为《500kV 大跨越工程特殊立塔及架线施工工法》，证书编号为 YJGF90−2004。

2 本典型施工方法特点

（1）本典型施工方法中采用内拉线施工时不需设置地面拉线地锚，受现场地形条件限制小，减少施工现场青苗损失，减少土方开挖量和水土流失，对保护环境具有重要意义；

（2）本典型施工方法中悬浮抱杆与落地抱杆相比可明显减少抱杆长度节约工器具制造成本，减少工器具运输和安装成本，提高施工效率，减少工器具运输过程中的安全风险；

（3）本典型施工方法中双摇臂吊装塔片（材）留绳力量较小，可以减少吊装留绳控制人员数量，提高吊装工作效率，减少塔片在起吊过程中与已组立塔材碰撞的机会；

（4）本典型施工方法对 100m 及以上的杆塔组立施工具有提高安全保障的可靠性，提高杆塔组立施工工艺质量，减少质量通病。

3 适用范围

本典型施工方法适用 100m 及以上的杆塔组立吊装施工，对于现场环境复杂、地形受限制的杆塔组立施工具有很好的应用前景。

4 工艺原理

（1）本典型施工方法是将抱杆悬浮于塔身内，采用四根（组）承托绳支撑抱杆承受的下压力，在抱杆顶部安置四根（组）拉线，拉线下端固定在已组立杆塔的节点处来保证抱杆的稳定；

（2）抱杆上部设置两副摇臂，通过滑车组和抱杆底部动力系统实现摇臂变幅，工作幅度 2～19m，通过动力系统摇臂可在平面内作±135° 旋转，能够实现吊装作业面的全覆盖；

（3）摇臂端部安装起重滑车，起吊钢丝绳通过起重滑车沿抱杆转至地面进行吊装塔片；

（4）四组提升滑车组引至地面后，由 4 变 2、2 变 1，再经滑轮组入卷扬机能够平稳将抱杆提升；

(5) 电气驱动通过电气集控柜集中控制，将起重、调幅、抱杆提升、回转驱动四组控制系统集中在一起，任一时刻只能一组工作，两台起重卷扬机及两台调幅卷扬机不得同时反向运转，能够有效防止误操作；

(6) 抱杆起吊系统为走三走二滑车组，能够保证起吊运行稳定，卷扬机尾部设过载保护，能够有效保证安全施工。

内悬浮双摇臂内拉线抱杆吊装原理示意图见图 11-4-1。

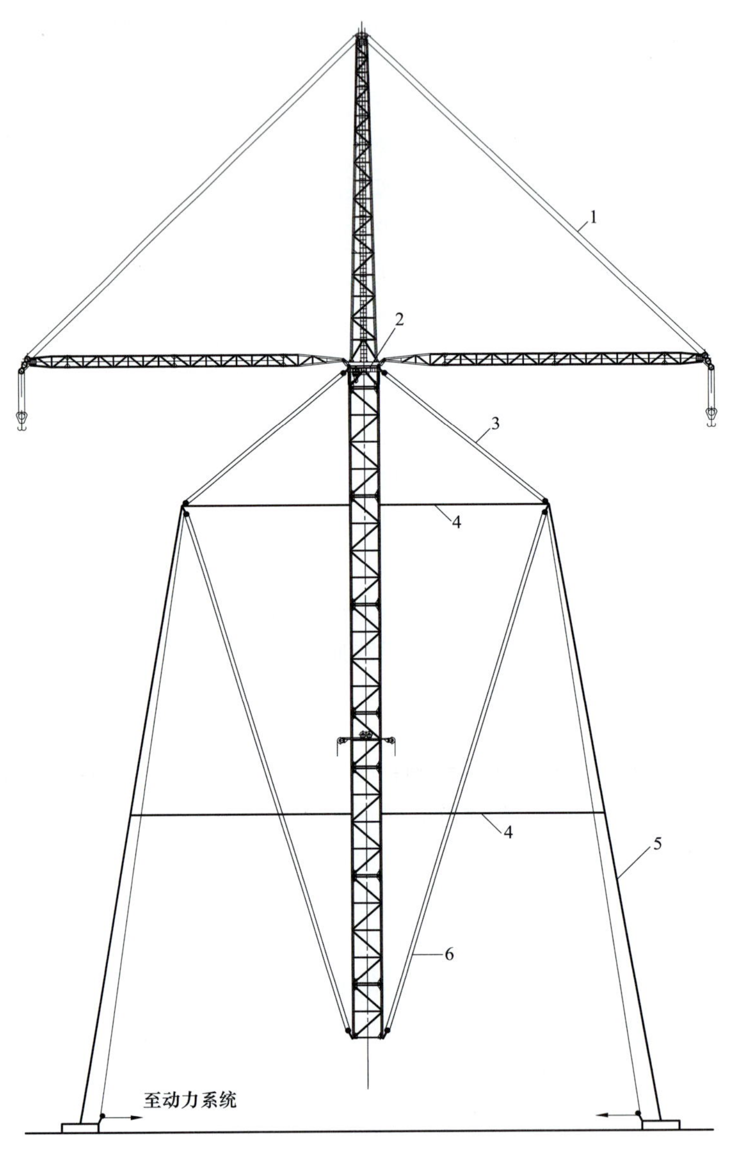

图 11-4-1 内悬浮双摇臂内拉线抱杆吊装原理示意图

1—变幅；2—回转支承；3—拉线；4—腰环；5—铁塔主材；6—承托绳

5 施工工艺流程及操作要点

5.1 施工工艺流程

本典型施工方法施工工艺流程见图 11-5-1。

5.2 操作要点

5.2.1 施工准备

(1) 实地查看塔位现场的交通运输道路条件、地形和地质情况，以及塔位附近有无影响立塔安全的障碍物；

（2）测量复核线路方向和基础相关尺寸；

（3）开工前组织施工队所有施工人员进行安全、技术交底，确保施工人员对规程规范、设计图纸、施工措施充分理解，交底人员经考试合格后才允许上岗；

（4）工器具规格、型号和数量满足施工需要。

5.2.1.1 工地运输

（1）根据道路情况和现场资源情况，确定合理的运输方式；

（2）运输前须认真踏勘现场道路情况，对不满足要求的道路必须进行修整；

（3）塔材运输拆包前先检查塔材加工质量、塔材每包重量情况，工器具运输前须检查工器具规格、型号符合施工要求，并根据现场条件确定运输方式；

（4）运输过程中须采取可靠方法保证材料、工器具完好，严禁在地面拖拽、摔砸；

（5）塔材、工器具现场堆放应设置区域管理，现场堆放整齐、标识清楚。

5.2.1.2 工器具检查

（1）对抱杆等主要受力工器具应进行力学测试和外观检查，并有试验结果记录，经检测合格后方可使用；

（2）抱杆各部件应齐全、完好，严禁使用存在变形、焊缝开裂、严重锈蚀、角钢弯曲等缺陷的部件；

（3）抱杆摇臂等的连接轴销应使用专用轴销；

（4）起重滑车保证转动灵活，吊钩或吊环变形、轮缘破坏、转轴磨损的严禁使用；

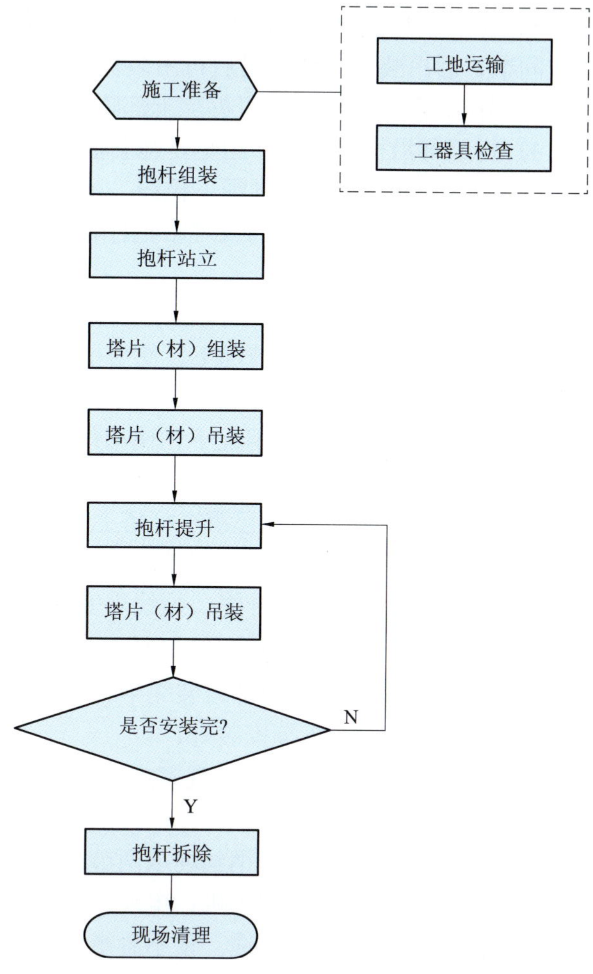

图 11-5-1 内悬浮双摇臂内拉线抱杆分解组塔施工工艺流程图

（5）高空使用的滑车必须采用吊环式，吊钩式滑车必须有封口保险销扣；

（6）钢丝绳插接及损伤情况严格按 DL 5009.2—2004《电力建设安全工作规程 第 2 部分：架空电力线路》相关要求处理；

（7）卸扣 U 型环变形或销子螺纹损坏的严禁使用；

（8）牵引动力设备状态良好。

5.2.2 抱杆组装

（1）抱杆 36m 杆身标准节，由下至上按次序进行组装。然后组装回转体，最后再组装桅杆及两侧摇臂。

（2）连接抱杆的螺栓规格、型号应符合要求，螺栓安装数量应齐全，紧固符合要求。

（3）抱杆一次组装高度应符合规定要求。

（4）抱杆组装好后弯曲不得超标。

（5）抱杆摇臂与抱杆身连接的专用轴销安装符合规定要求。

（6）与抱杆连接的拉线和承托绳连接可靠。

5.2.3 抱杆站立

抱杆站立吊装有 2 种方法，具体如下：

（1）全部采用吊车进行抱杆吊装。

1）在方便抱杆提升的情况下，使用吊车将杆塔下面几段安装好；

2）抱杆吊装前应将抱杆设备节、标准节、回转体、桅杆、摇臂、起吊滑车及起吊钢丝绳等准备好；

3）在吊车吨位满足要求的情况下，全部使用吊车组立抱杆，先吊装抱杆最下端设备节，再吊装抱杆中间节，后吊装回转体，最后再吊装桅杆及两侧摇臂，每吊装完一节，需在抱杆顶部四角打上临时拉线，上部拉线设置找正后方可拆除下部临时拉线，拉线设在已组立杆塔上，将抱杆组装完毕；

4）将摇臂沿桅杆收起，用钢丝绳套固定在桅杆上；

5）将承托绳、抱杆提升绳、拉线、吊点绳等安装好；

6）抱杆站立后，用经纬仪观察抱杆在对角线方向的倾斜，用拉线调整抱杆，使其竖直，然后固定好拉线，拉线应受力均匀。

（2）采用吊车和卷扬机组合进行抱杆吊装。

1）在方便抱杆提升的情况下，使用吊车将杆塔下面几段安装好；

2）抱杆吊装前应将抱杆设备节、标准节、回转体、桅杆、摇臂、起吊滑车及起吊钢丝绳等准备好；

3）在吊车吨位不够的情况下，使用吊车组装抱杆上部，先吊装合适高度的抱杆中间节，再吊装回转体和桅杆及两侧摇臂，每吊装完一节，需在抱杆顶部四角打上临时拉线，上部拉线设置找正后方可拆除下部临时拉线，拉线设在已组立杆塔上；

4）将摇臂沿桅杆收起，用钢丝绳套固定在桅杆上；

5）将承托绳、抱杆提升绳、拉线等安装好；

6）使用卷扬机提升抱杆到合适高度，在地面安装一节抱杆标准节，再提升抱杆安装下一节抱杆标准节，如此反复，将抱杆全部组装完毕；

7）将吊点绳、滑车等安装好；

8）抱杆站立后，用经纬仪观察抱杆在对角线方向的倾斜，用拉线调整抱杆，使其竖直，然后固定好拉线，拉线应受力均匀。

需要注意的问题：起吊钢丝绳从两节杆身内部穿过后，在抱杆中部的3m杆身走绳架穿过滑轮引出杆身，经地面转向进起吊卷扬机；电缆、变幅钢丝绳均在杆身内部走，各钢丝绳、电缆应理顺呈松弛，以站立抱杆及提升抱杆时各缆、索不碍事为原则。

5.2.4 塔片（材）组装

（1）组装前对塔材进行外观检查，不符合要求的材料不得组装，并做好现场记录；

（2）组装前应根据塔型结构图仔细地分段核对塔材，仔细核对不同呼高塔型的各种接腿及塔身组合情况，并根据塔片重量确定组装成片或散件；

（3）螺栓应逐个紧固，拧紧程度需符合规范要求，防卸螺栓的防卸销安装到位，扣紧螺母安装齐全，螺栓工艺要求应符合规定要求；

（4）塔腿段组立完毕后，及时将接地线临时装上，并将所有的地脚螺栓帽补齐、紧固和铆固；

（5）分清各段塔材工令号和安装方向，严禁强行组装；

（6）下段塔身组立好后，在起吊上段塔材前应将关键部位螺栓全部紧固合格。

5.2.5 塔片（材）吊装

（1）分解组塔时，基础混凝土强度应大于或等于设计强度的70%；

（2）根据塔材重量，吊装方式可选用分段吊装、单根吊装，对于横担在不超重的情况下可选用整体吊装，见图11-5-2；

（3）根据型塔结构和重量不同，可采用分前后两片或分段的方式进行吊装；

（4）塔片吊点应选在两侧主材节点处，距塔片上段距离不大于该片高度的1/3处，吊点位置根开较大或辅材较弱的吊片，须采用适当的补强措施，见图11-5-3；

（5）吊点绳宜使用吊装带，如用钢丝绳，则钢丝绳与塔材接触处须用麻袋片等软物衬垫；

（6）吊装需设留绳控制，避免吊件与塔身相碰，吊件吊离地面后，在不碰撞已装好塔身的条件下，应尽量靠近塔身；

（7）正常起吊应采用两侧平衡起吊，如单侧起吊，另一侧吊绳应收紧以代替平衡；

（8）吊片就位应先就低侧，后就高侧，人员应相互配合，服从指挥，严禁强拉就位。

(a)

(b)

(c)

图 11-5-2　塔片（材）吊装

（a）单根吊装；（b）导线横担分段吊装；（c）地线横担整体吊装

5.2.6　抱杆提升

（1）抱杆提升前，须将已组立塔段的横隔材装齐，螺栓紧固；

（2）抱杆提升前，先设置 2 道腰箍，腰箍间隔 10m 以上，然后将内拉线松开，内拉线下端挂在已组立塔段上部主材节点处，连接腰箍的钢丝绳不得压在内拉线上；

图 11-5-3　吊片补强

(3) 每次提升抱杆前先将原内拉线系统移至已组装好塔段的上部主材节点上，提升时拉线应呈松弛状态，但不失去控制；

(4) 抱杆提升时随着抱杆上升，现场应设专人随时观察横、顺线路方向抱杆的倾斜，拉线控制人员应及时调整抱杆倾斜方向与角度；

图 11-5-4 承托绳与塔身采用专用承托挂板连接

(5) 提升滑车对角布置在塔身对应主材的节点位置，滑车悬挂高度应保证能在抱杆提升后，提升绳与抱杆铅垂线夹角不大于 30°，提升完毕后通过链条葫芦均匀收紧内拉线，使抱杆竖直；

(6) 抱杆提升完毕，重新在杆塔的上端接点处设置承托绳，承托绳与塔身宜采用专用承托挂板连接，见图 11-5-4；

(7) 承托绳固定好后，恢复拉线调节装置，拆除腰箍，调整拉线使抱杆竖直，拉线重新设置在杆塔组立的上端接点处，拉线与塔身连接宜采用专用挂板，如用钢丝绳必须在塔身处用软物垫衬。

5.2.7 抱杆拆除

杆塔吊装组立完成后即可进行抱杆的拆除工作，抱杆的拆除过程为提升的逆过程，抱杆的拆除顺序为：拆除吊钩→拆除变幅钢丝绳→拆除摇臂→拆除起吊钢丝绳→拆除抱杆杆身。具体步骤方法如下：

(1) 利用起吊卷扬机将吊钩松至地面；

(2) 吊钩拆除后，利用起吊钢丝绳拆除变幅钢丝绳；

(3) 利用起吊钢丝绳把抱杆两摇臂缓慢降落至地面，在地面逐节拆除抱杆摇臂；

(4) 利用提升抱杆滑车组及抱杆拉线降落抱杆，利用两根起吊钢丝绳分别固定在待拆抱杆节的顶部，拆除抱杆节连接螺栓，指挥地面两台卷扬机同步松让使抱杆节落至地面；

(5) 当抱杆拆到回转体部分时，利用起吊钢丝绳和两台卷扬机同步松让使桅杆落至地面后拆除；

(6) 被拆除抱杆和桅杆底部需设置一根ϕ16mm 锦纶绳留绳，用于控制抱杆和桅杆倾斜情况以免碰挂塔材。

5.2.8 现场清理

(1) 杆塔组立完成后，及时清理施工现场垃圾，回填开挖基坑，恢复施工现场环境原貌；

(2) 清理工器具上的泥土，并进行简单保养；

(3) 对损坏的工器具要分类堆放，并做好明显的识别记录；

(4) 对损坏的材料要收集整理和回收，并做好统计。

6 人员组织

杆塔组立应根据工程量和作业条件合理安排施工，做到人员及时间的充分利用。施工队人员配置应符合表 11-6-1 的要求（不少于表 11-6-1 中人数）。

表 11-6-1 施工队人员配置

序号	岗 位	数量（人）	岗 位 职 责
1	施工队长	1	负责杆塔施工全面工作，现场组织协调、工器具准备、物资供应计划，安全、质量、进度控制以及对外联系等
2	施工副队长	2	负责杆塔组立现场施工安排，督促施工人员安全、文明施工，协助队长工作
3	安全员	1	制止和纠正违章作业行为，负责对立塔现场布置和工器具的检查，做好施工现场的安全监护工作

续表

序号	岗　位	数量（人）	岗　位　职　责
4	技术质量员	2	负责施工过程的质量控制，督促施工人员按照质量标准、相关技术规程和技术措施施工，对施工现场可能造成质量缺陷提出控制措施，负责抱杆及杆塔结构倾斜的测量
5	机械操作	5	严格按操作规程进行操作，定期对机械进行保养和检查，严格执行现场指挥的各项指令
6	材机员	1	保证材料机具的规格型号满足施工需要，做好物资领退流水账，台账准确、清晰、规范，账、卡、物相符
7	塔上作业	24	严格按照作业指导书、措施等文件的要求进行施工，服从现场指挥的工作安排，塔上作业人员之间互相配合
8	地面作业	10	严格按照作业指导书、措施等文件的要求进行施工，尽可能减少塔上作业人员工作量，协助现场指挥工作
9	普工	30	了解现场施工危险点，熟悉作业流程，做好自己本职工作

7　材料与设备

本典型施工方法以□1650mm×56m 抱杆组立±800kV 向上线新吉阳长江大跨越工程跨越塔组立施工为例统计材料与设备。

（1）主要工器具及材料。主要工器具及材料见表 11-7-1。

表 11-7-1　　主要工器具及材料

序号	名　称		规　格	数量	单位	备　注
1	抱杆系统	抱杆	2×8t	1	套	含变幅卷扬机、控制柜
2	变幅系统	四轮滑车组	15t	2	套	走三走四
3	拉线系统	四轮滑车组	20t	4	套	抱杆拉线，走三走四
4	抱杆提升系统	三轮滑车组	10t	4	套	走三走三
5		卷扬机	3t	1	台	抱杆提升
6		超载自停传感器		1	套	含连接板
7	抱杆承托系统	四轮滑车	20t	8	只	走三走四
8	起吊系统	起吊钢丝绳		2	根	
9		吊钩	10t	2	只	
10		卷扬机	3t	2	台	
11		超载自停传感器		2	只	
12		主材吊点件	各种螺栓规格	8	只	加工
13	腰箍系统	腰环		4	副	特殊加工
14		钢丝绳头	ϕ15.5mm×250m	16	根	一头插套
15		手扳葫芦	6t	16	只	
16		卸扣	DG-6	28	只	
17	其他	吊车		2	辆	
18		侧铲车		1	辆	

续表

序号	名　称		规　格	数量	单位	备　注
19	其他	经纬仪		3	台	配架
20		塔尺	5m	1	根	
21		钢卷尺	30m	2	把	
22		风力风向仪	DEM6	1	台	
23		避雷针电缆	$25mm^2$	58	m	短接抱杆
24		紧急逃生缓降器	RMJ–M1	2	套	
25		钢绞线	GJ–50	1400	m	材料，水平拉索用
26		楔型线夹	NX–2	48	只	材料，水平拉索用
27		UT 线夹	NUT–2	48	只	材料，水平拉索用

（2）抱杆系统说明

1）抱杆技术参数。抱杆技术参数见表 11–7–2。

表 11–7–2　　抱 杆 技 术 参 数

杆身高（m）	桅杆高（m）	摇臂长（m）	旋转角（°）	自重（t）	最大载荷（t）	不平衡力矩（t·m）
38	18	18	单面 135	22.5	2×8	70

2）抱杆杆身。该支座式摇臂抱杆摇臂及以上部分通过平面回转支承与杆身连在一起，杆身高 38m（包括回转体部分），断面为□1.65m，一般节长为 6m，中间及底部节长稍有变化，底节与悬浮抱杆承托件连接。摇臂以上部分的桅杆高 18m。

3）抱杆摇臂。抱杆有两个摇臂，每臂长 18m，断面为□0.683m，每臂平伸时起吊重为 8t，为使吊件就位，摇臂可变幅，工作幅度 2～19m；摇臂通过平面回转支承可旋转，考虑到引下钢丝绳的扭力，摇臂限作±135°以内旋转，双摇臂已可全方位覆盖。旋转动力为电动，通过电缆由地面控制。

4）抱杆变幅系统。采用 15t 走三走四滑车组控制，引下钢丝绳从抱杆中心至坐落在抱杆底部节的卷扬机上。

5）抱杆起吊系统。为 10t 走三走二滑车组，引下钢丝绳从摇臂内经回转支承转向，再从抱杆内至杆身中间的走绳架转出抱杆至地面卷扬机。卷扬机尾部设过载保护。

6）抱杆拉线系统。抱杆上拉线为 20t 走三走四滑车组，拴在已立塔上，尾绳引到地面，用链条葫芦收紧。钢丝绳用钢卡子在各塔腿基础预埋件上锚固。

7）抱杆腰箍。抱杆设两道腰箍，用钢丝绳和转向滑车及链条葫芦在地面固定调整。

8）悬浮抱杆承托系统。悬浮抱杆承托件上设有提升板，每角设 2 套 3 串滑车，提升抱杆时用 10t 走三走三滑车组，尾绳引到地面，在地面经 4 变 2、2 变 1 后经 10t 走二走三滑车组提升。抱杆提升到位后的承托采用 20t 走三走四滑车组承托。

9）抱杆驱动装置。共 5 台卷扬机和 1 台回转驱动电机，分别为：

a. 起重卷扬机 2 台。额定拉力 3t，见图 11–7–1。

b. 调幅卷扬机 2 台。额定拉力 3t，滑轮组为走三走四。

c. 抱杆提升卷扬机 1 台。额定拉力 3t，抱杆提升 3 串为走三走四，经 4 变 2、2 变 1 再经滑轮组入卷扬机。

d. 回转驱动 1 台。配液力耦合器。

10）电气集控。电气驱动通过电气集控柜集中控制，见图 11–7–2。电气集控柜分为起重、调幅、抱杆提升、回转驱动4组，任一时刻只能1组工作，2台起重卷扬机及2台调幅卷扬机不得同时反向运转。所有电动机均设有过流保护装置，除调幅卷扬机、回转驱动电机外还设有可调式超载自停保护装置。线绕电机串电阻启动，用万能转换开关（或时间继电器）通过交流接触器切除。所有电气驱动均由专人操作，专人维护。抱杆顶部设有警航灯，其供电为独立回路，并有备用电源。

图 11-7-1　起重卷扬机

图 11-7-2　电气集控柜

8　质量控制

8.1　本典型施工方法依据的主要规程、规范

GB 50233—2005　110～500kV 架空送电线路施工及验收规范

GB 50389—2006　750kV 架空送电线路施工及验收规范

DL/T 5342—2006　750kV 架空送电线路铁塔组立施工工艺导则

Q/GDW 153—2006　1000kV 架空送电线路施工及验收规范

Q/GDW 155—2006　1000kV 架空送电线路铁塔组立施工工艺导则

Q/GDW 225—2008　±800kV 架空送电线路施工及验收规范

8.2　本典型施工方法主要质量要求

（1）施工前应熟悉设计文件和图纸，严格按设计图纸要求进行组装。

（2）角钢面朝向的安装应符合设计要求，螺栓穿向符合规定要求。

（3）组装前对塔材进行外观检查，对严重脱锌、材质差、错孔、多孔的材料不得组装。

（4）分片吊装时，塔片在将要离开地面时应采取可靠措施防止塔片变形。

（5）分段吊装时，对于塔段较重的吊装应验算强度符合要求后才可进行分段吊装。

（6）分段吊装时，应在地面对塔段就位尺寸进行复核，符合要求后才可进行起吊，避免强行就位现象发生，见图11-8-1。

图 11-8-1　调整就位尺寸

（7）所有钢绳等硬质工器具严禁直接与塔材接触受力，受力点应衬垫麻袋片等软物，防止塔材镀锌层磨损，防止塔材变形。

（8）承托绳与塔材连接宜设置专用挂板，避免钢丝绳磨损塔材镀锌层。

（9）为螺栓有滑牙或螺母棱角磨损过大时必须更换，防卸螺栓的防卸装置应安装到位，扣紧螺母安装齐全。

（10）螺栓紧固力矩应符合设计要求，对于设计未说明的应符合表11-8-1的要求。

表 11-8-1 螺栓紧固力矩值

螺栓规格	扭矩值 (N·m)	推荐力矩扳手长 (m)	螺栓规格	扭矩值 (N·m)	推荐力矩扳手长 (m)
M12	40	—	M36	540	0.6
M16	80	—	M39	660	0.7
M20	100	—	M42	760	0.8
M24	250	0.4	M48	760	0.8
M27	300	0.4	M52	760	0.8
M30	420	0.5	M56	760	0.8

(11) 每段铁塔吊装完毕应及时将螺栓紧固，下一段螺栓未紧固时严禁吊装上一段塔材；螺栓安装紧固时，先四周对称装，再跳花装；8.8 级高强度螺栓需经过组立后初拧、架线前终拧两个阶段。

(12) 单帽螺栓出扣不少于 2 扣，双帽螺栓至少要平扣，螺栓螺纹不得进入剪切面。

(13) 螺杆应与构件面垂直，螺栓头平面与构件间不应有空隙，交叉处有空隙的，应装设相应厚度的垫片，同部位螺栓长度不得有长短不一的现象；塔身脚钉弯钩与主材准线平行。

(14) 每吊装 20～30m 高度检测一次杆塔倾斜情况，如发现超标应及时查出原因，消除缺陷后才可继续施工。杆塔组立完成后，还需复核结构尺寸，确保误差在允许范围内。

9 安全措施

对内悬浮双摇臂内拉线抱杆分解组塔施工危险点、危险源进行分析辨识，并提出预控措施，编制安全可靠的施工技术专项措施，施工前对作业人员进行培训和交底。具体控制措施如下：

(1) 本典型施工方法要求施工人员技能素质高，施工过程施工人员必须严格按作业指导书规定的要求进行操作。

(2) 抱杆使用组装前应详细检查，损坏、变形的抱杆节及工器具不得使用，工器具和材料在运输、堆放和施工要注意防滑、防坠落措施。

(3) 用侧叉车移运塔材时，运输道路上应垫钢板，避免下沉。侧叉车装载钢管时，必须找准重心位置，以免钢管翻身，在运输过程中，应将钢管用道木掩实。

(4) 运至现场的塔材必须按顺序分段分开堆放，以利地面对料组装，组装场地必须用道木支垫操平，组装上下层塔材时，必须将上层塔材临时固定可靠，防止倒落伤人。

(5) 进入施工现场人员须正确佩戴安全帽，非施工人员不得进入作业范围内，所有施工人员严禁在高空作业坠落半径范围内逗留。

图 11-9-1 试吊检查

(6) 杆、滑车、钢丝绳、电机以及电器设备必须定期进行检查、维护和保养，地锚在开挖和受力时都必须有专人进行检查和看护。

(7) 卷扬机设备采用电气控制系统集中控制，单人操作，专人监督。

(8) 作业时，都要先作试吊，把重物吊起离地面 50～100mm 试验制动器是否可靠，吊点位置是否合适，见图 11-9-1；在重载时还要在试吊中检查支腿是否牢靠。

(9) 单次起吊重量不超过抱杆允许起吊重量，两侧应平衡起吊。

(10) 吊装必须连续作业，抱杆不得带负荷过夜；高处作业人员应将到位的塔段或塔材及时装上，严禁吊件在空中过夜或浮搁在塔上。

(11) 上部结构尺寸较小，承托绳与抱杆夹角较小时，在抱杆底部应设置防止抱杆晃动的控制绳，见图 11–9–2。

（12）面拉线、承托绳、起吊绳等绳头较多，因此每根绳要做明显的标志，见图 11–9–3。

图 11–9–2　设置晃动控制绳

图 11–9–3　绳头做标志

（13）抱杆从塔顶部下降至地面及拆除抱杆过程中，要防止抱杆与塔身相碰，避免抱杆损坏、变形。

（14）作业保证同时使用安全带和安全绳作为二道保护，规范使用速差自锁器，严格执行 100%防高坠措施。

（15）人员所用工具和材料应放在工具袋内或用绳索系牢，上下传递物件要用绳索吊送，严禁抛掷，铁件及工器具严禁浮搁在杆塔上，避免上下交叉作业。

（16）杆吊装塔材过程中应调整好摇臂与抱杆的方向，防止摇臂存在扭转受力。

（17）抱杆起吊塔材过程中应有专人检查抱杆倾斜情况，防止抱杆倾斜超标。

（18）立完铁塔下段后，必须及时将接地引下线临时连接。

（19）施工过程中应有专人控制起吊绳、承托绳、拉线绳、提升绳、腰箍绳单头，防止绳头脱落造成意外事故发生。

（20）在刚要离地、就位时和两侧变幅不一致等情况时容易造成抱杆存在不平衡力矩，因此这些过程需要特别注意，避免抱杆产生不平衡力矩。

（21）事宜应严格按 DL 5009.2—2004《电力建设安全工作规程　第 2 部分：架空电力线路》、《国家电网公司电力建设安全健康与环境管理工作规定》（国家电网工［2003］168 号）及《国家电网公司输变电工程达标投产考核办法（2005 版）》执行。

10　环保措施

（1）严格遵守国家和地方政府下发的有关环境保护的法律、法规和规章，加强对施工燃油、工程材料、设备、废水、生产生活垃圾、弃渣的控制和治理，遵守防火及废弃物处理的规章制度，做好交通疏导，充分满足便民要求，随时接受相关单位的监督检查；

（2）将施工场地和作业限制在工程建设允许的范围内，合理布置、规范围挡，做到标牌清楚、齐全，各种标识醒目，施工场地整洁；

（3）对施工中可能影响到的各种公共设施制订可靠的防止损坏和移位的措施，加强实施中的监测和验证；

（4）弃渣及其他工程废弃物按工程建设指定的地点和制订的方案进行合理堆放和处置；

（5）合理进行现场布置和科学组织施工，减少材料工器具运输、现场组装和杆塔组立等占地面积，减少施工过程中现场开挖和青苗毁损；

（6）林区施工严格杜绝明火，防止火灾发生。

11　效益分析

本典型施工方法减少抱杆长度，减少工器具制造成本，减少施工运输、安装成本，提高施工效率，减少安全隐患，提高杆塔组立安装工艺水平；同时不需设置地面拉线地锚，减少土石方开挖量，减少水土流失，具有较好的环境保护效果和较好的社会效益。

以一般跨越工程组立高度 150m、重量 500t 的铁塔施工为例，对采用内悬浮双摇臂内拉线抱杆分解与采用落地式外拉线抱杆两种不同施工方法的直接效益进行分析对比（施工人员数量按 70 人计），对比情况见表 11–11–1。

表 11–11–1　　两种不同施工方法的直接效益分析对比

施工方法	工器具运输工日（个）	抱杆长度（m）	杆塔组立时间（天）	青苗损毁面积（亩）
内悬浮双摇臂内拉线抱杆施工方法	30	56	25	12
落地式外拉线抱杆施工方法	50	160	30	18
节约比例（%）	67	186	20	50

12 应用实例

12.1 实例 1：500kV 潜咸线长江大跨越

施工时间：2005 年 9～11 月。

施工地点：湖北省咸宁市。

共有 2 基 KT 型跨越塔，塔高均为 203.7m，应用内悬浮双摇臂内拉线抱杆分解组塔，安全、优质完成施工任务。

12.2 实例 2：500kV 淮蚌线蚌埠大跨越

施工时间：2007 年 1～3 月。

施工地点：安徽省蚌埠市。

共有 2 基 KT 型跨越塔，塔高均为 131m，应用内悬浮双摇臂内拉线抱杆分解组塔，安全、优质完成施工任务。

12.3 实例 3：±800kV 向上线新吉阳大跨越

施工时间：2009 年 6～8 月。

施工地点：安徽省安庆市。

共有 2 基 KT 型跨越塔。北岸跨越塔位为平地，施工条件较好，跨越塔全高 242m，塔重 985.5t，钢管结构，0～64m 采用吊车组立，64～242m 采用 2×8t 双摇臂旋转式内拉线悬浮抱杆组立。

南岸跨越塔位于丘陵地带，地面高低起伏较大，且离江边较近，施工场地狭小，跨越塔全高 230m，塔重 931.8t，钢管结构，0～52m 采用吊车组立，52～230m 采用 2×8t 双摇臂旋转式内拉线悬浮抱杆组立。

施工时下部两段采用吊车吊装，然后利用吊车由下至上在塔中心分次吊装抱杆节，组立抱杆。

吊车吊装以上部分采用 2×8t 双摇臂对称吊装，塔身主材以单根主材吊装为主，当塔的上部根开变小、塔段变短、吊重减轻后，可根据情况将两段主材接在一起吊装，水平材、斜材及内辅材根据构件尺寸、重量及安装位置情况采用单根或安装组合补强后吊装。每侧导线横担分成两段立体吊装，每侧地线支架一次整体吊装。

为确保组塔现场的地面及上、下空间指挥通信系统畅通，通过抱杆桅杆上安装的 2 只摄像头对塔材吊装实施全方位电视监控，用无线电对讲机指挥联系，在抱杆顶部设置交流电航空警告装置作为夜间空中障碍标识。

典型施工方法名称：内悬浮外拉线抱杆分解组立铁塔典型施工方法

典型施工方法编号：GWGF012-2010-SD-XL

编　制　单　位：甘肃送变电工程公司

推　荐　单　位：甘肃省电力公司

主 要 完 成 人：汪　鹏　付兵彬

目　次

1 前言

内悬浮抱杆组立铁塔施工工艺，系目前送电线路铁塔施工最为常用的工艺之一。该工艺广泛应用于110～750kV交流输电线路及±500kV、±800kV等直流输电线路工程的铁塔组立施工。内悬浮抱杆组立铁塔施工工艺，经过甘肃送变电工程公司多年的使用和改进已日趋成熟。为总结推广输电线路内悬浮抱杆立塔施工技术，提高施工安全与工艺水平，国家电网公司特组织编写《内悬浮外拉线抱杆分解组塔典型施工方法》。

由于输电线路电压等级和杆塔荷载的差异，不同电压等级或回路数的杆塔结构及其重量有较大差别，所采用的抱杆规格亦大相径庭。对110～330kV、500kV和±500kV线路，多采用□350mm、□500mm、□630mm断面钢抱杆；组合长度多为12～24m；起吊重量为10～40kN；起吊高度多为15～50m。而对750kV、±800kV及1000kV线路，多采用□700/800/900mm断面抱杆；组合长度为20～42m；起吊重量为20～100kN；起吊高度多为40～120m。

2 本典型施工方法特点

内悬浮抱杆分为内拉线抱杆和外拉线抱杆两种。

内悬浮内拉线抱杆组塔又可分为单侧吊和双侧吊两种形式。该方法的优点是施工场地紧凑，不受地形条件影响，工器具较简便等。其缺点主要有：承托绳和内拉线受力对塔材结构变形有一定影响；抱杆起升、拉线调整、构件就位等相对困难；吊装重量受限；对于根开大、构件重塔型吊装组立困难，塔腿段尤为明显。

内悬浮外拉线抱杆的头部又分为环状圈和T字型两种形式。内悬浮外拉线抱杆与内拉线抱杆相比，抱杆的内拉线用外拉线代替，用地面作业代替了部分高空作业，安全快捷；外拉线与抱杆夹角大，抱杆的受力状况明显改善，尤其是减小了抱杆轴向受力，可增加起吊重量；抱杆顶部偏移（倾斜）时对外拉线的倾角不敏感（受力计算数据），因此使抱杆顶部的活动裕度较大，可操作性强，便于起吊和就位安装，且有着显著的安全性。个别特殊吊装可利用外拉线的优点进行大倾角吊装。该典型施工方法亦广泛应用于110～1000kV及±800kV线路各类适用塔型。在1000kV特高压输电线路示范工程中，□700mm、□800mm及□900mm内悬浮外拉线抱杆亦得到大量的应用。

3 适用范围

本典型施工方法普遍适用于110～1000kV输电线路单回路、双回路和120m以下的普通自立式铁塔组立吊装施工。对于个别现场地形条件严重受限或塔基周边环境较为复杂，如邻近带电体、有重要建筑物或其他重要地表附着物等的情况，以及大跨越塔型或特殊设计塔型则不适用本典型施工方法。

4 工艺原理

众所周知，由于输电线路工程受到不同电压等级、不同气象区域或不同截面导线（铁塔荷载）等因素影响，以及各设计单位结构设计习惯差异等原因，各地域输电线路所采用的铁塔型式及其高度、重量参数等各不相同，因而所采用的抱杆及其工器具选择型式繁多，不能一一叙述。

本典型施工方法将以西北地区750kV输电线路常用的典型铁塔为依托，叙述其施工工艺原理及方法。目前应用于750kV送电线路铁塔的□700mm断面内悬浮外拉线抱杆组塔施工方法，完全能够满足现有750kV及以下单、双回路普通自立式铁塔施工的需要（不包括大跨越塔型及特殊设计塔型）。

（1）内悬浮外拉线抱杆的主要工艺原理。

1）利用已组立好的塔身段，通过承托系统和外拉线系统使抱杆悬浮于塔身桁架中心来起吊待装的铁塔构件。

2）利用已组装好的塔身提升抱杆，并连接承托绳，调整好外拉线，继续起吊安装下一个高度段的待组塔片构件。

3）循环以上步骤，直至铁塔组立完毕。利用铁塔落下抱杆并将其拆除。

4）内悬浮外拉线抱杆组立铁塔工艺布置正视图见图 12–4–1、俯视图见图 12–4–2。

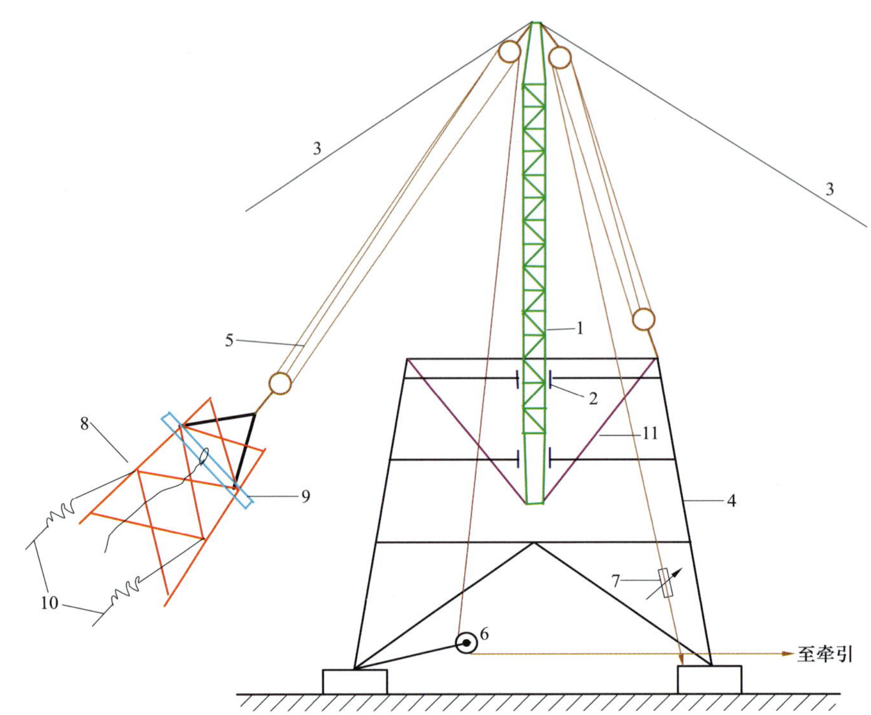

图 12–4–1　内悬浮外拉线抱杆组立铁塔工艺布置正视图

1—抱杆；2—腰环（起吊工况不受力）；3—外拉线；4—已起立塔片；5—起吊滑车组；6—转向滑车；7—手扳葫芦；8—塔片；9—吊点补强；10—控制大绳；11—承托绳

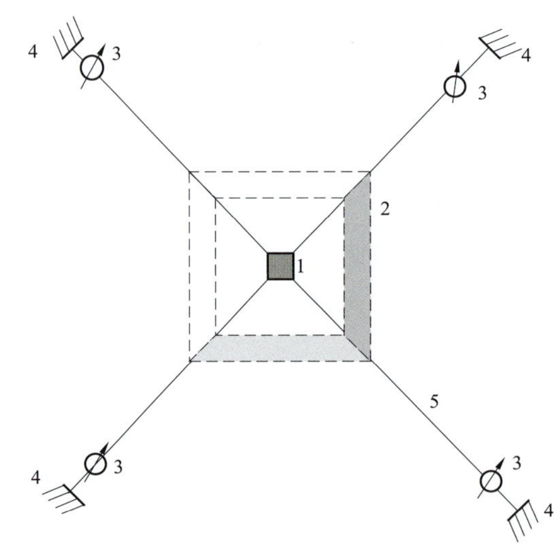

图 12–4–2　内悬浮外拉线抱杆组立铁塔工艺布置俯视图

1—抱杆；2—塔身；3—手扳葫芦；4—外拉线地锚；5—钢绳外拉线

(2) 抱杆参数简介。采用常见的角钢组合钢抱杆，抱杆中段为□700mm，两端为□300mm 断面的钢抱杆，抱杆组合长度：双回路塔多采用 28m；单回路塔多采用 32m。抱杆受力工况下最大偏心为 10°，最大起吊重量一般控制在 70kN（7143kg）及以下。□700mm 抱杆主要参数见表 12–4–1。

表 12-4-1　　□700mm 抱杆主要参数

主要参数	角钢组合抱杆
主材规格	∠75mm×6mm（Q345，表面防腐处理）
斜材规格	∠40mm×3mm（Q345，表面防腐处理）
抱杆组合高度（m）	28（4m×7 节）、32m（4m×8 节）
重量（kg）	1520（28m）、1710（32m）
单边最大起吊负荷（kg）	6900（32m）/7200（28m）（安全系数≥2.6）

注　表中单边起吊负荷为计算荷载。起吊时，抱杆倾斜角度为 10°，吊重钢丝绳与铅垂面的夹角为 15°。

（3）抱杆受力计算简介。内悬浮外拉线抱杆受力分析图见图 12-4-3。

抱杆起吊轴心压力

$$N=\frac{G\cos\omega}{\cos(\omega+\beta)}\left[\frac{\sin(\beta+\delta+\gamma)}{\sin\gamma}+\frac{\sin(\gamma+\delta)}{n\eta^{n}\sin\gamma}\right]$$

其中

$$\gamma=90-(\delta+\alpha_{h})$$

式中　N——作用于抱杆的中心压力，kN；

ω——起吊重物控制绳与地面夹角，45°；

β——起吊滑车组合力线与构件铅垂线间的夹角，（°）；

γ——抱杆轴线与外拉线合力线间的夹角，（°）；

δ——抱杆倾斜角，（°）；

η——滑轮的效率，取值为 0.96；

n——起吊滑车的绳数，当吊重为 40、50、60、70kN 时，n 分别为 4、5、6、7；

G——被吊构件的重力，kN；

α_{h}——抱杆外拉线合力线与地面间的夹角，（°）。

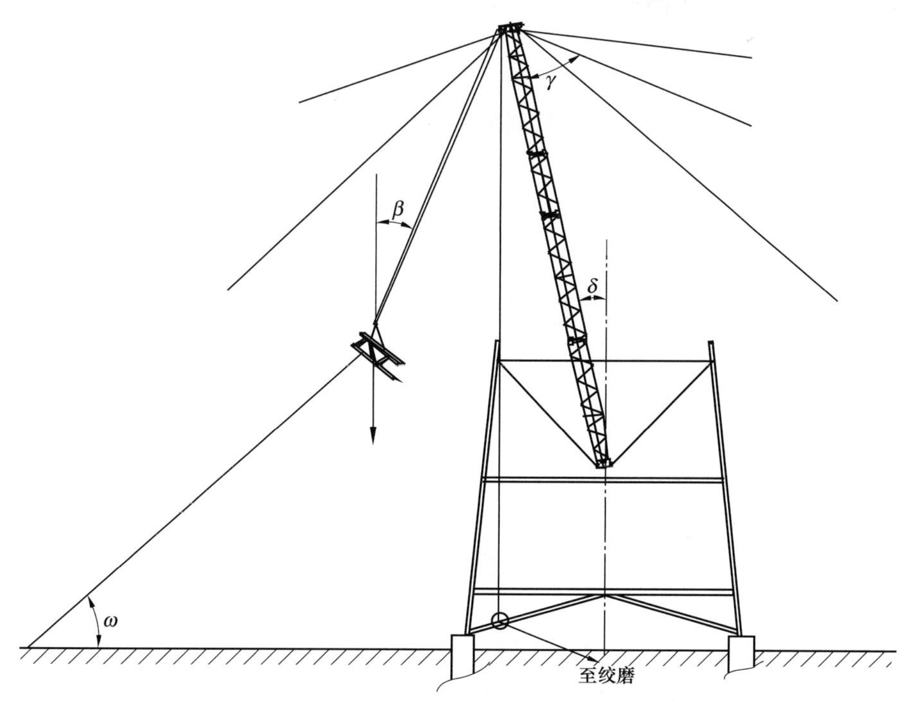

图 12-4-3　内悬浮外拉线抱杆受力分析图

外拉线地锚为四方形对称布置，外拉线对地夹角为 45°，经计算 α_h=54.74°。

所以，当δ=0°时，γ=35.26°；当δ=5°时，γ=30.26°；当δ=10°时，γ=25.26°。

分别取δ=0°、5°、10°，β=5°、10°、15°、20°，当 G 为 70kN 时，N 值的计算结果见表 12-4-2。而抱杆不同起吊工况下危险断面轴向压力 N 见表 12-4-3（计算略）。

表 12-4-2　　**G 为 70kN 时 N 值的计算结果**　　kN

G (kN)	δ (°)	β (°)			
		5	10	15	20
70	0	100.84	122.51	150.66	188.86
	5	136.42	165.87	203.82	255.64
	10	136.42	165.87	203.82	255.64

表 12-4-3　　**抱杆不同起吊工况下危险断面轴向压力**

G (kN)	δ (°)	β (°)			
		5	10	15	20
70	0	123.71	147.38	173.53	213.73
	10	161.29	190.74	228.69	280.51
	15	185.02	223.64	273.29	340.67

注　表中布淡底的数字表示已超出了使用工况要求。

5　施工工艺流程及操作要点

5.1　施工工艺流程

本典型施工方法施工工艺流程见图 12-5-1。

5.2　操作要点

5.2.1　铁塔组立准备工作

组立前期的准备工作包括技术准备、原材料检验、人员配置及培训、工器具准备以及现场勘查、修整场地和运输道路等。

（1）铁塔基础混凝土强度达到设计强度的 70%，并经中间验收合格；基面、防沉层及周围应平整，并对基础露出地面部分采取了有效的保护措施。

（2）立塔所用的工器具使用前必须进行严格的外观检查，对不合格的工器具严禁使用，所有使用的工器具严禁以小代大或超负荷使用。

（3）参加组塔施工人员应明确分工，并应在施工前各自检查、准备所用工器具。施工前必须熟悉施工图纸，作业指导书及施工工艺的特殊要求。

（4）组立铁塔前应复查基础根开、对角线及基础顶面高差，尤其是转角塔必须复核内外角基础顶面预留高差。

（5）复查所有塔材，规格必须符合设计图纸要求，然后将其按段别型号分别归类放置，以方便组装。

5.2.2　材料运输及现场布设

材料运输及现场布设内容包括塔材运输、塔材清点、地锚坑开挖、工器具运输、检查布设工器具等。

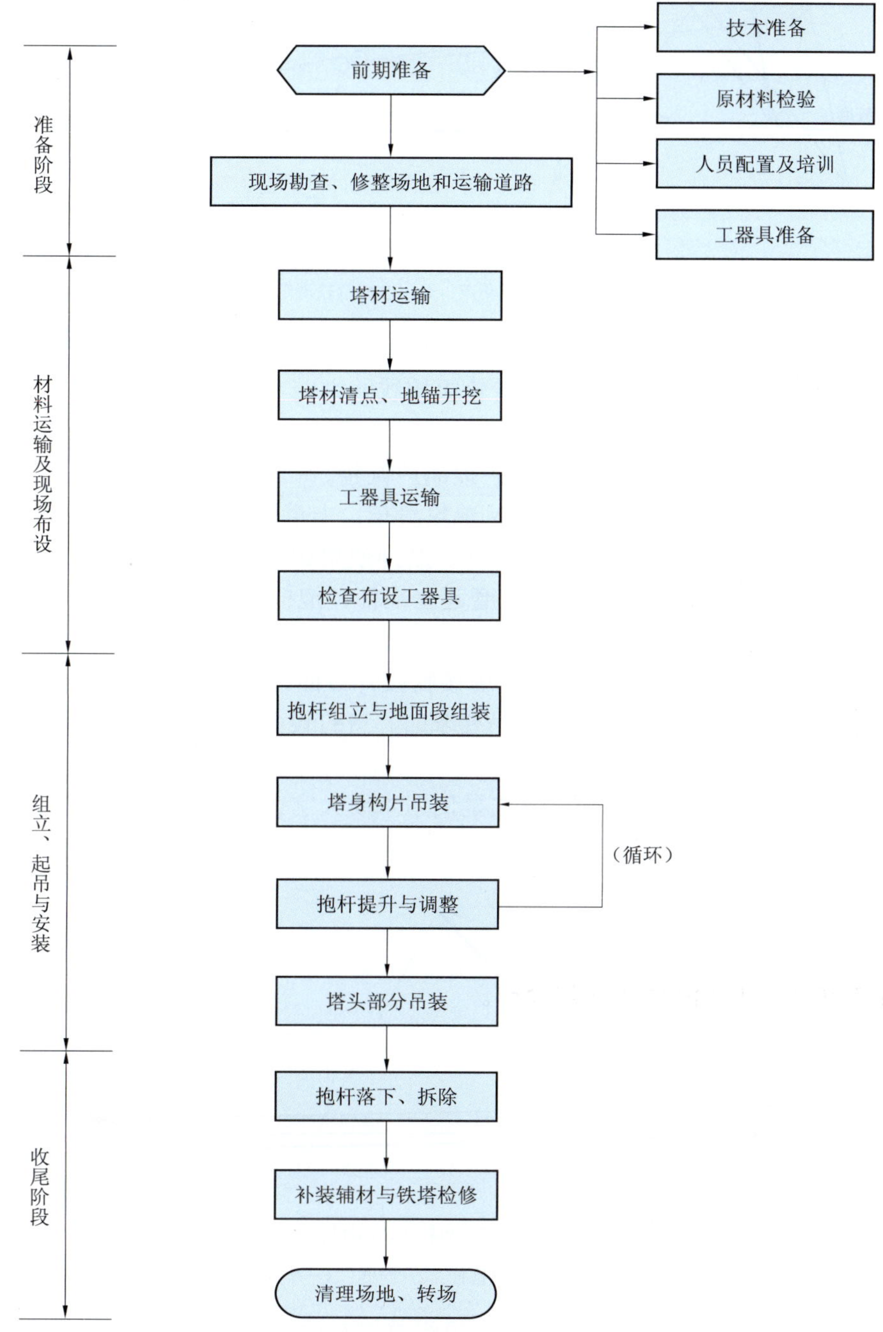

图 12-5-1　内悬浮外拉线抱杆分解组立铁塔施工工艺流程图

5.2.3　组立、起吊与安装

5.2.3.1　抱杆组立及地面段组装

抱杆组立可采用的方法有：单插组装接腿段，再利用接腿段起立抱杆；使用人字抱杆直接起立抱杆；地形条件良好时采用汽车吊组立。

（1）单插组装接腿段，再利用接腿段起立抱杆。

1）单插组装接腿段，再利用接腿段起立抱杆是将接腿部分组成三面封闭，一面开口，利用已组好接腿进行抱杆起立。

2）起立抱杆段的长度不超过接腿段高度的 2.2 倍。抱杆起立示意图如图 12-5-2 所示。

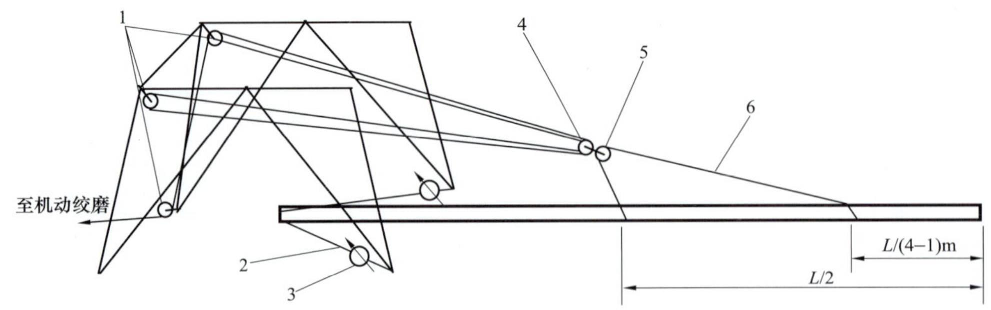

图 12-5-2 抱杆起立示意图

1—50kN 单轮滑车；2—ϕ21.5mm 钢丝绳；3—60kN 手扳葫芦；4—50kN 双轮滑车；5—50kN 单轮滑车；6—ϕ17.5mm 钢丝绳

3）根据塔腿段的高度确定起立抱杆的长度，将抱杆底端放置在塔位中心，在地面段塔身开口侧处接好，在抱杆顶端挂好起吊系统，起吊系统的滑轮组按线路方向左右对称布置；挂好拉线并将腰环系统连挂在抱杆下段。

4）在抱杆根部安装制动绳，并使用 60kN 手扳葫芦调整。

5）在塔腿段的封闭侧两主材的顶端挂 50kN 单轮滑车，主牵引滑车使用 50kN 双轮滑车，吊点滑车使用 50kN 单轮滑车，点吊绳使用ϕ17.5mm 钢丝绳，磨绳使用ϕ13mm 钢丝绳。

6）抱杆起吊系统布置完成后，启动机动绞磨起立抱杆，抱杆起立到约 80° 时，应停止牵引用拉线调正抱杆，并在抱杆底座衬垫方木防止抱杆下沉。

7）抱杆起立后将抱杆拉线固定好，封闭铁塔接腿段开口面，如已起立的抱杆高度能够满足起吊后续塔段时，准备起吊；如抱杆高度不能满足起吊要求时，应打设两道腰环，使用倒装法提升接续抱杆，直至满足起吊高度后准备起吊。

（2）使用人字抱杆直接起立抱杆。起立方法是使用木质人字或钢质人字抱杆直接起立抱杆，人字抱杆起立抱杆示意图如图 12-5-3 所示。

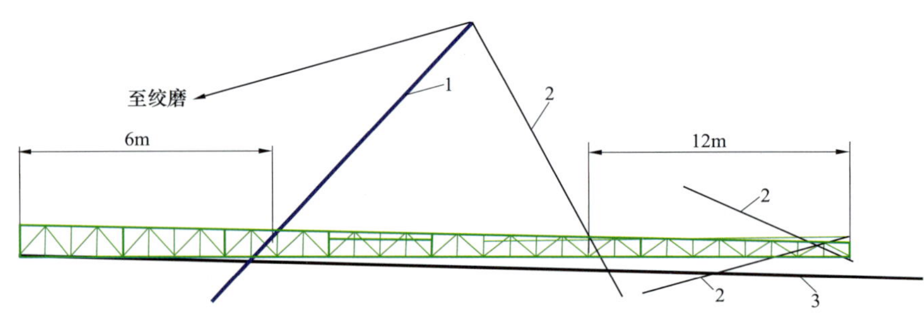

图 12-5-3 人字抱杆起立抱杆示意图

1—木质或钢人字抱杆；2—拉线；3—后制动

（3）地形条件良好时，可采用 12t 及以上汽车吊组装塔身地面段和起立抱杆。该方法若能连续使用，将大大提高施工效率。

5.2.3.2 塔身构片吊装

（1）塔身采取分片吊装单面起吊，磨绳使用ϕ15mm 钢丝绳。穿 1—1 滑车组最大允许起吊重量为 3770kg，穿 2—1 滑车组最大允许起吊重量为 5960kg，穿 2—2 滑车组最大允许起吊重量为 8160kg。滑车组示意图见图 12-5-4。

（2）结构较大的双回路塔因下段塔身重量较大，起吊时尽可能减轻起吊重量。对于部分复合主柱的塔型，结构分片起吊重量无法控制在抱杆最大起吊重量范围以内时，应采取单调主柱、分片吊装辅材等吊装方法。

（3）吊装地面段塔身时抱杆处于落地状态，对抱杆根部采用承托钢绳连接在塔腿上制动，防止抱杆倾斜后底部在地面上产生滑动。

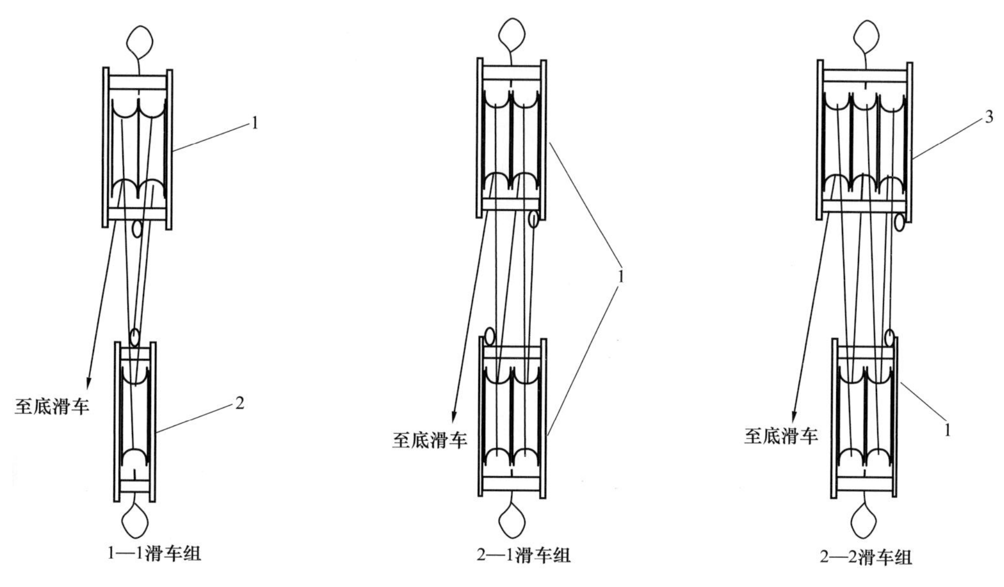

图 12-5-4　滑车组示意图

1—80kN 双轮吊环滑车；2—80kN 单轮吊环滑车；3—80kN 三轮吊环滑车

（4）塔片吊点应绑扎在两侧主材上且必须在塔片重心以上部位，对根开较大的塔片，吊点处应用抱杆进行补强。塔片吊装示意图如图 12-5-5 所示。

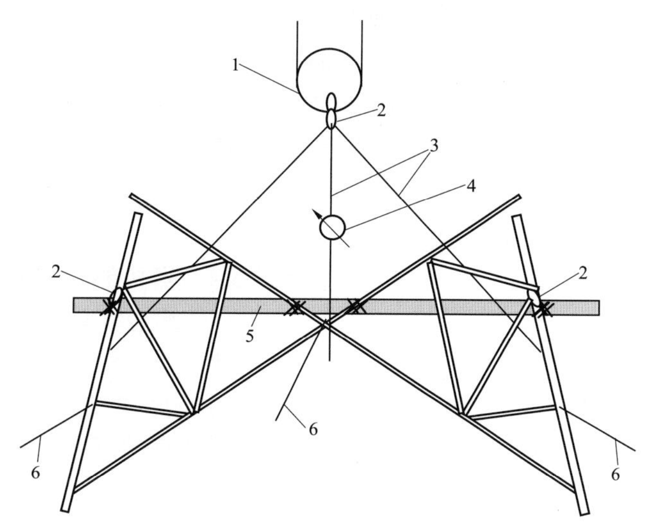

图 12-5-5　塔片吊装示意图

1—起重滑车；2—10kN 卸扣；3—ϕ17.5mm 吊点钢丝绳；4—60kN 手扳葫芦；5—350mm×350mm 抱杆补强；6—控制绳

（5）起吊前，可根据起吊和就位要求及时调整外拉线，控制抱杆的倾斜（亦即抱杆端部的变幅：28m 抱杆倾斜 10° 时其端头倾斜值在 4860mm 以内，32m 抱杆倾斜 10° 时其端头倾斜值在 5560mm 以内），抱杆顶端尽可能接近安装就位点的铅垂面。

（6）起吊过程中塔片控制绳通过地锚用人力控制，使塔片不碰塔身为宜。

（7）就位安装时先低侧后高侧，上下连接主材眼孔对正时，用尖扳手等就位工具对准主材连接螺栓孔，连接螺栓必须齐全紧固。

（8）将塔片就位安装并将螺栓紧固后，方可解开吊点绳和控制绳。

（9）起吊面的侧面辅铁时，将侧面塔材组成 X 型起吊安装，如图 12-5-6 所示。

（10）吊装完毕。

5.2.3.3　抱杆的提升与调整

（1）抱杆提升前，利用外拉线调直抱杆至铅垂状态，设置好两道腰环，两腰环间的距离应不小于 6m，使腰环呈受力状态。

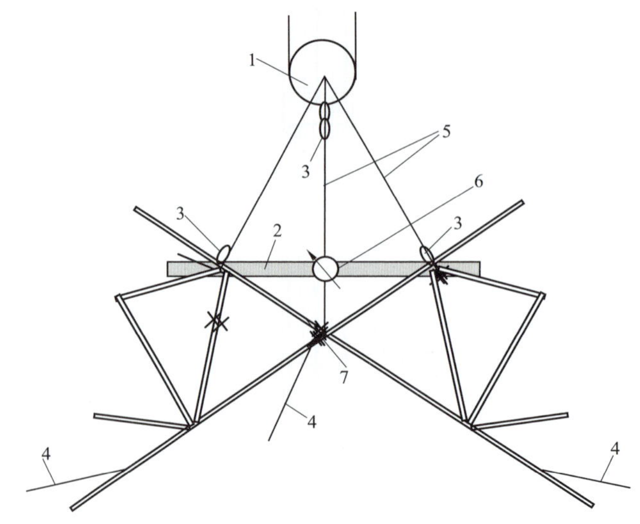

图 12-5-6　侧面塔材吊装示意图

1—起重滑车；2—350mm×350mm 抱杆补强；3—10kN 卸扣；4—控制绳；

5—ϕ17.5mm 吊点钢丝绳；6—60kN 手扳葫芦；7—卡具

（2）抱杆提升过程中，除提升磨绳和腰环绳外，其余各绳索均不得受力。

（3）提升抱杆顶部至满足起吊高度后，将承托绳固定在第一个节点处，松开磨绳，并固定外拉线，松开腰环绳后，通过外拉线调整抱杆倾斜使其达到预偏位置后，完全收紧外拉线并封固。

（4）提升抱杆过程中应进行垂直度监测，并设专人监视腰环，防止腰环卡住抱杆，提升时抱杆上不得有人，如有卡碰现象时，应停止牵引后进行处理。

（5）提升抱杆示意图如图 12-5-7 所示。

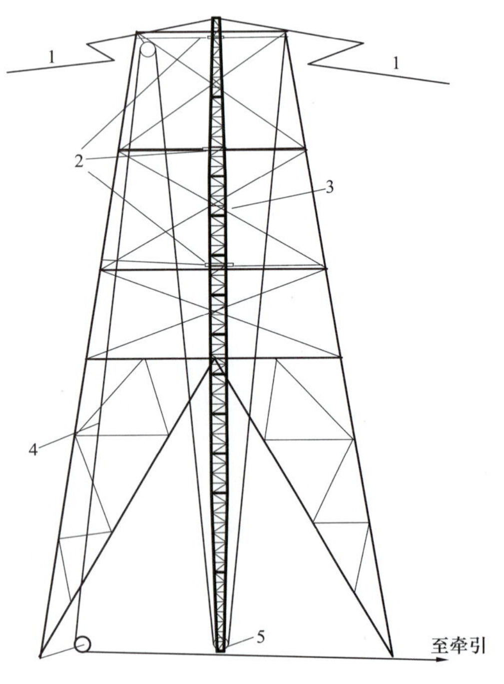

图 12-5-7　提升抱杆示意图

1—外拉线；2—腰环；3—抱杆；4—提升磨绳；5—底滑车

5.2.3.4　塔头部分吊装

（1）耐张转角塔地线横担及直线塔上导线横担吊装。其示意图如图 12-5-8 所示。

1）耐张转角塔地线横担在吊装时，先将抱杆升到适宜的高度，固定好承托绳、外拉线和反向拉线。

2）地线横担组在侧面时（如图 12-5-8 所示），主吊点使用ϕ17.5mm× 1m 钢丝绳套，起吊至横担上盖就位位置后先每侧各穿一个螺栓（6.8 级及以上），再徐徐落下至横担安装位置进行就位安装。

（2）耐张塔上导线横担吊装。

上导线横担吊装时利用地线横担吊装，为了安全，吊装导线横担时，先用起吊滑车组对地线支架进行补强，然后按要求挂滑车进行吊装，其示意图如图 12-5-9 所示。

（3）直线塔、耐张塔的中、下导线横担可利用上导线横担吊装，上导线横担应进行补强。其示意图如图 12-5-10 所示。

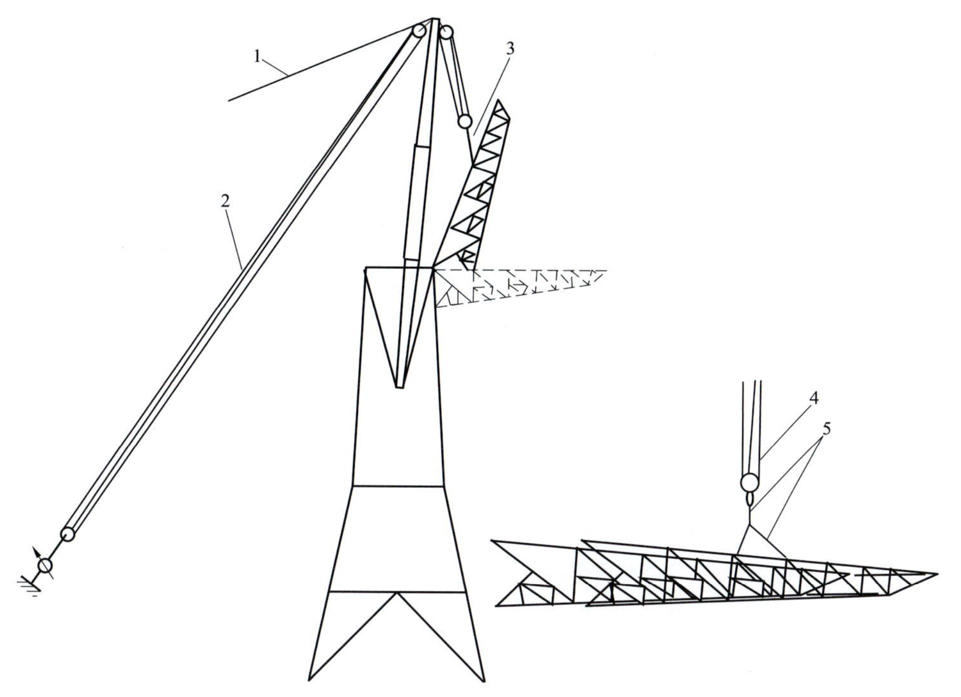

图 12-5-8 转角塔地线横担及直线塔上横担吊装示意图

1—外拉线；2—反向拉线；3—ϕ17.5mm 钢丝绳；4—起吊系统；5—ϕ17.5mm 钢丝绳

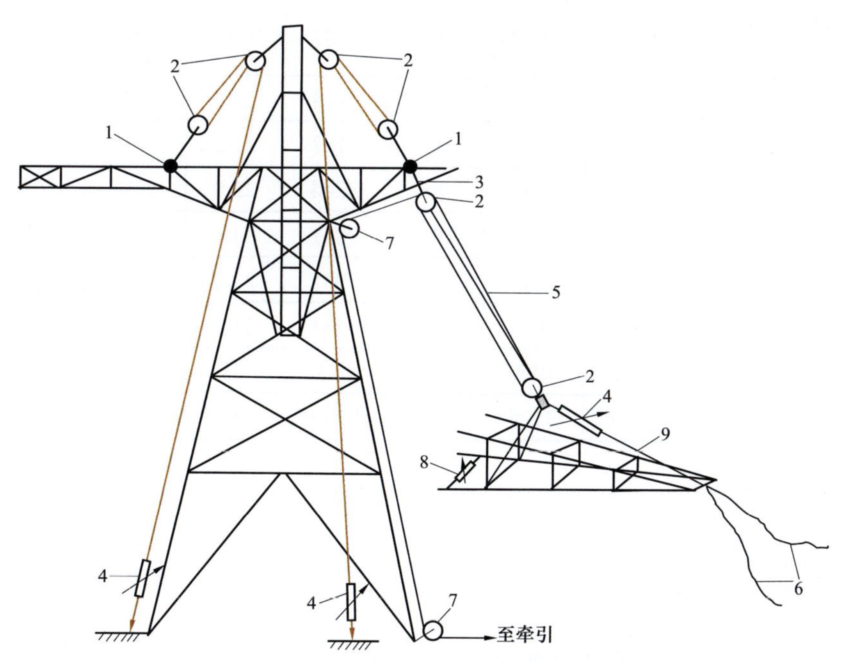

图 12-5-9 耐张塔上导线横担吊装示意图

1—衬垫圆木；2—80kN 滑车；3—ϕ17.5mm 钢绳套；4—30kN 手扳葫芦；5—13 磨绳；6—控制钢绳；7—50kN 单轮滑车；8—30kN 双钩；9—ϕ17.5mm × 8m 钢绳套

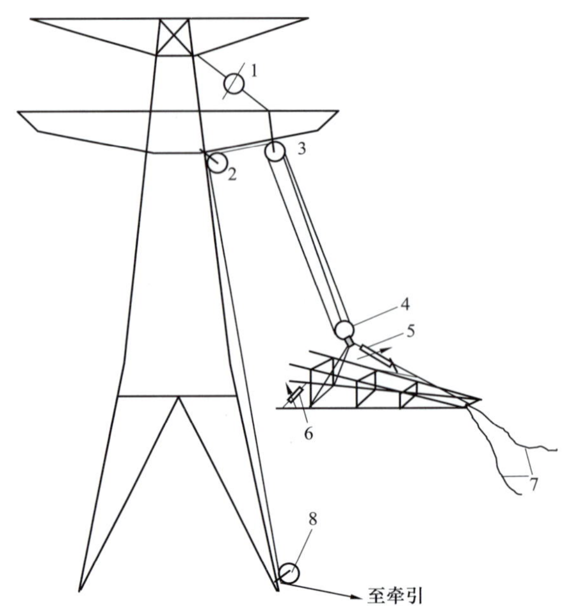

图 12-5-10　中、下横担吊装示意图

1—补强拉线；2—50kN 单轮滑车；3—80kN 双轮滑车；4—80kN 单轮滑车；
5—30kN 手扳葫芦；6—50kN 双钩；7—控制绳；8—50kN 单轮滑车

（4）单回路直线酒杯型塔塔头吊装方法。

1）单回路直线酒杯型塔塔头部分技术参数见表 12-5-1（参考表，根据实际塔型统计）。

表 12-5-1　单回路直线酒杯型塔塔头部分技术参数

序号	塔型	下横担至塔顶距离（m）	下曲臂 5		上曲臂 4		中横担 2		边横担 3		地线架 1	
			重量（kg）	高度（m）	重量（kg）	高度（m）	重量（kg）	长度（m）	重量（kg）	长度（m）	重量（kg）	高度（m）
1	ZB131	5.6	4081	12	1276	9.5	6464	21.2	1470	7.75	377	3.5
2	ZB231	5.6	4072	12	1339	9.5	7183	21.2	1516	7.85	392	3.5
3	ZB331	5.6	4480	12.2	1644	9.8	8244	22.8	1617	7.9	413	3.2
4	ZB431	5.6	5287	12.3	2144	10.1	9801	24.1	1840	8.25	415	3.2
5	ZBB1	7.4	4113	12	1513	9.5	7935	21.2	1838	7.75	454	4.8
6	ZBB2	7.4	4380	12	1614	9.5	8481	21.2	2051	8.15	484	4.8
7	ZBB3	7.4	4870	12.2	1900	9.8	10632	23	2439	8.7	530	4.6
8	ZBB4	7.4	5434	12.3	2125	10.1	11569	23.2	2776	8.95	561	4.6

2）单回路直线酒杯型塔塔头结构示意图见图 12-5-11。

3）单回路直线酒杯型塔曲臂吊装。

a. 普通直线杯型塔上、下曲臂整体组装后不超过 7t，组装时将上、下曲臂组装在一起采取整体吊装，见图 12-5-12。

b. 较大的直线杯型塔上、下曲臂整体组装后超过 7t，因此上、下曲臂采取分段吊装，见图 12-5-13。

（5）单回路直线酒杯型塔中横担吊装。普通直线杯型塔中横担分前后两片分别组装在铁塔的前、后侧，补强后采取分片进行吊装，见图 12-5-14。两片横担就位后，在后就位横担侧上、下盖安装部分辅铁，以保持横担的稳定。

（6）单回路直线酒杯型塔边横担及地线支架吊装。

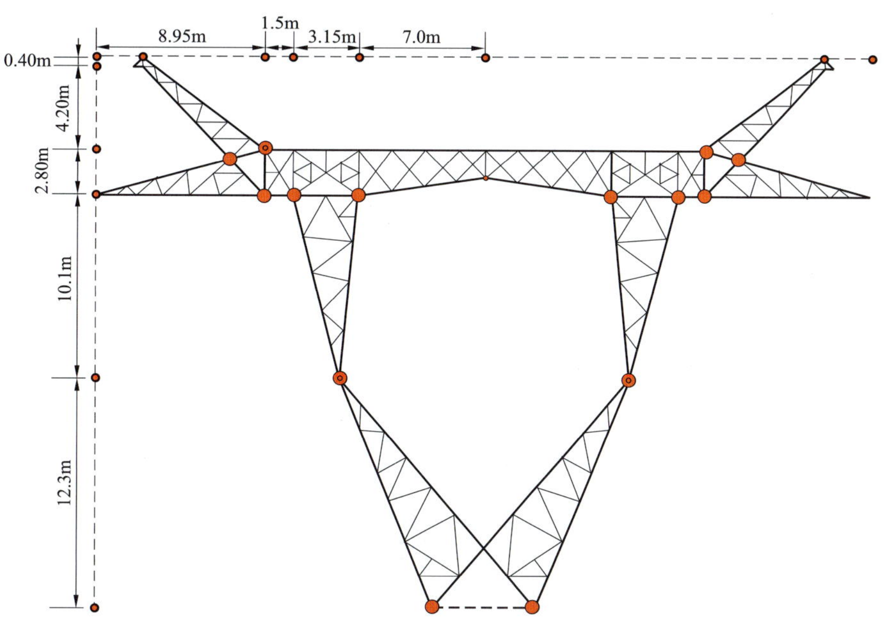

图 12-5-11　单回路直线酒杯型塔塔头结构示意图（**ZBB4** 型塔）

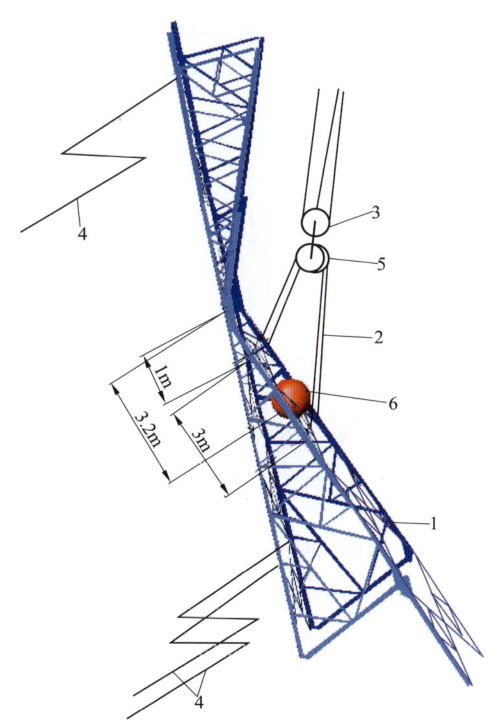

图 12-5-12　曲臂吊装示意图

1—曲臂；2—ϕ17.5mm 钢绳套；3—80kN 起吊滑车；4—控制大绳；5—80kN 平衡滑车；6—曲臂重心

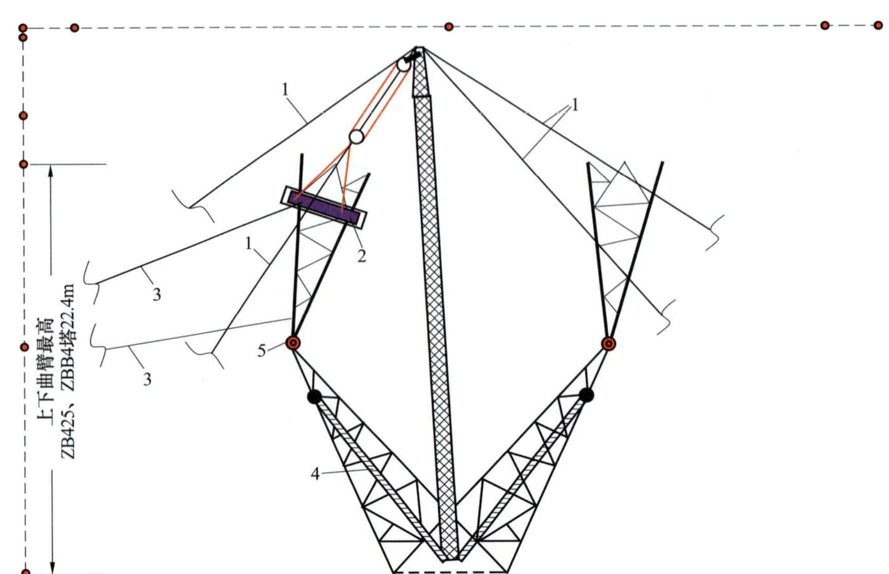

图 12-5-13 上、下曲臂吊装示意图

1—抱杆四角外拉线；2—四点吊，吊点做补强；3—构件控制绳；4—承托绳（补强后设置）；5—上曲臂就位点

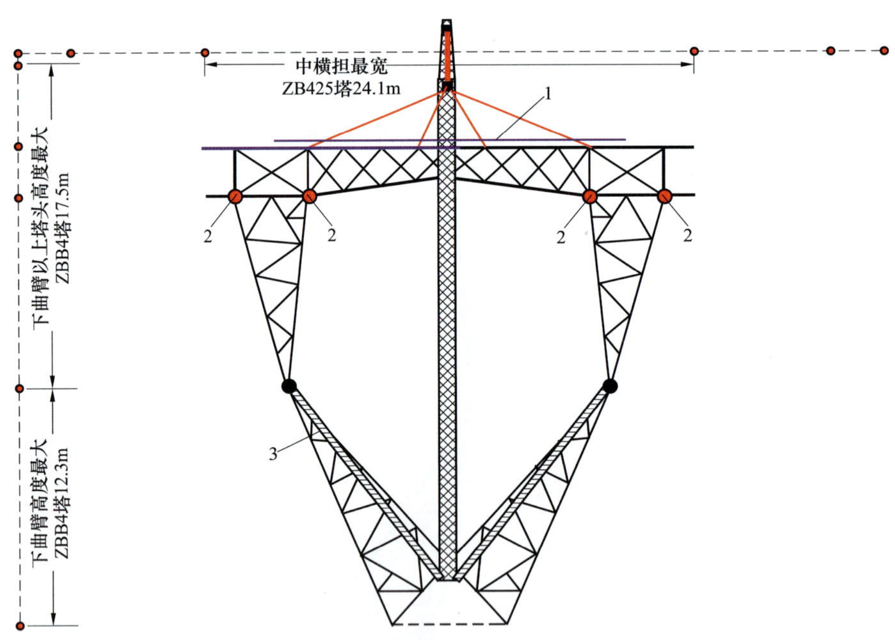

图 12-5-14 直线塔中横担吊装示意图

1—四点吊，采用 18m × 300m 截面的抱杆补强；2—中横担就位点；3—承托绳

注：承托绳设置位置根据实际情况确定，抱杆提升到位承托绳受力后，保证承托绳与抱杆夹角小于 35°。

说明：(1) 在所有 B 型直线塔中，ZB131 型塔的中横担最轻，为 6464kg；ZBB4 型塔的中横担最重，为 11 569kg，超出整体起吊要求，所以必须采取前后分片吊装方式。由于横担较长，上下盖的铁构件均不得附带，并尽量减少横担两端的构件以增强补强效果，避免长构件两端太重造成起吊后横担弯折。

(2) 抱杆提升以保证横担就位后抱杆顶高于横担上平面 7～8m 为宜，以利于边横担及地线支架吊装。

(3) 图中未画出外拉线及控制绳示意。

1）直线杯型塔边横担和地线支架在不超过 2t 时，边横担和地线支架可组装成整体起吊，其示意图见图 12–5–15。将地线支架组装于边导线横担上用钢丝套连接，并用两个螺栓将地线支架和横担连接。抱杆向起吊侧倾斜，以不碰撞曲臂交叉铁为前提进行吊装，一侧吊装完毕后，拆除预先封装在另一侧中横担的上下盖的部分连接辅铁，抱杆向另一侧倾斜，吊装另一侧边横担，吊装前，应将反侧的中横担的上下盖交叉铁进行封装。

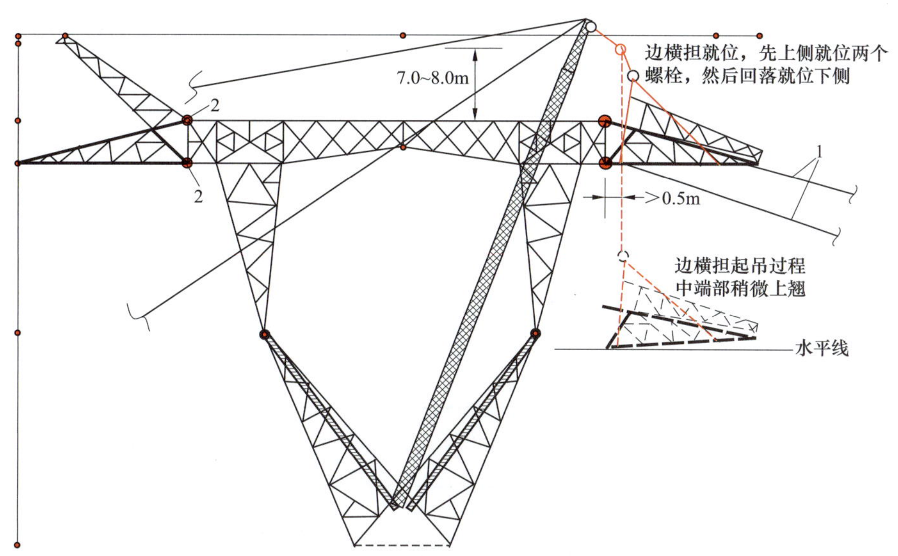

图 12–5–15　直线杯型塔边横担吊装示意图

1—构件控制绳；2—边横担就位点

2）直线杯型塔边横担分前后两片组装，地线支架整体组装。边横担前后两片分别吊装完毕后，上下盖交叉铁先不安装，抱杆向起吊侧倾斜后，分前后两片吊装边导线横担，再从中间吊装地线支架，吊装就位后再安装边导线横担的上下盖交叉铁。抱杆向另一侧倾斜，吊装边导线横担和地线支架，方法同前所述。最后安装中导线横担的上下辅铁。

（7）单回路耐张塔横担的吊装与双回路塔的横担吊装方法基本相同，这里不再叙述。

5.2.4　收尾阶段

（1）抱杆拆除示意图如图 12–5–16 所示，在抱杆根部设置一根控制绳。

（2）拆除外拉线，起动牵引设备将抱杆提升少许，拆除承托绳及腰环。

（3）回松牵引绳，并调整控制绳，使抱杆不碰塔材缓缓将抱杆落地。

（4）在抱杆下端落至地面时，停止牵引绳回松，让牵引绳略带张力（即不得完全放松），用ϕ13mm×0.5m 钢绳套将最下端两节抱杆连在一起，卸去连接螺栓后继续回松磨绳，并将待拆除抱杆段拉至塔外，依次重复至拆完。

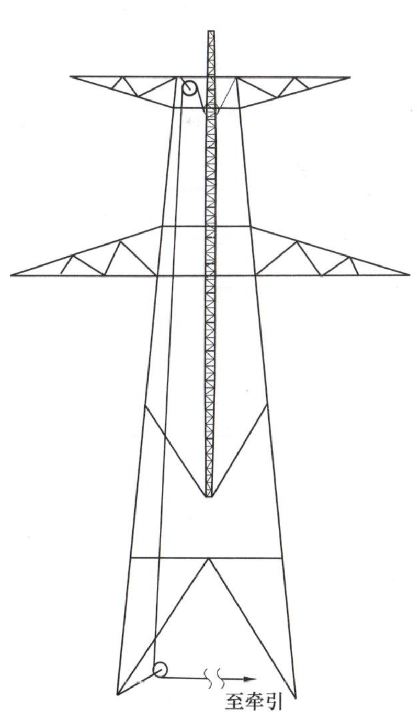

图 12–5–16　抱杆拆除示意图

6　人员组织

内悬浮外拉线组立 750kV 铁塔主要劳动力配置见表 12–6–1。

表 12-6-1　　内悬浮外拉线组立 **750kV** 铁塔主要劳动力配置

工 作 岗 位	技工（人）	普工（人）	备　注
工作负责人	1		负责指挥立塔工作
安全负责人	1		负责检查、监督安全状况
高空作业	8		负责就位安装
地面作业	3	12	地面组装、绑吊点
控制绳	2	12	配合高空作业
牵引设备	3	6	倒磨绳、挂底滑车
合　计	18	30	

7　材料与设备

立塔主要工器具见表 12-7-1（750kV 双回路塔用）。

表 12-7-1　　立塔主要工器具（**750kV** 双回路塔用）

序号	类别	名　称	规　格	单位	单套用量	备　注
1	抱杆系统	钢抱杆中段	700mm×700mm×4m 段长	节	6	
2		钢抱杆上端	700mm×700mm×4m 段长	节	1	
3		抱杆帽		个	1	
4		抱杆底座		个	1	
5		单轮滑车	50kN 环式	个	3	提升抱杆
6		钢丝绳	ϕ15mm×250m	根	1	提升抱杆
7		钢绳套	ϕ15mm×3m	根	2	抱杆绳转向挂滑车、提升抱杆底座滑车挂
8		钢绳套	ϕ17.5mm×6m	根	1	起立抱杆用（大包）
9		钢绳套	ϕ13mm×0.5m	根	1	连接抱杆用
10	承托系统	钢绳套	ϕ21.5mm×12m	根	4	两端插套
11		钢绳套	ϕ21.5mm×7m	根	4	两端插套
12		卸扣	100kN	个	12	
13	拉线系统	钢绳套	ϕ15mm×200（120＋80）m	根	4	外拉线（两端插头），根据钢丝绳盘长可插成两根绳
14		链条手扳葫芦	60kN	个	4	收外拉线或他用
15		卸扣	10kN	个	12	
16		地锚	50kN	个	4	固定外拉线
17		八字环	50kN	个	4	
18	腰环系统	腰环	700mm×700mm	副	2	升抱杆（另考虑 8 套备用）
19		钢绳套	ϕ13mm×2m	根	4	腰环绳
20		钢绳套	ϕ13mm×5m	根	4	腰环绳
21		钢绳套	ϕ13mm×8m	根	4	腰环绳

续表

序号	类别	名 称	规 格	单位	单套用量	备 注
22	腰环系统	钢绳套	ϕ13mm×12m	根	4	腰环绳
23		卸扣	50kN	个	18	
24		双钩	50kN	个	10	调整腰环
25	起吊系统	双轮滑车	80kN 环式	个	2	起吊滑车
26		单轮滑车	80kN 环式	个	8	起吊、转向（含塔身）
27		卸扣	100kN	个	14	吊点滑车及绑吊点
28		卸扣	50kN	个	30	
29		钢绳套	ϕ15mm×500m	根	2	磨绳（未考虑侧面吊叉铁磨绳）
30		钢绳套	ϕ17.5mm×2m	根	4	
31		钢绳套	ϕ17.5mm×4m	根	4	吊装构件
32		钢绳套	ϕ17.5mm×6m	根	4	吊装构件
33		钢绳套	ϕ17.5mm×8m	根	4	吊装构件
34		钢绳套	ϕ17.5mm×12m	根	4	吊装构件
35		钢绳套	ϕ13mm×120m	根	1	单吊主材用、插筒子
36		钢绳套	ϕ17.5mm×2m	根	4	塔身转向
37		钢绳套	ϕ17.5mm×6m	根	3	转向用
38		钢绳套	ϕ17.5mm×8m	根	3	转向用
39		钢绳套	ϕ17.5mm×13m	根	3	转向用
40		钢绳套	ϕ13mm×40m	根	4	单吊主材、补强用
41		钢绳套	ϕ13mm×250m	根	2	控制绳
42		链条手扳葫芦	60kN	个	6	塔片或横担中间吊点调节，塔脚转向调节
43		链条手扳葫芦	30kN	个	2	横担就位收紧
44		“8”字环	50kN	个	8	控制绳用
45		抱杆中节	350mm×350mm×4000mm	节	3	起吊塔片补强及单吊主材用
46		抱杆上节	350mm×350mm×4000mm	节	1	起吊塔片补强及单吊主材用
47		抱杆底座	350mm×350mm	个	1	每个施工队 1 套
48		抱杆帽	350mm×350mm	个	1	每个施工队 1 套
49		地锚	30kN	个	4	控制绳用
50		地锚钻	30kN	个	4	控制绳用
51	其他	绞磨	SST−5	台	2	起吊动力
52		地锚	50kN	个	2	固定绞磨
53		绞磨	SST−3	台		运输塔材

续表

序号	类别	名　称	规　　格	单位	单套用量	备　　注
54	其他	白棕绳	ϕ14mm×200m	根	4	吊物件用
55		白棕绳	ϕ22mm×120m	根	4	
56		尖扳手	M16	把	10	
57		尖扳手	M20、M24	把	10	
58		梅花扳手	M16、M20	把	10	
59		梅花扳手	M20、M24	把	10	
60		力矩扳手		副	1	项目部用 3 把，施工队 1 把
61		活动扳手	12 寸	把	10	
62		套筒扳手	M16（较短）	副	2	紧固抱杆螺丝钉
63		尖撬扛		根	6	
64		撬杠	1.5m	根	4	
65		板钻		套	1	配钻头
66		双钩	30kN	个	4	
67		钢桩		根	8	
68		单轮滑车	1t 环式	个	4	吊附铁
69		报话机		台	4	
70		扩音器		台	1	
71		地脚螺栓专用工具		套	1	待定
72		工具袋		个	10	
73		工具箱		个	2	
74		螺栓框		个	12	
75		圆锉		根	4	
76		钢锯弓		套	2	
77		大锤	8 磅	套	2	
78		红白旗		副	2	
79		口哨		支	2	
80		废旧轮胎				外包内垫用
81		小榔头		把	2	
82		铁丝	8 号			根据需要配
83		铁丝	10 号			根据需要配
84		垫木	方或圆			根据需要配
85		钢丝刷		把	2	
86		钢管	ϕ48mm			搭设支架
87		钢丝套	ϕ13mm×2m	根	10	抬塔材用
88		卸扣	3t	个	10	抬塔材用

续表

序号	类别	名 称	规 格	单位	单套用量	备 注
89	其他	卡钳		把	2	
90		安全带		根	20	
91		差速保护器	5m	副	10	
92		延长绳	3m	副	10	

8 质量控制

8.1 本典型施工方法依据的主要规程、规范

GB 50233—2005 110～500kV 架空送电线路施工及验收规范

GB 50389—2006 750kV 架空送电线路施工及验收规范

DL/T 5342—2006 750kV 架空送电线路铁塔组立施工工艺导则

Q/GDW 153—2006 1000kV 架空送电线路施工及验收规范

Q/GDW 155—2006 1000kV 架空送电线路铁塔组立施工工艺导则

Q/GDW 225—2008 ±800kV 架空送电线路施工及验收规范

8.2 本典型施工方法主要质量要求

（1）施工前应熟悉设计文件和图纸，严格按设计图纸要求进行组装。

（2）角钢面朝向的安装应符合设计要求，螺栓穿向符合规范要求。

（3）组装前对塔材进行外观检查，对严重脱锌、材质差、错孔、多孔的材料不得组装。

（4）分片吊装时，塔片在将要离开地面时应采取可靠措施防止塔片变形，并进行必要的调整。

（5）分段吊装时，对于塔段较重的吊装应验算强度符合要求后才可进行分段吊装。

（6）分段吊装时，应在地面对塔段就位尺寸进行复核测量，符合要求后才可进行起吊，避免强行就位现象发生。

（7）所有钢绳等硬质工器具严禁直接与塔材接触受力，受力点应衬垫麻袋片等软物，防止塔材镀锌层磨损，防止塔材变形。

（8）承托绳与塔材连接宜设置专用挂板，避免钢丝绳磨损塔材锌层。

（9）螺栓有滑牙或螺母棱角磨损过大必须更换，防卸螺栓的防卸装置安装到位，扣紧螺母安装齐全。

（10）螺栓紧固力矩应符合设计要求，对于设计未说明的应符合表 12-8-1 要求。

表 12-8-1 螺栓紧固力矩值

螺栓规格	扭矩值（N · m）	推荐力矩扳手长（m）	备 注
M12	40	0.4	
M16	80	0.4	
M20	100	0.5	
M24	250	0.6	
M27	300	0.7	
M30	420	0.8	
M36	540	0.8	
M39	660	1.0	
M42	760	1.0	
M48	760	1.0	
M52	760	1.0	
M56	760	1.0	

（11）每段铁塔吊装完毕应及时将螺栓紧固，下一段螺栓未紧固时严禁吊装上一段塔材；螺栓安装紧固时，先四周对称紧固。

（12）单帽螺栓出扣不少于 2 扣，双帽螺栓至少要平扣，螺栓螺纹不得进入剪切面。

（13）螺杆应与构件面垂直，螺栓头平面与构件间不应有空隙，交叉处有空隙的，应装设相应厚度的垫片，同部位螺栓长度不得有长短不一的现象；塔身脚钉弯钩与主材准线平行且统一向上。

（14）每吊装 20～30m 高度检测一次铁塔倾斜情况，如发现超标应及时查出原因，消除缺陷后才可继续施工，铁塔组立完成后，还需复核结构尺寸，确保误差在允许范围内。

9　安全措施

（1）一般安全要求。

1）凡参加施工的人员，必须通过安全考试且经过技术交底，熟悉并严格执行 DL 5009.2—2004《电力建设安全工作规程　第 2 部分：架空电力线路》有关规定；高处作业、机械操作均应持证上岗，严禁无证操作。

2）施工队必须加强所有施工人员的安全培训教育工作，主要形式为学习作业指导书、安全操作规程及相关规范、规定等，采取以师带徒、以熟手带新手的形式，在施工中相互照应、密切配合，全面提高施工人员的素质，保证工程施工质量，确保施工安全。

3）塔材人工抬运的小运路宽度不应小于 1.2m，坡度不宜大于 1:4，对难以满足以上要求的塔位，塔材运输工作应合理安排，采取加大人力提前运输、多次转运的方式。

4）进入施工现场必须正确佩戴安全帽，穿胶底鞋；高处作业人员必须系好安全带，安全带必须拴在主材或结实牢固的构件上，不得拴在附材上，严禁低挂高用，并随时检查是否可靠；高处作业应设安全监护人。

5）施工方法及现场布置要严格遵守相关规定，不得任意改动。

6）组塔工器具必须经常进行检查、维修、保养，吊点钢丝绳、起重滑车，承托钢丝绳、抱杆等主要受力工器具要在起吊前后进行详细检查，不合格者严禁使用，每次使用前必须由使用者进行外观检查，并不得以小代大或超载使用；对于变形、受损的工器具严禁使用；所有工器具及设备必须按规定选用，不得以小代大，并且必须按措施要求布置，各类绳索的连接和穿向要正确。

7）各种施工机械使用前应进行详细检查，以确保性能正常，施工机械要设专人操作、维修和保管，操作人员必须持证上岗，其他人员严禁操作。

8）拉磨尾绳不应少于 2 人且应位于锚桩后面，不得站在绳圈内；绞磨受力时，不得采用松尾绳的方法卸荷，钢丝绳应从卷筒下方卷入，并排列整齐，缠绕不得少于 5 圈。

9）工作负责人应和绞磨操作人员统一指挥旗语。

（2）防洪、防电害、防火、防盗、防风、防暑要求。

1）根据当地气候情况，在天气晴好时，必须合理安排好材料的大、小运输工作；在施工队选择驻地及现场看护场地时，必须仔细勘察，施工驻地的房屋不得有危房，以防止遇大雨坍塌，现场看护不得选择在冲沟汇水或可能发生泥石流的地势处搭设帐篷，以防止发生事故。

2）铁塔腿部安装完毕后，接地装置必须及时安装。

3）在地面组装塔片时，应派专人用加长扳手紧固螺栓。立塔完毕后应检查防盗螺栓安装高度、安装质量是否符合规定要求，将地脚螺栓复紧一遍并打锚。

4）在带电体附近进行工作时，距带电体的最小安全距离必须满足表 12–9–1 要求。

5）抱杆提升不得提前进行，提升后因天气或其他原因影响，不能继续作业需长时间放置或过夜时，必须打设防风外拉线。

6）野外作业必须生火时，火源周围必须设置隔离带，并配备灭火器等。

7）立塔施工阶段注意收听当地天气预报，预防大风和雷雨天气；遇有雷电、浓雾或六级以上强风天气时，不得进行吊装作业。

表 12-9-1　　高处作业与带电体的最小安全距离

项　　目	电压等级（kV）			
	10 及以下	35	110	220
工器具、安装构件等与带电体的距离（m）	2.0	3.5	4.0	5.0
工作人员的活动范围与带电体的距离（m）	1.7	2.0	2.5	4.0

8）塔材转运地及材料堆放点应合理选择，并设置看守人员防止材料丢失。

（3）地面组装安全要求。

1）挪动较重构件时，要使用棕绳用肩抬运，同起同落。

2）组装螺栓必须按图纸要求的规格装配齐全，对交叉部位应加垫片，构件组装完毕，应及时将螺栓紧固一遍；尽可能一次紧固合格，以减少后期高空检修工作量，吊件所带的侧面辅材应能自由活动，上端螺帽必须出扣，自由端朝上时，应绑扎牢固。

3）组装时严禁用手指插入螺孔中找正，要用尖扳手或其他工具以防挤伤手指。

4）组装和起吊工作在同一处进行时，起吊构件下方不得有人，如因地形限制，应待起吊构件就位后再进行组装。

5）各分解段的长度应根据抱杆的起吊能力在有利于起吊和安装的原则下尽可能地减少起吊次数。

（4）吊装作业安全技术要求。

1）绞磨及牵引地锚的规格、埋深必须按规定执行，对疏松土质、松散的砾碎石坑埋设地锚应加挡板，磨绳所经地面障碍物要清除干净；严禁用树桩或岩石代替地锚作为锚固；人员不得在受力钢丝绳内角侧逗留。

2）各岗位工作人员必须精力集中、听从指挥、密切配合；施工现场除必要的工作人员外，其他人员应离开塔高的 1.2 倍以外。

3）吊点绑扎要有专人负责，绑扎要牢固，在绑扎处塔材内要垫以方木或适宜的圆木，塔材要以麻袋等缠绕包裹进行防护；对须补强的构件吊点应予以可靠补强。

4）吊装过程中，控制绳回松速度要与起吊速度相适宜，并均匀放出，使吊件不与塔身相碰，也不可使其张力过大。

5）吊装过程时，如出现异常应立即停止牵引，查明原因，作出妥善处理，不得强行吊装；塔片高空就位时，在主材和侧面大斜材未全部连接牢固前不得在吊件上作业。

6）高空组装时，必须待构件与塔身连接牢固后方可松解吊绳，吊件就位后应及时将辅材连接好，个别辅材装不上时，应用绳索放到地面，严禁浮搁在铁塔构架上，以防坠落伤人。

7）高空组装时，所用工具和材料必须放入工具袋内，以防坠物伤人，各种材料和工具应用小绳传递，不得上下抛掷。

8）应尽量减少双层作业，必须双层作业时，上层作业人员所用物件必须放置稳妥，防止坠落危及下层作业人员的安全。

9）抱杆提升前，应将提升腰滑车处及其以下塔身的辅材装齐，并紧固螺栓，承托绳以下的塔身结构必须组装齐全，主要构件不得缺少；承托绳及内拉线与主材联结处必须采取内垫外包措施；腰环绳应绑扎在已组塔身的节点处，腰环中心线应位于塔身中心，提升抱杆时塔上人员不得位于塔身内侧，并必须设专人监视腰环滚轮转动情况，避免滚轮转动不灵活而使腰环受力过大；抱杆升起应随即将内拉线、承托绳打设牢固；抱杆上有人作业时不得进行抱杆调整；一个工作日结束时，不允许预先提升抱杆；起吊构件时，腰环绳应松弛，不得受力；临时拉线、抱杆拉线需长时间放置或过夜时，应使用铁丝绑扎封闭以防止误拆除。

10）拆除抱杆应使用机动绞磨，拆除全过程应保持磨绳始终受力，严禁用人工松磨绳的方法落抱杆。

11）立塔施工前应先进行试点，熟悉施工的每一环节，对出现的问题应及时进行解决，并进一步完善措施后方可进入正常的施工状态。

10 环保措施

（1）严格遵守国家和地方政府下发的有关环境保护的法律、法规，加强对施工燃油、工程材料、设备、废水、生产生活垃圾的控制和治理，遵守防火及废弃物处理的有关规定。

（2）将施工场地和作业限制在工程建设允许的范围内，合理布置、规范围档，做到标牌清楚、齐全，各种标识醒目，施工场地整洁。

（3）对施工中可能影响到的各种公共设施制定可靠的防止损坏和移位的措施，加强实施中的监测。

（4）弃渣及其他工程废弃物按指定的地点和制订的方案进行合理堆放和处置。

（5）合理进行现场布置和科学组织施工，减少材料工器具运输、现场组装和铁塔组立等占地面积，减少施工过程中现场开挖和青苗毁损。

（6）林区施工严禁明火，防止发生火灾。

（7）塔材在装卸、运输时，应轻装轻卸，避免损坏镀锌层；塔材在运输、堆放、施工吊装时要采取支垫、包扎等措施，不得用钢丝绳直接绑扎，防止因相互碰撞、摩擦等原因而损坏镀锌层或使塔材弯曲变形；构件起吊时必须清刷干净，表面不得沾有泥土、油渍等。

（8）运到桩位的塔材，要按使用顺序摆放在适当位置，塔材用方木衬垫；组装前应将作业场地平整清理干净，工器具按顺序整齐摆放并与地面隔离。

11 效益分析

本典型施工方法有效减少抱杆长度，减少工器具制造、施工运输、安装成本，提高施工效率，减少安全隐患，提高铁塔组立安装工艺水平；同时具有较好的环境保护效果和较好的社会效益。

以一般 750kV 同塔双回线路工程采用本典型施工方法分解组立高度 100m、重量 90t 的铁塔施工为例，本典型施工方法相比采用落地式外拉线抱杆施工方法有明显的经济效益。具体效益分析见表 12-11-1（施工人员数量按 30 人计）。

表 12-11-1　　效　益　分　析

（以一般 750kV 同塔双回线路工程采用本典型施工方法分解组立高度 100m、重量 90t 的铁塔施工为例）

施工方法	工器具运输工日（个）	抱杆长度（m）	组塔时间（天）	青苗赔偿面积（亩）
落地式外拉线抱杆	60	112	10	15
内悬浮外拉线抱杆	20	32	5	10
节约比率（%）	66.6	71.4	50	33.3

12 应用实例

（1）750kV 兰白银线路工程Ⅱ标段立塔施工。施工地点：甘肃省兰州市榆中县。施工时间：2007 年 4～8 月。

（2）750kV 平乾线二标段立塔施工。施工地点：甘肃省平凉市泾川县。施工时间：2007 年 10 月～2008 年 4 月。

（3）±800kV 锦苏线路皖 1B 标段立塔施工。施工地点：安徽省安庆市。施工时间：2009 年 5～8 月。

（4）750kV 哈密—安西线路工程Ⅵ标段立塔施工。施工地点：甘肃省酒泉市瓜洲县柳园镇。施工时间：2010 年 2～5 月。

（5）河西走廊 750kV 永登—金昌—酒泉—安西线路。施工地点：甘肃省兰州市、武威市、张掖市、酒泉市。施工时间：2010 年 1～7 月。

典型施工方法名称：内悬浮外拉线双摇臂抱杆分解组塔典型施工方法

典型施工方法编号：GWGF013–2010–SD–XL

编　制　单　位：福建省第二电力建设公司

推　荐　单　位：福建省电力有限公司

主 要 完 成 人：林剑华　黄海锋　唐　光

目　次

1 前言

随着电网建设的快速发展，输电线路输送容量及电压等级不断提高，杆塔荷载不断增加，杆塔结构尺寸、单件重量均有较大幅度的增加，特别是大跨越高塔，其组立吊装施工难度大、工艺复杂，采用常规的角钢格构式抱杆或铝合金格构式抱杆等吊装设备已无法完全满足施工需要，亟须开发一种工效高、安全性能好、操作便捷的立塔施工设备，并形成一套完整的组立塔施工工艺。由福建省第二电力建设公司自主研制设计的双摇臂抱杆则能够较好地解决这一技术难题。

福建省第二电力建设公司早在 1992 年承建 500kV 天广 I 回线路大跨越工程期间，便首次尝试使用双摇臂抱杆分解组立跨越高塔，获得成功。2009 年，在中国电力科学研究院特高压杆塔试验基地工程中，采用了内悬浮外拉线双摇臂抱杆分解组塔工艺进行横向加荷塔（塔身呈非正方形结构）吊装，施工取得圆满成功，为企业赢得了显著的经济效益和社会效益。该施工方法进一步丰富和完善了双摇臂抱杆组塔施工工艺，为铁塔的组立施工提供了一种新途径，可供同行业参考借鉴。该施工方法不仅可以运用于高塔组立施工，还可以推广应用于普通铁塔组立施工，尤其适用于猫型、杯型等塔头呈非正方形结构的铁塔吊装施工，在电网建设中推广应用前景广阔。

2 本典型施工方法特点

（1）双摇臂抱杆通过外拉线锚固在地面地锚上，使得抱杆更加稳定，对于猫型、杯型等塔头呈非正方形结构的铁塔吊装施工，具有更加可靠的安全性。

（2）可进行两侧平衡吊装，单次吊装载荷大，吊装工作效率高。

（3）可实现垂直吊装，降低了塔片在起吊过程中与已组立塔材碰撞的概率，提高了铁塔组立施工质量。

（4）与落地式双摇臂抱杆组塔施工方法相比，减少了抱杆长度，节省了工器具制造、运输及安装费用。

3 适用范围

本典型施工方法适用于现场地势较为平坦，且高度在 200m 及以下的铁塔组立施工，尤其适用于猫型、杯型等塔头呈非正方形结构的铁塔组立施工，对结构特殊的铁塔组立施工也可以参考使用。

4 工艺原理

双摇臂抱杆悬浮于塔身内，采用四组承托绳滑车组支撑抱杆承受的下压力；在抱杆主杆身顶部安装四组落地拉线，拉线下端固定在地面的地锚上；在两组腰箍及四组外拉线的控制下，通过提升系统将抱杆提升到吊装所需高度并固定好；启动转动机构，将摇臂转至预吊装塔件的正上方；放下吊钩并挂好吊件，通过抱杆起吊系统将吊件起吊至安装高度；通过调幅系统及转动机构，将吊件调整至预安装位置上；将起吊到位的塔件安装到铁塔上，完成该段塔件吊装。

5 施工工艺流程及操作要点

5.1 施工工艺流程

本典型施工方法施工工艺流程见图 13-5-1。

5.2 操作要点

5.2.1 施工准备

5.2.1.1 内悬浮外拉线双摇臂抱杆组成

内悬浮外拉线双摇臂抱杆由主杆身、桅杆、摇臂、腰箍、滑车组以及转动连接构件组成，其结构如图 13-5-2 所示。

（1）抱杆悬浮于塔身内，采用四组承托绳滑车组支撑抱杆承受的下压力，承托钢丝绳尾绳沿铁塔主材引至设置在地面的地锚上并锚固。

（2）在抱杆主杆身顶部安装四组落地拉线，拉线下端固定在地面的地锚上，以保证抱杆的稳定。

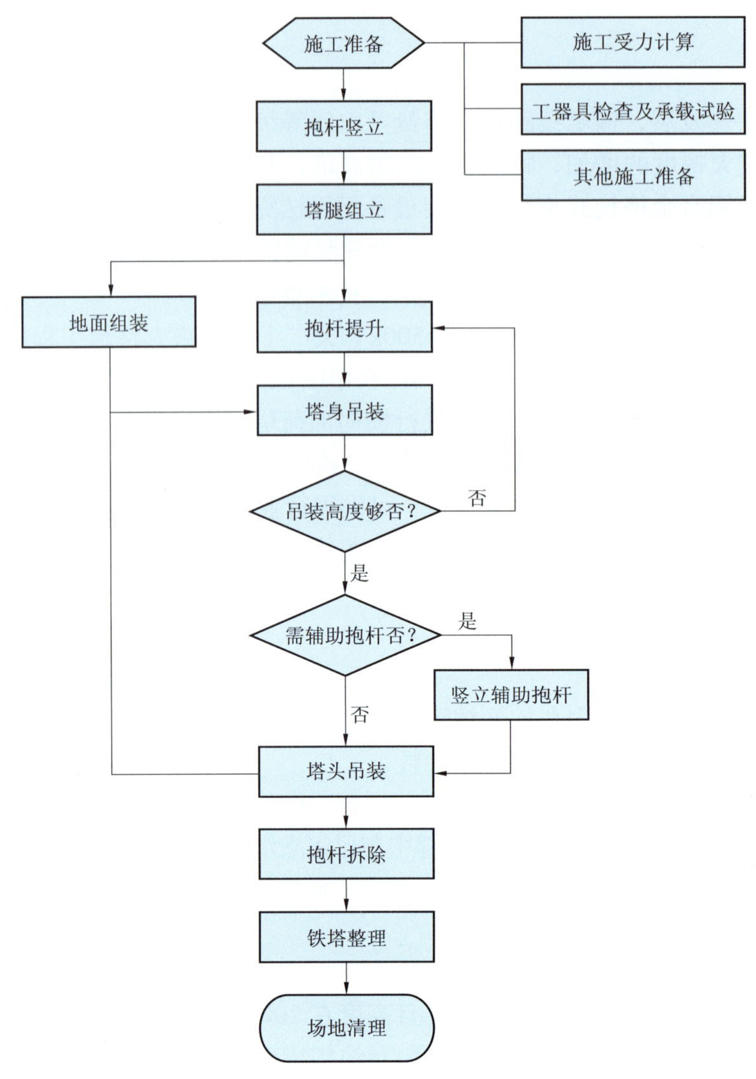

图 13-5-1　内悬浮外拉线双摇臂抱杆分解组塔施工工艺流程图

（3）双摇臂通过摇臂支座与桅杆连接，可在满负荷工况下调整摇臂，幅角 0°～87°。

（4）桅杆通过转动机构与抱杆主杆身顶端机械连接，通过回转动力系统可使摇臂在平面内做±180°旋转，能够实现吊装作业面的全覆盖。

（5）腰箍为首尾相连的方形四杆构件（抱杆可在腰箍内自由升降），通过四组钢丝绳固定在塔身四根主材上，可确保抱杆提升过程的稳定。

（6）滑车组包括承托绳滑车组、调幅滑车组、起吊滑车组。其中，承托绳滑车组安装在铁塔主材节点和抱杆根部之间，承托钢丝绳沿塔身主材引至地面锚桩上，同时可作提升抱杆用；调幅滑车组安装在桅杆顶端和摇臂顶端之间，调幅钢丝绳穿过桅杆引至设置在抱杆内部的调幅卷扬机上；起吊滑车组安装在摇臂顶端与吊钩之间，起吊钢丝绳穿过摇臂及抱杆杆身内部引至地面的动力系统上。

5.2.1.2　施工受力计算

（1）内悬浮外拉线双摇臂抱杆分解组塔施工受力计算，应包括主要工器具的受力计算以及构件的强度验算。主要工器具包括抱杆、抱杆拉线、起吊绳（包括起吊滑车组、吊点绳、牵引绳等）、承托绳、调幅绳等。

（2）分解组塔施工受力计算，应先将全塔各次的吊重及相应的抱杆拉线夹角、控制绳对地夹角进行组合，计算各工具受力，取其最大值作为选择相应工具的依据；抱杆强度计算应符合 DL/T 875—2004《输电线路施工机具设计、试验基本要求》的规定。

（3）根据施工受力计算结果选择工器具的规格、型号和数量，以满足施工需要。

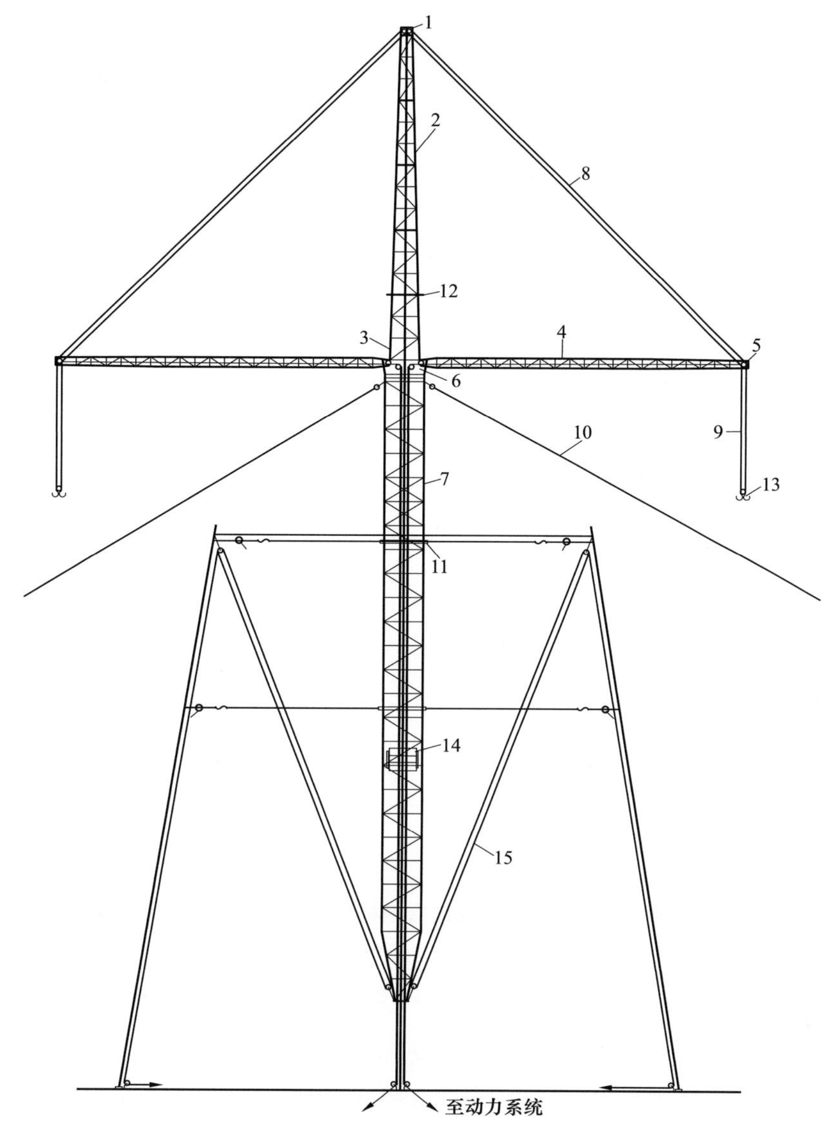

图 13-5-2 内悬浮外拉线双摇臂抱杆结构图

1—抱杆顶帽；2—桅杆；3—摇臂座；4—摇臂；5—摇臂帽；6—回转支承；7—抱杆杆身；8—调幅滑车组；9—起吊滑车组；10—外拉线；11—腰箍；12—摇臂挡架；13—吊钩；14—调幅卷扬机；15—承托绳

5.2.1.3 工器具检查及承载试验

（1）抱杆各部件应齐全、完好，严禁使用存在变形、焊缝开裂、严重锈蚀、弯曲等缺陷的部件。

（2）抱杆的各个连接轴销应使用专用轴销，不得随意替代。

（3）各种滑车应保证转动灵活，吊钩式滑车必须有封口保险销扣，高空使用的滑车必须采用吊环式；严禁使用存在吊钩或吊环变形、轮缘破损、转轴磨损、保险失效等现象的滑车。

（4）牵引动力设备的性能及维护保养状态良好。

（5）钢丝绳插接及维护保养应严格按 DL 5009.2—2004《电力建设安全工作规程　第 2 部分：架空电力线路》等相关要求处理。

（6）在对抱杆各部件检查合格后，还应进行抱杆试吊装承载试验，并有试验结果记录，经检测合格后方可使用。

5.2.1.4 其他施工准备

（1）实地调查塔位现场的地形地貌及地质情况，合理规划施工场地布置，特别是拉线地锚埋设位置和动力场位置；现场塔材、工器具堆放区域应定置、封闭管理，堆放整齐有序、标识清楚。

（2）实地勘查运输路径，根据塔件重量及长度，合理选择运输工具及运输方式，对不能满足运输要求的道路做适当的修整。

（3）清理塔位附近影响立塔施工安全的障碍物。

（4）测量复核线路方向和基础相关尺寸。

（5）施工前组织所有施工人员进行安全及技术交底，确保施工人员对规程规范、设计图纸、施工安全技术措施充分理解；施工人员经考试合格后才允许上岗。

5.2.1.5　现场布置

（1）内悬浮外拉线双摇臂抱杆分解立塔现场布置如图 13-5-3 所示。

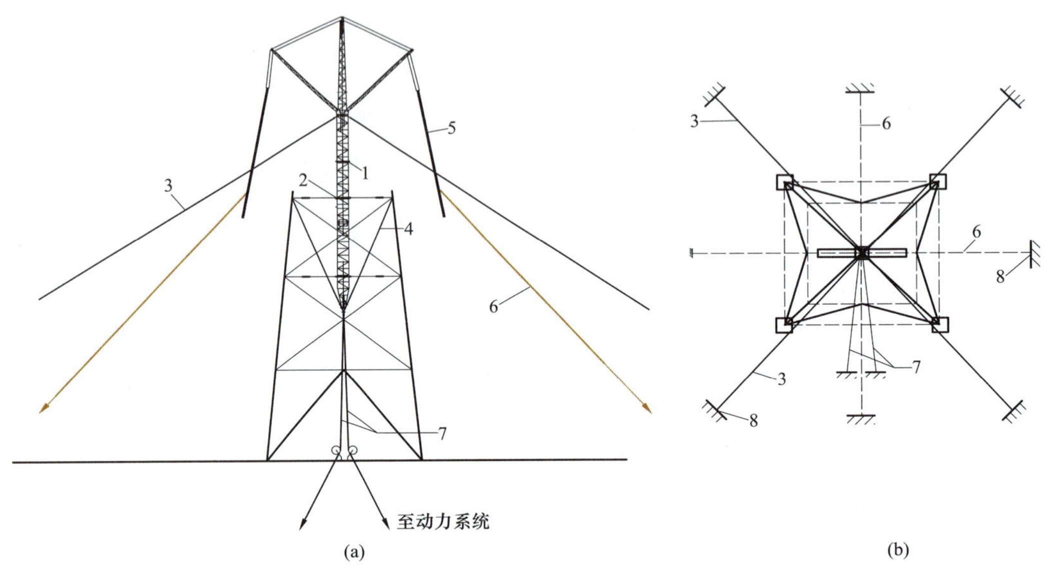

图 13-5-3　内悬浮外拉线双摇臂抱杆分解立塔现场布置示意图

（a）现场布置立面图；（b）现场布置俯视图

1—抱杆；2—腰箍；3—外拉线，距离塔位 1.2 倍的全高；4—承托绳；5—吊件；6—控制绳；7—起吊绳索；8—地锚

（2）内悬浮外拉线双摇臂抱杆分解立塔现场布置应遵循下列规定：

1）承托绳滑车组固定在铁塔主材的节点上，与塔身的固定宜通过事先安装在塔材上的施工板（孔）连接，两对角线承托绳间的夹角应不大于 90°。四组承托绳滑车组均衡受力后，抱杆应位于铁塔中心。

2）每副抱杆设三台机动绞磨，绞磨位置可设在塔身构件副吊侧及非横担整体吊装侧，与铁塔中心的距离应不小于塔全高的 0.5 倍，且不小于 40m。

3）抱杆外拉线和地锚应根据受力计算结果选择，吊装前抱杆外拉线应可靠固定。抱杆外拉线地锚宜位于与基础中心线夹角为 45° 的延长线上，离基础中心的距离应不小于塔全高的 1.2 倍。若场地不能满足要求时，应验算各部受力并采取特殊的安全措施；当落地拉线过长（超过 300m）时，宜加装测力装置，以控制拉线受力情况。

4）双摇臂抱杆宜采用两侧平衡起吊方式。若采取单侧吊装时，另一侧为平衡侧，该侧起吊滑车组可锚在地面上，也可吊装相当重量的配重块。

5）经过受力计算，当抱杆稳定性不能满足吊装要求时，抱杆杆身宜设置落地拉线。落地拉线宜通过腰箍固定抱杆，而腰箍则通过吊拉线形式与铁塔连接固定，以减小落地拉线对抱杆的附加荷载。

6）各种地锚的规格及埋深应满足相应的承载需要，埋设位置应符合规范及现场施工的要求。

5.2.2　抱杆竖立

（1）抱杆竖立可采取以下三种方法：

1）方法一：采用倒落式人字抱杆或汽车起重机将抱杆整体竖立，如图 13-5-4 所示。

2）方法二：先利用小型倒落式抱杆竖立抱杆上段，然后采用提升架倒装提升抱杆，在抱杆下部接装其余各段，直至全部组装完成，如图 13-5-5 所示。

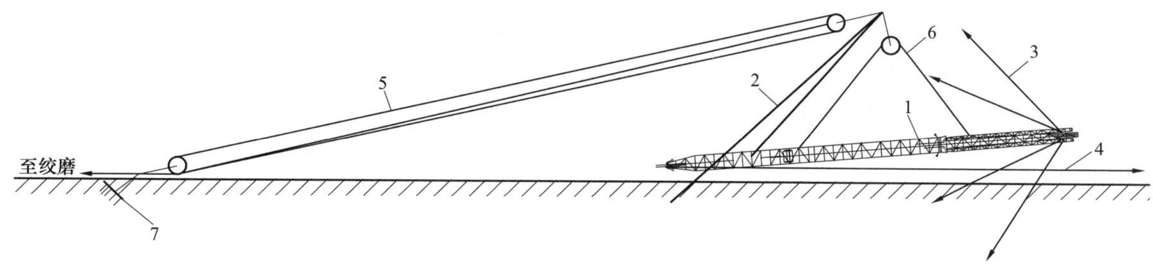

图 13-5-4　采用人字抱杆起吊方式竖立抱杆示意图

1—抱杆；2—人字抱杆；3—拉线；4—制动拉线；5—滑车组；6—起吊绳索；7—地锚

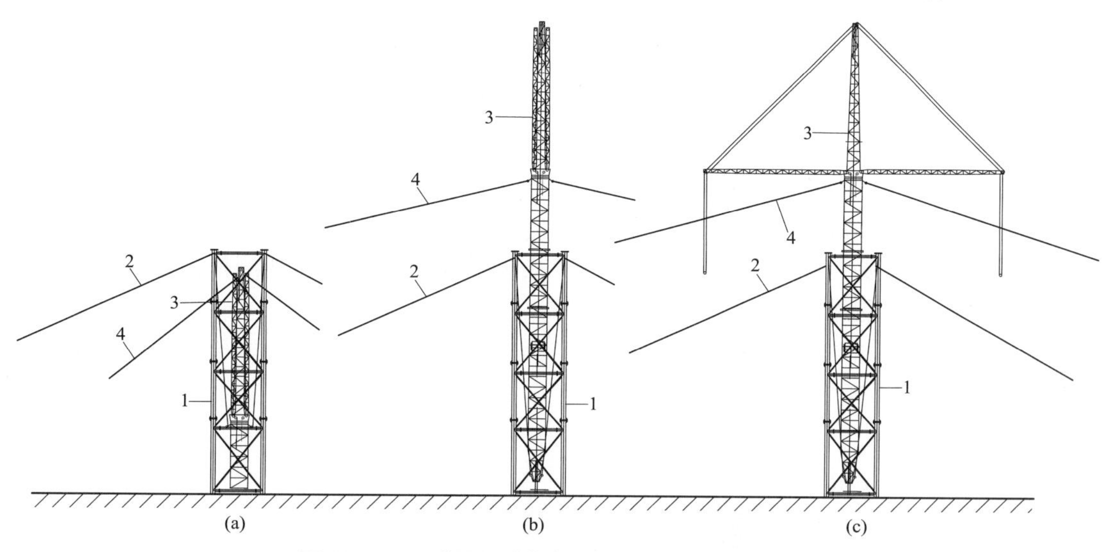

图 13-5-5　采用提升架倒装方式竖立抱杆示意图

(a) 抱杆上段竖立；(b) 抱杆倒装接续；(c) 抱杆竖立完成

1—提升架；2—提升架拉线；3—抱杆；4—抱杆拉线

3）方法三：先利用小型倒落式人字抱杆竖立抱杆上半段（抱杆的竖立高度应能满足吊装 20～30m 铁塔高度的需求），再利用抱杆上半段将铁塔组立到一定高度，然后利用已组立的铁塔提升抱杆，以倒装方式接装抱杆其余各段，直至全部组装完成。

(2) 抱杆竖立完成后，穿好承托绳、调幅和起吊等滑车组，布置好监控系统数据线和电源线等，安装好视频监控系统的摄像头，并调试抱杆各系统。

(3) 在吊装塔件前，双摇臂抱杆还应进行试吊装，以检验抱杆各系统工作良好与否。检验合格后，方可进行吊装作业。

5.2.3　塔腿组立

(1) 塔腿组立可根据现场地形、基础根开、塔腿重量、主材长度等条件，合理选择吊装方式。

(2) 地形条件许可时，可采用汽车起重机或利用已竖立的摇臂抱杆吊装塔腿段。

(3) 地形条件不许可时，可采用小型倒落式人字抱杆就近塔腿处组立塔腿，或利用已竖立的摇臂抱杆单根吊装塔腿主材。

(4) 当采用摇臂抱杆吊装塔腿时，宜采用平衡吊装的方法。两侧起吊滑车组同步起吊，以确保抱杆两侧受力一致。塔腿平衡吊装如图 13-5-6 所示。

(5) 吊装塔腿主材时应采用合适的吊具，选择合

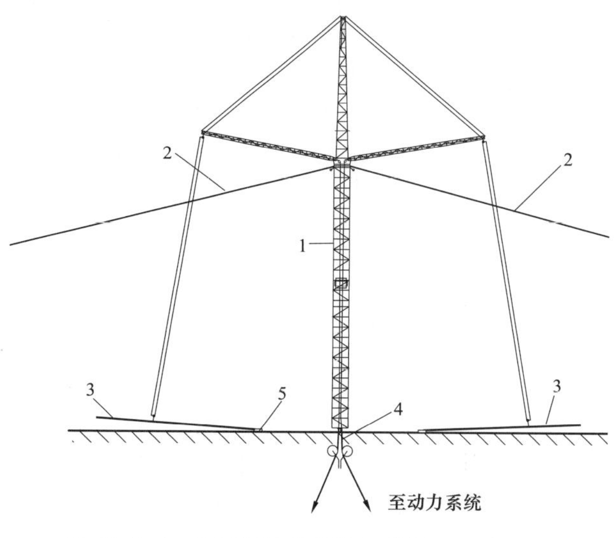

图 13-5-6　双摇臂抱杆平衡吊装塔腿示意图

1—抱杆；2—外拉线；3—塔腿；4—起吊绳索；5—基础

理的吊点位置，以确保主材在吊装过程中不弯曲变形，必要时应采取补强措施。

（6）单根主材或塔片吊装完成后，应随即安装并紧固好地脚螺栓，并打好临时拉线。在铁塔四面辅材未安装完毕之前，临时拉线不得拆除。

（7）塔腿段的四面辅材可采用摇臂抱杆吊装，也可利用已立塔腿主材进行抬吊。采取抬吊施工时，先抬吊横隔面与大斜材，再逐根吊装小斜材，直至完成整个塔腿段的组立。

5.2.4 抱杆提升

（1）先安装好上下两道腰箍，上腰箍应安装在已组立塔段的最高处，上下腰箍相距 10m 以上，并收紧腰箍绳。

（2）利用两道腰箍使抱杆处于竖直状态，先将两组对角承托绳滑车组松开并提至塔身上的指定位置，然后收紧并托住使抱杆处于平衡，再解开另两组对角承托绳滑车组，同样提至指定位置并收紧。

（3）提升抱杆时，先将四组落地拉线松开，但不失控制，使其在抱杆提升过程保持松弛状态。利用对角的两组承托绳滑车组，两滑车组的引下绳通过平衡系统由一台卷扬机控制，以保证两滑车组相对平衡，控制落地拉线以及另外两组承托绳滑车组的绞磨同时均衡松出，使抱杆在竖直状态下缓慢上升；若提升重量较重时，也可采用如图 13-5-7 所示的“四变二、二变一”单牵引平衡提升方式。启动动力系统使抱杆在竖直状态下缓慢上升，提升过程应安排专人从铁塔正侧两方向观测抱杆的竖直情况，协调落地拉线松紧以使抱杆处于竖直状态。

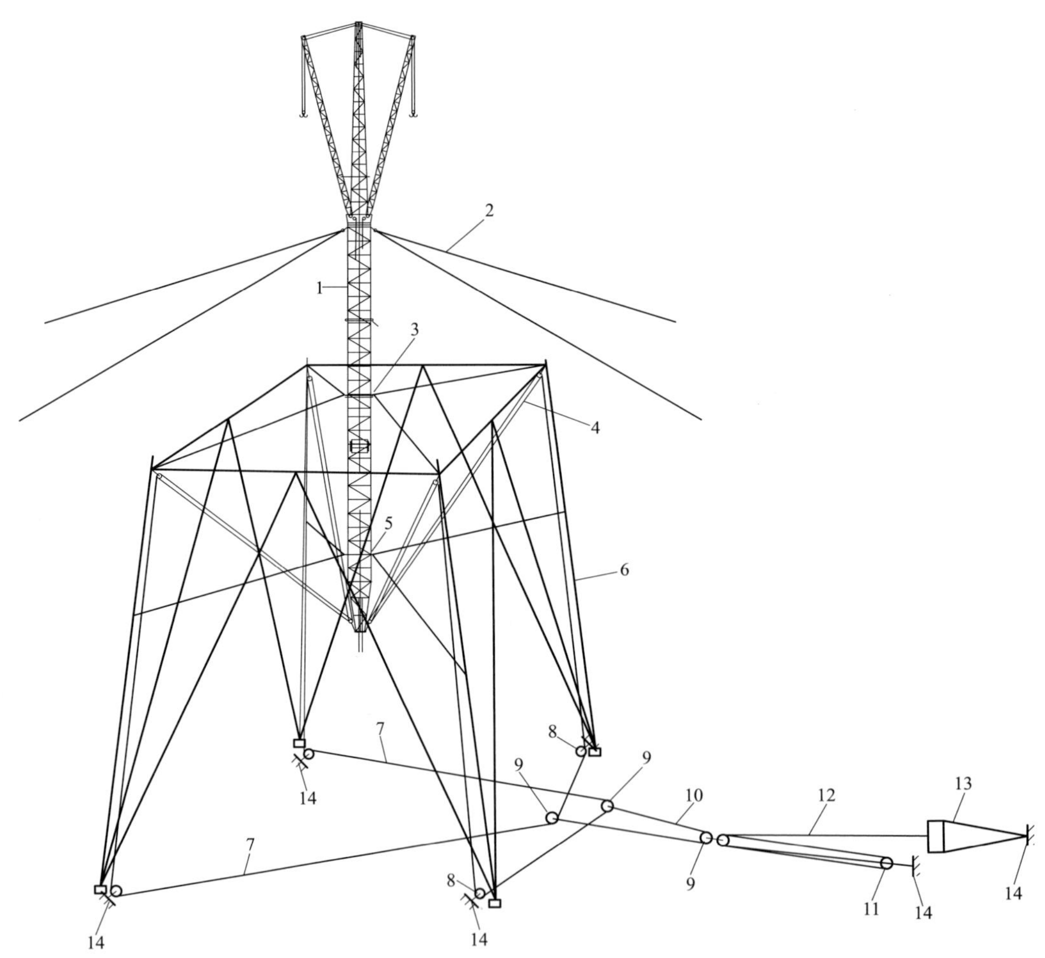

图 13-5-7 内悬浮外拉线双摇臂抱杆提升布置图

1—抱杆；2—外拉线；3—腰箍；4—承托绳；5—腰箍；6—铁塔；7—起吊绳索；8—转向滑车；9—平衡滑车；10—平衡钢丝绳；11—总牵引滑车组；12—牵引钢丝绳；13—卷扬机；14—地锚

（4）抱杆提升到所需高度后，调整并收紧承托绳滑车组及落地拉线，使抱杆保持竖直，然后理好调幅及起吊滑车组引下绳。

5.2.5　塔身吊装

（1）根据抱杆的荷载以及塔段的结构特点，选择单件起吊或组片起吊方式。塔片应组装在以抱杆为中心的对称位置上，且尽可能位于摇臂的正下方，以避免吊装时对摇臂及抱杆杆身等构件产生偏心扭矩。

（2）抱杆可采用单侧起吊或双侧平衡起吊。当采用双侧平衡起吊时，转动装置与调幅滑车组应协同进行，保证塔件顺利就位。

（3）塔身吊装操作步骤。

1）将抱杆提升到吊装所需高度；启动转动装置，将摇臂转至预吊装塔件正上方；启动调幅系统卷扬机，将双摇臂放至合适起吊状态；启动起吊系统卷扬机，将吊钩降落至地面。

2）挂好吊件，检查两侧吊片的起吊点是否与抱杆成一直线。缓慢启动两台起吊卷扬机，确保两侧塔件同步离地、同步起吊提升，当吊件提升到所需高度后停止起吊。

3）启动转动装置，将吊件转至安装就位位置；启动调幅及起吊卷扬机，调整摇臂的幅角及吊片高度，使塔件顺利安装，如图 13-5-8 所示。

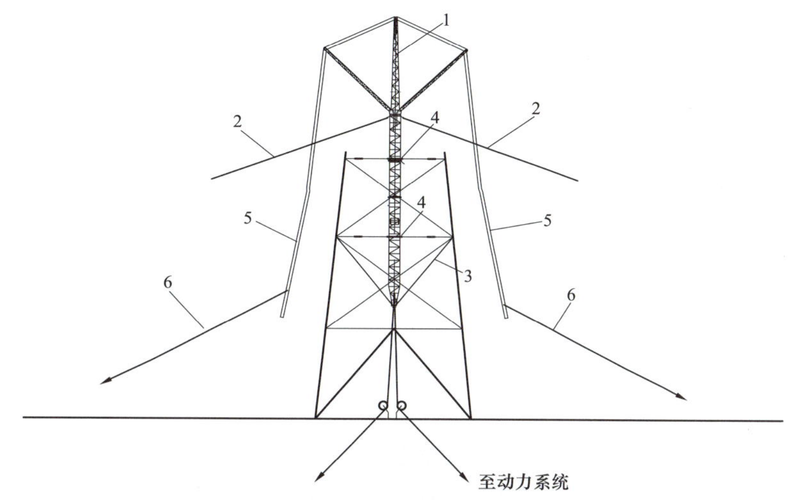

图 13-5-8　塔身吊装示意图

1—抱杆；2—外拉线；3—承托绳；4—腰箍；5—吊件；6—控制绳

4）两侧塔片安装就位后，将摇臂旋转到另两侧，起吊塔体另两侧的塔片。待塔体四侧塔片安装完毕且螺栓紧固后，方可松解起吊索具。

5）重复以上操作，直至整基塔身吊装完毕。

（4）塔身吊装注意事项。

1）吊装时，合理选择吊点，防止吊件在吊装过程倾覆或弯曲。对于较宽的塔片，在吊装时应采取必要的补强措施。

2）为防止吊片在由平铺地面到起立过程中，吊片的根部直接与地面接触摩擦，造成吊片的镀锌层脱落，需在其根部绑扎橡胶垫（或安装专用的防磨靴）。

3）当双侧吊装时，抱杆必须调直，双侧塔片应对称布置且重量相同或相近。起吊前，应检查两侧吊片的起吊点是否与抱杆成一直线，否则应调整，避免摇臂承受侧向力。起吊时应缓慢启动两台起吊卷扬机，确保两侧塔件同步离地、同步提升、同步就位，减少抱杆承受的不平衡弯矩。

4）当采用单侧吊装时，如受场地限制，吊件的起吊中心对抱杆轴线的水平偏角不宜大于 10°。根据吊装位置的不同，反侧摇臂的起吊滑车组可以起吊相当重量的重块，也可以锚在地锚上，以起到平衡拉线的作用。当另一侧采取事先锚在地锚上时，地锚埋设位置应与吊装就位位置相对称，同时应确保塔片就位顺利；当另一侧采取配重时，配重块应与塔件重量相当，同时配重块应与塔件位置对称。

5）若落地拉线设置的位置影响被吊构件就位时，应预先采取避让措施，不应在吊装中调整落地拉线。

5.2.6　塔头吊装

（1）杯型塔塔头吊装。

1）杯型塔曲臂吊装。

a. 根据铁塔曲臂结构特点、抱杆结构及荷载条件，选择采用上、下曲臂整体吊装或分体吊装方式。

b. 塔身吊装完成后，在塔身平口处设置一道腰箍，将抱杆提升至预定高度位置后，打好抱杆外拉线进行下曲臂吊装。下曲臂吊装完成后，在曲臂的 K 点处设置一道腰箍，提升抱杆至预定高度位置，并重新打好外拉线后进行上曲臂吊装。当抱杆高度及吊装重量满足上下曲臂吊装要求时，上下曲臂可采取整体吊装。

c. 曲臂吊点绳宜用倒 V 型钢丝绳，吊点绳绑扎在曲臂的 K 节点处或构件重心上方约 1～2m 处。

d. 两侧曲臂吊装完成且紧固螺栓后，在两侧曲臂的 K 节点前后侧加钢丝绳和双钩紧线器调节收紧，并测量两侧上曲臂上端之间距离，使就位点之间开口距离与设计结构长度相符，以便于横担安装就位，杯型塔上下曲臂吊装如图 13-5-9 所示。

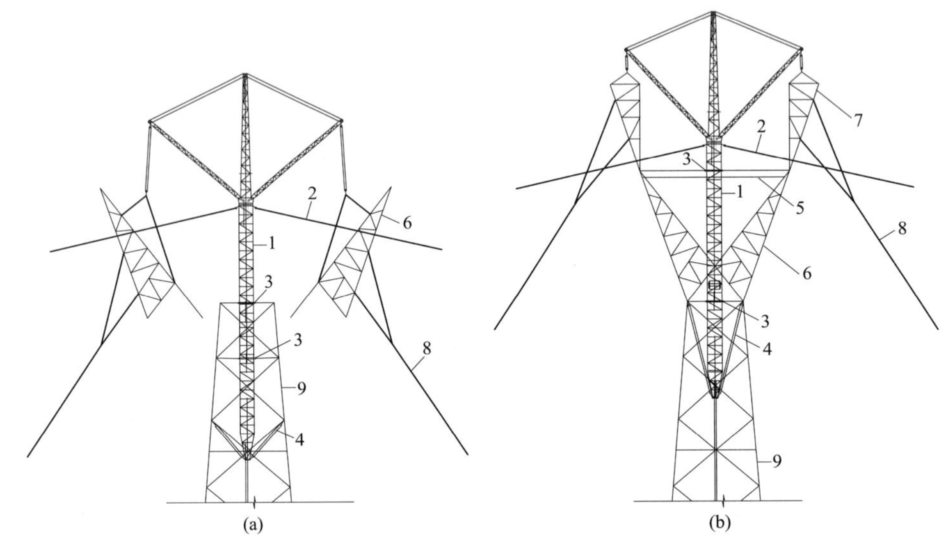

图 13-5-9　杯型塔上下曲臂吊装示意图

（a）下曲臂吊装；（b）上曲臂吊装图

1—抱杆；2—外拉线；3—腰箍；4—承托绳；5—补强钢丝绳；6—下曲臂；7—上曲臂；8—控制绳；9—塔身部分

2）杯型塔导线横担及地线支架吊装。

a. 根据抱杆的承载能力、导线横担、地线支架的重量及场地条件，杯型塔导线横担及地线支架可采取前后片组装一次吊装，或分为中段前后片、两端边段（连同地线支架）四部分分两次进行吊装，边相横担可利用经补强的地线支架进行吊装。杯型塔导线横担与地线支架吊装如图 13-5-10 所示。

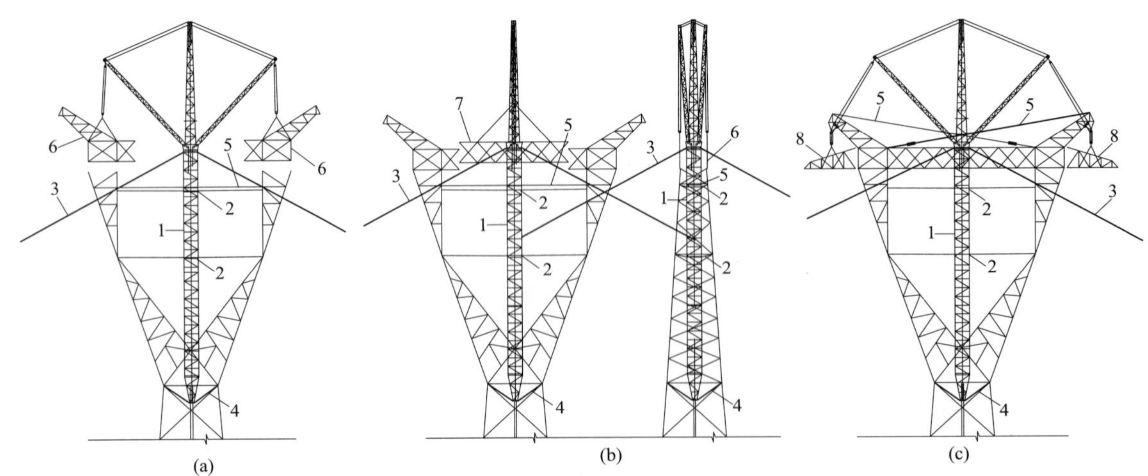

图 13-5-10　杯型塔导线横担与地线支架吊装示意图

（a）地线支架吊装；（b）中横担吊装；（c）边横担吊装

1—抱杆；2—腰箍；3—外拉线；4—承托绳；5—补强钢丝绳；6—地线支架；7—中横担；8—边横担

b. 当两端边段（连同地线支架）起吊到接近就位高度时，应缓慢松出控制绳，使吊件下平面缓慢进入上曲臂平口上方。当两端都进入上曲臂上口后，先低后高，对孔就位。

c. 横担中段与边段平口对孔，应先对一侧，然后再对另一侧，不允许强行对孔。

（2）猫型塔塔头吊装。

1）猫型塔塔头吊装可分边相横担、上下曲臂、中相横担、地线支架四部分。吊装顺序：上下曲臂、地线支架、中相横担、边相横担。可根据抱杆承载能力以及场地平整情况，选择整体吊装或分片吊装。

2）塔身吊装完成后，在塔身平口处设置一道腰箍，提升抱杆至预定高度位置，打好抱杆的外拉线进行下曲臂吊装；下曲臂吊装完毕后，在曲臂的 K 节点处设置一道腰箍，提升抱杆至预定高度位置，并重新打好外拉线后进行上曲臂吊装。当抱杆高度及吊装重量满足上下曲臂吊装要求时，上下曲臂可采取整体吊装。

3）两侧曲臂吊装完成且紧固螺栓后，在两侧曲臂的 K 节点前后侧采用钢丝绳和双钩紧线器调节收紧，并测量上曲臂上端之间的距离，使就位点之间的开口距离与设计值相符，以便横担中段顺利就位。

4）两侧地线支架宜采用整体吊装，两侧平衡起吊。中相横担可采用整体吊装或前后分片平衡吊装。两边相横担可利用经补强后的地线支架进行吊装。

5）猫型塔塔头吊装示意图如图 13-5-11 所示。

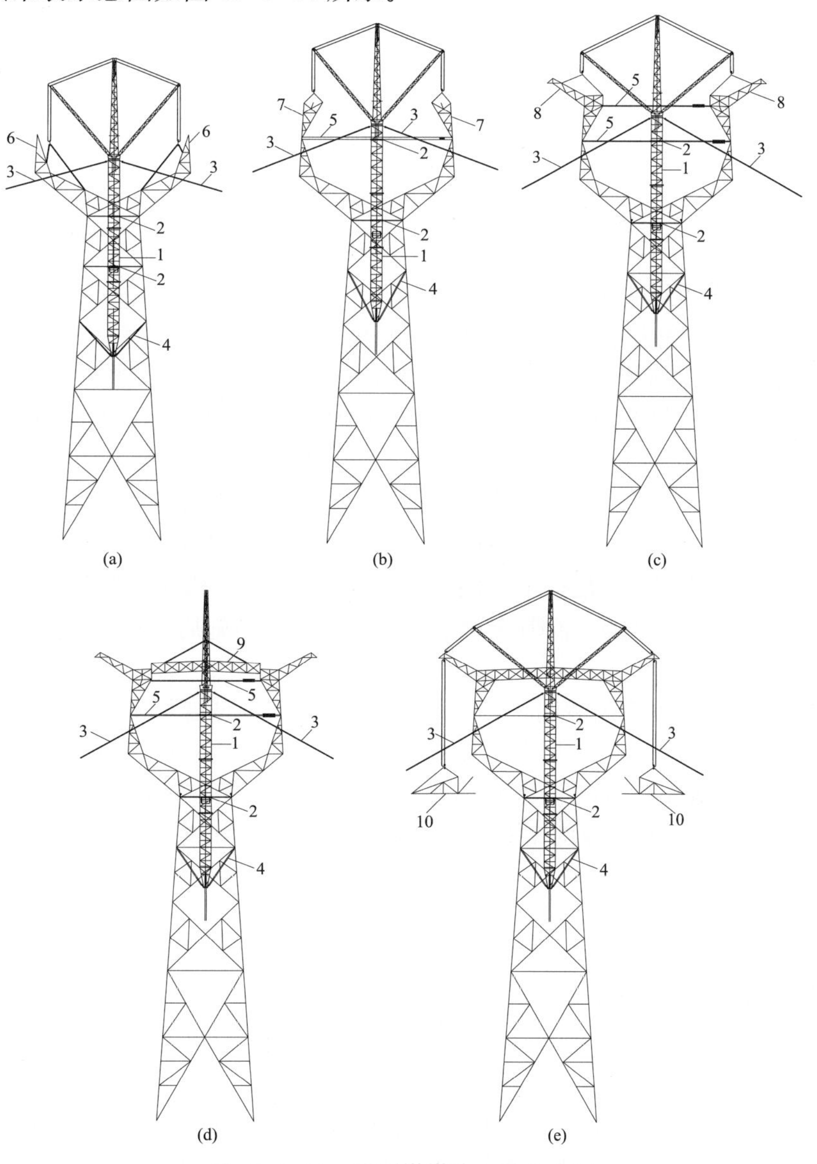

图 13-5-11　猫型塔塔头吊装示意图

(a) 下曲臂吊装；(b) 上曲臂吊装；(c) 地线支架吊装；(d) 中横担吊装；(e) 边横担吊装

1—抱杆；2—腰箍；3—外拉线；4—承托绳；5—补强钢丝绳；6—下曲臂；7—上曲臂；8—地线支架；9—中相横担；10—边相横担

（3）T 型塔塔头吊装。T 型塔的导线横担较长，可根据抱杆承载能力、横担重量和塔位场地条件，采用整体吊装或分解吊装。采用分解吊装时，将横担分近塔身段和远塔身段，近塔身段可根据横担与塔身连接方式采用旋转法整体吊装，也可分片吊装。远塔身段可利用辅助抱杆整体或分片吊装。T 型塔塔头部分吊装方式如图 13-5-12 所示。

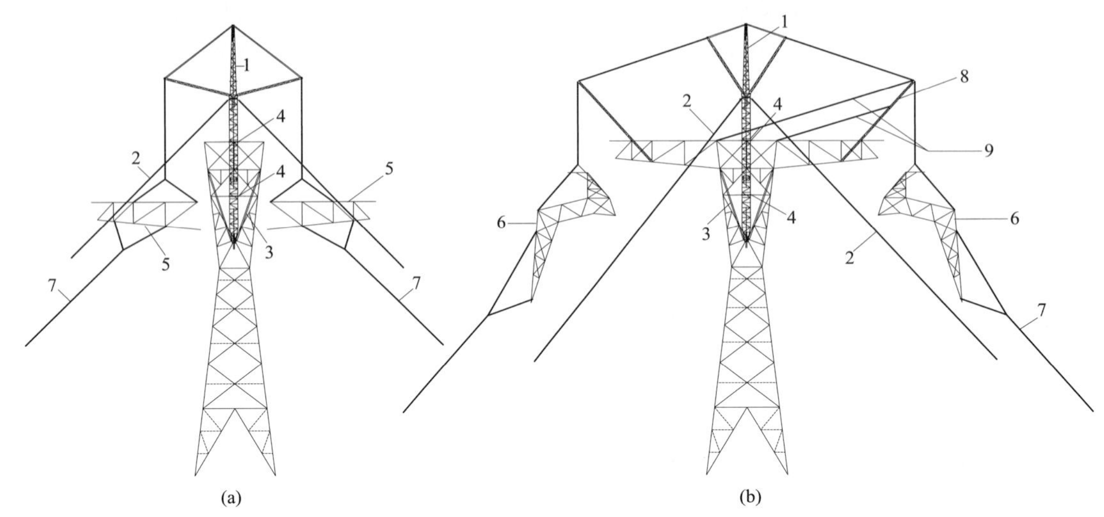

图 13-5-12　T型塔塔头部分吊装示意图

（a）近塔身段横担吊装；（b）远塔身段横担吊装

1—抱杆；2—外拉线；3—承托绳；4—腰箍；5—近塔身段横担；6—远塔身段横担；7—控制绳；8—辅助抱杆；9—辅助抱杆补强拉线

（4）干字型和双回路铁塔塔头吊装。

1）吊装干字型和双回路铁塔横担时，根据摇臂长度、承载能力、横担重量，可采用两侧整体、分段或分片平衡吊装方式。横担吊装顺序可采取由上而下或由下往上的方式进行吊装。当采用分段吊装，若摇臂长度无法满足远塔身段吊装时，近塔身段可利用抱杆吊装，远塔身段则可采用辅助抱杆吊装，此时宜采取由上往下方式进行吊装。

2）采取由上往下顺序吊装时，即先吊装上层横担，再利用辅助抱杆吊装远塔身段，然后利用上层横担吊装下层横担。吊装上层横担时，吊点绳绑扎在横担中心靠偏外的位置，起吊时横担外端略上翘，就位时先连接上平面两主材螺栓，后连接下平面两主材螺栓；当上层横担强度满足吊装下层导线横担时，可利用上层横担悬挂滑车组进行吊装，否则应对上横担采取补强措施后进行吊装。吊装方式如图 13-5-13 所示。

3）当抱杆摇臂长度够及横担吊装时，则无需辅助抱杆，此时也可采取由下往上顺序吊装，即先吊装下层横担，再吊装上层横担。吊装上层横担时，塔件需组装在顺线路方向上，当吊件提升高度超过下层横担后再旋转至横线路方向；吊装横担时，吊点绳绑扎在吊件重心偏外的位置，起吊时横担外端略上翘，就位时先连接上平面两主材螺栓，后连接下平面两主材螺栓，吊装方式如图 13-5-14 所示。

5.2.7　抱杆拆除

（1）铁塔组立完毕后，抱杆即可拆除。启动调幅卷扬机，将摇臂合拢，并用钢丝绳套固定在桅杆上。

（2）启动一对角承托绳滑车组托住抱杆，拆除另一对角承托绳滑车组。而后再缓慢松出托住抱杆的对角承托绳滑车组，同时慢慢收紧落地拉线，使抱杆在落地拉线及腰箍的控制下降落，直至抱杆主杆身顶低于横担或塔身时停止。

（3）拆除吊钩和起吊滑车组，其引下绳从抱杆身部抽出，组成两组卸抱杆滑车组。两组卸抱杆滑车组的一端挂在塔身顶端或横担对角方向主材上，另一端挂在主杆身顶部，收紧起吊滑车组，拆除承托绳滑车组、外拉线及腰箍。

（4）启动绞磨，让抱杆在两组卸抱杆滑车组的控制下缓慢下降。

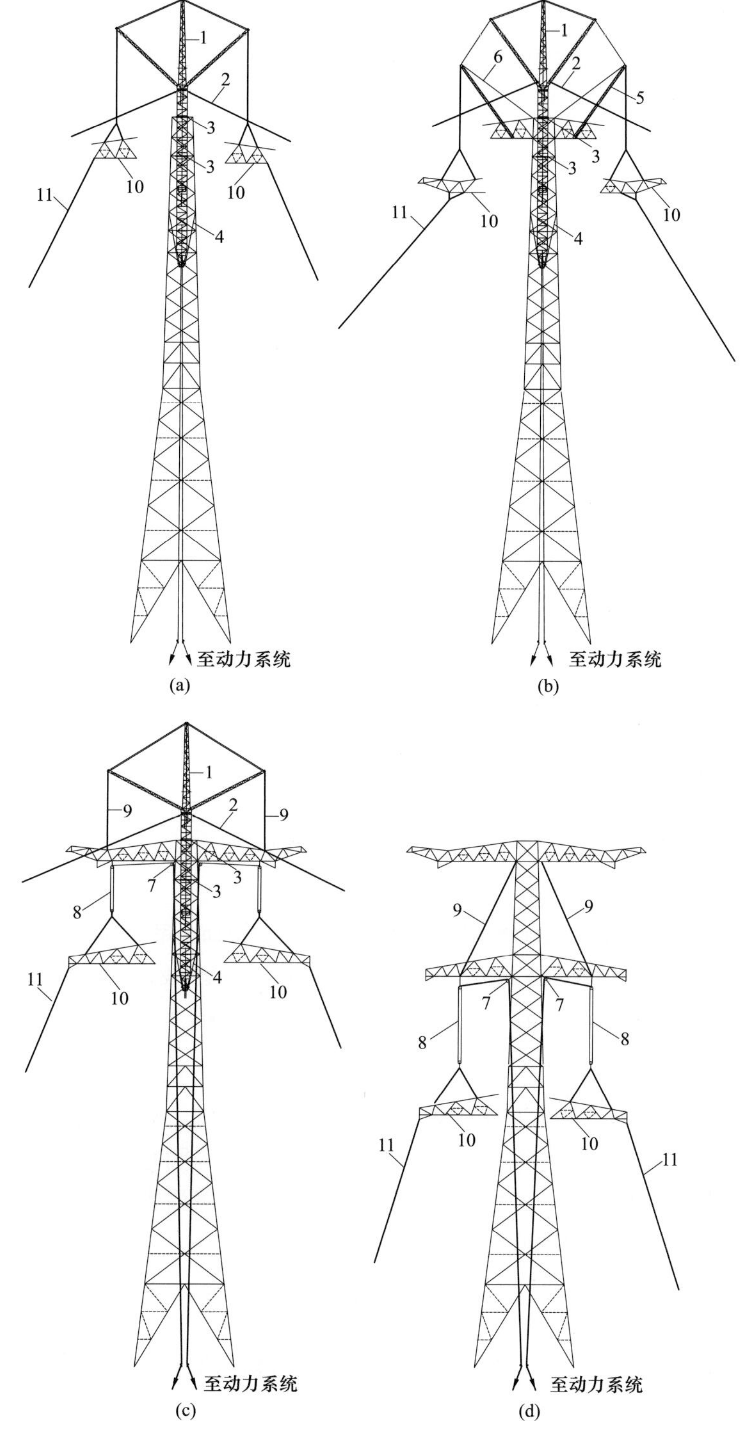

图 13-5-13　双回路干字型铁塔塔头部分自上而下吊装示意图

(a) 上横担近塔身段吊装；(b) 地线支架吊装；(c) 中横担吊装；(d) 下横担吊装

1—抱杆；2—外拉线；3—腰箍；4—承托绳；5—辅助抱杆；6—辅助抱杆拉线；7—转向滑车；

8—起吊滑车组；9—横担补强；10—吊件；11—控制绳

(5) 抱杆在降落过程应严密监控，同时在抱杆底部应设置一根ϕ16mm 尼龙绳，控制抱杆在下降过程的倾斜度，不得让其与塔身刮碰。

(6) 抱杆降至地面后，同接续抱杆一样，逐段拆除抱杆。

5.2.8　铁塔整理

抱杆拆除完成后，及时补齐塔材及螺栓，并逐段复紧铁塔螺栓。

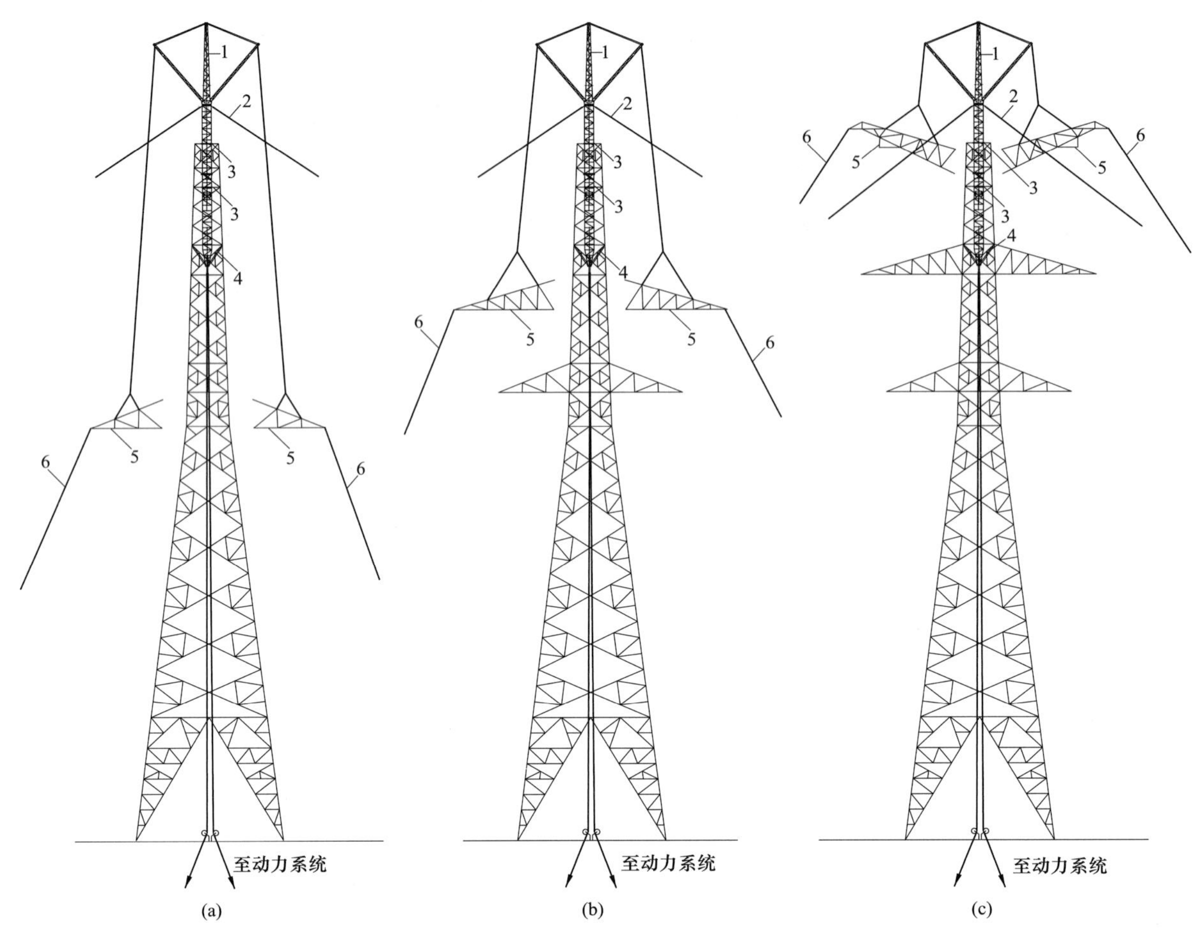

图 13-5-14 双回路干字型铁塔塔头部分自下而上吊装示意图

(a) 下横担吊装；(b) 中横担吊装；(c) 上横担及地线支架吊装

1—抱杆；2—外拉线；3—腰箍；4—承托绳；5—吊件；6—控制绳

5.2.9 场地清理

(1) 铁塔组立完成后，及时清理施工现场垃圾，回填开挖基坑，恢复施工现场环境原貌。

(2) 清理工器具上的泥土，并进行简单保养，然后运出现场退回仓库。

(3) 对损坏的工器具要分类堆放，并做好明显的识别记录，然后退回仓库。

(4) 对损坏的材料要收集整理和回收，并做好统计。

6 人员组织

铁塔组立应根据工程量和作业条件合理安排施工，以单基铁塔组立配置为例，人员组织配备及岗位职责见表 13-6-1。

表 13-6-1 **人员组织配备及岗位职责**

序号	岗位	人数	岗位职责
1	现场指挥	1	负责铁塔施工全面工作，现场组织协调、工器具准备、物资供应计划，安全、质量、进度控制以及对外联系等
2	副指挥	2	地面和塔上各 1 名，负责铁塔组立现场施工安排，督促施工人员安全、文明施工，协助现场指挥工作
3	安全员	2	地面和塔上各 1 名，负责对立塔现场布置和工器具的检查，做好施工现场的安全监护工作，制止和纠正违章作业行为

续表

序号	岗位	人数	岗 位 职 责
4	技术质量员	2	负责施工过程的质量控制，督促施工人员按照质量标准、相关技术规程和技术措施施工，对施工现场可能造成质量缺陷提出控制措施，负责抱杆及铁塔结构倾斜的测量
5	机械操作	5	严格按操作规程进行操作，定期对机械进行保养和检查，严格执行现场指挥的各项指令
6	材机员	1	保证材料机具的规格型号满足施工需要，做好物资领退流水账，台账准确、清晰、规范，账、卡、物相符
7	塔上作业	16	严格按照作业指导书等文件的要求进行施工，服从现场指挥的工作安排，塔上作业人员之间互相配合
8	地面作业	8	严格按照作业指导书等文件的要求进行施工，尽可能减少塔上作业人员工作量，协助现场指挥工作
9	普工	30	了解现场施工危险点，熟悉作业流程，做好自己本职工作

7 材料与设备

本典型施工方法根据组立特高压杆塔真型试验基地横向加荷塔的 2×10t 内悬浮外拉线双摇臂抱杆为例，主要工器具及材料表见表 13-7-1。

表 13-7-1 主要工器具及材料表

序号	项 目	名 称	规 格	数量	备 注
1	抱杆本体	双摇臂抱杆	2×10t	1 副	
2		航空警示灯		1 盏	太阳能、光控
3		摄像头	广角、无线	4 套	带遥控装置
4	抱杆承托系统	滑车	25t	8 只	承托绳滑车组用
5		钢丝绳	ϕ13mm	4 根	承托绳用，按需配置
6		卸扣	30t	16 只	挂滑车用
7		滑车	10t	4 只	转向滑车用
8		电动绞磨	5t	4 台	调整承托绳用
9		地锚	10t	4 只	挂转向滑车用
10	抱杆腰箍系统	腰箍		2 副	与抱杆配套
11		钢丝绳	ϕ17.5mm	8 根	挂腰箍用
12		手扳葫芦	6t	8 把	调整腰箍拉线用
13		卸扣	10t	24 只	挂腰箍用
14	抱杆调幅系统	钢丝绳	ϕ15mm	2 根	
15		卷扬机	3t	2 台	安装自动排绳装置
16	抱杆起吊系统	起重吊钩		2 只	按实际载荷配置
17		起吊钢丝绳	ϕ13mm	2 根	起重专用少捻型
18		卷扬机	5t	2 台	绳盘加大，自动排绳
19		滑车	5t	2 只	转向滑车
20		地锚	10t	6 只	
21		超载警示系统		2 套	5t 卷扬机用

续表

序号	项　目	名　称	规　　格	数量	备　　注
22	抱杆控制系统	操作台		1 个	
23		电气集控系统		1 套	含各种电缆
24		无线监测系统		1 套	
25		彩色显示器		4 台	
26	抱杆外拉线	钢丝绳	ϕ13mm	4 根	
27		滑车	10t	8 只	
28		地锚	10t	4 只	
29		机动绞磨	3t	4 台	
30		卸扣	10t	8 只	
31		索卡		12 只	
32	吊小件系统	钢丝绳	ϕ13mm	4 根	
33		滑车	5t 单轮	4 只	
34		滑车	3t 开口	8 只	
35		机动绞磨	5t	4 台	
36		尼龙绳	ϕ18mm	4 根	
37	其他	电动扭矩扳手		8 根	按需配置
38		扭力检测扳手	400N·m	8 把	
39		梅花扳手	M16、M20、M24	各 16 把	一半带系留绳高空用
40		尖扳手	M16、M20、M24	各 16 把	一半带系留绳高空用
41		冲头	ϕ16mm、ϕ20mm、ϕ24mm	各 10 只	一半带系留绳高空用
42		小钢钎		8 根	带系留绳
43		帆布袋		16 个	高空装螺栓用
44		小锤		8 把	一半带系留绳高空用
45		大锤		4 把	
46		卸扣	10t	20 只	
47		卸扣	5t	100 只	
48		卸扣	3t	100 只	
49		钢丝绳套	各种规格	200 根	
50		钢钎		8 把	
51		道木	200mm×200mm×1.2m	100 块	
52		索卡	ϕ13mm、ϕ15mm	各 50 只	
53		卡线器	ϕ15mm	8 只	钢丝绳专用
54		卡线器	ϕ17.5mm	8 只	钢丝绳专用
55		攀爬安全自锁器	150m	4 套	
56		安全网		300m^2	
57		尼龙绳	ϕ18mm	400m	
58		UT 型线夹	UT−1	40 只	

续表

序号	项　目	名　称	规　格	数量	备　注
59	其他	钢铰线	LG-50	300m	
60		地锚	5t	6只	
61		缓松器	5t	4个	
62		滑车	3t开口	6只	
63		对讲机		10部	
64		安全带	航空式	20条	
65		二道防护绳		20条	
66		手扳葫芦	3t	8只	
67		手扳葫芦	6t	8只	

8　质量控制

8.1　本典型施工方法依据的主要规程、规范

GB 50233—2005　110～500kV架空送电线路施工及验收规范
GB 50389—2006　750kV架空送电线路施工及验收规范
DL/T 5342—2006　750kV架空送电线路铁塔组立施工工艺导则
Q/GDW 153—2006　1000kV架空送电线路施工及验收规范
Q/GDW 155—2006　1000kV架空送电线路铁塔组立施工工艺导则
Q/GDW 225—2008　±800kV架空送电线路施工及验收规范
Q/GDW 262—2009　±800kV架空送电线路铁塔组立施工工艺导则
Q/GDW 346—2009　架空送电线路钢管塔组立施工工艺导则

8.2　本典型施工方法主要质量要求

（1）杆塔组立施工前应熟悉设计文件和图纸，必须有完整的施工技术设计，并事前进行施工技术交底。

（2）立塔施工前需再次检查基础大小根开、基础顶面高差、地脚螺栓顶面高差等参数。在塔脚就位后，测量塔脚部分的根开和对角线根开，符合要求后，应立即拧紧地脚螺母，组立两段无问题后，可将螺杆上丝扣打毛，防止螺母丢失。

（3）根据吊装工艺，应在吊装施工前与设计沟通，在杆塔的适当位置设置立塔施工的抱杆承托绳挂板、拉线挂板、吊点处的耳板等施工挂板（孔）。对于无专用施工挂板（孔）的，应设计加工专用施工卡具。不得将钢丝绳直接绑在塔材上。

（4）地面组装前应对塔材进行外观检查，对严重脱锌、材质差、错孔、多孔的材料不得组装。组装时应严格按施工手册进行，需补强处理的吊件，除按规定补强外并需正确度量吊件的长宽尺寸，以免安装中出现强行安装；铁塔螺栓应按照设计规定的规格及等级使用，绝不允许以小代大、以低等级代高等级使用。

（5）施工过程中应保证铁塔结构的合理受力，必要时进行验算，确保铁塔受力不过载。

（6）铁塔每组立完一段，应将连接螺栓逐个紧固一次；组塔及架线完成后，连接螺栓应再逐个紧固，高强度螺栓的紧固扭紧力矩应达到设计规定值。

（7）铁塔每组立完一段，应用经纬仪观测塔身弯曲及倾斜，防止误差累计至塔顶，造成弯曲及倾斜超标；铁塔组立好后，节点间的主材弯曲以及结构倾斜应符合设计及规范要求。

9　安全措施

（1）进入施工现场必须正确佩戴安全帽，高空作业人员必须系好全方位安全带及速差保护器；高空使用的工器具尾部都应用小绳连接，操作时应将小绳系牢在塔上；蹬膛用螺栓应装在帆布工具带内，并系牢在塔件上，防止脱手落下伤人。

（2）吊件控制绳，须使用钢丝绳，严禁使用麻绳、尼龙绳等。抱杆拉线和吊件控制绳应使用拉线控制器放松，使用链条葫芦收紧。必要时，采用动力机械对控制绳进行调节。

（3）塔上应设计并安装垂直、水平方向上的安全绳，并根据铁塔变坡情况，设置多道安全网。塔上作业施工人员上下塔必须使用攀爬自锁装置；水平移动时必须将安全带系到水平安全绳上，以保证塔上施工人员在任何情况下都不失去保护。

（4）施工用电要配备合格的配电盘，每台机械都要安装剩余电流动作保护装置并可靠接地，所有使用的电缆必须绝缘良好、敷设有序，不得乱拉乱搭，沿地面敷设的电缆必须加套管保护。抱杆上的航空障碍灯及转动装置电缆应固定在安全位置，引到地面后必须留有充足的裕度，升抱杆时应予以同步放出。

（5）为便于塔上、塔下联络的方便，要求配备对讲机及红白旗进行上下联络。塔上、塔下通信联络不畅的禁止立塔。

（6）双摇臂抱杆组立高塔时，宜在抱杆多个部位及施工现场加装无线视频监控摄像头，通过远程无线信号传输，将信号实时传送到现场指挥室及项目部办公室，现场指挥人员及项目部管理人员可以随时掌握施工现场的施工情况。通过监控系统，可以及时、准确地发现施工过程中存在的问题，并及时发令处理，将可能发生的隐患解决于未然，实现对施工现场的实时监控。

（7）提升摇臂抱杆时应至少设置两道腰箍控制，四组外拉线与起吊引下绳应同步松出。升抱杆时应随时注意观察抱杆根部是否偏离中心，以此判断平衡滑车系统是否正常，如遇根部偏离中心时应及时予以纠正。

（8）双摇臂抱杆在使用中，应减小抱杆杆身及摇臂所承受的不平衡弯矩，两侧吊臂受力应均衡：

1）起吊前应将抱杆调整至垂直状态，摇臂应尽可能放平。吊件提升过程控制绳受力不应太大，以使塔件靠近塔身而又不与塔身相碰为宜。

2）两侧吊件起吊点应与抱杆中心成一直线，避免摇臂承受侧向力，同时两吊件与抱杆的中心线也应相当。

3）两侧吊件的重量应力求一致。

4）在起吊时，两侧应同时受力、同时离地、提升速度应一致、登膛应确保同步。如一侧先登膛，该侧的起吊滑车组不能放松，应等另一侧登膛后方可同时放松。

（9）抱杆每次提升高度应严格按施工技术措施的规定，提升完毕应认真检查核实抱杆底部所处位置。起吊过程，抱杆需由专人监视及调整。

（10）抱杆上有人时，不得进行拉线的安装和调整，一个工作日结束时，不允许预先提升抱杆，抱杆提升后因天气或其他原因影响不能继续作业，需长时间放置或过夜时，应将抱杆调幅绳卡死，外拉线、腰箍应固定牢靠。

（11）抱杆不得带负荷过夜，当天工作结束后应将抱杆调幅绳及外拉线卡牢，吊钩应固定好，不得随其任意飘荡。抱杆在升高 50m 后应装上航空障碍灯，并保证其在夜间或雾里正常发亮。

（12）拆卸抱杆应按照施工方案进行，降抱杆时应将摇臂绑牢在杆身上，未拆除杆身的螺栓不得预先松掉。

10 环保措施

（1）施工前对组塔工程进行二次策划，根据现场地形、地貌，科学、合理制订施工技术措施；根据现场实际情况制作定置图，实行定置化管理，标牌清楚、齐全、醒目；布置施工现场时，尽量减少临时占地面积，不破坏原有地形、地貌，机械设备下部铺垫隔离层，防止漏油污染环境。

（2）开工前制订现场成品保护管理规定，防止“二次污染”。增强施工人员对成品和半成品保护意识，对铁塔采取主动保护措施，防止造成污染和损坏。

（3）加强对施工材料、液体废料、废水、生产生活垃圾、弃渣的控制和管理，严禁直接就地倾倒。各种施工垃圾、废料、生活垃圾应用塑料袋装好，集中存放在封闭的垃圾筒内，每天清理运出现场，达到“一日一清、一日一净”；液体废料如油脂等，放进废油桶统一按规定要求处理；塔材包装物、旧棉纱等固体废弃物分类存放，严禁就地焚烧。

（4）运输道路尽量选用原有的道路；大型机械设备运输，应根据实际情况修筑临时施工道路，尽量减少对自然植被的破坏。

（5）施工完毕后，及时回填施工坑洞，恢复塔位原有的地形地貌；正确处置废弃物；现场机具、材料退回仓库；做到工完、料净、场地清。

11 效益分析

11.1 经济效益

内悬浮外拉线双摇臂抱杆分解组塔，单次双侧吊装荷载大、工效高，铁塔组立施工速度是其他抱杆无法比拟的，能有效缩短单基铁塔组立施工时间，降低铁塔组立施工成本，具有可观的经济效益。

11.2 社会效益

双摇臂抱杆分解组塔施工工艺，在组立大型高塔方面是一种较为先进的施工方法，体现了行业科技创新取向，解决了大型高塔吊装施工的技术难题。技术先进、安全可靠、简单实用，能有效减少高空作业量，有效降低安全事故风险和安全隐患，安全效益明显。

11.3 推广价值

随着电网建设的快速发展，输电线路输送容量及电压等级不断提高，杆塔荷载不断增加，与此同时为了解决输电线路的走廊资源日益紧缺问题，多回同塔线路的应用日益增多，将不可避免地越来越多地运用到大型高塔，内悬浮外拉线双摇臂抱杆分解组塔施工工艺有着更为广泛的运用空间，其推广价值将随之呈现。

12 应用实例

12.1 工程概况

（1）为满足国家电网公司“皖电东送”特高压同塔双回线路建设工程和提高电网抗灾能力、实施防冰新标准的需要，中国电力科学研究院在河北省霸州市建设了特高压杆塔真型试验基地，用于杆塔真型试验。杆塔试验基地主要建设有横向、纵向、纵向反三基加荷塔。福建省第二电力建设公司承担了特高压杆塔真型试验基地中的横向加荷塔安装任务。

（2）横向加荷塔纵向根开 54.6m、横向根开 24.0m、塔高 153m、塔重 1232.4t。该塔型结构特殊，由前直柱及后斜柱构成“三角形”形状（其中后斜柱与地面夹角 70°），两前直柱间有 11 道横梁，两后斜柱间有 2 道横梁，前直柱与后斜柱间有 4 道水平腹杆和 4 道斜腹杆组成。

（3）横向加荷塔结构特殊：斜柱与地面夹角 70°，吊装难度较大；直柱、斜柱与横梁和腹杆的连接节点采用套接及插接方式，结构极其复杂，安装就位困难；另外，斜柱和直柱的不对称性，大大增加了吊装铁塔安装施工难度。

12.2 施工情况

针对横向加荷塔不对称性，以及根开大、结构复杂等特点，采用了大吨位履带起重机（徐工 QUY260）和 2×10t 双摇臂抱杆相结合的吊装方案，其中塔身 80.5m 以上部分主要采用 2×10t 内悬浮外拉线双摇臂抱杆进行吊装，吊装总重量约 439t，约占总重量的 35.6%，现场吊装如图 13-12-1 所示。当双摇臂抱杆提升到 118m 高度后，受拉线及铁塔结构等条件约束，采用了单侧吊装法，此时另一侧起吊滑车组固定在地锚上，简化了施工工艺，提高了施工效率。经过近 40 天的吊装，在杆塔基地率先完成了施工任务，取得了预期的成功。

图 13-12-1 加荷塔吊装

典型施工方法名称：座地式双摇臂外拉线抱杆分解组塔典型施工方法

典型施工方法编号：GWGF014–2010–SD–XL

编 制 单 位：上海送变电工程公司

推 荐 单 位：上海市电力公司

主 要 完 成 人：梁海生 于天刚

目　次

1 前言

在送电线路铁塔分解组立施工中，座地式外拉线抱杆较早应用，随着铁塔不断增高、根开不断增大，座地式外拉线抱杆又发展成为座地式双摇臂外拉线抱杆，因其具有独特的优势，在施工中长期得到使用。

座地式双摇臂外拉线抱杆组塔在线路施工中应用广泛，常用的抱杆规格有 600mm×600mm、700mm×700mm、800mm×800mm、900mm×900mm 几种。本典型施工方法以 900mm×900mm 座地式双摇臂外拉线抱杆组塔为例。

2 本典型施工方法特点

（1）抱杆高度随铁塔塔段的组立而递增，并利用塔身做支撑，减少抱杆的长细比，提高承载能力。

（2）抱杆提升时，主要利用抱杆腰箍控制，代替提升抱杆时拉线作用，安全性大大提高。

（3）抱杆顶端装有可旋转双摇臂，既便于吊装塔片，又可兼做平衡拉线，拉线对地夹角要求较低，适用性强。

（4）双摇臂可带负载调幅，吊装塔片（材）控制绳力量较小，可以减少塔片在起吊过程中与已组立塔材碰撞的几率。

3 适用范围

本典型施工方法适用于各种类型的铁塔，在安全方面体现出较大优势。同时本典型施工方法因工器具量较多，适用于较平坦、运输便利地区，且根开较大、重量较重，一般高度不大于 120m 的铁塔组立施工，对特殊结构塔型的组立施工也可以参考使用。

4 工艺原理

（1）本典型施工方法是将抱杆立于铁塔内，抱杆长度随铁塔塔段的组立而递增，每隔 10～15m 设置一道腰箍。在抱杆上部安置四根拉线，通过拉线及抱杆腰箍来保证抱杆的稳定，如图 14-4-1 所示。

（2）抱杆上部横线路侧设置两副可旋转摇臂，通常长为 8m，通过滑车组和抱杆底部动力系统实现摇臂变幅，工作幅度在 1～8m，通过动力系统可在垂直 90° 范围内调幅，摇臂及以上部分可在±45° 范围内水平旋转。

（3）在横线路侧的摇臂端部安装 2 套起吊滑车组，在顺线路侧的抱杆顶部安装 2 套起吊滑车组，各起吊钢丝绳通过起吊滑车沿抱杆转至地面进行塔片吊装。

（4）抱杆升高采用倒装提升接长的方法，在铁塔对角两根主材上各挂 1 套提升滑车组，利用已经组立好的塔体主材作为支撑架，通过提升滑车组将抱杆升高，然后在其下方接装标准节。

（5）根据抱杆承载能力和操作人员熟练程度，可以采用单侧起吊或双侧平衡起吊。抱杆起吊系统一般为走二走二滑车组。

（6）本典型施工方法抱杆拉线可以有两种不同的布置方式。

1）方式一。拉线设置在抱杆顶部，摇臂可在水平方向做大于±45° 旋转，便于单独吊装塔腿主材。为避免摇臂起吊铁塔主材时拉线的干扰，摇臂两侧的拉线水平夹角应略大于 90°，如图 14-4-2 所示。摇臂及抱杆顶部各设置 2 套起吊系统，如本典型施工方法叙述。

2）方式二。拉线设置在摇臂旋转四通下方，如图 14-4-3 所示，这样摇臂不受拉线干扰，在水平方向可做±90° 旋转，但因起吊滑车组需要反复翻越拉线，配套采用动力旋转系统较好。

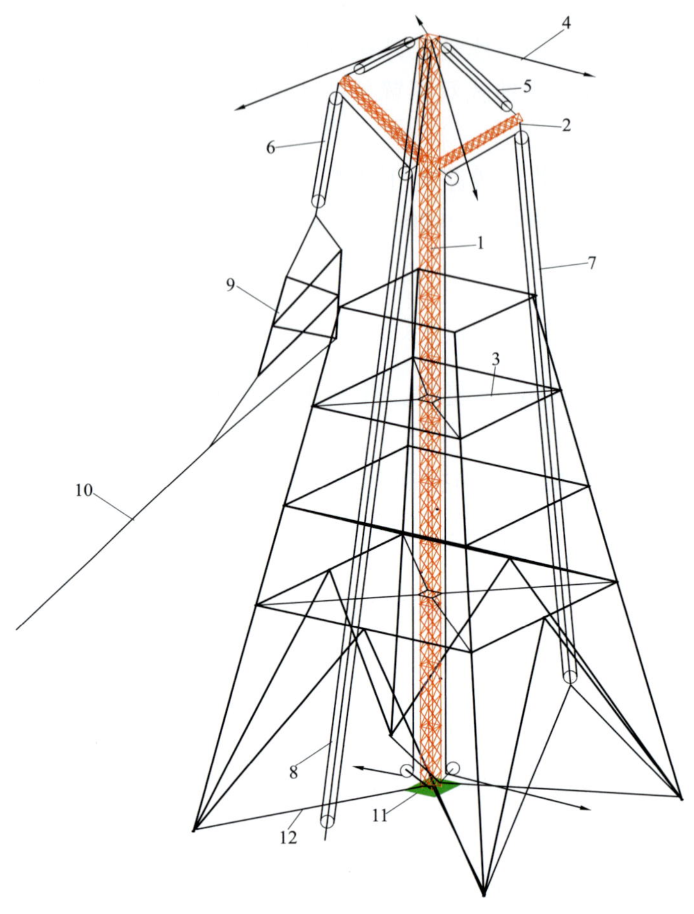

图 14-4-1　抱杆吊装原理示意图

1—抱杆；2—摇臂；3—腰箍系统；4—抱杆拉线；5—调幅滑车组；6—摇臂起吊滑车组；7—平衡滑车组；8—抱杆起吊滑车组；9—塔片；10—控制绳；11—垫板；12—锁根钢丝绳

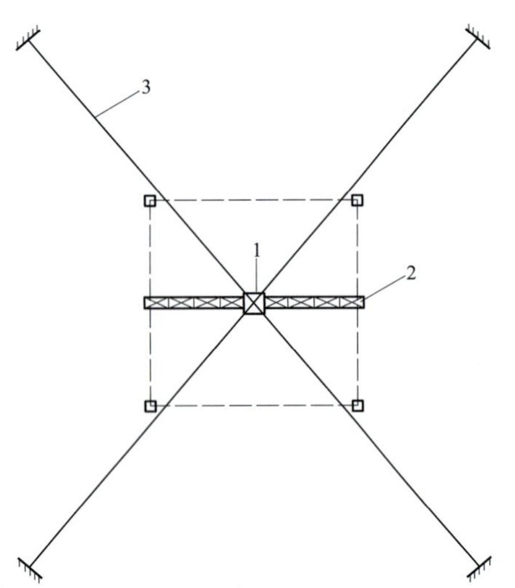

图 14-4-2　拉线布置示意图一

1—抱杆；2—抱杆摇臂；3—抱杆拉线

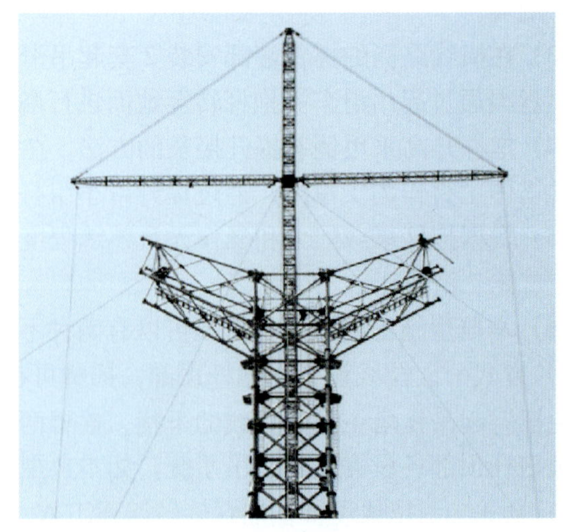

图 14-4-3　拉线布置示意图二

5 施工工艺流程及操作要点

5.1 施工工艺流程

本典型施工方法施工工艺流程见图14–5–1。

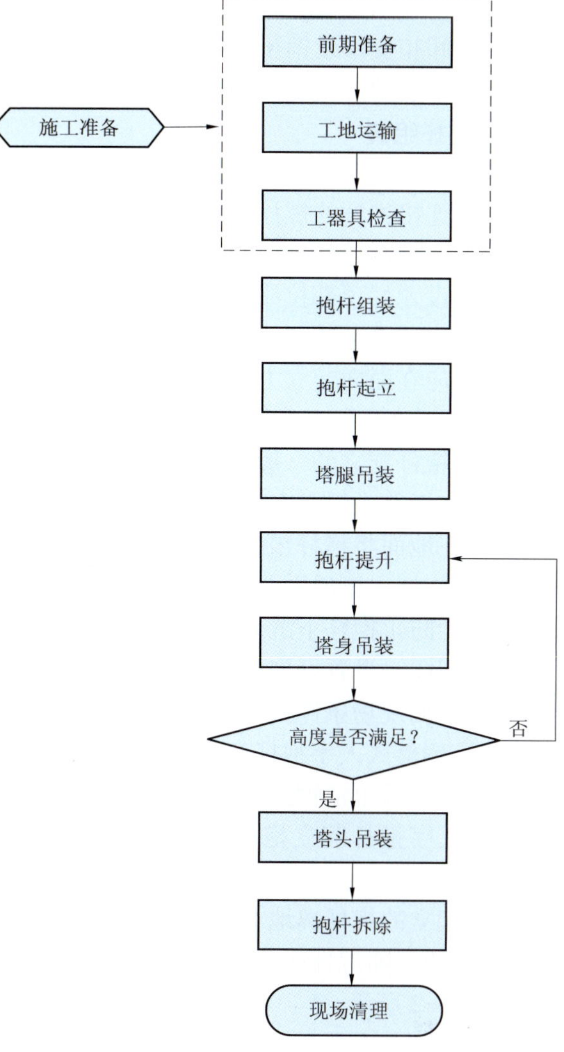

图14–5–1 座地式双摇臂外拉线抱杆分解组塔施工工艺流程图

5.2 操作要点

5.2.1 施工准备

5.2.1.1 前期准备

（1）根据设计资料和工程特点，编写施工措施，重点是通过施工计算确定吊装方法和配备相应的工器具，施工计算要点如下：

1）采用座地式双摇臂外拉线抱杆分解组立铁塔的施工计算应包括主要工器具的受力计算及构件的强度验算。主要工器具包括抱杆、拉线、起吊绳（包括起吊滑车组、吊点绳、牵引绳等）、承托绳和控制绳等。工具受力计算应先将全塔各次吊重及相应的抱杆高度、控制绳、拉线对地夹角进行组合，计算各工器具受力，取其最大值作为选择相应工器具的依据。计算的结果如不符合工器具的要求则需要调整吊重或采取相应方法调整，直至全部符合要求为止。

2）受力计算方法可参见有关铁塔组立施工工艺导则，如DL/T 5342—2006《750kV架空送电线路铁塔组立施工工艺导则》，Q/GDW 155—2006《1000kV架空送电线路铁塔组立施工工艺导则》。

（2）开工前对全体施工人员进行安全、技术交底，熟悉现场工作环境。

（3）工作负责人应掌握作业人员的精神状态和技术状况，做到分工明确、措施到位。工作人员要对作业内容心中有数，并熟悉作业要求。

5.2.1.2 工地运输

根据道路和现场资源情况，做好施工前策划，确定合理的运输方式，尽量减少对农作物、环境的损害。

（1）运输前需勘察运输道路，对不满足要求的道路必须进行修整。

（2）塔材运输拆包前应检查塔材加工质量、塔材每包重量等情况，工器具运输前须检查工器具规格、型号必须符合施工技术要求。

（3）运输及装卸过程中须采取可靠方法保证材料、工器具完好，严禁在地面拖拽、摔砸。

（4）塔材、工器具现场堆放区域应定置、封闭管理，现场堆放整齐、标识清楚。

5.2.1.3 工器具检查

（1）抱杆等主要受力工器具应进行外观检查和力学测试，并有试验结果记录，经检测合格后方可使用。

（2）抱杆各部件应齐全、完好，严禁使用存在变形、焊缝开裂、严重锈蚀、角钢弯曲等缺陷的部件。

（3）抱杆摇臂等的连接轴销应使用专用轴销。

（4）起重滑车应保证转动灵活，吊钩或吊环变形、轮缘破坏、转轴磨损、保险失效的严禁使用。

（5）高处使用的滑车必须采用吊环式，吊钩式滑车必须有封口保险销扣。

（6）钢丝绳插接及维护保养应严格按DL 5009.2—2004《电力建设安全工作规程　第2部分：架空

电力线路》等相关要求处理。

（7）卸扣变形或销子螺纹损坏的严禁使用。

（8）牵引动力设备性能及维护保养状态良好。

5.2.2　抱杆组装

（1）根据铁塔全高配备抱杆的标准节、顶节，使抱杆吊装有效高度高于铁塔的全高。

（2）连接抱杆的螺栓规格、型号应符合要求，螺栓安装数量应齐全，紧固符合要求。

（3）抱杆摇臂与抱杆身连接的专用轴销安装符合规定要求。

（4）设置好顶部拉线、腰拉线、平衡钢丝绳、提升钢丝绳、变幅绳及起吊钢丝绳等。

（5）抱杆最下道腰拉线应与抱杆临时绑扎固定，防止抱杆起立过程中腰箍下滑。

（6）应在面向起立方向的两侧及后方抱杆上部设置临时拉线。

5.2.3　抱杆起立

（1）抱杆起立的一般规定。

1）抱杆首次组立有效高度应满足吊装塔腿的需要。

2）在地面将抱杆组装好，安装所有滑车组及附件等，摇臂及变幅滑车组组装后应与主抱杆捆绑在一起，待抱杆立正后再调整摇臂位置。

3）为防止抱杆下沉或侧倾，在铁塔中心位置，应设置抱杆专用底座。

4）起立时设置好抱杆拉线。

5）根据现场条件，可采用倒落式人字抱杆将抱杆整体组立或提升架组立。

（2）倒落式人字抱杆起立（根据场地条件，一般起立 29m 左右）。

1）一般采用锰钢抱杆，高度为 13～15m。

2）人字抱杆起立抱杆布置应做到三点一直线（抱杆、人字抱杆根开中点及牵引地锚方向应成一直线）。

3）起立的抱杆离地 0.5m 时停止牵引，检查抱杆、地锚牵引等各部位受力情况，待一切正常，继续牵引。拉线应随抱杆起立随时调整，反向拉线要可靠、松紧合适。倒落式人字抱杆起立抱杆平面布置图如图 14-5-2 所示。

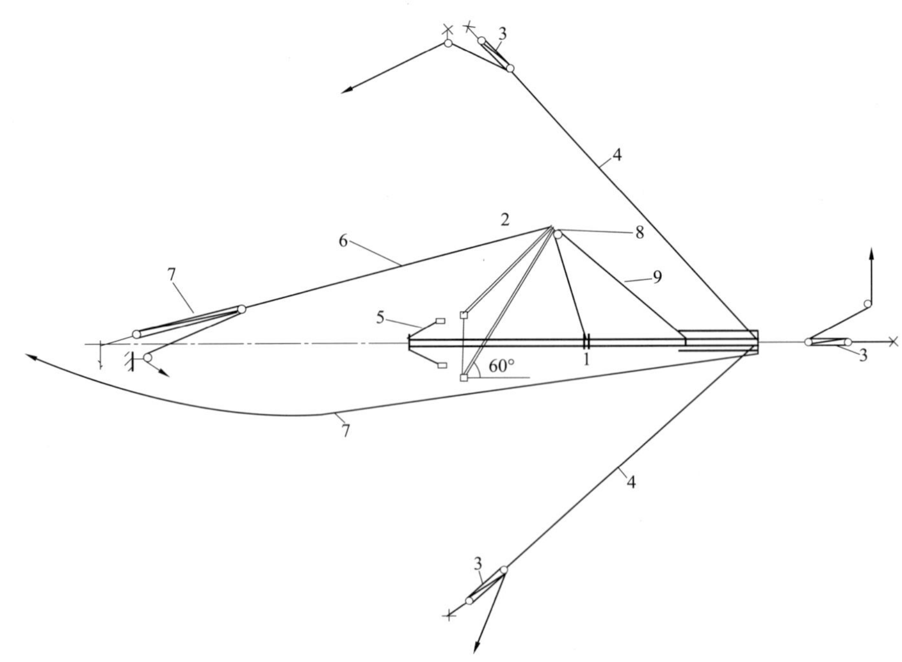

图 14-5-2　倒落式人字抱杆起立抱杆平面布置图

1—900mm×900mm 抱杆；2—人字抱杆；3—绳子滑车组；4—拉线；5—锁根钢丝绳；6—牵引钢丝绳；7—牵引滑车组；8—平衡滑车；9—钢丝绳

4）人字抱杆应控制在抱杆起到 55°～65° 内失效脱帽，脱帽后应用棕绳慢慢将人字抱杆放倒，人字抱杆落地后分离成若干段，搬离原位。

5）抱杆起立到 70°～75° 时应停止牵引，控制好反向拉线，防止反向倒抱杆。

6）抱杆起立到竖直状态后，利用滑车组调整四侧拉线，使抱杆处于最佳位置，最后将拉线固定。

5.2.4 铁塔吊装

（1）检查抱杆各部位无异常后按程序吊装塔材。

（2）横线路塔材可利用左右 2 套旋转摇臂系统吊装，顺线路部分塔材可利用前后 2 套起吊系统吊装。

（3）起吊前，必须用经纬仪将主抱杆调到竖直状态，并由下而上每距 10～15m 布置一道腰箍，各道腰箍中心与抱杆中轴线重合，且垂直水平面。腰箍安装示意图如图 14–5–3 所示。

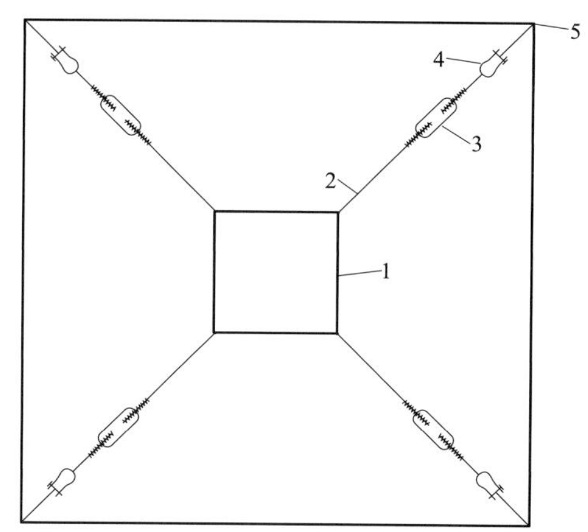

图 14–5–3 腰箍安装示意图

1—腰箍；2—控制钢丝绳；3—双钩（花兰螺栓）；4—卸扣；5—铁塔主材

（4）组装位置。铁塔塔片应组装在摇臂的正下方，以避免吊件对摇臂及抱杆产生偏心扭矩。如受场地限制，吊件的起吊中心对抱杆轴线的偏角应不大于 10°（仅限单片起吊方法）。一般用左右（横线路方向）摇臂起吊滑车组分片吊装塔身，然后用抱杆起吊滑车组吊前后（顺线路方向）十字交叉斜铁等构件。

（5）塔身分片吊装时，吊点应选在两侧主材节点处，距塔片上段距离不大于该片的 1/3，对于吊点位置根开较大、辅材较弱的吊片，应利用补强钢管或圆木进行补强，吊点处应衬垫麻袋或木桩对角钢及吊点钢丝绳进行保护。

（6）塔片吊装前应在基础立柱顶面垫道木保护，塔腿安装时应将地脚螺栓包裹防止损坏地脚螺栓丝扣。

（7）吊装时尽量使起吊滑车组垂直起吊。钢丝绳在抽动时要防止磨损塔材锌层。

（8）塔材起吊过程中在不碰撞塔身的条件下，应尽量靠近塔身。

（9）吊片就位过程中各部人员应相互配合，听从指挥，严禁强拉就位。

（10）具体起吊方案中，应明确散吊、片吊、整吊长度和重量情况。

（11）对已组装好的塔片和段，螺栓必须紧固。

（12）吊点 V 字型钢丝绳夹角必须小于 60°。

（13）构件离地 1m 后暂停起吊，进行全面检查，无异常后继续起吊。

（14）构件就位后，螺栓安装顺序，应先主材后辅材，先斜材后水平材，先正面后侧面。

（15）塔腿段吊装后，应及时装好接地装置并可靠连接，地脚螺帽拧紧并作好防盗措施。

5.2.5 塔腿吊装

（1）根据塔腿重量、根开、主材长度、场地条件等，可以采用单根吊装或分片扳立方法安装塔腿。塔腿组立时应选择合理的吊点位置，必要时在吊点处采取补强措施。

（2）需要单吊主材时，可通过旋转摇臂到就位点上方。单根主材或塔片组立完成后，应随即安装并紧固好地脚螺栓并设置好临时拉线。在铁塔四个面辅材未安装完毕之前，不得拆除临时拉线。

（3）塔腿也可采用对称吊装的方法。利用两侧摇臂上的起吊滑车组同步起吊，以保持抱杆两侧受力一致。吊装塔腿时，抱杆必须设置顶部落地拉线。

5.2.6 抱杆提升

（1）每吊完一段塔体后，应将四侧辅助材（斜材、水平材等）全部补装齐全并紧固螺栓，再提升抱杆。

（2）抱杆升高采用倒装提升接长的方法，采用在铁塔对角二根主材上各挂一套提升滑车组，利用已经组立好的塔体主材作为支撑架，其牵引绳从顶部定滑车中引出后通过地面的转向滑车，再与地面滑车

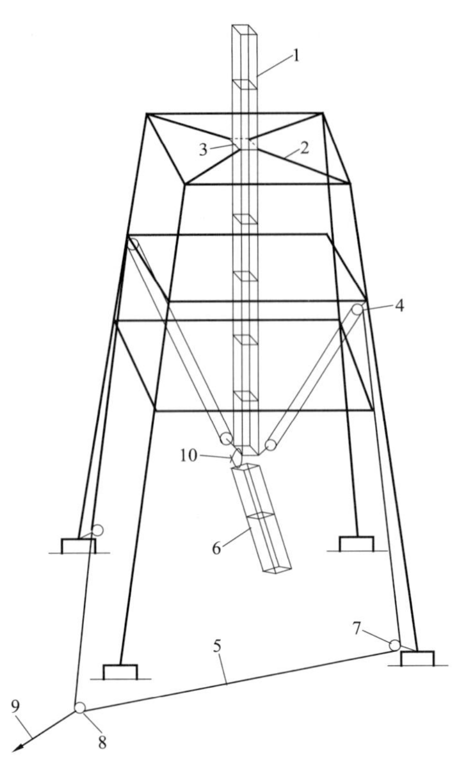

图 14-5-4　提升抱杆示意图

1—抱杆；2—腰箍拉线；3—腰箍；4—两轮滑车；5—转向钢丝绳；
6—标准节；7—转向滑车；8—平衡滑车；
9—牵引钢丝绳；10—连接钢丝绳

组相连，通过提升滑车组将抱杆升高，然后在其下方接装标准节。提升抱杆示意图如图 14-5-4 所示。

（3）提升滑车应对称布置在塔身对应主材节点位置，该处的高度应保证提升一节抱杆，提升钢丝绳与抱杆铅垂线夹角小于 30°，采用平衡滑车至牵引设备，将抱杆倒装提升到能进行铁塔吊装的高度。

（4）提升抱杆时，滑车和腰箍悬挂点的铁塔主材上应采用专用夹具。腰箍数量应满足要求，且提升时不得少于两道，调整好腰箍同心度，一切正常后方可提升抱杆。

（5）900mm×900mm 抱杆本体自重为 100kg/m，105m 抱杆本体连同摇臂、拉线、工器具等附件重约 12t，考虑 4 根拉线张力 2t。通过计算，提升滑车组可采用 2 套 2 轮 10t 滑车组。

（6）抱杆提升前，抱杆起吊滑车组应已放松，提升抱杆要缓慢平稳。随着抱杆上升，现场应设专人随时观察抱杆的倾斜。找正后紧固，抱杆连接后利用经纬仪检测，垂直度控制在 2‰以内。

（7）抱杆提升后伸出最上一道腰箍的高度以不得超过抱杆自由段允许高度为限（使用 900mm×900mm 抱杆一般以不超出 29m 为限）。

（8）抱杆升高后，应用经纬仪在顺线路及横线路两个方向上监测抱杆的竖直状态，抱杆调直后，再收紧并固定顶层腰箍及调整抱杆拉线。

（9）双摇臂可根据起吊构件变幅，使用调幅滑车组调节。

5.2.7　塔身吊装

（1）根据抱杆承载能力和操作人员熟练程度，可采用单侧起吊或双侧平衡起吊。

（2）双侧平衡吊装时，应使吊件同步离地、同步提升、同步就位，减少抱杆承受的不平衡弯矩。

（3）单侧起吊时，平衡侧通过起吊滑车组连接地面塔腿间钢丝绳，收紧滑车组保持与起吊侧的平衡，起吊过程中监测保持抱杆竖直。

（4）塔材接近就位时，应用变幅滑车组调整塔片就位，不得用压控制绳的方法。

（5）一般利用摇臂系统起吊横线路侧塔片，然后利用顺线路侧起吊系统吊装前后辅材。

（6）组立塔腿以上各段塔体时，抱杆在塔体内应按规定设置腰箍，且上道腰箍应位于已组塔体上平面的节点处。

5.2.8　塔头吊装

（1）干字型塔塔头吊装。

1）根据抱杆承载能力、横担重量和塔位场地条件，应采用整吊、分段或分片吊装的方式。干字型塔塔头吊装示意图如图 14-5-5 所示。

2）合理组织好地线支架及横担的吊装次序，一般按照由上到下的顺序。吊装下层横担时，须采取措施（如拆开塔材、调整位置等方式）避免钢丝绳摩擦上层横担塔材。也可在已经安装紧固好的上层横担设置起吊滑车组、吊装下层横担。

3）如果下层横担长度过大、重量过重，不便分解时，可同时利用上层横担安装滑车组，双点抬吊下层横担。

4）铁塔两侧横担相等或接近时，在满足抱杆起吊重量的条件下，可利用摇臂两侧同时起吊。两侧横担重量相差较大时，应两侧单独起吊，起吊时应注意抱杆的平衡，一侧起吊时另一侧起吊滑车组应收紧。

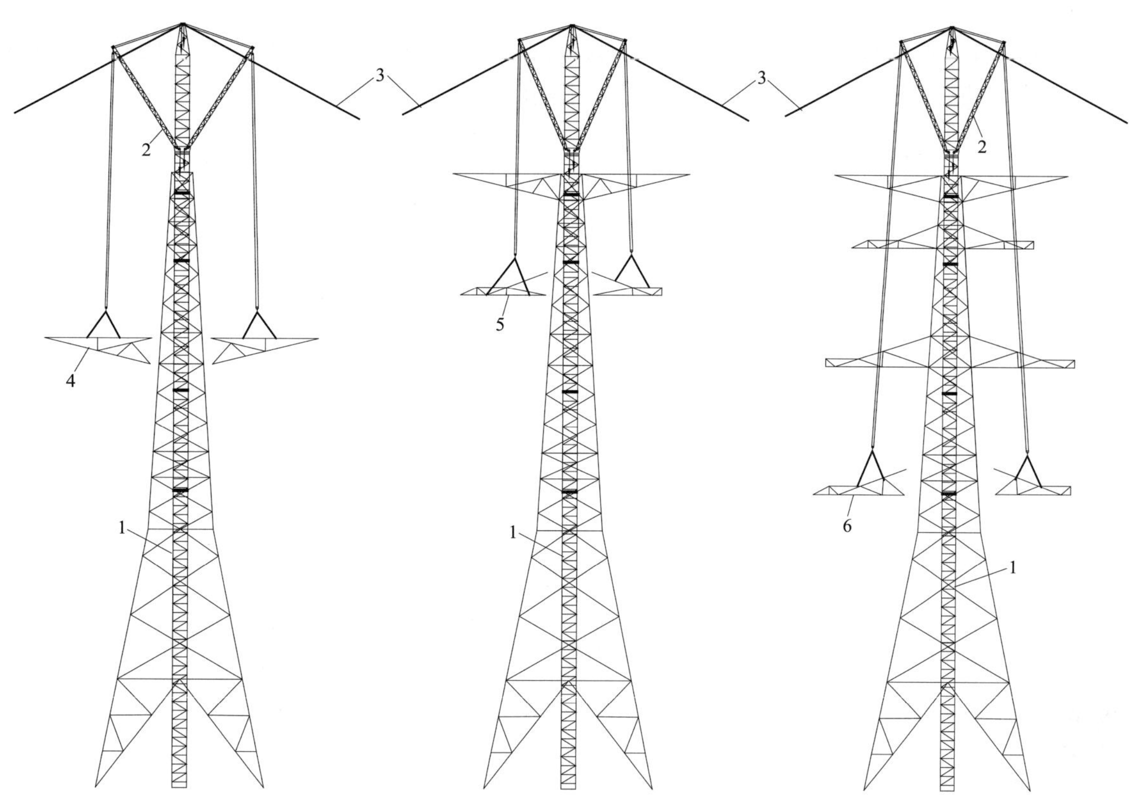

图 14-5-5　干字型塔塔头吊装示意图

1—抱杆；2—摇臂；3—外拉线；4—地线支架；5—上横担；6—下横担

5）吊点安装位置应便于横担就位。

（2）杯型塔塔头吊装。

1）根据抱杆的承载能力、导线横担、地线支架的重量及场地条件，杯型塔导线横担及地线支架可采取前后片一次吊装，或分为中段前后片、两端边段（含地线支架）四部分分两次进行吊装。

2）边相横担可利用经补强的地线支架进行吊装，杯型塔塔头吊装示意图如图 14-5-6 所示。

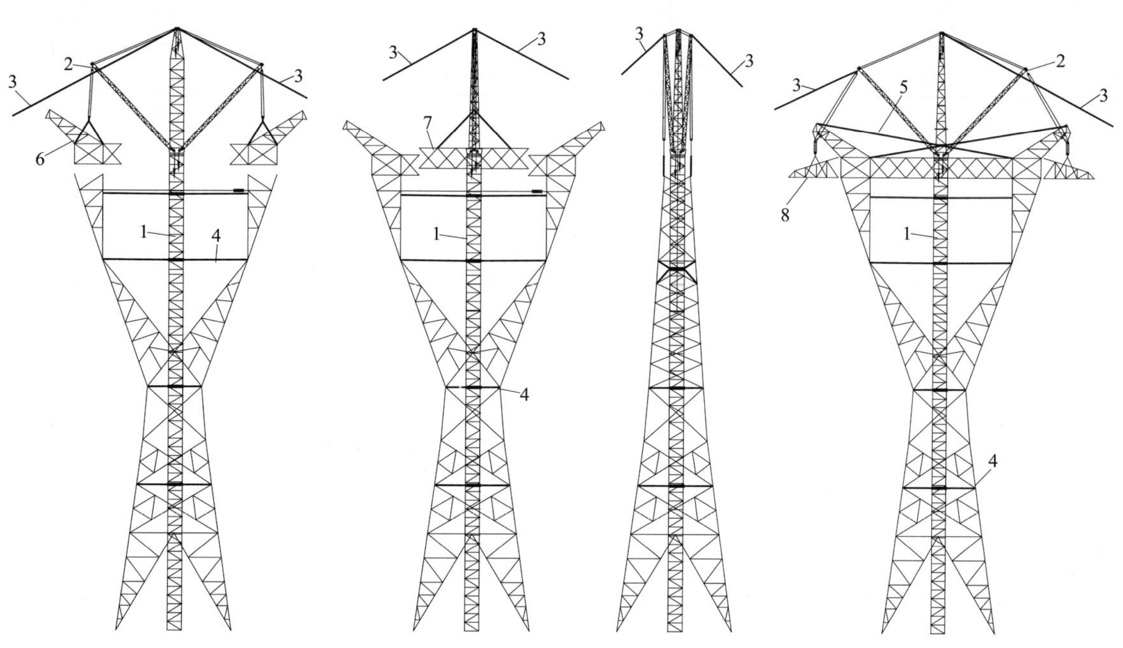

图 14-5-6　杯型塔塔头吊装示意图

1—抱杆；2—摇臂；3—外拉线；4—腰箍；5—补强钢丝绳；6—地线支架；7—中横担；8—边横担

3）当两端边段（连同地线支架）起吊到接近就位高度时，应缓慢松出控制绳，使吊件下平面缓慢进入上曲臂平口上方。如横担外端较长较重，可采用加辅助小抱杆等方法。

5.2.9 抱杆拆除

（1）下降抱杆前，先将两个摇臂收拢紧靠和固定在主抱杆上。

（2）抱杆拆除为倒装提升的逆过程，抱杆从下往上逐段拆除，注意需要人员在塔上跟随抱杆的下降，逐次拆松上端腰箍，避免兜卡现象。

（3）抱杆拆除至只有一道腰箍时，须采取措施防止抱杆倾倒。

5.2.10 现场清理

（1）铁塔组立完成后，及时清理施工现场垃圾，回填开挖基坑，恢复施工现场环境原貌。

（2）清理工器具上的泥土，并进行简单保养。

（3）对损坏的工器具要分类堆放，并做好明显的识别记录。

（4）对剩余的材料要收集整理和回收，并做好统计。

6 人员组织

（1）人员配置。铁塔组立应根据工程量和作业条件合理安排施工，施工人员组织配备及岗位职责如表 14-6-1 所示。

表 14-6-1 施工人员组织配备及岗位职责

序号	岗位	人数	岗 位 职 责
1	现场指挥	1	现场组织、协调、指挥等
2	副指挥	1	配合指挥，负责塔上协调等
3	安全员	1	检查现场安环布置、工器具检查、安全监护等
4	质量员	1	施工过程质量控制等
5	机械操作	5	服从指挥，按规程操作，对机械进行保养和检查
6	材机员	1	保证材料机具的规格型号满足施工需要，管理账、卡、物等
7	塔上作业	8	服从指挥，按照作业指导书、措施等文件的要求进行施工
8	地面作业	15	服从指挥，按照作业指导书、措施等文件的要求进行施工

（2）人员要求。

1）登高作业人员身体健康，无妨碍高空作业的疾病；

2）相关人员通过职业技能鉴定，并取得相应资质证书；

3）作业人员应具备高压架空送电线路施工的基本知识，了解常规检修工器具使用方法及使用原理；

4）作业人员应熟悉有关规程及工法要求。

7 材料与设备

7.1 主要工器具及材料

本典型施工方法以组立 500kV 同塔双回路钢管塔为例，所需主要工器具及材料如表 14-7-1 所示。

表 14-7-1 主 要 工 器 具 及 材 料

分类	名 称	规 格	单位	数量	说 明
抱杆系统	角钢抱杆	900mm×900mm×105m	副	1	本体质量 100kg/m
	摇臂	500mm×500mm×8m	副	2	摇臂质量 50kg/m

续表

分类	名　称	规　格	单位	数量	说　明
抱杆系统	抱杆底座	配套	副	1	
	抱杆顶帽	配套	副	1	
	旋转段	配套	副	1	带拉线盘
	钢丝绳	ϕ15mm	根	4	固定底座
	卸扣	7t	只	8	
	双钩	3t	把	4	固定底座
摇臂系统	防捻钢丝绳	ϕ12.5mm×200m	根	2	调幅滑车组用
	滑车组	双轮 10t	副	2	调幅滑车组用
	卸扣	10t	只	若干	
拉线系统	抱杆拉线	ϕ15mm×200m	根	4	
	滑车组	三轮 5t（走三走三滑车组）	副	4	调整拉线用
	尼龙绳	ϕ16mm×200m	根	4	
	卸扣	5t	只	若干	
起吊系统	防捻钢丝绳	ϕ12.5mm×600m	根	4	起吊滑车组用
	滑车组	两轮 8t（走二走二滑车组）	副	4	起吊滑车组用
	滑车	5t	只	12	提升、转向等
	滑车	3t	只	4	提升小件塔材用
	卸扣	8t、5t、3t	只	若干	
	机动绞磨或卷扬机	5t	台	4	牵引用
	钢丝绳	各种规格	根	若干	吊点用、绑扎、提升小件及浪风绳等
腰环系统	腰箍	900mm×900mm	只	9	根据施工段情况配备，有加强型
	钢绳套	ϕ11mm×6m	根	40	定长，与腰箍配套，根据需要选择
	钢丝绳	ϕ12.5mm×8m	根	12	加强型腰箍配套
	卸扣	3t	只	200	
	双钩	3t	只	12	
	花兰	1.5t	只	40	
	钢绳套	其他	根	若干	
控制系统	钢丝绳	ϕ9.3mm×150m	根	8	控制绳用
	滑车组	1.5t 三轮（走三走三用）	只	16	调整控制绳
	尼龙绳	ϕ16mm×200m	根	8	
	卸扣	1.5t	只	32	

续表

分类	名　称	规　格	单位	数量	说　明
提升系统	钢丝绳	ϕ12.5mm×150～200m	根	2	对角提升用，走二走二滑车组
	滑车组	10t 双轮（走二走二用）	副	2	
	夹具	定制夹具或施工孔	副	2	
	卸扣	12t	只	4	
	钢丝绳	ϕ12.5mm	4	根	
	滑车	5t	只	1	平衡用
	机动绞磨	5t	台	1	利用起吊系统设备
其他	提升架	1000mm×1000mm×18m	套	1	
	钢丝绳	各种规格	根	若干	立提升架用
	道木		只	20	支垫用
	圆木		根	6	补强用
	地钻和地锚	2t、3t、5t、10t	只	20	用于各系统
	经纬仪	J2	台	1	观测抱杆垂直度

7.2　抱杆系统说明

（1）抱杆技术参数。

1）杆体总长。105m（25 段通用段 4m/段 + 旋转段 1m/段+抱杆头 4m/段）。

2）杆体截面。

通用段部分：900mm×900mm；

抱杆头变截面部分：大端截面 900mm×900mm，小端截面 400mm×400mm；

钢材：主材∠90mm×90mm×8mm，辅材∠50mm×50mm×4mm，材质 Q345。

3）摇臂截面。□500mm×500mm。

4）杆段连接形式。内法兰。

5）摇臂长度。8m。

6）自由段。第一道腰箍以上 29m。

7）摇臂滑车组允许起吊负荷。60kN。

8）前后侧滑车组允许起吊负荷。60kN。

9）安全系数：$n \geqslant 2.5$。

（2）摇臂变幅系统。采用ϕ12.5mm 钢丝绳连接 10t 走二走二滑车组控制，引下钢丝绳沿抱杆至底部后，经转向滑车到达卷扬机。

（3）摇臂旋转系统。可在水平面做±90° 旋转，摇臂调整好位置后可锁定。

（4）抱杆起吊系统。横线路方向吊装利用可旋转摇臂系统，顺线路方向吊装利用抱杆本体。起吊系统为 8t 走二走二滑车组，ϕ12.5mm 钢丝绳，引下钢丝绳沿摇臂经转向，再沿抱杆至底部后，经转向滑车到达卷扬机。

（5）抱杆拉线系统。抱杆采用 4 根ϕ15.5mm 钢丝绳作为拉线，拉线尾部通过 5t 走三走三滑车组或钢丝绳释放器调整拉线张力。

（6）抱杆提升系统。抱杆提升系统为 2 套 10t 双轮走二走二滑车组，在抱杆对角进行提升。

（7）抱杆腰箍。除第一道腰箍外，每隔 10～15m 设置一道普通型腰箍。其中最上两道和中间一道须使用加强型腰箍。普通型腰箍通过 4 根ϕ12.5mm 钢丝绳与塔身连接，通过 1.5t 花兰或双钩进行调节。加强型腰箍通过 4 根ϕ15.5mm 钢丝绳与塔身连接，通过 4 把 6t 手扳葫芦进行调节。

（8）抱杆驱动装置。起重卷扬机（兼做抱杆提升卷扬机）2 台，额定拉力 50kN；调幅卷扬机（可兼做起重卷扬机）2 台，额定拉力 50kN。

8 质量控制

8.1 本典型施工方法依据的主要规程、规范

GB 50233—2005 110～500kV 架空送电线路施工及验收规范

GB 50389—2006 750kV 架空送电线路施工及验收规范

DL/T 5168—2002 110kV～500kV 架空电力线路工程施工质量及评定规程

DL/T 5342—2006 750kV 架空送电线路铁塔组立施工工艺导则

Q/GDW 153—2006 1000kV 架空送电线路施工及验收规范

Q/GDW 155—2006 1000kV 架空送电线路铁塔组立施工工艺导则

Q/GDW 225—2008 ±800kV 架空送电线路施工及验收规范

Q/GDW 226—2008 ±800kV 架空电力线路工程施工质量检验及评定规程

8.2 本典型施工方法主要质量要求

（1）螺栓紧固符合要求，螺栓紧固率符合标准，螺栓紧固力矩应符合设计要求；

（2）角钢面朝向的安装符合设计要求，螺栓穿向符合规范要求；

（3）底脚螺帽、垫片完整，双帽拧紧后，丝牙打毛；

（4）接地装置与铁塔连接良好；

（5）所有钢绳等硬质工器具严禁直接与塔材接触受力，受力点应衬垫麻袋片等软物，防止塔材镀锌层磨损，防止塔材变形；

（6）铁塔构件安装正确、完整，对变形构件，应予以处理或更换；

（7）整基铁塔组立结束，应及时补材消缺，再次全塔复紧螺丝。

9 安全措施

（1）施工人员应严格遵守《国家电网公司电力安全工作规程（电力线路部分）》和 DL 5009.2—2004《电力建设安全工作规程 第 2 部分：架空电力线路》。

（2）对组塔施工危险点、危险源进行分析辨识，并提出预控措施，编制安全可靠的施工技术专项措施，施工前对作业人员进行培训和交底。

（3）抱杆使用时需做好接地措施。

（4）严禁超重、超范围起吊，起吊前应调整好摇臂与抱杆的方向，防止摇臂扭转受力。

（5）抱杆起吊塔材过程中应有专人检查抱杆垂直度情况，防止抱杆倾斜超标，控制好抱杆，减少不平衡弯矩。

（6）吊装必须连续作业，抱杆不得带负荷过夜；高处作业人员应将到位的塔段或塔材及时安装，严禁吊件在空中过夜或浮搁在塔上。

（7）遇大风等恶劣天气，应停止作业并将摇臂收起。

（8）工器具不得以小代大使用，抱杆使用组装前应仔细检查外观质量，损坏、变形的抱杆节及工器具不得使用，严格按作业指导书规定要求施工。

（9）对装在构件上的螺栓必须将螺帽拧紧，严禁不装螺帽或拧 1～2 牙，防止工作人员踏空，引起高空摔跌。

（10）施工人员必须做好自身保护措施（安全帽、双保险），增强相互保护意识，严禁习惯性违章。

（11）非施工人员不得进入施工作业区域内，所有施工人员严禁在高处作业坠落半径范围内逗留，防止高空落物。

（12）邻近带电作业时，应执行第二种工作票制度。

（13）铁塔工器具应经常检查，如有异常情况，应采取措施消除后方可继续作业。

（14）塔腿部分吊装后，应及时将接地装置与塔根连接好，以防雷击引起事故。

（15）作业人员必须从脚钉侧上下塔，并使用防坠装置。

（16）施工作业应统一指挥，拉线地锚应设专人监护。

（17）不得带荷载调整拉线。

（18）人员高空移动不少于一重保护。

10 环保措施

（1）严格遵守国家和地方政府下发的有关环境保护的法律、法规，加强对施工燃油、工程材料、设备、生产生活垃圾的控制和治理，遵守防火及废弃物处理的有关规定。

（2）合理进行现场布置和科学组织施工，减少材料工器具运输、现场组装和铁塔组立等占地面积，减少施工过程中现场开挖和青苗毁损。将施工场地和作业限制在工程建设允许的范围内，合理布置、规范围挡，做到标牌清楚、齐全，各种标识醒目，施工场地整洁。

（3）对施工中可能影响到的各种公共设施制定可靠的防止损坏和移位的措施，加强实施中的监测。

（4）弃渣及其他工程废弃物按指定的地点和制订的方案进行合理堆放和处治。

（5）每基铁塔组立完工后，应及时回填施工坑洞，及时正确处置废弃物，做到工完、料尽、场地清，塔位周边环境应得到保持和恢复。

11 效益分析

（1）社会效益。座地式双摇臂外拉线抱杆分解组塔施工工艺，安全可靠，稳定性高。能有效减少高空作业量，降低安全事故风险和安全隐患，安全效益明显。

平行临近高压线路、铁路、高速公路、航道等组塔施工时，因左右侧主要利用摇臂起吊，可避免或减少停电、停运时间。

（2）经济效益。本典型施工方法与悬浮抱杆组塔方法相比，使用工器具较多，增加了工器具运输和安装成本，施工效率相对偏低。

本典型施工方法主要用于悬浮抱杆不适宜的地区，与采用塔吊、吊车等组塔方法相比，可大大节约施工费用。以组立塔高 80m，塔重 80t 的铁塔为例进行施工效益对比，如表 14–11–1 所示。

表 14–11–1　　施 工 效 益 对 比

组塔方式	座地式双摇臂外拉线抱杆	吊车	塔吊	备注
组立时间（天）	10	8	12	
施工费用（万元）	5	8	12	

12 应用实例

（1）工程概况。外高桥电厂三期送出 500kV 杨高变电站—南桥变电站线路工程，地处上海市浦东新区，是为满足上海市中心区域负荷增长需要及 2010 年世博会电力需求的重要工程。线路按同塔四回路架设，采用 4×720mm^2 型导线，铁塔多为钢管塔。全线共有铁塔 65 基，其中直线塔 45 基，转角塔 20 基。铁塔平均高 82m，最高 99m，最低 62m；铁塔平均重 85t，最重 124t，最轻 65t；横担长 7.5～12m，重量 2～5t。全线有约 70%的线路平行高速公路及 220kV 超高压线路，中心距离 30～45m。组塔施工根据实际需要分别采用了 700mm×700mm 截面、900mm×900mm 截面的悬浮外拉线抱杆、座地式双摇臂外拉线抱杆的施工方法，其中近半数铁塔组立使用了 900mm×900mm 座地式双摇臂外拉线抱杆。

（2）施工情况。组塔施工中，对于平行邻近 220kV 超高压线路的铁塔，均使用了 900mm× 900mm 座地式双摇臂外拉线抱杆的组塔方式。在施工过程中，最不利状态下侧向拉线对地夹角达 60°，因抱杆提升过程中垂直度通过腰箍控制，大大增加了施工的安全性。通过摇臂的使用，降低了对控制绳的要求，解决了现场控制绳角度较难设置的问题。本工程铁塔根部钢管主材较重，一般在 2～4t，一般只能采取散吊安装的方式，摇臂在吊装中发挥出较大的优势，如图 14-12-1 所示。本典型施工方法安全性好，施工效率相对较高，直线塔一般施工工期为 7 天，转角塔一般施工工期为 10 天。

图 14-12-1　**900mm×900mm** 座地式双摇臂外拉线抱杆组塔实例

典型施工方法名称：无跨越架不停电跨越架线典型施工方法

典型施工方法编号：GWGF015-2010-SD-XL

编　制　单　位：山西省电力公司送变电工程公司

推　荐　单　位：国家电网公司交流建设分公司

主　要　完　成　人：王建平　李庆林　郑怀清　肖　峰

目　　次

1 前言

随着超高压、特高压电网的建设，跨越运行电力线路情况越来越多，而且被跨越电力线停电越来越困难，如何实现不停电跨越电力线进行架线是输电线路建设中遇到的一道难题。

为了实现不停电跨越架线，传统的方法是在被跨电力线的两侧搭设竹竿、木杆或金属结构的跨越架，在跨越架顶端之间铺设绝缘封顶网，以保护被跨越的电力线。在封顶网上方展放绝缘引绳，然后带张力牵引导引绳、牵引绳直至达到展放导线、地线的目的。这种方法存在较多缺点，一是跨越架应满足导引绳、牵引绳或导、地线跑线时产生的冲击力，设计难度大，而且跨越架构件多成本高；二是要配置大量起重工具安装跨越架，而且起吊困难，在恶劣地形条件下尤是如此；三是选择跨越架位置易受地形条件限制，如果跨越架与带电被跨电力线之间的净空距离不满足安全要求，安全风险将大大增加，在某些特殊条件下（如被跨电力线距地面较高、被跨电力线两侧有水塘等障碍物等情况）搭设跨越架无法实现或者相当困难或者是投入极大。

为了减少不停电跨越架线的安全风险，解决在某些地理条件下无法搭设跨越架的难题，国家电网公司交流建设分公司组织有关单位共同研制了无跨越架不停电跨越架线施工新工艺，开展了新工艺关键技术的试验研究，在多个工程上进行试点应用。

该施工方法在 1000kV 晋东南—南阳—荆门交流试验示范工程第三标段 N204～N205 一档同时跨越 500kV 阳东Ⅰ、Ⅱ、Ⅲ回，±500kV 蔡白线一档同时跨越 500kV 三江Ⅱ、Ⅲ回等工程项目中成功应用，效果良好。

2 本典型施工方法特点

（1）在跨越档两端铁塔上设置临时横梁代替了跨越架，从而解决了在特殊地理条件下传统跨越方式无法实现不停电跨越架线的难题。

（2）与传统的跨越方式相比较，显著减少工器具和人工投入，提高了施工效率，降低了施工成本。

（3）本典型施工方法消除了跨越架安装对被跨越电力线带来的危险影响，显然，也提高了跨越系统安装的安全性。

（4）由于取消了跨越架，有效减少了植被损坏和建场费用。

3 适用范围

本典型施工方法主要适用于新建架空输电线路跨越档内有一处或多处电力线而又无法停电的情况，对跨越档内有其他被跨越物，如铁路、高速公路、高架桥及河流等的跨越架线可供参考使用。

无跨越架不停电跨越架线对跨越档参数的要求：

（1）跨越档档距应尽量缩小。

如果跨越档全档封网，并且承载索绝缘段选用迪尼玛绳规格为ϕ16 或ϕ20，张力放线采取一牵四展放方式，跨越档档距不宜大于表 15-3-1 数值（按承载索安装状态及事故状态的综合安全系数分别为 50 及 6 计算得出）。

表 15-3-1 跨越档最大允许档距

展放导线规格（分裂数×规格）	允许档距（m）	
	承载索绝缘段为ϕ16mm 迪尼玛绳	承载索绝缘段为ϕ20mm 迪尼玛绳
4×LGJ300/40	348	492
4×LGJ400/35	317	456
4×LGJ500/35	283	414
4×LGJ630/45	245	364

续表

展放导线规格（分裂数×规格）	允许档距（m）	
	承载索绝缘段为ϕ16mm 迪尼玛绳	承载索绝缘段为ϕ20mm 迪尼玛绳
4×LGJ720/50	221	331
4×LGJ900/40	198	300

（2）为满足事故状态下跨越系统对运行电力线路地线的安全距离要求，跨越塔的呼称高应当在按常规设计值的基础上适当增高。当采取全档封网布置，且承载索绝缘段选为ϕ16mm 或ϕ20mm 迪尼玛绳以及跨越档档距不大于 300m 时，其铁塔呼称高增加范围为 1～8m。

4 工艺原理

通过在新建线路跨越档两端铁塔上安装临时横梁作为承载索的定位装置，对应每相导线在临时横梁上安装 2 条承载索，在承载索间安装封网装置，形成对被跨电力线的防护体系，再开展跨越架线。在架线的正常状态下，各种线索均为带张力在跨越系统上方悬空通过，不会对被跨越电力线造成影响。

当导引绳、牵引绳或导地线在跨越放线区段内发生跑线（绳）、断线（绳）时，线（绳）会落在封网装置上，从而将其荷载传递到承载索上，使承载索承受较大的垂直荷载。承载索是本典型施工方法中的关键承力构件。当发生架线事故时，线（绳）落于封网装置上使其冲击动能衰减，再传至承载索后，其冲击动能第二次衰减，因此，我们可以近似地用静载试验研究承载索的承载性能。当发生事故时，承载索设计达到安全系数 6 的要求，可有效保护被跨电力线。

跨越系统布置示意如图 15-4-1 所示。

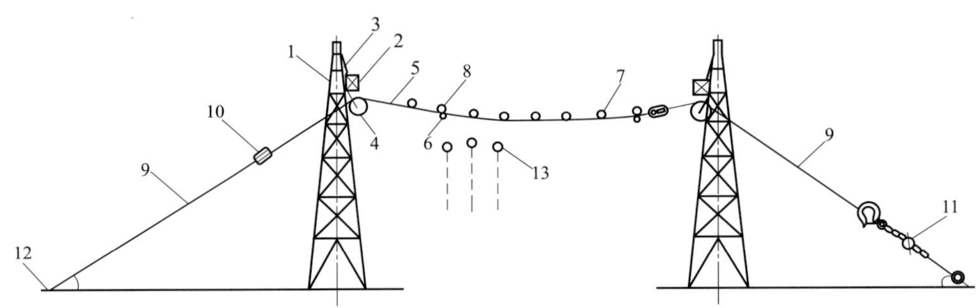

图 15-4-1 跨越系统布置示意图

1—跨越塔；2—临时横梁；3—悬吊绳；4—承载索滑轮；5—迪尼玛绳；6—绝缘撑网杆；7—绝缘承网滑轮；8—绝缘承杆滑轮；9—圆股钢丝绳；10—抗弯连接器；11—调节装置；12—锚固点；13—被跨电力线

5 施工工艺流程及操作要点

5.1 施工工艺流程

本典型施工方法施工工艺流程见图 15-5-1。

5.2 施工操作要点

5.2.1 施工准备

（1）施工前应编写无跨越架不停电跨越架线施工技术设计，跨越系统的承载索及临时横梁应经验算选择确定。

1）承载索张力计算。

承载索有两种工作状态：一种为安装工作状态（即空载状态），另一种为导线事故状态。当已知空载状态的张力求解事故状态张力时，可采用简化的导线状态方程，即简化的斜抛物线方程

$$H_A - \frac{l^2 W_0^2 SE\cos^3\varphi}{24H_A^2} = H_S - \frac{l^2 W_S^2 SE\cos^3\varphi}{24H_S^2} \tag{15-5-1}$$

式中 H_A ——承载索的安装张力，N/mm^2；

l——跨越档的水平档距，m；

W_0——承载索单位长度重量，N/m；

E ——承载索的弹性模量，N/mm^2；

S ——承载索的净截面面积，mm^2；

H_S ——事故状态下承载索的张力，N/mm^2；

W_S ——事故状态下承载索单位长度重量，N/m；

φ ——跨越档高差角，（°）。

H_S 的求解方法

令
$$a = H_A - \frac{l^2 W_0^2 ES\cos^3\varphi}{24H_A^2} \quad (15\text{–}5\text{–}2)$$

$$b = \frac{l^2 W_S^2 ES\cos^3\varphi}{24} \quad (15\text{–}5\text{–}3)$$

将式（15–5–2）、式（15–5–3）代入式（15–5–1），经整理得

$$H_S^2(H_S - a) = b \quad (15\text{–}5\text{–}4)$$

当已知 H_A、W_0、W_S、S 及 E 时，可由式（15–5–4）按渐次逼近法求解 H_S，H_S 应小于承载索的允许张力。

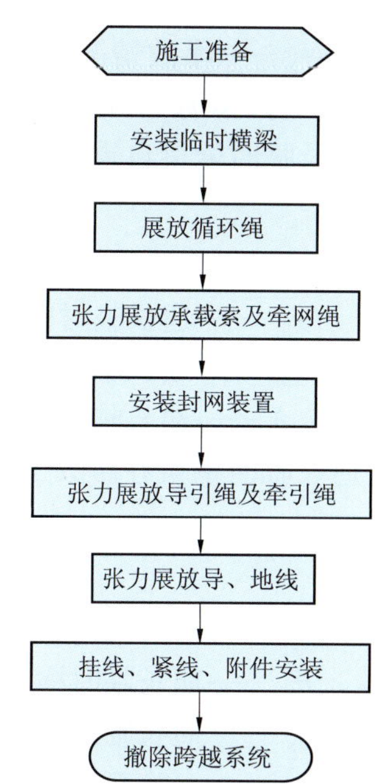

图 15–5–1 无跨越架不停电跨越架线施工工艺流程图

2）临时横梁的强度验算。

临时横梁有两种型式：一种是通长式横梁，可以悬吊对应三相导线的承载索及封网装置；另一种是分段式横梁，即一根横梁对应悬吊一相导线的承载索及封网装置。现以第一种型式分析横梁的受力情况，示意图见图 15–5–2。

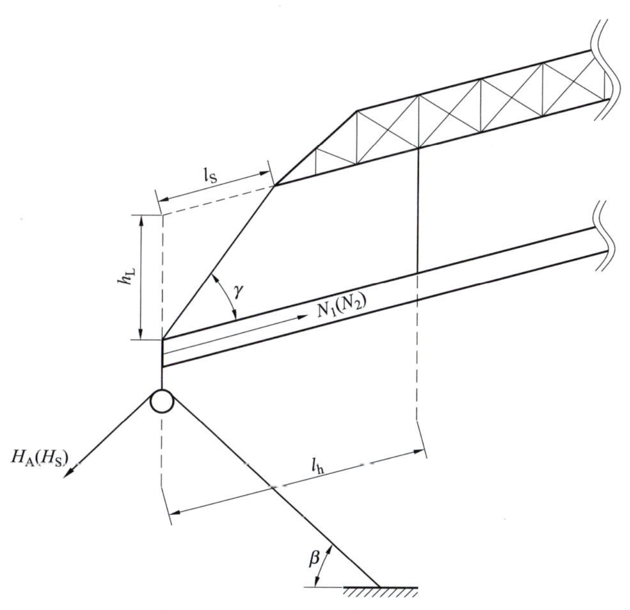

图 15–5–2 通长临时横梁受力分析示意图

一般情况下，通长临时横梁可作为一根承压杆件进行其稳定校验。

正常情况下，通长临时横梁承担承载索安装张力及自重力的作用。当不考虑承载索滑车偏斜时，承载索安装张力对通长临时横梁产生的轴心压力为

$$N_1 = \frac{H_A\sin\beta}{\tan\gamma} \quad (15\text{–}5\text{–}5)$$

其中
$$\gamma = \tan^{-1}\frac{2h_L}{l_S} \quad (15\text{–}5\text{–}6)$$

式中 N_1 ——正常情况下，通长临时横梁的计算中心压力，N；

β ——承载索与地平面间夹角，（°）；

γ ——通长临时横梁端悬吊绳与横梁中心线间夹角，（°）；

h_L ——导线横担端部悬吊绳挂点至横梁上平面的垂直距离，m；

l_S ——通长临时横梁伸出塔身横担外侧的水平距离，m。

事故情况下，通长临时横梁承受承载索事故状态的张力及自重力的作用。承载索事故张力对通长临时横梁产生的轴心压力为

$$N_2 = \frac{H_S\sin\beta}{\tan\gamma} \quad (15\text{–}5\text{–}7)$$

式中　N_2——事故情况下通长临时横梁的计算中心压力，N。

由于 $H_S \gg H_A$，故应以 N_2 验算通长临时横梁强度。

通长临时横梁自重为均布荷载，对通长临时横梁 A、B 点间产生的弯矩为

$$M_h = \frac{Q_h l_h^2}{8} \tag{15-5-8}$$

式中　M_h——通长临时横梁自重产生的弯矩，N·cm；

Q_h——通长临时横梁自重均布荷载，N/m；

l_h——通长临时横梁外伸段的长度，cm。

通长临时横梁在事故工况下的计算综合应力应满足

$$\sigma_h = \frac{N_2}{\varphi F_h} + \frac{M_h}{W_h} \leqslant [\sigma] \tag{15-5-9}$$

式中　σ_h——通长临时横梁的计算综合应力，N/cm^2；

F_h——通长临时横梁主材的截面积，cm^2；

W_h——通长临时横梁危险断面系数，cm^3；

$[\sigma]$——允许应力，N/cm^2。

（2）施工前应对跨越系统的封网尺寸进行计算，以确保封网装置能有效遮护被跨电力线。封网尺寸包括封网长度和封网宽度。

1）封网长度的计算。

新建线路的单相导线封网长度应满足

$$L_1 \geqslant \frac{B}{\sin\beta} + \frac{B_W}{\tan\beta} + 2L_B \tag{15-5-10}$$

式中　L_1——新建线路单相导线的封网长度，m；

B——被跨电力线两边线间的水平距离，m；

B_W——单相导线的封网宽度，m；

β——新建线路与被跨电力线路交叉角，(°)；

L_B——封网装置伸出被跨电力线的保护长度，10～15m。

对于被跨电力线路电压为 220kV（B=14m）和 500kV（B=28m），按不同封网宽度计算其 L_1 值，见表 15-5-1。

表 15-5-1　　**封网长度参考值 L_1**

交叉角（°）	被跨电力线线路电压（kV）			
	220		500	
	B_W=6m	B_W=8m	B_W=6m	B_W=8m
30	78.4	81.9	106.4	109.9
40	69.2	71.5	91.2	93.5
50	63.3	65.0	82.0	83.7
60	59.7	60.8	75.5	76.6
70	57.2	57.9	72.2	72.9
80	55.1	55.4	69.5	69.8

2）封网装置宽度的规定。封网装置宽度即横线路方向伸出新建线路导线的宽度，在考虑导线风偏后，限制跨越档不大于 300m 时，对于 500kV 输电线路的导线为 LGJ300～LGJ900，其封网装置宽度不应小于 6m；对于 1000kV 输电线路的导线为 LGJ400～LGJ900，其封网装置宽度不应小于 8m。

（3）施工前，施工单位必须向运行单位书面申请被跨电力线“退出重合闸”，并办理工作票等相关手续。

（4）开挖锚固承载索和起吊临时横梁用的地锚坑。

（5）悬挂导、地线放线滑车，对所在放线区段的耐张塔采用专用防跳槽滑车，跨越塔使用导电导地线滑车。

（6）施工前对所有绝缘绳应检测其绝缘性能并进行外观检查。

（7）对于初次使用的迪尼玛承载索，需消除结构性伸长。可将承载索施加其破断力的15%～20%进行预张拉，持续时间不小于1h。

5.2.2 安装临时横梁

（1）临时横梁应安装在靠近导线放线滑车的下方，其距离依据现场条件经计算确定。

（2）应根据跨越档两端铁塔塔型及封网宽度等选择合适的横梁规格并在地面进行组装。

（3）在临时横梁的每个悬吊点处对应安装一个专用托架。

（4）在跨越塔导线横担下平面悬挂起吊临时横梁的滑车，通过牵引钢丝绳，由机动绞磨起吊临时横梁。当横梁起吊至铁塔上的规定位置时，通过专用托架及悬吊钢丝绳挂于导线横担下方，然后收紧横梁临时拉线使其位于横线路方向。安装后的通长临时横梁示意图见图15-5-3。

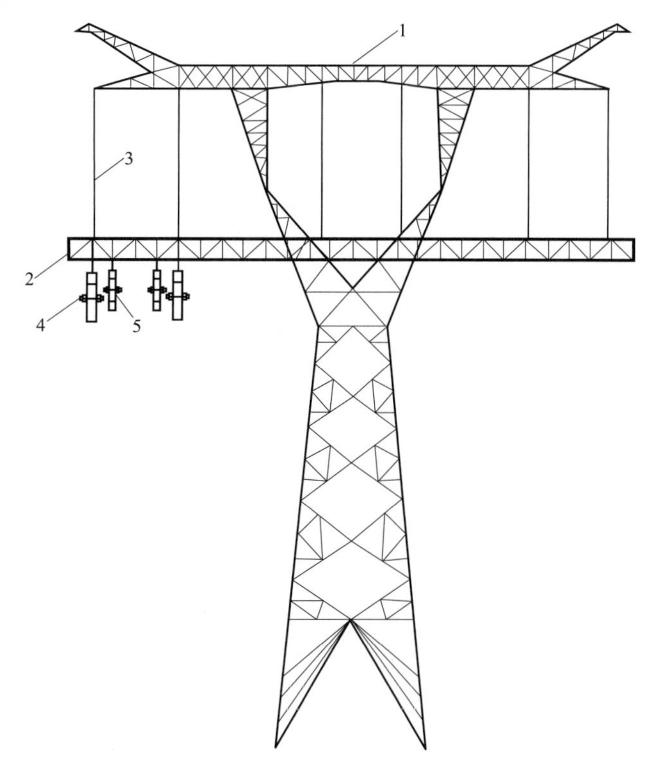

图15-5-3 通长临时横梁示意图

1—铁塔横担；2—通长临时横梁；3—悬吊绳；4—承载索滑车；5—牵网绳滑车

（5）在临时横梁上安装承载索及牵网绳滑车。

5.2.3 展放循环绳

（1）选择合适的飞行器（如遥控飞艇、遥控航模、小型直升机等）在跨越档上空展放初级引绳（根据飞行器承载力选择引绳规格）。初级引绳应具有较好的绝缘性能，并且尽量避免引绳落在被跨越的电力线上。

（2）循环绳穿入跨越档两端地线支架顶的悬垂防跳滑车，通过初级引绳用专用微型牵引机、张力机采用张力展放循环绳。

5.2.4 张力展放承载索及牵网绳

（1）利用循环绳以一牵一放线方式张力展放承载索（迪尼玛绳）。承载索前后端通过抗弯连接器与地面的钢丝绳连接。承载索一端直接挂于地锚上，另一端通过调节装置（手扳葫芦或链条葫芦）与地锚连接。

（2）每相导线布置2条承载索，边相导线与同侧地线共用2条承载索。

（3）承载索全部牵放完毕，根据需要收紧其另一端调节装置（手扳葫芦或链条葫芦），使承载索弧垂符合施工设计要求。

5.2.5 安装封网装置

（1）根据被跨越电力线与跨越档内的具体位置，在每相导线的2条承载索之间安装封网装置。

（2）在安装每条承载索的过程中同时牵引一条牵网绳，为牵拉封网装置做好准备。

（3）在跨越铁塔的地面上铺设塑料彩条布，在其上方将封网装置进行地面组装。轮绳平面式封网装置布置示意图见图15-5-4。

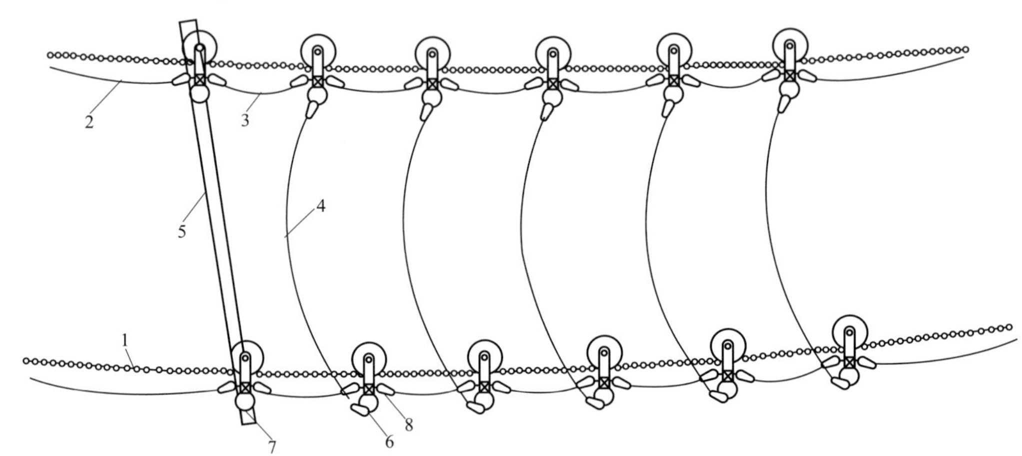

图15-5-4 轮绳平面式封网装置布置示意图

1—承载索；2—牵网绳；3—网绳连接绳；4—封网绳；5—绝缘撑杆；6—承网滑轮；7—承杆滑轮；8—挂钩

（4）封网装置与临时横梁上的牵网绳相连接。然后收紧牵网绳将封网装置提升到承载索在横梁的悬挂点处，由高处作业人员配合将封网装置两侧的滑轮逐一挂在承载索上。并将封网装置牵拉至被跨电力线上方。

（5）当封网装置均匀遮护住被跨电力线路上方，而且前后端留有适当裕度后，将封网装置两侧牵网绳收紧固定于临时横梁上。

（6）再次调整承载索一端调节装置（手板葫芦或链条葫芦），使承载索弧垂符合施工设计要求。

5.2.6 张力展放导引绳、牵引绳及导地线

（1）在铺设封网装置的同时，各牵引一条次级引绳。将每条次级引绳与预先挂在放线滑车内的引绳通过抗弯连接器相连接，再与导引绳（防扭钢丝绳）相连接。

（2）用小牵张机牵放次级引绳以一牵一方式实现张力展放导引绳，再用小牵引机牵引导引绳展放牵引绳（防扭钢丝绳），建立主牵张系统。

（3）用小牵张系统张力展放地线。

（4）用主牵张系统张力展放导线。

（5）张力展放牵引绳、导地线应执行现行张力架线施工工艺导则的有关规定。

5.2.7 挂线、紧线及附件安装

放线完成后，在跨越塔所在耐张段完成挂线、紧线及附件安装。

5.2.8 撤除跨越系统

跨越档所在耐张段导地线安装完成后，即可撤除无跨越架不停电跨越系统，撤除作业按安装的逆程序进行。在确保被跨电力线安全运行和新建线路导线质量的基础上，应有序进行跨越系统的撤除工作。撤除承载索应通过循环绳，撤除循环绳应通过尾绳控制器，避免绳索落于被跨电力线上。

6 人员组织

该施工方法的劳动组织与新建线路电压等级、杆塔型式以及跨越电力线的数量等均有关系，一般情况下可按表 15-6-1 进行人员组织，也可根据实际情况作适当调整。

表 15-6-1 无跨越架不停电架线跨越人员组织

序号	岗 位	人员（人）		工作内容及职责
		技工	普工	
1	施工负责人	1		（1）对项目施工负全面责任。 （2）负责对施工现场的人员组织、分工，工器具调配、进度安排，现场指挥
2	技术负责人	1		（1）技术方案、现场布置形式的确定，主要绳索规格及工器具的选择，施工方式的确定。 （2）负责施工方案实施的监控
3	安全监护人	1		（1）负责全过程的安全监护，负责跨越系统安装、撤除过程中使用各种绳网及与被跨越物安全距离的监控。 （2）负责全过程对施工人员的监护。 （3）负责观察现场气候条件，如遇不良气象条件应报告施工负责人
4	测量操作人	1	1	（1）跨越参数的测量。 （2）负责地锚分坑。 （3）负责监控跨越系统安装过程中各种绳网与被跨越物的净空距离；监控放线过程中多级导引绳、牵引绳、导线与封网装置的净空距离
5	停送电联系人	1		负责与被跨电力线路运行单位联系并办理相关手续
6	外协人员	1		负责协调处理跨越现场的土地占用及费用赔偿
7	高空作业人员	8		（1）塔上临时横梁的就位安装。 （2）承载索的塔上安装。 （3）封网装置安装。 （4）跨越系统的撤除
8	地面作业人员	4	20	（1）地锚挖设及回填。 （2）次级引绳地面人工牵引。 （3）引绳附加张力及牵引。 （4）封网装置的地面组装。 （5）规范整理现场
9	小型机械操作人员	3	6	绞磨操作、微型牵张机操作
10	司机	2		汽车运输工器具、接送人员上下班
合 计		23	27	

7 材料与设备

无跨越架不停电跨越系统主要由临时横梁、承载索、封网装置三部分组成。

（1）临时横梁。临时横梁分通长式和分段式两种，通长式临时横梁采用正方形断面钢抱杆见图 15-5-3，分段式可采用正方形断面钢或铝镁合金抱杆。承载索及牵网绳滑轮选用大轮径尼龙滑轮。

专用托架是为确保临时横梁悬吊受力均衡的夹具，托架内侧衬垫胶皮，在专用托架指定位置设有承载索和牵网绳滑轮挂孔。

（2）承载索。承载索是本施工方法中的关键承力构件。承载索中间绝缘段采用迪尼玛绳，两端非绝缘段采用圆股钢丝绳。经试验验证，承载索静载安全系数取值为 6，能有效地保障事故状态下被跨电力线的安全。

迪尼玛承载索是在迪尼玛编织绳的基础上，经过浸聚氨酯、包涤纶护套处理而成，具有良好的绝缘性能。为提高其耐磨、防水、绝缘性能，可对迪尼玛承载索包聚氨酯护套处理。

（3）封网装置。封网装置可采用轮绳平面式或钩网平面式封网装置。

轮绳平面式封网装置由封网绳、网绳连接绳、牵网绳、绝缘撑网杆、绝缘滑轮、挂钩六部分组成，见图 15-5-4。封网绳采用包聚氨酯护套的高强锦纶绳，网绳连接绳采用包聚氨酯护套的迪尼玛绳，牵网绳采用包涤纶护套的迪尼玛绳。

钩网平面式封网装置由绝缘网、网间连接绳、牵网绳、绝缘撑网杆、挂钩五部分组成。绝缘网纵筋和横筋均为高强锦纶绳，高强锦纶绳的分布与其规格相对应。

（4）主要工器具。主要工器具详见表 15-7-1。

表 15-7-1　　主 要 工 器 具

序号	名　称	规　格	单位	数量	用　途	备　注
1	迪尼玛绳	ϕ16mm×300m	条	6	承载索中间段用	
2	封网装置	8m×20m	张		保护被跨电力线	需根据设计及施工条件确定其长度
3	高强涤纶绳	ϕ16mm×1000m	条	3	牵引导引绳	
4	涤纶绳	ϕ16mm×750m	条	6	作为引绳用	
5	尼龙滑轮	30kN	只	12	承载索用	
6	尼龙滑轮	20kN	只	12	牵网绳用	
7	尼龙滑轮	10kN	只	6	起重用	
8	钢丝绳	ϕ15mm×150m	条	6	承载索两端段用	
9	手扳葫芦	60kN	台	6	调节承载索弧垂用	
10	卡线器	ϕ15mm	套	6	钢丝绳用	
11	元宝螺丝	ϕ12mm	只	39	锚钢丝绳用	
12	钢板地锚	60kN	套	12	锚承载索用	
13	抗弯连接器	60kN	只	12	钢丝绳与迪尼玛承载索连接用	
14	旋转连接器	SXL-80	只	6	牵引迪尼玛承载索接头部位用	
15	卸扣	60kN	只	48	连接用	
16	钢抱杆	□600mm×600mm×64m	条	2	作为临时横梁	根据线路 1000kV 电压等级选定
17	机动绞磨	30kN	台	2	起吊临时横梁用	
18	专用托架		套	12	临时横梁配合悬点部位用	
19	钢板地锚	30kN	套	8	绞磨及控制绳锚固用	
20	钢丝绳	ϕ11mm×200m	条	2	起吊临时横梁用	
21	迪尼玛绳	ϕ8mm×200m	条	4	起吊临时横梁用控制绳	浸聚氨酯处理
22	吊装带	30kN、8m	条	4	起吊临时横梁用	可选项

续表

序号	名　称	规　格	单位	数量	用　途	备　注
23	钢丝绳	ϕ11mm×100m	条	6	临时横梁拉线	
24	钢丝绳	ϕ11mm×80m	条	6	临时横梁拉线	
25	钢丝绳	ϕ15mm×15m	条	16	悬吊临时横梁用	
26	双钩	30kN	把	16	调节悬吊绳	
27	卸扣	30kN	只	32	悬吊绳配用	
28	手扳葫芦	30kN	台	2	起吊临时横梁时调节用	
29	接地线		组	6	接地用	
30	弧垂观测仪		台	2	观测弧垂用	
31	微型牵张机	10kN	组	1	牵放次级引绳及循环绳用	

8 质量控制

8.1 本典型施工方法质量依据

GB 50233—2005　110～500kV 架空输电线路施工及验收规范

GB 50389—2006　750kV 架空输电线路施工及验收规范

DL/T 5168—2002　110～500kV 架空电力线路施工质量及评定规程

Q/GDW 153—2006　1000kV 架空送电线路施工及验收规范

Q/GDW 163—2007　1000kV 架空输电线路工程施工质量检验及评定规程

8.2 关键工序质量控制措施

施工过程中要严格执行控制程序，关键工序质量控制措施见表 15–8–1。

表 15–8–1　　关键工序质量控制措施

名　　称		关键质量控制点	控　制　措　施
施工准备	跨越档参数复核	施工基面高程及高差	（1）复测时选择有资质的测量人员； （2）采用合格的 GPS、经纬仪进行复测； （3）严格执行操作规程，加强监督检查
		被跨电力线对地净距	
	工器具采购及使用	产品质量	（1）规范跨越工器具的进货管理； （2）严格按要求进行机具的贮存、保管、发放等工作
		规范使用	（1）按工器具特性及使用要求正确使用； （2）加强使用过程中的监控
临时横梁运输及安装	运输	抱杆运输	抱杆杆段在施工搬运、装卸时不应水平推拉，减少抱杆与地面、车厢板、杆段之间的相互摩擦
		抱杆二次倒运	利用“架子车”单件、多件运输
	安装	组装及吊装	（1）通长临时横梁地面组装时采用多点支撑，吊装时采用多点起吊，保证临时横梁安装质量； （2）绑扎点应加强衬垫保护，起吊过程中应采取防倾覆措施； （3）吊点绳夹角不得大于 90°
	铁塔	预防铁塔的磨损	钢丝绳不得与塔材直接接触，塔脚与转向滑车钢丝绳连接处均需采取内衬外垫的措施

续表

名　　称		关键质量控制点	控制措施
承载索及封网装置安装	承载索	对被跨越物距离	（1）注意收紧时的弧垂控制，复核对被跨越物及特殊地形的净空距离； （2）根据实测弧垂，计算承载索张力
	封顶网	封顶网的保护	（1）确保放线施工通信畅通，设置塔上监控人员； （2）控制好各级导引绳展放张力，保证不与封顶网绳发生硬性摩擦
放紧线及附件安装	放线	导线展放对导线的磨损	（1）放线过程导引绳、牵引绳、导地线与封网装置的净空距离应满足规程要求； （2）放线滑车槽型符合要求，转动灵活； （3）预防导线跳槽、翻走板和交叉跨越处磨损； （4）加强导地线质量检查，沿线配置护线人员监视
	紧线	临锚操作对导线的磨损	（1）过轮临锚锚绳与导线接触应衬垫胶管； （2）高空临锚导线与临锚绳应分离，临锚索具靠近导线时应套胶管
	附件安装	附件安装对导线的磨损	（1）应及时进行附件安装，避免鞭击损伤导线； （2）防振锤安装距离要准确，确保一次成功； （3）紧线完毕用专用提线工具附件

9　安全措施

（1）本典型施工方法安全依据。

DL 409—1991　电业安全工作规程（电力线路部分）

DL 5009.2—2004　电力建设安全工作规程　第 2 部分：架空电力线路

DL 5106—1999　跨越电力线路架线施工规程

DL/T 5343—2006　750kV 架空输电线路张力架线施工工艺导则

SDJJS 2　超高压架空输电线路张力架线施工工艺导则（试行）

国家或行业颁布的其他技术规程、规范和安全技术操作规程

（2）工器具试验及检查。按 DL 5009.2—2004 的有关规定，在施工前进行工具试验及外观检查，合格后方准使用。

（3）安装临时横梁。

1）临时横梁需悬吊于铁塔横担下平面。通长式临时横梁应置于跨越档内侧，临时横梁与铁塔的直接接触部位不得采取刚性连接或钢丝绳缠绕捆绑。

2）通长临时横梁的材质应为钢而非铝镁合金。悬吊用的钢丝绳安全系数应不小于 3。

3）临时横梁的断面宽度的选择应符合施工作业指导书的规定，常用断面尺寸为：新建线路为超高压、特高压时，临时横梁断面分别不宜小于 500mm×500mm、600mm×600mm。

4）临时横梁宜设置前后侧对地夹角不大于 45° 的临时拉线。

（4）安装承载索。

1）承载索滑车间距及承载索地锚间距宜适当大于封网装置宽度。

2）承载索绝缘段采用迪尼玛绳，其具有强度高、伸缩能力好的特点。承载索非绝缘段采用圆股钢丝绳。承载索绝缘段不应直接锚固于地面，锚地端应为非绝缘段。迪尼玛绳与钢丝绳连接应采用抗弯连接器。抗弯连接器的旋转套加裹防水绝缘胶布后再与迪尼玛绳环套相连接。

3）承载索锚地端对地夹角不得大于 25°。

4）承载索地锚回填土应高于地面 300mm，堆积面积应大于 $2m^2$，并在表面覆盖 3m×3m 的彩条布。注意防止地锚基面附近积水或有流水通道。

5）应保持迪尼玛绳的表面洁净。迪尼玛绳端头通过承载索滑车开始进入跨越档时，临时横梁上的操作人员应使用棉纱擦净其表面污秽。

6）人力展放承载索时，循环绳不可一次带两根承载索通过跨越档。以人力给承载索施加张力时必须使用大轮径尼龙挂胶转向滑车。

（5）封网装置的安全要求。

1）同档内的每相封网装置应对跨越多回电力线路或其他的跨越物进行分别遮护，尽可能减少通档设置，封网长度应符合施工作业指导书规定。

2）封网装置中的撑网杆长度应大于封网宽度约 50mm。

3）施工前，应对绝缘绳网的绝缘性能进行测量，合格后方准使用。

4）封网装置的近塔侧应采用经包胶处理的钢绞线作为加固绳。

5）网绳挂钩的开口部位需缠绕防水胶布。

6）不得在承网滑轮或挂钩上滴加黄油或其他润滑剂。

7）应保证导线等效重心投影处于封网装置中心位置。

（6）架线施工安全要求。

1）如果跨越塔临塔是耐张塔，则应根据其转角度数、横担宽度选择耐张滑车挂具长度及悬挂位置，防止出现跨越档导线偏离封网装置的情况。

2）为减少导线的风偏距离，应对导线滑车采取控制摆动措施。比如，在边相导线滑车挂环上增加与铁塔水平连接的可调绳套；对酒杯型塔中相导线滑车，则用水平可调绳套与两侧曲臂分别连接以控制滑车的摆动。

3）放线前应对牵张系统工具进行全面检查。

4）展放导线施工过程中，应通过调低出口张力尽可能减小导线与网绳的净空距离。

5）跨越档所在放线区段耐张塔断线锚线应采取二道防护措施，以防止跑线事故。

6）跨越档直线塔附件安装前，应增设一根与导线横担连接的 U 型包胶钢丝绳套，以防止导线坠落。

7）跨越档所在放线区段的流程长度应尽量缩短。

8）循环绳应以一牵一方式牵放承载索。以人力给承载索施加张力时，必须使用大轮径尼龙挂胶转向滑车。

9）在雷雨、暴雨、浓雾、沙尘暴、六级及以上大风时，不得进行塔上施工及架线作业。

（7）使用迪尼玛绳的安全要求。

1）施工人员应了解迪尼玛绳的特性、额定荷载、施工用途和使用维护要求，确保正确使用。使用前应取样进行拉力试验。

2）施工中只能应用迪玛绳的插接环套进行锚固，不得对迪尼玛绳折死弯、打结。

3）迪尼玛承载索与塔材等刚性或锐利物件相碰触部位，应衬垫保护。

10　环保措施

（1）严格按照建质[2007]233 号《关于印发〈绿色施工导则〉的通知》要求，成立现场环保文明施工管理组织机构。

（2）在工程施工过程中严格遵守国家和地方政府下发的有关环境保护的法律、法规和规章。

（3）加强对施工燃油、工程材料、工器具、废水、生产生活垃圾、弃渣弃土弃石的控制和治理，遵守有关防火及废弃物处理的规定，随时接受相关单位的监督检查。

（4）划定最小施工区域，将施工场地和作业限制在工程建设允许的范围内，合理布置、规范围挡，做到标牌清楚、齐全，各种标识醒目。

（5）施工现场的组装场地均敷设彩条布。施工作业面的土方、设备等堆放合理整齐。物资标识清楚，摆放有序，符合安全防火标准。

（6）材料堆放应铺垫隔离；施工机具、材料应分类放置整齐，并做到标识规范、铺垫隔离、防止污染环境。

（7）在施工中，严禁到规定的砍伐区以外乱砍滥伐，在规定的范围内，尽量减少树木砍伐；对作物、植被要注意保护，避免一切无故破坏。

（8）要严格划定施工范围和人员、车辆行走路线，防止对施工范围之外区域的植被和地表覆盖层造成碾压和破坏。

（9）土石方工程基坑基面挖方取土要有规划，不得随地取土及弃土，对于爆破产生的散落在农田中碎石应及时清理。基坑、临时拉线坑及地锚坑要按有关规定回填，避免水土流失。

（10）对于位于陡峭山崖，地质条件差地锚坑，不允许爆破施工，应采用人工开挖。确保施工中能尽量恢复原有的自然地形，减少工程施工的开方引起的水土流失。

11 效益分析

（1）经济效益。对于复杂跨越，比如：① 工期较短或一档多跨或跨越交叉角度较小（不超过 45°）。② 地形条件相当恶劣，搭设跨越架难度极大或极不经济。采用无跨越架架线施工与采用金属、木结构跨越架架线施工相比有如下优势：

1）临时横梁架体不受跨越物高度的影响，而铝镁合金架体和钢管架体则需要根据跨越物高度确定架体高度，投入也需相应调整。

2）金属、木结构跨越架体占地面积较大，远大于无跨越架跨越系统的建场费用支出，而且施工期间受外界干扰的可能性更大，使施工过程多了一份不可预见性。

3）从安装成本来分析，对于采用金属、木结构跨越架和无跨越架不停电跨越架线，两者在承载索及封网安装工作量相差不大，但组立跨越架比安装临时横梁工作量增加很多，每次安装和拆除架体减少劳动工日很多。

4）无跨越架不停电跨越系统综合应用成本不会超过其他跨越系统综合应用成本的 50%。

总之，与有跨越架架线施工相比，本典型施工方法简便易行，有效地提高了施工效率，节省了工程投资，确保了施工安全，经济效益显著。

（2）社会效益。本典型施工方法无需搭设跨越架，能显著减少占地，有利于环保；带电跨越施工能避免带电线路停运，保障电力的连续供应。本典型施工方法填补了国内带电跨越架架线技术的空白，为超、特高压输电线路的建设提供了技术保障。

12 应用实例

12.1 实例 1：1000kV 晋东南—南阳—荆门特高压交流试验示范工程第三标段无跨越架不停电跨越阳东Ⅰ、Ⅱ、Ⅲ回 500kV 电力线，1000kV 特高压线路跨越 500kV 阳东三回线路施工实例

1000kV 晋东南—南阳—荆门特高压交流试验示范工程是我国首个交流特高压输变电工程，其线路工程需要在 N204～N205 一档同时跨越 500kV 阳东Ⅰ、Ⅱ、Ⅲ共 3 回电力线路，为提高施工效率，减少经济损失，在施工过程中应用了本典型施工方法。施工时间为 2008 年 5～6 月。

（1）设计条件说明。

1）本跨越属耐—直—直—耐设计型式。现场地貌为丘陵，地表植被为杂草、灌木、杂树。跨越现场见图 15-12-1。

2）跨越相对位置见图 15-12-2。

a. N204、N205 档距为 322m。

b. 阳东Ⅰ、Ⅱ、Ⅲ回线路边导线间距分别为 18、20、20m。新建线路与被跨越线路交叉角均为 62°。

c. 特高压线路右相跨越阳东Ⅰ回 034 塔头及导地线，跨越阳东Ⅱ回 034 绝缘子金具串及导地线。其余跨越点均是阳东线导地线。阳东 3 回与新建特高压线路右相的净距最小，左相的净距最大。

d. N205 导线挂点高于 N204 导线挂点 15m。

3）ZBS2 直线塔设计结构见图 15-12-3。

图 15-12-1　跨越现场

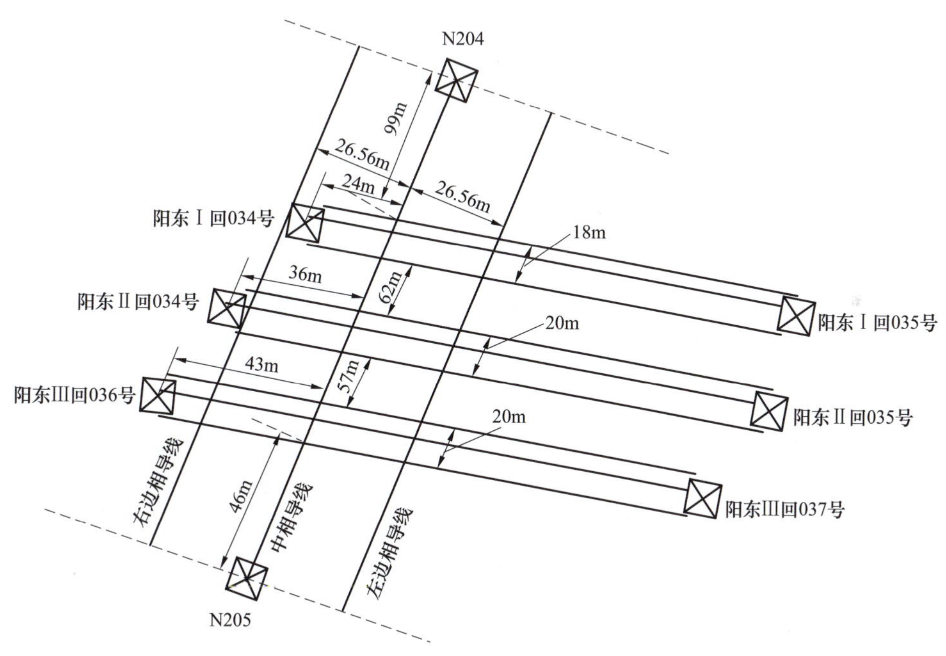

图 15-12-2　阳东Ⅰ、Ⅱ、Ⅲ 3 回与新建特高压线路相对位置俯视图

a. N204、N205 塔型均为 ZBS2 酒杯型直线塔，呼称高分别为 69、81m。

b. ZBS2 型塔平口宽 6m，曲臂开档 20m，上下曲臂全高 26m。左右相地线挂点间距 57.12m，导线横担宽度 53.12m，地线挂点与相邻边导线挂点水平距离 2m。

（2）跨越系统说明。

1）通长临时横梁（见图 15-12-4）采用 0.7m×0.7m×63m 钢抱杆，将其悬吊于导线横担下平面。在通长临时横梁下平面悬挂承载索及牵网绳滑轮。承载索及牵网绳滑轮选用大轮径尼龙滑轮，承载索滑轮间距为 8.2m，牵网绳滑轮悬挂于承载索滑轮内侧。

2）迪尼玛承载索直径为ϕ14mm，长度为 350m，破断力为 180kN。圆股钢丝绳规格为ϕ15mm。

3）封网装置的遮护长度为 60m，两根承载索间距为 8m，杆间铺设封网绳，封网绳铺设间距为 2m，封网绳和撑网杆分别使用承网、承杆滑轮与承载索相连接。

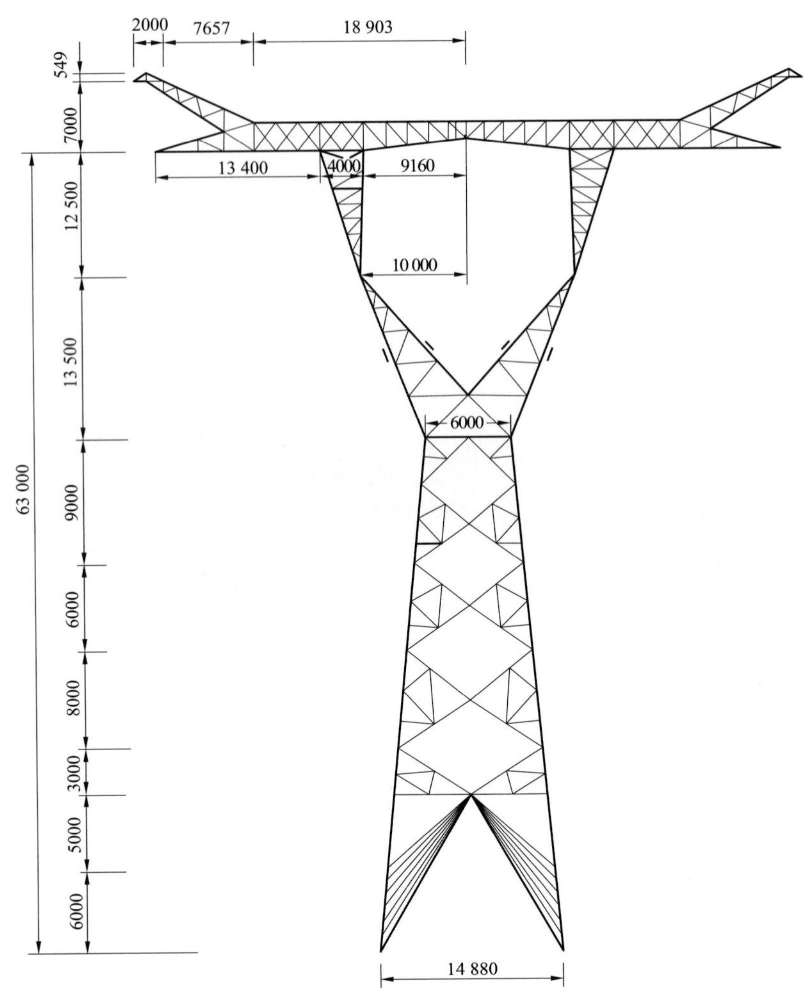

图 15-12-3　ZBS2 直线塔设计结构图

（3）施工情况及结果。在跨越塔 N204 大号侧、N205 小号侧的导线横担下平面分别悬吊通长临时横梁作为承载索及封网装置的承载设施，用小型载人直升机轻张力展放循环绳，循环绳张力展放承载索和牵网绳，然后在承载索上铺设封网装置对阳东线进行遮护。跨越档导线展放见图 15-12-5。

本典型施工方法全过程操作规范，工艺标准，安全、优质地完成了本项施工。

本典型施工方法为 1000kV 晋东南—南阳—荆门特高压交流试验示范工程第三标段无跨越架不停电跨越阳东Ⅰ、Ⅱ、Ⅲ回 500kV 电力线的架线施工提供了必要的技术保障。加快了 1000kV 晋东南—南阳—荆门特高压交流试验示范工程的建设进程，为后续±800kV 特高压直流的建设提供了关于跨越超高压电力线的设计及施工的技术储备。

12.2　实例 2：±500kV 蔡白线某标段无跨越架不停电跨越三江Ⅱ、Ⅲ回 500kV 电力线

±500kV 蔡白线采用 4×ACSR720/50 型导线，导线分裂间距为 500mm；地线采用 GJ-80 型镀锌钢绞线。蔡白线某标段在 N216～N217 的跨越档内有 2 条正在运行的 500kV 线路，分别是三江Ⅱ回 N210～N211 号和三江Ⅲ回 N214～N215 号。2 条 500kV 线路难以按施工要求停电，所以选择了无跨越架不停电跨越架线施工方法，见图 15-12-6。

蔡白线 N216、N217 塔型分别为 G50～G66、G50～G69，两边导线间水平距离为 18.4m，两地线间水平距离为 14.8m。

蔡白线 N216～N217 间档距为 424m，被跨的三江Ⅱ、Ⅲ回线的导线均为水平排列，两边导线间水平距离分别为 26.2m、25m。蔡白线与三江Ⅱ、Ⅲ回线的交叉角分别为 48°、49°。

利用本典型施工方法对±500kV 蔡白线跨越三江Ⅱ、Ⅲ回线路进行施工，施工全过程操作规范，工艺标准，安全、优质地完成了本项施工。

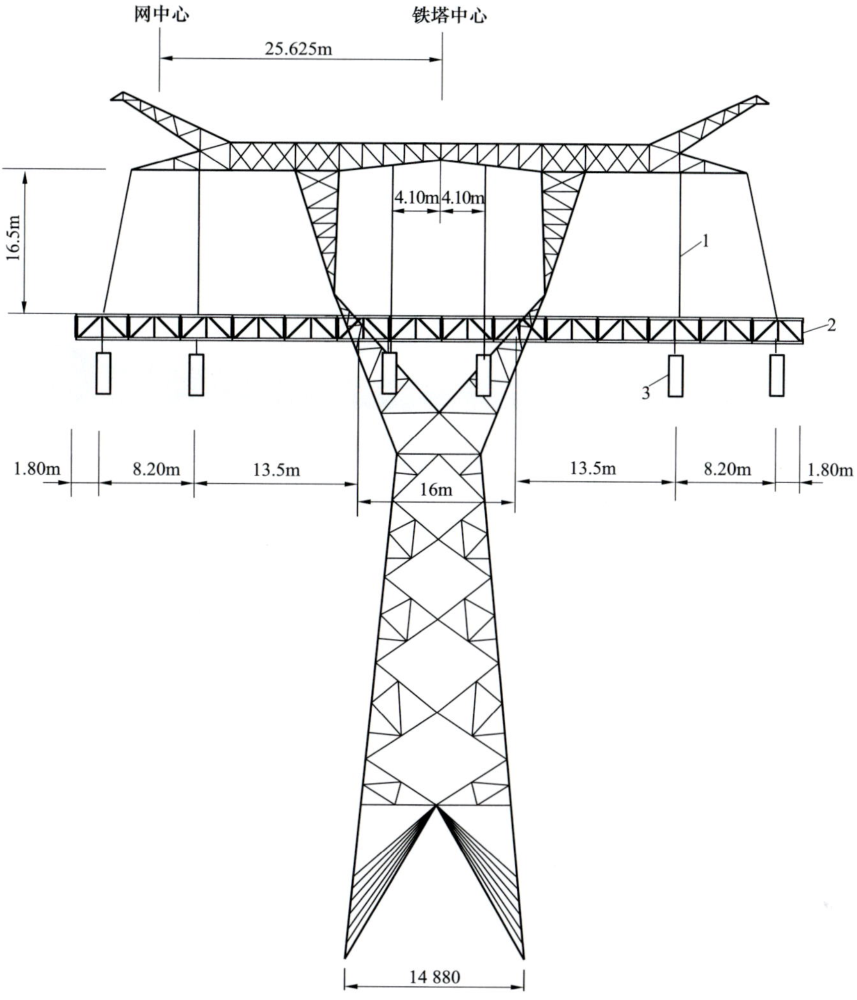

图 15-12-4　**N204、N205** 铁塔临时横梁设置方式

1—悬吊索；2—0.7m×0.7m×63m 钢抱杆；3—承网滑轮

图 15-12-5　跨越档导线展放

图 15-12-6　±500kV 蔡白线无跨越架不停电跨越三江Ⅱ、Ⅲ回电力线

典型施工方法名称：动力伞展放初导绳典型施工方法

典型施工方法编号：GWGF016-2010-SD-XL

编　制　单　位：陕西送变电工程公司

推　荐　单　位：陕西省电力公司

主 要 完 成 人：李德祥　张筱建

目　次

1 前言

随着电网建设对环境保护高度重视，外部施工环境日益复杂、劳动力成本不断提高以及国家电网公司“两型三新”电网建设管理要求的不断深入，导引绳悬空展放的施工工艺得到了越来越广泛地应用。动力伞展放导引绳施工是一项资源节约型、环境友好型的施工方法。

输电线路工程施工中，利用动力伞展放导引绳有效地解决了施工通道问题，以及线路跨越湖泊、山林、深谷、自然保护区、铁路及高压电力线路等特殊地理环境和施工环境下的导、地线展放问题，取得了很好的经济效益和社会效益。

2 本典型施工方法特点

（1）起降场地要求低、易选择，飞行半径大，灵活性强，安全可靠。

（2）适用范围广，施工效率高，环保效果显著，减少通道清理、农作物及林木损伤，减少施工受阻现象，降低了施工成本。

3 适用范围

适用于海拔 2000m 以下的输电线路施工的初导绳展放。

4 工艺原理

展放导引绳使用的动力伞由发动机、护筐、坐带、螺旋桨、油箱及初导绳线盘支架和引绳导管组成。

动力伞的飞行是依靠螺旋桨提供向前的推力，伞翼提供向上的浮力实现的。动力伞飞行原理见图 16-4-1，动力伞实物见图 16-4-2，飞行中的动力伞见图 16-4-3。

图 16-4-1 动力伞飞行原理图

F_1—升力；F_2—伞翼阻力；F_3—推力；F_4—引绳拉力；F—合力；G—动力伞重量

图 16-4-2 动力伞实物图

图 16-4-3 飞行中的动力伞

输电线路架线中使用的动力伞是在原有动力伞的机身架上每侧增加一个引绳轴架。将初导绳缠绕在线轴上并固定于轴架上，绳头固定沙袋（重量 1.5kg）。当动力伞起飞到达指定的起始塔号处将绳头抛下，沿线路方向继续飞行，将引绳铺放在铁塔的横担上，直至绳轴上的引绳放完为止，塔上人员配合接住引绳。每次起飞可携带两盘引绳（每盘长度约 2km），当一盘引绳展放结束后，动力伞掉头，终止塔作为起始塔、起始塔变为终止塔进行第二盘引绳展放。展放结束后返航，一个放线区段可分几次飞行完成。引绳展放长度系数可参照表 16-4-1 进行选取，确定抛绳塔位置。

绳盘和沙袋见图 16-4-4。

一个放线区段的引绳全部展放结束后，将分段展放的初导绳在起止塔上相连接，放入固定在地线支架或横担上方的朝天滑车内，抽紧引绳，即可用贯通的初导绳牵引下一级引绳，从而完成张力放线导引绳的展放工作。

表 16-4-1　　引绳展放长度修正系数

展放环境	展放系数	展放环境	展放系数
平地	0.85	山区	0.75
丘陵	0.8		

5　施工工艺流程及操作要点

5.1　施工工艺流程

本典型施工方法施工工艺流程如图 16-5-1 所示。

5.2　操作要点

5.2.1　前期准备工作

动力伞展放初导绳的前期准备工作分为：现场调查、制订施工方案、施工机具准备、施工现场准备等。

图 16-4-4　绳盘和沙袋

5.2.1.1　现场调查

施工前，应组织现场负责人、技术负责人及动力伞飞行等人员进行现场调查，确定动力伞飞行区段划分和选择起降场地。

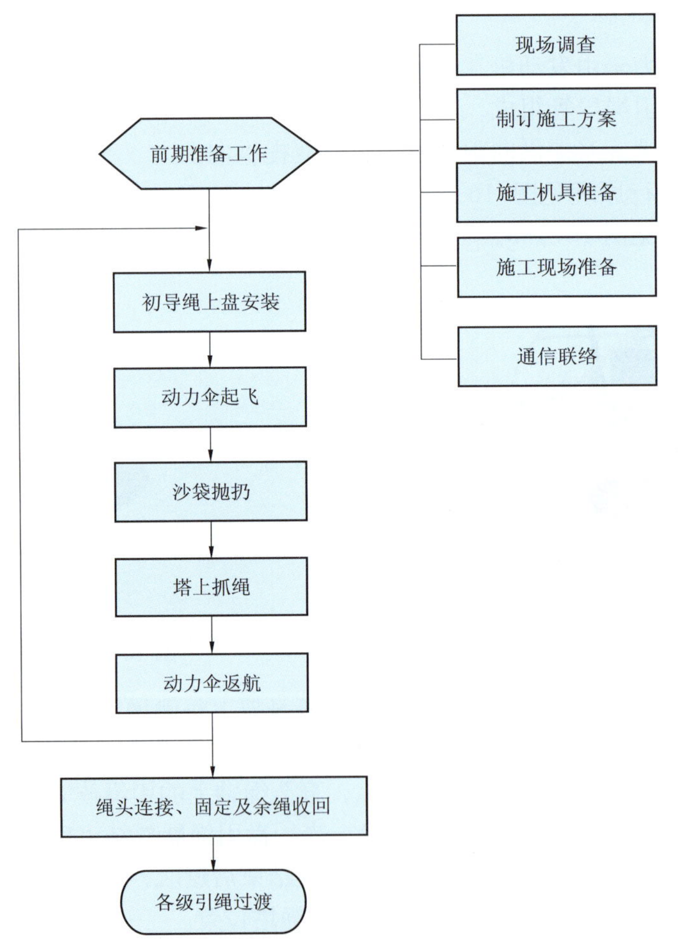

图 16-5-1　动力伞展放初导绳施工工艺流程图

现场调查应详细了解沿线地形情况和气候特点，线路的重要跨越物等信息，收集塔位断面图，了解施工区域附近是否有航空管制或禁飞区域。

起降场地条件：

（1）场地平坦、开阔、无紊乱气流，面积通常不小于 120m×15.0m。

（2）无影响动力伞起伞、助跑或降落的障碍物。

（3）净空条件良好，起飞延长线上无影响起飞的障碍物。

（4）有起飞不顺利时保证安全着陆的距离。

（5）不影响伞具的收装。

场地选择时应调查沿线横线路方向左右各 10km 范围内，具备动力伞起降的场地（如平地、草地、道路等），场地应平整、两侧不得有树木、前后方不得有高大建筑物或山体。根据调查结果，经过综合比较后，确定最佳场所作为起降场地。

5.2.1.2 制订施工方案

（1）根据现场调查情况，结合设计资料制订适合工程实际的飞行方案。方案应包括飞行路线、飞行方向（应从海拔高处向海拔低处飞行）、飞行次数、引绳接头点、引绳布线长度。根据线路走向、档距、塔位的海拔高程及跨越物情况，制订动力伞飞行展放区段图。一般线路动力伞展放初导绳现场布置断面示意图见图 16–5–2。

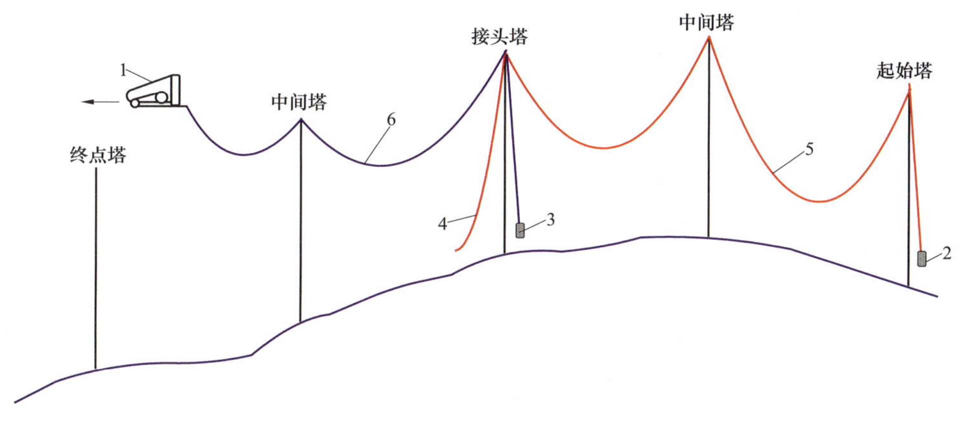

图 16–5–2 动力伞展放初导绳现场布置断面示意图

1—轮式动力伞；2—第一个沙袋；3—第二个沙袋；4—第一根余绳；5—第一根引绳；6—第二根引绳

（2）应编制《动力伞展放初导绳施工作业指导书》，并经过审批后，报项目监理部审核批准方可实施。施工前必须向施工人员进行安全技术交底。

（3）引绳选型计算。导引绳由从小到大的一组绳索组成导引绳系。其中，最小的（用于飞行器展放的）叫初导绳，最大的（直接牵放牵引绳者）叫导引绳，其余中间级叫二导绳、三导绳……

1）导引绳选型计算。

a. 迪尼玛绳牵引导引绳时的选型计算。迪尼玛绳的破断力

$$Q_3 \geqslant \frac{1}{4} Q_2 \times \frac{k}{3} = \frac{k}{12} Q_2$$

式中 Q_3——迪尼玛绳的破断力，N；

Q_2——导引绳的破断力，N；

k——迪尼玛绳的安全系数。

b. 迪尼玛绳牵引迪尼玛绳时的选型计算。迪尼玛绳的破断力

$$Q_{n+1} \geqslant \frac{k}{12} Q_n \times \frac{c}{7.8} \approx \frac{1}{93.6} kcQ_n$$

式中 Q_{n+1}——上级导引绳的破断力，N；

Q_n——下级导引绳的破断力，N；

7.8——钢材密度，kg/m^3；

c——中间导引绳密度（迪尼玛绳取 0.97、锦纶绳取 1.14），kg/m^3。

2）初导绳强度校验及盘长选取。

a. 初导绳强度校验。在确定了动力伞放绳区段后，根据现场实际情况，依据张力放线过程中的最大牵引力计算原则，详细计算各档初导绳的最大牵引力，校验各级引绳的安全系数应大于 4.0。

b. 初导绳盘长选取。初导绳在动力伞上的安装总重量应小于动力伞的载重量。引绳直径为ϕ3.5mm 时，一般选取 2km/盘。其余各中间级引绳的规格按牵放程序、方法、设备能力优化组合确定。

5.2.1.3 施工机具准备

动力伞设备主要包括机身、伞翼、初导绳、绳盘、燃油及维修工器具等。动力伞应提前一天运至施工现场，对各部器材、机械和工器具进行全面检查并试飞。

（1）动力伞的装备要求。

1）伞具要求。

a. 备份伞也叫副伞或救生伞，是当动力伞在空中丧失飞行能力的紧急情况下，确保飞行员能够安全返回地面的必备器材。备份伞折叠体积小、重量轻、开放速度快，多为手抛式，故它的使用和折叠方法需要事先进行专门训练。

b. 高度表又叫爬升率测定表，是多用途综合电子仪表，以电池为能源，液晶数字显示，可显示绝对高度、上升速度、下降速度、日期和时间等。

c. 座袋是飞行员在空中飞行的坐椅，一般按人体工程学设计，具有良好的舒适性和对人体的防护功能。

2）飞行员服装要求。

a. 飞行服应选用运动专用的飞行服，可自由地进行各种剧烈运动。

b. 头盔是飞行员头部保护的重要器材。即使进行地面练习也应戴头盔活动。对头盔要求坚固轻便，内部应有缓冲垫，且具流线外形以减少阻力，视野开阔，尺寸要与头型吻合，且具有通信设备。

c. 手套是为保护手部和高空防寒，手指必须能灵活运动，手套外表不能有挂钩等附件。

d. 鞋：应穿着结实坚固、轻便、透气性好，鞋底较厚防滑，能良好地吸收着陆冲击力的高腰运动鞋或登山鞋。

（2）起飞前检查。起飞前应认真检查轮子、框架、脚操纵棒、动力系统、伞翼、吊挂和油路系统、对讲机、气路系统、电器系统、螺旋桨系统、机器预热状况、外观、加速性等。当感到任何有可能影响安全的疑虑时，就不得飞行。检查内容及方法如下：

1）检查动力伞机体各部件状态，如有偏差和缺陷必须纠正和修复。

2）检查动力伞伞翼及绳索，是否有破漏和磨损。如有，则应及时修补或更换。

3）伞翼铺开必须平整，以便起飞顺利打开伞翼。

4）检查所用放线轮、轮轴及轴承运转是否正常。

5）检查放线盘上引绳头是否与沙袋可靠连接，沙袋有无破损。

6）测定风速、风向、能见度等，满足飞行要求才能起飞。

7）正式飞行展放引绳前，应对线路航线进行巡航，以便飞行员熟悉地形、地貌、交叉跨越等情况。

8）飞行员试飞中，地面观察员应观察动力伞飞行状态是否正常，并及时向飞行员报告。

9）动力伞的预热。开始时应以 2000r/min 的速度进行预热，持续大约 2min 后，继续以 2500r/min 的速度进行，直至工作温度（60℃ ≈140 华氏度）。此间检查发动机的所有仪表是否正常工作，尽可能通过观察检查发动机和排气装置是否摆动过猛（摆动过猛表明螺旋桨不平衡）。图 16-5-3 所示为机械师对动力伞进行检查，动力伞日常检查项目见本典型施工方法的附件。

（3）初导绳检查。提前对使用的初导绳进行上盘，检查引绳的完好程度，对有断头的引绳进行接头处理，对损坏严重的引绳进行报废处理。

（4）气象条件要求：

1）飞行区域内无降水。

(a)

(b)

图 16-5-3　动力伞例行检查及定期清扫

(a) 例行检查；(b) 定期清扫

2）飞行高度以下无云雾，水平能见度不小于 1.0km。

3）地面风速不大于 6.0m/s，空中风速不大于 7.0m/s。

5.2.1.4　施工现场准备

（1）对选定的施工场地进行现场踏勘，了解地形情况、跨越情况和特殊标记物等，并将布绳方案详细向施工人员进行技术交底。

（2）提前应对起降场地进行平整。当选择平地或草地时，应提前对田埂、凹凸点进行平整，保证地面平坦，无尖锐突起石块，对草地上的高大杂草进行铲除，平整及铲除范围应比动力伞起降过程中所需的滑行距离稍长些。若为土质地面应具有一定的承压力避免下陷，否则应利用机动车辆进行碾压。如起飞场地选择在公路上，必须请交管部门协助暂时封闭公路。动力伞起飞场地见图 16-5-4、图 16-5-5。

图 16-5-4　动力伞在公路上起飞

图 16-5-5　动力伞在农田内起飞

（3）对场地四周进行警戒，严防人、畜及其他车辆突然闯入起降区。

（4）各类跨越手续已经办妥，跨越架及带电线路保护网已搭设完毕。

（5）完成沿线各塔位放线滑车的悬挂，初导绳小滑车（见图 16-5-6）悬挂就位。

（6）人员分工已落实，沿线各塔位高处接绳人员到位，通信畅通。

（7）在区段的起始、终结塔位悬挂醒目的标志。

（8）在铁塔地线支架位置上，每侧绑扎竹竿形成羊角并放置醒目的彩旗。在沙袋投放地点做好醒目标记。其目的：

1）作为导航标志。

2）防止引绳飘出横担外侧，特别是转角耐张塔及直线转角塔，在地线支架处绑扎的竹竿应在 2.0m 以上，防止引绳跳出。框架型放线滑轮见图 16-5-6。

（9）起飞前，再次利用测风仪和风向标对现场进行风力、风向测定，确保动力伞在安全的气候条件下进行飞行。风速测量应在空旷无障碍的地点进行，测量点需高于地面 3～5m。风速测量见图 16-5-7，风向测定见图 16-5-8。

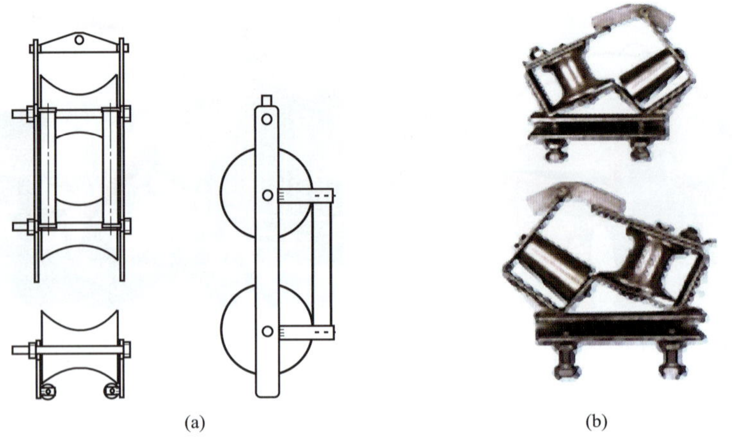

图 16-5-6　框架型放线滑轮

(a) 四面带滚轮滑车；(b) 转角朝天滑轮

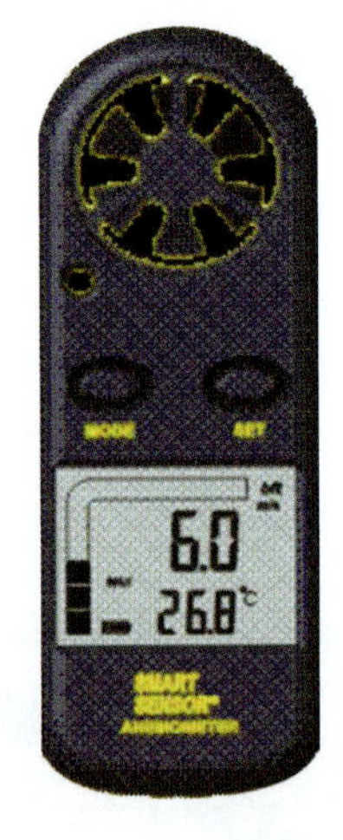

图 16-5-7　风速测量

图 16-5-8　风向测定

5.2.1.5　通信联络

动力伞的通信系统，地面人员可以采用输电线路常用的手持无线电对讲机，飞行员采用头盔式对讲机。但由于动力伞展放初导绳一般与张力放线交叉作业，为了避免干扰，动力伞飞行人员，塔上接绳人员及动力伞飞绳指挥人员采用统一的频道，张力放线为另一个独立频道。

5.2.2　初导绳上盘安装

动力伞初导绳一般选用ϕ3.5mm 锦纶绳或ϕ3.0mm 迪尼玛绳，每盘长度以 2km 左右为宜。绳盘直径采用ϕ500mm 的轻质圆盘，采用人工或专用绕线机上盘。专用绕线机上盘操作示意图见图 16-5-9，人工上盘操作见图 16-5-10。

绳盘安装：绳盘转动应灵活、安装应牢固，绳头应沿导绳管穿出。切绳刀应锋利，工作状态良好。绳盘安装及穿绳见图 16-5-11。

5.2.3　动力伞起飞

（1）每次飞行前必须认真全面检查，当发现任何有可能影响安全的疑虑时，不得飞行。飞行员对动力伞进行试运行见图 16-5-12。

（2）任何不利气象条件下都不得飞行：风速超过 6.0m/s 时不得飞行；侧风超过 20°（风向与飞行方向夹角的补角）时、风速超过 4.4m/s 也不得飞行。

（3）飞行时要注意保护长发，避免衣服和身体接触螺旋桨、滑轮和操纵绳，必须佩戴头盔和目镜。

（4）动力伞到达起降场地后，首先对线路进行试飞，通过试飞了解施工内的线路走向、跨越物及线路周围的障碍物等。

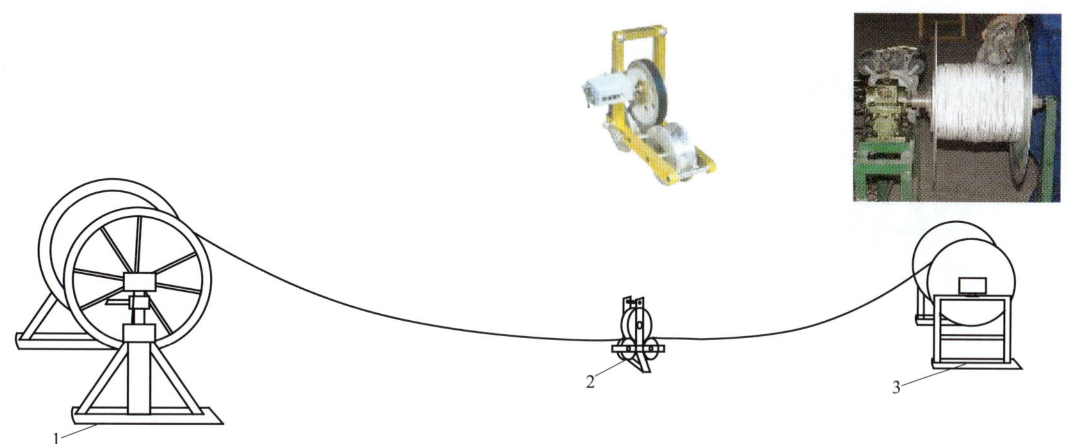

图 16-5-9 专用绕线机上盘操作示意图

1—轴架（带张力）；2—长度测量仪；3—电动绕线架

(a) (b)

图 16-5-10 初导绳人工上盘操作

（a）人工盘绳；（b）绳盘上车摆放

(a)

(b)

图 16-5-11 绳盘安装及穿绳

（a）绳盘安装；（b）引绳穿入导管

图 16-5-12　起飞前的试运行

（5）确认动力伞各部件工作状态良好后，飞行员系好安全带，进入起飞待令状态，动力伞起飞为迎风方向。

（6）指挥人员再次确认风力、风向和能见度，确认跑道上及安全范围内无任何障碍物和闲杂人员，向飞行员发出“同意起飞”命令，观察起飞状态，指挥飞行员做出起飞调整动作保证顺利起飞。

（7）起飞时，飞行员用左右脚蹬棒控制空中方向。油门应缓慢加大，机体开始运动后，当伞翼充气并升到头顶正确位置后，加大油门。

（8）顺利起飞后指挥人员告知塔上高处人员，并与飞行员保持联系。

5.2.4　沙袋抛扔

（1）当展放开始的第一基塔上人员看到动力伞后，应用对讲机或旗语向飞行员发出明示。动力伞距起始塔约 200m 时，应适时调整高度，与即将通过的铁塔净空距离不宜过高，将沙袋抛下。

（2）首基塔上人员应提前注意躲避下坠沙袋，当引绳接触到铁塔时，塔上人员将引绳抓住，移到线路一侧并临时固定，准备迎接另一根引绳的到来。

（3）当展放接续引绳时，为防止漏塔放绳，在动力伞将飞到该塔上空时，塔上人员应用手势或报话机等方法进行提示和沟通，以方便伞上飞行员确认抛沙袋的首端塔。前一根引绳的末端塔就是后一根引绳的起始塔。

5.2.5　塔上抓绳

（1）每基塔应派 1～2 人，必须戴手套和对讲机，当引绳落到铁塔的横担处时，及时将引绳压住，并将引绳移到一侧，整个施工段应将引绳移到指定的同一侧，及时通知指挥人员。

（2）动力伞向前飞行过程中，引绳展放落到每基塔的横担上，塔上人员要及时压住，防止引绳因过度松弛而落到地上或跨越物上。当展放至末尾端时，尾端塔上人员要将尾端绳及时抓住，以防止绳头因张力作用反弹后滑到塔下。

（3）每放完一根引绳后，塔上人员要及时收拢尾绳，并将引绳放入到指定的放线滑车中，将引绳略带张力临时锚固。在引绳放入滑车的过程中，注意引绳不能被划或磨伤，特别是外皮部分，锚绳时要注意风向及张力，防止展放第二根绳时两根绳绞劲缠绕。

5.2.6　动力伞返航

（1）动力伞返航后到达起降场之前，要提前通知指挥人员，地面人员应注意返航的动力伞，并始终保持地面安全起降环境，并由指挥人员指挥飞行员降落。

（2）动力伞配置有着陆减震缓冲装置，充分减小着陆时对人身的冲击力，保证了飞行人员安全。

（3）着陆应迎风向。如不可避免地要顺风着陆，风速必须小于 3.5m/s。

（4）着陆时侧风不得超过 20°，如遇特殊情况应复飞，再次选择方向降落。

5.2.7　绳头连接、固定及余绳收回

（1）初导绳全部展放完毕后，引绳之间应及时连接，并及时放入小滑车中。锦纶绳的接头可采用单绕式双插头法连接，连接方式见图 16-5-13。如采用迪尼玛绳，接头必须采用 1.0t 抗弯连接器进行连接。

（2）在接头塔位释放余绳时，同时在牵引侧同时收回余绳，待全段余绳收完后，进行临时锚固。

（3）由于初导绳的强度较低（如锦纶绳），当施工段长度超过 4km 时，应在中间适当位置设置一个牵引站，利用人力或双

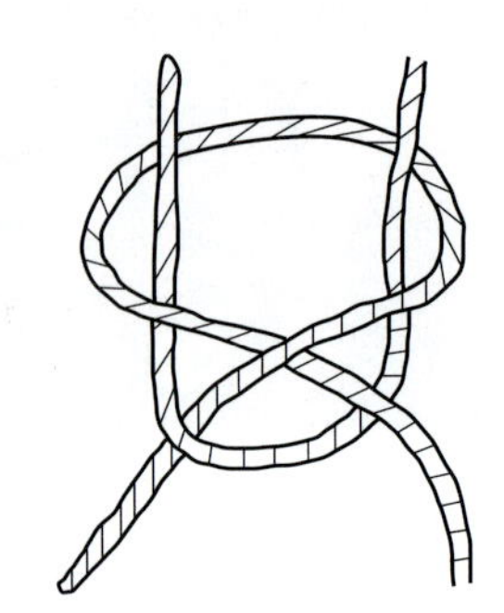

图 16-5-13　初导绳连接示意图

卷筒绞磨进行对头牵引，并在此处对接，以便降低牵引力。

5.2.8 各级引绳过渡

动力伞悬空展放初导绳，过渡为线路施工中常用的□15mm 导引绳一般采用如下过渡顺序：初导绳→“一牵一”展放ϕ6mm 迪尼玛绳→“一牵二”牵放□9mm 防扭钢丝绳，同时携带一根ϕ6mm 迪尼玛绳→“一牵一”牵放□15mm 防扭钢丝绳（导引绳）。也可采用一根ϕ6mm 迪尼玛绳同时牵引多根ϕ6mm 迪尼玛绳进行各相引绳的铺放，并进行分绳操作。

用初导绳牵引ϕ6mm 迪尼玛绳，可用人工直接牵引或小牵引机牵引，其他各级引绳过渡均应采取牵引机牵引张力展放。

5.2.8.1 引渡绳端头制作及走板连接

每基铁塔配备 2～3 根ϕ12mm×35.0m 锦纶绳套和一根 40.0m 小棕绳备用，每根绳套配备一只 30kN 抗弯连接器。绳头制作见图 16-5-14，“一牵二”走板连接见图 16-5-15。

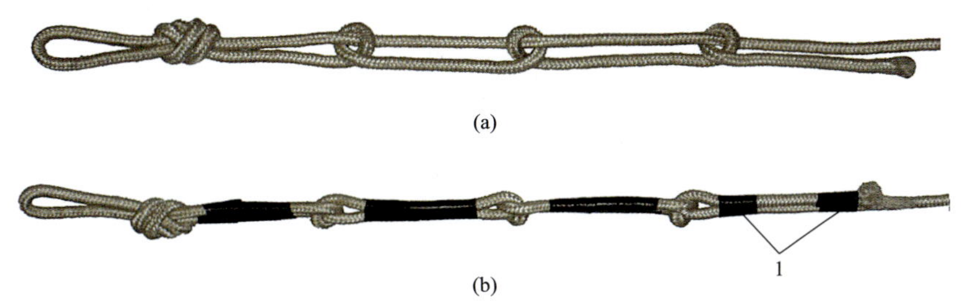

图 16-5-14 锦纶绳套端头制作示意图

（a）绳头缠绕方式；（b）绳头制作成品

1—内部细扎线缠绕

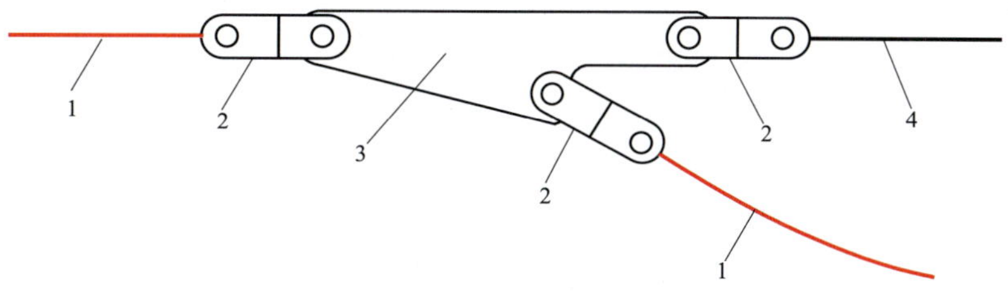

图 16-5-15 “一牵二”走板连接示意图

1—ϕ6mm 迪尼玛绳；2—3t 旋转连接器；3—“一牵二”走板；4—□9mm 防扭钢丝绳

5.2.8.2 “一牵二”垂直分绳法

采用“一牵二”垂直分绳操作见图 16-5-16。

当走板到达该基放线滑车前，将备用的ϕ12mm 锦纶绳套由导线放线滑车中穿过，绳头分别由铁塔横担的前后面引到地线支架处。当“一牵二”走板顺利通过每基放线滑车后，应停止牵引。由高处作业人员在走板后将携带的ϕ6mm 迪尼玛绳由走板上拆除，将预先穿好的绳套进行串接并连于走板上。

开始牵引时，利用备用的小棕绳随牵引速度将携带的引绳放入导线放线滑车中，严禁随意抛扔。

5.2.8.3 “一牵二”水平分绳法

采用“一牵二”水平分绳操作见图 16-5-17。

5.2.8.4 双回路铁塔引绳过渡

双回路铁塔引绳过渡可采用“一牵四”进行铺放。铺放完成后在每基中间塔上进行引绳移位操作，使各相引绳进入各相张力放线滑轮中。多轮放线滑车滑门打开示意图见图 16-5-18。

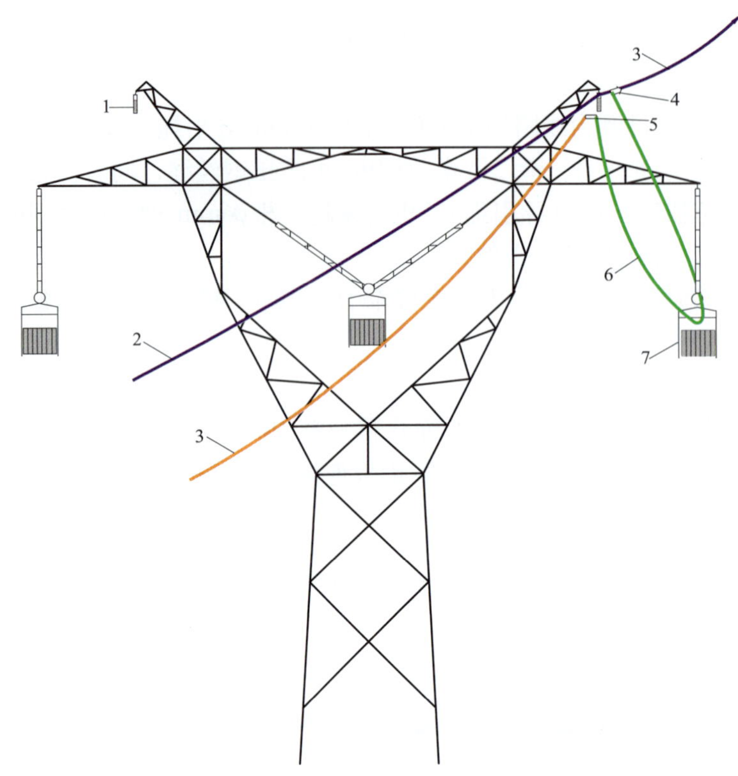

图 16-5-16 “一牵二”垂直分绳操作示意图

1—地线滑车；2—□9mm 防扭钢丝绳；3—ϕ6mm 迪尼玛绳；4—“一牵二”走板；
5—3t 旋转连接器；6—ϕ12mm 锦纶绳套；7—导线滑车

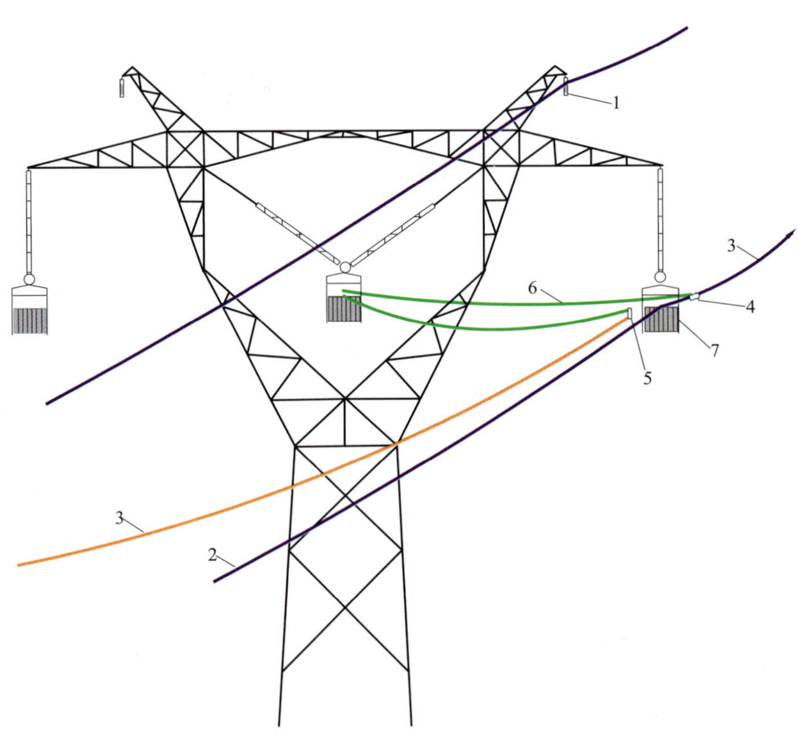

图 16-5-17 “一牵二”水平方向分绳法

1—地线滑车；2—□9mm 防扭钢丝绳；3—ϕ6mm 迪尼玛绳；4—“一牵二”走板；
5—3t 旋转连接器；6—ϕ12mm 锦纶绳套；7—导线滑车

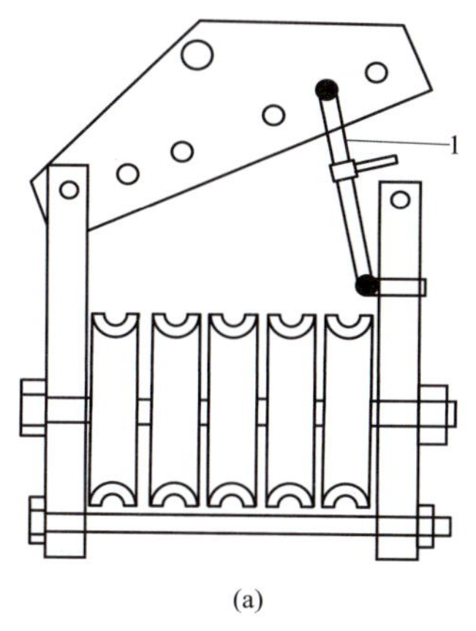

(a)

(b)

图 16-5-18　多轮放线滑车滑门打开示意图

(a) 普通滑车滑门打开示意图；(b) 侧开门放线滑车

1—专用提线器

6　人员组织

一般线路动力伞展放初导绳每次按 15 基铁塔考虑所需的人员组织见表 16-6-1。

表 16-6-1　人员组织

序号	岗　位	管理	技工	普工	合计	职　责
1	施工负责人	1			1	负责全面工作，包括现场组织协调，通信联络、信息汇总，向各岗位发出指令，作出决策
2	安全负责人		2		2	负责作业范围内的安全监护
3	飞行员		1		1	负责驾驶动力伞飞行起降、抛绳、展放、与地面通信联系
4	机械师		1		1	负责对动力伞进行例行检查和维修保养，处理故障
5	地面导航员		1		1	负责为飞行员导航
6	地勤人员		2	2	4	搬运设备、警戒、助跑等
7	高处作业人员	1	10	10	21	负责引导动力伞沿线飞行、抓绳
合　计					31	

7　材料与设备

（1）旋风-582 型动力伞技术参数见表 16-7-1。

表 16-7-1　动力伞技术参数

参数名称	技术数据	参数名称	技术数据
动力伞型号	旋风-582 轮式动力伞	发动机型号	Rotax582
空机重量（kg）	138	功率（kW）	48
有效载荷（kg）	237	飞行高度	海拔 3000m 以下
巡航速度（km/h）	42	极限速度（km/h）	50
飞行持续时间（h）	约 3	爬升率（m/s）	1.5～2.0

续表

参数名称	技术数据	参数名称	技术数据
滑翔比	6.0:1.0	最大下沉率（m/s）	3.0
最大双行程（km）	60	最大单行程（km）	120
最小转弯半径（m）	10	气象条件（m/s）	≤7.0
机械部分外观尺寸（mm）	长×宽×高：3000×2000×2000	起降场地（m）	长×宽：100×15.0
伞翼面积（m^2）	翼展 12.0m，弦长 3.7m，总面积约 $45m^2$		

（2）常用初导绳技术参数见表 16–7–2。

表 16–7–2　常用初导绳技术参数

序号	类别	规格	极限拉力（kN）	使用拉力（kN）	备注
1	锦纶绳	ϕ3.5mm	2.8	0.70	
2	迪尼玛绳	ϕ3.0mm	8.5	2.12	

（3）施工主要机具一览表见表 16–7–3。

表 16–7–3　施工主要机具一览表

序号	名　称	规　格	单位	数量	备　注
1	动力伞		套	1	
2	测风仪		只	1	
3	风向标	4～6m	只	1	测试风向
4	对讲头盔		个	1	飞行员专用
5	沙袋	1.5kg	个	8	
6	绕线机		副	1	空中线盘专用
7	线轴	ϕ500mm	个	10	锦纶绳用
8	锦纶绳/迪尼玛绳	ϕ3.5mm/3.0mm	m	16 000	按区段 6.0km，两根引绳配置
9	迪尼玛绳	ϕ6.0mm	m	若干	根据分绳方式及线路长度确定
10	朝天小滑车	1.0t	个	10	
11	对讲机		台	20	
12	双卷筒绞磨	3.0t	台	2	
13	锦纶绳套	ϕ12mm×30m	根	30	分绳穿滑车用
14	抗弯连接器	3.0t	个	40	
15	标志旗	1000mm×300mm	张	若干	塔上悬挂
16	交通安全标志		副	若干	
17	安全围栏		m	300	
18	安全监护背心		套	2	

8　质量控制

（1）工程质量执行标准。

DL/T 875 输电线路施工机具设计、试验基本要求

SDJJS2 超高压架空输电线路张力架线施工工艺导则

（2）质量保证措施。

1）朝天滑车安装或引绳临锚时，应注意对塔材的保护，接触处应垫相应软物，保护塔材的镀锌层。

2）分绳操作过程中，严禁各种绳索磨损塔材或已展放好的导、地线。

9 安全措施

（1）工程安全标准。

DL 5009.2—2004 电力建设安全工作规程 第 2 部分：架空电力线路

国家电网基建［2010］1020 号 国家电网公司基建安全管理规定

国家电网公司电力安全工作规程（线路部分）

国家体育总局发布的《动力伞运动管理办法》

（2）安全保证措施。

1）飞行动力伞操作人员必须经过专业培训，持证上岗。

2）遇有雨、雪、浓雾及 6.0m/s 以上大风天气禁止飞行。

3）动力伞起降及飞行过程中，地面安监人员应疏散围观人员，以免发生意外。

4）动力伞展放引绳时，飞行人员、指挥人员、塔上人员、地勤人员等应保持通信畅通。

5）由于动力伞存在一定的爬升率、下沉率和转弯半径的限制，在特殊地带（如地形陡升陡降、线路大转角等）应采取相应的特殊措施，确保展放安全。如修改展放方向、调整引绳配线长度和抛绳位置，必要时可采用单档放线方式。

6）在空气潮湿情况下，锦纶绳和迪尼玛绳的绝缘性能会降低。使用前，应进行烘干或晾晒，保证绳索表面干燥。

7）展放引绳前要注意观察天气，特别是风向，以确定引绳先放入哪侧滑车内，防止当两根绳展放完后绞劲，特别是先放的一根绳应尽快抽紧，防止两绳绞劲。

8）迪尼玛绳必须进滑轮展放，滑轮转动需灵活，不得放入卸扣或 U 型螺丝内展放，以免迪尼玛绳摩擦造成温升熔断。

9）施工前，应对滑车转动情况、迪尼玛绳完好程度等进行认真检查，发现问题及时更换和处理。引绳之间连接必须牢固可靠，牵放过程中，塔上人员应密切注视初导绳在滑车中的状况，防止发生初导绳刮、卡等现象。

10）初导绳破断力较小，牵引较长的施工区段时，应在小于 4.0km 的地方设置一个中间小牵引站，当施工段内的二级引绳全部牵通后，进行连接升空。

11）在牵引过程中，信号人员必须上塔监护引绳运行状况，发现问题及时停机处理，保护安全运行。

12）在牵引过程中，要慢速牵引，并保持一定的张力。采用普通机械牵引时，牵引机前应串联拉力表，随时监控牵引力。

13）内层迪尼玛丝断股时，应经指挥或相关人员鉴定后割断重接，按厂家的技术要求由专业人员进行，不得直接系扣。

14）沿线跨越物必须按架线施工作业指导书要求进行保护，动力伞展放初导绳不得代替跨越架跨越带电线路。

15）动力伞抛扔沙袋要有提前量，不得抛在塔上。展放引绳的首端、尾端塔上作业人员，应注意识别沙袋坠落的方向和位置，不得伤害自己和他人。

16）为防止两根初导绳放完后绞在一起，需及时将第一根初导绳放入滑车，并抽紧余线。第二根初导绳展放应控制好横向距离，同时要防止引绳外飘落于线路外侧。

17）燃油容器必须清洁、安全，燃油添加时应注意不得过满，且不得在发动机运转时添加。

（3）应急处理措施。

1）在飞行中发动机停车，飞行员应调整飞行方向，寻找着陆场地，并尽可能逆风着陆。垂直高度若在 150m 以下，不得浪费时间试图二次启动，观测下滑路线上是否有电力线等障碍物。若选择迫降区域是林区，不得用手去抓树枝。

2）如果飞行展放初导绳过程中发生绳索被卡现象，动力伞飞行员应迅速利用动力伞配置的切绳刀或备用切绳刀将绳索剪断（见图 16–9–1），保证飞行安全。

(a)

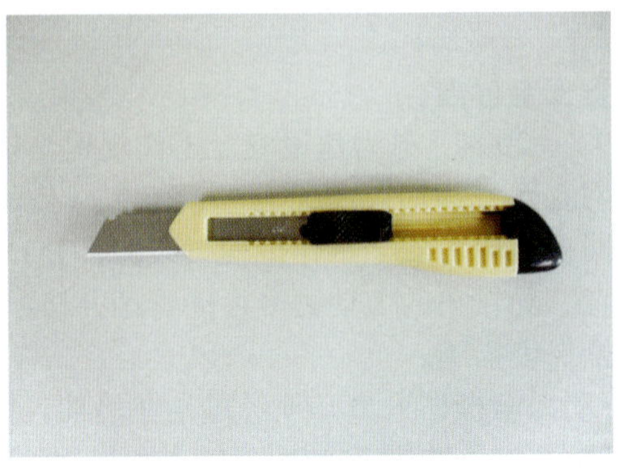

(b)

图 16–9–1　动力伞配备的切绳刀

（a）动力伞切绳刀；（b）备用切绳刀

3）乱流伞衣折翼。当折翼点在中央风口时，伞会立刻急速下降并前后摆动，此时，应将两侧的操纵绳同时下拉，防止伞衣前倾，正中央风口折翼的地方会再度打开，而操作绳拉下的幅度大小与风口折翼的程度有关，也就是折翼越大，操纵绳拉的幅度越大，反之越小。单侧伞衣折翼首先将未折翼的一边操纵绳拉下，以保持伞向前滑行，防止螺旋旋转，待到安全地带后再将折翼侧的操纵绳迅速大幅度地上下拉动，若一次无效，再拉第二次、第三次。

4）副伞的使用。副伞是在紧急情况下，飞行员自救的最后保障。当出现折翼难以恢复或吊绳与伞衣缠绕时，副伞应在距地面 50m 以上的高度抛出。如果紧急状况发生在高度不足 30m 时，不得再去排除。应立即站直，准备着陆滚翻，尽可能减少人身伤害。

10　环保措施

（1）施工过程中，严格遵守国家和地方政府下发的有关环境保护的法律、法规及规章制度。

（2）在添加燃料时，底部需铺垫塑料纸，并采用专用漏斗进行添加，防止燃料滴入土壤。

（3）施工现场严禁抽烟、随地抛扔杂物。

（4）起飞场地尽量选择在荒地或者其他没有植被的区域，以免对植被造成破坏。不可避免时应尽量减少破坏原有地形、植被等，施工结束后应恢复原有的地形和植被。

（5）施工用工器具应摆放整齐、标识清楚。

（6）施工结束后，及时清理现场垃圾和废料，保持原有的场容场貌。

（7）其他工器具在运输时应选择原有道路，减少对自然植被的破坏。

11　效益分析

（1）起飞场地要求较低，可节约占地补偿等费用。

（2）由于动力伞自身体积和重量均较小，运输和调遣较为方便。一般采用小型箱式货车即能完成，节约了转运成本。

（3）利用动力伞空中展放初导绳的方式，可大大减小地面青苗损失和跨越架的搭设工作量，满足了国家电网公司“两型三新”的管理要求。

（4）动力伞为低能耗作业的飞行器，符合节能减排的可持续发展趋势，应用前景广阔。

(5) 动力伞与其他飞行器相比具有机动灵活，施工工效高、适用范围广等有点，可以广泛推广应用到输电线路张力架线施工中。

(6) 动力伞采用铺设展放，确保了初导绳在展放过程中的腾空高度，在一般线路中减少了跨越架的搭设数量，在大跨越工程中可以做到不封航展放初导绳，降低了对社会正常生产的影响，同时也降低了施工成本。

(7) 动力伞展放初导绳为创新型施工方法。该方法成为解决以往输电线路展放导引绳中存在的需要大量投入人力、物力和沿线通道砍伐、青苗赔偿费用高、施工受阻严重等问题，且不受河塘、房屋及道路的影响。

12 应用实例

采用动力伞展放初导绳施工工艺，陕西送变电工程公司在 500kV 后泉Ⅱ回线路、±500kV 贵州—广东直流线路 19 标段、500kV 十堰—襄樊线路 2 标段、750kV 兰州—平凉—乾县线路 9 标、750kV 彬县—乾县线路、500kV 康定—崇州线路、500kV 德阳—龙王Ⅱ回线路、±800kV 云南—广东直流线路 31、32 标段及±800kV 向家坝—上海直流输电线路等工程施工中得到了成功应用。

12.1 ±800kV 云南—广东直流输电线路工程动力伞应用

±800kV 云南—广东直流输电线路工程 31、32 标段位于广东省肇庆市境内，线路长度为 65.969km，杆塔共计 125 基。地貌类型均为山地和高山大岭，沿线树木茂密，交通运输条件较差，人工展放导引绳相当困难。两个标段共划分了 12 个放线区段，其中 10 个放线区段采用了动力伞展放，飞行次数共计 39 次，展放初导绳共计 78 盘。具体飞行区段情况见表 16-12-1。该工程动力伞在远离线路约 5km 的闲置场地起飞见图 16-12-1，直流线路初导绳展放见图 16-12-2。

表 16-12-1　　云广 31、32 标段动力伞飞行情况统计

标段	序号	放线区段	区段长 (km)	杆塔数	飞行次数	飞行时间	用时 (min)	动力伞场地
31 标段	1	5～18	7.85	14	5	2009.02.26	150	18～19 中间空地
	2	19～28	5.19	11	3	2009.02.16	90	18～19 中间空地
	3	29～40	6.35	13	4	2009.02.08	120	40～41 线路侧农田
	4	41～55	8.32	15	5	2009.01.20	140	40～41 线路侧农田
	5	56～62	3.24	7	2	2008.12.28	90	62 横线路 5km 闲场地
32 标段	6	62～76	6.75	14	4	2009.01.06	140	62 横线路 5km 闲场地
	7	77～86	5.81	10	4	2008.12.20	170	62 横线路 5km 闲场地
	8	87～96	4.60	10	3	2009.02.01	120	62 横线路 5km 闲场地
	9	97～106	6.74	10	4	2009.02.12	140	106 横线路 2km 平地
	10	107～120	7.16	14	5	2009.02.20	170	106 横线路 2km 平地

图 16-12-1　动力伞在远离线路约 5km 的闲置场地起飞

图 16-12-2　直流线路初导绳展放

12.2　500kV 德阳—龙王Ⅱ回输电线路工程动力伞应用

500kV 德阳—龙王Ⅱ回输电线路工程起于德阳谭家湾 500kV 变电站，止于龙王 500kV 变电站，由陕西送变电工程公司施工的Ⅰ标段长度为 30.217km、铁塔 61 基。线路沿线经过罗江县、德阳市旌阳区和中江县，经济基础较好。线路跨越较多，共跨越 220kV 4 次，110kV 2 次，10kV 19 次，220V 及 380V 77 次，公路 1 次，乡村路 91 次，沿线经济作物繁多，林木茂密，有多处跨越待拆迁房屋，人力展放引绳非常困难。该工程采用动力伞展放 5 根引绳的方法进行施工，具体分析情况统计见表 16-12-2，单回线路初导绳展放见图 16-12-3。动力伞在远离线路约 3km 的公路上进行初导绳展放见图 16-12-4。

表 16-12-2　　德龙Ⅱ回Ⅰ标段动力伞飞行情况统计

序号	放线区段	区段长(km)	杆塔数	飞行次数	飞行时间	用时(min)	动力伞场地
1	N61～N45	8.21	17	10	2007.09.01	240	平行 N49～N51 乡村道路
2	N44～N24	10.70	21	12	2007.09.15	500	距线路 15km 德阳外语学校
3	N9～N24	7.40	15	10	2007.10.02	300	N17 附近通江至蟠龙公路
4	N1～N9	1.75	9	3	2007.10.15	240	罗江县新修公路

图 16-12-3　单回线路初导绳展放

图 16-12-4　动力伞在远离线路约 3km 的公路上进行初导绳展放

12.3 使用效果分析

按照正常展放区段 6.0km 计算，按平均档距计算杆塔数量为 12 基。本次仅对展放导引绳工序作经济性评价，对于共性施工工序不作评价。

通过以上两个工程的实际应用，利用动力伞展放初导绳的成本约 43 200 元，利用人力展放导引绳的成本约 89 970 元，综合考虑平均每个放线段节约 46 770 元，工期可提前约 3 天。

（1）大大减少了对地面经济作物和植被的破坏，减少了青苗赔偿费用，有效地保护了环境。

（2）减少了外界环境的干扰，减少窝工，提高工效，降低成本。

（3）实现了流水作业，正常时，3 套张、牵设备同时作业，加快了进度，降低成本。

（4）减少了对牵引绳的磨损，提高了工器具的周转。

（5）减少了劳动力的使用量，可以充分发挥机械施工的优势。

（6）降低了放线过程中的安全风险。

附件 动力伞日常检查项目

动力伞日常检查项目如下：

（1）检验点火装置是否处于“关闭”。

（2）将油箱槽的水和/或滤水器（如果安装有滤水器）里的水排干。

（3）检查汽化器的橡胶套或法兰是否有裂纹、是否固定牢靠。

（4）检查汽化器的浮箱是否有水和杂质。

（5）检验消音器和滤气器的安全性和状态。

（6）检验散热器座的安全性，检查散热器是否损坏和渗漏。

（7）检验溢流瓶里冷却液的水平以及盖帽的安全性。

（8）检验冷却软管的安全性，检查是否龟裂和渗漏。

（9）检查发动机的冷却液在汽缸顶部、底部和水泵等处是否渗漏。

（10）检验油泵脉冲软管的连接是否安全可靠，检查是否有擦伤和扭绞的现象。

（11）检验旋转阀齿轮润滑油量以及油盖的安全性。

（12）检验点火线圈、齿轮盒是否安装牢靠，检查点火头和电线是否安全连接。

（13）单点火式发动机检查点火开关是否正常（空转时将点火装置关闭后又打开），双点火式发动机检查两个点火线路是否正常工作。

（14）检验电启动器是否安装牢靠，检查盖子是否有裂纹。

（15）检验变速箱是否安全可靠得安装在发动机上。

（16）检验发动机是否安全可靠地安装在机身上，检查是否有裂痕。

（17）检验油泵的安装是否安全可靠。检查所有输油软管的连接处、过滤器是否安全，是否有龟裂、渗漏和扭绞的现象。

（18）检验变速箱排油和油栓是否接线牢靠。

（19）检查橡胶联轴器是否损坏或老化（针对 C 型变速箱）。

（20）手动旋转发动机，听听声音是否正常（先双重检查点火装置是否处于“关闭”）。

（21）通过摇动螺旋桨检查螺旋桨轴轴承是否留有间隙。

（22）检查节流阀和油泵操作杆缆绳是否损坏（包括封端紧固件、外套）。

（23）检验火花塞连接器是否安全可靠。

（24）检查发动机和变速箱是否漏油。

（25）检查发动机和变速箱的螺母、螺栓和螺丝是否松动或脱落。

（26）螺旋桨是否破裂，如果发现有任何损坏，请在使用前进行修理。

(27）螺旋桨的安装是否安全可靠。

(28）检验发动机旋转时风扇是否旋转（针对气冷式发动机）。

(29）检查排气装置是否有裂纹，安装是否安全可靠。

(30）检查弹簧和挂钩是否破损和磨损，检验弹簧的接线是否安全。

典型施工方法名称：直升机展放初导绳典型施工方法

典型施工方法编号：GWGF017-2010-SD-XL

编 制 单 位：北京送变电公司

推 荐 单 位：华北电网有限公司

主 要 完 成 人：郎福堂　梅　丰　贾聪彬

目　次

1 前言

受能源分布限制，我国主干电网多以跨区长距离输电为主，线路长、地表跨越复杂。在环境保护要求日益提高、外协工作环境日趋复杂、劳动力成本逐年大幅攀升的背景下，突破大面积以人工展放导引绳方式为主的传统局面，寻求先进机械化的施工方法已显得十分迫切和必要。

直升机放线技术的应用，提高了放线施工机械化程度，带动了电网工程建设技术水平的提升。该典型施工方法是在直升机下方悬挂专用放线架挂载初级导引绳（简称“初导绳”），在空中对初导绳加载张力，采用铺放方式腾空展放初导绳。该典型施工方法安全可靠、施工效率高，社会效益显著。

本典型施工方法分别获得华北电网有限公司科技进步二等奖、中国电力科学技术三等奖，其项目成果已列入国家电网公司“十一五”重点新技术推广项目之中。

2 本典型施工方法特点

（1）实现了初导绳长距离的铺放。采用轻型直升机以铺放方式（铺放是导引绳展放的一种具体方式，以下按铺放表述）完成了初导绳的长距离展放，ϕ8mm 迪尼玛绳最长铺放距离为 5500m/次；□7mm 防扭钢丝绳最长铺放距离为 2000m/次，具备了工程推广应用的技术要求。

（2）“铺放”初导绳方法技术合理。本典型施工方法借助于附有张力控制装置的专用挂架进行初导绳的铺放，逐档铺放、逐塔锚定，避免了采用牵放方式时，沿线多个塔上放线滑车对绳索的阻力而使牵引直升机出力增加的影响，有效地延长了初导绳的铺放距离，提高了飞行安全性和直升机升力的利用效率。同时，使采用轻型直升机成为可能。

（3）实现了初导绳展放的高效率。采用直升机铺放导引绳，不受地形及地表物的影响，最大限度地降低了青苗赔偿、通道清理费用支出，其铺放速度可以达到 10～15km/h，正常放线区段仅需 20～30min 即可完成，较人工展放 2～5 天的施工时间，缩短了导引绳展放工期。

（4）实现了初导绳高精度展放。直升机飞行轨迹控制精确，可将初导绳准确地放入宽 400mm 的朝天滑车内。

（5）节约了钢导引绳用量。采用直升机铺放初导绳，并配套张力展放导引绳施工方法，节约了 2/5 的导引绳用量，降低了展放导引绳工序施工成本。

（6）关键技术及设备通用性高。直升机铺放初导绳的关键技术及设备通用性高，既可向大型直升机拓展，也可移植到多种飞行设备上，可大面积推广应用。

（7）社会效益显著。直升机铺放初导绳，提高了机械化施工水平，降低了施工人员的劳动强度；同时初导绳腾空展放，对地表环境影响降到了最低，环保效益显著。

3 适用范围

本施工方法适用于 110～1000kV 等电压等级输电线路的张力架线施工，可实现在各种地形条件下，迪尼玛绳或钢质初导绳的腾空铺放。

4 工艺原理

直升机展放初导绳工艺，通过在直升机腹部下方安装专用挂架挂载ϕ8mm 迪尼玛绳或□7mm 钢初导绳进行铺放，铺放过程中通过专用挂架上的刹车装置调控放线制张力。直升机起飞一次可铺放 5500m、ϕ8mm 迪尼玛绳或 2000m□7mm 钢初导绳（以本典型施工方法应用的 Bell206–L4 直升机为例，不同机型一次铺放的距离有所不同）。在起飞场或在施工沿线进行线轴挂载和更换，每个放线区段通过多次飞行完成初导绳铺放。初导绳在铺放过程中放入专用三轮朝天滑车，再通过实施两次或多次“一牵 n”（n 为 2 或 3）的方式，完成钢导引绳的展放。

5 施工工艺流程及操作要点

5.1 施工工艺流程

本典型施工方法施工工艺流程如图 17-5-1 所示。

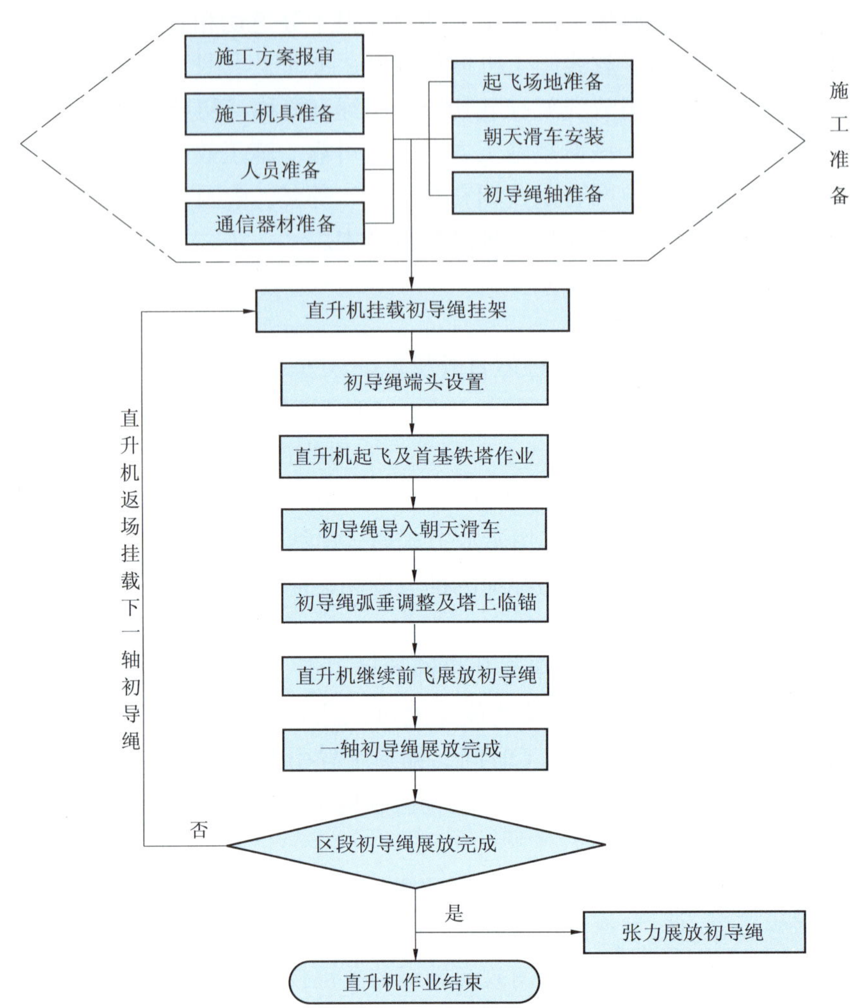

图 17-5-1 直升机展放初导绳施工工艺流程图

5.2 操作要点

5.2.1 施工准备

（1）施工方案报审。提前向航空管制部门报送飞行方案及飞行具体地点、时间等，取得飞行许可。

（2）施工机具准备。

1）直升机选型。直升机选型应综合考虑施工技术要求及施工成本，分析直升机飞行平稳及空间精确定位性能，国内外有多种机型可选。本典型施工方法是以展放ϕ8mm 迪尼玛绳或□7mm 无扭钢绳需要而进行的直升机选型，选用 Bell206-L4 机型。

Bell206-L4 直升机飞行平稳性高、空间定位能力强，在国内电力、农林、石油行业特别是电力巡线领域有着大量的应用。

Bell206-L4 型直升机性能参数如表 17-5-1 所示。

2）专用放线架准备。专用放线架用于挂载线轴，是直升机展放初导绳的关键工具，能够在空中对初导绳实时加载和调整放线张力。运至施工现场后，施工前与直升机连接完成测试。

3）初导绳选择。初导绳选择的主要参考标准为：绳索直径及单位长度重量、线路交叉跨越情况、初导绳强度及被牵放导引绳张力等。可选择的初导绳有ϕ8mm 迪尼玛绳或□7mm 无扭钢绳等。ϕ8mm 迪尼玛绳或□7mm 无扭钢绳各项参数如下。

表 17-5-1　　Bell206-L4 型直升机性能参数

项　目		参　数
外形尺寸（m）	长、宽、高	13.02、11.28、3.32
	旋翼直径	11.28
重量（kg）		1167
最大起飞载重（kg）		2063.8
最大挂载重量（kg）		907
允许挂载重量（kg）		400
航速	最大（km/h）	240
	允许悬停时间	75%～100%扭矩时 5min，75%以下无限制

a. ϕ8mm 迪尼玛绳：加缠绕层后直径 12mm，自重 53g/m，破断力为 58.8kN。

b. □7mm 防扭钢丝绳：自重 170g/m，破断力 35kN。

（3）人员准备。施工前，对飞行作业和施工人员进行技术交底，落实技术和安全作业细节。

（4）通信器材的准备。直升机驾驶员佩戴有对讲功能的航空头盔，起飞场地及牵、张场各配备 1 部电台，各桩号塔上作业人员配备 1 部对讲机。

（5）起飞场地准备。场地最小面积 25m×25m，应选择平整的硬沙地或其他硬质地面。场地留有直升机及货车入口，附近空域无障碍物，可根据现场具体情况集中设场或分散设场。

（6）朝天滑车安装。直升机展放初导绳施工前，在每基铁塔最上层横担靠近中间位置安装专用的三轮朝天滑车。根据直线塔和转角塔塔型的不同，分别安装直线型和转角型朝天滑车。

（7）初导绳轴准备。施工前由专用绕线机将初导绳逐层紧密地盘绕在专用线轴上，内层绳头不得与线轴连接，以保证初导绳展放完成后绳头与线轴顺利脱开，便于直升机携带线轴返回。

将已经盘绕好的线轴安装到放线架上，使初导绳出线方向位于线轴下方，如图 17-5-2 所示。

图 17-5-2　初导绳出线方向

5.2.2　直升机挂载初导绳挂架

在直升机悬停状态下，通过专用吊索，将放线架挂在直升机底部的专用挂钩上，如图 17-5-3 所示。挂钩具备在紧急情况下的自动释放功能。

5.2.3　初导绳端头设置

初导绳外端头需与预设的地面起点临时锚固，如施工场地允许，可设置地锚在地面锚固初导绳头，直升机直接起飞；如施工场地不允许，初导绳头加挂 15～20kg 的沙袋将初导绳引至地面再行锚固。初导绳端头锚固方式如图 17-5-4 所示。

5.2.4　直升机起飞及首基铁塔作业

直升机起飞前，应认真检查内层绳头是否与线轴未连接。若初导绳头采用加挂沙袋方式，直升机携带初导绳轴起飞，然后在选定地点将沙袋抛下，随后进行导引绳头锚固。

直升机越过首基铁塔塔顶时，导引绳轴下端距塔顶以 4～5m 为宜，直升机越过铁塔时宜采取侧飞姿态，以便飞行员观察导引绳并将导引绳导入朝天滑车中轮。

图 17-5-3　直升机挂载初导绳挂架

5.2.5　初导绳导入朝天滑车

每基塔上配备两名经过专门培训的作业人员。在直升机飞过塔顶前，塔上作业人员提前将朝天滑车压线滚筒打开，直升机飞过塔顶后，塔上作业人员将初导绳导入三轮朝天滑车，将滚筒恢复并插上拔销，如图 17-5-5 所示。

(a)

(b)

图 17-5-4　初导绳端头锚固方式

(a) 地面锚固初导绳；(b) 初导绳加挂沙袋

图 17-5-5　初导绳导入朝天滑车

5.2.6　初导绳弧垂调整及塔上临锚

塔上作业人员提前将专用木质线夹打开，待直升机飞过后，由飞行员操作专用放线架调整初导绳弧垂，然后塔上人员用木质线夹将导引绳卡住，完成初导绳塔上临时锚固，如图 17-5-6 所示。

5.2.7　直升机继续前飞展放初导绳

初导绳完成弛度调整及临锚后，直升机继续前飞，重复导引绳导入朝天滑车、调整引导绳弧垂、导引绳塔上临锚等施工步骤。

在直升机越过铁塔飞向下一基铁塔的过程中，也可随时通过放线架自身刹车系统施加张力，实现初导绳腾空展放的弛度控制。

直升机飞越转角塔时，越过塔上滑车后应继续沿直线慢速飞行，待塔上工作人员将初导绳放入滑车轮槽并锁住朝天滑车压线滚筒后，直升机再返回线路中心线上，继续以正常速度展放。

图 17-5-6　专用线夹安装及使用实景

5.2.8　直升机返场

机载线轴上初导绳展放完毕后，飞机携空轴返回起降场。如区段内初导绳展放完毕，则本次飞行作业结束。

机载线轴上初导绳铺放完毕而区段初导绳尚未展放完成，直升机返回起降场或中间场地更换线轴。更换线轴时，直升机悬停，专业人员将原空线轴卸下，安装另一轴初导绳。或者直接准备两套放线架交替使用，直接将放线架连同线轴一起更换，如图 17-5-7 所示。

图 17-5-7　线轴更换

第二轴及以后各轴初导绳展放时，采用端部绑扎沙袋方式，直升机起飞后在适当位置释放沙袋后开始展放初导绳，沙袋释放位置应与前一轴已铺放初导绳端头适当重叠，以确保两轴初导绳端头连接方便，两轴初导绳端头使用 50kN 抗弯连接器连接。

初导绳展放至本放线区段最后一基塔后，若线轴上仍有余线，则直升机应继续飞行，直至将余线放完方可返场。

5.2.9　跨越施工注意事项

直升机飞临跨越架之前，应降低飞行高度，使初导绳落在跨越架上，由跨越架上的施工人员配合控制初导绳在架体上方的空间位置，防止初导绳偏离架体而落在被跨越物上。

5.2.10　通信联系

机上人员佩戴有对讲功能的航空头盔，每基塔上的两名施工作业人员配置一台对讲机，起飞场地及牵引场、张力场配备电台。同时，塔上作业人员可通过规定手势与机上人员直接沟通。

5.2.11　张力展放导引绳

“绕牵法”张力展放导引绳施工工艺是直升机铺放初导绳的配套工艺，是实现导引绳腾空展放的重要工序。本工艺主要是利用直升机铺放完成的初导绳通过“一牵一”方式牵放□13mm 导引绳，再利用□13mm 导引绳分多次实施“一牵 *n*”操作，完成导引绳的牵放。

本典型施工方法以紧凑型线路实施“一牵三”绕牵法为例说明。

首先，以“一牵一”方式牵放□13mm 导引绳，将位于铁塔横担上顶面中间的三轮朝天滑车中轮中的ϕ8mm 迪尼玛初导绳或□7mm 防扭钢丝绳，替换为□13mm 导引绳。

第一次“一牵三”操作，是借助紧凑型塔上的三轮朝天滑车，利用已有的□13mm 导引绳牵放三根□13mm 导引绳，并逐基将位于三轮滑车中间轮中的□13mm 导引绳绕牵到塔窗内中相导线放线滑车中。待整个放线区段展放完毕后，通过塔上分线操作，将三轮滑车两边轮中的□13mm 导引绳移入地线滑车中。对于耐张转角塔，三根导引绳均逐基分线。

紧凑型直线塔中轮□13mm 导引绳绕牵方法：在塔横担中部，事先将一根□13mm×3m 钢丝绳套，一端用 U 型环固定在铁塔横担下平面张力场侧的主材节点上，另一端连接 SKDZ–2 型卡线器，以备锚线用；当三线走板行至超过放线滑车约 6m 位置时停止牵引，高空作业人员将中轮□13mm 导引绳在张力场侧用卡线器卡紧；牵引机“倒车”回松，同时将两边轮□13mm 导引绳缓慢回卷，将三线走板回牵至操作塔三轮朝天滑车前 0.5～1.0m 处；人工将呈松弛状态的中轮导引绳穿过横担下面的中相导线滑车，并重新连接到三线走板；启动牵引机，当临锚绳卡线器接近中相放线滑车时，停止牵引后将其拆除。至此完成中相导引绳“绕牵”操作。

第二次“一牵三”操作，是利用中相导线放线滑车中已有的□13mm 导引绳牵放三根□13mm 导引绳，待整个放线区段展放完毕后，通过塔上分线操作，将中相放线滑车中的两根□13mm 导引绳移入两边相的放线滑车中。对于耐张转角塔，三根导引绳均逐基分线。

至此实现了紧凑型线路两相地线和三相导线共五根□13mm 导引绳的腾空展放操作。紧凑型线路绕牵法施工如图 17–5–8 所示。

图 17–5–8　紧凑型线路绕牵法施工

6　人员组织

放线施工全部人员及其分工如表 17–6–1 所示。

表 17–6–1　人员组成与分工

序号	岗　位	人　数	岗　位　职　责
1	总指挥	1	负责施工全面管理
2	技术员	1	负责施工技术工作
3	安全员	1	负责施工过程安全管理工作
4	质检员	1	负责施工过程质量工作
5	材料员	1	负责施工物资准备工作
6	现场施工指挥	1	负责施工现场施工全面工作

续表

序号	岗　位	人　数	岗　位　职　责
7	飞行指挥	1	负责直升机作业指挥工作
8	飞行员	1	负责飞行作业
9	起飞场地地勤	4	负责直升机地面服务
10	高空作业	2 人/塔	负责塔上作业
11	地面辅助人员	15	负责安装线轴盘绕、安装等辅助工作
12	三线张力机机手	1	负责三线张力机操作
13	牵引机手	1	负责牵引机操作

7　材料与设备

7.1　专用设备

7.1.1　专用放线架

专用放线架与直升机采取软索连接，用于挂载线轴，是直升机铺放初导绳的关键工具。

在“铺放”方式下，需要对初导绳在空中控制张力，以控制初导绳的弧垂，因此在放线架上设置了电动刹车装置；为保证直升机侧身飞行时，消除初导绳对直升机的扭力影响，放线架与直升机采取软索连接，使放线架可自由摆动；为保证初导绳的出线方向和控制放线架的摆动幅度，设置了水平出线导向装置。

专用放线架如图 17-7-1 所示。

（1）电控液压刹车装置：用以实现初导绳“铺放”方式下空中控制放线张力，实现初导绳腾空。

（2）挂载方式：使用软索挂载线轴，用以保证直升机侧身飞行时，消除挂架对直升机的扭力影响。

（3）水平出线导向装置：保证初导绳的出线方向和控制放线架的摆动幅度。

（4）线轴：用于缠绕初导绳，采用薄壁不锈钢材料制作，自重轻、强度高，单重 30kg。

图 17-7-1　直升机专用放线架及专用线轴

1—电控液压刹车装置；2—挂载方式；3—水平出线导向装置；4—线轴

7.1.2　三轮朝天滑车

“绕牵法”展放导引绳专用工具。采用两组小滑轮组合式结构，能够有效地保护初导绳不与横担前后两侧塔材摩擦，同时减少了滑车高度和自重。滑车分直线型和转角型两种，考虑到通用性，转角型滑车带有可调节装置以调节滑车倾斜角度。直线型三轮朝天滑车如图 17-7-2 所示。

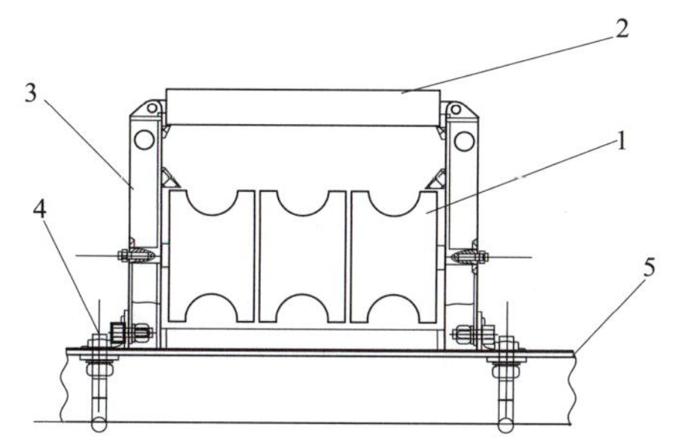

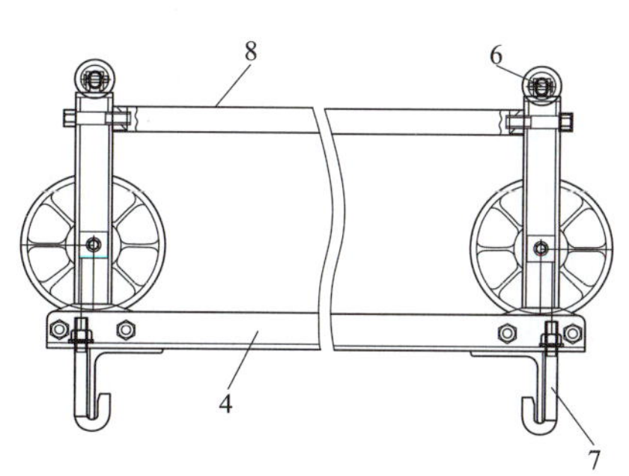

图 17-7-2　三轮朝天滑车结构示意图（直线型）

1—滑轮；2—压线滚筒；3—滑轮支架；4—底座梁；5—横担塔材；6—拔销；7—挂钩；8—连接梁

7.1.3 专用线夹

专用线夹用于在塔上临时锚固初导绳，为木质材料，能够有效夹持初导绳并保证其不受损伤，自身结构简单轻便，能够快速安装及拆卸。专用线夹结构图如图 17–7–3 所示。

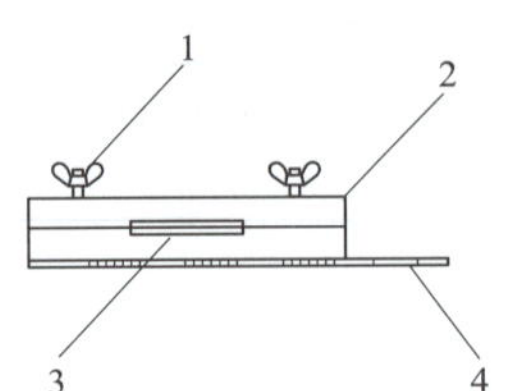

图 17–7–3 专用线夹结构图

1—快速螺母；2—线夹木板；3—合页；4—线夹锚孔

7.2 主要机具设备

直升机展放初导绳施工主要机具设备一览表见表 17–7–1（按一个放线区段考虑）。

表 17–7–1 主要机具设备一览表

序号	工具名称	规　格	单位	数量	备　注
1	直升机	Bell206 系列	架	1	或其他选用型号
2	初导绳	ϕ8mm 迪尼玛绳或 □7mm 钢丝绳	km	8	或其他选用规格
3	初导绳挂架	专用	套	2	
4	线轴	专用	个	4	盘绕初导绳
5	朝天滑车	直线型	套	18	
		转角型	套	5	
6	绕线机	专用			机械化盘绕初导绳
7	专用线夹	木质	套	20	
8	航空头盔	专用	套	2	带有通话功能
9	三线张力机	单轮制张力 30kN	台	1	
10	牵引机	50kN	台	1	
11	导引绳	□13mm 防扭钢丝绳	km	45	按交流单回路线路考虑
12	电台	车载台	套	2	
13	对讲机		台	20	

8 质量控制

8.1 质量控制标准

施工执行与工程相适用的工艺导则，如特高压工程应执行相应的特高压线路施工导则。

8.2 质量控制措施

（1）施工现场必须备有作业指导书，并执行有关规程、规范、导则和规定。

（2）施工现场工具、材料必须按类别、按顺序分别摆放，并进行清点、检查，发现问题及时汇报。

（3）严禁将专用机具用作其他用途。

（4）初导绳轴缠绕。初导绳为 500m 一根，缠绕时将绳盘置于专用支架上，使用绕线机械盘绕，盘绕时应注意两点：

1）初导绳盘绕应紧密规则，严禁错层盘绕。

2）初导绳里层一端不可绑在线盘上，应能够从线轴上自由分离。

（5）将线轴安装到专用放线架上时，应保证初导绳出线方向位于线轴下方。

（6）朝天滑车安装。

1）在安装朝天滑车前，应将横担上平面辅材中肢尖朝上的角钢拆下，以方便安装朝天滑车。

2）将挂钩挂于横担主材上，调整朝天滑车底架位置，使朝天滑车中心对准线路中心，然后用扳手将挂钩螺母紧固。

3）为了防止“一牵三”张力展放导引绳时走板摩擦塔材，应在朝天滑车底座梁上铺设绑扎木板。

（7）“一牵三”展放导引绳施工时，导引绳的锚线绳不得与塔材摩擦。

9 安全措施

9.1 一般安全规定

（1）所有施工人员必须经过技术培训和安全教育，熟悉有关安全技术措施及施工方案。高空作业人员体检合格后方可参加登高作业。施工前必须进行安全技术交底，确保各操作系统工作人员分工明确，正确领会施工工艺和安全措施。

（2）每天施工前，必须由现场负责人进行班前安全教育。

（3）进入施工现场必须正确使用安全防护用品。

（4）非施工人员不得进入作业区。除飞行员、直升机地勤人员及安装放线架施工人员外，无关人员不得靠近直升机。

（5）所有工器具和设备应定期进行技术检验，不合格者严禁使用。每次使用前必须对工器具进行外观检查，不得以小代大。工器具使用后及时进行维护保养。

（6）施工前应对施工机械仔细检查，确保性能正常。施工机械定人、定机并严格按照操作规程精心操作，严禁非操作人员操作。

（7）高处作业人员上下塔必须走脚钉。上下塔过程中必须使用自锁器，在塔上长距离移动时必须使用防坠器，并严禁低挂高用，以保证施工人员在任何情况下都不失去保护。

（8）高空作业人员必须系全方位安全带，安全带必须拴在主材或牢靠的构件上，并随时检查是否牢固。

（9）高处作业时，施工人员应站在安全的位置上。

9.2 飞行作业安全措施

（1）飞行员具备职业资格证，应经过体检，保证精神正常、无癫痫病史及无心脏病、高血压、心脑血管疾病；飞行时着装简练、便利，不随身携带易掉落的物品。

（2）飞行前，由专人利用风向标、风速仪等仪器测定气流参数，判定能否作业。当风力超过 3 级、大雾、大雨天时禁止飞行。

（3）飞行员在飞行前，禁止喝酒和饮用含有酒精的饮料，精神状态良好，熟悉飞行任务及航线。

（4）飞行员与地面人员保持通信畅通。

（5）飞行前，安全员专人负责清退场内无关人员。

9.3 展放初导绳安全措施

（1）直升机飞过跨越架之前，降低飞行高度，控制初导绳落在跨越架上，由架上施工人员配合控制，防止初导绳偏离架体而落在被跨越物上。

（2）在各跨越处派专人看护，尤其是注意初导绳不要偏出跨越架架体；公路跨越处注意引绳距地面在安全距离内。

（3）若放线区段初导绳铺放完成后最后一轴初导绳仍有余绳，直升机应继续飞行将余绳全部放出。

（4）初导绳铺放完毕后必须立即进行升空并按“一牵三”工艺牵引□13mm 引绳，避免ϕ8mm 迪尼玛绳因长时间滞留造成磨损或飘移卡在树上，甚至磨断等情况发生。

(5) 在整个作业流程中，作业人员必须做好对迪尼玛绳的保护，避免打死结、与硬物剧烈摩擦。保护套有损伤时，及时用胶布包裹。

(6) 牵引机和张力机的安装采用专用接地装置可靠接地，牵张机手必须站在绝缘胶垫上操作，并不得与未站在绝缘垫上的人直接接触。

(7) 放线过程中，在放线区段两端到设备安装接地滑车，并保证其接地可靠。

(8) 如遇到初导绳跳槽情况，应立即停止牵引，处理完成后继续牵引。

9.4 应急安全措施

(1) 如果无线电通信中断，在无线电故障情况下所需的不同手势信号如表 17-9-1 所示。

表 17-9-1　　手势信号明细

地勤人员手势信号			信号图示
一切很好和放行		伸出手臂和拇指指向往上方向	
稳住并停留在位置上		伸出手臂，手静止	
在位置上盘旋		伸出手臂，手掌面向所需要运动的方向移动	
准备抓住初导绳		伸出手臂往外朝着导引绳方向	
准备放开初导绳		伸出手臂用拇指指向往上方向	
需要设备	夹具	伸出手臂往外拳头合拢	
	刀具	伸出手臂手指分开	
	扳手	伸出手臂往外并旋转手	
不要接近，等待！		一只或两只手臂伸出向前挥手	
需要协助！		一只或两只手臂挥手	

续表

<table>
<tr><th colspan="3">飞行员信号</th><th>信号图示</th></tr>
<tr><td colspan="2">不是很好，不</td><td>从左到右摇头</td><td>—</td></tr>
<tr><td rowspan="2">在工作塔旁盘旋</td><td>夹紧</td><td>慢慢点头几次</td><td>—</td></tr>
<tr><td>切断初导绳</td><td>很快点头几次</td><td>—</td></tr>
<tr><td rowspan="2">接近地面盘旋</td><td>切断初导绳</td><td>很快点头几次</td><td>—</td></tr>
<tr><td>控制直立和解脱</td><td>慢慢点头几次</td><td>—</td></tr>
</table>

(2) 如直升机遇到初导绳缠在塔材上等突发情况，塔上作业人员须迅速将初导绳剪断。紧急情况下，飞行员可以将初导绳挂架从直升机上释放。

(3) 如果遇到专用挂架制动器失灵，线轴开始不受控制地转动并把初导绳展开到地面上，飞行员应将直升机飞到最近的空旷区域，把线轴放到地面上以停止其旋转，然后从直升机上将初导绳轴拆除。

10 环保措施

(1) 在工程施工过程中，严格遵守国家和地方政府下发的有关环境保护的法律、法规和规章制度。

(2) 施工前以实际地形、地貌为依据，科学、合理制订环保施工技术措施。根据现场实际情况制作定置图，实行定置化管理，机械设备定点放置，合理布置、规范围挡，做到标牌清楚、齐全，各种标识醒目。施工现场布置时，尽量减少临时占地面积，不宜破坏原有的地形、地貌。施工完毕恢复原有的地形、地貌。现场机具、材料按定置图放置在临时仓库内；机械设备下部铺垫隔离，防止漏油污染环境。

(3) 运输道路尽量选择原有道路，减少对自然植被的破坏。

(4) 施工场地做到整洁有序，应随时对现场进行整理。

1) 现场施工材料码放整齐，无乱堆乱放及堵塞通道现象。

2) 设备、材料开箱在指定地点进行，废料垃圾及时清理运走。

3) 各种工器具、索具摆放、挂放整齐，表面清洁。

4) 各种施工垃圾、废料应堆放在指定场所。

5) 施工现场及施工区域的沟道、路面、地面，严禁丢弃垃圾及废料。

6) 生活垃圾用塑料袋装好，集中存放在封闭的垃圾筒内，每天清理现场。

7) 施工人员不得损坏现场各种安全警示牌、标识牌和测量控制点。

8) 保证施工现场道路畅通，保持场容场貌的整洁。

(5) 直升机地勤设备与线路施工设备分开独立放置，地勤设备取用由航空专业人员负责完成。

(6) 严格监控航空燃油是否外漏，施工现场应提前准备好清理工具，有漏油时及时清理。

(7) 直升机发动用蓄电池应妥善保管，现场搬运时轻拿轻放，避免漏液。

(8) 直升机起降场地应适时洒水，减少扬尘。

(9) 直升机展放初导绳期间，在不影响飞行安全前提下，尽量保证初导绳弧垂高于地上物，减少或免除对地上物的破坏。

11 效益分析

11.1 经济性比较

使用 Bell206-L4 直升机展放初导绳与常用的初导绳展放施工经济性比较如表 17-11-1 所示。

11.2 社会效益分析

直升机展放初导绳施工方法实现了导引绳腾空展放，提高了电网建设施工技术水平和张力放线机械化施工水平，大幅度提高了工作效率，减小了施工人员的劳动强度，降低了施工成本投入，降低了高山大岭地段的放线施工难度，为规避外协影响和跨越施工风险、保护环境提供了一种有效的技术手段。

表 17-11-1　　现行多种初导绳展放方式经济性比较

比较项目	直升机展放初导绳	动力伞展放初导绳	人工展放初导绳
费用（根·km）	5000～7000 元	3000～5000 元	800～1000 元
附加费用	一次“一牵一”、两次“一牵三”等费用	两次“一牵一”和两次“一牵三”等费用	运输、树木砍伐、青苗赔偿、窝工等费用
其他	安全性高、工作效率高、机械化程度高，环保；受自然条件和外协影响小；适合长距离、成区段铺放	工作效率较高、机械化程度较高；安全风险较大；受自然条件影响较大；导引绳需要进行多级展放。因初导绳强度问题，第一次“一牵一”需分段进行	工作效率低、受外协影响大、易窝工；重要跨越需要采用特殊方法展放导引绳；易破坏自然环境。同时劳动强度大、机械化施工水平低、导引绳磨损大、用量大

直升机展放初导绳施工方法，符合电网建设施工技术的发展方向，符合创新型社会及创新型企业的建设要求，符合节能减排持续发展的社会发展趋势。

12　应用实例

12.1　500kV 汗沽平线路工程应用

2007 年 8 月 16～17 日，在河北丰宁汗海—沽源—平安城 500kV 线路工程第 8、9 标段，组织进行了直升机展放初导绳施工试验及应用。汗海—沽源—平安城双回 500kV 线路工程，线路起点为内蒙古自治区商都县汗海变电站，途径张家口市沽源开闭所，终点为河北省遵化市平安城变电站。工程建设规模为两条并行的单回紧凑型线路，共分为 16 个标段。直升机施工应用所在的第 8、9 标段线路途经河北省承德市丰宁满族自治县，海拔高度约 800m，沿线地形大部分为高山大岭。

500kV 汗沽平线路工程 8 标段的第三放线区段和 9 标段的四放线区段为直升机铺放初导绳施工段。其中第三放线区段（IC75～IC86）线路全长 6.291km，共有铁塔 12 基，最大档距 1085m；第四放线区段(IIC75～IIC84)线路全长 6.22km，共有铁塔 10 基，最大档距 1113m。使用直升机先后试验完成了 6.291km 的ϕ8mm 迪尼玛初导绳和 6.22km 的□7mm 钢初导绳铺放施工，合计铺放初导绳 12.511km。

此次应用在国内首次以直升机“铺放”工艺，实现了长距离成区段初导绳施工，实现了直升机在国内输电线路架线施工领域应用的一次突破。

12.2　500kV 大房三回工程应用

在 2007 年完成试验研究的前提下，陆续完成了工艺标准化研究及设备通用化设计，2009 年在大房三回 500kV 输电线路工程成功投入应用，累计铺放初导绳 2×30.1km。此次应用，一举突破了我国在直升机用于输电线路施工领域反复探索却总处于试验阶段而不能大面积应用的局面，是国内电网建设施工技术的一次重要突破，开创了我国电网建设的新篇章。

此典型施工方法工艺安全可靠，施工效率高，可减少或避免外协因素对施工的影响，解决了复杂地形条件下跨越施工的难题。随着社会的进步，节能减排、环保要求等对传统施工方法提出了新的挑战，直升机展放初导绳施工方法因具备不破坏地表植被，受气候影响小、施工高效精确等特点，应用前景十分广阔。

典型施工方法名称：遥控无人直升机展放初导绳典型施工方法

典型施工方法编号：GWGF018-2010-SD-XL

编　制　单　位：江苏省送变电公司

推　荐　单　位：江苏省电力公司

主　要　完　成　人：钮永华　张伟军　张仁强

目　次

1 前言

随着跨越架线施工环境日益复杂、劳动力成本的不断提高、人们环境保护意识日益增强，以及目前电网建设正在向国家电网公司提出的“两型三新”的方向飞速发展，导引绳“不落地”展放的施工工艺得到了越来越广泛的应用。

遥控无人直升机展放初导绳施工方法是江苏省送变电公司和科研院所合作研究开发的项目。江苏省送变电公司在无人直升机现有的技术基础上对飞行软件、设备等，进行了针对性的重新研制和开发。该施工方法作业成本低，安全风险低，有效地保护了施工周边环境。

该施工方法在慈青线开环接入南麻 220kV 线路及±800kV 向上线湖家滩长江大跨越工程中得到了成功应用。使用于该系统的专用小型张力机已获得国家“实用新型专利”（专利号 ZL2006201651392），目前该典型施工方法科技项目及发明专利正在申报中。

2 本典型施工方法特点

采用遥控无人直升机（简称“无人机”）展放初导绳具有如下特点。

（1）适用范围广。无人机展放初导绳能适用于起飞场地小、地形条件差、交叉跨越复杂的输电线路作业环境。在 4 级风以下能满足普通线路展放初导绳的要求，在 3 级风以下能适用于大跨越工程。

（2）飞行精度高。无人机是基于先进的飞行软件平台及高科技集成传感系统上进行飞行作业，智能化程度和飞行精度极高。飞行路径采用 GPS 导航，在飞行软件中输入飞行路径的三维坐标值和飞行速度，无人机能准确地按照预定速度巡航飞行到每个预定位置。从而与有人驾驶的飞行器相比，减小了受视线影响及操作延迟等因素造成的飞行误差。

（3）可操作性强。无人机除了能够自动巡航飞行外，还可以通过便携式飞行遥控器进行飞行姿态、飞行速度的调整。能够轻松完成悬停、升降和左右侧飞，较好地配合塔上人员处理初导绳的操作。

（4）纠偏能力强。由于无人机采用 GPS 导航，无人机在受到外部影响偏离航线或预定位置后，能够迅速做出反应并智能调整自身飞行姿态进行纠偏，返回至预定航线或预定位置。另外，无人机可以通过遥控操作，通过设定位移方位和距离，进行上下、左右、前后精确位移。

（5）飞行成本低。无人机展放初导绳具有较好的经济性：无人机的起飞场地较小，节约了占地面积，可减少场地布置和青苗赔偿的费用；无人机采用了高科技发动机，油耗低，一般 20L 汽油可以飞行 1h（3～6km 作业距离），如果在无人机上增加副油箱，则可延长飞行时间半小时、2～4km 飞行距离；无人机由于集成了高科技的飞行软件和硬件系统，智能化程度很高，减少了人员和机具投入的施工成本。

（6）安全风险低。无人机采用无人飞行的方式，避免了人身安全风险。无人机具有自动巡航及自动纠偏的功能，不会因为操作失误或外界气候影响而产生航线偏离的危险。另外，无人机装设了专门研制的保护装备，在超过设定荷载时，通过无人机的测力装置和保护程序，启动切刀动作，自动切断绳索，保证了飞行的安全。

（7）环境影响小。无人机只需要有 4m×4m 的起飞场地，采用“一牵一张”的展放方式，在展放过程中初导绳具有更可靠的腾空高度，最大限度地减小了作业占地，保护了沿线周边环境。

3 适用范围

无人机展放初导绳的施工方法，适用于海拔 2000m 以下平原丘陵地区的各电压等级输电线路的初导绳展放施工；尤其适用于交叉跨越复杂的架线段和跨越档距在 2000m 左右的大跨越工程的初导绳展放施工。

4 工艺原理

无人机展放初导绳是利用无人机作为牵引设备和专用小型张力机相互配合，进行“一牵一张”张力展放的方法。在展放过程中，利用无人机牵引初导绳逐基通过放线段塔顶，塔上人员通过专用工具将初导绳置入塔顶的朝天滑车轮槽中，逐次完成每基塔的操作。展放结束后，通过地面遥控，无人机切断初导绳并返回起飞场地降落。

无人机一次飞行可展放 3～6km 的初导绳。在展放过程中，地面人员可以通过传感设备返回的各项数据对无人机的参数进行实时监控。无人机在铁塔上空根据需要可进行悬停、侧飞或升降等姿态调整，必要时可以进行倒飞。

5　施工工艺流程及操作要点

5.1　施工工艺流程

本典型施工方法施工工艺流程见图 18–5–1。

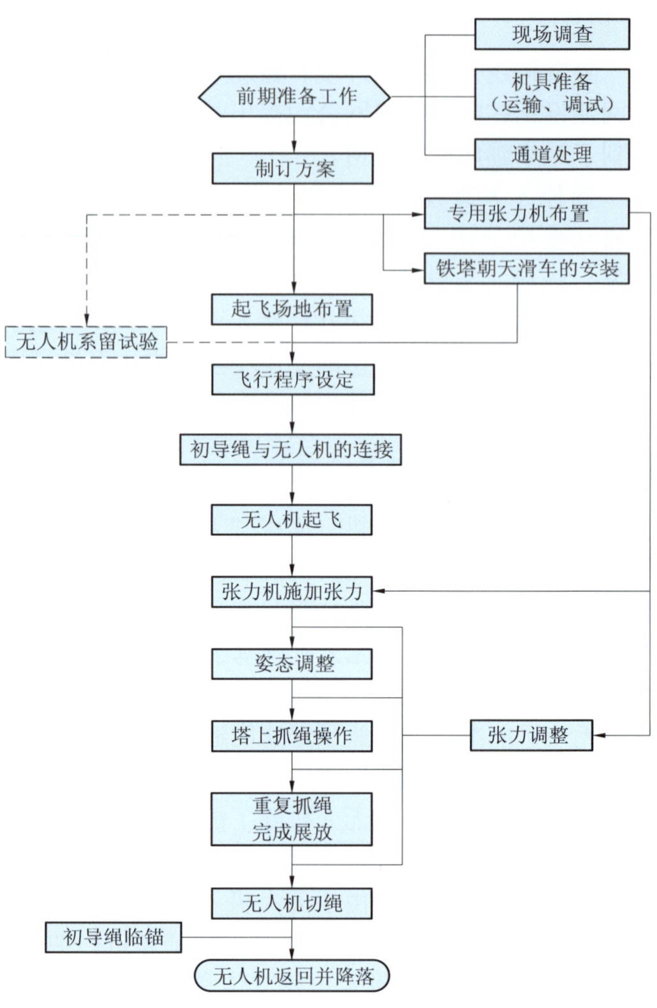

图 18–5–1　遥控无人直升机展放初导绳施工工艺流程图

5.2　操作要点

5.2.1　前期准备工作

5.2.1.1　现场调查

（1）对选定的施工场地进行现场踏勘，了解地形情况和跨越情况等，并将飞行路段的塔位坐标和高程进行收集整理，为方案的制订提供依据。

（2）利用测风仪对现场进行风力、风向测定，确保无人机在安全的气候条件下进行飞行。风速测量应在空旷无障碍的地方进行，测量点需高于地面 10m，用手持式风速、风向测量仪进行测量风速和风向，并进行记录。

在无人机工作前 15 天，应持续进行风速和风向的测量与记录，以确定此季节的风速、风向变化大致规律，以便合理安排无人机作业时间和飞行方向。风速测量见图 18–5–2。

5.2.1.2　机具准备

（1）施工机具：检查整个系统所使用的器材、机械和工器具等。遥控无人机及各种器材、机械和工器具等提前运至施工现场。

（2）通信部分：通信联络分为无人机系统通信与施工作业系统通信两部分。无人机系统通信由无人机与测控车及遥控操作平台通过专用的频段进行，施工作业系统由现场总指挥、无人机操作员、张力机操作员、塔上作业人员、监护人员等通过基地电台和报话机进行语音联系。所有通信联络均有备份，以防止在紧急状态下失去联络。

图 18–5–2　风速测量

（3）通道处理：完成被跨越物的跨越架搭设。

5.2.2　制订方案

5.2.2.1　飞行方案

经过前期的准备工作后，需要对无人机展放初导绳的总体飞行方案进行确定，需要确定的内容主要有：飞行的方向、无人机系统的受力计算、初导绳的选择、起飞场地的设置位置、专用张力机的设置位置、切绳点的选择、飞行的速度及路径等。

5.2.2.2　绘制施工现场布置断面示意图

一般线路和大跨越线路，无人机展放初导绳的现场布置断面示意图见图 18-5-3 和图 18-5-4。

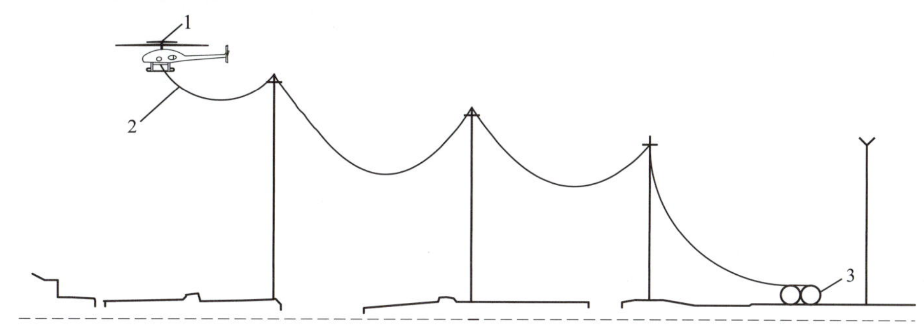

图 18-5-3　无人机展放初导绳现场布置断面示意图（一般线路）

1—无人机；2—初导绳；3—张力机

5.2.2.3　人员组织方案

一般线路展放初导绳按 10 基塔考虑，具体人员组织见表 18-5-1；大跨越线路展放初导绳按“耐—直—直—耐”4 基塔考虑，具体人员组织见表 18-5-2。

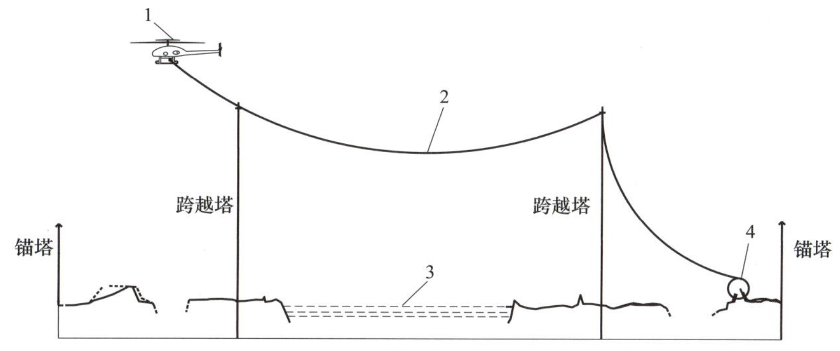

图 18-5-4　无人机展放初导绳现场布置断面示意图（大跨越）

1—无人机；2—初导绳；3—水面；4—张力机

表 18-5-1　　一般线路展放初导绳人员组织

序号	岗位	数量（人）	职责划分
1	塔上人员	20	每基塔 2 人，其中 1 人负责接绳操作，另 1 人负责安全监护和观察无人机飞行，并负责通信联络
2	测控车	4	负责监控无人机飞行并遥控操作无人机及通信联络
3	切绳头处	1	负责切绳点监护并进行切绳后的绳头地面锚固
4	张力机	2	负责操控张力机展放出初导绳
5	总指挥	1	负责全面工作，包括现场组织，通信联络、信息汇总、向各岗位发出指令，做出决策等
合计		28	

表 18-5-2　　大跨越线路展放初导绳人员组织

序号	岗位	数量（人）	职责划分
1	塔上人员	8	每基塔 2 人，其中 1 人负责接绳操作，另 1 人负责安全监护和观察无人机飞行，并负责通信联络
2	测控车	4	负责监控无人机飞行并遥控操作无人机及通信联络

续表

序号	岗位	数量（人）	职 责 划 分
3	切绳头处	1	负责切绳点监护并进行切绳后的绳头地面锚固
4	张力机	2	负责操控张力机展放出初导绳
5	总指挥	1	负责全面工作，包括现场组织，通信联络、信息汇总、向各岗位发出指令，作出决策等
合 计		16	

5.2.2.4 系统受力计算

（1）初导绳风荷载计算示例。由于初导绳自身重量很轻，无人机展放初导绳过程中产生的张力主要由风荷载引起。以某工程 2mm 迪尼玛绳作为初导绳，最大档距 371m 为例。风载作用在初导绳上时，风载总值相当于风载作用在无人机和铁塔之间连线直线上的总和，因此由风载产生的弧垂曲线为抛物线。由绳索自重荷载和风荷载叠加的综合荷载产生的弧垂和张力的对应关系采用抛物线法进行计算。风荷载按下面公式进行计算

$$W_X = 0.625\alpha\mu_{sc}dl(K_h v)^2\sin^2\theta\times10^{-3}$$

式中 W_X——水平风荷载，N；

α——风压不均匀系数，查表为 1.0；

μ_{sc}——体型系数，取 1.2；

d——初导绳外径，mm；

l——计算长度，m；

K_h——风速高度变化系数；

v——基准高度处的风速，m/s；

θ——风向与初导绳轴向间的夹角，(°)。

计算说明：

1）无人机最大飞行高度假设为 80m，风速高度变化系数取 1.3。

2）按风向与初导绳的夹角为 90° 进行验算，即风向垂直于线路方向。

3）初导绳张力计算见表 18-5-3。

表 18-5-3　　初导绳张力计算

项　　目	计 算 数 据			
初导绳直径 d（mm）	/	2	2	2
风速 v（m/s）	/	5	7	10
风压不均匀系数 α	/	1	1	1
体型系数 μ_{sc}	/	1.2	1.2	1.2
计算长度 l（m）	/	1	1	1
夹角 θ（°）	/	90	90	90
风速高度变化系数 K_h	/	1.35	1.35	1.35
水平风荷载 W_X（N）	/	0.068	0.134	0.273
初导绳自重 g（N/m）	/	0.023 1	0.023 1	0.023 1
水平风偏角 ψ（°）	/	71.32	80.22	85.17
初导绳综合比载 g'（N/m）	/	0.07	0.14	0.27

续表

项　目	计 算 数 据			
计算档距 *L*（m）	/	371	371	371
假定弧垂下的初导绳张力 *H*（N）	弧垂 15m	82.75	155.91	314.68
	弧垂 20m	62.06	116.94	236.01
	弧垂 25m	49.65	93.55	188.81
	弧垂 30m	41.37	77.96	157.34

（2）无人机的牵引力计算。考虑初导绳由自重引起的弧垂较小，为简化计算，无人机的牵引力 *P* 可近似按如下公式计算

$$P=\sqrt{H^2+5^2}$$

式中　*H*——初导绳水平张力，kg；

5——沙袋重量，kg。

根据无人机试验结果，基本控制无人机的牵引力为 15kg 以下，以 371m 档距为例，在 3 级风时，最小弧垂可以控制到 15m；而在 4 级风时，弧垂需要放大到 15m 以上。4 级风以上时，不适合无人机的飞行作业。

（3）无人机最大受力状态下初导绳与无人机间距验算。以无人机最大受力时（20kg）为依据，计算极限状态时初导绳与无人机的间距。

无人机挂钩至尾翼的距离为 2000mm，挂点的高度比尾翼最低点略高，从安全的角度出发可近似认为等高。

当无人机达到最大受力时，初导绳水平张力为

$$H=\sqrt{20^2-5^2}=19.36\ \text{（kg）}$$

示意图见图 18-5-5。

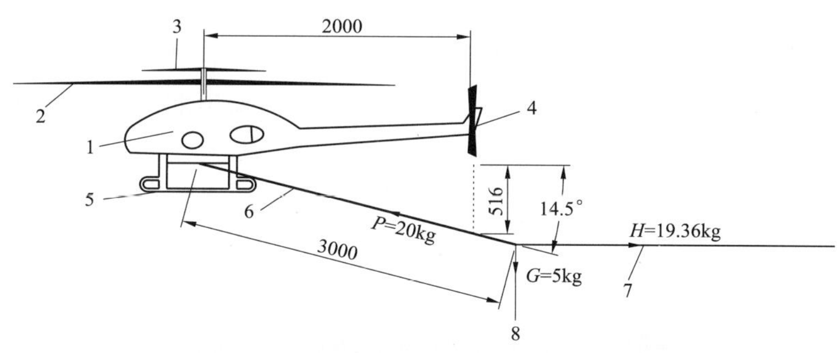

图 18-5-5　无人直升机与绳索间距计算简图

1—机身；2—主旋翼；3—副旋翼；4—尾翼；5—底座；6—6mm 钢丝绳；7—初导绳；8—5kg 沙袋

计算结果：挂钩下钢丝绳与水平方向夹角为 14.5°，与无人机尾翼的最近距离为 516mm，能够满足无人机飞行作业的安全要求。

5.2.3　专用张力机设置

初导绳专用张力机用以控制初导绳在展放过程中的放绳速度和张力。专用张力机布置在线路方向距前侧铁塔 2 倍塔高距离处，正对铁塔顶部的朝天滑车。

5.2.4　铁塔朝天滑车的安装

为使展放的初导绳能顺利地通过铁塔顶部，需要在铁塔顶部安装专用的朝天滑车（见图 18-5-6），安装时通过底部的专用卡槽卡在铁塔顶部的角钢上，然后将卡槽底部的安装螺栓进行紧固。

滑车安装在铁塔顶部合适的位置，一般直线塔安装一个，对于横担宽度较大的跨越塔和耐张塔安装两个，以防展放后的初导绳磨碰横担上平面。

5.2.5　无人机系留试验

无人机经过长途转运后，受路途中的颠簸影响，会造成无人机系统的内部不协调，此时需要对无人机系统进行系留试验，以使无人机系统内部协调状况达到最佳状态；若无人机没有经过长途转运，则不需要此项试验。系留试验需要在无人机腿部绑扎 4 根“井”字形轻钢管，并且把 4 个腿分别系于地面锚桩上并留有余绳，以让无人机能飞起 30～50cm 的高度，通过无人机飞起后测试其通信联络、信号控制、动作状态、保护功能及其他各项性能，以确认无人机性能是否满足要求，见图 18–5–7。

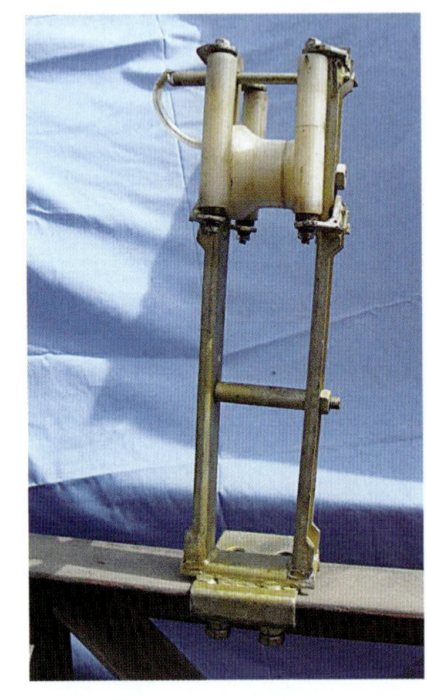

图 18–5–6　专用铁塔朝天滑车

图 18–5–7　无人机系留试验

5.2.6　起飞场地布置

无人机的起飞场地是整个飞行作业的控制中心，布置时需要考虑无人机的飞行方向有无障碍，同时需要考虑测控车的停放位置。无人机对起飞场地的要求较低，一般有 4m×4m 的平地就能满足其要求，但是起飞场地不能有沙尘等容易被旋翼刮起的细小颗粒，否则需要用油布等材料进行覆盖并压实。

5.2.7　飞行程序设定

施工前，预先将所展放线路段的三维坐标及飞行速度等参数输入至无人机飞行系统软件。使无人机在飞行过程中能够按照预定的飞行速度、航线及高度进行飞行，减小了无人机在飞行过程中的操作要求，见图 18–5–8。

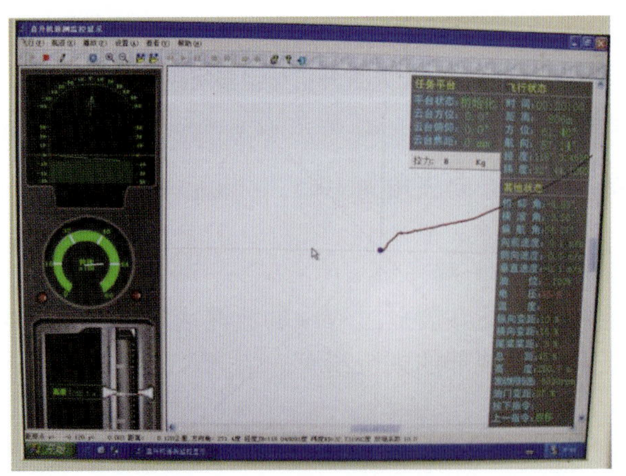

图 18–5–8　飞行程序的设定

5.2.8 初导绳与无人机的连接

利用小规格钢丝绳通过切刀与无人机底部挂钩相连，钢丝绳尾部与初导绳连接，同时在钢丝绳尾部挂上 5kg 沙袋。无人机底部挂钩下方设置一把切刀，切刀内的连接绳为尼龙绳。连接示意图见图 18-5-9。

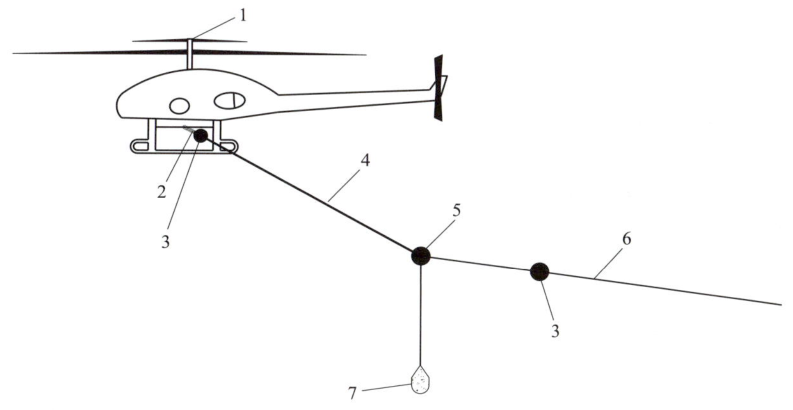

图 18-5-9 无人直升机与初导绳的连接示意图

1—无人机；2—尼龙绳；3—遥控切刀；4—6mm 钢丝绳；5—连接装置；6—初导绳；7—5kg 沙袋

5.2.9 无人机起飞

当无人机系统准备就绪后，对无人机实施起飞指令，无人机的点火启动为遥控形式。无人机起飞后即沿着预先设定的航线和速度飞行，一般无人机刚起飞时控制的飞行速度为 1m/s，正常飞行时速度可调整为 3m/s。无人机起飞后开始沿航线飞行见图 18-5-10。

图 18-5-10 无人机起飞后开始沿航线飞行

5.2.10 张力机施加张力

从专用张力机上引出的初导绳挂在无人机的挂钩上，无人机在施工段线路上空飞行时专用张力机对初导绳施加一定的张力，并同步放出初导绳，使初导绳在牵放过程中处于悬空的状态（保证初导绳对跨越架或封网的安全距离）。

5.2.11 张力调整

初导绳在牵引展放过程中，根据飞行数据和初导绳的位置，实时进行张力的调整，使初导绳在展放过程中的腾空高度始终满足要求，见图 18-5-11。

5.2.12 姿态调整

无人机在飞行作业过程中，通过其搭载的摄像云台、测力计和传感系统等设备将飞行图像、牵引力、

图 18-5-11　张力机施加张力并同步放出初导绳

飞行速度、坐标等各项参数传回地面，地面人员根据传回的数据进行实时监控和调整，改变无人机的飞行速度、方向及高度等参数。

5.2.13　塔上抓绳操作

在展放初导绳的过程中，无人机飞越铁塔时应高出塔顶约 10m 的高度。塔上人员在无人机快接近铁塔时应做好接绳准备。一般无人机展放初导绳过程中无需进行悬停和姿态调整等操作，抓绳时无人机可以降低飞行速度为 1m/s，抓绳结束后正常飞行速度再调整为 3m/s。若初导绳由于受外部影响后位置稍有偏离，则塔上人员可根据初导绳的位置，通知地面人员调整无人机的飞行姿态或进行悬停。抓绳时采用专用工具将初导绳置入铁塔顶部的朝天滑车，并将朝天滑车销钉封闭。

完成抓绳后，无人机继续沿着线路方向飞行，飞至下一基铁塔时，重复上述的抓绳操作，直至最后一基铁塔，见图 18-5-12 和图 18-5-13。

图 18-5-12　无人机飞过铁塔上方时塔上人员进行抓绳操作

5.2.14　无人机切绳

当初导绳全部展放完毕后，无人机可以下降一定高度。切绳点地面人员确认地面安全后通知测控人员发出切绳指令，无人机通过切刀切断初导绳并返回起飞场地降落。切绳操作先通过遥控信号切断初导绳，使初导绳的绳头落到指定地点；然后再切断尼龙绳，使无人机上的钢丝绳和沙袋落在空旷处。

图 18-5-13　抓绳结束后无人机继续向前飞行

5.2.15　初导绳临锚

地面人员在无人机切断初导绳后，将初导绳在地面进行临时锚固。

5.2.16 无人机返回并降落

返航的路线和前进的路线不能重合，应根据现场的风向，使无人机返航的路线在线路的上风侧，以避免无人机可能会与已经展放的初导绳相碰触，从而导致危险。

当无人机返回至起飞场地上空时，通过指令使其缓缓降落地面。

6 材料与设备

6.1 无人机参数（以 Z–3 型无人机为例）

针对无人机展放初导绳作业的需要，专门在无人机底部装载了摄像云台、测力计、保护装置等专用设备，上述设备可将图像和牵引力通过传感系统实时发送至地面并保证了无人机飞行的安全。无人机外观图见图 18–6–1，无人机参数见表 18–6–1。

图 18–6–1 无人机外观图

表 18–6–1 无人机参数

名 称	指标和参数	名 称	指标和参数
机长（m）	3.6	最大起飞重量（kg）	100
适用风速（m/s）	10.7 以下	任务载荷能力（kg）	20
飞行偏差（m）	5～10	续航时间（h）	1.0
作业抗风能力（m/s）	7.9（普通线路）	最大飞行速度（km/h）	120
起降场地（m）	4×4	飞行半径（km）	30
最大牵引力（N）	200	工作环境温度（℃）	−20～+50

6.2 初导绳参数

初导绳参数见表 18–6–2。

表 18–6–2 初导绳参数

型号	材料	直径（mm）	自重线性比重（g/m）	破断负荷试验实测结果（N）
$\phi 1$	迪尼玛	1	0.06	1200
$\phi 2$	迪尼玛	2	0.231	4400
$\phi 2$	韩国丝	2	0.3	280～400

6.3 初导绳专用磁粉式张力机

初导绳专用磁粉式张力机通过三相齿轮减速力矩电动机和磁粉离合器的结合来控制调节初导绳滚筒的力矩，使展放出的初导绳保持恒定的张力，见图 18-6-2。同时，当初导绳张力对张力机产生的力矩小于力矩电动机施加的力矩时，张力机可以实施反牵功能。张力的大小在一定范围内通过电动机的输入电流连续可调。具体参数见表 18-6-3。

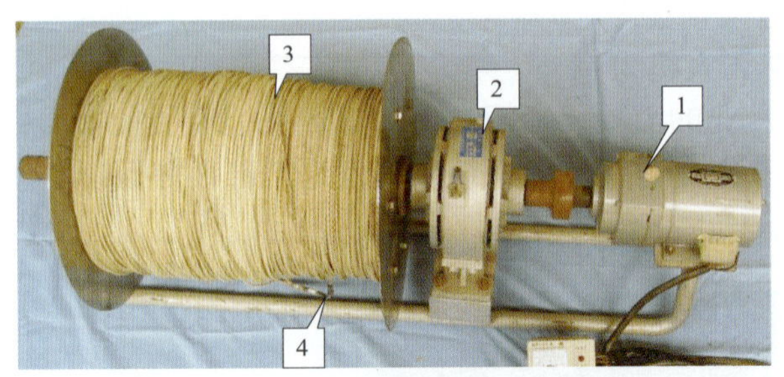

图 18-6-2 初导绳磁粉式专用张力机

1—力矩电动机；2—磁粉离合器；3—初导绳滚筒；4—专用张力机底座

表 18-6-3 初导绳专用磁粉式张力机参数

额定电压（V）	额定电流（A）	最大扭矩（N · m）	张力调节范围（N）
380	0.25	20	10～250

6.4 专用朝天滑车

专用朝天滑车是专门针对无人机展放初导绳进行研制的装置，为保证小规格初导绳能够顺利地在滑车中行走时带动滑轮滚动而不产生滑动摩擦，特别选择了轻质材料进行设计生产。同时为保证初导绳在滑车中行走时不至卡入滑车与立杆之间的缝隙，另设计了边滑轮进行保护。专用朝天滑车详图见图 18-6-3。

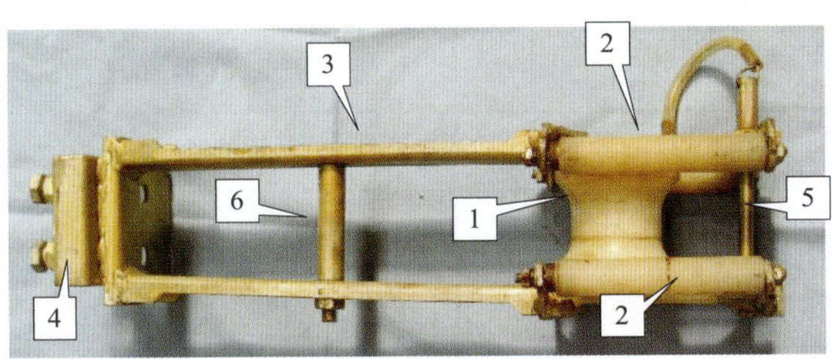

图 18-6-3 专用朝天滑车详图

1—主滑轮；2—边滑轮；3—立杆；4—底座卡槽；5—销钉；6—横杆

6.5 主要工器具

主要工器具见表 18-6-4。

表 18-6-4 主 要 工 器 具

序号	名 称	规格/型号	单位	数量	备 注
1	遥控无人机		套	1	带运输车
2	测控车		辆	1	
3	初导绳专用张力机		台	1	含线盘
4	初导绳	按需	根	2	一根备用
5	专用单轮朝天滑车	自制	个	按需	
6	钢钎	600mm	根	2	张力机固定用

续表

序号	名　称	规格/型号	单位	数量	备　注
7	专用电瓶		个	2	张力机电源
8	电源线		根	按需	张力机电源线
9	钢丝绳	ϕ6mm×3m	根	1	无人机挂钩用
10	沙袋	5kg	个	1	
11	测风仪		个	1	
12	简易风向标		个	1	
13	对讲机		台	18	

7　质量控制

7.1　工程质量执行标准

本工法主要参考了《高压架空输电线路施工技术手册　架线工程计算部分》（第二版）、DL/T 5092—1999《110～500kV架空送电线路设计技术规程》、Q/GDW 260—2009《±800kV架空输电线路张力架线施工工艺导则》、DL 5009.2—2004《电力建设安全工作规程　第2部分：架空电力线路》、DL/T 875《输电线路施工机具设计、试验基本要求》等国家或国家有关部门颁布的设计标准、技术规程、规范、质量评定标准和安全技术操作规程，按照正常的施工条件和合理的施工组织设计进行编制而成的。

7.2　质量保证措施

（1）由于采用的初导绳直径小、熔点低且易磨损。在展放过程中，不得使初导绳出现磨、刮等现象。

（2）初导绳在张力机滚筒上缠绕时，应缠绕均匀有规则，不得存在下层线压覆上层线的现象。

（3）塔上人员应密切注视初导绳在朝天滑车中的状况，防止初导绳刮、卡等现象。

（4）朝天滑车安装时，应注意对塔材的保护，接触处应垫相应软物，保护塔材的镀锌层。

（5）无人机为高精密设备，非相关人员严禁碰触无人机，防止不必要的损坏。

8　安全措施

（1）严格执行DL 5009.2—2004、《电力建设安全健康与环境管理工作规定》、《国家电网公司电力安全工作规程（线路部分）》的有关规定。

（2）施工过程中，务必保持对讲机等通信设备信号畅通，在施工前进行检查。

（3）所有人员应精神集中，服从现场指挥的指令，各监视岗位应密切关注，发现异常情况及时通知测控人员停止飞行。

（4）在起飞场地，非相关人员严禁靠近直升机，以免操作时螺旋桨误伤，起飞场地所有人员应听从测控人员的安排，站在安全的位置。

（5）起飞场地应设置安全围栏和安全警示牌，并铺设彩条布。设置专门人员维持现场秩序，防止无关人员进入危险区域。

（6）施工人员应正确使用安全防护用品，在抓绳时，应保持安全姿势，不得站立在塔顶上。

（7）当飞越跨越物时，监护人员应密切注视初导绳与跨越架的距离，发现距离过近时，应及时通知张力场调整张力。如果绳索被跨越架卡住，应立即通知测控人员停止飞行。

（8）张力机操作人员应密切注意沿线监护人员信息，随时调整张力，防止初导绳出现异常情况。

（9）无人机飞行应在晴好天气且风速符合飞行要求时进行，当无人机完成飞行，准备切断绳头前，监护人员应注意落绳的下方不得有人进入指定区域。

（10）无人机在飞行过程，如果遇到特殊情况，应及时停止飞行。必要时，在确保地面安全的情况下，切断初导绳并立即降落。

（11）通信不畅应急预案。

1）起飞场、张力场、牵引场、切绳点地面配备基地电台，无人机遥控操作员、张力机操作员配备带耳机的报话机，塔上人员和地面监护人员配备报话机。起飞场、张力场、牵引场、切绳点地面均配备备用报话机，随时可以调用。

2）报话机通话内容要简洁。同时施工几个项目时，应分别采用各自使用的频道，防止相互干扰。

3）总指挥处设紧急专用频道，在紧急状态现有频道通话困难时使用紧急专用频道。

4）在报话机频道受干扰或突然无电情况下，直接拨打手机进行信息传递。

9 环保措施

（1）施工过程中严格遵守国家和地方政府下发的有关环境保护的法律、法规及规章制度。

（2）无人机在添加燃料时，底部需铺垫塑料纸，并采用专用漏斗进行添加，防止燃料滴入土壤。

（3）施工现场严禁抽烟，随地抛扔杂物。

（4）起飞场地尽量选择在荒地或者其他没有植被的区域，以免对植被造成破坏。不可避免时应尽量减少破坏原有地形、植被等，施工结束后应恢复原有的地形和植被。

（5）施工用工器具应摆放整齐、标识清楚。

（6）施工结束后，及时清理现场垃圾和废料，保持原有的场容场貌。

（7）无人机及其他工器具在运输时应选择原有道路，减少对自然植被的破坏。

10 效益分析

（1）起飞场地要求较低，可节约占地补偿等费用。

（2）由于无人机自身体积和重量均较小，运输和调遣较为方便。一般采用小型箱式货车即能完成，节约了转运成本。

（3）无人机可按照预定飞行程序进行智能自动飞行，减少了人力和物力的投入。

（4）利用无人机空中展放初导绳的方式，可大大减小地面青苗损失和跨越架的搭设工作量，满足了国家电网公司“两型三新”的管理要求。

（5）无人机为低能耗作业的飞行器，符合节能减排的可持续发展趋势，应用前景广阔。

（6）无人机与其他飞行器相比具有高度的智能化程度，因此具备了高效的工作效率，提高了在跨越施工中的导引绳展放水平，填补了国内同类作业技术的空白。

（7）无人机采用牵引展放的方式，确保了初导绳在展放过程中的腾空高度，在一般线路中减少了跨越架的搭设数量，在大跨越工程中可以做到不封航展放初导绳，降低了对社会正常生产的影响，同时也降低了施工成本。

（8）无人机展放初导绳为创新型施工方法。该方法成为解决以往跨越施工需要投入大量人力和物力难题的方法之一。

（9）导引绳的“不落地”展放已经成为较普遍的施工方法，利用无人机可以方便地实现初导绳的“不落地”展放。在目前电网建设机械化、科学化水平不断提高的形势下，无人机展放初导绳工艺成为较为先进的施工方法之一。

11 应用实例

采用无人机展放初导绳施工工艺，在慈青线开环接入南麻220kV线路及±800kV向上线湖家滩大跨越工程中得到了成功应用。

（1）慈青线开环接入南麻220kV线路位于吴江市震泽镇，具体区段为17号～23号，区段中交叉跨越众多，23号～22号之间平地作为无人机起飞场地，17号～16号之间作为切绳场地。具体飞行区段情况见表18-11-1及图18-11-1。

表 18-11-1　　　　飞行区段情况

桩号	塔　型	档　距	交叉跨越	塔顶高程（m）	备　注
17 号	SJ2(30)			50.5	切绳场地
		371	35kV、380V、通信线		
18 号	SZ2(36)			56.7	
		371	380V、10kV		
19 号	SZ2(30)			49.7	
		335	通信线两条		
20 号	SZ2(30)			49.7	
		334			
21 号	SJ2(27)			47.5	
		211	10kV		
22 号	SZ2(30)			49.7	
		282	10kV、380V、通信线		
23 号	SJ4(27)			47.5	起飞场地

图 18-11-1　无人机在慈青线开环接入南麻 220kV 线路应用实例

飞行时间：2009 年 7 月 19 日上午，起飞时间为上午 6 时，返回降落时间为 6 时 45 分；

飞行时长：约 45min（含空载返回时间 5min）；

汽油消耗：约 16L；

飞行距离：1.9km×2；

飞行高度：65～75m；

飞行速度：正常 1～3m/s，返回时 9m/s；

初导绳规格：ϕ2mm 韩国丝；

实测风速：3.2m/s；

实测最大牵引力：5kg。

此次飞行主要以试验为目的，为国内首次。飞行的成功标志着无人机在普通线路中展放初导绳的可行性和实用性得到了验证。

（2）±800kV 向上线湖家滩大跨越工程位于咸宁地区赤壁市赤壁镇上游约 1.5km 处，两回线路相距约 300m。距已建潜江—咸宁Ⅲ回 500kV 双回路长江大跨越约 2km。长江左岸（北岸）属湖北省洪湖市乌林镇小沙角村，长江右岸（南岸）属湖北省赤壁市赤壁镇石头口村。两岸跨越塔均位于干堤外（迎水面）池塘、树林和芦苇当中。向家坝—上海回路跨越处江面宽约 1022m（2007 年 12 月 1 日实测水位），子堤堤距 1172m，大堤堤距 2878m。

飞行路线断面参数见表 18-11-2 及图 18-11-2。

表 18-11-2　　飞行路线断面参数

<table>
<tr><th>编号</th><th>塔　型</th><th>档距
(m)</th><th>交叉跨越</th><th>铁塔全高
(m)</th><th>备　注</th></tr>
<tr><td rowspan="2">NXS1A</td><td rowspan="2">MT1-38</td><td></td><td></td><td rowspan="2">55</td><td rowspan="2"></td></tr>
<tr><td rowspan="2">840</td><td rowspan="2">大堤、树林</td></tr>
<tr><td rowspan="2">NXS1A</td><td rowspan="2">ZKT1-187</td><td rowspan="2">199.5</td><td rowspan="2"></td></tr>
<tr><td rowspan="2">1705</td><td rowspan="2">长江</td></tr>
<tr><td rowspan="2">NXS1A</td><td rowspan="2">ZKT1-187</td><td rowspan="2">199.5</td><td rowspan="4">大堤为起飞场地</td></tr>
<tr><td rowspan="2">856</td><td rowspan="2">大堤、树林</td></tr>
<tr><td rowspan="2">NXS1A</td><td rowspan="2">MT1-38</td><td rowspan="2">55</td></tr>
<tr><td></td><td></td></tr>
</table>

图 18-11-2　无人机在±**800kV** 向上线湖家滩大跨越工程应用实例

飞行时间：2009 年 9 月 5 日，起飞时间为上午 8 时 45 分，9 时 22 分飞至江北锚塔并完成切绳，返回起飞场地为 9 时 30 分；

飞行时长：约 45min（含空载返回时间 8min）；

汽油消耗：约 15L；

飞行距离：3.0km×2；

飞行高度：220～250m；

飞行速度：1～3m/s（空载返回时最高达 9m/s）；

初导绳规格：ϕ1mm 迪尼玛绳；

实测风速：2m/s；

实测最大牵引力：6kg。

此次飞行为无人机首次应用于大跨越工程的初导绳展放，飞行的成功标志着无人机能够适用于跨越档距在 2000m 左右的大跨越工程。

典型施工方法名称：张力架线（一牵四）典型施工方法

典型施工方法编号：GWGF019-2010-SD-XL

编　制　单　位：东北电业管理局送变电工程公司

推　荐　单　位：辽宁省电力有限公司

主 要 完 成 人：刘利平　许志勇　沙宏明

目　　次

1 前言

张力架线是在我国建设 500kV 超高压输电线路工程需要而发展起来的一种新的架线施工工艺方法，通过几十年的不断探索、改进与创新，已积累了丰富的施工经验，施工工艺更加成熟，施工方法更加简单。全国各大送变电施工企业都配有成套的张牵设备及工器具，并有熟练的施工作业人员。500kV 架空输电线路四分裂导线均采用一牵四展放方式进行导、地线张力放线，并与张力放线相配套的工艺方法进行紧线、挂线、附件安装等各项作业的整套架线施工方法。

东北电业管理局送变电工程公司经过几十年的不断摸索、总结、改进，目前已形成了张力架线（一牵四）典型施工方法，经过张力架线施工应用证明，该典型施工方法满足施工需要，安全可靠，提高了架线施工质量，对环境保护起到了积极作用，具有良好的社会效益和经济效益。

本典型施工方法遵循水利电力部基建司 SDJJS2《超高压架空输电线路张力架线施工工艺导则》，已被广泛推广使用。

本典型施工方法在木家变电站至鞍山变电站 500kV 输电线路工程中成功实施，效果良好，正在北宁变电站至渤海变电站 500kV 输电线路工程中应用。

2 本典型施工方法特点

（1）导线在架线施工全过程中处于架空状态，可避免导线损伤，提高导线施工质量。

（2）以施工段为架线施工的单元工程，放线、紧线等作业在施工段内进行。

（3）施工段不受设计耐张段限制，可将直线塔作施工段起止塔，在耐张塔上直通放线。

（4）在直线塔上紧线并作直线塔锚线，凡直通放线的耐张塔也可直通紧线。

（5）在耐张塔上高空压接、平衡挂线，避免施工人员长距离出线安装卡线器的操作，避免导线由于外力作用而产生的强制弯曲，安全可靠，工效高，节约导线且可保证导线的安装质量。

（6）耐张塔划印采用比试法，断线尺寸精确，减少操作过程中的误差，提高施工效率。

（7）同相子导线同时展放、同时收紧。减少导线蠕变对运行线路影响，工艺规范。

（8）悬空展放导引绳，可减少输电线路施工中青苗、果树、暖棚等地面附着物的损坏，缓解跨越物繁多展放导引绳困难的现状。

3 适用范围

在架空输电线路张力架线施工中，本典型施工方法适用于四分裂导线的张力架线施工。

4 工艺原理

在架空输电线路架线工程中，利用牵引机、张力机等施工机械展放导地线，以及用与张力放线配套的工艺方法进行紧线、平衡或半平衡挂线、附件安装等各项作业。即采用一台牵引机配合四线张力机，利用一牵四牵引板和五轮放线滑车，牵放四根子导线，并在直线塔或耐张塔紧线、空中压接、平衡或半平衡挂线及附件安装等项作业。

5 施工工艺流程及操作要点

5.1 施工工艺流程

本典型施工方法施工工艺流程见图 19-5-1。

5.2 操作要点

5.2.1 施工准备

5.2.1.1 张牵设备及配套工器具选择

根据线路工程的地形条件和设计导线规格型号，通过施工设计来选择张牵设备及配套工器具。

（1）主牵引机的额定牵引力应满足下式

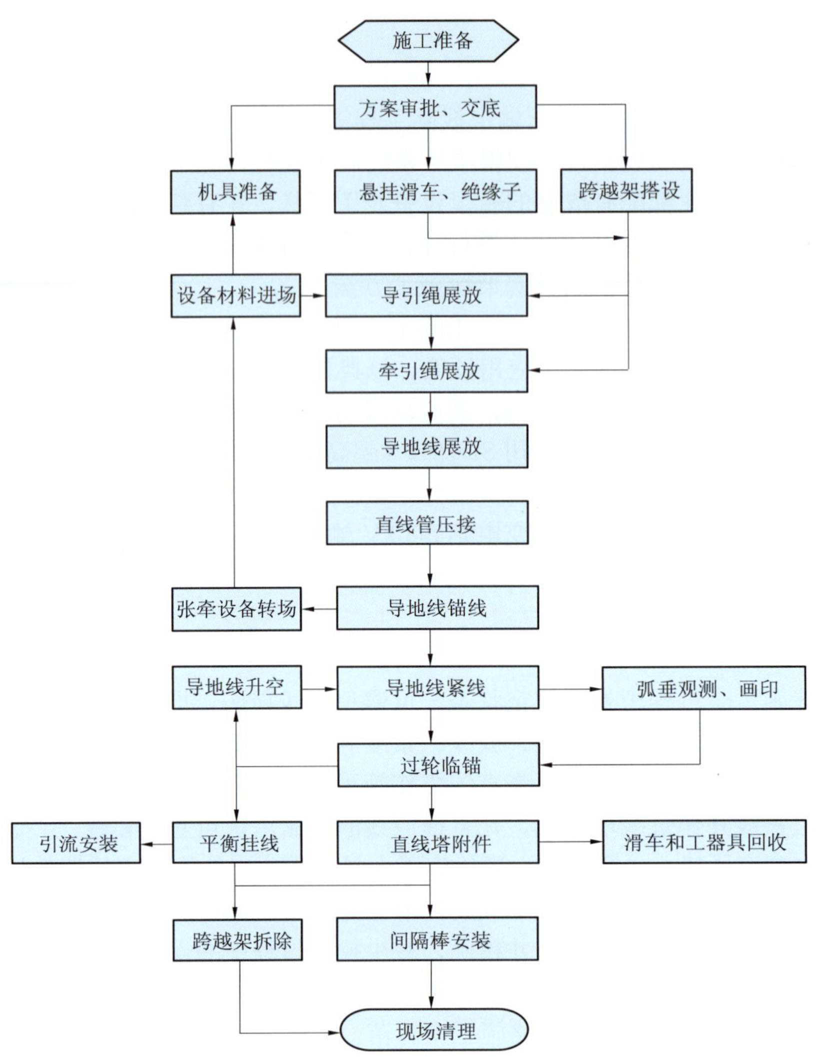

图 19-5-1 张力架线施工工艺流程图

$$P \geqslant mK_pT_p$$

式中 P——主牵引机的额定牵引力，N；

m——同时牵放子导线的根数；

K_p——选择主牵引机额定牵引力的系数，可取 0.25～0.33；

T_p——被牵放导线的保证计算拉断力，N。

牵引绳应在主牵引机卷扬轮上不打滑或松脱，牵引绳尾部张力应满足

$$2000 < P_W < 5000$$

式中 P_W——牵引绳尾部张力，N。

主牵引机卷筒槽底直径不小于牵引绳直径的 25 倍。

(2) 主张力机单导线额定制动张力应按下式选择

$$T \geqslant K_TT_p$$

式中 T——主张力机单导线额定制动张力，N；

K_T——选择主张力机单导线额定张力的系数，可取 0.17～0.20。

要求导线尾部张力满足

$$1000 < T_W < 2000$$

式中 T_W——导线的尾部张力，N。

主张力机导线轮槽底直径应满足下列要求

$$D \geqslant 40d - 100$$

式中 d——导线直径，mm；

D——张力机导线轮槽底直径，mm。

（3）小牵引机的额定牵引力可按下式选择

$$p = \frac{1}{10} Q_{\mathrm{P}}$$

式中 p——小牵引机的额定牵引力，N；

Q_{P}——牵引绳的综合破断力，N。

（4）小张力机的额定制动张力可按下式选择

$$t \geqslant \frac{1}{15} Q_{\mathrm{P}}$$

式中 t——小张力机的额定制定张力，N。

（5）牵引绳规格可按下式选择

$$Q_{\mathrm{p}} \geqslant \frac{3}{5} m T_{\mathrm{P}}$$

（6）导引绳的规格可按下式进行选择

$$P_{\mathrm{p}} \geqslant \frac{1}{4} Q_{\mathrm{p}}$$

式中 P_{p}——导引绳综合破断力，N。

（7）导线放线滑车规格允许荷载的选择。

1）放线滑车的槽底直径 D 应不小于导线直径的 20 倍

$$D \geqslant 20d$$

式中 D——放线滑车槽底直径，mm；

d——导线直径，mm。

2）放线滑车的允许荷载 G 应不小于

$$G \geqslant 1000 m W_{\mathrm{d}}$$

式中 G——放线滑车的允许荷载，N；

m——放线滑车承受导线的根数；

W_{d}——导线单位长度的质量，N/m。

（8）旋转连接器、抗弯连接器、网套、卡线器、牵引板等应通过计算牵引力、放线张力和紧挂线受力等，进行规格型号的选择，并对上述工具进行应用前试验，其试验方法及结果必须符合 DL/T 875—2004《输电线路施工机具设计、试验基本要求》。

5.2.1.2 跨越施工

（1）跨越物的分类。送电线路架线施工将跨越各类障碍物，其被跨越物主要有：① 电力线、弱电线、通信线等；② 普通铁路、电气化铁路、高速铁路等；③高速公路、等级公路、一般道路等。

根据被跨越物的重要性可分为：

1）一般跨越物，包括：① 架高在 15m 及以下；② 被跨越物为 10～110kV 电力线的停电跨越；③ 二级以下的弱电线；④ 公路和乡村大路。

2）重要跨越，包括：① 高度在 15m 以上、30m 以下跨越；② 被跨越物为 10～110kV 不停电电力线；③ 一级及军用通信线；④ 单、双轨铁路。

3）特殊跨越，包括：① 跨越架高度为 30m 及以上；② 跨越 220～500kV 电力线的不停电施工；③ 跨越多排铁路、高速公路、电气化铁路；④ 跨越运行电力线路其交叉角小于 30° 或跨越宽度大于 70m。

（2）跨越架的选择。

1）对被跨越物进行现场调查，了解被跨越的名称、塔号、所属单位，并对设计提供的交叉跨越平、断面图进行复测与检验，根据搭设跨越架的需要测定有关参数，为方案的论证及制订跨越架线施工方案提供依据。

2）根据调查的有关参数、跨越地形条件、跨越物的位置、跨越物的重要程度等，按现有跨越工器具及材料和设备等，进行跨越方式技术经济论证，提出跨越施工方案，充分利用现有成熟的跨越施工方案。

3）应用跨越架的结构形式有：

a. 竹、木质结构跨越架。木质跨越架形式及结构示意图如图 19-5-2 所示。

b. 悬索式跨越架：主要是利用跨越塔做支撑，在两塔之间架设承力索，通过承力索进行封顶网安装，有效遮护被跨越物，起到保护被跨越物作用。悬索式跨越架结构示意图如图 19-5-3 所示。

（3）跨越架的位置和几何尺寸。张力架线全过程中导（地）线是架空状态的，一旦发生张力失控时，导（地）线将落至架顶。因此，要求跨越架的位置、几何尺寸以及架体强度和刚度均能保证导（地）线安全落架。

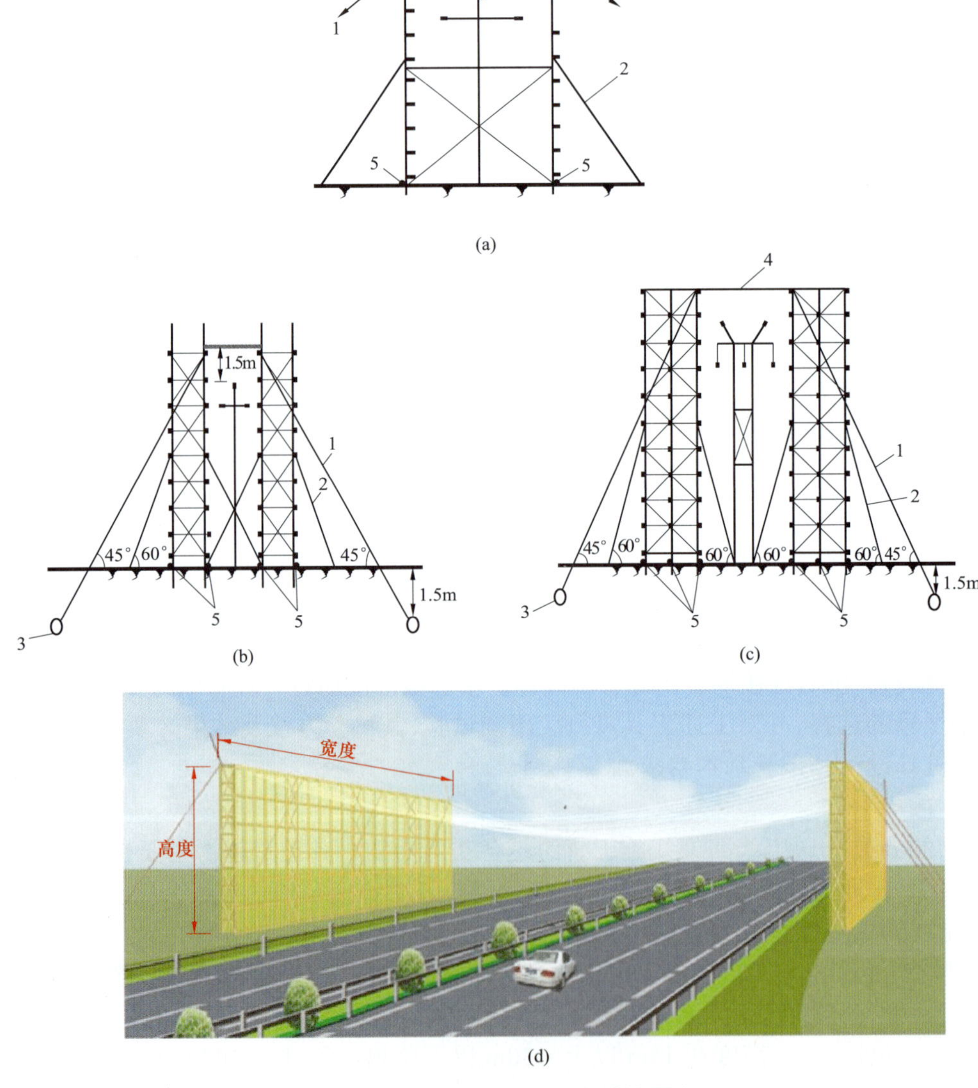

图 19-5-2 木质跨越架形式及结构示意图

(a) 双侧单排；(b) 双侧双排；(c) 双侧多排；(d) 结构示意图

1—拉线；2—撑杆；3—3t 钢板地锚；4—封顶网；5—扫地杆

图 19-5-3 悬索式跨越架结构示意图

1）跨越架与被跨越物的安全距离。跨越架架面与被跨越线路导线间的距离，须保证该导线产生风偏后仍不会对跨越架放电，被跨越线路的导线风偏按施工地区、施工季节的最大风速计算，其值参考 GB 50009—2007《建筑结构荷载规范》。跨越架对被跨电力线路发生风偏后距导线最小安全距离见表 19-5-1、表 19-5-2。

表 19-5-1 跨越架与带电体的最小安全距离

距离说明	被跨电力线路电压等级（kV）					
	10 以下	35	66～110	220	330	500
架面与导线间的水平距离（m）	1.5	1.5	2.0	2.5	5.0	6.0
无地线时封顶杆与导线间的垂直距离（m）	1.5	1.5	2.0	2.5	4.0	5.0
有地线时封顶杆与导线间的垂直距离（m）	0.5	0.5	1.0	1.5	2.6	3.6

表 19-5-2 跨越架与其他被跨越物的最小安全距离

距离说明	被跨越物名称		
	铁路	公路	通信线
架面与被跨越物的水平距离（m）	至路中心 3.0	至路边 0.6	0.6
封顶杆与被跨越物的垂直距离（m）	至封顶 6.5	至路面 5.5	1.0

2）跨越架的宽度。跨越架的中心应在新建线路中心上，其宽度应超出新建线路两边导线发生风偏后各 2.0m，且架顶两侧应设外伸羊角。

3）跨越架的高度。跨越架搭设的高度除满足被跨越物外，还应有一定的安全距离，具体安装距离详见表 19-5-1、表 19-5-2。

4）跨越架的荷载。根据 DL/T 5106—1999《跨越电力线路架线施工规程》及 SDJJS2《超高压架空输电线路张力架线施工工艺导则》的规定，应对搭设的跨越架进行强度和刚度验算，当导线发生落于跨越架后，应满足垂直压力和水平荷载要求，同时也要满足架面风压的要求。

（4）跨越架的搭设。

1）木（竹）质结构跨越架的搭设。

a. 采用木（竹）质材料搭设跨越架，所使用的主杆有效部分的小头直径：木质不得小于 70mm，竹质不得小于 75mm；横杆有效部分的小头直径；木质不得小于 80mm，竹质不得小于 90mm。有木质腐朽、损伤严重或弯曲过大等情况，则严禁使用。

b. 主杆、大横杆相交时，应先绑 2 根，再绑第 3 根，不得 1 扣绑扎 3 根杆，主杆和大横杆应错开搭接，搭接长度不得小于 1.5m。

c. 跨越架的主杆均应埋入坑内，埋深不小于 0.5m，且大头朝下，回填土要夯实，遇松土或地面无法挖坑时应绑扎扫地杆，架子的两端及隔 6～7 根主杆应设剪刀撑，支杆埋入地下的深度不小于 0.3m，拉线的挂点或支杆或剪刀撑的绑扎点应设在主杆与横担的交接处，且与地面的水平夹角不得大于 60°。木质的主杆、大横杆及小横杆的间距应符合表 19–5–3 的规定。

表 19–5–3　　主杆、大横杆、小横杆的间距

<table>
<tr><th>跨越架类别</th><th>主杆</th><th>大横杆</th><th>小横杆</th></tr>
<tr><td>木质（m）</td><td>1.5</td><td rowspan="2">1.2</td><td>1.0</td></tr>
<tr><td>竹质（m）</td><td>1.2</td><td>0.75</td></tr>
</table>

d. 跨越架塔设后，应在显著位置悬挂警告牌，夜间在公路处设有红灯标志。

2）悬索式跨越架搭设。

a. 现场准备：① 按施工设计平面布置图要求，对地锚位置进行测量并布置完毕；② 横梁组装：采用抱杆做横梁时，应进行组装调直，螺栓紧固，其组装长度满足施工设计要求；③ 绝缘网及绳索安装：网及绳索应进行干燥，达到规程规定，在网的两侧每隔 1～2m 安装小滑车以及支网绝缘杆等。

b. 横梁安装：① 按施工设计位置在横梁上进行绑扎悬吊绳及磨绳和控制绳、悬索滑车、循环绳滑车等；② 磨绳通过横担悬挂滑车转至地面到达绞磨进行牵引，采用两套牵引动力系统；③ 横梁吊装至预定高度后，将横梁悬吊绳挂至规定位置；④ 拆除起吊系统及控制系统。

c. 承载索的安装：① 通过动力伞展放一根初导绳，再用初导绳牵引二级引绳，即为循环绳，分别放入横梁上的循环绳滑车内；② 利用循环绳牵引承载索，由一端牵引至另一端；③ 承载索分别放入横梁上的悬索滑车内，两端分别锚固在地锚上，其中一端连接手扳葫芦或链条葫芦进行调节承载索的张力或弧垂，其他承载索展放相同。

d. 封网的安装：① 利用循环绳展放两根牵网绳至另一端；② 在横担上悬挂滑车利用磨绳将绝缘网吊至横梁位置，并将绝缘网两侧的小滑车安装在承载索上；③ 两根牵网绳分别绑在封网的端头两侧，牵网绳边牵引，横梁上作业人员边安装小滑车，将所有封网安装完毕；④ 再在封网的后端分别绑扎两根牵网绳，以控制绝缘网的张力，牵引至被跨越物下方时，分别固定牵网绳至地面的地锚上。

e. 检查：对各绑扎连接部位进行检查，包括封网位置是否在被跨越物的遮盖中心等。悬索式跨越架搭设结构示意图如图 19–5–4 所示。

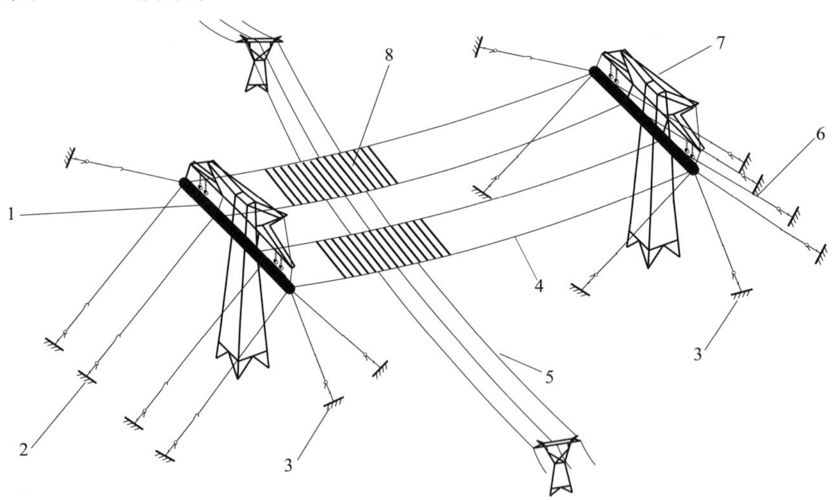

图 19–5–4　悬索式跨越架搭设结构示意图

1—横梁；2—承载索固定地锚；3—拉线地锚；4—承载索；5—被跨越线路；6—拉线系统；7—补强系统；8—绝缘网（绝缘杆）

5.2.1.3　放线滑车的悬挂

（1）直线塔和直线转角塔放线滑车悬挂。导线放线滑车一般挂在悬垂绝缘子串下。因此，安装悬垂绝缘子串的同时将放线滑车一起连接上，同时安装并悬挂。本典型施工方法直线塔采用合成绝缘子串，耐张塔采用瓷绝缘子串。

1）单复合绝缘子串及放线滑车悬挂。牵引磨绳一端绑扎在放线滑车的横梁上，复合绝缘子串松栊

在牵引磨绳上可绑扎 2～3 道，牵引磨绳穿过横担转向滑车至地面与绞磨连接进行牵引，绝缘子串和放线滑车离开地面用控制绳进行控制。磨绳与复合绝缘子串间要隔开，防止相磨。单复合绝缘子串及滑车吊装示意图如图 19-5-5 所示。

2）双复合绝缘子串及放线滑车悬挂。牵引磨绳通过钢绳套分别绑扎在两只放线滑车的横梁上，两支复合绝缘子串间通过木棒隔开，可设置 2～3 道支承杆以防止两串绝缘子碰撞。并与牵引磨绳相拢，磨绳与复合绝缘子串间要隔开，防止相磨。双复合绝缘子串及滑车吊装示意图如图 19-5-6 所示。

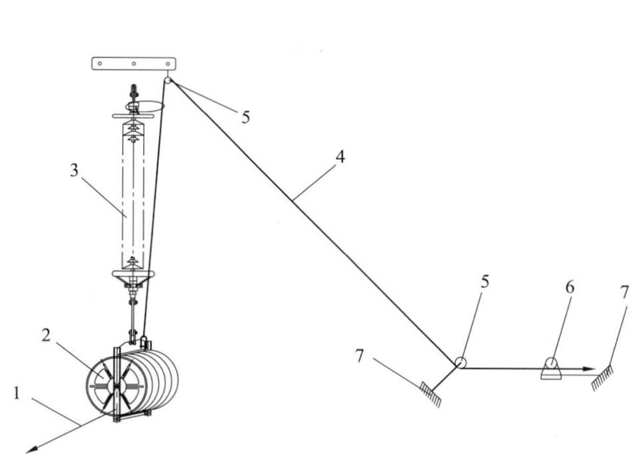

图 19-5-5 单复合绝缘子串及滑车吊装示意图

1—棕绳；2—放线滑车；3—绝缘子串；4—钢丝绳；
5—转向滑车；6—机动绞磨；7—地锚

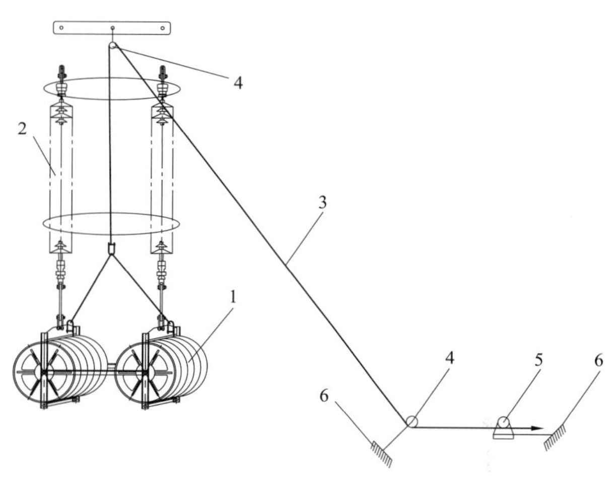

图 19-5-6 双复合绝缘子串及滑车吊装示意图

1—放线滑车；2—绝缘子串；3—钢丝绳；
4—转向滑车；5—机动绞磨；6—地锚

两放线滑车间用支撑杆间隔，支撑杆有效长度接近两滑车挂点间的距离，其强度满足受力要求。

3）瓷、玻璃绝缘子串及放线滑车悬挂。可吊一串或同时吊双串绝缘子及放线滑车，牵引钢丝绳与绝缘子串的连接应用专用卡具，卡具安装在第 4 片绝缘子串的下方，如无专用卡具时，可用绳套。在横担上的起吊滑车应挂在距绝缘子串挂孔约 0.3m 处，以利就位。当绝缘子串吊离地面时，应理顺绝缘子串及开口方向，吊装过程中，要防止与塔身相碰，用控制绳进行控制。吊双绝缘子串时，应用木杆支撑隔离，防止绝缘子串间相互碰撞。双绝缘子串及滑车吊装示意图如图 19-5-7 所示。

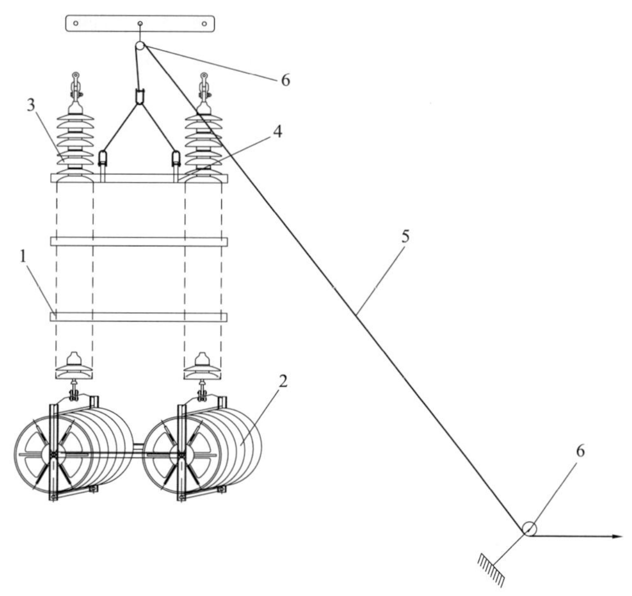

图 19-5-7 双绝缘子串及滑车吊装示意图

1—支撑杆；2—放线滑车；3—绝缘子串；4—专用卡具；5—起吊绳；6—起吊滑车

4）是否悬挂双放线滑车应进行验算确定，不能满足如下条件，应挂双放线滑车：① 垂直于滑车轴方向的荷载超过滑车的承载能力时；② 压接管或压接管保护钢甲过滑车时的荷载超过其允许荷载，可能造成压接管弯曲时；③ 放线张力正常后，导线在滑车上的包络角超过 30°，可能造成导线在滑车上劈股时。

（2）耐张转角塔放线滑车悬挂。

1）耐张转角塔悬挂放线滑车采用钢绳套做挂具，应按直线塔挂滑车节中条件 4）进行验算是否需挂双放线滑车。此外，还应计算两挂具长度差，计算的结果长度差小于 300mm 时，可用等长挂具；大于 300mm 时，应使用不等长挂具，悬挂双放线滑车之间用支撑杆隔离，长度与两放线滑车基本相同。挂具长度一般不宜小于 1.0m。耐张转角塔放线滑车吊装示意图见图 19-5-8。

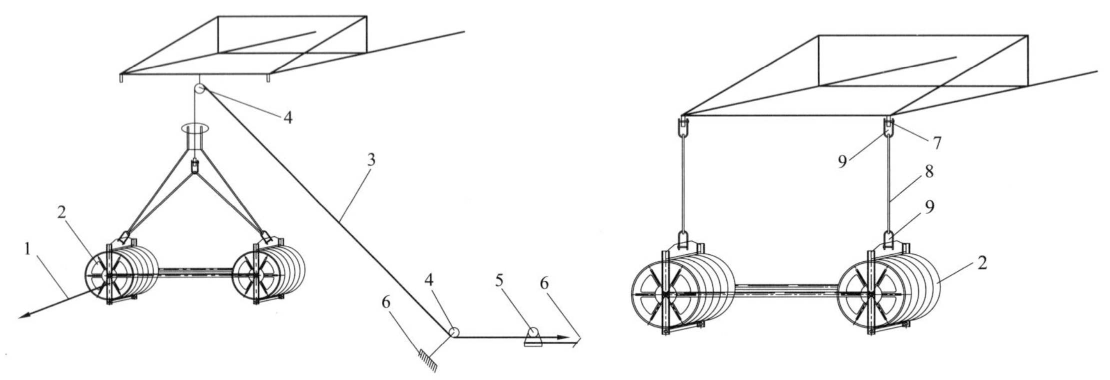

图 19-5-8 耐张转角塔放线滑车吊装示意图

1—棕绳；2—放线滑车；3—钢丝绳；4—起吊滑车；5—机动绞磨；6—地锚；7—螺栓；8—ϕ20mm 拉帮；9—卸扣

2）应验算转角塔放线滑车受力后是否与横担下平面相碰，如相碰，应采取加长挂具长度等措施避免与横担相碰。

5.2.2 张力放线

5.2.2.1 放线施工段划分及张牵场地布置

（1）放线施工段划分。根据线路设计特点，地形条件、跨越物位置及有关标准等要求，对线路施工段进行初步可行性策划，制订几种施工段划分方案，组织有关人员（现场指挥、张牵机手、运输队长、安全员、项目总工等）对现场进行勘查，包括运输道路、跨越物位置、场地种植物及占地面积、与临塔距离及铁塔上扬情况、是否允许接头以及锚线位置等，再对各种方案进行技术经济比较与优化，选择最理想的放线施工段。其原则是：运输条件最方便；跨越 220kV 及以上线路、高速公路、高速铁路等施工段最短的而且停电时间最少的、占地面积最小的，放线施工最便利的施工方案。此外要优先选择张力场兼顾牵引场。

（2）张牵场地的布置。

1）牵引场平面布置示意图见图 19-5-9，张力场平面布置示意图见图 19-5-10。

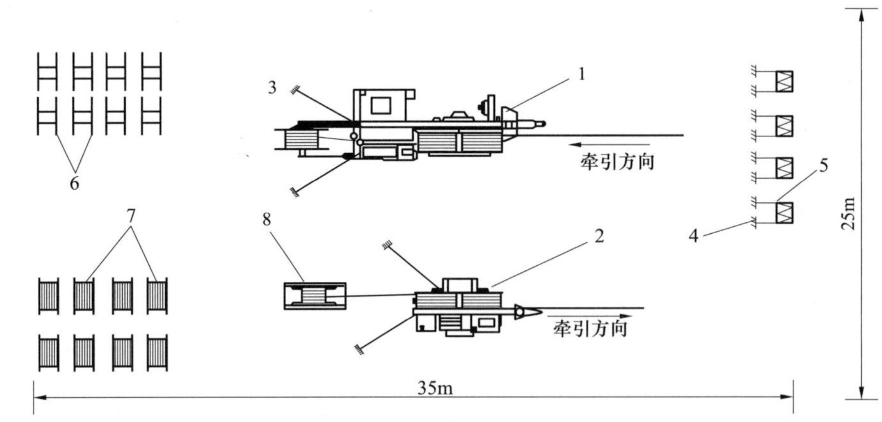

图 19-5-9 牵引场平面布置示意图

1—大牵引机；2—小张力机；3—地锚；4—锚线架地锚；5—锚线架；6—空牵引绳筒；7—牵引绳；8—小张力机尾车

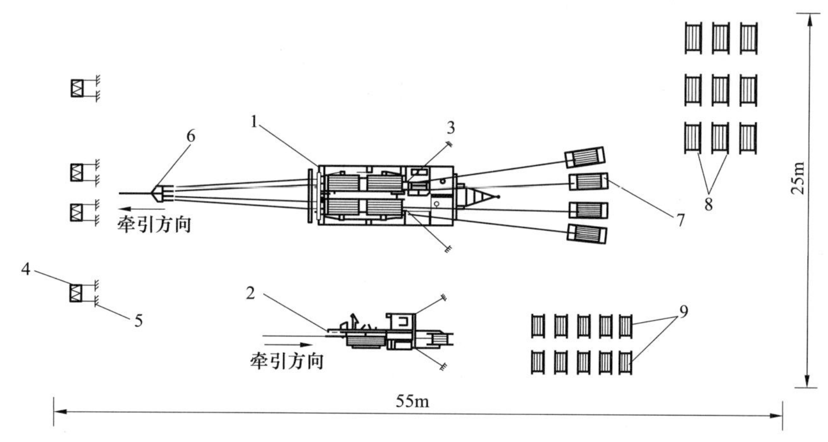

图 19–5–10　张力场平面布置示意图

1—地锚；2—小牵引机；3—大张力机；4—锚线架；5—锚线架地锚；6—牵引板；7—大张力机尾车；8—导线；9—导引绳

2）大牵引机布置在线路中心线上，其方向应对正邻塔导线悬挂点，使牵引绳或导线在大牵引机上的进出方向垂直于大牵引机的卷扬轮和大张力机的张力轮中心轴。

3）大牵引机和大张力机需调头转向时，第二次就位与第一次位置应重叠 10～15m 以利导线连接。

4）临锚架与大牵引机、大张力机间应保持约 20m 的距离，与邻塔导线的挂点间的高差角不大于 20°，张力机、牵引机顺线路出口方向与邻塔导线悬挂点的高差角不大于 15°，与邻塔的导线的水平夹角不大于 5°。

5）在大张力机后方约 15m 处，呈扇形布置前后四个放线架，使导线出线方向垂直于放线架中心轴，吊车布置在放线架的后方，其侧面为导线集放区。

6）地锚坑应根据地质条件经计算确定深度，地锚必须设置马道，其马道对地水平夹角应不大于 45°。

（3）布线。布线方法采用连续布线法，即放线段内各导线均按展放顺序累计线长使用导线线轴；第一相放完后，将导线切断，余线接着使用于第二相，依次类推，直到放完各相再将余线转入下一段。

布线时必须对线长进行计算，要严格控制压接管位置，杜绝压接管在不允许接头档或直线塔悬垂线夹 15m 以内。尽量减少短线头，不利于下次展放。此外应严格控制压接管数量，做到数量最少。

5.2.2.2　导引绳、牵引绳及地线展放

（1）导引绳展放。

1）导引绳展放种类：一种是空中展放法，另一种是地面铺放法。

a. 空中展放法。利用直升机、飞艇、热气球、动力伞、航模（简称飞行器）或其他设备展放，或用发射器展放，统称为空中展放法。按飞行器或发射器能力将线路分成展放段展放，将初导绳逐基落到塔的顶部，人工将初导绳挪移并过渡到需用相的放线滑车内，将各段相连接，使其在施工段内贯通相连，再分级牵引初导绳至导引绳。

b. 地面铺放法。人工沿线路铺放，称为地面铺放法。将成轴导引绳尽可能分散地运到施工段沿线指定地点，人工将成轴导引绳铺放开，逐塔穿过放线滑车，与邻段导引绳相连，在牵引场或张力场或其他指定位置将导引绳锚住，在张力场或牵引场或其他另一指定位置收卷导引绳，使导引绳升空至一定高度并锚固，然后移交下道工序。本典型施工方法重点叙述动力伞展放初导绳及导引绳施工方法。

2）动力伞展放初导绳及导引绳。采用动力伞分段展放ϕ4mm 初导绳于铁塔顶面上，作业人员将初导绳挪移并过渡到需用相的放线滑车内，各段采用小吨位旋转连接器相连接，使其在施工段内贯通相连，ϕ4mm 初导绳牵引ϕ8mm 二导绳，利用ϕ8mm 二导绳采用一牵二方式牵引其他各相ϕ8mm 二导绳，再用ϕ8mm 二导绳牵引□15mm 导引绳，ϕ4mm 和ϕ8mm 引绳应用迪尼玛绳，为保护迪尼玛绳，在放线滑车横梁上悬挂一小尼龙滑车，将迪尼玛绳放入小尼龙滑车，减少对迪尼玛绳的损伤。当导引绳即将

图 19-5-11　小尼龙滑车布置示意图

通过每基放线滑车中的小尼龙滑车时，施工人员打开小尼龙滑车将导引绳放到放线滑车中，严禁导引绳过小尼龙滑车，如图 19-5-11 所示。

（2）张力展放牵引绳及地线。利用小牵引机、小张机展放牵引绳和地线，采用一牵一方式带张力展放，先展放地线再展放各相牵引绳，地线张力较小可用导引绳直接牵放地线，导引绳与地线连接应用 3t 旋转连接器，地线端头用网套并用 12 号铁线绑扎牢固，导引绳与牵引绳连接采用 3t 旋转连接器，牵引绳与牵引绳连接应用抗弯连接器，旋转连接器不允许进入小牵引机的卷扬轮。

展放牵引绳及地线的操作方法与张力展放导线相同。

5.2.2.3　导线展放

采用一牵四方式张力展放导线，放线施工段大牵张机放线系统布置示意图见图 19-5-12。

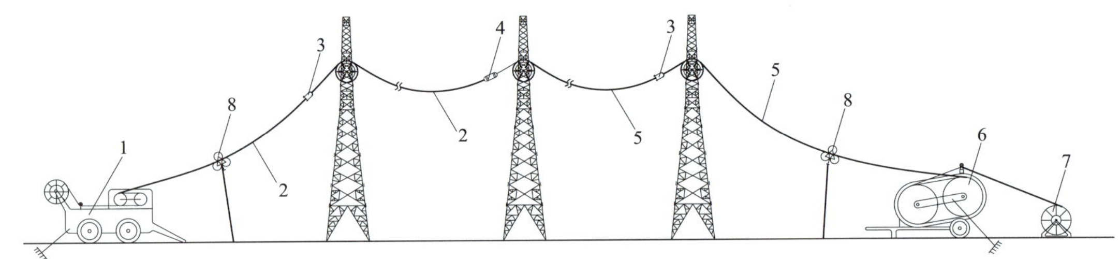

图 19-5-12　大牵张机放线系统布置示意图

1—牵引机；2—导引绳；3—抗弯连接器；4—旋转连接器；5—牵引绳；6—张力机；7—牵引绳盘架；8—接地花车

（1）牵引场放线准备：把已锚固在牵引场的牵引绳尾端缠绕在牵引机的卷扬轮上，将其尾端固定在牵引绳绳盘上，启动牵引机慢速牵引，收紧牵引绳锚固点与牵引机间的余绳，拆除牵引绳上的卡线器，并在牵引机前的牵引绳上安装接地滑车。

（2）张力场放线准备：四轴导线吊上放线架，并装上液压控制器，利用尼龙绳将导线缠绕在张力轮上，拉出导线头并去掉散股部分，套入网套并收紧，距网套端头 50～100mm 处，用 12 号铁线绑扎不少于 20 圈，在网套外缠绕布等软物，网套与尼龙绳头连接，启动张力机以人力拉紧张力机出线侧的尼龙绳，使导线随尼龙绳通过张力轮拉出 4～5m，其长度基本相同，将导线头的网套与 3t 旋转连接器连接，再与牵引板连接，如图 19-5-13 所示。

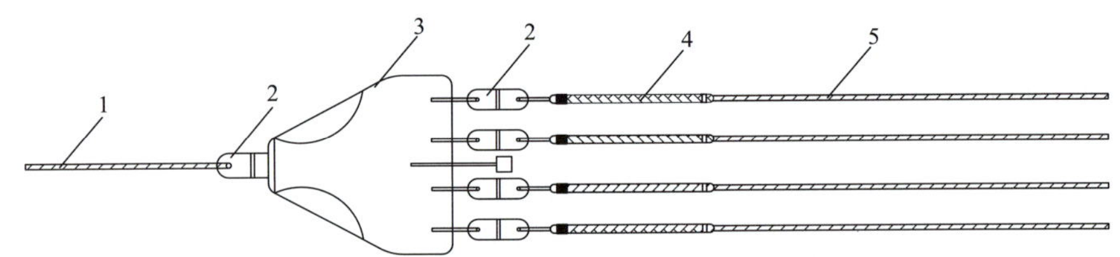

图 19-5-13　一牵四展放导线布置示意图

1—牵引绳；2—旋转连接器；3—牵引板；4—网套连接器；5—导线

启动张力机收紧四根子导线，拆除牵引绳上的卡线器，并在张力机出口处的导线上安装接地滑车，调整各子导线使牵引板处于水平状态。

（3）沿线护线人员到位，通信畅通，跨越物与导线隔离，张力场作为放线段总指挥下达统一指令作业。

（4）开始牵引时应慢速牵引，施工段沿线均应仔细检查有无异常，调整放线张力使牵引板呈水平状态，待牵引绳、导线全部架空后，再逐步加快牵引速度，但要保证导线与地面及跨越物等的安全距离。

（5）当牵引板距直线塔放线滑车 30～50m 时，应减慢牵引速度，使牵引板平缓通过放线滑车。

（6）当牵引板接近转角塔放线滑车时，应减速牵引，并注意按转角塔上监视人员要求，调整子导线张力，使牵引板的倾斜角度与放线滑车倾斜角度相同，牵引板通过滑车后，即可恢复正常牵引速度及正常放线张力。调整放线滑车倾斜角示意图如图 19-5-14 所示。

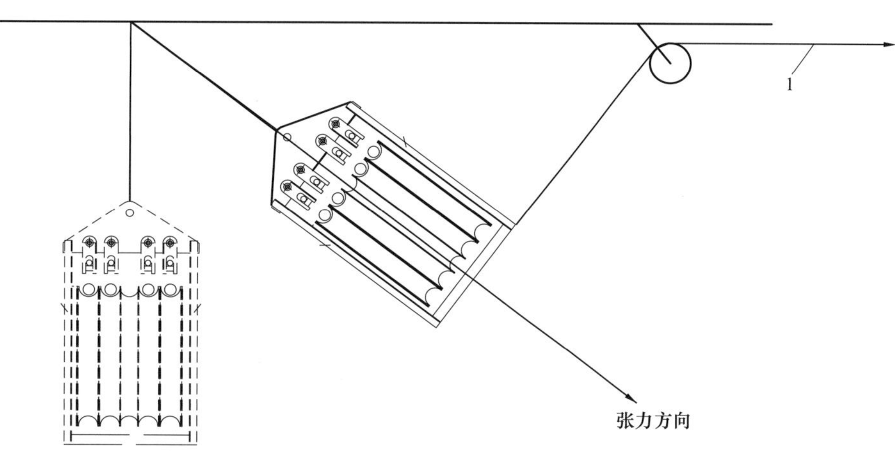

图 19-5-14　转角塔放线滑车的预倾斜示意图

1—吊绳

（7）当导线或牵引绳上扬不能正常行驶在放线滑槽内，应及时停车，安装压线滑车如图 19-5-15 所示。

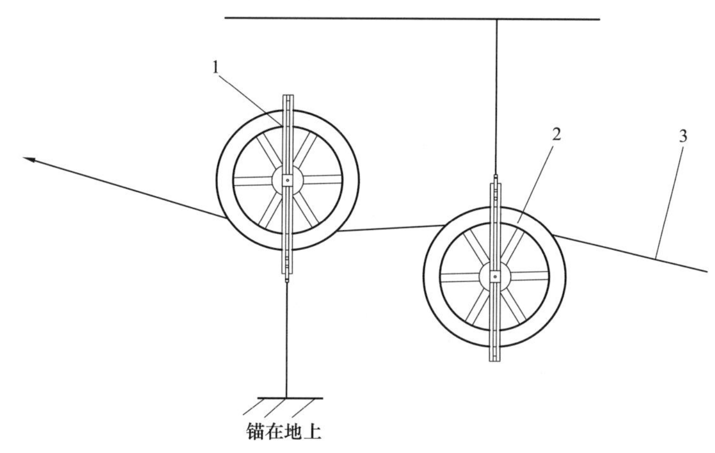

图 19-5-15　压线滑车安装示意图

1—压线滑车（倒挂）；2—放线滑车；3—导线

牵引绳头进入牵引绳盘 3～4 圈时应停止牵引，在牵引机与线盘间安装卡线器锚固牵引绳，拆除抗弯连接器，卸下满盘牵引绳并换上空盘，将牵引绳缠绕在新装空盘上，收紧牵引绳，拆除牵引绳上锚固的卡线器，继续牵引。

（8）牵引至导线盘上还有 6 圈导线时停止牵引，将线盘上的导线拆下，吊装新导线轴安装在放线架上，将两个导线头用双头网套连接，再用 12 号铁线绑扎尾端，并用布包上双头网套，将导线缠绕在导线盘上，开启张力机慢速牵引，双头网套牵出张力机 5～6m 时停机，在张力机前方将四根子导线通过卡线锚固在张力机上，启动张力机，放松导线，卸下双头网套及包裹布后进行压接作业。

（9）压接完毕后，装上压接管保护甲，启动张力机收紧导线，拆除卡线器，继续牵引。

（10）牵引板到达牵引场时，停止牵引，对四根子导线进行锚固，锚固张力必须使导线与地面及跨越物的距离满足有关标准要求，四根子导线锚线张力宜稍有差异，防止线间鞭击，锚固在锚线架上。

5.2.3 紧线

5.2.3.1 直线塔紧线

直线塔紧线牵引系统布置示意图见图 19−5−16。紧线顺序：应先紧地线，后紧导线，同塔双回线应先紧上相线，再紧中相线，最后紧下相线，交叉进行。

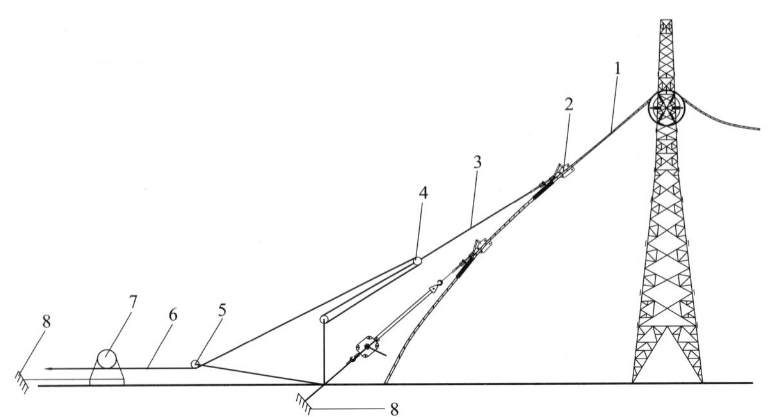

图 19−5−16 直线塔紧线牵引系统布置示意图

1—导线；2—卡线器；3—总牵引绳；4—起重滑车；5—转向滑车；6—钢丝绳；7—机动绞磨；8—地锚

（1）每相导线应布置两套牵引动力装置，以达到同时缓慢收紧四根子导线的效果，当操作端的导线临锚不受力时，停止牵引，将临锚由导线上拆除。

（2）继续紧导线，应注意将子导线对称收紧，使放线滑车保持受力平衡，四根子导线同步收紧同步观测弛度，待各档弛度调整基本符合设计要求后，停止牵引，恢复操作端的临锚，收紧手扳葫芦，松出绞磨拆除牵引系统的工具。

（3）直线塔紧线后应设双重锚固，即本线临锚和塔上过轮临锚，布置示意图见图 19−5−17。各锚固系统必须独立布置，并能承受全部紧线张力。塔上过轮临锚应在下一个施工段达到 90%以上紧线张力时方能松锚，并调整界档弛度。

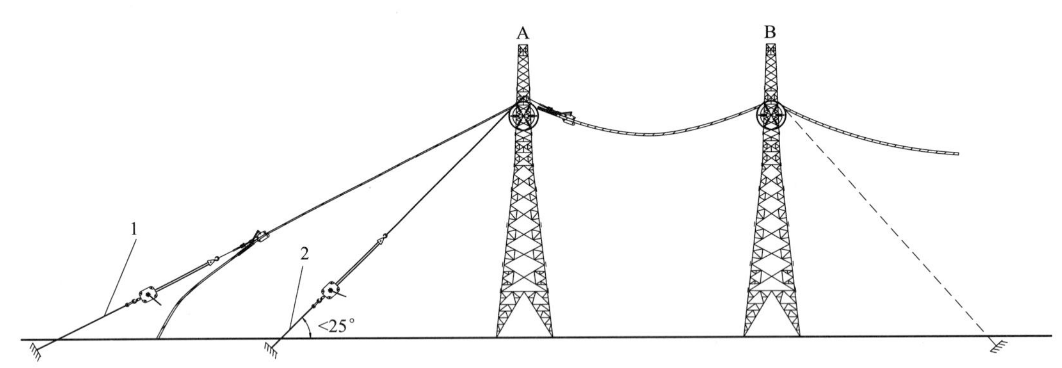

图 19−5−17 直线塔临锚布置示意图

1—本线锚线；2—过轮临锚

（4）过轮临锚的钢绳应通过放线滑车横梁上的直角挂板，不得与同根导线直接接触，四个卡线器的位置应相互错开，防止撞击。锚线部位的导线应套胶皮管，避免连接卡线器处的钢绳磨伤导线。

5.2.3.2 耐张塔紧线

（1）耐张塔地面紧线。紧线牵引系统布置与直线塔紧线牵引布置相同，见图 19−5−17。

（2）耐张塔空中紧线。当牵引板到达牵引端耐张塔后，在牵引侧或张力侧的耐张塔上空中锚线，用牵引机或张力机进行初紧线，使其各子导线弛度达到设计弛度的 70%～80%，停止牵引，在另一端耐张塔上进行空中锚线（也称弛度粗调）。

5.2.3.3 紧挂线及弧垂观测（平衡挂线）

（1）耐张绝缘子串及金具悬挂。耐张绝缘子串及金具整体组装完毕后，起吊绳绑扎在端部的二联板通过牵引系统直接吊装就位，如图 19-5-18 所示，或将耐张绝缘子串组装部分吊离地面，剩余部分由人工在下端边起吊边安装，全部安装完毕后直接吊装至挂点处安装孔上。应用控制绳控制耐张绝缘子及金具过横担，防止相碰。

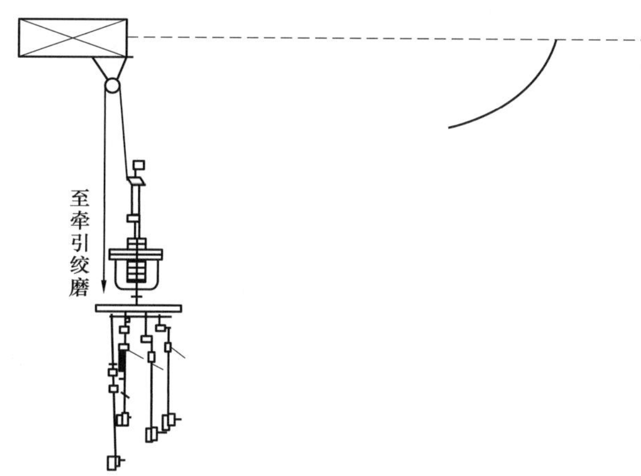

图 19-5-18 耐张绝缘子及金具悬挂示意图

（2）空中锚线。人工出线安装卡线器，位置距横担挂点 15～20m 处，以横担挂线板上的施工孔为锚线孔，在卡线器与锚线孔间设置锚线工具，依次为卡线器、卸扣、锚线钢绳、手扳葫芦、卸扣，两侧同进收紧手扳葫芦，使锚线工具逐渐受力，使两侧卡线器间导线逐渐松弛，以此同时观测弧垂，在横担锚线孔位置割断导线。为防止导线损伤，用小绳将导线松绑在锚线工具上，拆除放线滑车。空中锚线布置示意图见图 19-5-19。

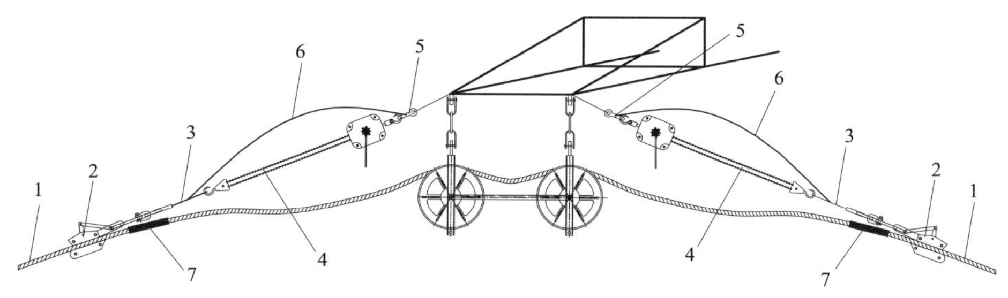

图 19-5-19 空中锚线布置示意图

1—导线；2—卡线器；3—临锚钢丝绳；4—链条葫芦；5—卸扣；6—钢丝绳；7—开口胶管

（3）空中对接平衡挂线。在耐张绝缘子串及金具的近线端和临锚卡线器间布置滑车组，收紧滑车组，用手扳葫芦对弧垂进行微调，观测弧垂达到设计标准值后，采用比试法量取导线与耐张金具的位置进行断线，空中压接，然后耐张线夹与耐张金具连接，见图 19-5-20。

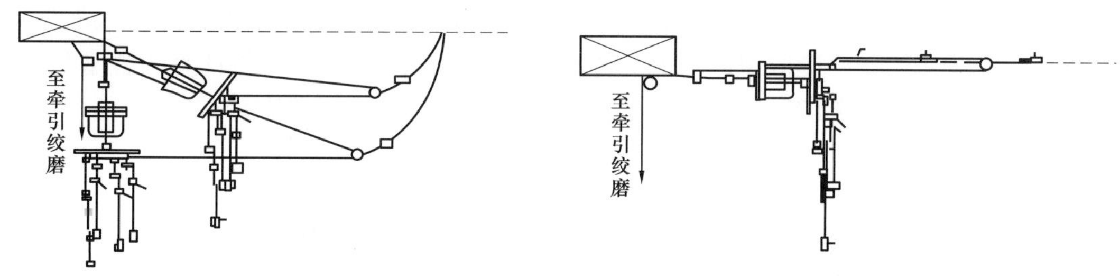

图 19-5-20 耐张塔高空对接示意图

（4）弧垂观测及直线塔画印。

1）弧垂观测可采用等长法和角度法。

a. 等长法。在观测档相邻两杆塔上，由悬挂点 A、B 处各向下量取弛度距离 f 值绑扎弛度板，然后在测站端的弛度板处直接用目视观测，在量取弛度距离 f 值时，应根据当天气温选择 f 值，如果气温变化重新绑扎弛度板。观测弛度时，使两支弛度板上平面的连线与导线的最低点弛度点相切，即达到设计标准要求，见图 19-5-21。

观测应同时满足下列要求

$$h < 20\%$$

$$f \leqslant h_a - 2$$

$$f \leqslant h_b - 2$$

式中　h——观测档的悬挂点间高差，m；

f——观测档的平行四边形弛度，m；

h_a——测站端导线悬挂点至基础面的距离，m；

h_b——视点端导线悬挂点至基础面的距离，m。

b. 角度法观测。测量方法示意图见图 19–5–22。

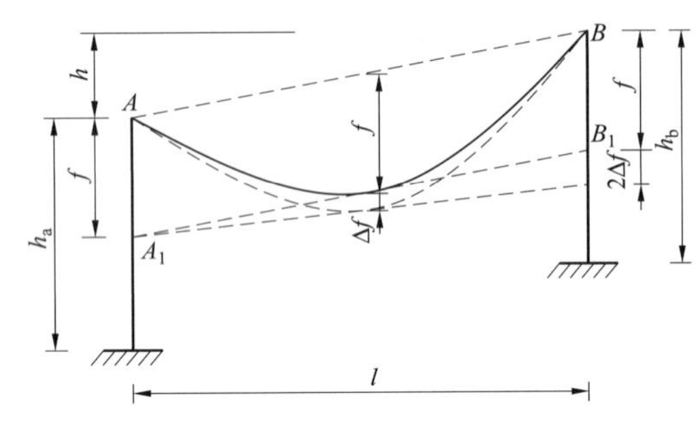

图 19–5–21　等长法观测弛度布置示意图

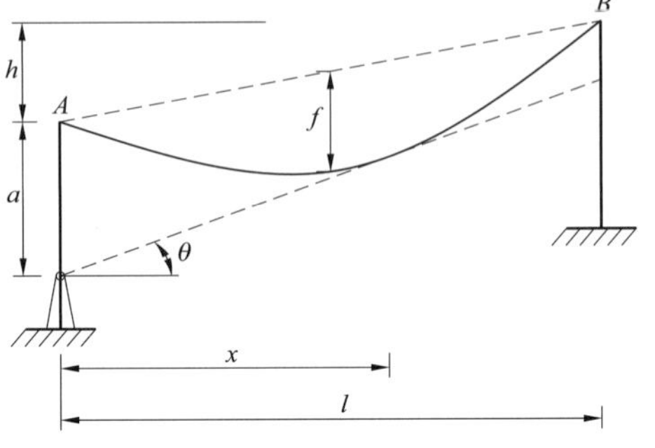

图 19–5–22　角度法观测尺度布置示意图

(a) 确定经纬仪位置，并复核与观测档架空线悬挂点间的高差，根据不同气温，计算相应温度下的观测档弧垂及观测角 θ，调整紧线弧垂使导地线与经纬仪的视线相切，见图 19–5–22。档端角度法弛度观测角 θ 按下式计算

$$\theta = \tan^{-1}\left[\tan\beta - \frac{\left(2\sqrt{f} - \sqrt{a}\right)^2}{l}\right]$$

式中　θ——弛度观测角，(°)；

β——望远镜至滑轮中导地线的视线与水平面的夹角，(°)；

l——观测档档距，m；

f——设计弛度值，m；

a——滑车中导线与望远镜间的垂直距离，m。

(b) 导地线挂线后应立即复查导地线弛度，经纬仪支设尽量在原位置，调整经纬仪水平与垂直度盘，使经纬仪的视线与导地线相切，读取观测角 θ，利用 θ 推算导地线弛度，再将计算的弛度与设计弛度值相比较，确定其误差率，但要考虑导线初伸长的因素。档端角度法弛度检查公式如下

$$f = \left[\sqrt{(\tan\beta - \tan\theta)l} + \sqrt{a}\right]^2 \Big/ 4$$

2）直线塔画印。弛度观测完毕立即通知画印人员上塔画印，在导线所在竖向平面的横担端头，距挂线孔中心距离为 K 的 A 点悬挂一垂球，垂球对准任一子导线上画一个记号，以该记号为基准点将直角三角板一直角边贴紧导线量取 K 值并再画印 b_1；以 b_1 点为准将直角边对准各子导线画出点，即为直线塔的导线画印点，也是悬垂线中心位置，见图 19–5–23。

5.2.4　直线塔附件安装

采用两套链条或手扳葫芦及两套二线提线器，分别悬挂于横担前后侧的安装孔上，在各子导线提线器挂钩处套上胶管，将提线器的挂钩分别挂在相应子导线上，一侧提线器提 3、4 号线，另一侧提 1、2 号线，收紧提线装置使导线脱离放线滑车，卸下放线滑车，则四根子导线通过作业人员调整成正方形，1、4 号线在上，2、3 号线在下，在画印位置规定范围内缠绕铝包带。如果缠绕预绞丝护线条时，则中心位置应对准护线条安装的画印点，逐根顺螺旋方向分别向导线前后侧绞制预绞丝，绞制后自然与导线贴紧在一起，然后安装悬垂线夹，并挂于四联板的相应位置，松下收紧装置使绝缘子及金具完全受力再拆除提线工具，见图 19–5–24。

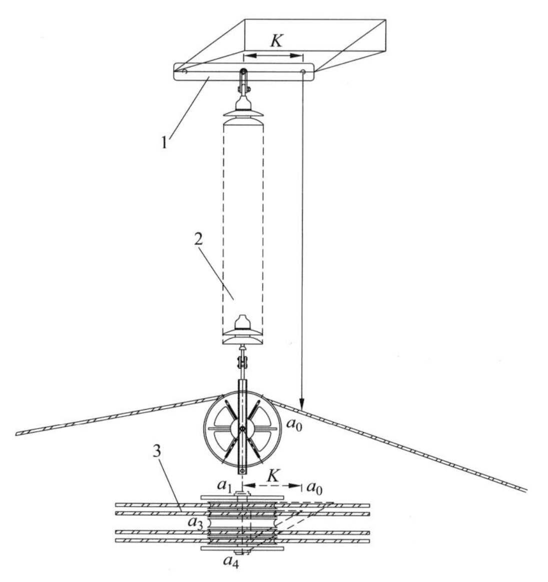

图 19-5-23　直线塔画印示意图

1—横担；2—绝缘子串；3—四分裂导线

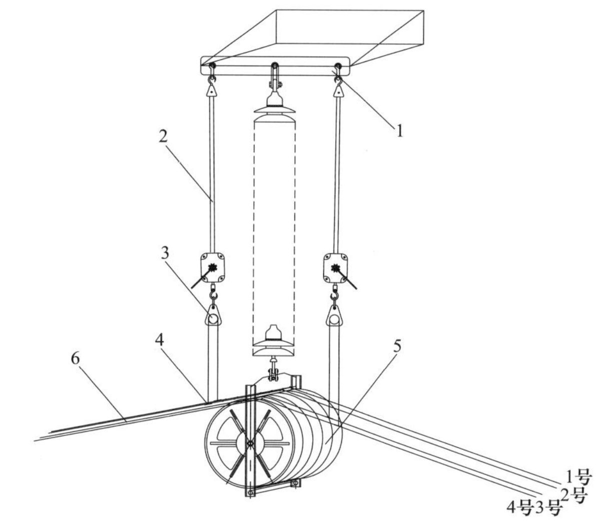

图 19-5-24　直线塔附件示意图

1—横担；2—链条葫芦；3—提线器；4—胶管；5—五轮滑车；6—导线

5.2.5　跳线安装

跳线安装分为软跳线和硬跳线两种安装。

（1）软跳线安装。

1）安装方法采用量比模拟法，首先应用棕绳在耐张塔两侧的耐张线夹处模拟跳线，测量跳线弧垂后，在耐张线夹处的棕绳上做好标记，放置地面测量棕绳长度。

2）在未受力的导线上初量导线长度与棕绳长度相接近，略长些。在地面压接一端，在跳线横担上安装两套起吊系统，吊装就位，将各子导线全部量比模拟准确，制作好相对弛度画好印记，在空中割线、压接并与耐张线夹引流板安装。

3）跳线间隔棒安装。采用软梯下线，不允许踩踏软导线，要对导线做好保护。

（2）硬跳线安装。

1）按设计施工图要求，在地面将硬跳线进行组装，拧紧螺栓，螺栓穿向必须符合工程要求。绝缘子串一同连接在硬跳线上。

2）采用两套牵引系统进行起吊。两套牵引绳分别绑扎在硬跳线上，通过塔上转向滑车引至地面至绞磨。绑扎点应平衡，切硬跳线不弯曲，绝缘子串到达挂点时进行安装。

3）两端软跳线部分安装。与常规软跳线安装基本相同。

6　人员组织

张力架线施工主要作业劳动分工组织见表 19-6-1。

表 19-6-1　　劳 动 分 工 组 织

作业	岗位	主 要 工 作 内 容	人数					
			技工					普工
			送电工	测工	液压手	机械手	机修工	
张力放线	指挥	指挥放线作业，兼指挥张力场作业	1					
	张力场	转场、布场、机械运输、换线轴、检查线质量、压接、锚线	6		8	5	2	14

续表

作业	岗位	主要工作内容	人数					
			技工					普工
			送电工	测工	液压手	机械手	机修工	
张力放线	牵引场	转场、布场、机械运输、换钢绳筒、检查钢绳、锚线（压接）	8		4	5		12
	沿线	监控作业过程，处理各种故障，防护线路走廊	15					
	小计		30		12	10	2	26
紧线	指挥	指挥紧线作业，兼指挥紧线端作业	1					
	锚（挂）端	压接、松锚升空、拆除并回收工具（包括地锚）画印	4		4			4
	紧线端	布场、牵引、看管余线、锚线、画印	4			8	2	12
	弛度观测	准备、观测和调整、画印		3				3
	沿线	监控、防护线路走廊、画印	5					5
	小计		14	3	4	8	2	24
架线准备		搭跨越架、挂悬垂串及滑车、放导引绳	10					20
耐张挂线	指挥	指挥挂线作业	1					
	塔上	布置工具、空中锚线、断线、压接、组串、挂线	8		4			
	塔下	传递工具、材料、完成塔下作业	4			2		12
	小计		13		4	2		12
直线附件	塔上	提线、摘滑车、移印、装预绞丝或铝包带、装线夹、装防振锤等	4					
	塔下	传递工具、材料、松滑车等	1					7
	小计		5					7

7 材料与设备

架线施工设备及工器具见表19-7-1。

表19-7-1 架线施工设备及工器具

序号	设备名称	规格型号	单位	数量	备注
1	大牵引机	P28-1H/1DD	台	1	
2	大张力机	881/150/85	台	1	
3	小牵引机	SA-YQ90	台	1	
4	小张力机	611/040/10	台	1	
5	导线放线架	液压式	副	4	
6	地线放线架		副	1	
7	导线放线滑车	ϕ822mm	个	240	五轮
8	导线压线滑车	ϕ822mm	个	5	单轮
9	地线放线滑车	ϕ508mm	个	60	槽底直径为400mm，荷载为15kN
10	地线压线滑车	ϕ508mm	个	5	

续表

序号	设备名称	规格型号	单位	数量	备　注
11	光缆放线滑车	ϕ660mm	个	40	槽底直径为 510mm，荷载为 15kN
12	导引绳	□15mm	km	12	
13	牵引绳	□28mm	km	15	
14	牵引板	一牵四	套	2	
15	光缆牵引板	一牵一	套	2	
16	导引绳卡线器	ϕ11mm～ϕ15mm	个	4	
17	牵引绳卡线器	ϕ28mm	个	4	
18	旋转连接器	50kN	个	25	
		180kN	个	6	
19	抗弯连接器	50kN	个	75	
		180kN	个	20	
20	接地滑车		套	8	带接地线
21	空卷筒	ϕ1100mm	个	3	导引绳用
		ϕ1400mm	个	1	牵引绳用
22	锚线钢绞线套	GJ–100mm×80m	根	24	耐张塔过渡锚线用
23	临时拉线	GJ–100mm×100m	根	110	
24	磨绳	ϕ15.5mm×200m	根	8	
25	钢板地锚	70kN	个	75	
		30kN	个	10	
26	导线卡线器	LGJ–630/45	个	120	
		LGJ–630/45	个	12	死门
27	地线卡线器	GJ–100	个	10	
		LBGJ–150	个	4	
		80–100	个	4	打拉线用
28	光缆卡线器	OPGW	个	6	OPGW 用
29	单头蛇皮套	LGJ–630/45	个	20	导线网套
30	双头蛇皮套	LGJ–630/45	个	20	导线网套
31	地线蛇皮套	GJ–100	个	12	
		150–40AC	个	12	铝包钢绞线 JLGJ–150–40AC
32	双头地线蛇皮套	150–40AC	个	12	铝包钢绞线 JLGJ–150–40AC
33	光缆蛇皮套	OPGW	个	4	
34	机动绞磨	50kN	台	12	柴油发动机
35	液压机	1000kN	台	8	压膜配 3 套进口配水管

续表

序号	设备名称	规格型号	单位	数量	备　注
36	链条葫芦	60kN	个	50	进口
		30kN	个	60	
37	松锚滑车		个	2	
38	起重滑车	50kN	个	80	
39	手滑车	15kN	个	20	
40	锚线架		个	48	
41	缓冲器		个	30	
42	卸扣	100kN	个	50	
		50kN	个	500	
43	断线钳	链条式	把	8	
44	钢丝绳断线器	刀片式	把	4	配刀片
45	剁子		个	4	
46	插套锥子		把	4	
47	游标卡尺		把	4	
48	钢锯		把	10	配锯条
49	钢刷		把	8	
50	软梯	10m 以上	把	10	
51	元宝卡子	M18（15.5）	个	500	ϕ15.5mm 钢丝绳专用
52	临时接地线		组	4	
53	验电器	220kV	个	1	
		10kV	个	1	
54	绝缘杆		套	1	
55	脚扣		副	1	
56	钢尺	20m	把	4	
		5m	把	10	
57	对讲机		台	40	
58	提线钩		套	20	
59	黑胶布		箱	2	
60	胶管		m	50	LGJ–630/45 导线用
			m	50	LBGJ–150–40AC 铝包钢线用
61	道木		根	20	
62	铁板	2×15m	块	8	
63	动力伞	320kg 升力	1	台	带配套机具
64	小绳	ϕ20mm	捆	10	
65	绝缘绳	ϕ10mm	km	10	迪尼玛绳
		ϕ4mm	km	50	迪尼玛绳

8 质量控制

8.1 工程质量执行标准

施工质量实现零缺陷，达标投产，实现国家电网公司优质工程，争创国家优质工程、工程施工工艺及质量严格按照 GB 50233—2005《110～500kV 架空送电线路施工及验收规范》、SDTTS2、DL/T 5168—2002《110kV～500kV 架空电力线路工程施工质量及评定规程》、Q/GDW 248—2008《输变电工程建设标准强制性条文实施管理规程》及设计图纸等的要求进行施工。

8.2 质量保证措施

（1）装卸吊运线轴时，应正确绑扎吊点绳，防止变形。拆除包装应用不伤导线的工具，清除线轴外缘铁钉。导线与地面接触时，应铺垫帆布或白布等，特别是山区岩石地带，导线不得与地面接触。

（2）双头网套被盘入线轴或进入张力轮时，应在网套上缠绕隔离物如麻袋片、白布等，防止网套与其他导线相磨。锚线架要做好防磨措施、防止与导线接触损伤导线。

（3）卡线器安装与拆除时不得在导线上滑动，安装后应立即在卡线器后部安装胶管。锚绳采用挂胶以保护导线。相邻子导线之间应相互错开，与临锚索具靠近的导线应套胶管。卡线器以外导线的尾线应用软绳吊好，以免尾线产生硬弯、松股等现象。

（4）导线的布线必须进行统筹规划，科学计算，尽量减少压接管数量及不允许接头档有压接管现象。

（5）放线滑车必须转动灵活，转角塔放线滑车必须提早做好防掉辙措施。

（6）弛度观测完毕后应立即对每基塔画印，画印方法必须正确，不允许用硬物在导线上画印，必须采用画印笔画印且保证印记点不被抹掉。

（7）画印后应尽快进行附件安装，减少导线鞭击而损伤导线。提线器与导线接触处必须挂胶且钩子的长度必须大于导线直径的 2.5 倍。

9 施工措施

（1）认真执行国家有关安全生产方针、政策、法律法规及国家电网公司的安全文明施工管理规定、DL 5009.2—2004《电力建设安全工作规程　第 2 部分：架空送电线路》，建立健全各级安全施工生产管理体系，落实安全生产责任制，结合工程特点对张力架线施工全过程进行危险源辨识，制订安全控制措施，确保安全施工。

（2）对参加架线施工的全体人员进行技术、安全、质量及文明施工交底与培训，认真学习规程、规范及有关架线施工中的要求，并进行考试，合格者上岗作业，特别是特殊工种人员必须持证上岗，且必须是有效的证件。

（3）坚持站班会制度和安全工作票制度，分工明确，必须交代危险点及控制措施。要严肃施工纪律，做到听从指挥，服从分配，认真负责。

（4）在开工前，对所有架线工器具及设备进行认真检查与试验，特别是连接工具的拉力试验，包括卡线器、网套、旋转连接器、抗弯连接器、牵引绳、牵引板等，合格后方可使用，通信设备必须畅通，能覆盖作业区域，通话准确、语言清晰并有备品。

（5）现场总指挥设在张力场，放线时各塔号及重要跨越物和特殊位置必须设立专人进行监护，一旦有停车要求必须及时停车，查明原因后处理完毕方可继续展放。

（6）各跨越架的搭设必须经过项目部、放线施工队长及有关人员参加进行验收，对提出的问题必须及时处理并设专人进行复查，合格后方可施工。

（7）放、紧线多出现新承力工具替换原承力机具，新承力机具必须保持原承机具受力方式，其强度应留有一定留余，只有新承力机具全部受力后，并检查无误，方可拆除原受力机具，必须引起高度注意。

（8）锚线工具必须相互独立，并经过计算满足强度要求且相连工具有同等强度。地锚规格数量必须与锚线工具相匹配，地锚坑深符合施工设计要求，地锚坑必须设置马道，且与地面成 45° 夹角。空中锚线安装在施工孔上。若无施工孔，应验算锚线固定点的强度且防止绑扎变形。卡线器必须与导地线相匹配，要有两道保护措施，防止跑线。

(9) 上下塔使用防坠落装置，高处作业应有速差器，其固定端必须安全可靠，不允许绑扎在导线上或绝缘子串上。

(10) 加强电害的防控工作，制订如下控制措施。

1) 张牵机必须设置接地且在牵引绳、导地线上也应设置接地滑车。

2) 跨越或平行带电线路，放线滑车应悬挂导电橡胶滑车并接地。

3) 对紧线已完成段要设置半永久性临时接地，特别是长距离的架线段，要分段接地并做记录，其接地线规格采用不小于 $25mm^2$ 的编织软铜线。

4) 跨越或平行带电线路附近施工，应挂临时接地再进行作业，临时接地要求截面积不小于 $25mm^2$ 的编织软铜线，对特殊作业区施工人员佩戴个人保安接地线，作业前先挂接地端后挂导线端。

5) 雷雨天气停止作业。

6) 间隔棒安装所用量具遇到带电线路时，必须将量具提起，应设专人监护，防止与带电体相碰发生事故。

7) 绝缘工具应定期检查，并保持干燥，保管设专人负责。

(11) 对短耐张段或孤立档的耐张段挂线其过牵引长度，必须符合设计规定，其工器具必须进行强度验算，保证人员及设备安全。

(12) 每次作业应设专人进行监护工作，发现问题及时纠正。

10 环保措施

(1) 认真贯彻国家电网公司提出的资源节约型、环境友好型的原则。

(2) 大力宣传环境保护，教育职工具有环境保护意识，提高对环境保护的自觉性，应对危害环境的施工进行辨识，总结分析，提出控制环境保护具体措施。

(3) 张牵场地应绘制平面布置图，结合场地的具体位置，明确摆放物品及占地大小和运输道路，减少占地面积。

(4) 场地的选择应考虑对环境的影响，尽量减少对树木砍伐及植物和植被的破坏。

(5) 要做好防火工作，杜绝火灾的发生，进入林区不带火、不吸烟，设专人负责。

(6) 现场工作区内设置垃圾箱，及时处理现场垃圾，做到工完、料净、场地清，并通过土地户主的验收。

(7) 张牵机放置处应铺设塑料布等物，防止机械漏油进入土地内。地锚开挖注意生熟土的分离。作业区应设围栏隔离，做到对环境影响最小化。

11 效益分析

(1) 采用张力放线，使导引绳、牵引绳及导地线悬空展放。

1) 可减少或不破坏沿线农作物，特别是减少或不砍伐树木。

2) 提高导线的放线质量，减少了电晕、噪声的影响，同时提高了电能的输送能力，对电网长期稳定运行起保障作用。

3) 减轻了施工作业人员的劳动强度，提高了工效。

4) 实现了机械作业，可流水作业。

(2) 空中压接平衡挂线，解决了过去繁重的劳动强度和笨重的起吊工具，保护了导线质量，提高了施工工艺水平，减少了工器具的数量和劳动强度。

(3) 直线塔可紧线及布置张牵场地，对选择紧线场地的条件更加灵活，对环境有利，解决了固定的按耐张段放线、紧线等不利因素。

12 应用实例

500kV 北宁—渤海输电线路工程张力架线施工。

12.1 工程概况

500kV 北宁—渤海输电线路工程，起于锦州市北宁变电站，止于营口市的渤海变电站。线路全长146.9km，同塔双回线路，导线采用 LGJ–630/45 型钢芯铝绞线，每相 4 根，分裂间距为 500mm。左侧地线采用 GJ–100 镀锌钢绞线和 LBGJ–150–40AC 铝包钢绞线；右侧地线采用光缆 OPGW。

线路大部分位于水田、泥沼、河网，有少许旱田，由于当时已经进入春季农作物播种期，给张力场、牵引场的布置及材料和工器具的运输带来很大困难。

工程跨越物较多，对架线施工造成很大的影响，其中跨越 66kV 线路 26 次、220kV 线路 23 次、高速公路 3 次、一级和二级公路 20 次、铁路（含电铁、高铁）8 次。10～35kV 电力线路 92 次等。

12.2 施工情况

按要求完成了施工技术资料、设备及工器具试验与检验、线路走廊清理等各项准备工作后，工程已进行了首档架线试点工作，对现场工作进行实施。

（1）放线滑车悬挂。通过施工技术设计，对放线施工段的各铁塔进行放线滑车悬挂，对有重要跨越档两侧及计算符合要求的塔号悬挂双放线滑车，一般直线铁塔悬挂单放线滑车。

（2）跨越架的搭设。跨越 10kV 电力线路及通信线路等采用两侧搭设单排跨越架。跨越 66kV 线路采用两侧搭设双排跨越架，封网采用尼龙绳进行封网施工。跨越高速公路采用双侧双排跨越架，见图19–12–1。

（3）导引绳展放。采用动力伞进行展放ϕ4mm 初导绳，见图 19–12–2。初导绳落到铁塔横担顶上，人工放到放线滑车中的小尼龙滑车内并各段连接，牵引ϕ4mm 初导绳带ϕ8mm 次级引绳，再用ϕ8mm 引绳牵ϕ15mm 导引绳。

图 19–12–1 木质跨越架跨越高速公路

图 19–12–2 动力伞展放初导绳

（4）牵引绳及地线牵放。先展放地线，再展放牵引绳。用小牵引机、小张力机牵引ϕ15mm 导引绳，再用ϕ15mm 导引绳直接牵引地线及牵引绳。对地线进行紧线、挂线、附件等工作。对牵引绳进行锚线。

（5）展放导线。牵引绳与牵引板连接，牵引板与四根子导线相连，导线采用一牵四方式展放，见图 19–12–3。

（6）压接施工。采用两台 100t 液压机同时施压，完毕后安装接续管保护甲，继续牵引。

（7）锚线。牵引板到达牵引场后，对放线段两端的导线进行锚线。使导线与地面及跨越物离开安全距离。

（8）紧线。直线塔紧线，采用两套牵引系统同时进行紧线，

图 19–12–3 引板与导线连接

先紧放线滑车外侧两根子导线，再紧中间两根子导线。弧垂达到 80%左右时，再耐张塔空中锚线。

（9）耐张塔紧线。将耐张绝缘子串及金具安装，绝缘子串及金具与导线空中对接并对子导线弧垂进行微调观测弧垂，见图 19–12–4，观测弧垂符合设计标准后，导线与耐张金具采用比量法确定导线断线位置。直线塔逐级划印，见图 19–12–5。

（10）空中压接及平衡挂线。切断四根子导线，将液压机提到空中，在空中压接并与耐张金具连接，见图 19–12–6。

图 19–12–4　耐张塔对接微调弧垂

图 19–12–5　角度法观测弧垂

（11）直线塔附件。采用两套二线提线器提线，卸下放线滑车，安装悬垂线夹，见图 19–12–7。

图 19–12–6　空中压接

图 19–12–7　直线塔附件

（12）跳线引流安装。用软绳模拟跳线弧垂，测量弧垂距离，对线长测量，实测导线长度与模拟长度基本相同，先对导线一端压接，再将导线提到塔上，压接端连接，另一端调整弧垂，空中压接。

典型施工方法名称：“绕牵法”张力展放导引绳典型施工方法

典型施工方法编号：GWGF020−2010−SD−XL

编　制　单　位：河北省送变电公司

推　荐　单　位：河北省电力公司

主 要 完 成 人：钱连仲　张志远　李　建　毛伟敏　李中凯

目　次

1 前言

在500kV及以上线路架线施工中，导线采用张力放线施工工艺，而导引绳展放一般采用人力“铺放法”和“绕牵法”。随着送电线路施工环境日益复杂和环境保护意识不断增强，减少生态环境破坏成为送电线路施工的发展趋势，对“环保型”导引绳展放的研究成为线路施工中的重要课题。

河北省送变电公司在原“铺放法”的基础上，开发研究的“绕牵法”张力展放导引绳施工工艺经过几年的实践、改进、提高，参考一些送变电的施工方法进行拓展，形成了本典型施工方法。本典型施工方法的实施，减少了对地表跨越物的影响，保护了生态环境，同时缓解了跨越物繁多给导引绳展放造成的困难，提高了工效，延长了导引绳使用寿命。

本典型施工方法通过了河北省科技厅组织的技术鉴定，获得了河北省电力公司科技成果奖一等奖、河北省优秀技术创新成果三等奖、华北电网有限公司科技成果奖一等奖，现已经在多个工程中广泛应用。

2 本典型施工方法特点

（1）本典型施工方法工艺独特、安全可靠，实现了架线过程中多条导引绳的同时展放，同时结合航空器悬空展放初级引绳，可大大减少地表跨越物对施工的影响。

（2）投资少，操作简便，工效高。

（3）对于农作物及经济作物可实现无损跨越，有明显的经济效益和社会效益，环保效果突出，推广价值高。

3 适用范围

本典型施工方法适用于单回架空送电线路张力架线施工导引绳的展放，双回及多回线路的张力架线施工可参照使用。

4 工艺原理

本典型施工方法是通过“悬空展放”、“初、中级置换”、“张力绕牵”、“挪移就位”、“末级置换”实现架线所需导引绳的展放。

（1）悬空展放。利用航空器悬空展放一根（或两根）初级引绳（一般为ϕ5mm以下迪尼玛绳）至铁塔横担上，并随时将初级引绳人工放置到特制引绳滑车中。

（2）初、中级置换。利用微型牵、张机或小型牵、张机张力牵放，逐级置换成所需的中级引绳。置换顺序一般为：ϕ4mm迪尼玛绳→ϕ8mm迪尼玛绳（或ϕ12mm杜邦丝绳）→□11mm导引绳→张力绕牵所需导引绳。

（3）张力绕牵。用“一牵五“或“一牵三”+“一牵二”方式张力绕牵所需的引绳根数。

（4）挪移就位。人工挪移引绳至放线滑车。

（5）末级置换。按“一牵一”方式逐级张力牵放置换成所需规格的导引绳。

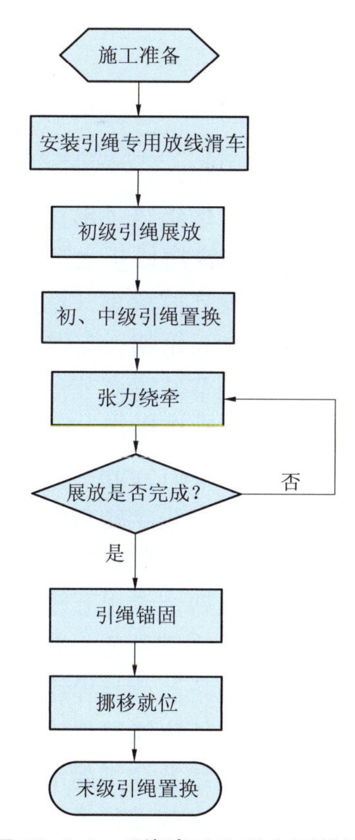

图20-5-1 “绕牵法”张力展放导引绳施工工艺流程图

5 施工工艺流程及操作要点

采用“一牵五”方式为例，说明其施工工艺流程及操作要点。

5.1 施工工艺流程

本典型施工方法施工工艺流程如图20-5-1所示。

5.2 操作要点

5.2.1 施工准备

（1）施工前，施工现场制订完善的绕牵法展放导引绳施工作业指导书、架线施工方案、跨越施工方案、安全质量保证措施及应急预案，并完成审批程序。

（2）全部施工人员参加安全技术培训，并通过考试合格后上岗。

（3）张牵场地进行平整、布置，运输道路进行修整。

（4）工器具规格、型号、数量满足施工需求，并进行工器具检查。

5.2.2 安装引绳专用放线滑车

5.2.2.1 Ⅰ型绝缘子串直线塔的滑车安装

（1）在铁塔横担上平面中部附近通过专用托铁，安装固定五轮朝天支撑滑车（见图 20–5–2）。

（2）在铁塔横担下平面，中相挂线点旁边、牵引场侧横线路的主材上利用专用夹具，安装固定悬垂防跳滑车（见图 20–5–2）。

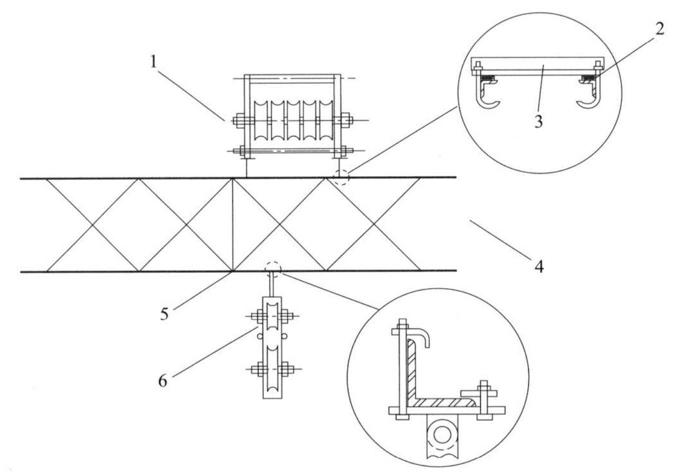

图 20–5–2 Ⅰ型绝缘子串直线塔专用滑车安装示意图

1—五轮朝天支撑滑车；2—尼龙垫块；3—专用托铁；4—铁塔横担；5—横担中心；6—悬垂防跳滑车

5.2.2.2 Ⅴ型绝缘子串直线塔的滑车安装

（1）在铁塔横担上平面、靠近地支架附近的上曲臂内主材上部横担立铁顶面，通过专用托铁安装固定五轮朝天支撑滑车（见图 20–5–3）。

（2）在五轮朝天支撑滑车安装点侧的地线支架外侧主材上，绑挂两个单轮悬垂放线滑车，并用与横担连接的调节装置调节预偏（见图 20–5–3）。

（3）在铁塔横担下平面，紧靠上曲臂与横担下平面连接的大板内沿，牵引场侧横线路的主材上利用专用夹具，用 ϕ15mm×1.5m 的钢绳套（双折）和 30kN 级 U 型环安装固定悬垂防跳滑车（见图 20–5–3）。

5.2.2.3 常规干字转角塔的滑车安装

（1）在耐张塔转角内侧中线挂线架上部的塔身主材上，用 ϕ15mm×1.5m 的钢绳套和 U–12kN 金具环，顺线路绑挂两个专用五轮悬垂放线滑车（见图 20–5–4）。

（2）在铁塔外角侧地线支架下平面，用 ϕ15mm 的钢绳套和 30kN 链条葫芦吊挂一个单轮悬垂滑车，用 7.5kN 链条葫芦与导线横担端头相连，控制滑车不碰塔身（见图 20–5–4）。

（3）在外角侧导线横担下平面，靠近塔身的第一个接点处绑挂一个单轮悬垂滑车（见图 20–5–4）。

5.2.2.4 直线兼角塔的滑车安装

（1）在直线兼角塔外角侧地线支架内侧的主材上，用 ϕ15mm 的钢绳套和专用支撑架，绑挂专用五轮悬垂放线滑车（见图 20–5–5）。

（2）在直线兼角塔外角侧地线支架外侧的主材上，绑挂两个单轮悬垂放线滑车，并用与横担连接的调节装置调节预偏（见图 20–5–5）。

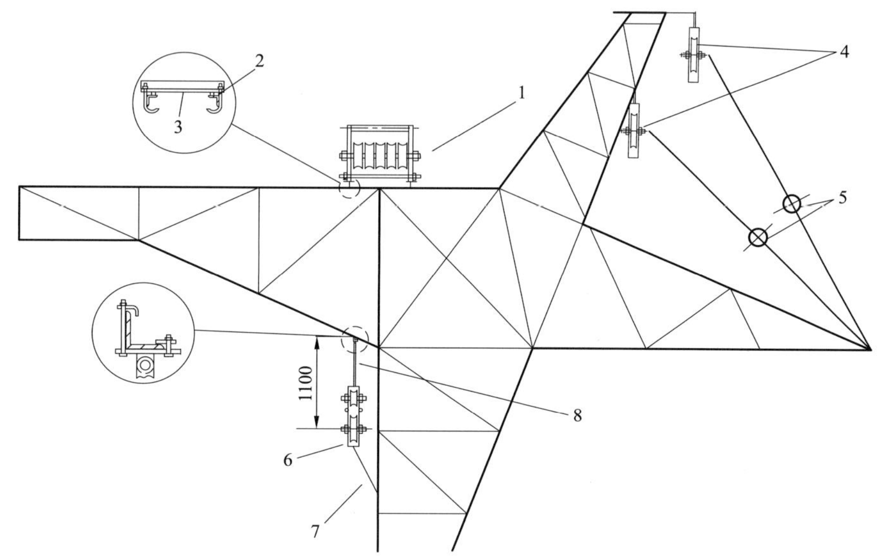

图 20-5-3 V 型绝缘子串直线塔专用滑车安装示意图

1—五轮朝天支撑滑车；2—尼龙垫块；3—专用托铁；4—单轮悬垂滑车；5—15kN 链条葫芦；6—悬垂防跳滑车；7—ϕ15mm 尼龙固定绳；8—ϕ15mm×1.5m 钢绳双折

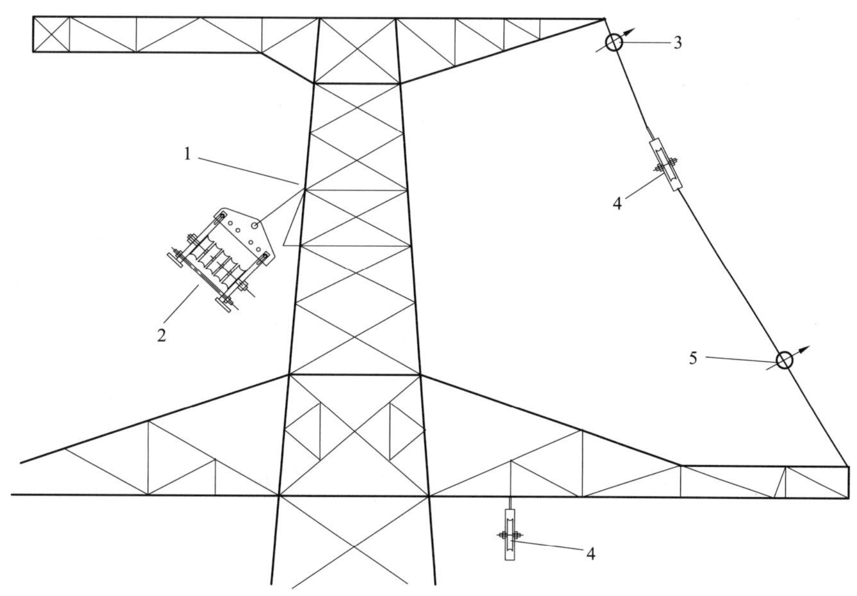

图 20-5-4 转角塔专用滑车安装示意图

1—ϕ15mm×1.5m 钢绳套和 U-12kN 金具环；2—五轮悬垂放线滑车；3—15kN 链条葫芦；4—单轮悬垂滑车；5—7.5kN 链条葫芦

（3）在铁塔横担中部下平面，中相挂架外角牵引场侧的主材上，利用ϕ15mm×1.5m 的钢绳套和 U-12kN 金具环悬挂单轮悬垂滑车（见图 20-5-5）。

5.2.3 初级引绳展放

采用航空器，悬空展放初级引绳；一般采用动力伞（或其他飞行器），展放ϕ4mm 迪尼玛绳作为初级引绳。

5.2.4 初、中级引绳置换

通过初级引绳按“一牵一”方式张力牵放，逐级置换，直至牵引到所需引绳。一般置换顺序为：ϕ4mm 迪尼玛绳→ϕ8mm 迪尼玛绳（或ϕ12mm 杜邦丝绳）→□11mm 导引绳→张力绕牵所需导引绳。

5.2.5 张力绕牵

张力绕牵可采用“一牵五”或“一牵三”+“一牵二”方式，下面以“一牵五”方式张力展放绕牵导引绳为例叙述说明，其他方式可参考此方法。

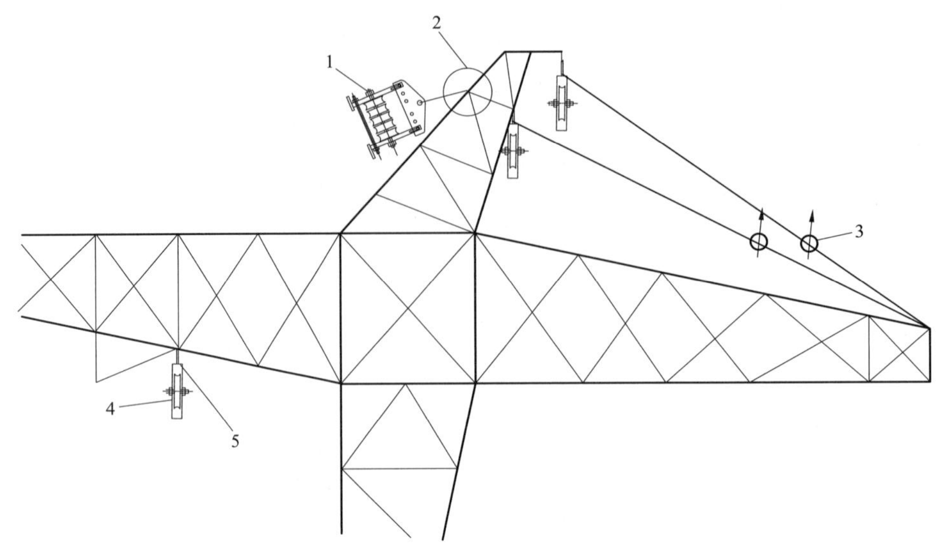

图 20–5–5　直线兼角塔专用滑车安装示意图

1—五轮悬垂放线滑车；2—专用支撑架；3—7.5kN 链条葫芦；4—单轮悬垂滑车；5—ϕ15mm×1.5m 的钢绳套和 U–12kN 金具环

5.2.5.1　“一牵五”张力绕牵引绳连接（见图 **20–5–6**）

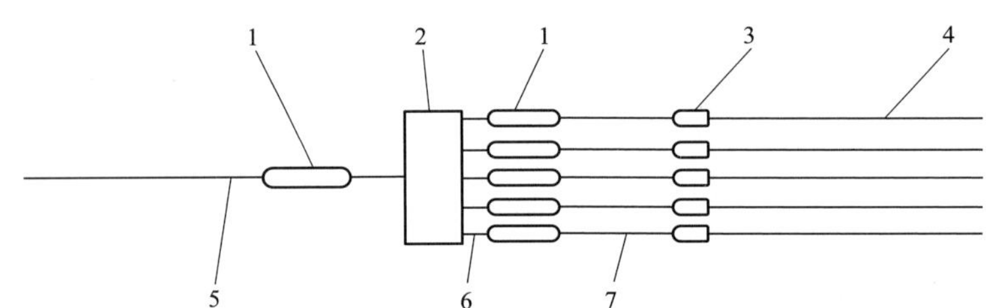

图 20–5–6　引绳连接示意图

1—旋转连接器；2—走板；3—抗弯连接器；4—□9mm 引绳；5—□13mm 引绳；6—钢丝绳套；7—导引套绳

5.2.5.2　引绳绕牵

利用“一牵五”的方法张力牵放引绳，一般为□13mm 导引绳牵放 5 根□9mm 引绳。引绳牵放过程中，当走板通过常规铁塔时，应逐基过渡引绳，使直线塔（包括直线兼角塔）的中导线引绳移至防跳滑车，使转角塔的外角侧地线和导线用的两根引绳移入单轮悬垂滑车。具体操作方法如下：

（1）直线塔中导线引绳绕牵见图 20–5–7、图 20–5–8。

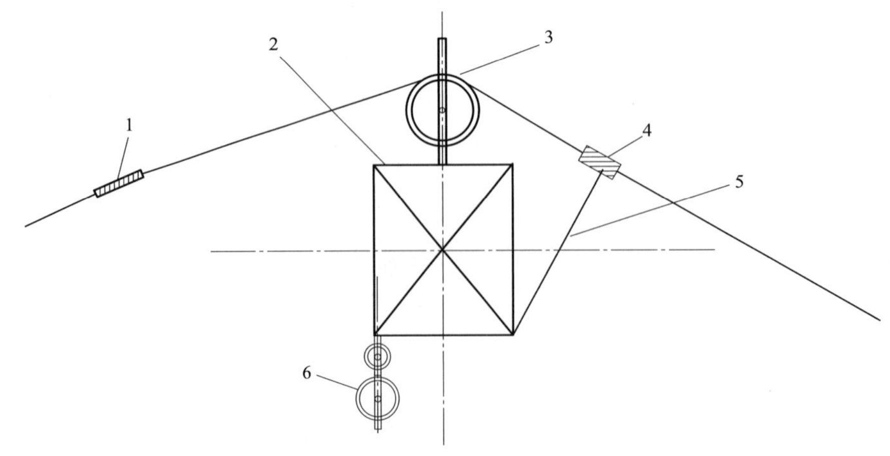

图 20–5–7　直线塔中导线引绳绕塔示意图一

1—走板；2—铁塔横担；3—五轮朝天支撑滑车；4—专用抗弯连接器；5—ϕ11mm×2m 钩套；6—悬垂防跳滑车

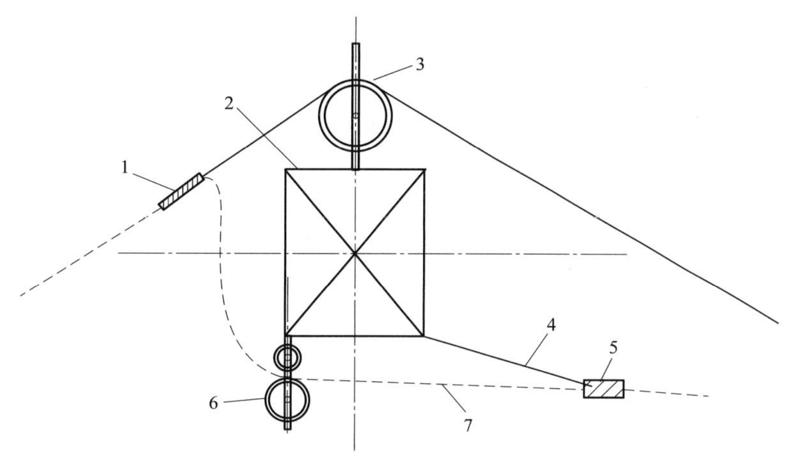

图 20-5-8　直线塔中导线引绳绕塔示意图二

1—走板；2—铁塔横担；3—五轮朝天支撑滑车；4—ϕ11mm×2m 钩套；5—专用抗弯连接器；6—悬垂防跳滑车；7—中导线引绳

1）走板过铁塔（约 9m）后，当第一个抗弯连接器距铁塔约 1m 时，停止牵引。

2）Ⅰ型绝缘子串直线塔的一端提前固定在铁塔主材上的ϕ11mm×2m 的钩套，钩住与中导线引绳连接专用抗弯连接器。V 型绝缘子串直线塔的一端提前固定在铁塔主材上的三根ϕ11mm×2m（中相为ϕ11mm×2.2m）的钩套，分别钩住中导线和地支架外侧的边导线、地线引绳绳套。

3）通知牵引场缓慢松磨，使钩套承力，继续松磨（当引绳对地距离不能满足要求时，张力机应同步回卷），当走板距铁塔 1m 左右时，停止松磨。

4）将放松的引绳与走板解断，中导线用绕过横担穿入悬垂防跳滑车的循环绳，将引绳绕引，再与走板连接。在中相 V 型绝缘子串直线塔安装五轮朝天滑车侧，边导线及地线引绳分别连接ϕ9mm×8m 钢绳套绕过横担或地线支架，穿入单轮悬垂滑车，再与走板连接。

5）重新开始牵引，使钩套失效，脱离ϕ11mm×2m 钢绳套的钩板，继续正常牵放。

（2）耐张塔引绳绕塔示意图见图 20-5-9、图 20-5-10。

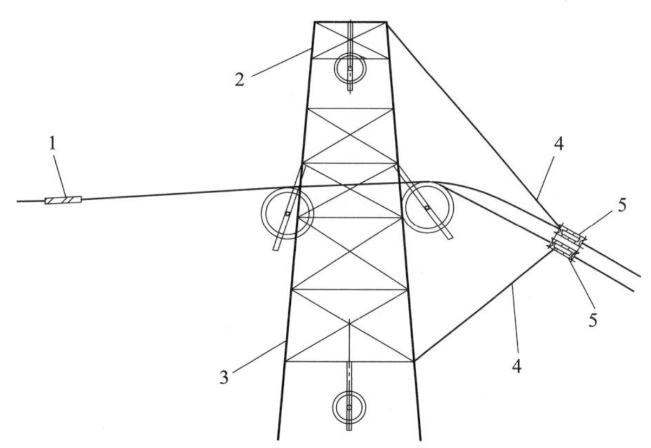

图 20-5-9　耐张塔引绳绕塔示意图一

1—走板；2—耐张塔上横担；3—耐张塔下横担；4—带专用 U 型环的ϕ11mm×2m 的钢绳套；5—专用抗弯连接器

1）走板过铁塔（约 9m）后，当第一个抗弯连接器距铁塔约 1m 时，停止牵引。

2）用一端提前固定在铁塔主材上，并连接 3t 手扳葫芦的两根ϕ11mm×2m 的钢绳套，分别用专用 U 型环锁住与需过渡（耐张塔为外角侧的导、地线引绳，换位塔为单横侧的导地线引绳）的两根引绳连接的目字形抗弯连接器。

3）通知牵引场缓慢松磨，使锚绳承力，继续松磨（当引绳对地距离不能满足要求时，张力机应同步回卷），当走板距铁塔 1m 左右时，停止松磨。

4）将放松的引绳与走板解断，分别连接ϕ 9mm×8m 钢绳套绕过塔身穿入单轮悬垂滑车，再与走板连接。

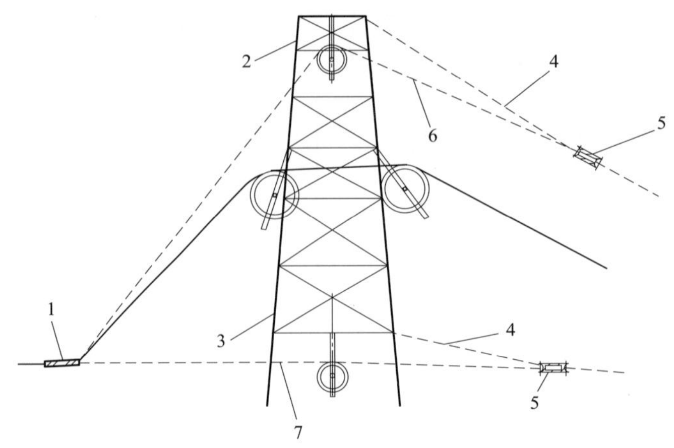

图 20-5-10　耐张塔引绳绕塔示意图二

1—走板；2—耐张塔上横担；3—耐张塔下横担；4—带专用 U 型环的 ϕ11mm×2m 的钢绳套；5—专用抗弯连接器；6—另一侧地线引绳；7—另一侧下导线引绳

5）重新开始牵引，使钩环失效，停磨拆除 U 型环后，继续正常牵放。

（3）直线兼角塔引绳绕塔示意图见图 20-5-11、图 20-5-12。

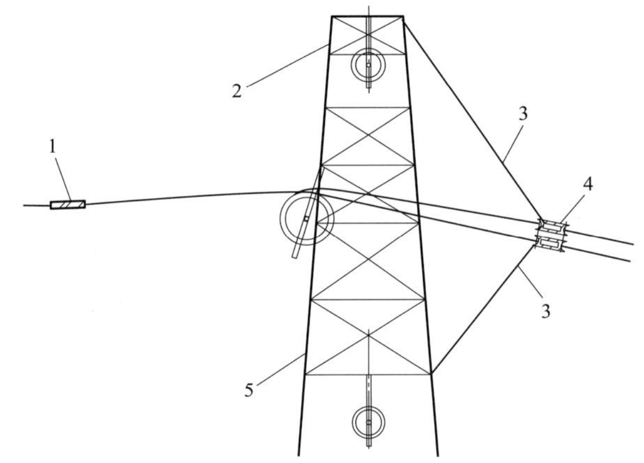

图 20-5-11　直线兼角塔引绳绕塔示意图一

1—走板；2—地线支架；3—带专用 U 型环的 ϕ11mm×2m 的钢绳套；4—专用抗弯连接器；5—导线横担

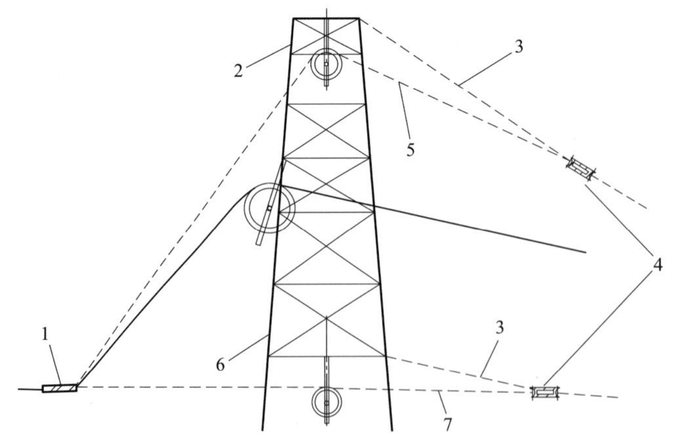

图 20-5-12　直线兼角塔引绳绕塔示意图二

1—走板；2—地线支架；3—带专用 U 型环的 ϕ11mm×2m 的钢绳套；4—专用抗弯连接器；5—边导线及地线引绳；6—导线横担；7—中导线引绳

1）走板过铁塔（约 9m）后，当第一个抗弯连接器距铁塔约 1m 时，停止牵引。

2）用一端提前固定在铁塔主材上的三根ϕ11mm×2m 的钢绳套，分别用专用 U 型环锁住与中导线和外角侧的导、地线引绳连接的目字型抗弯连接器。

3）通知牵引场缓慢松磨，使钩环承力，继续松磨（当引绳对地距离不能满足要求时，张力机应同步回卷），当走板距铁塔 1m 左右时，停止松磨。

4）将放松的引绳与走板解断，分别连接ϕ9mm×8m 钢绳套绕过横担或地线支架穿入单轮悬垂滑车，再与走板连接。

5）重新开始牵引，使钩环失效，停磨拆除 U 型环后，继续正常牵放。

5.2.6 引绳锚固

五根引绳（□9mm 引绳）放通后，张牵场两端临时锚固。

5.2.7 挪移就位

5.2.7.1 Ⅰ型绝缘子串直线塔引绳挪移就位

将五轮放线滑车两边轮的引绳，分别绕过两地线支架和横担端头移至边导线的放线滑车的中轮；靠近中间的两根引绳，分别绕过两地线支架移至地线放线滑车，中间一根移入中导线放线滑车的中轮。

（1）Ⅰ型绝缘子串直线塔边导线就位示意图见图 20-5-13。

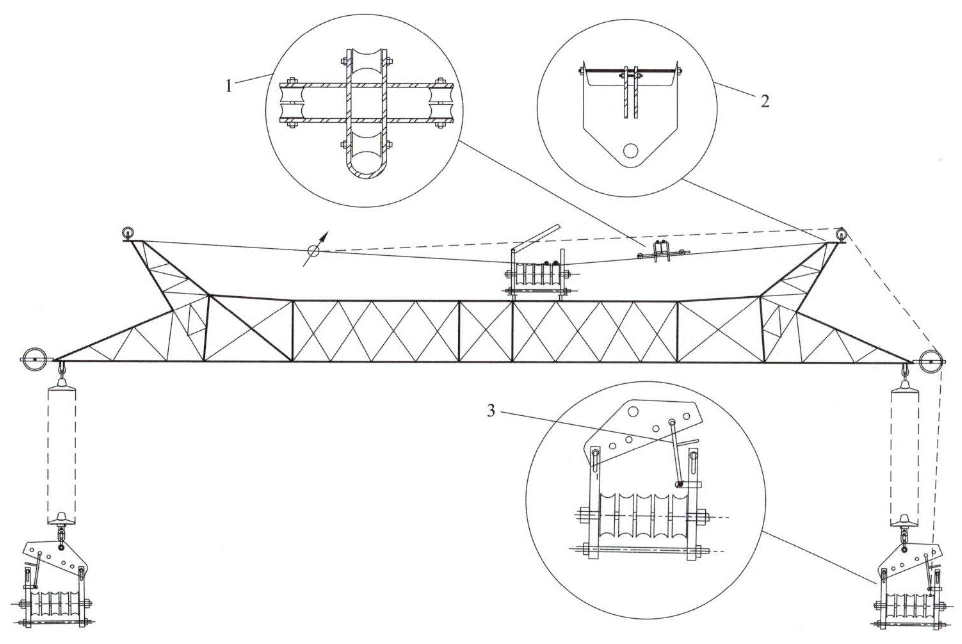

图 20-5-13　Ⅰ型绝缘子串直线塔边导线引绳就位示意图

1—行走滑车；2—专用联板；3—专用丝杆

1）在地线支架顶部外侧安装一个单轮支撑滚筒，两个地线支架顶部内侧分别安装专用联板，在横担端头安装一个外撑滑车。

2）将 15kN 级手链葫芦的一端用 30kN 级卸扣与固定好的专用联板相连，另一端钩住一根ϕ9mm×15m 钢绳套，钢绳套的另一端从五轮朝天支撑滑车外侧滑轮上的两根引绳下穿过后，用 30kN 抗弯连接器与另一侧地线支架的专用联板相连。

3）打开五轮朝天支撑滑车的上连杆，将十字行走滑车挤放在两根引绳和钢丝绳“滑道”之间。收紧手链葫芦，利用钢绳套将两根引绳稍微托起（离开滑车槽即可）。

4）用固定在边横担并绕过横担端部外撑滑车的 15kN 手扳葫芦的钢丝绳，通过支撑滚筒与十字行走滑车相连，收紧手扳葫芦使十字行走滑车托着两根引绳到地线支架的单轮支撑滚筒处，拆掉行走滑车。

5）将最外侧的一根引绳与外侧的 15kN 手扳葫芦的钢丝绳相连，内侧通过制动器的溜绳与引绳相连，一边收紧一边溜放，将引绳先移过支撑滚筒，再绕过横担端头的外撑滑车，拆除溜放控制绳，继续放松，手扳葫芦控制引绳移入开口的放线滑车内（事先用专用丝杠打开），连接滑车横梁。

6）将内侧一根引绳用同样方法移过支撑滚筒，并放入地线放线滑车。

7）同样方法，使另两根引绳就位。

（2）Ⅰ型绝缘子串直线塔中导线引绳就位示意图见图 20-5-14。

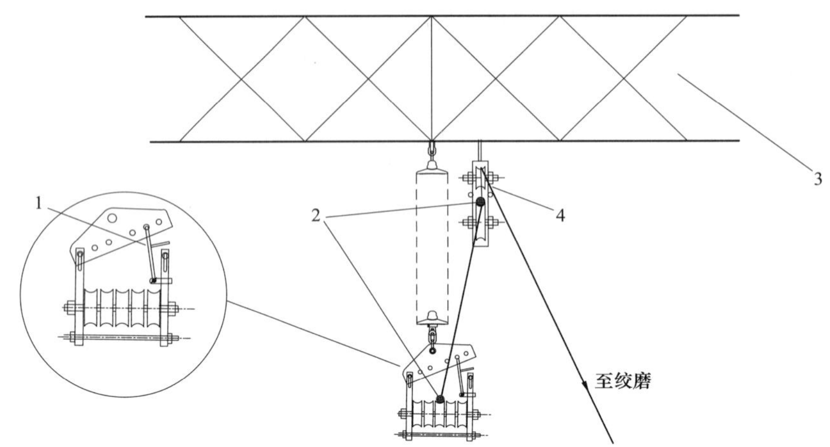

图 20-5-14　Ⅰ型绝缘子串直线塔中导线引绳就位示意图

1—专用丝杆；2—导引绳；3—铁塔横担；4—悬垂防跳滑车

1）在导线放线滑车上安装专用小丝杠，稍收紧丝杠，拔出滑车锁销，使滑车横梁的一端打开。

2）用固定在横担上沿的 15kN 手扳葫芦的钢丝绳，通过 30kN 级 U 型环锁住悬垂防跳滑车下轮中的引绳，收紧手扳葫芦，打开悬垂防跳滑车，使引绳从滑轮中移出。

3）缓慢放松手扳葫芦，使引绳到导线放线滑车附近，手拉引绳到张口的放线滑车内。

4）收紧专用丝杠，插好放线滑车锁销，拆除丝杠，将引绳放到滑车中轮。

5）拆除作业工具。

5.2.7.2　V型绝缘子串直线塔引绳挪移就位

将五轮放线滑车剩余的边导线引绳，绕过其侧的地线支架和横担端头移至边导线的放线滑车的中轮，另一根地线引绳，绕过其侧的地线支架移至地线放线滑车；展放过程中，已绕引至横担下平面的中相引绳，移入V型绝缘子串下方的五轮滑车中轮；已绕引至地线支架外侧的边导线引绳，绕过同侧横担端头移至边导线的放线滑车的中轮。

（1）展放过程中，五轮朝天支撑滑车中剩余的引绳和地线挪移，执行本典型施工方法 5.2.7.1 要求。

（2）展放过程中，已绕引至地线支架外侧另一根边导线引绳挪移：在同侧地线支架顶部外侧安装一个单轮支撑滚筒，在横担端头安装一个外撑滑车。用固定在横担上沿并绕过地支架滚筒的 15kN 手扳葫芦钢丝绳，通过 30kN 级 U 型环锁住单轮滑车中的引绳，收紧手扳葫芦，打开滑车，使引绳从滑轮中移出。用固定在边横担并绕过横担端部外撑滑车的 15kN 手扳葫芦的钢丝绳连接引绳。一边收紧一边溜放，将引绳绕过横担端头的外撑滑车，拆除溜放控制绳（横担上沿的 15kN 手扳葫芦），继续放松，手扳葫芦控制引绳移入开口的放线滑车内（事先用专用丝杠打开），连接滑车横梁。

（3）V型绝缘子串直线塔中导线引绳就位示意图见图 20-5-15。

1）在单轮防跳滑车正上方的铁塔横担上固定制动器，制动器的溜绳（ϕ11mm×15m 钢丝绳）下端连接 30kN 级 U 型环，U 型环放置铁塔横担下平面。

2）在中导线五轮放线滑车上方的铁塔横担上固定 15kN 手扳葫芦，手扳葫芦钢丝绳穿过 30kN 级 U 型环至单轮防跳滑车后，通过 30kN 级 U 型环锁住单轮防跳滑车中的引绳，收紧手扳葫芦，打开滑车，使引绳从滑轮中移出。注意：在收紧手扳葫芦前要在引绳上连接一根ϕ15mm 尼龙绳在铁塔上下曲臂 K 点处通过人力控制，以平衡引绳向内水平分力的作用，保护绝缘子。另外，在用 15kN 手扳葫芦提升引绳时，如引绳受向内水平力作用摩擦 V 型绝缘子串金具无法提升时，要将横担上制动器移到横担上平面与地支架交叉点处，或移到横担下平面主材与曲臂内主材交叉点处，确保引绳顺利移出滑车。

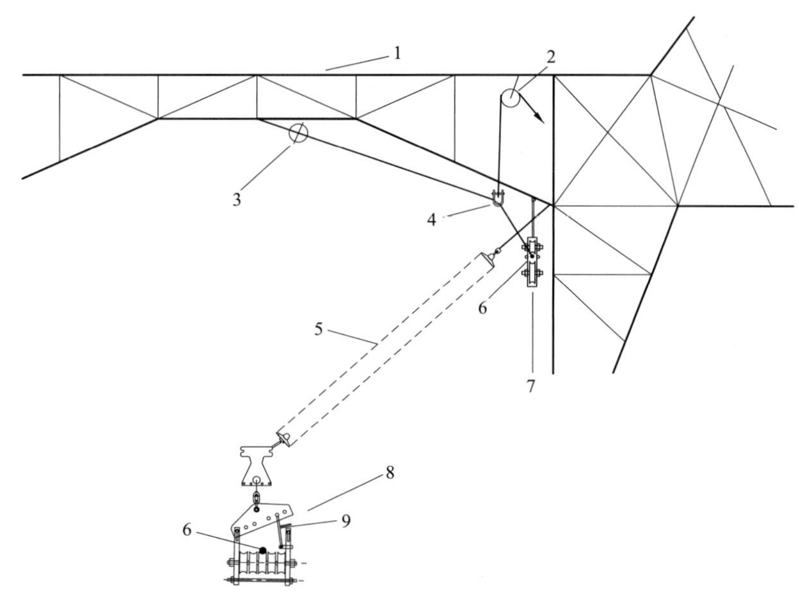

图 20-5-15　V 型绝缘子串直线塔中导线引绳就位示意图

1—横担；2—制动器；3—15kN 手扳葫芦；4—30kN 级 U 型环；5—绝缘子串；6—导引绳；7—悬垂防跳滑车；8—五轮悬垂滑车；9—专用丝杠

3）通过固定在横担上的制动器缓慢溜放出钢丝绳，同时铁塔上下曲臂 *K* 点处尼龙绳控制引绳对邻近 V 型绝缘子串的安全距离，将引绳放至垂直状态后，再通过其上方的 15kN 手扳葫芦收紧或放松将引绳放至放线滑车附近。

4）在中相五轮放线滑车（V 型绝缘子串下方）正上方的铁塔横担上安装软梯，操作人通过软梯至五轮放线滑车，在导线放线滑车上安装专用小丝杠，稍收紧丝杠，拔出滑车锁销，使滑车横梁的一端打开，手拉引绳到张口的放线滑车内。

5）收紧专用丝杠，插好放线滑车锁销，拆除丝杠，将引绳放到滑车中轮。

6）拆除作业工具，人员下塔。

5.2.7.3　其他塔型引绳挪移就位

（1）对于干字耐张塔、换位塔导线引绳的挪移，因在牵放过程中均已基本绕引到其五轮常规放线滑车挂点附近的单悬垂滑车中，所以其挪移方案执行直线塔中相引绳挪移方案。地线引绳位置维持展放时的布置。

（2）直线兼角塔三相导线引绳的挪移和外角侧地线的挪移，均执行直线塔操作方案。内角侧地线引绳维持展放时的布置。

5.2.8　末级引绳置换

放线段内每基塔的引绳挪移就位后，拆除专用滑车等工具，依次牵引下一级引绳，直至牵引到所需的导引绳，转入正常张力放线操作。

6　人员组织

架线施工“绕牵法”展放导引绳，放线段长度为 6～8km（约 18 基塔）为例说明其人员组织。具体人员组织见表 20-6-1。

表 20-6-1　“绕牵法”张力展放导引绳人员组织

序号	作 业 程 序	人数	岗 位 职 责
1	总指挥	1	负责施工全面管理
2	技术员	1	负责施工技术工作

续表

序号	作 业 程 序	人数	岗 位 职 责
3	安全员	1	负责施工过程的安全管理
4	质检员	1	负责施工过程质量工作
5	材料员	1	负责施工物资准备工作
6	张力机手	3	负责张力机操作
7	牵引机手	1	负责牵引机操作
8	高空作业	18	负责塔上作业
9	地面作业	25	负责地面作业，配合塔上人员工作

7 材料与设备

7.1 关键设备

（1）五轮支撑滑车见图 20-7-1，五轮悬垂滑车见图 20-7-2。

图 20-7-1 五轮支撑滑车

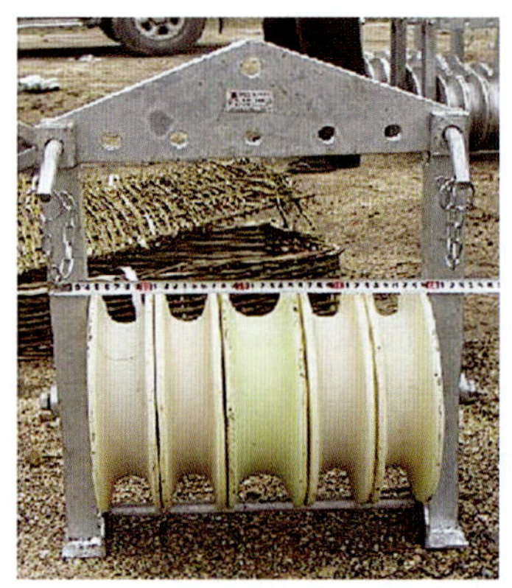

图 20-7-2 五轮悬垂滑车

（2）悬垂防跳滑车见图 20-7-3。

（3）一牵五走板用于□13mm 导引绳牵放 5 根□9mm 引绳，见图 20-7-4。

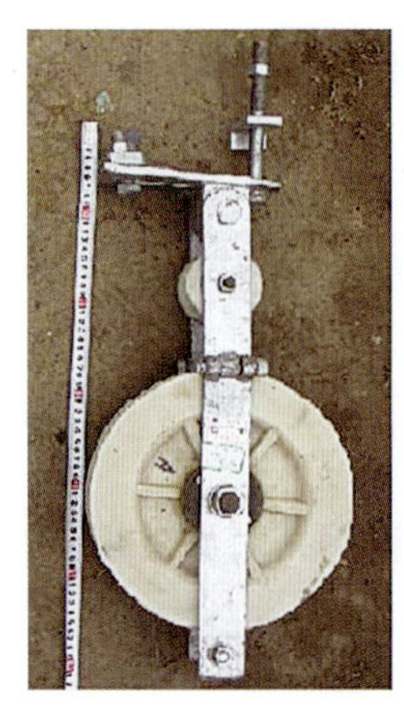

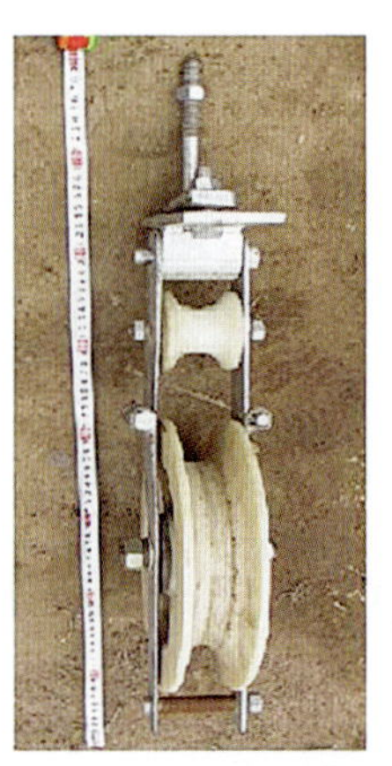

图 20-7-3 悬垂防跳滑车

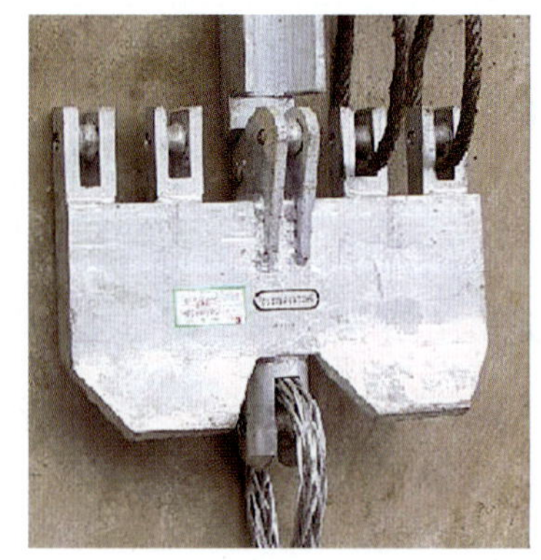

图 20-7-4 一牵五走板

（4）微型牵引机用于初级引绳置换时，用ϕ4mm 迪尼玛绳牵引ϕ8mm 迪尼玛绳（或ϕ12mm 杜邦丝绳），见图 20-7-5。

（5）微型张力机用于初级引绳置换时，张力展放ϕ8mm 迪尼玛绳（或ϕ12mm 杜邦丝绳），见图 20-7-6。

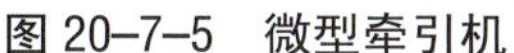

图 20-7-5　微型牵引机

图 20-7-6　微型张力机

7.2　专用工具

（1）地线支撑滚筒是固定在铁塔地线支架上，支撑挪移引绳的操作绳，见图 20-7-7。

图 20-7-7　地线支撑滚筒

（2）外撑滑车是固定在铁塔边横担端头，支撑挪移引绳的操作绳，见图 20-7-8。

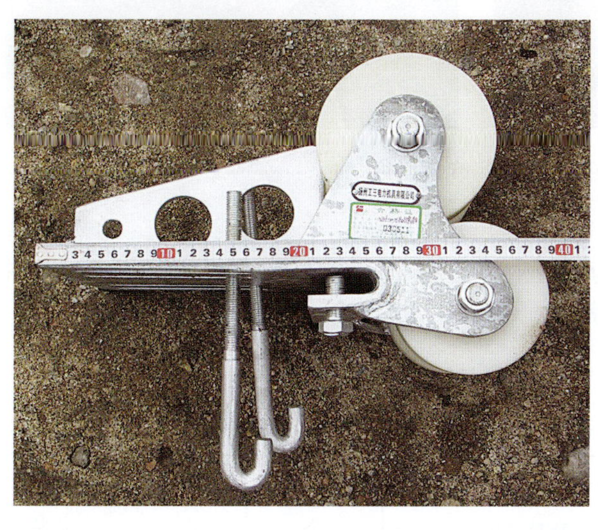

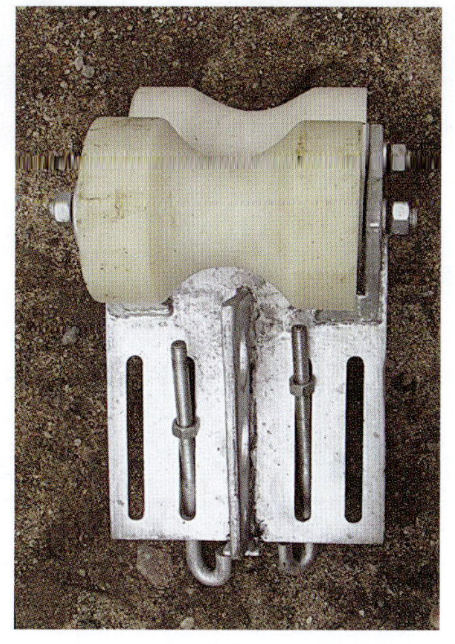

图 20-7-8　外撑滑车

（3）专用小丝杠用于打开导线放线滑车，见图 20-7-9。

（4）十字行走滑车用于支撑被挪移的引绳，在挪移滑道上滑动，见图 20-7-10。

图 20-7-9　专用小丝杠

图 20-7-10　十字行走滑车

（5）专用联板是固定在铁塔地线支架内侧，用于固定挪移引绳的滑道绳两端，见图 20-7-11。

图 20-7-11　专用联板

7.3　主要工器具

放线段长度为 6～8km（约 18 基塔）为例，主要工器具表见表 20-7-1。表 20-7-1 中未列导线放线滑车等常规工器具，引绳挪移工具按 4 套考虑。

表 20-7-1　　“绕牵法”张力展放导引绳主要工器具

序号	设 备 名 称	规　格	单位	数量	备　注
1	五轮朝天支撑滑车	WHC-20	个	18	
2	五轮悬垂滑车	WH-20	个	6	耐张、转角塔用
3	悬垂防跳滑车	XFH-280	个	18	
4	拉链葫芦	15kN	个	4	收紧挪移滑道用

续表

序号	设备名称	规　格	单位	数量	备　注
5	地线支撑滚筒	DZF-5	个	8	挪移导引绳用
6	一牵五走板	SZB-1×5	个	1	
7	外撑滑车	专用	个	8	挪移导引绳用
8	专用钩套	ϕ11mm×2m	个	1	钻绕塔窗用
9	专用小丝杠	专用	个	4	打开导线滑车，放置导引绳
10	专用联板	专用	个	8	导引绳在横担顶部移动用
11	十字行走滑车	专用	个	4	挪移导引绳用
12	牵引机	180kN	台	1	
13	两线张力机	2×35kN	台	2	
14	单线张力机	30kN	台	1	
15	微型张力机	WZ-500	台	1	引绳置换用
16	微型牵引机	WQ-500	台	1	引绳置换用
17	迪尼玛绳	ϕ4mm	km	10	
		ϕ8mm	km	10	或ϕ12mm 杜邦丝绳
18	导引绳	□9mm	km	50	
		□11mm	km	10	
		□13mm	km	10	
19	电台		套	2	张牵场指挥用
20	对讲机		台	20	操作人员用

8　质量控制

（1）工程质量执行标准。

DL/T 875—2004　输电线路施工机具设计、试验基本要求

SDJJS 2　超高压架空输电线路张力架线施工工艺导则

（2）质量控制措施。

1）当放线滑车为挂胶轮时，要求钢丝绳插套不宜外露钢丝短头，否则应做缠胶带等保护处理。施工过程中，发现插套处钢丝外露时，也应及时做保护处理；带油导引绳上的外层油脂应做擦洗处理，并优先使用于五轮放线滑车的中轮上。

2）滑车安装、引绳挪移时，应注意对塔材的保护，接触处应垫相应软物，保护塔材的镀锌层。

3）牵引走板过滑车时，其平衡尾节可能碰塔材，需对附近塔材做包橡胶保护。

9　安全措施

（1）严格执行 DL 5009.2—2004《电力建设安全工作规程 第 2 部分：架空电力线路》。

（2）牵引走板平衡尾节有螺钉轴销时，施工中应经常检查，保证螺钉在拧紧位置。

（3）牵引过程中必须保证通信畅通，走板过滑车应慢速通过，并应及时停止牵引，以便塔上人员进行引绳绕移操作。

（4）耐张塔引绳绕引，牵引侧回松时，全线应监视引绳对地及跨越物距离，必要时张力场回卷。

（5）直线塔挪移引绳应在引绳两端可靠锚固好后进行。操作人员在铁塔移动作业时，必须将安全带挂在牢固可靠的滑道钢绳上。

(6) 挪移过程中，制动控制人员站在地线支架内侧，制动控制绳应缓慢放松，引绳绕过横担端头时，更应可靠控制。绕过横担端部后，原牵引绳失效改做溜控绳向外拉控，防止与绝缘子相碰。

(7) 引绳展放及直线塔引绳挪移时，应注意控制线索对地面跨越物的净空距离。

(8) 直线引绳就位工作必须待所挪移的引绳移至放线滑车附近后，人员方可下线操作，下线人员站到移入绳的对侧，脚踏滑车底座小角钢（或脚踏板），以防上空器具坠落或引绳向内悠动伤人。

(9) 严格落实工器具日常安全检查制度，尤其是下线软梯必须经常检查，不合格或有损伤或有怀疑时严禁使用。

(10) 下线作业必须使用速差保护器。

(11) 塔上人员应密切监视五轮朝天支撑滑车中引绳的状况，防止引绳出现跳槽、挂、卡等现象。

10 环保措施

(1) 成立对应的施工环境卫生管理机构，在施工过程中严格遵守国家和地方政府下发的有关环境保护的法律、法规和规章。

(2) 将施工场地和作业限制在工程建设允许的范围内，合理布置、规范围挡，做到标牌清楚、齐全，各类标识醒目，施工场地整洁文明。

(3) 优先选用先进环保机械。

(4) 施工场地做到工完、料净、场地清，施工垃圾统一回收处理。

11 效益分析

(1) 达到一次展放五根导引绳，提高了展放导引绳的施工效率，进而加快放线速度的目的。

(2) 本典型施工方法结合飞行器展放初级引绳，实现了引绳空中展放，减去了展放引绳的施工用地，节省了青苗赔偿费用，并对缓解施工中与当地村民的矛盾具有积极意义，尤其在跨越自然保护区、经济林木等地区时，效益更加显著。同时减少了输电线路放线通道生态环境的破坏，具有明显的环保作用。

(3) 由于减少了导引绳的分散运输量，因此节省了展放导引绳施工的人力和沿途运送材料及人员的运输。

(4) 引绳展放方式经济性比较见表 20-11-1。

表 20-11-1　　引绳展放方式经济型比较

项　　目	人力铺放	绕牵法结合动力伞展放引绳
费用（元/放线区段）	20 000	30 000
后续费用	运输、树木砍伐、青苗赔偿、窝工等费用，难以估算	无
时间(天)	3～4	3～4
受气候影响	影响小	动力伞展放初级引绳时，有一定影响
其他	外协风险高，易窝工，导引绳分散运输量大、易磨损，高山大岭地区存在人身伤害风险	各级引绳悬空展放，导引绳磨损概率减少、放线通道内地表附着物损坏减少、次要跨越架搭设工作量减少、外协受阻概率减少、设备故障事故率减少

12 应用实例

12.1 应用工程概况

(1) 2004 年，500kV 保南—沧西输电线路工程，使用“绕牵法”展放导引绳 81.22km。

1) 500kV 保南—沧西输电线路工程起自保南 500kV 变电站，终止于沧西 500kV 变电站，全长

118.796km。河北省送变电公司承建第Ⅰ标段，途经河北省青苑县、蠡县、肃宁县、河间市 4 个市县，线路大致为西北至东南走向，线路全长 81.22km。本标段沿线跨越 220kV 线路 2 处，跨越 110kV 线路 9 处，跨越铁路 2 处，35kV、10kV、380V 及通信线多处，河流 3 处，果园和枣树林约 20km，经济作物约 10km。

2）为了保证施工工期，提高施工效益，该工程 81.22km（11 个放线区段），全部了采用“绕牵法”张力展放导引绳的施工工艺实践（见图 20-12-1）。

图 20-12-1　500kV 保沧输电线路工程“绕牵法”张力展放导引绳施工图

1—五轮朝天支撑滑车；2—导线放线滑车；3—“一牵五”走板

3）该工程的导地线展放自 2004 年 2 月 20 日～5 月 28 日，共 98 天，其中由于青苗赔偿阻挡和雨天影响 15 天，平均日展放导线近 1km，提高了施工效率，同时解决了沿线经济作物的繁多和青苗赔偿困难的难题，很好地保护了生态环境（见图 20-12-2）。

图 20-12-2　500kV 保沧输电线路工程“绕牵法”展放导引绳施工后线下植被图

（2）2005 年，500kV 浑霸输电线路工程，使用“绕牵法”展放导引绳 16km。该工程地处山区，植被茂盛，多次跨越大片林地。

（3）2007 年，220kV 沧西—献县输电线路工程，使用“绕牵法”展放导引绳 60km。该工程地处平原，交叉跨越及经济作物、经济林较多。

12.2 应用效果

“绕牵法”张力展放导引绳的实施，大大减少了输电线路施工中青苗、果树、暖棚等地面附着物的损坏，缓解了线路施工现实工作中错综复杂的施工环境和地形因素，尤其是困扰着输电线路施工的关键问题——青苗损坏补偿。与常规导引绳的“铺放法”相比，实现了六减少（即导引绳分散运输量的减少、导引绳人力展放工作量的减少、放线通道内地表附着物损坏的减少、次要跨越架搭设工作量的减少、外协受阻概率的减少、设备故障事故率的减少）；达到了三提高（即工作效率的提高、放线滑车周转率的提高、导引绳使用寿命的提高）。从而实现了“安全、环保、优质、技巧、克阻、速效”的预期目的。

典型施工方法名称：导地线液压压接典型施工方法

典型施工方法编号：GWGF021-2010-SD-XL

编　制　单　位：河南送变电建设公司

推　荐　单　位：河南省电力公司

主　要　完　成　人：郑晓广　肖贵成　左劲松　李君章

目　次

1 前言

在架空输电线路施工中，已经广泛采用液压压接施工工艺进行导地线连接。导地线液压连接是一项重要隐蔽工程，关系到输电线路的工程质量，关系到电网的长期安全运行。为提高液压压接施工质量和施工工艺水平，国家电网公司组织编写了《导地线液压压接典型施工方法》。

本典型施工方法是根据现行的液压压接规程和总结河南送变电建设公司在工程中采用的液压施工工艺、施工经验编写而成。

本典型施工方法已在 500kV 核增线、500kV 郑东线路、±800kV 向上线、1000kV 特高压输电线路等工程中广泛应用，施工质量优良。

2 本典型施工方法特点

（1）施工工艺先进、操作简便。

（2）通过在施工前进行液压压接试验验证施工工艺后，在施工中通过测量压后对边距判定是否达到强度要求，具有压接质量易于控制、易于检测，压接质量稳定的特点。

（3）采用的液压设备为成熟的设备，压模有成系列的规格，可重复使用，施工成本较低。

（4）采用液压断线钳、剥线器等工具，可提高施工效率。

（5）具有施工安全、施工噪声较小、对外部环境影响小的特点。

3 适用范围

本典型施工方法适用于 GB 1179《铝绞线及钢芯铝绞线》、YB/T 5004—2001《镀锌钢绞线》等标准规定的架空导线和地线，包括其他符合上述标准要求导地线的接续管、耐张线夹及补修管的液压连接。

4 工艺原理

液压压接以高压油泵为动力，通过钢模对压接管、导地线施加径向压力，使压接管对导地线产生一定的握着力，从而保证连接强度。接续管及耐张线夹断面为圆形，压后呈六角形，压接前后导地线的有效截面保持基本相等。对于钢芯铝绞线（包括铝包钢绞线），通过钢管连接钢芯、铝管连接外层铝线，从而保证钢芯铝绞线的连接强度和导电性能。对于镀锌钢绞线通过钢管直接连接，保证钢绞线连接强度。对于导线补修通过对补修管的径向施压，将补修管与被修补导线压接成一体，达到补强导线的目的。

5 施工工艺流程及操作要点

5.1 施工工艺流程

本典型施工方法施工工艺流程分为：施工准备、液压前操作、液压操作、质量检查、清理现场等。钢芯铝绞线液压施工工艺流程图、镀锌钢绞线液压施工工艺流程图及补修管液压施工工艺流程图见图 21-5-1～图 21-5-3。

5.2 操作要点

5.2.1 施工准备

5.2.1.1 技术准备

（1）根据设计资料和相关规程及标准，编写液压施工作业指导书，主要明确导地线、液压管的尺寸误差，导地线设计拉断力，液压机、压模配置，压后对边距尺寸最大允许值，耐张线夹引流板的朝向及角度等技术数据。

（2）根据工程特点，进行有针对的技术交底。

5.2.1.2 工器具及材料准备

（1）液压机的选用。根据导地线用接续管、耐张线夹及内部钢锚的外形尺寸，选择与之相匹配的铝管压模、钢管压模及液压机的类型。液压机及液压钳如图 21-5-4 所示。

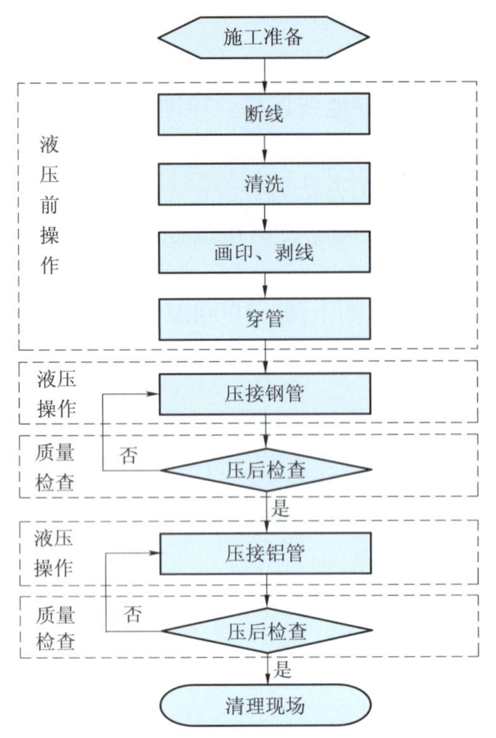

图 21-5-1　钢芯铝绞线液压施工工艺流程图

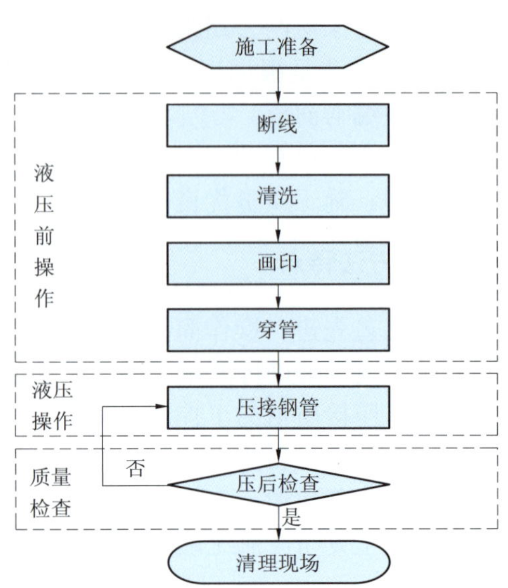

图 21-5-2　镀锌钢绞线液压施工工艺流程图

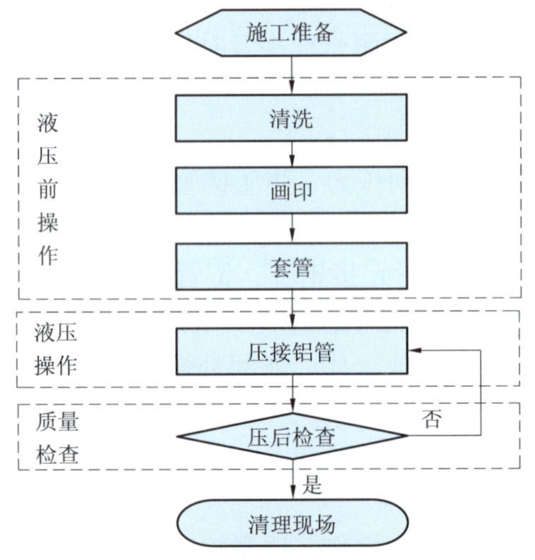

图 21-5-3　补修管液压施工工艺流程图

图 21-5-4　液压机及液压钳

（2）液压设备在使用前，应检查是否在有效周检期内，并检查其完好程度，以保证正常操作；油压表必须定期校准，做到准确可靠。

（3）应准备的工器具有：液压断线钳、剥线钳、游标卡尺、钢卷尺、板锉、砂纸、钢刷、细钢丝刷等。液压断线钳、剥线钳实物图片如图 21-5-5 和图 21-5-6 所示。

（4）应准备的材料有导电脂、富锌漆、清洗剂（或汽油）、棉纱、绑线等。

5.2.1.3　导地线准备及质量检查

（1）对所用导地线的结构及规格应认真进行检查，其规格与设计相符，并符合现行国家及行业标准的相关规定。

（2）导地线的受压部分应平整完好，同时距离管口 15m 以内导地线应不存在必须处理的缺陷。

5.2.1.4　压接管准备及质量检查

（1）核实压接管规格、数量，并进行编号。

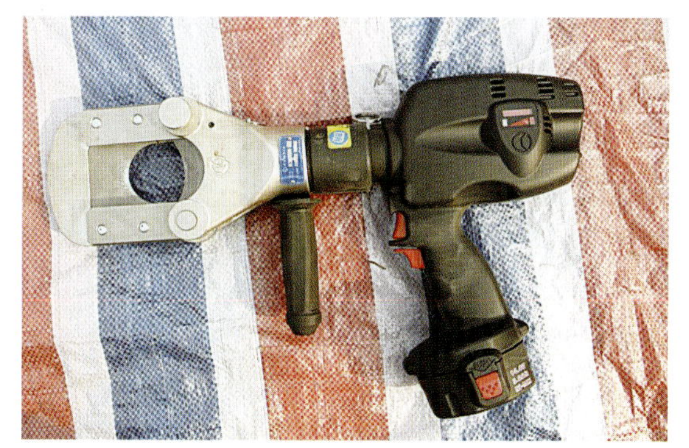

图 21-5-5 液压断线钳

图 21-5-6 剥线钳

（2）用游标卡尺测量各种接续管、耐张线夹、补修管等受压部分的内外直径；用钢尺测量各部长度；其外观、尺寸、公差应符合 GB/T 2314—2008《电力金具通用技术条件》及行业标准的要求。

（3）游标卡尺精度不低于 0.02mm。

5.2.2 液压前操作

5.2.2.1 断线

（1）导地线的液压部位在断线前应调直，并加防止散股的绑扎线。切割断面应与轴线垂直。

（2）断线采用液压断线钳，确保断点位置截面整齐。

5.2.2.2 清洗

（1）使用的各种规格的接续管、耐张线夹，使用前应用清洗剂清洗管内外壁的油垢，并清除影响穿管的锌疤与焊渣。短期内不使用时，清洗晾干后应将管口临时封堵，并以塑料袋封装。

（2）对镀锌钢绞线的液压部分穿管前应用棉纱擦去泥土。如有油垢应用清洗剂清洗，清洗长度应不短于穿管长的 1.5 倍。

（3）钢芯铝绞线液压部分的铝股表面在穿管前，应用清洗剂清除其表面油垢，先穿入铝管一端的绞线表层清洗长度不应短于铝管长度的 1.5 倍；对于直线管另一端清洗长度不应短于半管长的 1.5 倍。对剥断铝股裸露钢芯部分的清洗尤为重要。清洗后用干净白布擦拭，确认不存在任何油垢后才可以进行下一步的穿管工序。

当钢芯表面出现粉状氧化附着物时，应先用钢刷清除干净，然后用清洗剂清洗钢芯。

（4）对防腐型钢芯铝绞线的清洗应按下列规定进行：

1）对外层铝股应以棉纱蘸少量清洗剂，擦净表面油垢；

2）当将防腐型钢芯铝绞线割断铝股裸露钢芯后，应先将钢芯散股，用棉纱蘸清洗剂将钢芯上的防腐剂逐根擦洗干净，然后恢复原状。

（5）涂导电脂，清除钢芯铝绞线铝股表面氧化膜的操作程序如下：

1）确认涂导电脂及清除铝股氧化膜的范围为铝股进入铝管部分；

2）将外层铝股清洗并干燥后，再涂抹一层导电脂，以将外层铝股表面覆盖住为宜；涂层应薄且均匀；

3）用细钢刷沿钢芯铝绞线轴线方向对已涂导电脂部分进行擦刷，将液压后能与铝管接触的铝股表面全部刷到，然后穿管。外层铝股刷涂导电脂如图 21-5-7 所示。

图 21-5-7 外层铝股刷涂导电脂

（6）用补修管补修导线前，其覆盖部分的导线表面应用干净棉纱将泥土、脏物擦干净，并涂少量导电脂，再套上补修管进行液压。

5.2.2.3 各种液压管的画印、剥线、穿管

（1）镀锌钢绞线接续管的画印、穿管，如图 21–5–8 所示。

1）用钢尺测量接续管实长 L_1。

2）用钢尺在镀锌钢绞线上由端头向内量 $OA=L_1/2$ 处画印记 A，此 A 点即为定位印记。

3）将钢绞线两端分别向管内穿入，穿入时顺线绞制方向旋转推入，直至两端头在接续管内中点相抵，并且两线上的印记 A 与管口重合。

（2）镀锌钢绞线耐张线夹的画印、穿管。将镀锌钢绞线端头自管口穿入，穿时应顺绞线绞制方向旋转推入，直至钢绞线端头露出管底 5mm 为止，如图 21–5–9 所示。

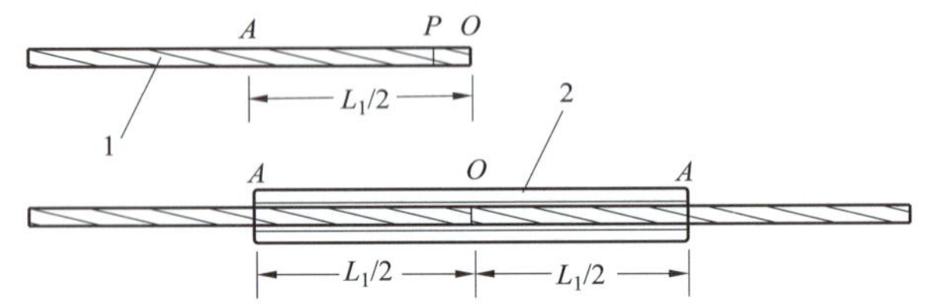

图 21–5–8 镀锌钢绞线接续管画印、穿管示意图

1—镀锌钢绞线；2—对接钢接续管

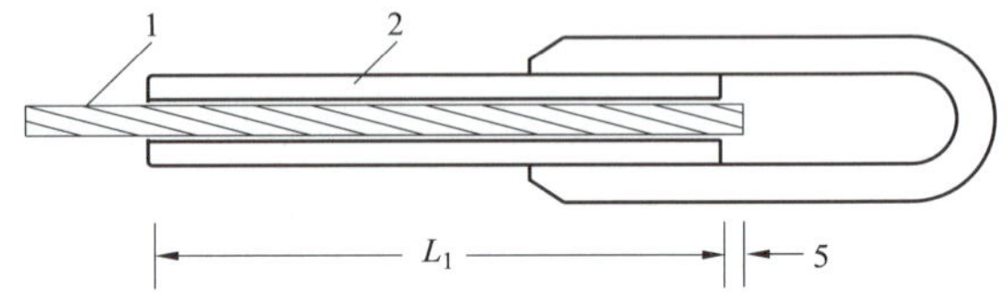

图 21–5–9 镀锌钢绞线耐张线夹穿管示意图

1—镀锌钢绞线；2—耐张线夹

（3）钢芯铝绞线钢芯搭接式接续管的画印、剥线、穿管如图 21–5–10 所示。

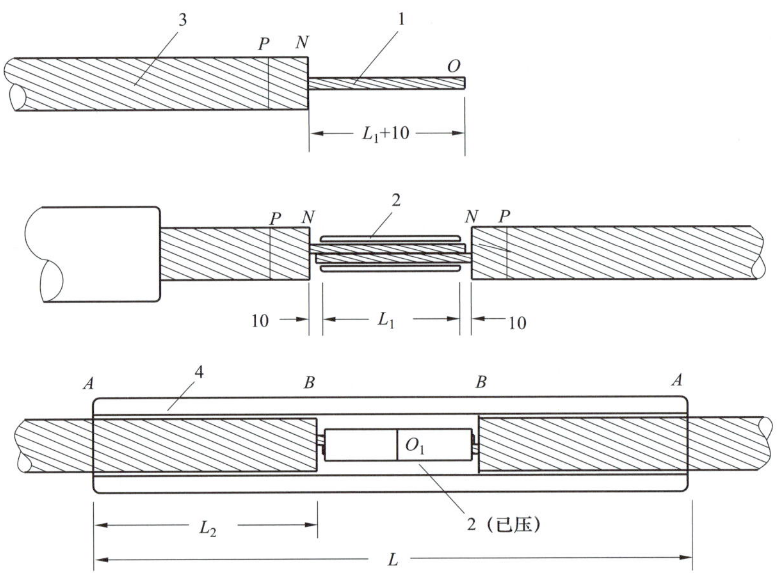

图 21–5–10 钢芯铝绞线搭接式接续管画印、剥线、穿管示意图

1—钢芯；2—钢管；3—铝线；4—铝管

图 21–5–11 切割铝股图

1）首先量出钢管实长 L_1，从钢芯端头 O 点向导线端侧量取 $ON=L_1+10$mm，画割铝股印记 N。

注：钢管液压时预留伸长值，与钢管直径、壁厚、钢模对边距尺寸及压模数有关，其值应通过试压而取得，在确定该值时，比实测值可稍大 3～5mm。

2）在 N 点后侧 20mm 处扎绑线，以防切割后端头松股。

3）切割内层铝股时，为防止钢芯散股，可在端头打开一段铝股，用绑线扎牢钢芯，然后再切割铝股，切割内层铝股时可只割 3/4 深，然后用手掰断，以防止伤及钢芯，如图 21–5–11 所示。

4）先将铝管套入铝绞线一端。

5）穿钢管：使钢芯呈散股扁圆状，一端先穿入钢管，置于钢管内的一侧，另一端钢芯也呈散股扁圆状，自钢管另一端与已穿入的钢芯相对搭接穿入，穿至两端钢芯各露出3～5mm进行压接。

6）钢管压好后，找出中点 O_1，自 O_1 点向两端铝线上量铝管实长 $L/2$，并画印记 A，两端印记画好后，在铝线进入铝管部分均匀涂导电脂（涂刷）。

7）将铝管顺铝线绞制方向，向另一侧旋转推入，直至两端管口与铝线上两端定位印记 A 重合为止，自铝管管口分别向铝管侧量取 L_2（L_2 为铝管总长－钢管长－两侧预留值后除以2），画起压印记 B，压接时由印记 B 分别向管口施压，两 B 点中间为铝管不压区。

（4）钢芯铝绞线钢芯对接式接续管的画印、穿管如图21-5-12所示。

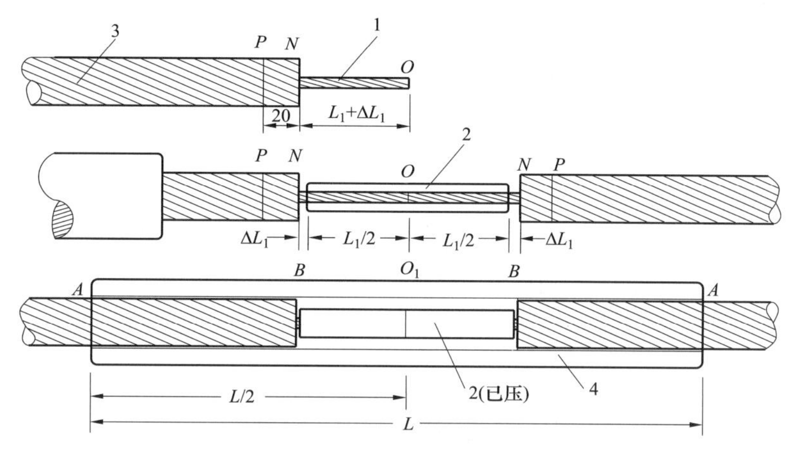

图21-5-12　钢芯铝绞线对接式接续管画印、穿管示意图

1—钢芯；2—钢管；3—铝线；4—铝管

1）自钢芯铝绞线端头 O 向内量 $L_1/2+\Delta L_1$+20mm处，以绑线 P 扎牢一道（事先量出钢接续管的长度 L_1）；

2）自 O 点（钢芯端头）向内量 $ON=L_1/2+\Delta L_1$ 处画一割铝股印记 N；

3）松开原钢芯铝绞线端头的绑线 P。为了防止铝股剥开后钢芯散股，在松开绑线后先在端头打开一段铝股，将露出的钢芯端头用绑线扎牢。然后用切割器（或钢锯）在印记 N 处切断外层及中层铝股。在切割内层铝股时，只割到每股直径的3/4处，然后将铝股逐股掰断。

注：ΔL_1 为钢管液压时预留伸长值，它与钢管直径、壁厚、钢模对边距尺寸及压模数都有关，其值应通过试压而取得。在确定该值时，比实测值可稍大3～5mm。

4）套铝管：将铝管自钢芯铝绞线一端先套入。

5）穿钢管：将已剥露的钢芯（如剥露的钢芯已不呈原绞制状态，应先恢复其原绞制状态）向钢管两端穿入。穿入时应顺绞线绞制方向旋转推入，直至钢芯两端头在钢管内中点相抵，两边预留长度相等即可。

6）穿铝管：当钢管压好后，找出钢管压后的中点 O_1，自 O_1 向两端铝线上各量铝管全长之半 $L/2$（L 为铝管实际长度），在该处画印记 A。在铝线上量尺画印工序，必须在涂导电脂并清除氧化膜之后进行。

两端印记画好后，将铝管顺铝线绞制方向，向另一侧旋转推入，直至两端管口与铝线上两端定位印记 A 重合为止。

7）该方法适用于铝包钢绞线对接式接续管，不同的是铝包钢绞线不需要剥线操作。

（5）钢芯铝绞线与耐张线夹的穿管。

1）剥铝股：以钢芯端头为 O 点，在铝线侧量取 ON 作印记，ON 长为钢锚孔深 L_1 加上 ΔL_1，如图21-5-13所示。

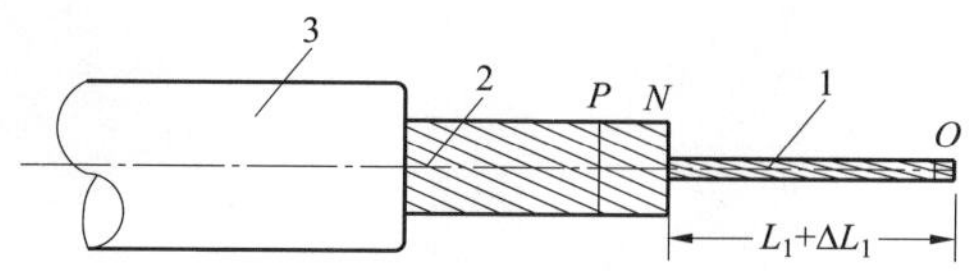

图21-5-13　钢芯铝绞线剥铝股画印示意图

1—钢芯；2—铝线；3—铝管

2）套铝管：将铝管自钢芯铝绞线一端先套入。

3）穿钢锚：将剥好的钢芯，按绞制方向推入钢锚，直至钢芯端头触到钢锚底部，管口到铝股距离为预留 ΔL_1 为止，如图 21-5-14 所示。

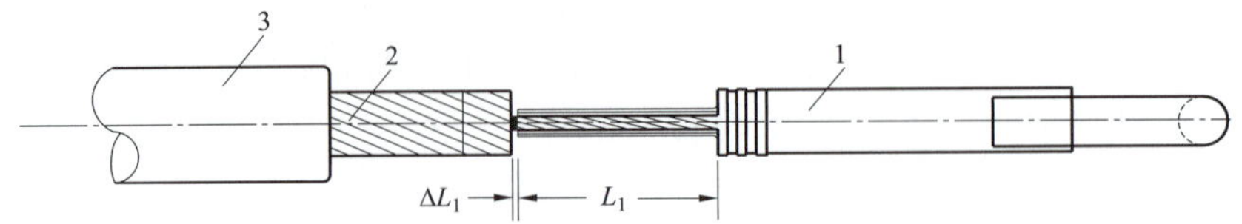

图 21-5-14　钢芯铝绞线耐张线夹钢锚穿管示意图

1—钢锚；2—铝线；3—铝管

4）钢锚压好后，由铝线端头向导线侧量取 L_2，画印记 C，自印记 C 开始对铝股表面涂导电脂，采用细钢刷反复刮擦，破除铝管表面氧化层，然后将铝管按导线绞制方向推向钢锚侧，直至铝管口与印记 C 重合为止（此时引流把与钢锚 U 型环相距以 10mm 为宜），液压操作人员根据施工方案，确定耐张线夹钢锚环与铝管引流板的方位，在铝管上从管口开始向钢锚侧量取 L_2 画起压印记 D，DC 部分为铝管压接区。

在钢锚压好后，应同时量取 F 点至钢锚凹槽边的距离设为 S，再由 F 点向导线侧量取 S 在铝管上画起压印记 E，D 点至 E 点之间为铝管不压区，当铝管 DC 段压完时，再由 E 点开始向钢锚侧反压一模（60mm），如图 21-5-15 所示。

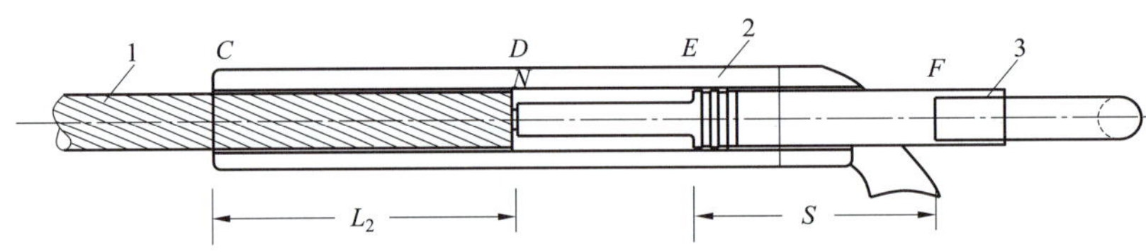

图 21-5-15　钢芯铝绞线耐张线夹铝管画印示意图

1—铝线；2—铝管；3—钢锚

注：L_2 即为 L_Y+f 值。L_Y 为根据钢铝截面积之比，选取的系数乘以钢芯铝绞线外径之积。f 为铝管拔稍部分长度。

5）然后压接铝管，压接时保持印记相对位置不变。

5.2.3　各种液压管液压操作

5.2.3.1　一般操作规定

（1）液压时所用钢模应与被压管相配套，每套模具应有固定的放置方向（压模上有字体的放在同一边），不得错放，液压机的缸体应垂直地平面平稳放置。

（2）被压管放入下钢模时，检查定位印记是否处于指定位置。位置正确后双手把住管及线使两侧导线或避雷线与管保持水平状态，并与压模轴心相一致，以避免管子受压后可能产生弯曲，如图 21-5-16 所示。

（3）压接时，液压机的压力表读数应达到预定的压力值。

（4）液压时相邻两模中心应在一直线上，并至少重叠 5mm，如图 21-5-17 所示。

图 21-5-16　管线与压模轴心平行一致

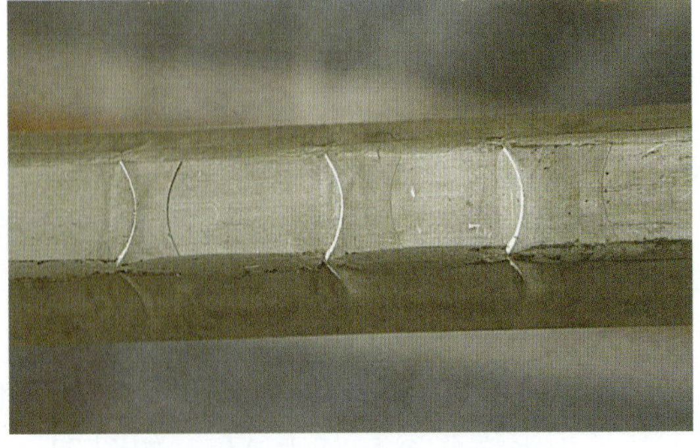

图 21-5-17　两模重叠图

（5）第一模压好后，应检查压后的对边距尺寸符合标准后再继续进行液压。

（6）对钢模定期进行检查，如有变形应修复后使用。

（7）当管子压完后有飞边、毛刺及表面未超过允许的损伤时，应锉平并用 0 号砂纸磨光。管子压完后因飞边过大而使对边距尺寸超过规定值时，应将飞边锉掉后重新施压。校直后的接续管如有裂纹，应割断重接。

（8）钢管压后，不论是否裸露于外皆涂以富锌漆以防生锈。

（9）各种液压管在压好后应随即量取压后压接管伸长及对边距尺寸，并做详细记录。

5.2.3.2　操作工艺

（1）镀锌钢绞线接续管的施压顺序：第一模压模中心应与钢管中心相重合，然后分别依次向管口施压，如图 21–5–18 所示。

（2）镀锌钢绞线耐张线夹施压顺序：第一模自 U 型环侧开始，依次向管口端施压，如图 21–5–19 所示。

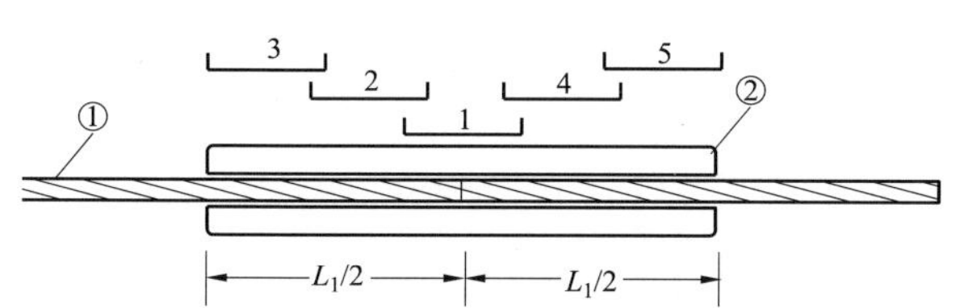

图 21–5–18　镀锌钢绞线液压操作示意图

①—镀锌钢绞线；②—对接钢接续管

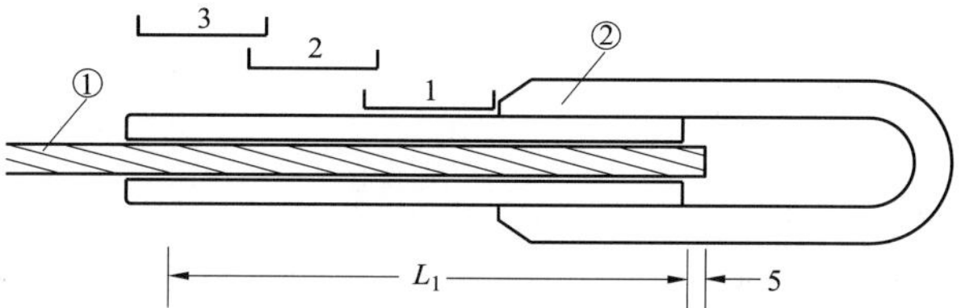

图 21–5–19　镀锌钢绞线耐张线夹液压操作示意图

①—镀锌钢绞线；②—耐张线夹；L_1—钢管长度

（3）钢芯铝绞线钢芯搭接式钢管的液压部位及施压顺序：第一模压模中心压在钢管中心，然后分别向管口端部施压，一侧压至管口后再压另一侧，如图 21–5–20 所示。

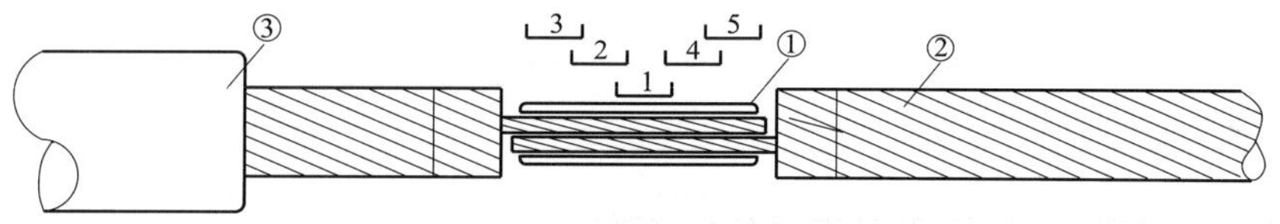

图 21–5–20　钢芯铝绞线接续管钢管液压操作示意图

①—钢管；②—铝线；③—铝管

（4）钢芯铝绞线钢芯搭接式铝管的液压部位及施压顺序：首先检查铝管两端口与定位印记 A 是否重合，然后从铝管不压区开始向管口施压，一侧压至管口后，再压另一侧，如图 21–5–21 所示。

（5）钢芯铝绞线钢芯对接式钢管的液压部位及施压顺序：与钢芯铝绞线钢芯搭接式钢管的液压部位及施压顺序相同。

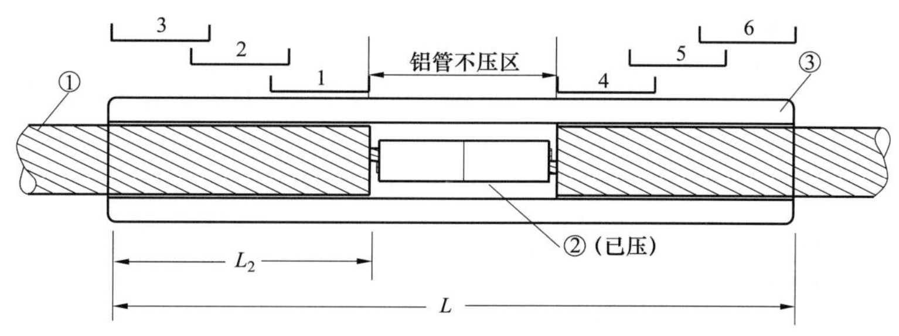

图 21–5–21　钢芯铝绞线接续管液压操作示意图

①—铝线；②—钢管；③—铝管

（6）钢芯铝绞线钢芯对接式铝管的液压部位及施压顺序：与钢芯铝绞线钢芯搭接式铝管的液压部位及施压顺序相同。

（7）钢芯铝绞线耐张线夹的液压部位及施压顺序：钢锚液压部位是自凹槽前侧开始向管口端连续施压，如图 21–5–22 所示。

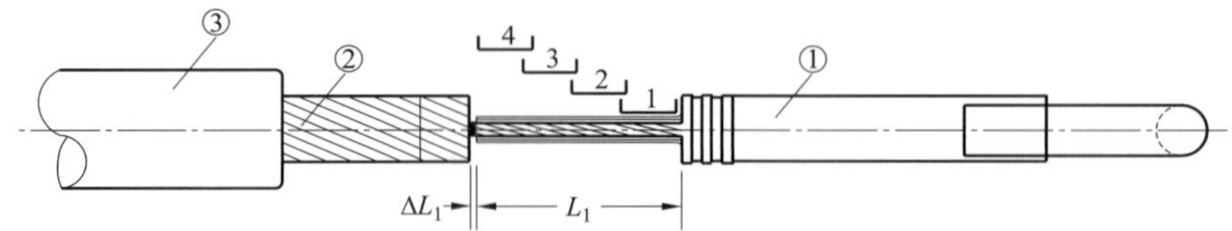

图 21–5–22　钢芯铝绞线耐张线夹钢锚液压操作示意图

①—钢锚；②—铝线；③—铝管

铝管的施压是自铝线端头处向管口施压，然后再返回在钢锚凹槽处压一模。如铝管上没有起压印记 N 时，则当钢锚压完后，先在铝线上量取 C 点画印记，长度为 L_y+f，再从铝管上量取 N点画印记，长度也为 L_y+f（f 为铝管拔梢部分长度），如图 21–5–23 所示。

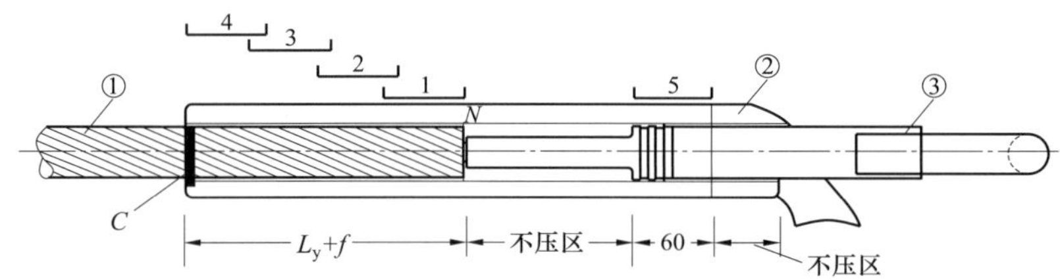

图 21–5–23　钢芯铝绞线耐张线夹铝管液压操作示意图

①—铝线；②—铝管；③—钢锚

注：如铝管上未画有起压印记 N 时，可自管口向底端量 L_y+f 处画印记 N。L_y 值见表 21–5–1。

表 21–5–1　　**L_y 值**

条件	$K \geqslant 14.5$	K=11.4～7.7	K=6.15～4.3
L_y 值	$\geqslant 7.5d$	$\geqslant 7.0d$	$\geqslant 6.5d$

注　K 为钢芯铝绞铝、钢截面积比；d 为钢芯铝绞线外径，mm。

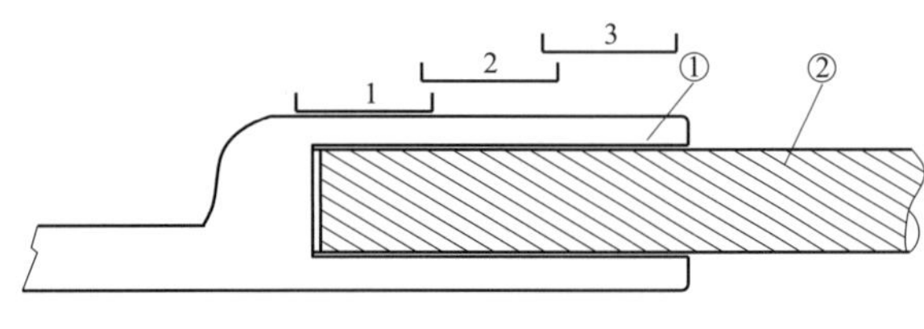

图 21–5–24　引流板液压操作示意图

①—引流板；②—导线

（8）引流板的液压施压顺序：从管底向管口连续施压，如图 21–5–24 所示。

（9）钢芯铝绞线补修管的液压部位及操作顺序：在导线上由损伤中心处开始向两侧各量取补修管长度的 $L/2$，画印记 A，将补修管中心对准导线损伤中心处且使两管口对准印记 A，合上补修管由管中心向两侧分别起压（压至管口）。每模重叠已压模长 1/4～1/3。两端最后一模与补修管端口应保留 5mm 距离的非压接区，如图 21–5–25 所示。

5.2.4　压后质量检查

（1）检查对边距是否满足要求：若不能满足要求，查明是压模原因，更换压模进行重压；若是液压管原因或误操作原因，则应割断重新压接。

（2）检查钢管、铝管压后是否有明显弯曲，弯曲值不超过 2%L（L 为压后管长）。

（3）检查外观，应无起皱、无毛刺现象。

（4）钢管应进行喷涂防锈漆。

5.2.5　清理现场

施工完毕后，应及时清理现场，做到工完、料净、场地清。

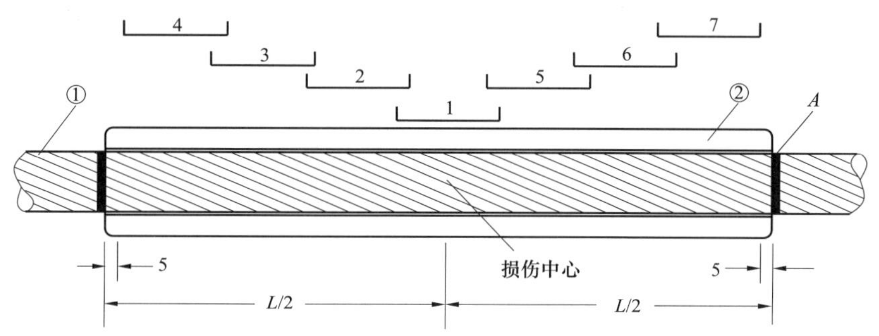

图 21-5-25 钢芯铝绞线补修管液压操作示意图

①—导线；②—补修管；L—补修管长度

6 人员组织

本典型施工方法要求压接工应经过培训考试合格后方可上岗，一般人员组织按表 21-6-1 配置。

表 21-6-1 一般人员组织

序号	工种	单位	数量	备注
1	压接工	个	1	
2	技工	个	2	
3	机械操作工	个	1	
4	安全监护人	个	1	高空压接时需要
5	合计	个	5	

7 材料与设备

本典型施工方法主要材料与设备见表 21-7-1。

表 21-7-1 主要材料与设备

序号	材料/设备名称	规格	单位	数量	备注
1	液压机		台	1	
2	压模	钢管压模和铝管压模	套	若干	
3	游标卡尺		把	1	精度在 0.02mm
4	断线钳	液压型	把	1	
5	剥线钳		把	1	
6	钢卷尺	5m	把	1	
7	导电脂		盒	若干	
8	防锈漆	0.5kg	桶	1	
9	板锉		把	1	
10	砂纸	0 号	张	若干	
11	绑线		根	若干	
12	红漆		桶	若干	带小刷子
13	钢刷		把	若干	
14	记号笔		根	若干	

8 质量控制

（1）工程质量控制标准

GB 50233—2005　110～500kV 架空送电线路施工及验收规范

GB/T 2314—2008　电力金具通用技术条件

DL/T 5168—2002　110kV～500kV 架空电力线路工程施工质量及评定规程

SDJ 226　架空送电线路导线及避雷线液压施工工艺规程

（2）质量保证措施

1）工程所进行的检验性试件应符合下列规定：

a. 架线工程开工前，应对该工程实际使用的导线、避雷线、液压管及配套的钢模，按照规程规定的操作工艺，制作检验性试件。每种型式的试件不少于三根（允许接续管与耐张线夹做成一根试件）。试件的握着力均不应小于导线及避雷线保证计算拉断力的 95%。

b. 如果发现有一根试件握着力未达到要求，应查明原因，改进后做加倍的试件再试，直至全部合格。

c. 相邻不同的工程，所使用的导线、避雷线、接续管、耐张线夹、补修管及钢模等完全没有变动时，可以免做重复性验证试验。但不同厂家及不同批的产品不在此列。

2）各种接续管、耐张管及钢锚连接前必须测量管的内、外直径及管壁厚度，其质量应符合 GB/T 2314—2008 规定。不合格者，严禁使用。

3）各种液压管压后对边距尺寸 S 的最大允许值计算公式

$$S=0.866\times(0.993D)+0.2\text{mm}$$

式中　D——管外径，mm。

注：三个对边距中只允许有一个达到最大值，超过此规定时应更换钢模重压。

4）液压后管子不应有肉眼可见的扭曲及弯曲现象，有明显弯曲时应校直，校后不应出现裂缝；弯曲不得超过 2%L。

5）校直后的接续管如有裂纹，应割断重接。

6）各液压管施压后，应认真填写记录，液压操作人员检查合格后，在管子指定部位打上液压操作人的钢印，质检人检查合格后，在记录表上签名。

7）按照输电线路现场音像及图片资料拍摄要求，对压接过程按要求比例进行拍摄。

9 安全措施

（1）在进行液压施工时应遵守 DL 5009.2—2004《电力建设安全工作规程 第 2 部分：架空电力线路》的相关规定。

（2）液压机及液压钳体的使用次数和年限，必须在厂家规定的使用次数和年限内使用。

（3）使用前检查液压钳体与顶盖的接触口，液压钳体有裂纹者严禁使用。

（4）液压机启动后先空载运行，检查各部位运行情况，正常后方可使用；压接钳活塞起落时，人体不得位于压接钳上方。

（5）放入顶盖时，必须使顶盖与钳体完全吻合；严禁在未旋转到位的状态下压接。

（6）液压泵操作人员应与压接钳操作人员密切配合，并注意压力指示，不得过荷载。

（7）液压泵的安全溢流阀不得随意调整，并不得用溢流阀卸荷。

（8）切割导地线时，线头应扎牢，并防止线头回弹伤人。

（9）液压时，持线人位于压钳的侧面，并注意手指不得深入压模内。

（10）高空压接时安全保证措施：

1）操作平台内机械设备及材料必须固定牢靠，防止脱落伤人及设备损失。

2）操作平台与高空临锚钢绳或导线等连接固定必须可靠，并固定在多根线绳上。

3）导线必须有防跑线的措施。

4）高空操作人员的安全绳应连接在铁塔上，并不得与操作平台吊绳交叉。

10 环保措施

（1）在压接施工过程中严格遵守国家和地方政府下发的有关环境保护的法律、法规和规章制度。
（2）液压操作场地应采取与地面隔离措施，防止污染环境。
（3）清洗剂、液压油等废液按规程要求进行处置，防止污染地面及植被。
（4）切割掉的导线铝股应及时投入废物箱内。
（5）在施工现场应做到工完、料净、场地清。

11 效益分析

（1）与爆压连接相比较，避免了在工地保管、运输和操作过程中的安全隐患，更好地保证了工程安全。
（2）液压连接的握着力稳定，输电线路运行更为可靠，具有较好的经济效益和社会效益。
（3）液压连接设备资金投入不大，并可长期重复使用，减少工器具的投资，具有良好的经济效益。
（4）液压设备可放置到导线和铁塔上进行压接施工，减少了对树木和植被的破坏，环境保护效益明显。

12 应用实例

本典型施工方法已在500kV核增线、500kV郑东线路、±800kV向上线、1000kV特高压直流输电线路等工程中广泛应用，施工质量优良。已成功应用于以下典型工程：

（1）本典型施工方法已成功应用于500kV核电站—增城输电线路工程，导线规格为LGJ−300/40，地线规格为GJ−80。

（2）本典型施工方法已成功应用于500kV郑州东输电线路工程，导线规格LGJ−630/45，地线规格为JLB4−150。

（3）本典型施工方法已成功应用于±800kV向家坝—上海特高压直流输电线路工程，导线规格ACSR−720/50；地线规格为LBGJ−180−20AC。

（4）本典型施工方法已成功应用于1000kV晋东南—南阳—荆门输电线路工程。1000kV晋东南—南阳—荆门输电线路工程第11标段，位于南阳市境内，线路全长34.851km，共有铁塔74基，架线起止点为南阳开关站构架—075号塔，共8个耐张段。导线采用8分裂LGJ−500/35钢芯铝绞线，分裂间距为400mm，跳线采用硬跳线。地线：采用JLB20A−170铝包钢绞线和OPGW−175。

该工程导、地线规格及物理特性见表21−12−1，使用压接管的技术参数及压模配置表见表21−12−2。

表21−12−1　　导、地线规格及物理特性

导、地线型号	根数×直径（mm）		计算截面积（mm^2）			计算外径（mm）	保证计算拉断力（kN）	计算重量（kg/km）
	铝	钢	铝	钢	总计			
LGJ−500/35	45×3.75	7×2.50	497.01	34.36	531.37	30	113.525	1642
JLB20A−170					172.5	17	183.042	1152

表21−12−2　　压接管的技术参数及压模配置表

名称	导线耐张管		导线直线管		地线耐张管		地线直线管	
规格	NY−500/35		JYD−500/35		NY−170BG		JY−170BG	
部位	铝管	钢管	铝管	钢管	铝管	钢管	铝管	钢管
压接长度（mm）	240	100	500	100	80	230	80	450

续表

名称	导线耐张管		导线直线管		地线耐张管		地线直线管	
外径（mm）	52	16	52	22	50	34	50	34
模具配置	L52	G16	L52	G22	L50	G34	L50	G34
压后 S 值（mm）	44.92	13.96	44.92	19.12	43.20	29.44	43.20	29.44
握着力	＞113.525kN				＞183.042kN			

注 1. 地线耐张、直线管钢管内径极限偏差：±0.15mm，外径极限偏差：±0.2mm；地线耐张、直线管铝管内径极限偏差：±0.3mm，外径极限偏差：±0.4mm。

2. 导线耐张管钢管内径极限偏差：±0.15mm、外径极限偏差：±0.2mm，导线直线管钢管内径极限偏差：±0.3mm、外径极限偏差：−0.2～+0.4mm，导线铝管内径极限偏差：−0.4mm、外径极限偏差：＋1.0mm。

该工程导地线连接全部采用液压连接，共压接导线耐张线夹 192 个，导线接续管 152 个，地线耐张线夹 24 个，地线接续管 16 个。经过验收，施工质量优良。

经过以上典型工程实践证明，本典型施工方法具有质量稳定、安全可靠、操作方便、经济适用等优点。

典型施工方法名称：OPGW 展放及接续典型施工方法

典型施工方法编号：GWGF022-2010-SD-XL

编 制 单 位：四川电力送变电建设公司

推 荐 单 位：四川省电力公司

主 要 完 成 人：景文川　王光祥　杨小斌　朱劲枫

目　次

1 前言

OPGW（Optical Fiber Composite Overhead Ground Wire）也称光纤复合架空地线，在输电线路中兼具地线与通信双重功能。OPGW 以其高可靠性、优越的机械、电气性能及良好的经济性和实用性在电力系统得到广泛的运用。为总结推广输电线路 OPGW 展放及接续施工技术，提高施工安全与工艺水平，国家电网公司组织编写了《OPGW 展放及接续典型施工方法》。

四川电力送变电建设公司自 1998 年研究和应用 OPGW 展放及接续施工工艺以来，经过持续改进、完善，形成了系统的 OPGW 展放及接续典型施工方法。在研究过程中取得了多项技术创新成果：研发了张力放线施工计算及放线作业图绘制软件系统（软著登字第 0150577 号），研制了鞍式提线器和防跳槽装置等，达到了国内先进水平。

本典型施工方法已在±800kV 向上直流、500kV 九石线及 220kV 龙昭线等工程广泛应用，成效显著。

2 本典型施工方法特点

（1）采用张力放线施工计算及放线作业图绘制软件系统进行施工计算，自动绘制放线作业图，提供了可靠的技术保障。

（2）一般按照单盘展放原则，全过程采用张力放线施工工艺，OPGW 始终处于悬空状态，有效保障了展放质量，降低了协调难度，提高了作业效率。

（3）放线滑车增设防跳槽装置，保证 OPGW 展放顺畅；采用鞍式提线器进行附件作业，附件安装更加快捷、方便。

（4）采用自动高精度光纤熔接机进行熔接，确保熔接质量；规范熔接工艺，避免人为误差；采用光时域反射仪对 OPGW 接续点进行双向测试，提高测试精度。

（5）采用规范施工工艺，使其工艺更加合理，提高了适用性，减少质量通病；严格工艺流程，保证工艺美观。

3 适用范围

本典型施工方法适用于各种电压等级输电线路新建OPGW 工程，同时OPGW 改建工程也可参照执行。

4 工艺原理

首先通过飞艇（或动力伞）展放一根初导绳，然后用人力控制牵放的方式牵引二导绳，再用二导绳牵引三导绳，采用对轮绞磨牵引过渡到预定的牵引钢丝绳。平原地区也可采用人工展放。飞艇展放初导绳示意图见图 22-4-1。

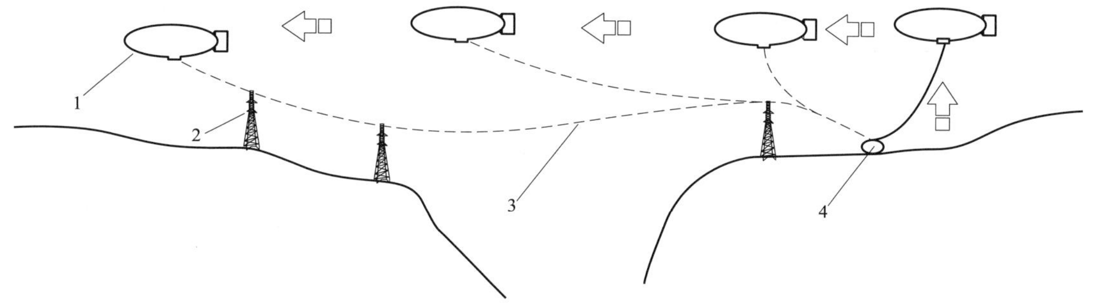

图 22-4-1 飞艇展放初导绳示意图

1—飞艇；2—铁塔；3—初导绳；4—初导绳线盘

将 OPGW 线盘放在放线架或缆盘车上，OPGW 端头通过小张力机后，将牵出 OPGW 线头顺次通过牵引网套、旋转连接器与无扭牵引钢丝绳相连接，再在图 22-5-8 中装设防扭鞭后，由小牵引机牵引，小张力放线机保持一定张力协同配合完成 OPGW 展放。工艺原理示意图见图 22-4-2。

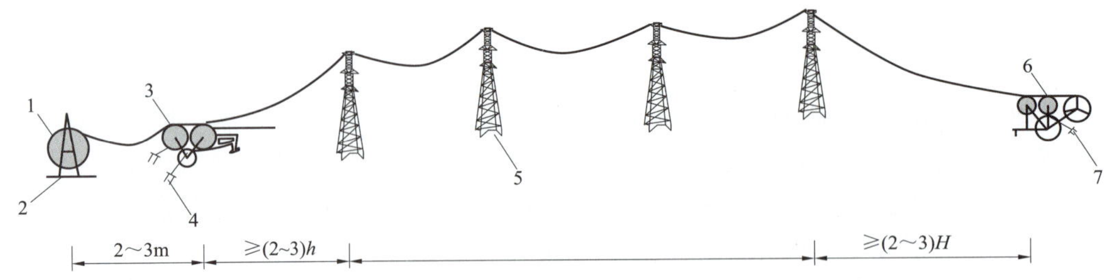

图 22-4-2 OPGW 展放工艺原理示意图

1—OPGW 线盘；2—放线架；3—小张力机；4—地锚；5—铁塔；6—小牵引机；7—地锚

h—小张力机出口临塔高；*H*—小牵引机入口临塔高

OPGW 展放完成后，再经过紧线、附件安装、接续、测试等步骤完成 OPGW 的安装。

OPGW 接续熔接采用“预加热熔接法”，通过电弧对光纤端面进行预热整形，再通过电极产生高温电弧使光纤熔接在一起，实现无缝连接。

OPGW 测试采用光时域反射仪发射光脉冲到光纤，然后在端口接收返回的有用信息，来进行 OPGW 本身衰耗、接头衰耗及长度测试。

5 施工工艺流程及操作要点

5.1 施工工艺流程

本典型施工方法施工工艺流程见图 22-5-1。

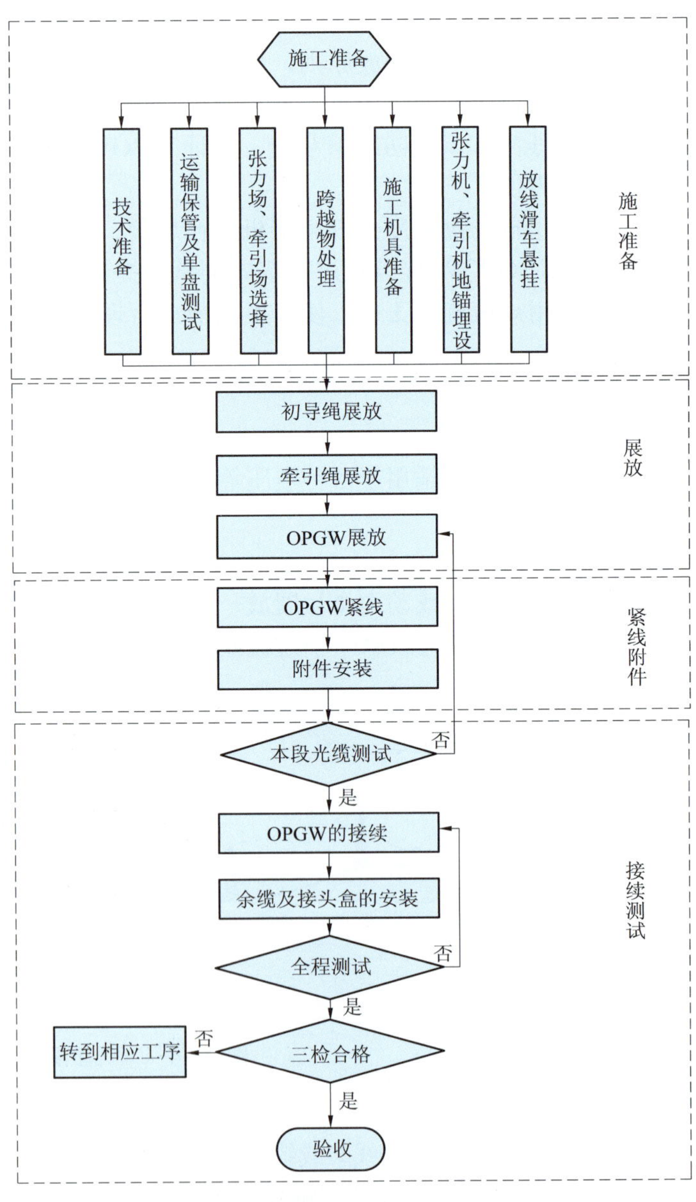

图 22-5-1 OPGW 展放及接续施工工艺流程图

5.2 操作要点

5.2.1 施工准备

5.2.1.1 技术准备

(1) 目前 OPGW 结构形式较多，因此在施工前首先要熟悉该工程 OPGW 相关特性，由设计单位向施工单位进行设计图纸交底，收集供应厂商的相关技术要求。

(2) 组织人员现场踏勘调查，收集地形地貌、气象条件、运输条件等资料，进行施工计算，或采用张力放线软件绘制张力放线作业图，明确放线控制张力等重要技术参数，编制 OPGW 架设施工方案，并做好技术交底。软件操作输出例图见图 22-5-2。

5.2.1.2 OPGW 运输保管及单盘测试

(1) OPGW 缆盘运输和存放应在竖直状态下，即不准平放；运输时应将线盘固定在车上，防止滚碰，同时防止激烈振动或撞击缆盘。

(2) 用轴杠穿过缆盘轴孔吊装。

(3) OPGW 外观检查时需要检查缆盘是否损坏，OPGW 原始保护是否完好无损，标识和技术参数是否符合设计要求。

(4) OPGW 缆盘上的保护木板条，在准备放线时才能拆除；展放前须将盘上的铁钉清除。

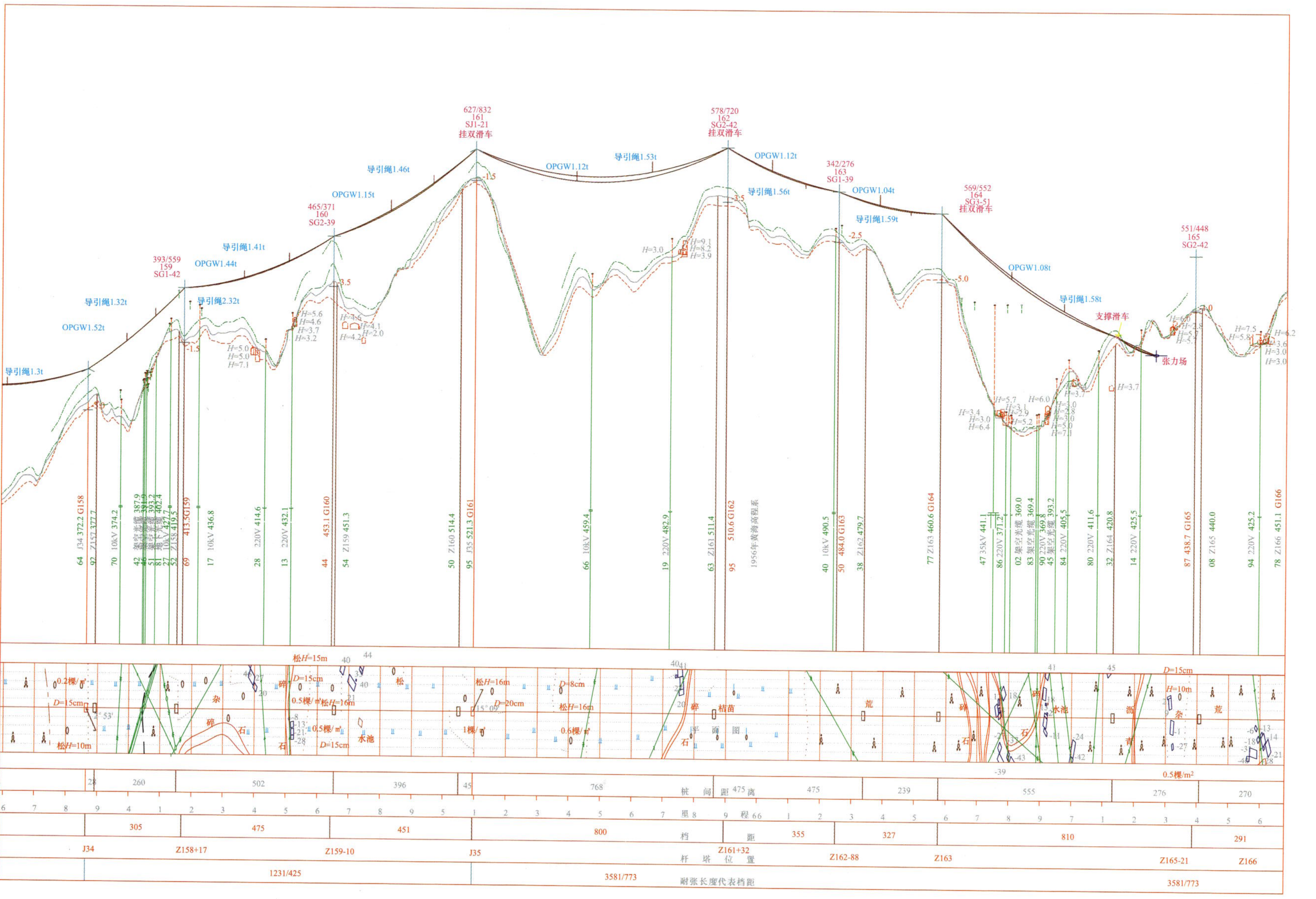

图 22-5-2 软件操作输出例图

（5）OPGW 缆盘应放于平整地面，在施工前及施工过程中避免浸水。

（6）在正式施工前，按规定程序组织相关方进行 OPGW 单盘测试，用光时域反射仪分别在 1310nm 和 1550nm 波长上，对 OPGW 每一芯进行测试，根据光时域反射仪测试实际长度和衰耗值是否符合厂家提供的数据。测试时必须逐盘做好记录，并在 OPGW 盘上标注测试结论及测试日期。

5.2.1.3 张牵场选择

（1）OPGW 放线区段应与 OPGW 长度相适应，牵引场、张力场的设置应靠近 OPGW 接续塔，并力求平场量少、修路量少。

（2）OPGW 展放时宜通过接头塔的放线滑车，牵引场、张力场应尽量设置在被架设段外侧。

（3）张力场宜设置在放线区段的延长线上，张力机、牵引机离端塔的距离须满足塔高的 3 倍，OPGW 出线时其对地夹角不宜大于 25°，水平方向应小于 7°，且放出绳索不得与已经放好的导线和牵引绳相互摩擦。

（4）如果牵引场受场地的限制，可在其延长线上设转向滑车，同样出口仰角不宜大于 25°，水平方向应小于 7°。

（5）张力场长、宽分别宜为 20m、12m 左右，牵引场的长、宽宜在 10m、8m 左右。

（6）张力场布置示意图见图 22-5-3，牵引场布置示意图见图 22-5-4。

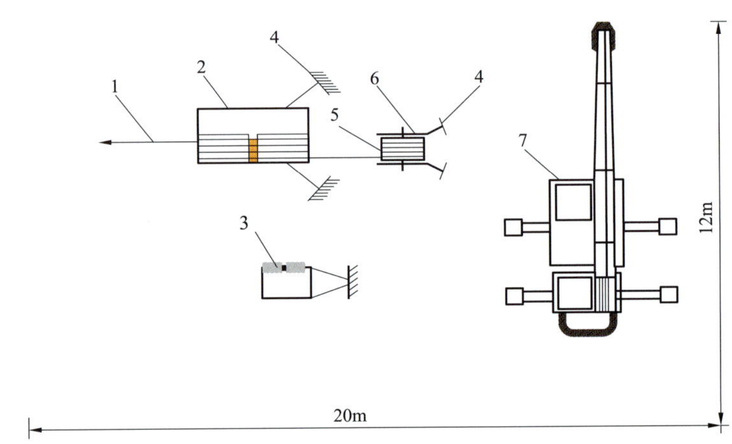

图 22-5-3 张力场布置示意图

1—OPGW；2—小张力机；3—对轮绞磨；4—地锚；5—OPGW 缆盘；6—放线架；7—吊车

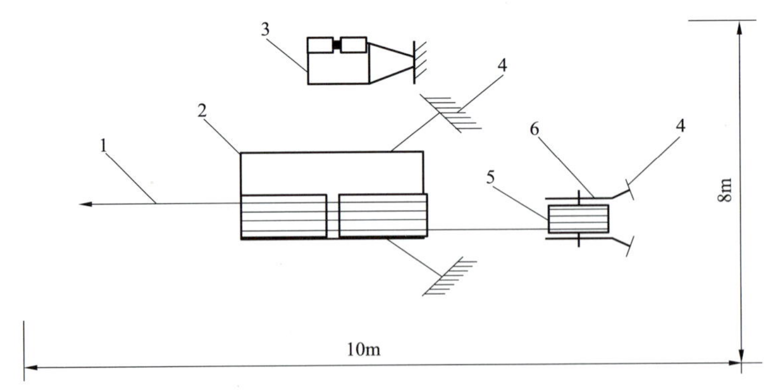

图 22-5-4 牵引场布置示意图

1—OPGW；2—小牵引机；3—对轮绞磨；4—地锚；5—无扭牵引钢丝绳线盘；6—放线架

5.2.1.4 跨越物处理

（1）施工前应清理房屋、树木等障碍物。

（2）根据不同的跨越物特点及现场情况，采取合理的跨越措施，如搭设跨越架、悬索式吊篮封网跨越架等措施。

5.2.1.5 施工机具准备

施工机具根据工程实际受力计算结果进行选择，仅对主要施工机具进行阐述。

（1）小牵引机选择。小牵引机的额定牵引力选取时可按式（22–5–1）选用，具体选取时依据计算所得的最大牵引力（考虑安全系数后）进行选用

$$P \geqslant \frac{1}{8} Q_{\mathrm{p}} \tag{22–5–1}$$

式中 P——小牵引机的额定牵引力，N；

Q_{p}——牵引绳的综合破断力，N。

（2）小张力机选择。

1）张力机的额定制动张力可按式（22–5–2）选用。具体选取时依据计算所得的最大出口张力（考虑安全系数后）进行选用

$$t \geqslant \frac{1}{15} Q_{\mathrm{p}} \tag{22–5–2}$$

式中 t——小张力机的额定制动张力，N。

2）张力机的张力轮径不应小于 OPGW 直径的 70 倍，且不得小于 1m，若 OPGW 制造厂家有高于此标准的规定，则按照厂家规定执行。

3）放线架应转动灵活，制动可靠。

（3）放线滑车选择。放线滑车槽底直径不小于 OPGW 直径 40 倍，且不得小于 500mm，滑轮槽应采用尼龙或其他韧性材料，满足荷载要求并转动灵活。

（4）牵引绳的选择。牵引绳应选用无扭牵引钢丝绳，其规格（考虑安全系数后）应与小牵引机额定最大牵引力相适应。

5.2.1.6 张力机、牵引机地锚埋设

张力机、牵引机的锚坑深度应根据实际地质条件计算确定。锚绳对地夹角不大于 45°，布置方向应与张力机、牵引机挂孔相一致。

5.2.1.7 放线滑车悬挂

（1）对于一般直线塔可用 U 型环或直角挂环将放线滑车直接挂于横担的挂点上，耐张塔滑车用钢绳套挂于地线横担，包络角大于 60° 的塔位挂双滑车，见图 22–5–5。

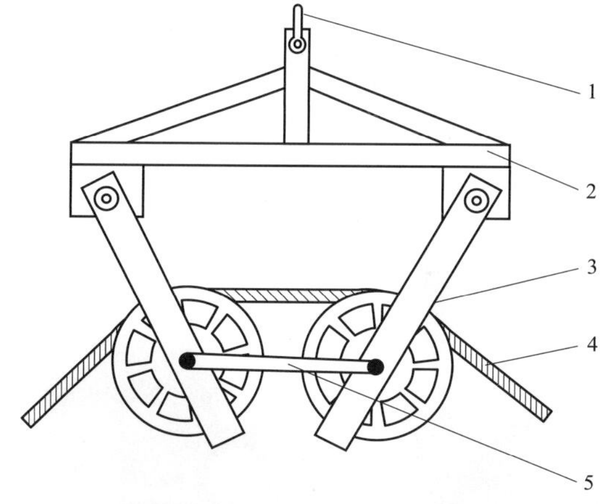

图 22–5–5 双滑车悬挂示意图

1—U 型环；2—双滑车挂架；3—放线滑车；4—OPGW；5—支撑角钢

（2）转角塔做好滑车预偏处理准备。当滑车在外角地线支架挂设时，要采取措施防止滑车与横担及塔身相碰。

（3）临界上扬及转角塔滑车应装设防跳槽装置，见图 22–5–6。

（4）悬挂放线滑车时应尽量缩小滑车与 OPGW 挂点之间距离，一般耐张塔可采用钢丝绳悬挂，直线塔可采用金具串悬挂。如同塔水平架设两根 OPGW，则应左右两滑车悬挂索具等长，以利于弧垂观测。

（5）技术准备时应计算 OPGW 在放线滑车上的包络角，包络角φ大于 60° 时需挂双滑车，包络角φ可按式（22–5–3）计算，采用张力放线施工计算及放线作业图绘制软件系统时，系统将自动完成包络角的计算结果输出并标注于图上

$$\cos\varphi = \cos\alpha - \left[\cos\alpha + \cos\left(\alpha_{\mathrm{A}} - \alpha_{\mathrm{B}}\right)\right]\sin^2\frac{\theta}{2} \tag{22–5–3}$$

其中
$$\alpha = \alpha_{\mathrm{A}} + \alpha_{\mathrm{B}}$$

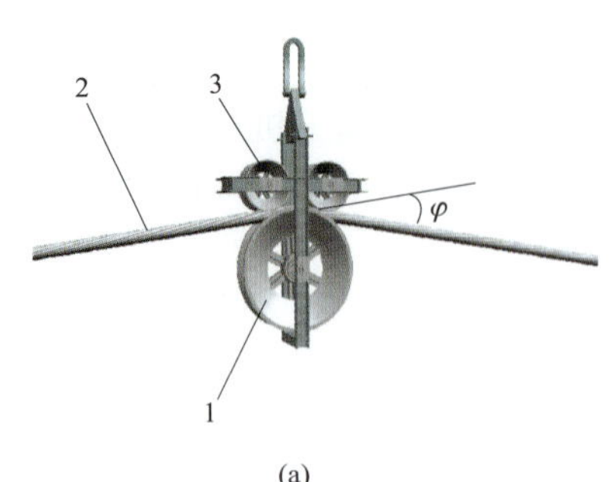

(a)

(b)

图 22-5-6 装设防跳槽装置示意图及实物图

(a) 示意图；(b) 实物图

1—放线滑车；2—OPGW；3—防跳槽装置；φ—包络角

式中 φ——OPGW 在滑车上的包络区间所对的圆心角，称为包络角，（°）；

α——放线滑车两侧 OPGW 的悬垂角之和，（°）；

α_A、α_B——放线滑车两侧 OPGW 的悬垂角，（°）；

θ——滑车的水平转角。当挂单滑车时，滑车的水平转角为线路水平转角；当挂双滑车时，每个滑车的水平转角均为线路水平转角之半，（°）。

5.2.2 初导绳展放

初导绳展放一般采用飞艇或动力伞展放，也可采用人工展放，这里仅以飞艇为例进行说明。将初导绳全部置于起点地面线盘上，并将绳盘上的绳头带上塔顶，当飞艇在塔顶上方悬停并从遥控放线器中放出一段 5～10m 的初导绳到塔顶，将飞艇放下的绳头和从地面带上塔顶的绳头相连，飞艇便可牵引初导绳向终点飞行。飞行全程中，初导绳的张力由地面绳盘操控人员根据指挥员的命令进行控制，初导绳可始终处于腾空状态，飞艇在飞越终点后带初导绳下降，当塔顶或地面人员抓住初导绳后，遥控人员把遥控脱绳器打开，将飞艇上的绳头抛下，完成一段线路的初导绳牵放。

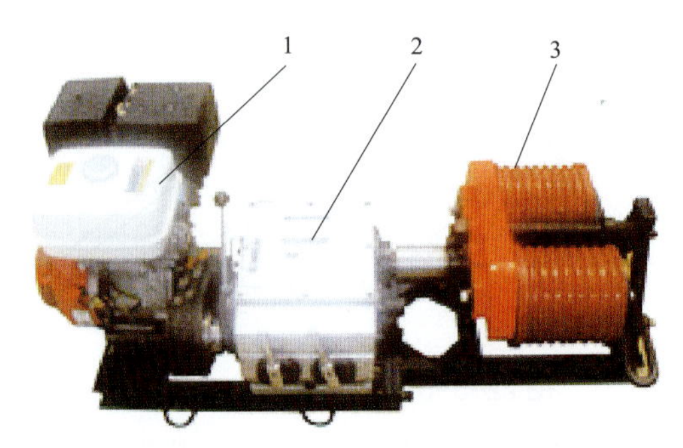

图 22-5-7 对轮绞磨实物图

1—发动机；2—变速箱；3—对轮

5.2.3 牵引绳展放

（1）首先用展放好的初导绳通过顶置专用放线滑车牵引二导绳，再用二导绳牵引三导绳，将其归位到 OPGW 放线滑车里，采用对轮绞磨（见图 22-5-7）牵引过渡到预定的无扭牵引钢丝绳，并将无扭牵引钢丝绳锚固于小张力机前侧，做好施工准备。

（2）牵引无扭牵引钢丝绳之前的引渡施工采用人工掌控牵引的方式，每基塔顶安排高空人员协助牵引及护线。

（3）由于迪尼玛绳的比重比较小，牵引过程中很容易上扬，或者跳槽而与滑车铁边发生严重摩擦，因此必须采用防跳槽装置。

（4）二导绳、三导绳线盘应支撑在放线架上，张力通过放线架刹车控制。

5.2.4 OPGW 展放

（1）通过过渡绳与牵引网套连接，启动张力机辅以人力牵引使 OPGW 布满张力机轮槽，并牵出 5～10m，将牵出 OPGW 线头顺次通过牵引网套、旋转连接器与无扭牵引钢丝绳相连接，再装设防扭鞭，见图 22-5-8。如厂家有特殊说明，按厂家要求进行连接。

（2）牵引网套连接及绑扎必须由专人操作。采用 10 号铁线靠近网套尾端绑扎，长度大于 100mm，并用胶带裹缠，防止损伤张力轮及滑车。

（3）随后通过小张力机回车，并人工卷盘，使小张力机张紧牵引绳，待锚固绳不受力后将其拆除，同时牵引场做好准备，搭设好接地滑车。

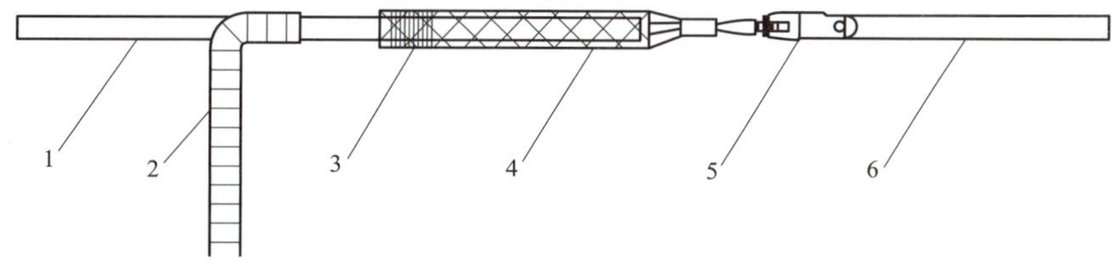

图 22-5-8　OPGW 与牵引绳连接示意图

1—光缆；2—防扭鞭；3—绑扎铁线；4—牵引网套；5—旋转连接器；6—无扭牵引钢丝绳

（4）指挥人员确认张力场、牵引场及各塔位准备完毕，通知开机牵引。

（5）牵引时，初速度应保持在 5m/min 以内，并注意沿线牵引绳及 OPGW 的运行情况。当牵引正常后，可逐步加大牵引速度，最终以 30m/min 为宜，最大不宜超过 60m/min。

（6）牵引绳受力后做好转角塔滑车预偏调整，满足预偏要求。

（7）OPGW 牵引至牵引端接续塔，并满足接续长度后，通知停机。

（8）再次复核 OPGW 对各跨越物的安全距离，并通过张力机、牵引机适当调整后两端锚线。

（9）整个张力放线过程必须严格张力控制，在满足对跨越物安全距离的情况下，采用尽量低的张力展放。

（10）全段每基塔位均应有监护人员，尤其是上扬、转角及易跳槽塔位。

（11）张牵设备必须接地，操作人员应站在绝缘垫上。对于跨越带电体的塔档，塔上的滑车、张牵设备本体、牵引绳、OPGW 均应接地，同时整个放线段两端滑车也要和塔一同接地。

（12）OPGW 展放和锚固过程中严禁落地，在地面操作时应采取隔离措施。

（13）施工中应配置电台、对讲机等通信设备，并设置指挥台，保持通信畅通。

5.2.5　OPGW 紧线

（1）紧线前，在待紧段两端铁塔地线横担装设反向临时拉线。

（2）紧线前在同一耐张段内，先在一侧安装耐张线夹。

（3）OPGW 弧垂观测优先采用等长法。当不满足等长法观测时，配以经纬仪，用角度法观测。观测档宜选择悬挂高差较小，接近代表档距的线档。

（4）在观测弧垂的同时，用张牵设备进行粗调，接近弧垂时用专用紧线器在另一侧耐张塔通过链条葫芦调整各档弧垂，使弧垂达到设计值，然后在各塔光缆挂线点处同时画印。

（5）用专用紧线器锚固耐张塔两端 OPGW，然后收紧葫芦，将 OPGW 从滑车上取出，进行耐张线夹安装。

（6）耐张直通紧线方法：当耐张塔一侧紧线并挂线完毕后，可用棕绳按设计直通跳线弧垂进行比量，在待紧侧 OPGW 上画印。待紧侧适当放松张力后，在待紧侧 OPGW 安装耐张线夹，将 OPGW 挂于塔上。

（7）若区段内只有一基直通耐张转角塔时，可先在该直通耐张塔两侧同时挂耐张线夹，然后在牵引场侧和张力场侧同时紧线，分别按照各自耐张段的观测档距和弧垂进行紧线和弧垂观测。含直通耐张塔时，应根据设计要求，按各自耐张段应力要求紧线。

（8）根据牵引场的实际设置以及接续塔的实际位置等情况，也可在牵引场侧挂线，在张力场侧利用张力机回牵或机动绞磨进行紧线作业。

（9）紧线后 OPGW 弧垂应符合设计要求。

5.2.6　附件安装

5.2.6.1　附件安装有关规定

（1）在紧完线后，OPGW 在滑车中的停留时间不宜超过 48h。

（2）在附件安装前，对已紧好的 OPGW 作临时接地处理，提线时与 OPGW 接触的工具必须包橡胶或缠绕铝包带，不得以硬质工具接触 OPGW 表面。

5.2.6.2 预绞丝式耐张线夹的安装

（1）OPGW 预绞丝式耐张线夹组装型式一般见图 22-5-9。

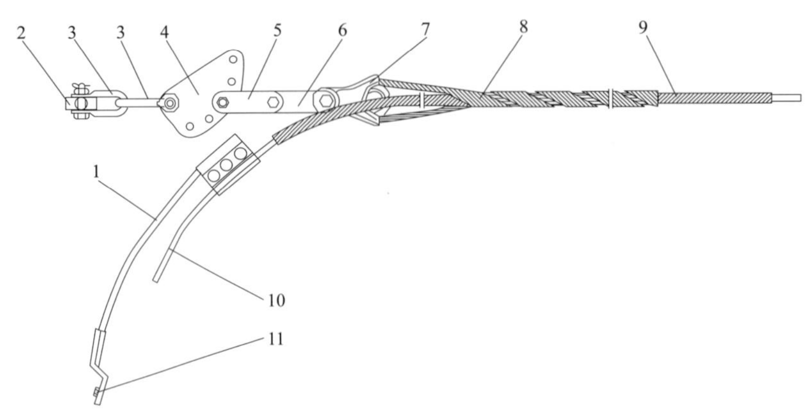

图 22-5-9 OPGW 预绞丝式耐张线夹组装图

1—接地线；2—挂点金具；3—U 型挂环；4—DB 调整板；5—P 型挂板；

6—PD 型挂板；7—嵌环；8—外绞丝；9—内绞丝；10—OPGW；11—连接螺栓

（2）先用专用紧线器锚固耐张塔两端 OPGW，然后用手扳葫芦收紧，将滑车上 OPGW 收松，再把 OPGW 从滑车上取出。

（3）使用预绞丝式耐张线夹，应将预绞丝式耐张线夹分叉点颜色标识、内绞丝起点颜色标识同 OPGW 画印点相重合。OPGW 上画印点应注意将尺寸比量准确。预绞丝式耐张线夹安装工艺如下：

1）调整好 OPGW 弧垂后，在塔上固定好连接金具。

2）在安装内绞丝以前，把外绞丝穿过嵌环并使之与 OPGW 平行，在外绞丝有色标交叉号的地方在 OPGW 上作标记，作为内绞丝分支在 OPGW 上的定位参考标志。

3）将第一根内绞丝色标与 OPGW 上标记对齐，然后从标记处向两端缠绕，将其完全缠绕在 OPGW 上。

4）将第二根内绞丝色标与 OPGW 色标对齐，并向两端缠绕 2～3 圈，让尾端松散留下。将余下内绞丝重复第二根操作步骤。

5）用双手将内绞丝一端缠绕直至全部附着在 OPGW 上，内绞丝的缠绕应无重叠且间距均匀。若接地装置是接地片模式的，应同时装上接地片。

6）把通过嵌环的预绞丝即外绞丝一端交叉点色标与内绞丝色标对齐，然后将其缠绕在内绞丝上，要求外绞丝缠绕应均匀、结合紧密、无空隙。同样将外绞丝另一端也缠绕在内绞丝上。

5.2.6.3 悬垂线夹及预绞丝的安装

（1）直线塔上使用的悬垂金具串一般采用单联和双联两种组装型式，分别见图 22-5-10 和图 22-5-11。

（2）当耐张段内弧垂达到设计值时，在各直线塔位固定线夹点处同时画印，做好标识。

（3）通过 OPGW 提线器安装悬垂线夹及预绞丝。

（4）将 OPGW 鞍式提线器固定于 OPGW 挂线点横担上，两端挂胶提线钩钩于 OPGW 上，收紧提线器上双钩紧线器，直至 OPGW 在滑车上处于不受力状态，再把 OPGW 从滑车上取出，即可开始安装悬垂线夹，见图 22-5-12。

（5）悬垂线夹及预绞丝安装工艺如下：

1）将悬垂线夹内绞丝中心对齐 OPGW 画印点逐根缠绕完毕后，将橡胶垫瓦的两半放在内绞丝中心印记处，用胶布将橡胶垫瓦固定，橡胶垫瓦结合间隙沿水平方向。

2）将一根中心画有印记的外绞丝紧靠在橡胶垫瓦上面，用一只手握住，另一只手将一侧预绞丝缠绕在内绞丝上，然后再缠绕另一侧。

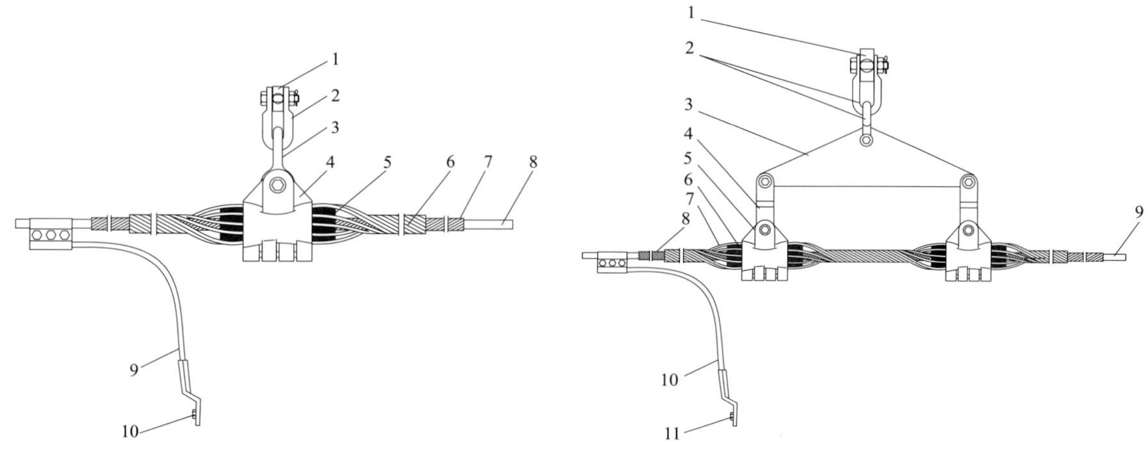

图 22-5-10　单联悬垂金具串组装图

1—挂点金具；2—U 型挂环；3—直角挂环；4—套壳；5—橡胶夹块；6—外绞丝；7—内绞丝；8—OPGW；9—接地线；10—连接螺栓

图 22-5-11　双联悬垂金具串组装图

1—挂点金具；2—U 型挂环；3—三角联板；4—PS 型挂板；5—套壳；6—橡胶夹块；7—外绞丝；8—内绞丝；9—OPGW；10—接地线；11—连接螺栓

3）按上述方法缠绕其余外绞丝。在橡胶垫瓦上，外绞丝之间的间距应保持均匀。若接地装置是接地片模式的，应同时装上接地片。

4）将悬垂线夹铝合金夹板装在外绞丝中心橡胶垫瓦上，扭紧螺栓，然后对金具串进行悬挂。

5）在安装完线夹后，应及时安装接地线。

5.2.6.4　防振装置的安装

OPGW 防振装置一般有防振锤、螺旋减振器、阻尼线三种型式。

（1）防振锤的安装。第一个防振锤安装于内绞丝上，距离内绞丝端头的距离为 L_1。有多个防振锤时，一般按等距离 L_2 安装，且须先安装防振锤专用的护线条，再安装在护线条上，见图 22-5-13。

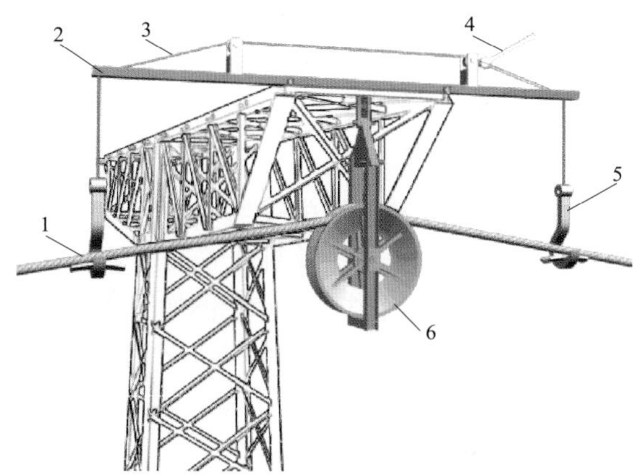

图 22-5-12　鞍式提线器使用示意图

1—OPGW；2—提线器支架；3—钢丝绳；4—紧线器；5—挂胶提线钩；6—放线滑车

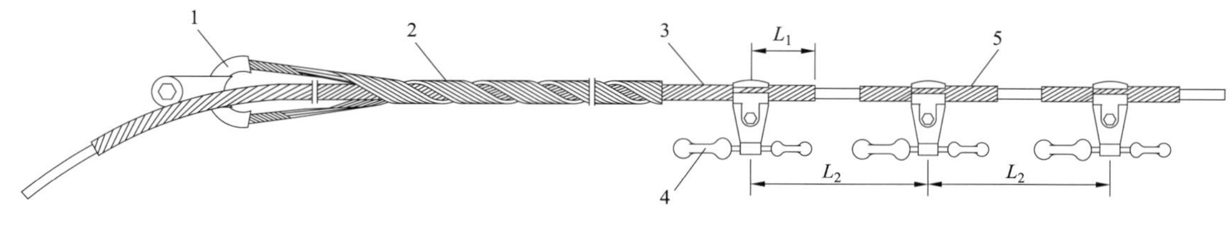

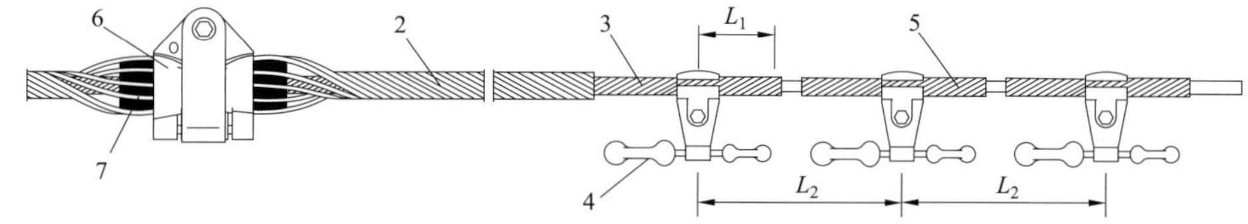

图 22-5-13　防振锤安装位置及距离示意图

1—嵌环；2—外绞丝；3—内绞丝；4—防振锤；5—护线条；6—套壳；7—橡胶垫瓦

（2）螺旋减振器的安装。第一根都装在距内绞丝末端 L_1 处，第二根装在距第一根末端 L_2 处；也可两根叠在一起，装在距绞丝末端 L_2 处，两种方法减振效果基本相同，见图 22-5-14。如有特殊说明的，按设计要求安装。

图 22-5-14 螺旋减振器安装示意图

1—外绞丝；2—内绞丝；3—OPGW；4—螺旋减振器

（3）阻尼线防振装置的安装。阻尼线防振装置安装主要应注意：OPGW 的种类不同，档距的大小不同，阻尼线条也不同，因而第一节阻尼线条与耐张线夹出口要发生变化，同时阻尼线夹之间距离要发生变化；夹紧装置的插销方向要根据其所处的次序朝向有所不同，需认真阅读设计图纸。安装阻尼线安装示意图一般见图 22-5-15。

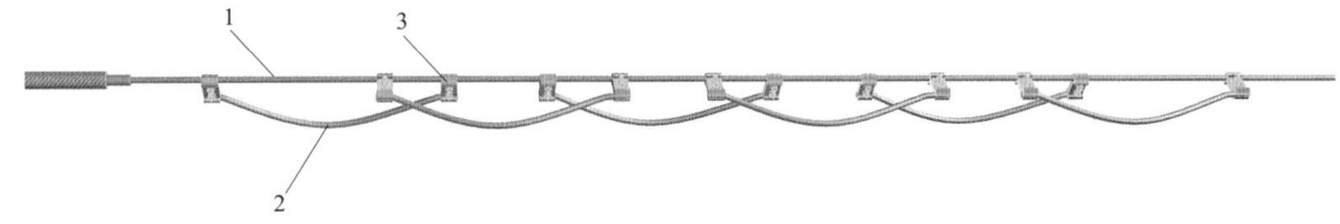

图 22-5-15 阻尼线安装示意图

1—OPGW；2—阻尼线；3—阻尼线夹

5.2.6.5 引下线及跳线的安装

（1）OPGW 引下线及跳线安装一般如图 22-5-16 所示四种情况。

（2）开断时引下线安装示意图如图 22-5-16 的（a）、（b），不开断时跳线安装如图 22-5-16 的（c）、（d）。

（3）耐张串上拔时，若 OPGW 开断，则在铁塔顶上安装引下线线夹，引线从上向下引跳，见图 22-5-16（b）；耐张串上拔时，若 OPGW 不开断，则在铁塔顶上安装引下线线夹，引线从上引跳，见图 22-5-16（d）所示。

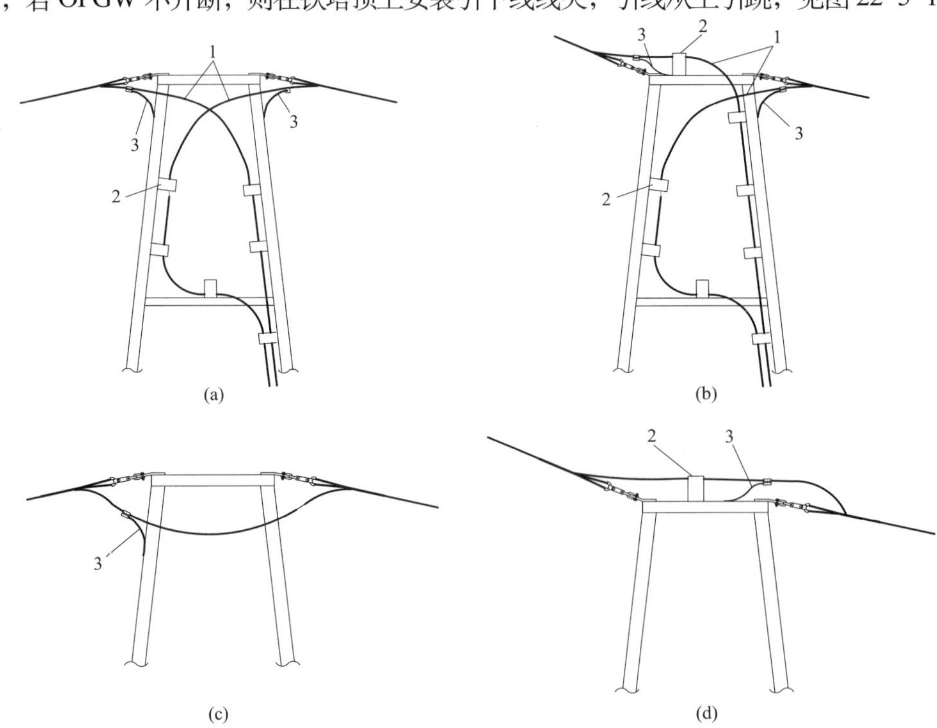

图 22-5-16 OPGW 引下线及跳线安装示意图

（a）示意图一；（b）示意图二；（c）示意图三；（d）示意图四

1—OPGW 引下线；2—引下线夹；3—接地线

（4）OPGW 耐张线夹安装后，光缆接续塔即可进行引下线安装。将接续塔两侧尾线按设计要求沿塔腿主材正面引下，每隔 1.5～2m 装一个引下线卡具固定光缆，要注意保护光缆不得扭曲，打金钩和受其他损伤。两侧尾线引下时不得交叉，引下线卡具的安装间距宜均匀，但接头盒接口处、OPGW 转弯处可适当缩短间距。

（5）当 OPGW 引下到接头盒位置（离地面≥10m）时，要留有 15～20m 光缆余长，盘圈吊在接头盒附近，OPGW 盘圈直径不小于 1m。多余的尾线严禁开断，端头原始保护有损伤，应做防水处理，可用橡胶皮罩住 OPGW 头并用胶布缠牢，待接续时处理。

5.2.6.6 OPGW 接地线安装

（1）为了使 OPGW 起到短路电流分流与雷电导流接地的作用，接地线示意图见图 22-5-17。一般将接地线一端通过并沟线夹与 OPGW 连接，另一端通过接地端子用连接螺栓与塔材上预留孔相连接。

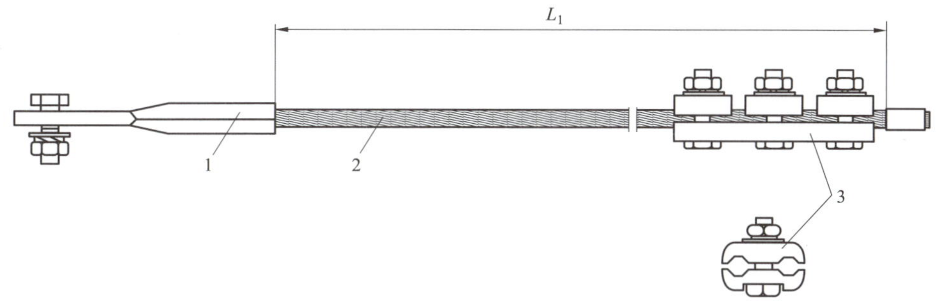

图 22-5-17 接地线示意图

1—接地端子；2—接地线；3—并沟线夹

（2）对于直通塔的 OPGW 装设一根接地线，接地线一端与弧垂段的 OPGW 连接，另一端与塔体相连。

（3）对于接续塔的两端分别装接地线后与 OPGW 相连。

5.2.7 OPGW 的接续

5.2.7.1 接续的一般要求

（1）光纤接续应尽量避免在潮湿、沙尘天气等恶劣的气象条件下操作。如无法避免，则应采取相应的措施，如搭建帐篷在封闭环境下操作，以控制和防风沙、扬尘，采用取暖烘烤设施控制温度、湿度，以满足接续要求。

（2）测试点与接续点间通信联系应可靠，应准备两种及以上的通信联络手段，互为备用。

（3）工器具、仪器仪表、消耗材料、安全器具的准备要充分。

5.2.7.2 光纤接续

（1）剥缆。

1）从对 OPGW 保护及方便固定的角度考虑，应预留足够 OPGW 长度，截去受损部分，保留满足在地面多次熔接操作及余缆架上盘固的长度，OPGW 在地面一般长度为 8～10m。

2）针对不锈钢管式 OPGW，在距端面 2m 左右的地方，用 1～2 道尼龙扎带或抱箍将 OPGW 扎紧，以防扭动松股，用细齿钢锯切去 OPGW 外层钢绞线，切忌损伤光纤单元，剥缆后实物见图 22-5-18。

图 22-5-18 剥缆后实物图

3）捋直钢管单元，在光缆伸出端面 50～100mm 处做好标记，穿入光纤专用塑料护套管。用专用切割刀切割钢管，首先使用切割刀夹持住钢管并保证不左右滑动，旋转一周松动后，拧紧刀刃，再旋转一周，观察切口深度合适后，取下切割刀，双手握住钢管，大拇指捏住切口处，前后适度扳动两次，小心拔除钢管，注意慎防钢管变形及断裂后锐边擦伤光纤。

4）管外留有足够长度光纤以备接续，用干净棉纱小心擦净露在塑料护套管外部光纤的表面油膏。

（2）光缆头制作。

1）在 OPGW 横截面铠装层间隙注入耐油硅酮密封胶，用自粘胶带裹覆，起到固定缆线及防止 OPGW 脱落的作用。

2）将制作好的大号侧、小号侧两根 OPGW 依次穿入接头盒底盘、铝螺帽，在进缆处注入耐油硅酮密封胶，直至胶从紧固螺栓内部渗出。放置好上下夹件垫片，安装好进缆压板，拧紧所有压紧螺栓，使铝夹板紧抱光缆，防止光缆发生松动现象。

3）检查接头盒底盘引入 OPGW 部位的防水和进缆压板处是否紧固可靠，做好接续前准备工作。接头盒结构实物见图 22-5-19。

图 22-5-19　接头盒结构实物图

1—存纤盘；2—接头盒底盘；3—进缆压板；4—穿纤管缠绕器；5—塑料套管；6—铝螺帽

（3）熔接接续。

1）清洁及分组。用无水酒精清洗光纤，确定光纤接续色谱，色谱接续顺序按色谱图（见图 22-5-20）进行，一般依次是蓝、橙、绿、棕、灰、白、红、本、黄、紫、粉、青。对接续光纤按一定的色谱顺序进行分组，接续时每六芯为一组。两根对应的同色光纤（要熔接成一根）需在其中一根套上热缩套管，见图 22-5-21。

2）光纤预盘。

a. 按光纤分组进行预盘纤，此过程保证接续完成后，光纤可顺利盘入光纤接续盒内并整齐美观。还应保证光纤弯曲半径，防止扭曲、挤压，消除内应力。

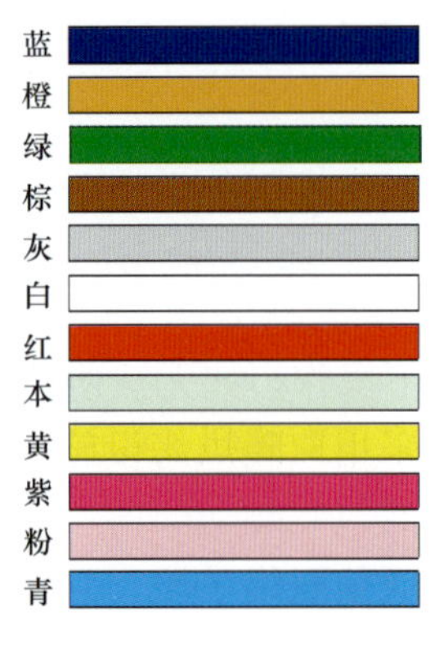

图 22-5-20　光纤熔接色谱图

图 22-5-21　光纤热缩管实物图

b. 根据光纤芯数，预先规划好光纤安放位置及走向，预留长度应保证熔接操作所需，一般为 600～1000mm 之间。根据光缆穿入法兰盘位置，左边光缆纤芯在盘内顺时针走向，右边光缆纤芯在盘内逆时针走向，确定好位置后，截去多余部位，准备熔接纤芯。

3）剥去光纤色谱附着层并再次清洁。用专用剥纤钳剥去光纤外色谱附着层，剥除后裸纤长度为 40mm 左右，用无水酒精再次清洁光纤，用力要适度，防止光纤线芯断裂。此过程必须保证光纤接续部位清洁干燥。

4）光纤断面切割。

a. 光纤断面的好坏直接影响到熔接损耗大小，切割的光纤应为平整的镜面，无毛刺，无缺损。光纤断面的轴线倾角应小于 1°。

b. 将切割刀置于平整台面，摆放平稳。清洁精密光纤切割刀的切刀，用手轻执光纤，所露长度大约为 80mm，将光纤放入切割刀 V 型槽内，光纤色谱附着层前端置于切割刀 16mm 处，进行切割操作。

c. 切割过程动作连贯流畅，确保光纤切割面平整、光滑并垂直于光纤轴线。光纤断面切割操作见图 22-5-22。

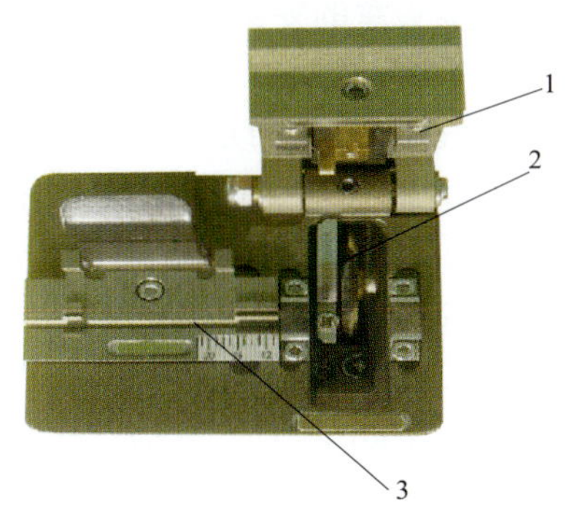

图 22-5-22　光纤断面切割刀图

1—切割刀压板；2—切刀；3—V 型槽

5）光纤熔接。

a. 根据光纤切割长度设置光纤在压板中的位置。

b. 将切割后的光纤放入熔接机（见图 22-5-23）的光纤固定座，小心压上光纤压板和光纤夹具，关上防风罩，按下熔接键，熔接机首先自动进行光纤断面检查，如光纤断面符合要求，就可以自动完成熔接，并在熔接机显示屏上显示出估算的损耗值。

c. 如光纤断面不符合要求，则自动退出熔接程序，将光纤重新切割，重复以上步骤，使之符合接续要求。

d. 熔接机每次使用前，应根据不同的环境、温度、湿度和光纤的不同特性，做电弧放电试验。在使用过程中要保持熔接机熔接部位清洁。

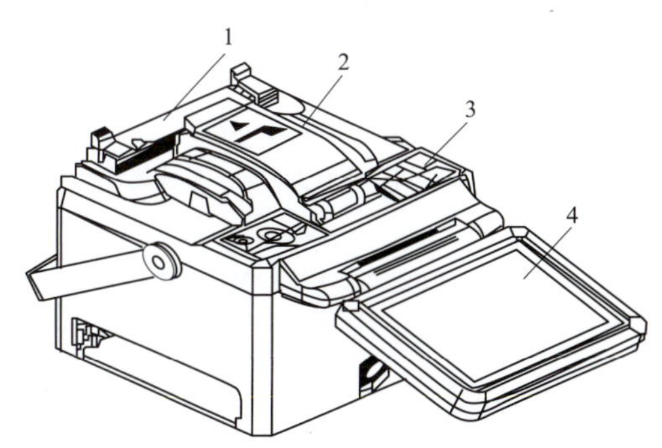

图 22-5-23　光纤熔接机示意图

1—热缩槽；2—防风罩；3—操作键；4—显示屏

（4）衰耗测试。熔接后在远端用光时域反射仪对光纤接头进行接续衰耗测试，接续测试应采用末端两两短接的环路双向测试法，使每个接头的每根光纤的接续都同时处于正反两方向的损耗检测控制下，本工序是整个接续测试工作的质量控制要点。

（5）热缩管热缩固定。在确保光纤熔接质量无问题后，移动预先套好的热缩管，使光纤接头在热缩管的中心位置，放到光纤熔接机里的加热处，进行热缩固定，使热缩管与光纤熔为一体，起到增强保护光纤熔接头的作用。然后按顺序妥善放置保存好，清理现场后，进行光纤盘纤。

（6）盘纤。

1）正确的盘纤可使光纤布局合理，美观整齐，避免因挤压、弯折造成的光纤附加损耗。

图 22-5-24　接续盘纤效果图

1—存纤盘；2—光纤；3—热熔管卡座；4—光纤穿纤管；5—扎带

2）每熔接和热缩完一组光纤后，盘纤一次，避免光纤参差不齐、难以盘纤和固定，甚至出现急弯、小圈等现象，要做到纤芯清晰可辨、布局恰当、易盘、易拆、易维护。

3）具体过程：逐根把热缩管嵌入光纤存纤盘的热熔管卡座内，以预盘纤的方式分组进行。盘纤合格后，固定封盖。接续盘纤效果见图 22-5-24。

（7）资料留存。每个 OPGW 接头完成后，应立即在接续盒封固前拍照、摄像等，以标注有工程名称、塔号、接头号、施工日期的标签作参照，影像资料将作为竣工移交资料的重要部分之一。最后安装光缆接头盒金属外壳，扣紧双槽引下线夹，紧固密封接头盒，防止在扭动或盘固光缆时，使接头部分松动或扭伤。

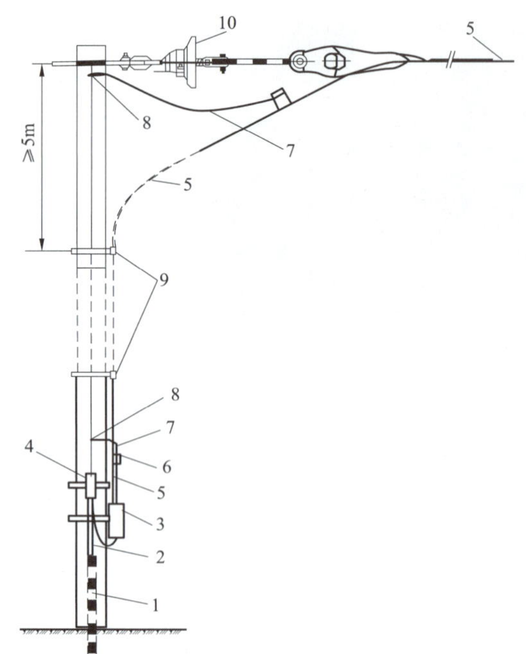

图 22-5-25 余缆架和接头盒在构架上的安装示意图

1—镀锌钢管；2—普通光缆；3—杆用余缆架；4—接头盒；5—OPGW；6—并沟线夹；7—接地线；8—接地端子；9—杆用引下线夹；10—地线绝缘子

5.2.8 余缆和接头盒的安装

（1）将接头盒固定在设计要求的位置上。一般在 B 腿（OPGW 沿左侧敷设）或 C 腿（OPGW 沿右侧敷设）离地面 10～15m 的主材内侧上。根据施工经验，接头盒下方 1m 处必须设置一个线卡，以使 OPGW 接头盒本身的光缆卡具不致受太大的拉力和扭力。

（2）余缆架应安装在塔身 B–C 面靠引下线塔腿的大斜材上，离地面 10m 以上。用铝丝在余缆架四个方向捆扎余缆，并注意美观。

（3）变电站的 OPGW 引下卡具必须采用绝缘型，余缆架和接头盒的抱箍均应通过绝缘胶垫与构架绝缘。在门架顶部和接头盒上方 300mm 处，用并沟线夹将 OPGW 直接接地，以便做接地电阻测试时能方便地解开线路地线和变电站地网的连接。

特别注意：变电站的终端接头引下线卡除使用绝缘型胶垫外，还应在胶垫上部加垫一个足够大的镀锌钢板。余缆架和接头盒在构架上的安装示意图见图 22-5-25。

5.2.9 OPGW 测试

在整个工程中，OPGW 的测试分四期，即单盘测试、接续前测试、接续点衰耗测试和全程测试。每期参数测定值都应作为竣工验收文件的原始记录，以备存档。

（1）单盘测试。OPGW 运输到现场后，应由专业人员在一周内完成单盘测试。测试前按照 OPGW 接续程序的剥缆操作步骤，露出内层光纤，将光纤逐根切割断面，通过裸纤适配器与光时域反射仪相连进行测试。测试应对照出厂检测报告进行，光纤相关参数应一致，如果出现光纤损耗过大等问题应及时通知供货商，以便进行相应处理。测试完毕后为防止光纤受潮，须将 OPGW 端部用密封胶带密封好，并将 OPGW 线盘封好。光缆单盘测试示意图及现场操作见图 22-5-26。

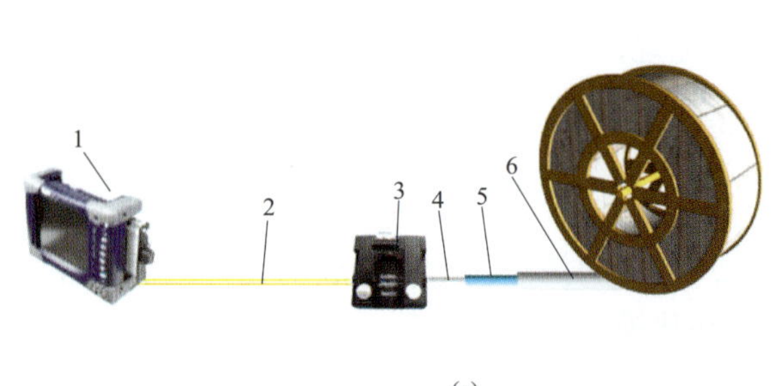

(a)

(b)

图 22-5-26 光缆单盘测试示意图及现场操作图

（a）测试示意图；（b）现场操作图

1—光时域反射仪；2—尾纤；3—光耦合器；4—被测光纤；5—钢管单元；6—OPGW 线盘

（2）接续前测试。完成一段 OPGW 放线、紧线、附件安装后，将光缆引至光缆接续盒，在光纤熔接前，应进行该段 OPGW 的参数测定，参数合格后才能进行光纤熔接与光缆接续盒安装工序，其测试方法同光缆单盘测试，其目的为判断光缆在展放过程中是否有受损现象。

（3）接续点衰耗测试。每个接头接续完成后，对接续点进行测试，以保证光纤熔接质量。根据所使用光时域反射仪（OTDR）的性能指标及光程长短情况采用一端临时环路短接，另一端进行 A–B 向及 B–A 方向测试，或是分别在两端进行单方向测试。此环节是整个工程质量的重要控制环节，测试中发现的衰耗异常点，要及时重新熔接，直到接续点衰耗指标满足设计要求。

（4）全程测试。线路工程中，中间接续盒与终端接续盒全部安装完毕后，在线路两端的变电站内光配线架进行全程测试。全程测试应在 A 端和 B 端各进行一次，从 A–B 向和 B–A 向测试每根光纤的全程衰耗值，测得的平均衰耗数据除不大于设计要求值外，还应保证全程没有衰耗值异常大的接续点。

在长线路测试时，应使用大动态范围（≥40dB）的光时域反射仪，设置相应测试波长、采样时间及采样速率。测试完成后，配合运行单位共同进行交接验收测试，并对每一纤芯按运行调度单位的命名原则编号命名。全程测试示意图见图 22–5–27。

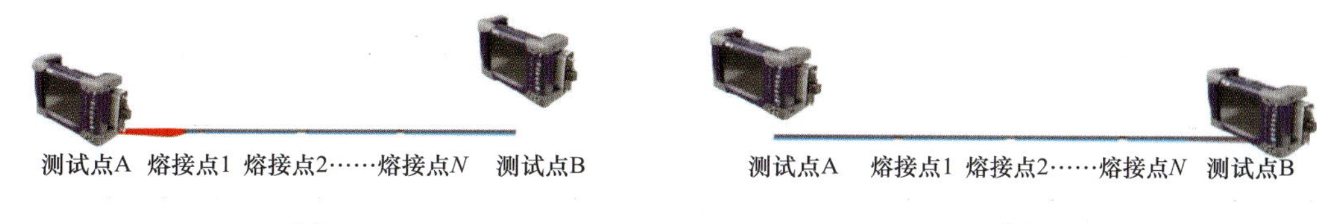

图 22–5–27　全程双向测试示意图

（a）A–B 测试示意图；（b）B–A 测试示意图

6　人员组织

（1）施工前，组织全体施工人员进行安全技术交底，交底应有记录并签字齐全，特殊作业人员必须经培训、考试，持证上岗。

（2）OPGW 的架设人员与线路长度、光纤接续段的多少等情况配置，一般情况下可按表 22–6–1 组织。

表 22–6–1　　人　员　组　织

序号	岗　位	数量	职　责　划　分
1	工作负责人	1	全面负责 OPGW 施工工作
2	现场指挥	1	负责张牵现场工作
3	安全员	1	负责施工现场安全监护和检查
4	张牵设备操作手	2	负责张牵设备操作
5	高空作业人员	10～15	负责挂滑车、展放过程中塔位监护、附件安装、接续盒安装等高空作业
6	测工	2	负责测量工作
7	普通技工	20	负责配合挂滑车、附件安装、张牵场地面等
8	吊车操作手	1	负责吊车操作
9	接续及测试人员	3	负责光纤接续及测试
10	材料管理员	1	负责各种施工工具及材料的发放管理
11	飞艇操作人员	2～3	负责飞行器操作及初导绳展放

7　材料与设备

本典型施工方法中 OPGW 展放、安装主要材料与设备见表 22–7–1，熔接和测试主要材料与设备见表 22–7–2。

表 22-7-1　　　　OPGW 展放、安装主要材料与设备

序号	机具名称	规格	单位	数量	备　　注
1	小牵引机		台	1	应根据实际受力选用
2	小张力机	轮直径 1500mm	台	1	轮直径不小于 OPGW 直径 70 倍
3	放线支架		套	2	1 套备用
4	放线接地滑车		套	2	配接地线及接地棒
5	牵引绳	□13mm 钢丝绳	km	若干	数量按两区段考虑
6	旋转连接器	3t	个	2	应根据实际受力选用
7	抗弯连接器	3t	个	8	应根据实际受力选用
8	防扭鞭		个	1	
9	牵引网套		条	2	与 OPGW 匹配
10	专用紧线器	与 OPGW 相配合	套	2	
11	对轮绞磨		套	2	
12	机动绞磨	3t	台	2	
13	临锚绳	ϕ11mm 包胶 20m；40m	条	4	
14	钢丝绳	ϕ13mm	m	150	
15	钢地锚	3t	个	6	带拉棒或锚绳
		7t	个	2	
16	手扳葫芦	3t	个	10	
17	吊车	8t	台	1	
18	放线滑车		个	若干	槽底直径不小于 OPGW 直径 40 倍
19	鞍式提线器		副	4	内衬胶垫

表 22-7-2　　　　OPGW 熔接和测试主要材料与设备表

序号	名　　称	数量	备　　注
1	试验警示围栏、标识牌、安全带	若干	
2	绝缘绳、绝缘带	若干	
3	砂布、胶带、无水酒精、脱脂纱布	若干	
4	照明灯、红外灯、烘烤设施	若干	根据现场配置
5	折叠小桌、凳、帐篷	2 套	
6	数码相机、数码摄像机	各 1	
7	汽油发电机	2 台	根据现场配置
8	专用成套工具箱	1 套	含专用切割刀、钢卷尺等
9	光纤尾纤、跳线、V 型槽耦合器或其他类型光纤耦合器	若干	根据现场配置
10	对讲机	2 对	

续表

序号	名　　称	数量	备　　注
11	光电话	1 对	
12	光功率计、激光源	1 对	
13	光时域反射仪（OTDR）	2 台	量程≥40dB 双波长(互为备用)
14	熔接机	2 台	接续损耗≤0.01dB，具热缩功能（互为备用）

8　质量控制

（1）本典型施工方法依据：

GB 50233—2005　110～500kV 架空送电线路施工及验收规范

DL/T 875—2004　输电线路施工机具设计、试验基本要求

DL/T 5168—2002《110～500kV 架空电力线路施工质量及评定规程》等国家有关部门或行业颁布的设计标准、技术规程、规范和质量评定标准。

DL/T 5344—2006　电力光纤通信工程验收规范

（2）针对不同结构特性的 OPGW 和具体的线路情况，首先由设计单位和生产厂家向施工单位进行交底。施工单位根据整个系统交叉跨越、光缆预留等，编制 OPGW 光缆施工方案；施工时应严格按照厂家提供的 OPGW 施工说明书进行操作。

（3）除设计接头外，其他任何处不得有接头，施工时必须按照各盘 OPGW 对应塔位段进行展放。

（4）在施工过程中，应防止 OPGW 弯曲超过允许的最小半径，放线滑车及张力机必须满足规范要求（放线滑车直径大于 40d，张力机对轮直径大于 70d，其中 d 为 OPGW 的直径）。

（5）运输及展放过程中，应采取措施防止 OPGW 发生碰撞，以免造成损伤。

（6）放线滑车悬挂必须满足技术要求，对于转角塔滑车须采取防预倾措施，转角及临界上扬塔须采取防跳槽措施。经计算包络角大于 60° 的塔位必须悬挂双滑车。

（7）为防止 OPGW 不在首尾塔处受到过度的侧压力，牵引机、张力机的出线对地夹角不得大于 25°。

（8）展放过放线段内每基塔位均应设人监护，尤其是上扬、易跳槽塔位及重要跨越处。

（9）OPGW 展放过程中，必须严格控制张力，在满足对跨越物的安全距离的情况下，尽量降低展放张力。

（10）OPGW 展放和锚固过程中严禁落地。熔接、测试等工序应采取相应隔离保护措施。

（11）OPGW 展放、紧线及附件安装都必须使用专用工具，并满足 OPGW 生产厂家的要求。

（12）提线时不得以金属工具直接接触 OPGW 表面，必须采取包胶或缠绕铝包带等措施，同时提线钩必须满足宽度要求，以保证 OPGW 不被损伤。

（13）引流线及塔身接地引线应圆滑、美观，螺栓连接应牢固可靠。

（14）OPGW 安装所使用的螺栓，其安装扭力矩必须满足设计或生产厂家设定值。如厂家未作要求，则以弹簧垫圈压平为标准，扭力值不可过大。

（15）OPGW 紧线及附件完成后，若发现端头密封损坏，应对 OPGW 两端头采取密封保护措施。

（16）OPGW 在安装过程中，其最小弯曲半径不小于 OPGW 直径的 40 倍，且不小于 1m。当对 OPGW 施加张力时，应核对 OPGW 的技术参数，不允许超过设计安装应力。

（17）OPGW 整个架设过程需进行的四次测试，均应留下相关记录，保证测试的可靠性和完整性。

（18）对于熔接质量，应注意熔接前光纤的预处理，如去皮、清洁、烘烤、切断等。熔接时应根据不同的环境、温度、湿度和光纤的不同特性做电弧放电试验，以决定适当的熔接电流和熔接程序，保证接续质量。

（19）OPGW 的测试与熔接应由专业人员进行。操作人员应熟悉所使用熔接机的性能特点，熟练掌握操作知识和要领。熔接前，根据光纤的材料和类型，在熔接机上设置好最佳预熔主熔电流和时间以及光纤送入量等关键参数。熔接过程中还应及时清洁熔接机“V”型槽、电极、物镜、熔接室等，随时观察熔接中有无气泡、过细、过粗、虚熔、分离等不良现象，注意 OTDR 测试仪表跟踪监测结果，及时分析产生上述不良现象的原因，采取相应的改进措施。

（20）OPGW 接续应在整洁的环境中进行，严禁在多尘及潮湿的环境中露天操作，OPGW 接续部位及工具、材料应保持清洁，不得让光纤接头受潮，准备切割的光纤必须清洁，不得有污物。切割后光纤不得在空气中暴露时间过长，尤其是在多尘潮湿的环境中更不能暴露时间过长。

（21）选用高精度的光纤端面切割器来制备光纤端面，切割的光纤应为平整的镜面，无毛刺、无缺损，光纤端面的轴线倾角应小于 1°。

（22）熔接机在使用中和使用后，应及时去除熔接机中的灰尘，特别是夹具、各镜面和 V 型槽内的粉尘和光纤碎末的去除。每次使用前，应使熔接机在熔接环境中放置至少 15min，特别是在放置与使用环境差别较大的地方（如冬天的室内与室外），根据当时的气压、温度、湿度等环境情况，重新设置熔接机的放电电压及放电位置，调整 V 型槽驱动器复位等。

（23）OPGW 引下线固定，接头盒和余缆架的安装方式、安装位置，应严格按照设计要求。特别是 OPGW 引下线应与塔材保持足够的距离，以保证 OPGW 不碰触摩擦塔材，造成 OPGW 损伤。

（24）预绞丝作为紧线工具使用后，不得再作为金具永久性使用。

9 安全措施

（1）OPGW 展放及接续严格按 DL 5009.2—2004《电力建设安全工作规程　第 2 部分：架空电力线路》等安全技术操作规程执行。

（2）一般安全措施。

1）架线前认真做好施工策划，合理选择牵张场，其布置应满足 OPGW 张力架线施工安全要求。

2）每班次都必须检查工器具是否符合施工技术要求。受力工器具在施工前需预先进行拉力实验。

3）在张力放线施工过程中，合理控制放线张力，发现张力异常必须立即停止牵引查明原因，排除故障后方可重新运行。

4）牵引机、张力机及临时拉线的锚坑设置及埋设前的检查，必须设专人负责，并执行签字制度。

5）制订特殊交叉跨越施工方案时，须按规定进行审批，并严格执行。

6）实行专人专机制度，操作人员持证上岗，定期检查保养，保证机械设备完好。

7）放紧线施工时，通信必须迅速、清晰、畅通，严禁在无通信联络及视野不清的情况下作业。

8）牵引网套连接及绑扎必须由专人按要求操作，各类地锚及锚坑必须满足要求。施工工器具和安全防护用品按安全工作规程正确配置使用。

9）为预防雷电以及临近高压电力线作业时感应电，必须按安全技术规定装设可靠的接地装置。

10）预绞丝式耐张线夹用作 OPGW 紧线器时，使用次数不得超过厂家规定。

11）安装余缆架时，余缆的绑扎不得使用尼龙扎带。

12）葫芦在使用前应仔细检查有无缺陷，是否灵活可靠，在链条尾部必须打结。

（3）带电跨越施工。

1）施工前对跨越物进行调查，并测量出有关的参数，根据现场的实际地形和跨越位置，编制施工方案，由施工单位总工批准。

2）将施工方案报运行单位、业主、监理单位，征得运行单位同意后，申请该跨越线路退出重合闸。

3）对于跨越带电体的一个塔档，必须保证两侧铁塔上的滑车接地性能良好，同时整个放线段两端的滑轮也要和塔一同接地。

4）按 DL 5009.2—2004 要求的带电线路的距离搭设和拆除越线架，并做好封网工作，在此施工过程中，应有专人进行监护。

5）在工具的选择上，应按 DL 5009.2—2004 中带电施工的规定加大安全系数。

6）在放线过程中，应在跨越处设专人监护，保证放线张力恒定，各锚线处应设双锚，夜间应有专人看护。

（4）旧线路改造工程中，在编制施工方案时，要征求运行单位意见。

10 环保措施

（1）严格按照建质［2007］223 号《绿色施工导则》要求，成立相应的施工环境保护管理机构，全面实施绿色施工，科学管理，最大限度地节约资源与减少对环境负面影响的施工活动，实现四节一环保（节能、节地、节水、节材和环境保护）。

（2）施工前对 OPGW 的展放进行二次策划，以实际地形、地貌为依据，科学、合理制订施工技术措施。根据现场实际情况制作定置图，实行定置化管理，做到标牌清楚、齐全，各种标识醒目。现场机具、材料按定置图进行摆放。

（3）机械设备采取铺垫隔离，防止漏油污染环境。

（4）施工现场布置时尽量减少临时占地面积，不宜破坏原有的地形、地貌。施工完毕后应尽快恢复原有的地形、地貌，见图 22-10-1。

图 22-10-1 现场恢复植被图

（5）工程开工前，制订现场成品保护管理规定及具体保护方案和措施，防止“二次污染”。教育职工对成品和半成品有保护意识，严禁乱拆、乱拿、乱涂和乱抹。对铁塔等采取主动保护措施，防止造成污染和损坏。

（6）施工场地做到整洁有序，各种施工垃圾、废料应堆放在指定场所。现场执行“谁干谁清，随做随清”制度。

（7）施工组织有序，合理规划施工区域。尽量减少毁青、毁林面积。采取搭建临时厕所等一切合理措施，减少污染、噪声、废气排放等，及时清理现场，自觉保护环境。

11 效益分析

（1）本典型施工方法采用张力放线，其工艺与架空电力线路张力放线基本一致，且目前 OPGW 代替以往电力线路的地线，因此两者可以采用同一套张牵设备，从设备上节约了成本。

（2）在放线过程中，OPGW 始终处于悬空状态，使得青苗及林木赔付大大减少，同时减少了地方纠纷和协调处理。

12 应用实例

本典型施工方法已在±800kV 向上直流、500kV 九石线及 220kV 龙昭线等工程广泛应用，成效显著。自 2000 年以来所有 OPGW 线路工程，四川电力送变电建设公司均使用该典型施工方法进行 OPGW 展放、紧线、附件安装及熔接测试，克服了各种恶劣条件，圆满完成了施工任务，工程质量均达到优良级标准。

12.1 ±800kV 向上直流工程实例

（1）工程概况。

1）向家坝—上海±800kV 特高压直流输电线路工程西起四川省宜宾市向家坝复龙换流站，东至上海市南汇换流站，采用±800kV 直流输电方案，输电距离约 1916.5km，直流额定电流 4000A，输电能力为 6400MW。导线采用 6×ASCR-720/50 钢芯铝绞线、6×AASCR-720/50 钢芯铝合金绞线。地线一根为 LBGJ-180-20AC、LBGJ-240-20AC 铝包钢绞线，一根为 OPGW-180 架空复合光缆，大跨越采用 AACSR/EST4×640/290 特强钢芯高强铝合金线。航空直线 1715km，曲折系数 1.112，途经四川、重庆、湖南、湖北、安徽、浙江、江苏、上海等省市。

2）向家坝—上海±800kV 特高压直流输电线路工程川 2 标段起于四川省泸州市纳溪区大渡口乡马庙村的 N237 号，经过纳溪区、江阳区、合江县，止于合江县石龙乡王家祠村蔡家沟的 N484 号。其中 N237 号～N340 号段 104 基由四川电力设计咨询有限公司设计，N401 号～N484 号（不含）段 83 基由山西省电力勘测设计院设计。本标段线路全长 94.672km，共有杆塔 187 基。基础总浇制量 13 415.3m^3，铁塔总重 10 413.47t。

（2）施工情况及结果。该工程施工前根据本典型施工工法制订详细的 OPGW 展放及接续施工方案，施工中采用了软件系统对全部重要放线参数进行计算，全段采用张力架线施工工艺，附件安装中采用鞍式提线器等措施，保证了特高压线路 OPGW 的展放、附件安装质量，接续及测试中严格按本典型施工方法进行操作，确保了光纤接续质量，全部工程项目均达优良级。

12.2 500kV 九石线实例

（1）工程概况。

1）九龙—石棉 500kV 输电线路工程于 2006 年 9 月 1 日开工，2007 年 12 月 26 日竣工。线路起于九龙 500kV 变电站，止于石棉 500kV 变电站，为同塔双回线路（重冰区段按两个单回路架设），线路全长：A 回（右侧回）：170.783km；B 回（左侧回）：170.210km。

2）线路所经区域位于雅砻江大峡谷及其支流两岸的高山大岭中，地形条件险恶，陡坡、陡崖广泛分布，具有塔位高差大、海拔高、线路转角多、覆冰厚等特点。

（2）施工情况及结果。利用本典型施工方法，施工中首先采用了飞艇展放初导绳，实施全过程的不落地展放，克服了植被密集、高海拔的施工困难，采用了软件绘制系统模拟光纤展放现场实际状况，针对线路地形起伏大、转角多的情况使用了滑车预倾斜、防跳槽装置等措施，克服了施工困难，在高海拔的崇山峻岭中成功完成施工任务，该工程于 2008 年被评为国家电网公司优质工程。

12.3 220kV 龙昭双回线路改建工程实例

（1）工程概况。220kV 龙昭双回线路改建工程于 2007 年 5 月 15 日开工，竣工日期为 2007 年 11 月 25 日，该工程起于龙王 500kV 变电站 220kV 构架，止于昭觉寺变电站 220kV 进线构架，按同塔双回路双分裂导线设计，线路全长 22.002km。该工程处于成都近郊，全线路曲折系数大，转角多，重要跨越多，地方协调难度大。

（2）施工情况及结果。全线路 OPGW 展放划分为 11 个放线区段。对沿线路被跨带电线路采取绝缘网封网的措施，跨越公路采取搭设跨越架的措施，利用本典型施工方法对 OPGW 展放、紧线及附件进行施工，全过程采用张力放线，克服了跨越多、转角多、难度大、时间紧的困难，采用规范的熔接、测试工艺，安全、优质地完成了施工。

典型施工方法名称：隧道内电力电缆敷设典型施工方法

典型施工方法编号：GWGF023-2010-SD-DL

编　制　单　位：北京电力工程公司

推　荐　单　位：北京市电力公司

主 要 完 成 人：李学文　高国中　孙长清　程晓春　范桂欣

目　次

1　前言

电力电缆线路作为城市电网的重要组成部分，在城市电网安全运行中发挥着重要作用。电缆敷设的质量、进度是整个电缆线路能否顺利投入运行的关键。电缆敷设是通过人工、机械或人机组合的方法，将电力电缆按设计要求展放到预定位置的施工过程。电缆敷设包括隧道内电缆敷设、直埋电缆敷设等方式，本典型施工方法主要介绍在隧道内使用电缆输送机进行电缆敷设，将电力电缆按要求展放到预定位置的施工方法。

隧道内敷设电力电缆施工环境复杂，安全风险大。为确保施工安全，保证电缆敷设质量，使电缆不受损伤，经开展技术创新，采用电缆输送机和人工组合的敷设方法敷设电缆。经过实践证明，此典型施工方法在工程应用中能够提高电缆敷设的工作效率和质量，降低施工强度，保证施工安全。通过总结多年的施工经验，编制了隧道内电力电缆敷设典型施工方法。本典型施工方法的关键技术获得了北京市电力公司科技成果推广应用一等奖。

2　本典型施工方法特点

（1）本典型施工方法采用电缆输送机和人工组合敷设电缆，能有效分散电缆敷设时的牵引力，控制侧压力，防止敷设过程中对电缆造成机械损伤。

（2）本典型施工方法能在电缆就位时，随时通过调整电缆位置来调整蛇形波幅，有利于控制电缆蛇形敷设工艺，确保施工快速、高效。

（3）电缆输送机控制系统主要由总控箱和分控箱组成，敷设中总控箱和分控箱设专人操作。总控箱能控制全线电缆输送机的启动、停止和输送方向。每台电缆输送机处装设分控箱，分控箱处设跳闸按钮，紧急时刻，可使全线电缆输送机停止工作，保证施工安全。

（4）全线采用调频载波电话进行通信，实现电缆敷设工作的统一指挥，信息畅通。

（5）本典型施工方法特别适合大截面电缆或电缆在转弯多、坡度大的隧道内敷设，能够提高工作效率，保证电缆敷设质量，同时能有效保护隧道内原有运行电缆的运行安全。

3　适用范围

适用于电压等级 110～500kV、截面 240～2500mm^2 电力电缆在隧道内的敷设施工（充油电缆除外）。

4　工艺原理

采用电缆输送机和人工组合的敷设方法，在隧道内布置电缆输送机和滑车，布置并调试控制系统和通信系统。施工人员拆除电缆盘护板，将电缆牵引端引下，在电缆牵引头和牵引绳（防捻钢丝绳）之间安装防捻器，通过人工将电缆牵引至电缆隧道内，电缆到达电缆输送机后，启动电缆输送机。电缆输送机由三相电动机提供动力，齿轮组、复合履带将输送力作用于电缆。电缆在多台电缆输送机共同作用下，实现在隧道内输送。整盘电缆输送完成后，将电缆放至指定位置，调整蛇形波幅，按要求进行绑扎和固定。

5　施工工艺流程及操作要点

5.1　施工工艺流程

本典型施工方法施工工艺流程见图 23–5–1。

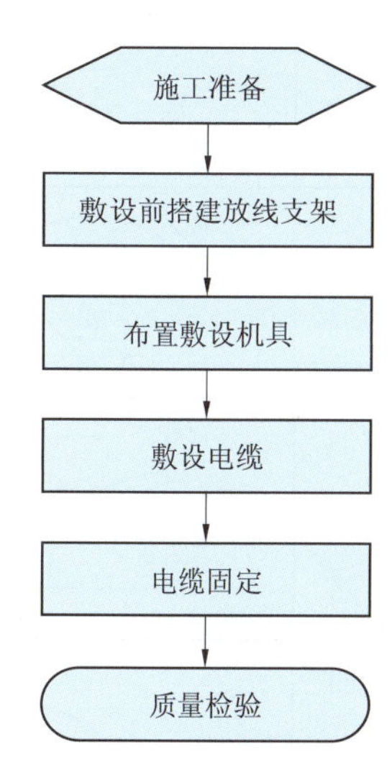

图 23–5–1　隧道内电力电缆敷设施工工艺流程图

5.2 操作要点

5.2.1 施工准备

5.2.1.1 技术准备

（1）施工图纸审核，核对电缆敷设路径、位置、固定方式等。

（2）核对电缆线路与所连接设备相位，确保相位正确。

（3）根据电缆的型号、规格选取电缆输送机与滑车。

（4）计算电缆牵引力，电缆线路牵引力计算公式见表 23–5–1，在滚轮上牵引时摩擦系数取 0.1～0.2。

（5）计算施工设备的功率及损耗，确定临时施工电源方案。

（6）编制工程项目管理实施规划或安全施工技术方案。

5.2.1.2 现场准备

（1）根据电缆分段长度、地面交通状况及空间选定最优放线点。

（2）保证电缆隧道内畅通、无积水。

（3）在隧道内复测电缆路径长度及敷设位置，复核电缆接头位置。

（4）安装临时施工动力电源及照明。

（5）在电缆盘、牵引端、转弯处、竖井、隧道进出口、终端、电缆输送机及控制箱等关键部位设置载波电话，载波电话应由同一电源供电，调试载波电话保证通信畅通。

5.2.1.3 人员准备

施工前，对敷设电缆的施工人员进行技术交底，明确技术和安全工作细节。

5.2.1.4 施工工器具准备

主要机具包括吊车、凹型拖车、发电机、电缆放线支架、电缆输送机、滑车、载波电话及配套的辅助工具。

5.2.2 敷设前搭建放线支架

电缆敷设前，在电缆盘处、电缆隧道内搭建电缆放线支架，放线支架要求平稳、牢固可靠。安装井口滑车，井口滑车与井圈牢固固定，避免坠入井下。搭建好的放线支架和井口滑车的布置位置应满足电缆弯曲半径要求。

表 23–5–1　　电缆线路牵引力计算公式

牵引部分		示意图	计算公式
水平直线部分			$T=9.8\mu WL$
倾斜直线部分			$T_1=9.8WL(\mu\cos\theta_1+\sin\theta_1)$ $T_2=9.8WL(\mu\cos\theta_1-\sin\theta_1)$
水平弯曲部分			布勒算式 $T_2=9.8WR\sinh\{\mu\theta+ar\sinh[T_1/(9.8WR)]\}$ 李芬堡算式 $T_2=T_1\cosh(\mu\theta)+\sqrt{T_1^2+(9.8WR)^2}\sinh(\mu\theta)$ 简易算式 $T_2=T_1e^{\mu\theta}$
垂直弯曲部分	凸曲面		$T_2=\frac{9.8WR}{1+\mu^2}[(1-\mu^2)\sin\theta+2\mu(e^{\mu\theta}-\cos\theta)]+T_1e^{\mu\theta}$ 当 $\theta=\frac{\pi}{2}$ 时　$T_2=\frac{9.8WR}{1+\mu^2}\left[(1-\mu^2)+2\mu e^{\mu\frac{\pi}{2}}\right]+T_1e^{\mu\frac{\pi}{2}}$
			$T_2=\frac{9.8WR}{1+\mu^2}[2\mu\sin\theta-(1-\mu^2)(e^{\mu\theta}-\cos\theta)]+T_1e^{\mu\theta}$ 当 $\theta=\frac{\pi}{2}$ 时　$T_2=\frac{9.8WR}{1+\mu^2}[2\mu-(1-\mu^2)e^{\mu\frac{\pi}{2}}]+T_1e^{\mu\frac{\pi}{2}}$

续表

牵引部分		示意图	计算公式
垂直弯曲部分	凹曲面		$T_2 = T_1 e^{\mu\theta} - \frac{9.8WR}{1+\mu^2}[(1-\mu^2)\sin\theta + 2\mu(e^{\mu\theta} - \cos\theta)]$ 当 $\theta = \frac{\pi}{2}$ 时 $T_2 = T_1 e^{\mu\frac{\pi}{2}} - \frac{9.8WR}{1+\mu^2}\left[(1-\mu^2) + 2\mu e^{\mu\frac{\pi}{2}}\right]$
			$T_2 = T_1 e^{\mu\theta} - \frac{9.8WR}{1+\mu^2}[2\mu\sin\theta - (1-\mu^2)(e^{\mu\theta} - \cos\theta)]$ 当 $\theta = \frac{\pi}{2}$ 时 $T_2 = T_1 e^{\mu\frac{\pi}{2}} - \frac{9.8WR}{1+\mu^2}\left[2\mu - (1-\mu^2)e^{\mu\frac{\pi}{2}}\right]$
倾斜面内垂直弯曲部分	凸曲面		$T_2 = T_1 e^{\mu\theta} + \frac{9.8WR\sin\alpha}{1+\mu^2}[(1-\mu^2)\sin\theta + 2\mu(e^{\mu\theta} - \cos\theta)]$
			$T_2 = T_1 e^{\mu\theta} + \frac{9.8WR\sin\alpha}{1+\mu^2}[(1-\mu^2)(e^{\mu\theta} - \cos\theta) - 2\mu\sin\theta]$
	凹曲面		$T_2 = T_1 e^{\mu\theta} + \frac{9.8WR\sin\alpha}{1+\mu^2}[-(1-\mu^2)\sin\theta + 2\mu(e^{\mu\theta} - \cos\theta)]$
			$T_2 = T_1 e^{\mu\theta} - \frac{9.8WR\sin\alpha}{1+\mu^2}[(1+\mu^2)(e^{\mu\theta} - \cos\theta) + 2\mu\sin\theta]$

上述公式中：T 为牵引力，N；μ 为摩擦系数；W 为单位长度电缆重量，kg/m；L 为电缆长度，m；θ_1 为电缆作直线倾斜牵引时的倾斜角，rad；θ 为弯曲部分的圆心角，rad；T_1 为弯曲前的牵引力，N；T_2 为弯曲后的牵引力，N；α 为电缆弯曲部分平面的倾斜角，rad；R 为电缆的弯曲半径，m。

5.2.3 布置敷设机具

（1）根据牵引力计算结果，确定电缆输送机布置方案。一般每隔 20m 左右放置一台电缆输送机（必要时对电缆输送机进行固定），每隔 3～4m 放置一个滑车，在隧道内转弯、上下坡等地方应增加电缆输送机，并加设转弯滑车。敷设机具布置示意图见图 23–5–2。

（2）电缆敷设工作井垂直落差较大时，应根据电缆本体重量计算结果，在工作井口放线架处或工作井垂直向下中间部位加设电缆输送机。

（3）全部机具布置完毕后，调试设备运转正常。

5.2.4 敷设电缆

（1）电缆盘运至施工现场后，核对电缆型号、盘长、拆盘、检查电缆外观，测量电缆外护套绝缘电阻符合要求。

（2）将电缆尾端固定在电缆盘上，在电缆牵引头和牵引绳（防捻钢丝绳）之间安装防捻器。

（3）井口处专人看护，防止硌伤电缆。

（4）电缆敷设过程中，电缆盘处设 1～2 名人员负责检查电缆外观有无破损，协助牵引人员把电缆牵引头从电缆盘上端引出，顺利送到井口下方，电缆入井口见图 23–5–3。

（5）将电缆导入滑车和电缆输送机，操作分控箱启动电缆输送机，旋紧电缆输送机紧固螺杆使履带夹紧电缆。电缆在人工和电缆输送机的共同作用下向前输送，电缆到达下一台电缆输送机时，重复上述操作。

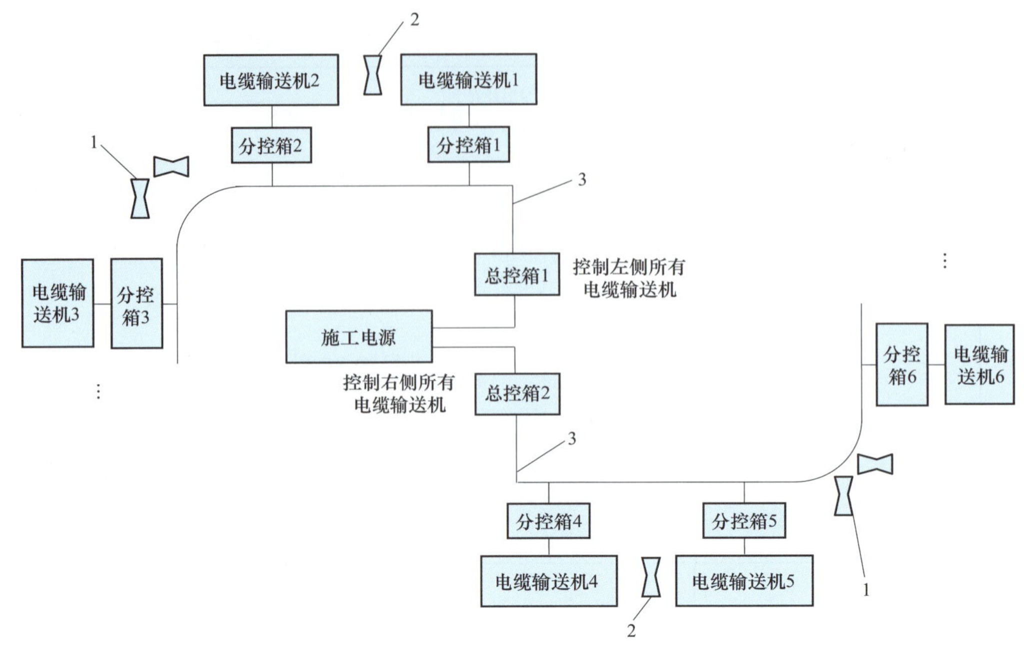

图 23-5-2　敷设机具布置示意图

1—转弯滑车，布置于路径上转弯处；2—直流滑车，布置于路径上直线处；3—电源线、控制线

(6) 使用电缆盘制动装置控制电缆盘停止和转动速度，电缆盘线速度应与电缆输送速度同步，电缆盘制动装置控制见图 23-5-4。电缆敷设的速度不宜超过 15m/min，一般取 6m/min。敷设过程中，如果电缆出现余度立即停止敷设，将余度拉直后方可继续敷设，防止电缆弯曲半径过小或撞坏电缆。

图 23-5-3　电缆入井口

图 23-5-4　控制电缆盘制动装置

(7) 当电缆脱离滑车时，操作电缆输送机人员应在出线方向扶正电缆；发生异常情况马上按动跳闸按钮，及时向主控箱负责人报告情况，主控箱负责人允许后方可排除故障。

(8) 当盘上电缆剩约 2 圈时，应立即停机、刹紧电缆盘制动装置，在电缆尾端捆好绳后继续敷设，用人力将电缆尾端缓慢放入井下，防止电缆坠落。

(9) 电缆终端头预留安装余度 1～1.5m。中间接头处同相两条电缆一般重叠 3m 以上，作为接头安装余度。不同相电缆中间接头之间距离符合设计要求。

(10) 每条电缆应标识线路名称，将相色带缠绕在电缆两端的明显位置。

(11) 检查电缆密封端头是否完好，如有问题及时处理。

(12) 检查电缆外护套是否损伤，如有损伤，采取修补措施。

5.2.5 电缆固定

（1）电缆就位后，施工人员用电缆校直器（拿弯器）调整电缆的蛇形波幅，测量蛇形波幅符合设计要求。

（2）按设计要求使用电缆固定金具和橡胶垫将电缆固定在支架上，金具固定后的电缆线路见图23-5-5。

（3）紧密品字型排列的电缆用尼龙绳每隔1m进行绑扎固定。

（4）在电缆隧道转弯两侧的切点和坡道引上、引下部位进行连续固定见图23-5-6。

（5）电缆固定金具固定电缆时，橡胶垫应与电缆贴紧，露出固定金具两侧的橡胶垫基本相等，固定金具两侧螺栓应均匀受力，确保橡胶垫与固定金具接触紧密。

（6）电缆外护套试验通过后，在电缆固定金具上安装防盗螺母。

图23-5-5 金具固定后的电缆线路

图23-5-6 电缆连续固定

5.2.6 质量检验

电缆敷设完毕后做好三级检验工作，检验合格后填写检验记录并签字确认。

6 人员组织

电缆敷设应根据工程量和施工环境合理安排施工，以敷设220kV、800mm^2、500m段长电缆为例，劳动力组织情况见表23-6-1。

表23-6-1 劳动力组织情况

序号	岗位	数量（人）	岗位职责
1	现场总指挥	1	负责现场组织、工器具调配、关系协调等工作
2	技术负责人	1	负责现场的敷设技术指导把关工作
3	质量负责人	1	负责现场的质量监督和检查工作
4	安全负责人	1	负责现场的安全监护和检查工作
5	主控箱、分控箱控制人员	20	负责操作主控箱、分控箱工作
6	施工人员	15	负责现场施工工作
7	起重人员	4	负责设备吊装工作

7 材料与设备

本典型施工方法无特别需要说明的材料，采用的机具设备见表23-7-1，消耗材料见表23-7-2。

表 23-7-1　　　　机具设备

（以敷设 220kV、800mm²、500m 段长电缆为例）

序号	工具名称	规格	单位	数量	用途
1	吊车	60t	辆	1	电缆吊装
2	凹型拖车	20t	辆	1	电缆运输
3	发电机	80kW	台	1	电源
4	电缆输送机	JSD–5B	台	30	电缆敷设
5	井口滑车	—	个	1	电缆敷设
6	转弯滑车	ZCL	个	8	电缆支撑
7	直线滑车	HCL	个	150	电缆支撑
8	控制系统	—	套	1	电缆输送机控制
9	载波电话	HB925	台	25	隧道内通信
10	防捻器	—	个	1	消除扭力
11	电缆校直器（拿弯器）	CB–160	套	1	调直或弯曲电缆
12	电锯	HRB–300	把	1	电缆切断
13	有害气体检测仪	PGM–2000	台	1	有害气体检测

表 23-7-2　　　　消耗材料

（以敷设 220kV、800mm²、500m 段长电缆为例）

序号	材料名称	规格	单位	数量	用途
1	无水酒精	—	瓶	1	清洁
2	丙酮	—	瓶	1	清洁
3	玻璃	3mm	m^2	0.05	去除外电极
4	电源线	2.5mm²	m	500	临时电源
5	医用手套	—	副	2	清洁
6	保鲜膜	—	卷	1	清洁
7	ϕ28 尼龙绳	—	m	30	牵引
8	相色带	20mm/（黄、绿、红）	盘	3	做标记
9	记号笔	—	支	1	做标记

8 质量控制

8.1 工程质量控制标准

GB 50150—2006　电气装置安装工程电气设备交接试验标准

GB 50168—2006　电气装置安装工程电缆线路施工及验收规范

GB 50169—2006　电气装置安装工程接地装置施工及验收规范

GB 50217—2007　电力工程电缆设计规范

DL/T 5161—2002　电气装置安装工程质量检验及评定规程

8.2 质量控制措施

（1）电缆转弯处最小弯曲半径符合验收规范要求。详细见表 23-8-1。

表 23–8–1　　电缆最小弯曲半径

电缆型式		多芯	单芯
橡皮绝缘电力电缆	无铅包、钢铠护套	10*D*	
	裸铅包护套	15*D*	
	钢铠护套	20*D*	
塑料绝缘电力电缆	无铠装	15*D*	20*D*
	有铠装	12*D*	15*D*

注　表中 *D* 为电缆外径。

（2）电缆敷设允许最低温度符合厂家要求，厂家无要求时，应符合验收规范规定的电缆允许敷设最低温度，低于此温度时应采取加热等措施。电缆允许敷设最低温度详细见表 23–8–2。

表 23–8–2　　电缆允许敷设最低温度

电缆类型	电缆结构	允许敷设最低温度（℃）
橡皮绝缘电力电缆	橡皮或聚氯乙烯护套	–15
	铅护套钢带铠装	–7
塑料绝缘电力电缆	—	0

（3）电缆穿管或穿孔时设专人监护，管口处做好相应保护防止划伤电缆。

（4）电缆及其管、沟穿过不同区域之间的墙、板孔洞处，应采用非燃性材料严密堵塞。如安装阻水法兰，应密封严实，其材质为非铁磁性材料。

（5）电缆就位应轻放，严禁磕碰支架端部和其他尖锐硬物，调整蛇形波幅时，严禁使用有尖锐棱角铁器。

（6）电缆敷设时，控制转弯处的侧压力符合厂家的规定；无规定时，不应大于 3kN/m。

（7）设专人看守转弯滑车两侧，防止电缆出现余度损伤电缆。

（8）电缆敷设完成后，对电缆外护套进行绝缘电阻测试和直流耐压试验，如试验未通过，应及时查找电缆外护套破损点，对破损处外护套进行绝缘密封处理，直到试验合格。

（9）每条电缆标识线路名称，将相色带缠绕在电缆两端的明显位置，电缆线路名称及两端相色带正确清晰，确保相位正确。

（10）电缆蛇形波幅误差一般控制在±10mm 以内。

（11）电缆悬吊固定、引上固定过程中应多处固定，防止局部受力过大，损伤电缆。

（12）电缆引上位置裕度符合设计要求，端部密封良好。

（13）电缆敷设位置、排列及固定正确、可靠，牢固美观。

（14）电缆敷设完成后，及时填写敷设记录和相关资料并整理归档。

9　安全措施

（1）电源系统采用三相五线制。接电源时，两人操作，做到一人监护一人操作。

（2）隧道内临时照明电源电压应为 36V。

（3）施工时井口四周装设围栏和安全警示标志，设专人看护，夜间施工井口处应装设警示灯。

（4）电源配电箱应接地良好，漏电保安器安装符合要求，电缆输送机及控制箱接地良好。

（5）在隧道内使用电源，遇潮湿结露地段导线接头必须用防潮接线盒，防止人员触电。

（6）电缆敷设施工人员进入隧道前，要进行有害气体检测，氧气、一氧化碳、可燃性气体、硫化氢气体含量合格后方可下井工作，不符合要求时采取通风措施，符合要求后方可下井工作。在隧道内工作区域应持续监测或定时监测，并应做好记录。

(7) 工作人员上下井时配备速差自控器。

(8) 在工作井起重、运输重物时，如电缆输送机、转弯滑车等，使用机械吊装或人工吊装的方法，并采取保护措施，保证设备和其他附件完好。

(9) 吊装电缆盘前，检查起重工具，如钢丝绳型号是否符合要求，钢丝绳套有无断股，轴承座及吊装环是否开裂等，吊装时起重臂下严禁站人，设专人指挥。

(10) 电缆凹型拖车水平就位，防止电缆盘偏向一侧受力。

(11) 在电缆敷设中注意对运行电缆的保护，勿登踏、磕碰运行电缆。

(12) 敷设电缆过程中，主控箱处设专人指挥工作，保持通信畅通，如果失去联系应立即停止敷设，通信畅通后方可继续敷设。

(13) 每人看守电缆输送机不能超过两台，重点部位一人一台。

(14) 每台电缆输送机要有专人经常检查，发生故障及时处理。

(15) 电缆牵引时，施工人员严禁在牵引内角停留。

(16) 电缆输送时，严禁用手在滑车进线方向调整滑车或垫放东西。

(17) 电缆上、下支架时动作一致，防止电缆碰撞电缆支架。

(18) 隧道内动火必须履行动火手续，专人监护，并配备消防器材。

(19) 进入隧道人员配备手电等应急照明器材。

(20) 电缆外护套试验时，电缆对端专人看护，试验区域设好围栏，试验完毕对电缆放电接地。

(21) 每天工作结束后清点人数，人员全部上井后盖好隧道井盖，无人看守时断开电源。

10 环保措施

(1) 施工前，合理选择电缆敷设地点，尽量避免占用土地植被、林地树木等地区。

(2) 施工过程中，注意保护周围环境、做到少破坏植被，余土、弃渣妥善处理。

(3) 施工过程中，注意做好土建成品的保护，对施工中临时做的施工标志在施工后及时进行清除。

(4) 合理安排工作计划和资源调配做到节能降耗，减少施工过程对电能、车辆等的使用。

(5) 施工完毕后及时清理施工现场，杂物和包装物品集中存放、及时运走，做到工完、料净、场地清，恢复地貌。

11 效益分析

(1) 隧道内施工环境较为复杂，空间狭小，转弯较多，安全和施工质量较难控制；且采用人工敷设截面超过 800mm^2 的电缆时，难度很大。本典型施工方法解决了高电压大截面电缆在隧道内敷设的难题。

(2) 本典型施工方法采用机械和人工组合的敷设方法，保证了电缆敷设质量，避免由于施工质量问题给电缆线路运行留下安全隐患。

(3) 本典型施工方法采用凹型拖车，体积小巧，减少了临时占地空间，对社会交通影响小。电缆输送机的使用提高了工作效率，缩短了工作时间。

(4) 本典型施工方法可降低劳动强度、节约人工、提高工作效率、缩短施工工期、经济效益明显。采用本典型施工方法与传统人工敷设相比，敷设一条长 500m 截面为 800mm^2 的电缆可节约人工约 70 工日，节约成本 2600 元左右。若一个电缆工程敷设双回截面为 800mm^2 电缆 36 盘，共 18 000m，就可节约成本 93 600 元。

12 应用实例

12.1 实例 1：西沙屯—上庄—六郎庄 220kV 部分架空线路入地工程

(1) 工程概况。西沙屯—上庄—六郎庄 220kV 部分架空线路入地工程中上庄—知春里 220kV 架空线路入地段为新建 I 路电缆，上庄—八里庄 220kV 架空线路入地段为新建 II 路电缆，路径长度约 8.2km。

工程中共敷设 220kV、2500mm^2 电缆 49 176m。电缆敷设于电缆隧道及夹层内，均采用非接触式“品”

字型排列。电缆全线敷设于电缆隧道内，电缆呈正三角形放置于地面槽钢和第一档支架上（槽钢上放置2根，支架上放置1根），间距350mm。

工程全线电缆于电力隧道及变电站夹层内均需蛇形敷设。蛇形波节均为6m，每隔3m硬固定一次，蛇形波幅为125mm。

（2）施工情况。工程于2004年12月29日开工，2005年6月24日竣工。

该工程使用2500mm^{2}超大截面电力电缆，电缆直径154mm，给施工带来很大的难度。施工过程中，电缆的蛇形敷设难度大，我们通过对多年电缆敷设工作经验的总结，结合现场实际情况应用本典型施工方法，前期精心组织、周密计划，合理选择放线点，确定了电缆输送机的布置方案和敷设过程中安全、质量控制要点，严格控制电缆敷设，电缆敷设过程见图23–12–1。施工中全线使用调频载波电话统一指挥，做到全线电缆施工在可控状态。电缆采用随时就位随时调整蛇形波幅方法，确保了电缆线路蛇形波幅的一致性和美观性，敷设固定完成后电缆线路见图23–12–2。应用本典型施工方法施工，不仅可节省人工、提高工作效率，还可保证电缆敷设的质量。这条线路是国内首条使用2500mm^{2}超大截面电力电缆长距离进行电能输送的电缆线路。工程共完成分项工程144个，合格率100%。

图23–12–1　电缆敷设过程

图23–12–2　敷设固定完成后电缆线路

（3）结果评价。电缆敷设固定完成后，试验人员对电缆的外护套进行了耐压试验，各条电缆均一次性通过试验，电缆敷设质量达标。

施工全过程处于安全、快速、高效的可控状态；现场机具布置合理，简便；电缆凹型拖车占地面积小，对繁忙的道路交通影响小；电缆敷设时仅需少量人员进行牵引，电缆敷设速度稳定，遇到突发问题及时停止敷设，问题解决后再进行电缆敷设，保证了电缆敷设的质量；节约人工、保证了施工工期，最大限度地降低了施工对周围居民生活干扰，维护了社会和谐稳定。

在施工过程中使用本典型施工方法，解决了在深隧道（约15m）中现场空间狭小、对电缆排列固定要求高等诸多难题，保证了工程的施工质量，按期完成了电缆敷设任务，为下一步的附件安装工作提供了有力的保障。本工程质量优良，得到了建设单位、设计单位、监理单位、运行单位等各方的好评。

12.2　实例2：长椿街220kV变电站第三电源工程

（1）工程概况。工程自八里庄220kV变电站新建单回电缆线路至长椿街变电站，路径长度约9.9km。

工程共敷设220kV、1000mm^{2}电缆29 862m。电缆敷设于电缆隧道及变电站夹层内，工程中电缆过京密引水渠段为倒三角形排列，电缆相间距为250mm，太平桥大街段由于倒数第一档支架距地面较近，为水平排列，每相电缆中心距为205mm，其余部分均为“品”字型接触排列。八里庄站内及里程段大部分敷设于西侧（或南侧）倒数第一档支架上，除过京密引水渠圆管段敷设于南侧倒数第一档和倒数第二档支架上、航天桥圆管段敷设于南侧倒数第二档支架上外，其余段如阜外大街、西二环路、王府仓路、太平桥大街、闹市口大街（即里程3+991m～9+515m段）段均敷设于步道西侧（或南侧）地面槽钢上。

工程中电缆全线均需蛇形敷设（除在京密引水渠圆管内受支架长度局限外），蛇形波节均为6m，蛇形波幅分别为：60mm（支架上“品”字型接触排列时）、70mm（地面上“品”字型接触排列时）、40mm（地面上水平排列时）。

（2）施工情况。工程于 2006 年 2 月 23 日开工，2006 年 7 月 20 日竣工。

本工程是北京地区目前单路最长的 220kV 电力电缆线路，由于路径中上下坡转弯较多，故对电缆的排列随之有变化，主要是电缆敷设蛇形波幅大小的变化。通过采取施工前进行明确、详细的技术交底，并严格按照本典型施工方法控制电缆敷设等重点环节的安全技术质量，发现问题及时处理等措施，保证了电缆敷设工作的顺利完成。工程共完成分项工程 63 个，合格率 100%。

（3）结果评价。电缆敷设固定完成后，试验人员对电缆的外护层进行了外护套耐压试验，各条电缆均一次性通过试验，电缆敷设质量达标。

12.3 实例 3：八家—奥运村 220kV 送电工程

（1）工程概况。工程自八家 220kV 变电站至奥运村 220kV 变电站新建双回 220kV 电缆，路径长度约 5.6km，现场路径平面图见图 23–12–3。

工程共敷设 220kV、1000mm^2 电缆 33 399m。电缆敷设于电缆隧道及变电站夹层内，均采用“品”字型接触排列。在里程 0+000m～0+197m 段，电缆敷设安装于站内 2.6m×2.4m 隧道，站外 2.6m×2.9m、2.6m×5.1m 双层隧道上层电缆隧道内倒数第 3 档支架上。在里程 0+197m～1+233m 段，电缆敷设安装于 2.0m×2.3m 隧道两侧地面支架上。在里程 1+233m～2+057m 段，电缆敷设于 2.0m×2.1m、2.0m×2.3m 隧道两侧地面支架上（本工程新安装横铁）。在里程 2+057～3+166 段，电缆敷设于 2.0m×2.1m、2.0m×2.3m 隧道两侧地面支架上（本工程新安装“L”型支架）。在里程 3+166m～5+256m 段，电缆敷设于 2.0m×2.1m、2.0m×2.3m 双孔隧道西侧隧道，进站沟段敷设于 2.0m×2.1m 隧道两侧地面支架上。

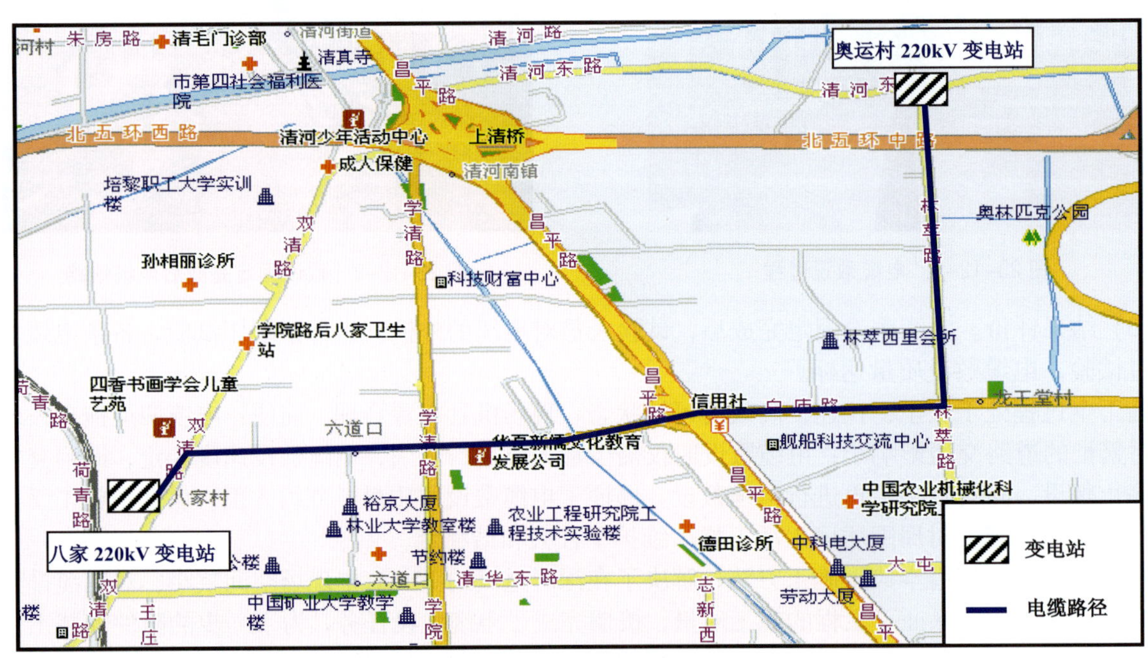

图 23–12–3 施工路径平面图

工程全线电缆在电缆隧道及变电站夹层内均需蛇形敷设。蛇形波节均为 6m，每隔 3m 硬固定一次，蛇形波幅为 60mm。

（2）施工情况。工程于 2008 年 3 月 23 日开工，2008 年 7 月 16 日竣工。

该工程为奥运工程，电缆线路长，工作量大，施工工期短。施工时，按照本典型施工方法要求，根据现场情况合理选择放线点，在地面和隧道内合理布置电缆输送机等机具，调试通信工具。施工过程中，严格按照本典型施工方法控制电缆敷设，对各工序的质量层层把关。工程质量负责人和技术人员在电缆敷设过程中，随时对电缆敷设安装质量进行检查，发现质量问题及时纠正和处理，保证了电缆敷设工作的顺利完成。本工程共完成分项工程 72 个，合格率 100%。

（3）结果评价。电缆敷设固定完成后，试验人员对电缆的外护套进行了耐压试验，各条电缆均一次性通过试验，电缆敷设质量达标。

典型施工方法名称：交联电缆预制式中间接头（110kV 及以上）制作安装典型施工方法

典型施工方法编号：GWGF024-2010-SD-DL

编 制 单 位：天津送变电工程公司

推 荐 单 位：天津市电力公司

主 要 完 成 人：王 琪 朱立军

目　次

1 前言

随着城市环境要求的提升和土地资源的日渐稀缺，城市电网越来越多的采用电缆供电。高压交联电缆通过中间接头连接，以满足长距离输送电能的功能。

高压交联电缆中间接头的施工方法经历了几十年的发展，已由早期的手工绕包增绕绝缘、机器绕包增绕绝缘施工方法发展到目前已普遍使用的预制式中间接头施工方法。这种施工方法各项功能满足施工需要，使用效果理想，并且通过工程实践，已形成行之有效的作业标准和施工工艺。

交联电缆预制式中间接头的主体部件在出厂前应进行电气性能的检测，合格后出厂。中间接头整体应经过国网电力科学研究院鉴定后，再入网安装使用。

2 本典型施工方法特点

（1）预制式电缆中间接头施工方法具有工期短、质量可靠、工艺先进等特点。

（2）电缆中间接头主体在现场直接套装，工艺简便，比绕包电缆中间接头节省增绕绝缘带材时间。

（3）早期的绕包交联电缆中间接头增绕绝缘带材时，需要在施工现场一层层的缠绕带材，施工现场的灰尘和潮气等环境因素，会影响中间接头每层带材之间的绝缘性能。在工厂内预制成型的电缆中间接头主体，现场安装时仅考虑控制灰尘和潮气侵入接头主体与电缆绝缘之间的一处界面，控制难度大大降低。

（4）交联电缆的绕包式增绕绝缘中间接头，对施工人员的技术水平要求相当高，带材的拉伸度、重叠要求、应力锥及反应力锥形状控制等施工质量，都会影响中间接头的绝缘性能。预制式电缆中间接头主体在工厂内使用模具预制成型，施工中只需按工艺要求将接头主体装入中间接头预定位置，从而降低施工人员技术水平对中间接头电气性能的影响。

3 适用范围

本典型施工方法适用于 110kV 及以上电压等级交联电缆的接续。

4 工艺原理

（1）中间接头是将电缆断开的导体连接起来，使用技术手段恢复电缆的内屏蔽、绝缘和外屏蔽，再恢复密封，使电缆中间接头的电气、机械和密封性能满足运行要求。

（2）电缆接头导体采用压接管压接或焊接的方式连接。

（3）接头关键部位安装预制式电缆中间接头主体，一次性解决电缆内屏蔽、主绝缘、外屏蔽的恢复。安装中间接头主体有以下几种方法：

1）直推法，即处理好电缆绝缘表面后，将中间接头主体依靠外力直接推到电缆的长端，连接导体并安装屏蔽罩后，再将电缆中间接头主体推至最终位置，完成中间接头主体的安装过程。

2）高压氮气扩张法，即在电缆与中间接头主体之间充入高压氮气，使之界面间有一层气体膜，中间接头主体在电缆上移动时就不会有较大的阻力。连接导体并安装屏蔽罩后，再将中间接头主体推至最终位置，完成中间接头主体的安装过程。

3）现场扩张法，即使用专用工具，把一内径大于电缆屏蔽外径的管子推入中间接头主体，使其扩张。处理好电缆绝缘后，将中间接头主体和管子一同套入电缆的长端，连接导体并安装屏蔽罩，然后把电缆中间接头主体推至最终位置，再使用专用工具，拔出管子，完成中间接头主体的安装过程。

4）工厂扩张法，即中间接头主体在工厂里扩张至内径大于电缆屏蔽外径的特制塑料管上，这根管子由塑料条缠绕成紧压弹簧状。施工现场安装时，与现场扩张方法一样，将电缆中间接头主体推至最终位置，旋转着倒拉出支撑塑料管条，中间接头主体收缩后附着在电缆绝缘上，完成中间接头主体的安装过程。

（4）中间接头主体外，安装具有良好机械保护性能的铜保护壳。铜壳外可再安装玻璃钢保护壳，壳内浇注密封胶，以加强中间接头的密封性和机械保护性能。中间接头大致结构见图 24–4–1。

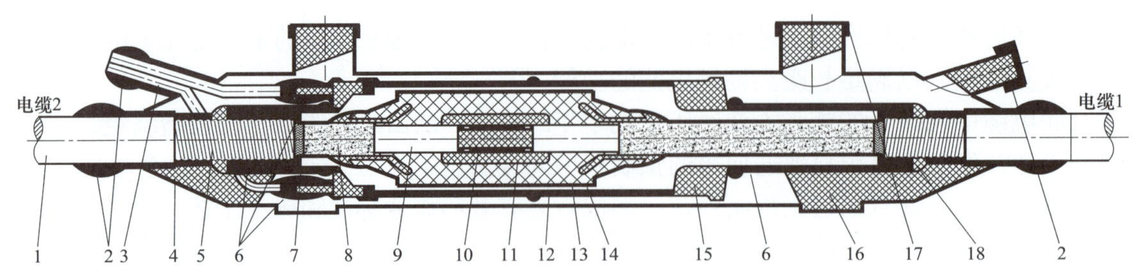

图 24–4–1 中间接头结构示意图

1—电缆外护套；2—防水绝缘带、PVC 带；3—同轴电缆；4—玻璃钢外壳；5—金属护套；6—热缩管；7—缓冲阻水层；8—半导电屏蔽层；9—电缆绝缘；10—接头接管；11—硅橡胶预制件主体；12—自粘橡胶半导电带；13—铜网；14—自粘橡胶绝缘带、PVC 带；15—铜壳；16—双组分胶；17—密封帽；18—铅垫条

5 施工工艺流程及操作要点

5.1 施工工艺流程

本典型施工方法施工工艺流程见图 24–5–1。

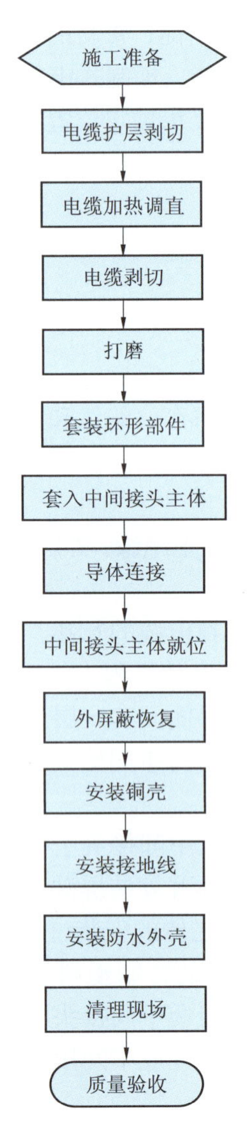

图 24–5–1 中间接头施工工艺流程图

5.2 操作要点

电缆的电压等级、截面不同，附件的生产厂不同，安装尺寸亦不相同。本典型施工方法对所有尺寸数据均未具体标注，施工中实际安装尺寸应按厂家安装技术文件要求（简称“工艺要求”）。

5.2.1 施工准备

（1）安装中间接头由具有高压电缆安装资格证书的人员进行操作。

（2）安装前仔细阅读理解厂家技术文件，熟悉所安装产品的结构、安装工序和重要尺寸。

（3）按产品装箱单清点其零部件是否齐全。

（4）检查电缆附件在运输过程中有无损伤。

（5）检验电缆和附件是否符合设计要求，规格是否正确。

（6）施工现场搭建临时工作棚。地面无积水，保持安装过程中组件和安装现场的清洁干燥。

（7）准备各种施工用专用工具和常用工具。

（8）确定电缆接头的位置及排列方式（一般有品字形和依次阶梯形两种），核对相序，做好标记。单相电缆至少有一端电缆呈蛇状，以允许水平方向的少量移动。

（9）使用绝缘电阻表测量外护套和主绝缘的绝缘电阻，确定绝缘合格。

5.2.2 电缆护层剥切

（1）将要对接的两段电缆放置于最终的适当位置，用机械校直机初步将电缆校直。确定接头中心后保留部分重叠，其余截除，见图 24–5–2。

（2）在电缆 1（长端）侧，使用手锯按工艺要求的尺寸轴向锯割电缆外护套，锯割深度为护套厚度的 1/2～2/3，不得锯透，再使用壁纸刀将外护套纵向剖开，剥除此处的外护套，见图 24–5–3。

（3）使用手锯在电缆 1 端，按工艺要求的尺寸轴向锯割电缆的金属护套，锯割深度为金属护套厚度的 2/3～3/4，不得锯透，然后轻轻摇动电缆端部，直至锯口断裂，拔除金属护套。对剩余部分金属护套表面进行清洁，见图 24–5–3。

（4）使用同样的方式去除电缆 2（短端）侧的外护套和金属护套，并对剩余部分金属护套表面进行清洁。

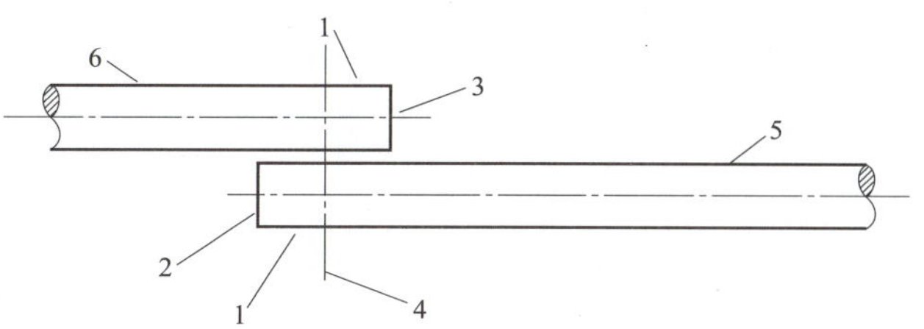

图 24–5–2　电缆初步断线示意图

1—预留部分；2—电缆 1 切断处；3—电缆 2 切断处；4—接头中心；5—电缆 1；6—电缆 2

（5）将两段金属护套末端向外翻边，修整成喇叭口，防止其波纹内卷部分划伤电缆。保留工艺要求尺寸的缓冲阻水层，其余去除。剥除缓冲阻水层时不要损伤绝缘屏蔽。

（6）使用专用工具去除外护套末端以外工艺要求尺寸的半导体层，见图 24–5–3。

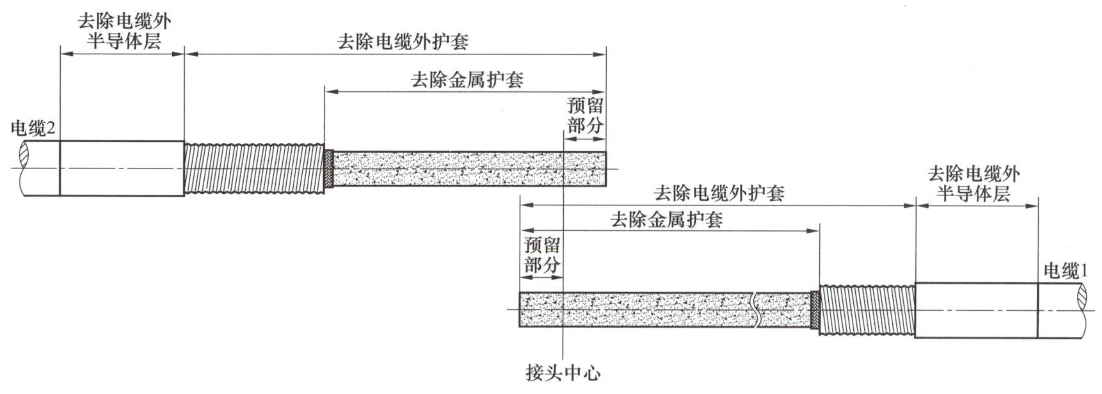

图 24–5–3　电缆护层剥切示意图

5.2.3　电缆加热调直

（1）在电缆外半导体屏蔽部分，用专用电加热工具将电缆加热，加热温度及时间满足厂家工艺要求。

（2）电缆电加热主要有加热毯加热、加热桶加热、加热带加热等几种方法。

（3）拆除加热装置后，用校直的角钢（铝）夹紧电缆，辅助校直，使电缆保持直线状态冷却至环境温度。

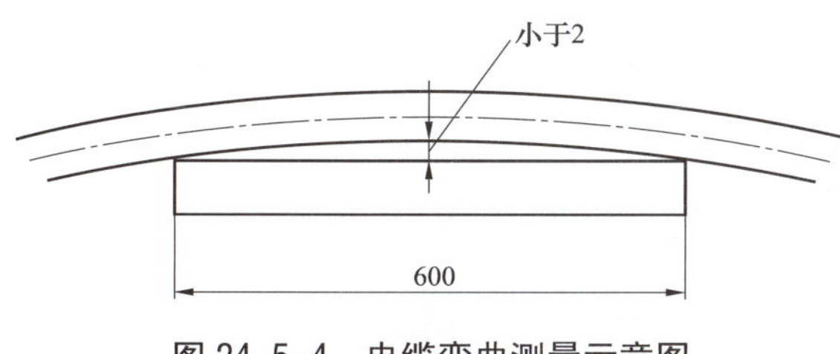

图 24–5–4　电缆弯曲测量示意图

（4）加热校直后，测量电缆的弯曲，每 600mm 应小于 2mm，见图 24–5–4。

5.2.4　电缆剥切

（1）两侧电缆对齐后，分别切去电缆两端预留的多余部分。

（2）使用专用的屏蔽剥切刀剥除工艺要求尺寸的半导体屏蔽层，见图 24–5–5。

（3）绝缘上残留的半导体屏蔽，使用玻璃刮除，动作要轻，尽量减少绝缘损失。刮除半导体屏蔽后，绝缘表面应无明显凹痕。

（4）剥切半导体断口不准用绝缘剥削刀，只能使用玻璃小心刮削。

（5）半导体断口加工成一定长度（按工艺要求尺寸）的斜坡，均匀过渡为锥面。

（6）半导体断口与绝缘平滑过渡，无凹凸。

（7）半导体断口应与电缆轴线尽量保持垂直，高差符合工艺要求。

（8）裸露金属线芯，使用专用工具，按照工艺要求的尺寸切除端部的绝缘层，勿损伤电缆线芯，将电缆绝缘端部倒角。线芯用 PVC 带临时包缠，见图 24–5–5。

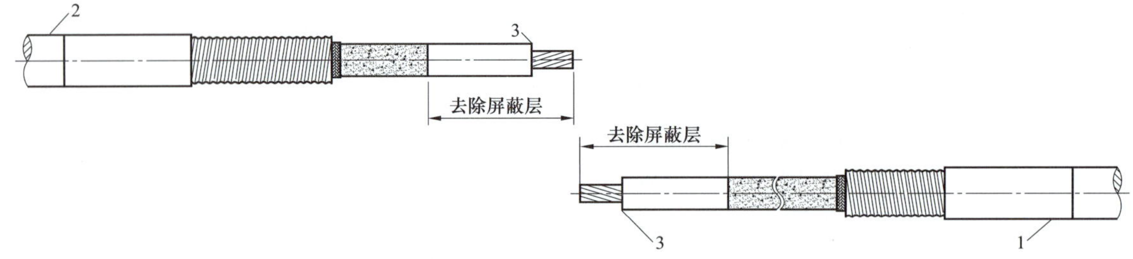

图 24–5–5　电缆剥切示意图

1—电缆 1；2—电缆 2；3—倒角

5.2.5　打磨

（1）按工艺要求的砂纸目数（一般 110kV 电缆使用 240 号～320 号，220kV 电缆使用 240 号～400 号或更高）打磨电缆绝缘，将电缆绝缘表面及半导体屏蔽断口处打磨光滑。

（2）打磨过程应不断在绝缘的轴向和径向移动砂纸，全面打磨，避免在一个位置长时间打磨而形成绝缘表面局部凹陷。

（3）整个操作过程中，应严格控制电缆的绝缘直径，保持直径在工艺要求的允许范围内。

（4）打磨半导体屏蔽断口处时，应特别注意与绝缘交界面过渡处的光滑平整，不得有任何凹痕或裸露绝缘现象。

（5）严禁使用打磨过半导体的砂纸再打磨绝缘。

（6）用游标卡尺以大约 50mm 的间距自半导体断口开始，至少检查五处绝缘直径，见图 24–5–6。每一处都应在水平和垂直方向进行两次测量，保证电缆绝缘的实际尺寸与中间接头主体内径之差符合工艺要求。为确保电缆绝缘的圆整度，两方向测量的结果之差应小于 0.5mm 或按工艺要求。

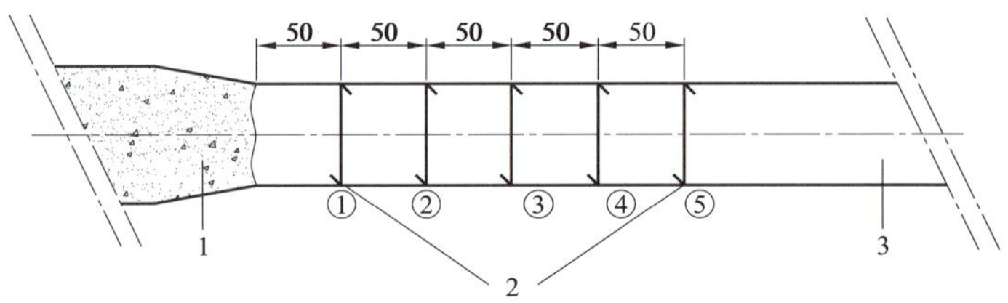

图 24–5–6　电缆绝缘直径测量示意图

1—外半导电屏蔽层；2—测量点；3—电缆绝缘

（7）半导体断口的处理方式：

1）利用自然半导体断口：打磨处理后直接使用。

2）涂刷半导体漆：在打磨处理后的半导体断口向上、下各 20～40mm（以工艺要求的尺寸）处，涂刷半导体漆，覆盖自然半导体断口。

3）模塑（硫化）半导体带：在打磨处理后的半导体断口向上、下各 20～40mm（以工艺要求的尺寸）处，缠绕半导体模塑带，覆盖自然半导体断口，通过局部电加热，使半导体模塑带与电缆融为一体，形成新的半导体断口。

4）增绕半导体带：在打磨处理后的半导体断口向上、下各 20～40mm（以工艺要求的尺寸）处，缠绕一种超薄的半导体带，覆盖自然半导体断口。

5.2.6　套装环形部件

（1）做定位标记，从电缆外半导电屏蔽层端口，各向外量取工艺要求的尺寸做标记，见图 24–5–7。

（2）用清洁巾把两根电缆由绝缘层的中间开始，向半导体层和线芯方向（切不可反向）擦抹干净并绕包保鲜膜，防止污染绝缘层，见图 24–5–7。

（3）再次核对尺寸，确认无误后向电缆 1 侧套入工艺要求的热缩管、长铜壳。

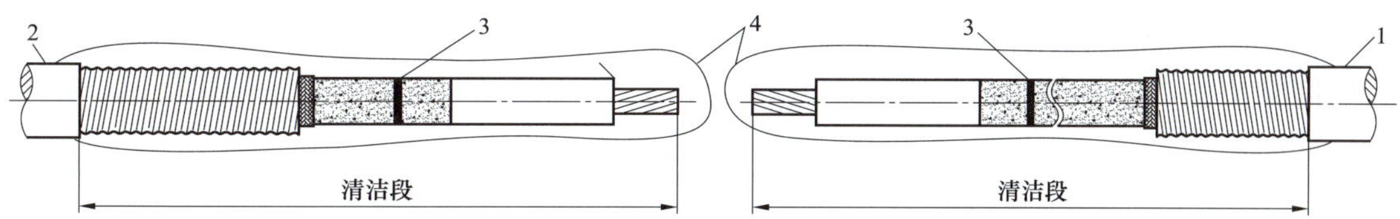

图 24–5–7　中间接头主体位置标记示意图

1—电缆 1；2—电缆 2；3—标记线；4—保鲜膜

（4）在电缆 2 上套入工艺要求的热缩管、短铜壳，并确认 O 型密封圈已装入短铜壳的密封槽内，见图 24–5–8。

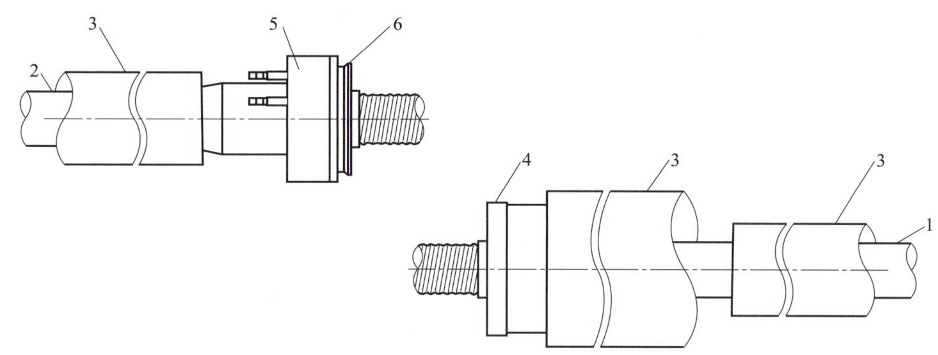

图 24–5–8　套装环形部件示意图

1—电缆 1；2—电缆 2；3—热缩管；4—长铜壳；5—短铜壳；6—密封圈

5.2.7　套入中间接头主体

（1）再次核对尺寸。在强光下，检查中间接头主体内表面及电缆绝缘层表面，应无可见杂质、划痕及凹凸不平等缺陷。

（2）使用无毛餐巾纸或布，浸渍无水乙醇后擦拭打磨处理好的绝缘层表面，清洁电缆绝缘。

（3）擦拭应当从电缆主绝缘的中间开始，向半导体屏蔽层和线芯方向分别进行，以避免将半导体微粒和铜屑带到绝缘层上。

（4）不要重复使用同一块餐巾纸或布进行第二次擦拭。

（5）如果使用的清洁溶剂（无水乙醇等）挥发时间较长，在擦拭后可用无毛餐巾纸擦干电缆。

（6）使用高温吹风机加热电缆绝缘，可烘干清洁溶剂残留的水分，熔平绝缘层表面上的轻微突起和砂痕，获得更光滑的表面。

（7）高温吹风机热气温度调整至 500～600℃之间，吹风机喷嘴距离绝缘层表面约 50mm，加热时将吹风机在绝缘表面缓慢的移动，直到其表面发亮。加热处理过程需 5～10min。

（8）安装气膜扩充工具：

1）将初扩锥与基座通过螺纹拧成一体，铁杆旋入锥体内，见图 24–5–9（a）。

2）在密封套外壁绕包两层 PVC 带，防止漏气。气密套套入初扩锥示意图见图 24–5–9（b）。

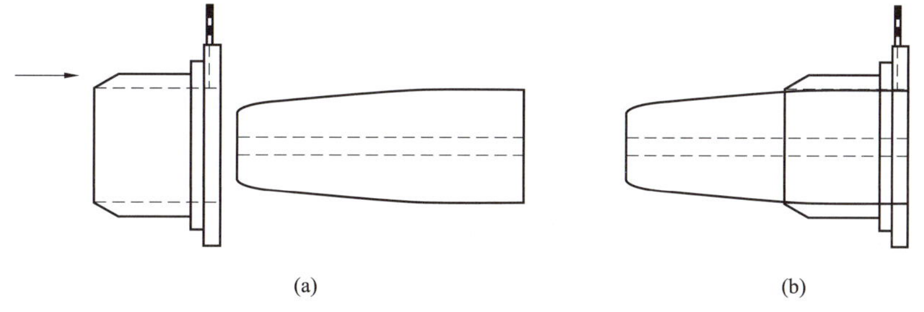

图 24–5–9　组装气扩工具示意图

（a）气密套和初扩锥；（b）气密套套入初扩锥示意图

3）将中间接头主体套入初扩锥，旋紧铁杆螺栓，将接头主体压入气密套，进行局部预扩张，并用PVC带将中间接头主体套入部位紧紧绕包，再用喉箍锁紧，见图24–5–10。

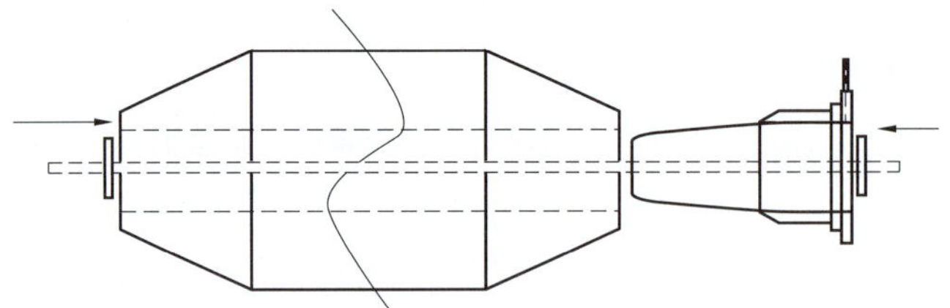

图24–5–10　局部预扩张示意图

4）取出初扩锥，见图24–5–11。

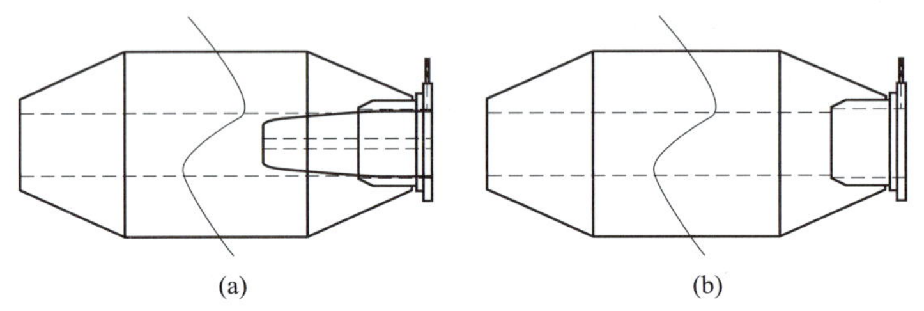

(a)　(b)

图24–5–11　取出初扩锥过程示意图

(a) 初扩锥在气密套内；(b) 取出初扩锥

(9) 电缆1的端头安装导向锥，见图24–5–12。清洁电缆，戴上无尘橡胶手套，中间接头主体内孔、电缆1的绝缘及屏蔽层表面涂抹专用硅脂。

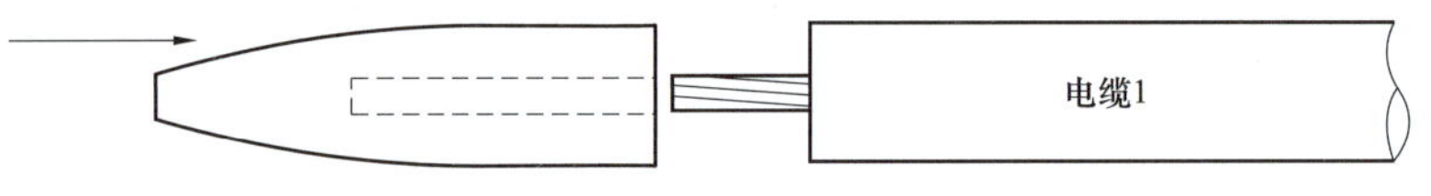

图24–5–12　安装导向锥示意图

(10) 气密套的内槽装入密封圈后，将接头主体预扩张的一端套入电缆1，推入约300mm的一段距离，从气密套的气嘴处注入氮气，直到接头与电缆界面形成导通的气膜，此时可以轻松地将接头主体推至电缆1导体完全露出，关闭氮气，见图24–5–13。

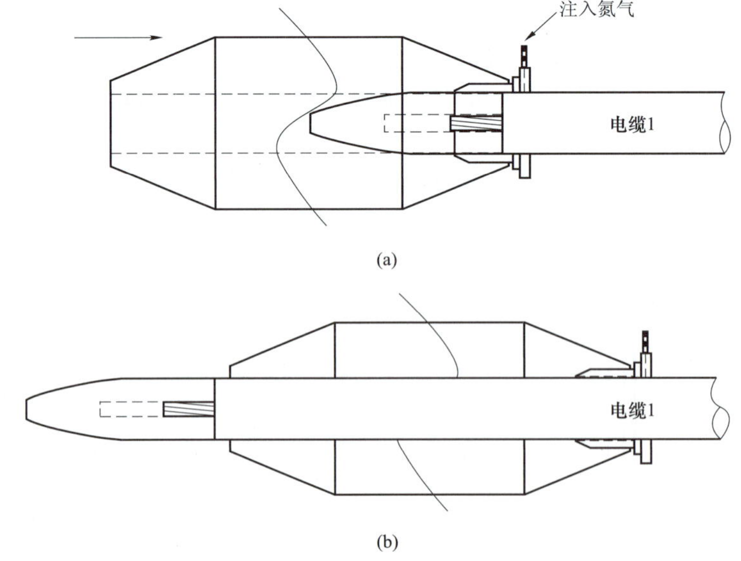

(a)

(b)

图24–5–13　接头主体套入电缆过程示意图

(a) 接头主体初步推入电缆；(b) 接头主体全部套入电缆

（11）用保鲜膜将整体预制硅橡胶绝缘件临时包好以防止污染。

5.2.8 导体连接

（1）在电缆绝缘层表面包裹保鲜膜，防止金属屑等掉落到绝缘表面上。

（2）将两段电缆的导体表面用 240 号砂纸轻轻打磨，以清除氧化膜，清洁后套上连接管，确定连接管在中心位置。

（3）用六角压模压接连接管，压接后检查两绝缘端面间尺寸，其值应符合工艺要求，满足屏蔽罩安装。

（4）用锉刀锉掉连接管上的锐边毛刺并清理干净。

（5）用铜网绕包连接管，绕至其外径能与屏蔽罩内壁紧密接触。

（6）把两块屏蔽罩扣在已绕包好的铜网上，屏蔽罩外径应小于电缆绝缘直径，其差值不超过工艺要求数值。

5.2.9 中间接头主体就位

（1）去掉临时包绕的保鲜膜，清洁电缆 2 的绝缘表面。

（2）在屏蔽罩的外表面与电缆 2 的绝缘及半导体断口表面涂抹硅脂。

（3）中间接头主体就位：

1）重新注入氮气，直到中间接头主体与电缆界面的气膜导通，将接头主体推至距离两侧标记线相等的位置，见图 24–5–14。

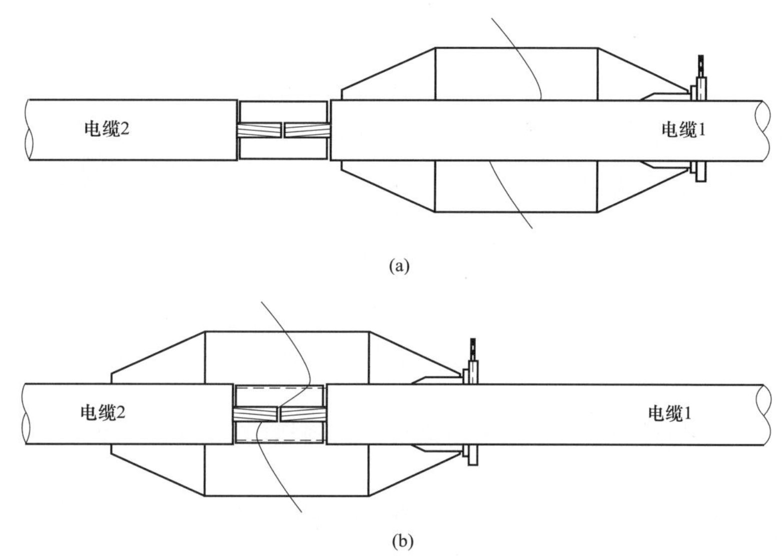

图 24–5–14 接头主体就位过程示意图

（a）导体连接后；（b）接头主体就位

2）松开喉箍，将缠绕在中间接头主体端部的 PVC 带小心拆掉，再缓慢注入氮气，使气密套与中间接头主体脱离，见图 24–5–15。松开螺栓，取下气密套。

3）左右转动中间接头主体，消除安装应力。

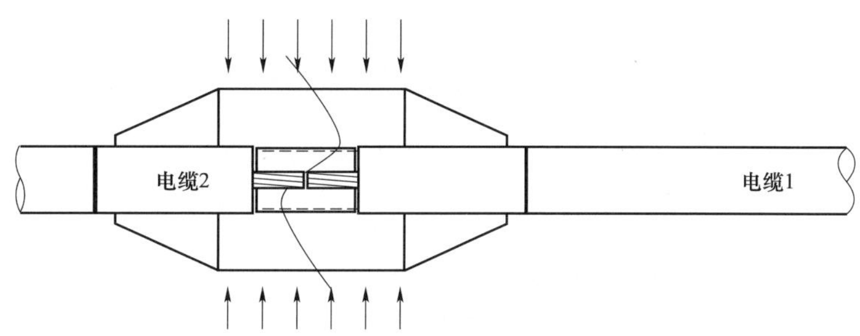

图 24–5–15 挤出接头主体内气体示意图

4）用毛巾绕包接头主体，再用紧固带将接头主体收紧，使接头内部气体排出，放置 30min 以上，见图 24–5–15。

5.2.10 外屏蔽恢复

（1）擦净中间接头主体两侧挤出的硅酯。

（2）按照工艺要求，在中间接头主体两端缠绕半导体带，缠绕成外径与中间接头主体端部外径相等的台阶，用于中间接头主体的定位。

（3）按照工艺要求，从电缆 2 的金属护套一端缠绕自粘橡胶半导体带到中间接头主体第一个台阶并填平。

（4）按照工艺要求，从电缆 1 的金属护套一端缠绕自粘橡胶半导体带到中间接头主体屏蔽层端部为止。

（5）按照工艺要求，从电缆 1 的金属护套开始半重叠缠绕铜网带，缠绕至距离中间接头主体屏蔽层端部 5mm 结束。

（6）按照工艺要求，从电缆 2 的金属护套开始半重叠缠绕铜网带，缠绕至距离自粘橡胶半导体带端部 5mm 结束。

（7）清洁中间接头主体屏蔽断开部分，吹风机吹干后，按照工艺要求，在中间接头主体屏蔽断开部分缠绕绝缘带，再从电缆 2 的金属护套开始半重叠绕包自粘橡胶绝缘带，覆盖中间接头主体到电缆 1 的金属护套，最后从电缆 1 到电缆 2 绕包 PVC 带，见图 24–5–16。

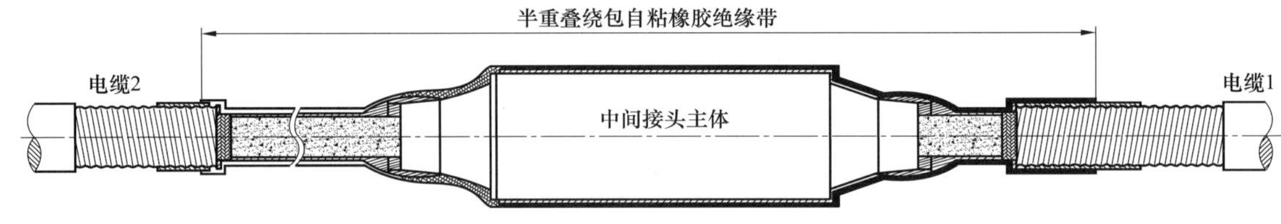

图 24–5–16 外屏蔽恢复示意图

5.2.11 安装铜壳

（1）用清洁纸清洁铜壳的接触法兰面，预涂薄层导电膏再用棉布擦拭，以除去氧化层，最后在接触法兰面涂上一层导电膏。

（2）铜壳的密封槽及密封圈涂硅酯，把密封圈放入密封槽内，用螺栓把绝缘铜壳长端及短端连接在一起。

（3）铜壳两尾端与电缆外护套断口距离保持一致，将铜壳两尾端与金属护套之间加入铅垫条之后搪铅封焊，见图 24–5–17。

（4）按照工艺要求，在铜壳与电缆外护套间绕包防水绝缘带，见图 24–5–17。

（5）按工艺要求位置将小热缩管套到铜壳两端，加热使其收缩，见图 24–5–17。

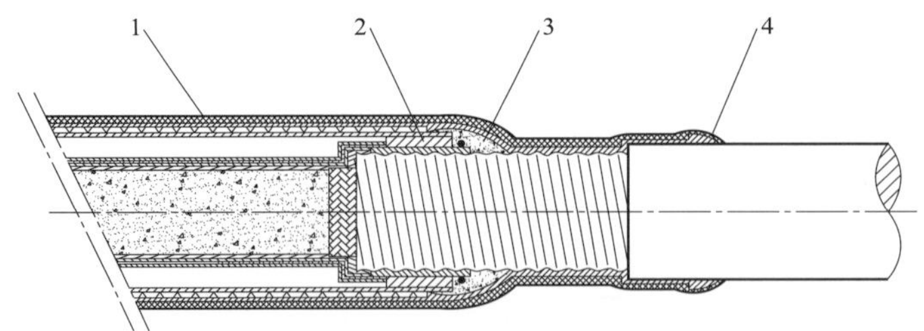

图 24–5–17 铜壳固定、密封示意图

1—热缩管；2—铅垫条；3—铅封；4—防水带、PVC 带绕包

（6）按照工艺要求，用防水密封胶及防水绝缘带将铜壳连接处绕包密封，再将大热缩管套在此处，加热使其收缩。

（7）按照工艺要求，在所有热缩管两端口处缠绕防水绝缘带和 PVC 带。

5.2.12 安装接地线

同轴电缆内外导体分开，分别与铜壳上的相应地线端子连接。从同轴电缆外护套向铜壳地线端子连接部位缠绕绝缘带、密封带，恢复外导体绝缘及密封。

5.2.13 安装防水外壳

(1) 将玻璃钢防水底壳放至铜壳底部，在防水底壳的接合面安装橡胶密封垫，同轴电缆从顶壳上部的电缆出口引出，盖上顶壳，穿入螺栓并紧固。

(2) 按照工艺要求，用封堵材料填充防水外壳端部与电缆及地线的空隙，并缠绕防水绝缘带和 PVC 带，防止灌注混合液时泄漏。

(3) 按照工艺要求的比例将双组分密封胶混合，均匀搅拌后从浇注口灌入玻璃钢外壳，直至灌满为止，然后盖上浇注口密封帽静置。

5.2.14 清理现场

中间接头安装工作完成后，清运施工工具设备、剩余材料和施工垃圾，做到工完、料净、场地清。

5.2.15 质量验收

中间接头安装完成后，应通过相关电气试验项目的验收。试验项目应符合 GB 50150—2006《电气装置安装工程　电气设备交接试验标准》或工程所在地执行的地方标准。

6 人员组织

(1) 施工前，应根据工程量、现场条件及工期要求合理配备施工人员。

(2) 一组电缆中间接头安装人员大约需要技工 5 人、力工 5 人，具体职责划分见表 24–6–1。

表 24–6–1　电缆接头安装人员组织（一组中间接头工作量）

序号	岗　位	数量	职 责 划 分
1	工程负责人	1	负责电缆工程全面工作，包括施工组织、工器具调配、物料转运进场及地方关系协调等工作
2	接头安装施工负责人	1	负责电缆接头安装现场工作，包括现场人员组织、进度控制，工器具材料合理使用保管等工作
3	接头安装技工	4	负责电缆接头安装工作，其中兼职安全员、质检员各 1 名
4	力工	5	大件物料的搬运等重体力工作、接头井排水、施工期间夜间现场看护工作、施工完成后的成品保护工作

7 材料与设备

(1) 设备配置。本典型施工方法主要设备配置见表 24–7–1。

表 24–7–1　电缆中间接头施工主要设备配置

序号	名　称	规　格	单位	数量	备　注
1	电锯	6A 80–280SFPM	台	1	
2	发电机	3.2～4kVA	台	1	
3	护套切割刀	月牙刀	把	1	
4	万用电能表	1109	块	1	
5	电源闸箱	带漏保	套	2	
6	单相电源线	$2\times2.5mm^2$	m	若干	
7	电源接线板	10A 带漏保	个	5	
8	角向磨光机	400W；2300r/min	台	1	

续表

序号	名　称	规　格	单位	数量	备　注
9	半导体剥切机	75～125mm	套	1	
10	导体压接机	63～100t	套	1	
11	加热工具		套	1	
12	调直角铁	80mm×10mm×1m	根	6	
13	橡胶阻燃带	1.5mm×80mm	m	若干	
14	砂带机	3kW；2800r/min	台	2	
15	高温吹风机	2300W；HG–2310LCO	把	1	
16	盒尺	2m	把	5	
17	绝缘电阻表	500/2500V	块	1	
18	游标卡尺	0.02mm	把	2	
19	液化气罐	25kg	个	3	
20	液化气喷枪		个	5	
21	玻璃片		片	若干	
22	偏口钳		把	2	
23	地线压接钳	240mm^2	套	1	
24	温湿计		块	1	
25	套管扳子		套	1	
26	内六方扳子		套	1	
27	壁纸刀		把	5	
28	锯弓子	手锯	把	5	
29	活扳手	10 寸	把	5	
30	改锥	一字，十字	把	5	
31	克丝钳		把	5	

（2）接头材料。

1）导体连接管采用优质电解铜加工而成。与电缆线芯压接连接，其接触电阻小、散热好，具有与电缆线芯相同的导电性能和机械性能。

2）中间接头主体选用优质硅橡胶或乙丙橡胶材料，具有优异的电性能、高强度、高弹性、高抗撕裂性能和耐热、耐老化性能，工厂内整体预制成型，即接头的内外屏蔽、应力锥和绝缘浇注成一体，使其构成为一个整体，性能优异，便于试验、安装。

3）中间接头主体外使用的铜保护壳，具有良好的导电、机械保护和密封性能。用于直埋、浸水敷设时，铜壳外层配高强度、阻燃、绝缘、防水的玻璃钢保护壳，壳内浇注具有很强的黏合力的密封胶，以加强接头的防水性和密封性，适合特别恶劣的环境，并具有良好的防腐蚀能力，确保接头能够在长期恶劣的环境下运行。

8　质量控制

（1）工程质量执行标准。GB 50168—2006《电气装置安装工程　电缆线路施工及验收规范》、GB 50150—2006《电气装置安装工程　电气设备交接试验标准》、电生字［79］第 53 号《电力电缆运行规程》以及国家或上级有关部门颁布的设计标准、技术规程、规范、质量评定标准和安全技术操作规程，电缆附件生产厂提供的安装工艺，按正常的施工条件和合理的施工组织设计编制。

（2）质量保证措施。

1）中间接头施工搭建临时工作棚，应具有防雨、防尘功能，保持环境的干燥、清洁。

2）接头施工期间现场相对湿度宜为70%及以下，环境温度宜为10～30℃或按电缆附件生产厂要求。

3）照明灯具要亮度均匀，不能出现直接眩光、反射眩光或光幕反射现象，并具有良好的方向性。

4）电缆附件箱要存放在通风、干燥、无积水的位置，底部垫高，上部进行防雨苫盖。

5）附件开箱后尽量存放在正规建筑内，现场不具备条件的应搭专用工棚，存放电缆接头附件及工器具。棚内工具、材料应堆放整齐，做好防潮、防盗措施。

6）接头制作前要用500/2500V绝缘电阻表测量外护套和主绝缘的绝缘电阻，应合格。

7）电缆接头施工是隐蔽工程，每一项工序结束后，由专人检验，合格后再进行下一步的施工工序。

8）剥切外护层时，注意用刀深度，不能伤到电缆金属护层。

9）剥切金属护层时，不能伤到电缆内衬层。

10）在操作过程中，主要安装尺寸必须有2名安装人员分别检查，并做记录备案。

11）中间接头主体应轻拿轻放，严禁碰触尖锐的物品。

12）安装电缆接头主体前检查绝缘表面应无划痕，半导体断口与绝缘过渡平滑整齐，符合技术要求。

13）搪铅时应严格控制加热时间和温度，以免烫伤电缆外半导电层和绝缘，搪铅完成后要待温度降至常温，方可进行下一道工序。

14）冬季施工应注意安装材料的存放温度，尽量保持与施工现场同温度存放，避免安装时出现结露现象。

15）施工中及时填写安装技术文件要求的中间接头安装记录。

16）工程完工后交接前，现场昼夜看护巡视，做好成品保护。

9 安全措施

（1）施工人员进入施工现场，必须正确佩戴个人安全防护用具。

（2）定期进行施工现场安全检查和交通车辆安全检查，对查出的问题或隐患要定人、定时落实整改，整改后再进行复查，直至合格为止。

（3）现场使用的电器工具、照明等临时电源必须加装漏电保护器。工作地点设置专用保护接地线，电气设备外壳可靠接地。电源的拆接由持证电工操作。每日施工结束后，要切断施工电源。

（4）搬运电缆附件人员应相互配合，轻抬轻放，防止损物、伤人。

（5）切断电缆前核对电缆标记、相位。

（6）附近如有平行敷设的运行电缆，操作时电缆的护套和线芯做临时接地，防止感应电伤人。

（7）接头井内如有带电的运行电缆，要保持足够的安全距离，必要时加隔板保护。

（8）使用液化气前，应检查液化气瓶阀门和液化气管是否漏气，确保安全可靠。

（9）液化气枪点火时，火头不得对人，以免人员烫伤，其他工作人员应对火头保持一定距离。

（10）液化气枪使用完毕应放置在安全地点冷却后装运，液化气瓶要轻拿轻放，不能同其他物体碰撞。

（11）接头临时工棚内配置灭火器。

（12）用刀或其他切割工具时，正确控制切割方向和力度。

（13）中间接头井边应留有通道，传递物件时，应递接递放，不得抛接。

（14）隧道内施工，进入隧道前检测气体，必要时强制通风排气。

（15）夜间有专人值班，现场做好防火、防盗、防水浸的措施。

10 环保措施

（1）施工及排放应当符合《中华人民共和国环境保护法》、GB 16297《大气污染物综合排放标准》、国家电网公司相关环境保护及排放标准、工程所在地相关环境保护及排放标准的要求。

（2）中间接头井临时工棚内设置专用垃圾桶，施工后废弃的包装、带材卷轴、绝缘胶或其他杂物应分类存放，集中处理。

（3）闹市施工，接头坑附近搭设围挡，围挡高度、式样应符合工程所在地文明施工及环保要求。

（4）项目开工前施工负责人必须进行安全文明施工条件的检查，不具备安全文明施工条件的工程项目不得开工。

11 效益分析

本典型施工方法简便易行，对施工人员技术水平要求较低，安装速度快，安装成本低，施工效率高。具有较好的环境保护效果和较好的社会效益。由于采用本典型施工方法施工质量可靠，已经成为较普遍的施工方法，安装工艺成为较为先进的中间接头施工工艺。

12 应用实例

（1）天津延寿里 220kV 变电站电源线工程，220kV 进线 3 回。引自利民道 220kV 变电站 2 回，T 接华八 220kV 线路 1 回。变电站内电缆敷设在电缆隧道及电缆夹层内，水平排列，电缆间距 350mm。变电站外敷设在 1.2m×0.7m 电缆沟槽及 8×ϕ200mm+2×ϕ100mm 拉管和排管内，电缆在沟槽内三角形排列，间距 300mm，蛇形敷设，每隔 6m（波峰点）用沙袋垫高 80mm（波幅）。电缆型号：YJLW03–Z–127/220kV–1×800mm^2。预制式中间接头 42 只。2009 年 7 月开工，2009 年 9 月竣工。

（2）2008 年天津工农村（吉林路）220kV 变电站电源线工程，三回路电缆供电，电缆路径长度分别为 2×6052m 和 4284m，预制式中间接头 63 只。

（3）2006 年天津华八线，220kV 电缆截面积为 1200mm^2，电缆路径长度为 8212m，预制式中间接头 21 只。

典型施工方法名称：水泥混凝土道路典型施工方法

典型施工方法编号：GWGF025-2010-BD-TJ

编　制　单　位：江西省水电工程局

推　荐　单　位：江西省电力公司

主 要 完 成 人：刘小林　熊全玉　樊红宇
龚华鸣

目　次

1 前言

在变电（换流）站工程建设中，站内的道路具有面积范围大、弯弧曲线多、永久性暴露等特点，属变电站的户外重要附属工程。其施工质量的好坏直接影响变电站的整体形象。为提高变电（换流）站工程水泥混凝土道路的施工技术水平，有效解决质量通病，特编写本典型施工方法。

江西省水电工程局在变电工程的施工实践中，总结和改进了水泥混凝土道路施工技术，形成了系统的变电（换流）站水泥混凝土道路典型施工方法。本典型施工方法改进了多项施工技术：道路面层模板采用标准槽钢和整体定型模板，用可调拉件及丝杆顶撑定位和固定，比传统采取钢性支撑的方法更能有效定位和固定模板体系；利用导轨装置和改装缩缝切割机进行缩缝切割，切缝效果比传统方法更加良好等。

本典型施工方法先后在赣州 500kV 变电站、上饶（信州）500kV 变电站和九江湖口（石钟山）500kV 变电站等工程广泛应用，提高了变电站内水泥混凝土道路的施工质量水平，有效防治了质量通病的发生，取得了良好的经济效益和社会效益。

2 本典型施工方法特点

本典型施工方法具有以下特点：

（1）可有效保证水泥混凝土道路路面平整、不积水、色泽均匀，防治道路面层起砂、脱皮、龟裂等质量通病，提高道路面层的耐久性。

（2）可有效防治道路面层上层出现局部塌陷、沉降、变形开裂等质量通病，提高道路的质量稳定性。

（3）可有效保证路面宽度一致，路面线条、胀缝、缩缝切缝更为顺直清晰、美观。

3 适用范围

本典型施工方法适用于非季节性冰冻地区，路床水文地质条件良好的变电（换流）站工程的水泥混凝土道路施工。

4 工艺原理

（1）通过改进道路面层模板的制作及模板的定位和加固工艺，确保模板强度、刚度、顺直，曲线弧度满足要求。其中道路直线段模板采用统一标准槽钢，用丝杆顶撑和可调拉件定位固定；圆弧段模板采用钢板加工制作成定型模板，用脚手钢管整体定位固定。

（2）通过道路面层上、下两层均合理设置变形缝，且面层上、下层设缝对应一致，防止路面应力集中，造成挤、压裂的现象。

（3）在道路面层上、下层两层施工间歇期间，对于道路面层下层发生了严重塌陷、沉降之处，采取破碎并挖除该处道路面层下层，挖开该处道路基层和一定深度的地基，按规定进行重新分层回填夯实处理，经检测和验收，并在道路面层上、下两层增设钢筋网片加强处理，以防治道路面层上层对应位置出现塌陷、沉降的质量通病。

（4）在道路面层上、下层两层施工间歇期间，对于道路面层下层发生了局部变形开裂之处，采取在道路面层上层增设钢筋网片加强处理，以防治道路面层上层对应位置出现局部变形开裂的质量通病。

（5）通过道路面层上层混凝土内掺抗裂纤维，面层上层做面时掺加耐磨粉，以防治道路面层起砂、脱皮、龟裂等质量通病，提高道路面层的耐久性。

（6）通过改装缩缝切割机，优化切缝施工工艺，达到缩缝宽度一致，顺直美观的效果。

5 施工工艺流程及操作要点

5.1 施工工艺流程图

本典型施工方法施工工艺流程见图 25-5-1。

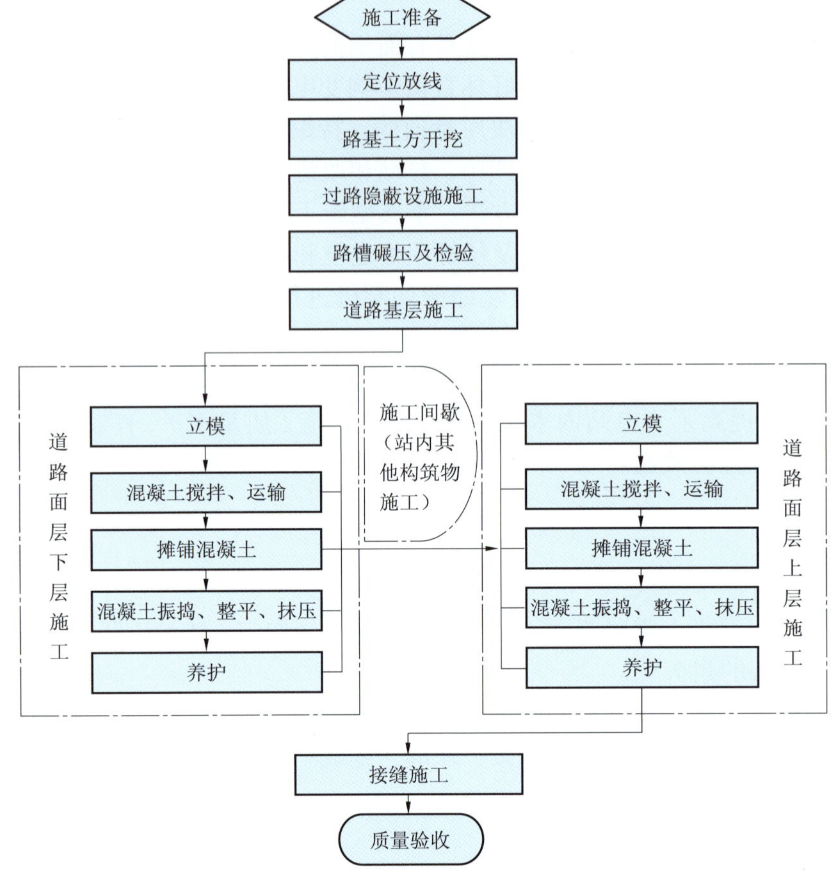

图 25-5-1 变电（换流）站工程水泥混凝土道路施工工艺流程图

5.2 操作要点

5.2.1 施工准备

5.2.1.1 人员准备

明确现场负责人，技术、质量、安全责任人，各工种具体操作人员名单和职责，人员资格和数量满足要求，特殊作业工种应持有效证件上岗。

5.2.1.2 技术准备

（1）开工前做好图纸会检，组织所有参与道路施工管理和具体操作的人员进行安全、技术交底，确保施工人员对规程规范、设计图纸、施工措施充分理解。

（2）做好混凝土配合比试验，满足混凝土的设计强度、耐磨和混凝土拌和物和易性的要求。混凝土内掺抗裂纤维（聚丙烯纤维）材料，经配合比试验符合要求后使用。

5.2.1.3 材料准备

（1）混凝土原材料技术要求应符合 GBJ 97《水泥混凝土路面施工及验收规范》的要求，选用同一厂家、同一产地、同一品种规格的材料，确保混凝土表面机理、色泽一致。

（2）水泥采用 42.5 级及以上普通硅酸盐水泥，水泥进场时，应有产品合格证及化验单，并应进行复检；砂应采用洁净、坚硬、符合规定级配、细度模数在 2.5 以上的粗、中砂；碎（砾）石应质地坚硬，并应符合规定级配、最大粒径不应超过 40mm；混凝土搅拌和养护用水应清洁、宜采用饮用水，如采用其他水应进行水质分析，合格后方可使用。其他材料如灰土、抗裂纤维（聚丙烯纤维）、耐磨粉、钢筋等，均应符合相关规定。

5.2.1.4 机具准备

工器具规格、型号和数量满足施工需要。

5.2.2 定位放线

根据变电（换流）站建筑方格网控制点，采用全站仪（或经纬仪）和钢尺定出道路标高及中心线的位置。

5.2.3 路基土方开挖

清除表层土，开挖直至设计路基标高。对于施工中发现的暗沟（渠）部分由工地设计代表、监理工程师、施工技术负责人现场勘察，由设计院给出路基处理意见。

5.2.4 过路隐蔽设施施工

根据设计图纸要求，对过路的电缆沟、接地网、过路管道等各种隐蔽设施进行施工，施工完毕后按要求进行验收，并对其部位的基层及上部回填按要求进行夯实。

5.2.5 路槽碾压及检验

路槽开挖完成后，应采取排水措施，防止路槽积水。路床晾干并测定含水量，控制在最佳含水量±（3%～5%）偏差的含水量下进行机械碾压密实，检测路基压实度，压实度应符合设计要求。

经验槽后，如需对不符合设计持力层要求的路槽进行换填，应分段分层进行夯实，每层回填厚度由夯实或碾压机具种类决定，并按规范要求进行。由试验确定设计要求的压实系数的相关参数，每层施工结束后按试验规程检查地基的压实度，经见证取样试验合格后方可进行下一道工序施工。

5.2.6 道路基层施工

道路基层做法有石灰稳定土基层，泥灰结碎（砾）石基层，煤渣、粉煤灰、冶金矿渣等工业废渣类基层，级配碎（砾）石掺石灰基层，水泥稳定砂砾（包括砾石土）基层等。本典型施工方法以石灰稳定土基层和水泥稳定砂砾（包括砾石土）基层两种做法为例。

（1）做法一：石灰稳定土基层。按设计要求，采用一定比例的石灰与土（石灰含量宜占土的8%～12%），在最佳含水量情况下充分拌和，达到均匀，颜色一致，再分段、分层回填，采用机械分遍碾压密实。灰土完成后，不得受雨淋和受水浸泡，并做临时性覆盖。灰土每层结束后，按试验规程测定灰土地基的压实度。

土料宜采用就地挖出的含有机质小于5%的黏土或塑性指数大于4的粉土，土料应过筛，粒径不得大于15mm。石灰采用Ⅲ级以上生石灰，使用前石灰消解并过筛，颗粒不得大于5mm。不得夹有未熟化的生石灰粒，不得含有过多水分。

（2）做法二：水泥稳定砂砾（包括砾石土）基层。根据设计要求，采用一定级配的砂砾和一定比例的水泥拌和后，采用碾压机进行压实。砂砾最大粒径不应超过50mm，水泥含量不宜超过混合料总重的6%，压实工作必须在水泥终凝前完成，并按试验规程测定压实度。

（3）基层完成后，应加强养护，控制行车。如有损坏应在浇筑混凝土板前采用相同材料修补压实，严禁用松散粒料填补。

5.2.7 道路面层下层施工

（1）变电（换流）站道路面层下层主要是有利于站内安全文明施工、永临结合而设置的。其立模，混凝土的搅拌、运输，振捣工序施工方法同5.2.8。该层的整平、抹压施工工序要求表面压实、平整，不积水，符合国家电网公司安全文明施工规定标准要求。

（2）根据设计图纸要求，道路面层下层的变形缝设置应与道路面层上层的变形缝设置一致。

（3）在道路面层上层施工前，对于道路面层下层发生了严重塌陷、沉降之处，采取破碎并挖除该处道路面层下层，挖开该处道路基层和一定深度的地基，按规定重新进行分层回填夯实处理。经检测和验收，并在道路面层上、下两层均增设钢筋网片加强处理。

（4）在道路面层上层施工前，对于道路面层下层发生了局部变形开裂之处，采取在道路面层上层中增设钢筋网片加强处理。

5.2.8 道路面层上层施工

5.2.8.1 立模

（1）模板制作。道路面层直线段边模：根据道路面层上、下层的设计厚度，采用槽钢做定型模板，槽钢开口一侧离端部 100mm 处，及槽钢中部每间隔 1.5m 焊ϕ18mm 的钢筋两根用于模板安装时的固定和拉接。并采用角向磨光机对槽钢腹板端头接缝处磨平、磨直，将翼缘磨成与腹板形成一定斜度，以保证两槽钢对接平齐顺直。直线段槽钢模板及端头处理实例见图 25–5–2。

图 25–5–2　直线段槽钢模板及端头处理实例

图 25–5–3　圆弧段整体定型模板实例

道路面层圆弧段边模：采用槽钢根据设计尺寸制作成整体定型模板。圆弧段整体定型模板实例如图 25–5–3 所示。

（2）模板定位和固定。

1）根据定位放线安装道路模板，模板侧面采用可调拉件及丝杆顶撑定位和固定，比传统采取钢性支撑的方法更能有效定位和固定模板体系。模板安装时，模板上口宜向外侧略倾斜，倾斜度与路面坡度一致，这种做法可使道路成品线条的整体感观效果更顺直清晰。可调拉件如图 25–5–4 所示，丝杆顶撑如图 25–5–5 所示。

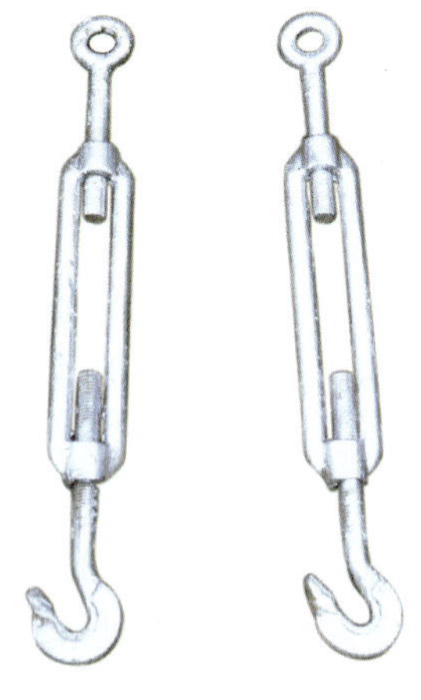

图 25–5–4　可调拉件

图 25–5–5　丝杆顶撑

2）用直径 18mm 以上的钢筋插入丝杆顶撑两固定用的小孔，并打入道路外侧地坪土体中一定深度，打入深度以保证丝杆顶撑稳固为宜。在两槽钢接缝处背面（开口一侧）加垫小木块，并用丝杆顶撑和可调拉件调整槽钢内侧，使之成线后将其固定牢固。模板内侧接缝采用双面压缩胶带（或玻璃胶）填充补平，保证模板接口平整。模板加固和接缝细部处理如图 25–5–6 所示。

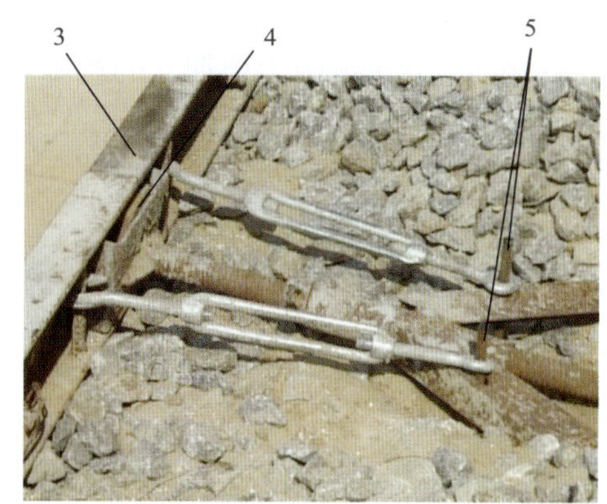

图 25-5-6 模板加固及接缝细部处理

1—丝杆顶撑；2—可调拉件；3—槽钢模板；4—小木块；5—固定用钢筋（ϕ18mm 以上）

3）模板内侧与道路面层下层的外边平齐，用砖块和木板或木楔支垫模板。模板安装完成后，模板与面层的下层接缝处采用细石混凝土堵缝。道路面层上层模板安装断面示意图如图 25-5-7 所示。

4）混凝土浇筑前，模板内侧及顶面涂刷一层隔离剂。

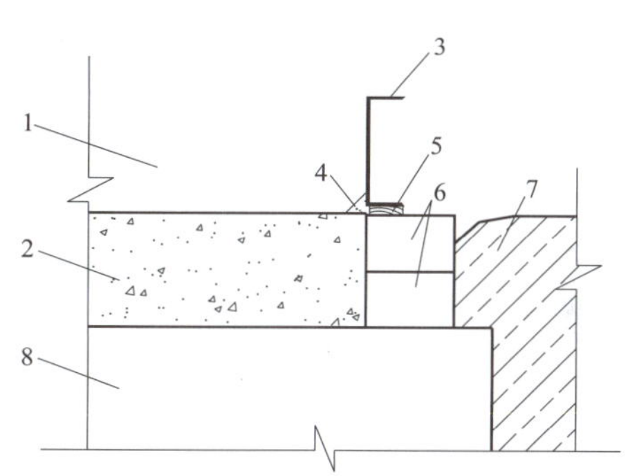

图 25-5-7 道路面层上层模板安装断面示意图

1—道路面层上层；2—道路面层下层；3—槽钢模板；4—细石混凝土堵缝；5—小木板或小木楔；6—支垫砖块；7—路外地坪；8—道路基层

5.2.8.2 混凝土搅拌、运输

（1）采用机械搅拌施工，根据现场砂石含水量现场进行配合比调整，以确定现场施工配合比，并以此配合比对进料采用质量比进行电子秤计量，确保计量偏差不应超过下列规定：水泥、水±1%，粗细骨料±3%。在道路面层上层混凝土中掺抗裂纤维（聚丙烯纤维）。

（2）抗裂纤维（聚丙烯纤维）是一种新型高分子材料，其优点是化学稳定性好，安全无毒；纤维分散性好，异型截面，以表面积大且表面粗糙多孔和水泥基料结合力强；施工简易，经济可靠；对混凝土最小覆盖量没有限制；能有效地控制混凝土早期的塑性收缩、干缩等非结构性裂缝的产生和发展；有效阻碍骨料的离析，阻碍沉降裂缝的形成，提高混凝土的抗裂、耐磨能力，改善其韧性和延展性。随着纤维掺量的增大，新拌混凝土的坍落度和扩展度减少，黏度增加，浇筑前应测定混凝土的坍落度。

（3）聚丙烯纤维物理及化学性能（推荐性）。纤维类型：束状；单丝密度：0.91g/cm^3；纤维细度：10～18dtex；熔点：165～175℃；断裂强度：≥550MPa；燃点：590℃；断裂伸长率：15%～20%；纤维规格：6～10mm；弹性模量：≥3500MPa；耐酸碱性：强；截面形状：O 型或 Y 型；吸水性：0.1%。

（4）聚丙烯纤维使用方法。

1）掺加量：纤维在混凝土中的掺量范围为：0.6～1.2kg/m^3，经济掺量为 0.6kg/m^3，如需达到较高技术要求，可采用 0.9kg/m^3。

2）纤维长度：用于道路面层上层的混凝土的纤维长度为 6～10mm。

3）混合进程：可在混合料装入之前或之后，或同时装入。

4）搅拌时间：通常情况不变或略有延长。延长搅拌不会影响纤维分散和纤维强度，也不会引起结团。

5）配比设计：纤维加强作用是物理过程，不是化学过程。在混凝土配比中不需要增加水量，或改变配料比例。

6）养护方面：加入聚丙烯纤维后，没有特殊的养护要求，只需按原来的规范进行。

7）表面后处理：纤维混凝土中加入的纤维，不影响表面做任何处理和涂装。

8）储运：储运时勿在阳光下曝晒。

（5）根据搅拌机的性能和拌和物的和易性确定每盘的搅拌时间，确保拌和均匀，禁止将搅拌不均匀的生料进入浇筑仓面。

（6）混凝土采用自卸车运输，当运距较远时，宜采用混凝土搅拌运输车运输。运输过程中不得漏浆，行驶平稳，防止离析。夏天和冬季施工，必要时应有遮盖或保温措施。当有明显离析时，应在铺筑时重新拌匀。

（7）根据 GBJ 97 规定，混凝土拌和物从搅拌机出料后，运至铺筑地点进行摊铺、振捣、做面，直至浇筑完毕的允许最长时间，由试验室根据水泥初凝时间及施工气温确定。混凝土从搅拌机出料至浇筑完毕的允许最长时间见表 25–5–1。

表 25–5–1　混凝土从搅拌机出料至浇筑完毕的允许最长时间

施工气温（℃）	允许最长时间（h）	施工气温（℃）	允许最长时间（h）
5～10	2	20～30	1
10～20	1.5	30～35	0.75

5.2.8.3　摊铺混凝土

（1）混凝土拌和物摊铺前，仓内应适当洒水湿润，并做到洒布均匀。洒水量应根据基层情况、温度、湿度等因素确定。

（2）混凝土采用人工摊铺，不能远距离抛投混凝土，靠近模板旁应翻锹拍紧，使模板旁充分填满混凝土。

5.2.8.4　混凝土振捣、整平、抹压

（1）对厚度不大于 220mm 时，靠边角应先用插入式振捣器顺序振捣，再用功率不小于 2.2kW 平板振捣器纵横交错全面振捣。纵横振捣时，振点间距不大于 500mm，重叠 100～200mm，然后用振动梁振捣拖平。

（2）振捣器在每一位置振捣的持续时间应以拌和物停止下沉、不再冒气泡并泛出水泥砂浆为准，并不宜过振。用平板式振捣器振捣时，不宜少于 15s，当水灰比小于 0.45 时，不宜少于 30s。用插入式振捣器时，不宜小于 20s。

（3）振捣时应辅以人工找平，并随时检查模板，如有下沉、变形或松动，应及时纠正。

（4）振动梁振捣拖平后，再用铝合金刮尺刮平。刮尺前先用尺找出水泥混凝土表面的不平整之处，然后用尺来回刮动混凝土表面的砂浆层进行找平。

（5）待混凝土水分略干后（操作人员应根据气温情况灵活掌握），面层上层掺加耐磨粉，用磨浆机磨出面层砂浆，用 3m 铝合金刮尺进行检查刮平。

图 25–5–8　机械进行抹压实例

（6）待混凝土表面无水膜时进行第一遍人工抹压，同时处理好边角及细部，要求压实平整，待混凝土开始凝结即采用机械和人工配合分遍抹压面层，面层抹压至少四遍。抹压时不得漏压。人工抹压时，操作人员的脚和手部应垫泡沫垫板，并将面层凸坑和脚印压平，在混凝土终凝前完成抹压，抹压后要求混凝土平整、无抹痕、无接头印、无外露石子，颜色均匀一致。机械进行抹压实例见图 25–5–8。

5.2.8.5　养护

（1）混凝土终凝后及时开始养护，养护期宜为 14～

21 天，冬季养护时间不应少于 28 天。养护应根据施工工地情况及条件，选用湿治养护和塑料薄膜养护等方法。

（2）路面养护期间严禁行人、车辆在上面走动，直至混凝土强度达到要求后方可通行，通行速度不得大于 5km/h，防止车辆刹车破坏或污染道路面层。

5.2.9 接缝施工

（1）路面胀缝设置：胀缝留设间距以 18～24m 为宜，在道路与建筑物衔接处、道路交叉处、路面厚度变化处、幅宽及坡度变化处，必须做胀缝，缝宽 20mm。胀缝应与路面中心线垂直，缝壁上下垂直，缝宽一致，上下贯通，缝中不得连浆。缝隙上部应浇灌填缝料，下部应设胀缝板。胀缝板宜用软木板、木纤维板或沥青浸制的油毛毡压制而成，适用于胀缝的下半部分。

（2）胀缝传力杆的固定方法：可采用顶头木模固定传力杆安装方法，宜用于混凝土板不连续浇筑时设置的胀缝。传力杆长度的一半应穿过端头挡板，固定于外侧定位模板中。混凝土拌和物浇筑前应检查传力杆位置，浇筑邻板时应拆除顶头木模，并应设置胀缝板、木制嵌条和传力杆套管。顶头木模固定传力杆安装如图 25–5–9 所示。

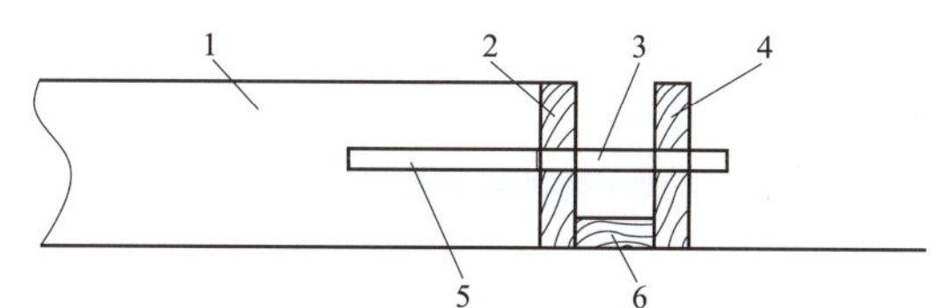

图 25–5–9 顶头木模固定传力杆安装图

1—先浇混凝土；2—端头挡板；3—半段涂沥青；4—外侧定位模板；5—传力杆；6—固定横木

（3）路面缩缝切割：缩缝留设间距不大于 4m，宽度 5～6mm，锯切槽口深度应为混凝土面层厚度的 1/3。当混凝土达到设计强度 25%～30%时可进行缩缝切割。

（4）为使切割完后的道路缩缝顺直、平整，缝宽一致、无咬边、无错缝，横纵交点光滑平顺，对切缝机进行如下改造优化：对切缝机加设导轨装置，将切缝机原来的滚轮刨刻成 V 型槽，可有效防止切缝机切割时由于振动原因使切割刀片偏离切缝线。切缝机行走导轨装置见图 25–5–10，切缝机行走导轨装置实例见图 25–5–11，缩缝切缝效果实例见图 25–5–12。

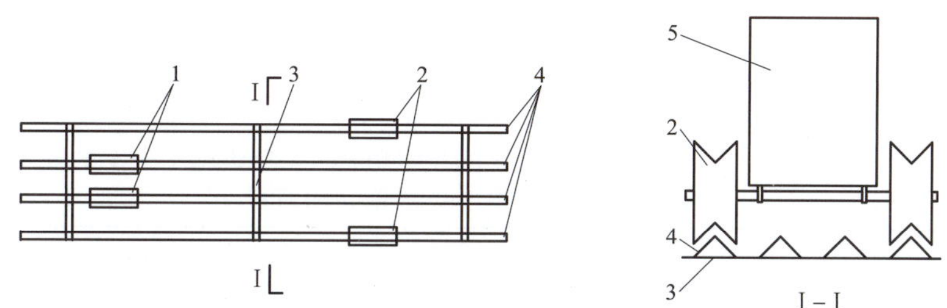

图 25–5–10 切缝机行走导轨装置

1—改装后前轮；2—改装后后轮；3— —40mm×3mm；4—L40mm×3mm；5—切割机

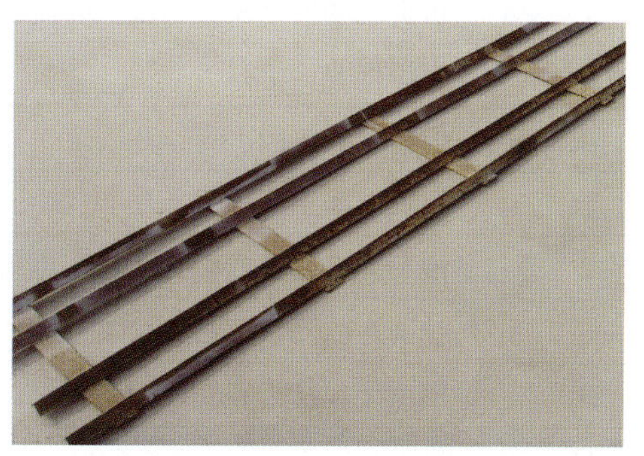

图 25–5–11 切缝机行走导轨装置实例

图 25-5-12　缩缝切缝效果实例

图 25-5-13　道路胀缝填缝后效果实例

（5）填缝：道路养护期满后，应及时填缝。缩缝宜采用中性硅酮耐候密封胶灌缝，胀缝下部用胀缝板填充，上部 40mm 高密封宜为中性硅酮耐候密封胶。填缝前，采用压力水或压缩空气彻底清除接缝中砂石及其他污染物，确保缝壁及内部清洁、干燥。两侧粘贴美纹纸，防止污染面层。灌注高度，夏天宜与板面齐平，冬天宜低于板面 1～2mm；填缝要饱满、均匀、连续贯通。道路胀缝填缝后效果实例见图 25-5-13。

6　人员组织

人员组织及职责见表 25-6-1。

表 25-6-1　人员组织及职责

序号	岗　位	数量	职　责　划　分
1	现场负责人	1	总协调和指挥道路现场施工，是道路施工的质量、环境、职业健康安全现场总负责人
2	技术员	1	道路施工的技术负责人，负责施工方案的安全、质量和技术交底，对现场施工给予技术指导和监督
3	施工员	2	负责现场具体的施工作业的安排和指导
4	测量工	2	负责平面、高程定位放线控制，测量检查，做好测量记录
5	电工	1	负责保证用电需求及用电安全
6	质检员	1	现场质量检查、质量监督和质量验收，做好相关质量验收记录
7	专职安全员	1	负责现场安全及文明施工的监督、检查和指导
8	电焊工	1	电焊作业
9	木工	4	模板安装放线、定位和固定
10	机械操作工	2	负责混凝土搅拌机操作
11	司机	2	混凝土自卸车或搅拌运输车运输
12	泥工	6	抹面、收光，棱角倒圆角处理
13	普工	20	混凝土搅拌上料、摊铺、振捣、养护、切缝、填缝及其他等
合　计		44	

注　特殊作业工种必须持相应的特殊作业证上岗。

7 材料与设备

（1）主要材料使用表见表25–7–1。

表25–7–1　　主要材料使用表

序号	名　称	规　格	单位	备　注
1	水泥		t	42.5及以上
2	石	5～40mm	m^3	
3	砂	中粗	m^3	河砂
4	抗裂纤维	6～10mm	kg	0.6～1.2kg/m^3
5	耐磨粉		kg	根据材料技术说明书使用
6	槽钢		t	用于直线段模板，型号根据面层上下层设计厚度定
7	钢筋	ϕ18mm	kg	焊于直线段模板加固用
		螺纹22	kg	用于圆弧段定型模板制作加固支撑体系
8	钢板	—4mm×22mm	kg	用于圆弧段定型模板制作
9	脚手钢管	ϕ48mm×3.5mm	t	模板安装加固体系

（2）主要机具设备见表25–7–2。

表25–7–2　　机具设备

序号	名　称	规　格	单位	数量	备　注
1	混凝土搅拌站		座	1	混凝土拌和
2	自卸车		辆	2	混凝土运输，根据实际需要选择
3	插入式振捣器		台	4	混凝土振捣
4	平板振捣器		台	2	混凝土振捣
5	磨浆机		台	1	收浆
6	抹光机		台	1	抹光
7	切割机	QFJ–2	台	2	切缝
8	角向磨光机		台	1	槽钢端头磨平
9	全站仪		台	1	测量，也可用经纬仪
10	水准仪	C32Ⅱ	台	1	测量

8 质量控制

（1）工程质量执行标准。本典型施工方法依据GBJ 97、Q/GDW 183—2008《110kV～1000kV变电（换流）站土建工程施工质量验收及评定规程》等技术规程、规范、质量评定标准和安全技术操作规程，按正常的施工条件和合理的施工组织设计编制。水泥混凝土路面主要检查项目和检验方法见表25–8–1。

表 25–8–1　　水泥混凝土路面主要检查项目和检验方法

序号	项目名称	允许偏差（mm）	检　验　方　法
1	混凝土强度	符合设计要求	检查试验报告及强度评定资料
2	路面板厚度偏差	+20～–5	用钢尺检查或现场钻孔检查
3	路面宽度偏差	±20	用钢尺检查
4	路面平整度偏差	≤5	用 3m 尺量取最大值
5	纵坡标高偏差	±10	用水准仪检查
6	横坡偏差	坡长的±0.25%	用水准仪或坡度尺检查
7	纵缝顺直度	≤10	拉 20m 线量取最大值，每 100m 量 1 点
8	横缝顺直度	≤10	沿板宽拉线量取最大值，每 20 条缝量 2 条
9	板边垂直度	±5，胀缝板边垂直度无误差	沿板边垂直拉线量取最大值
10	相邻板高差	≤3	用钢直尺检查
11	井框与路面高差	≤3	用钢直尺检查

（2）质量保证措施。

1）施工中每 5m 作一高程控制点，模板顶较设计标高高出 1～2mm 作混凝土浇筑过程中的沉降和凝固过程中的收缩。

2）混凝土拌和物摊铺前，应对模板的间隔、高度、支撑稳定情况和基层（垫层）的平整、润湿情况以及传力杆装置等进行全面检查。

3）面层整平时，应做好清边整缝，清除黏浆，修补掉边、缺角。做面时不得任意在路面上走动，面层应一次成活，采用原浆收面，禁止加浆或撒干水泥收面。当有烈日曝晒或干旱风吹时，做面宜在遮阳棚下进行。

4）胀缝传力杆都必须严格控制其直径、长度和安放间距，传力杆与路中心线平行，传力杆必须安置水平，振捣时尽量避免碰撞，以免变位而影响其发挥应有的作用。

5）水泥混凝土路面夏季施工时，混凝土拌和物浇筑中应尽量缩短运输、摊铺、振捣、做面等工序时间，浇筑完毕应及时覆盖、洒水养护。当室外日平均气温连续五天低于 5℃时，混凝土板的施工应按冬季施工规定进行。

6）拆模应仔细，不得损坏混凝土板的边、角。模板的拆除时间应根据气温和混凝土强度增长情况确定，采用普通水泥时，一般允许拆模时间应符合表 25–8–2 的规定。

表 25–8–2　　道路侧模允许拆模时间

昼夜平均气温（℃）	允许拆模时间（h）	昼夜平均气温（℃）	允许拆模时间（h）
5	72	20	30
10	48	25	24
15	36	30 以上	18

注　允许拆模时间，自混凝土成型后至开始拆模时计算。

7）道路遇过路电缆沟处，电缆沟两侧应设变形缝。

9 安全措施

（1）认真贯彻“安全第一、预防为主，综合治理”的方针，健全安全生产工作规程，建立完善的施工安全保证体系，全面落实安全生产责任制，明确职责，分清责任，严禁违章作业。

（2）对道路施工所涉及的危险源（点）进行辨识并制订控制措施清单。

（3）进入施工现场，必须戴安全帽，禁止穿硬底鞋、拖鞋等易滑的钉鞋。

（4）工地移动电力线路要使用绝缘良好的电缆，不得使用老化或接头多或接头裸露的电线。

（5）已拆除的模板、拉杆、支撑等，应及时运走或妥善堆放。

（6）施工区域和危险区域设置配套的安全警示标志。

（7）加强全体施工人员的安全意识教育，开展查人员、查制度、查现场、查机具活动。

（8）现场施工人员实行挂牌上岗制度。

10 环保措施

（1）严格按照建质［2007］223号《绿色施工导则》要求，成立相应的施工环境保护管理机构，全面实施绿色施工，科学管理，最大限度地节约资源与减少对环境的负面影响。

（2）针对工程的实际情况，对项目部门明确分工，建立完善的环境保护体系。

（3）加强检查监督，落实环境保护责任制。

（4）存土应堆放稳定，有规则的形状，不使用时采用密目网覆盖。四级风以上时停止土方作业。

（5）施工中遇到不明管线应先探明后施工，妥善保护各类地下管线。

（6）切实做好现场环境保护工作，采取有效措施控制各种粉尘、废水、废弃物、噪声对环境的污染和危害。

（7）现场专门设置垃圾堆放点，定期清运等，做到工完、料净、场地清。

11 效益分析

采用本典型施工方法施工，具有较好的经济效益和社会效益，分析如下：

（1）采用本典型施工方法施工，可有效防止道路局部塌陷、沉降、裂缝、面层龟裂、起砂、脱皮、积水等质量通病，混凝土质量稳定，提高了道路的耐久性，减少了工程维修费用。

（2）采用本典型施工方法施工，能确保道路感观质量良好、各项质量指标达到创优工程标准，为工程创国家级优质工程打下良好的基础，可提升企业的质量品牌，提高企业的市场竞争力。

12 应用实例

12.1 湖口（石钟山）500kV变电站新建工程站区道路工程

（1）站区道路主要包括站内道路与进站道路。站内道路分布于整个场区内，贯穿站内220kV配电装置区，35kV、主变压器配电装置区及500kV配电装置区。站内道路主要有5.50m宽的双坡公路型、4.00m及3.00m宽的单坡公路型三种类型，其中5.50m道路长度为293.69m，4.00m道路长度为590.23m，3.00m道路长度为330.35m。道路弯道面积为255m^2，站区道路总面积为5222.27m^2。站外道路为双坡公路型，总长度为206.04m，道路宽度为6.00m，每边路肩宽为0.50m，混凝土路面面积为1340m^2。

（2）该站道路面层分上下两层施工，均设置了胀缝和缩缝，且面层上下层设缝对应一致，其中胀缝留设间距为18～24m，宽度为20mm；缩缝留设间距为3m，宽度为5～6mm，锯切槽口深度为混凝土面层厚度的1/3。道路遇过路电缆沟处、电缆沟两侧均设置了变形缝。

（3）该站道路直线段模板采用统一标准槽钢，用丝杆顶撑和可调拉件定位固定；圆弧段模板采用扁铁拼接加工制作成定型模板，用脚手钢管整体定位固定。

（4）对于道路面层下层发生了局部变形开裂之处，采取在面层上层中增设钢筋网片加强处理。

（5）利用导轨装置和改装的缩缝切割机进行缩缝切割，缩缝宽度一致，顺直美观。

图 25-12-1 湖口（石钟山）500kV 变电站道路实例

（6）该工程于 2009 年 3 月 12 日开工至 2010 年 4 月 12 日竣工，站区水泥混凝土道路施工全部采用本典型施工方法，工程质量优良，该工程获国家电网公司 2009 年度下半年“质量管理流动红旗”。湖口（石钟山）500kV 变电站道路实例如图 25-12-1 所示。

12.2 赣州 500kV 变电站新建工程站区道路工程

赣州 500kV 变电站工程是江西省电力公司投资和建设管理的第一座 500kV 变电站，站区道路面积 6800m²。工程于 2005 年 10 月 12 日开工至 2006 年 11 月 10 日竣工。站区水泥混凝土道路施工采用本典型施工方法，工程质量优良，该工程先后被评为中国电力优质工程和国家优质工程银质奖。赣州 500kV 变电站道路实例如图 25-12-2 所示。

图 25-12-2 赣州 500kV 变电站道路实例

12.3 上饶（信州）500kV 变电站新建工程站区道路工程

站区道路主要有：5.50m 宽的双坡公路型，4.00m 宽的单、双坡公路型，3.50m 宽的单、双坡公路型及 3.00m 宽的单坡公路型，总面积为 7380m²。该工程于 2008 年 5 月 12 日开工至 2008 年 8 月 25 日竣工。站区水泥混凝土道路施工基本采用本典型施工方法，工程质量优良。上饶（信州）500kV 变电站道路实例如图 25-12-3 所示。

图 25-12-3 上饶（信州）500kV 变电站道路实例

典型施工方法名称：混凝土电缆沟典型施工方法

典型施工方法编号：GWGF026-2010-BD-TJ

编　制　单　位：湖北省输变电工程公司

推　荐　单　位：湖北省电力公司

主 要 完 成 人：李友富　戴堂云　魏汉渝
万清华　龚　俊

目　次

1 前言

在变电（换流）站工程施工中，站内电缆沟工作量大，其施工质量将直接影响变电站工程的整体形象。

本典型施工方法以电缆沟模板技术的改进为重点，立足于提高模板周转次数、节约资源、降低施工成本、提高施工工艺质量、缩短施工时间，实现施工管理优化。

本典型施工方法已在荆门±500kV 换流站、金昌 750kV 变电站工程等项目中应用，质量达到了清水混凝土标准；同时可以降低成本、节约资源、提高工效，预防和治理质量通病等，成效显著。

2 本典型施工方法特点

（1）采用定型模板和非定型模板组合拼装，既能提高混凝土表面工艺质量和电缆支架的安装质量，又能提高电缆沟的施工工效。

（2）通过模板改进和施工方法改进，改变传统的接地扁铁预埋方式，有效地预防预埋扁铁易污染、预埋不平、电缆支架安装位置不一致等现象。

（3）可使电缆沟混凝土表面质量达到清水混凝土质量标准，沟壁表面无需进行二次粉刷，降低了成本。

（4）可有效防止电缆沟开裂或沉降不均等，提高其安全稳定性。

3 适用范围

本典型施工方法适用于不同电压等级变电（换流）站内混凝土电缆沟的施工。

4 工艺原理

（1）电缆沟地基验槽合格后，完成底板混凝土浇筑，采用定制模板，安装固定支撑，设置角钢剪刀撑支护，保证模板体系的稳定性。

（2）采用 1800mm 长的标准定制模板，辅以 600mm 长的非标准模板配合使用，模板设置水平和垂直加强筋板，同时设置固定剪刀撑、电缆支架的螺栓孔，便于穿心螺杆有效固定外壁模板。

（3）先安装沟壁内侧模板，模板接缝采用螺栓连接，固定角钢式剪刀撑和水平撑，并按照设计要求放坡。

（4）穿入对拉螺杆，确定沟壁厚度，采用经纬仪调整固定沟壁外侧模板（固定用于焊接接地扁铁的预埋件）。

（5）混凝土浇筑过程中，按照设计要求设置沉降缝，沉降缝采用可伸缩材料填充。无压顶时，混凝土直接浇至沟壁顶面标高。设置压顶时，预留压顶标高。

（6）拆模后，接地扁铁明敷于沟壁内墙面（使用木模板时，接地扁铁焊接于预埋铁件表面），电缆支架垂直角钢侧面焊接于对拉螺杆，正面焊接固定接地扁铁，同时固定电缆支架和接地扁铁。

（7）当采用预制压顶时，压顶安装专用止声垫，采用现浇压顶时铺设止声橡胶条，有利于盖板的“止声”及“止晃”。

5 施工工艺流程及操作要点

5.1 施工工艺流程

本典型施工方法施工工艺流程见图 26–5–1。

5.2 操作要点

5.2.1 施工准备

5.2.1.1 方案策划及编制施工作业指导书

（1）方案策划：施工前，应根据施工图对全站电缆沟进行统一总体策划，如合理设置排水坡度，保

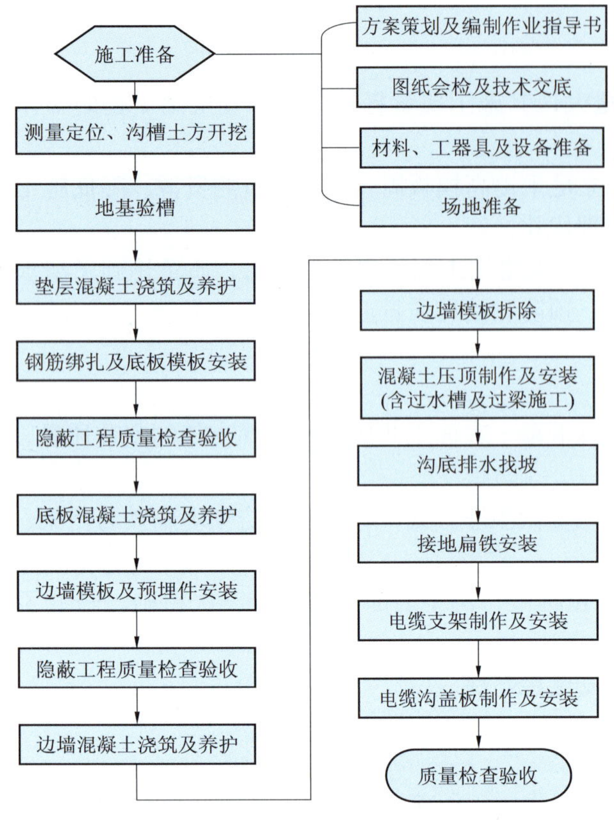

图 26-5-1 混凝土电缆沟施工工艺流程图

证电缆沟排水通畅；合理设置过水槽，保证场地排水通畅；合理拼装模板、合理设置过梁，消除异型盖板、减少非标准模板等。

（2）编制施工作业指导书：组织编制施工作业指导书，并按规定程序进行审批。

5.2.1.2 图纸会检及技术交底

（1）施工图纸会检：开工前，必须进行设计交底及施工图纸会检，并应有书面的施工图纸会检纪要。

（2）技术交底：开工前，必须进行施工技术交底。技术交底内容充实，具有针对性和指导性。全体施工人员应参加交底会，掌握交底内容，签字后形成书面交底记录。

5.2.1.3 材料、工器具及设备准备

（1）钢筋进场时，应按 GB 1499《钢筋混凝土用热轧带肋钢筋》等的规定，抽取试件做力学性能检验，其质量必须符合有关标准的规定。

（2）水泥进场时，应对其品种、级别、包装或散装仓号、出厂日期等进行检查，并应对其强度、安定性及其他必要的性能指标进行复验，其质量必须符合 GB 175《硅酸盐水泥、普通硅酸盐水泥》等的规定。当在使用中对水泥质量有疑问或水泥出厂超过 3 个月（快硬硅酸盐水泥超过 1 个月）时，应进行复验，并按复验结果使用。

（3）混凝土中掺用外加剂的质量及应用技术，应符合 GB 8076《混凝土外加剂》、GB 50119《混凝土外加剂应用技术规范》和有关环境保护的规定。

（4）普通混凝土所用的粗、细骨料的质量，应符合 JGJ 53《普通混凝土用碎石或卵石质量标准及检验方法》、JGJ 52《普通混凝土用砂质量标准及检验方法》的规定。混凝土所用砂、石应有复试报告。

（5）拌制混凝土水质应符合 JGJ 63《混凝土用水标准》的规定。

（6）接地扁铁、预埋对拉螺杆、电缆支架等应采取防腐措施，如采用热镀锌防腐或刷防腐涂料等。如果采用热镀锌防腐，其锌层厚度应满足 GB/T 13912—2002《热镀锌标准》的要求。

（7）模板可以采用定制钢模板或木模板，并配备相应的模板支撑件。

（8）工器具及设备准备：施工前，应根据施工组织部署编制工器具及机械设备使用计划，并提前三天进场。使用前应检查各项性能指标是否在标准范围内，确保其运行正常。

（9）场地准备：施工前应将场地清理干净，保持道路的通畅。

5.2.2 测量定位、沟槽土方开挖

（1）电缆沟沟槽土方宜采用“机械开挖为主，人工开挖为辅”的方式进行开挖。

（2）根据施工图纸，先进行平面定位，然后采用挖掘机进行土方开挖，沟槽开挖时应为后续工作保留足够的施工工作面。

（3）机械开挖土方时，基底土方宜保留 100mm 厚左右，采用人工开挖和修坡，尽量避免机械搅动原土层。电缆沟应根据不同土质及电缆沟深度进行放坡。

（4）沟槽土方开挖完后，应及时清除基底浮土和多余土方。在回填区，电缆沟基槽土方压实系数应达到施工图纸的要求。

（5）土方开挖时应尽量避开雨季。如开挖过程中遇到雨天，应及时采取临时排水措施，严禁雨水长时间浸泡沟槽地基，防止沟壁坍塌。

（6）在土方开挖过程中，如发现不良地质情况，应及时通知监理和设计单位，并按设计单位提出的

方案及时进行地基处理。

5.2.3 地基验槽

（1）基槽土方开挖完后，应及时联系监理单位和设计单位进行地基验槽，并做好相应的地基验槽记录。

（2）验槽过程中，如发现基槽持力层不满足设计要求时，应按设计单位提出的方案进行地基处理。经验收合格后方可进入下道工序的施工。

5.2.4 垫层混凝土浇筑及养护

（1）首先测量定位放线，确定电缆沟底垫层模板边线及坡度线，然后浇筑 C10 混凝土垫层，垫层应按设计要求进行放坡。

（2）混凝土垫层模板可采用土模（或砖模等），如采用木模板，混凝土终凝后应及时拆除。模板拆除时，混凝土强度应能保证垫层表面及棱角不受损伤为原则。

（3）垫层混凝土应按设计和规范的要求进行配制，其配合比和坍落度应满足现行规程规范和施工图纸的要求，并应在监理监督下见证取样。

（4）混凝土可以采用振动棒和平板振动器进行振捣，混凝土终凝后原浆收光压实。

5.2.5 钢筋绑扎及底板模板安装

（1）根据施工图纸进行钢筋放样，钢筋加工在加工棚内统一加工成型，然后集中运抵现场。

（2）钢筋应按设计要求进行绑扎安装，钢筋型号、规格、钢筋保护层厚度等应符合施工图纸的要求，钢筋搭接长度应符合规程规范的要求，同型号钢筋间的间距应基本保持一致。电缆沟钢筋绑扎见图 26-5-2。

图 26-5-2 电缆沟底板及墙板钢筋

5.2.6 隐蔽工程质量检查验收

（1）底板钢筋工程完工后，应及时通知监理单位进行隐蔽工程质量检查验收，验收合格后方可进入下道工序。

（2）隐蔽验收内容包括：

1）纵向受力钢筋的品种、规格、数量、位置等。

2）钢筋的连接方式、接头位置、接头数量、接头面积百分率等。

3）箍筋、横向钢筋的品种、规格、数量、间距等。

4）预埋件的规格、数量、位置等。

5.2.7 底板混凝土浇筑及养护

（1）底板混凝土浇筑。

1）隐蔽工程质量检查验收合格后，即可进行电缆沟底板混凝土浇制。

2）混凝土应按 JGJ 55《普通混凝土配合比设计规程》的有关规定进行配合比设计，其混凝土坍落度应满足相关要求。

3）首次使用的混凝土配合比应进行开盘鉴定，其工作性能应满足设计配合比的要求。开始生产时应至少留置一组标准养护试件，作为验证配合比的依据。

4）混凝土拌制前，应测定砂、石含水率并根据测试结果调整材料用量，提出施工配合比。当遇雨或含水率有显著变化时，应增加含水率检测次数，并及时调整水和骨料的用量。

5）混凝土运输、浇筑及间歇的全部时间，不应超过混凝土的初凝时间。同一施工段的混凝土应连续浇筑，并应在底层混凝土初凝之前将上一层混凝土浇筑完毕。

6）混凝土浇制过程中，应在监理监督下见证取样，按规范要求制作混凝土试块。

7）混凝土可以采用振动棒和平板振动器进行振动，混凝土终凝后原浆收光压实。

8）当不同底部标高的电缆沟相接时，沟底部可做成坎坡式，确保电缆沟排水通畅。

9）电缆沟进入屋内时，沟底部宜做成斜坡式，自然过渡，且此处电缆支架预埋及支架安装位置应根据现场情况进行调整，以便于电缆排放为原则进行施工。

（2）底板混凝土养护。

1）应在浇筑完毕后的 12h 内对混凝土加以覆盖，并保湿养护。

2）混凝土浇水养护的时间：对采用硅酸盐水泥、普通硅酸盐水泥或矿渣硅酸盐水泥拌制的混凝土，不得少于 7 天；对掺用缓凝型外加剂的混凝土，不得少于 14 天。浇水次数应能保持混凝土处于湿润状态，混凝土养护用水应与拌制用水相同。

3）当日平均气温低于 5℃，不得浇水。浇水次数应能保护混凝土处于湿润状态，混凝土养护用水应与拌制用水相同。

4）混凝土强度达到 1.2N/mm^2 前，不得在其上踩踏或安装模板及支架。

5）对大体积混凝土的养护，应根据气候条件按施工技术方案采取控温措施。

5.2.8 边墙模板及预埋件安装

（1）模板的接缝必须严密，不应漏浆。模板与混凝土的接触面应清理干净并涂刷隔离剂，但不得采用影响结构性能或妨碍装饰工程施工的隔离剂。

（2）边墙采用钢模板。电缆沟钢模板拼装及安装操作要点如下：

1）电缆沟钢模板安装流程：内侧模板安装调整 → 沟外侧模板安装调整→ 整体模板加固。钢模板安装示例如图 26–5–3 所示。

(a)

(b)

图 26–5–3 钢模板安装示例

（a）示例一；（b）示例二

2）钢模板加工时，接缝处采用 5mm 宽齿口，确保接缝处不漏浆；钢模板底部与垫层之间的缝隙应采取封堵措施，如采用木枋、细石混凝土、水泥砂浆等，确保钢模板底部不漏浆。

3）周转使用的钢模板在重新使用前，应进行清理和修整，防止变形，始终保持表面干净、平整，施工前涂刷隔离剂，以便于后期拆模。

4）钢模板拼装前，应进行整体策划，宜优先配置 1800mm 长标准钢模板，辅以非标准模板，电缆沟道可从一端向另一端按照排水坡比拼装。在转角、T 接、十字交汇处，电缆沟阳角处需倒角，可采用转角钢模板。底部拼装的非标准模板应根据沟底部坡度和深度分别进行配制。

5）钢模板安装时，标准钢模板顶部标高按场地坡度进行放坡。用经纬仪在底板上确定沟内壁的边线，同时安装沟两侧的内模，其接缝处采用定制剪刀撑和水平支撑，同时进行调整。

6）钢模板接缝拼装采用螺栓固定。以内模为支撑利用对拉螺杆固定外模，初调后将外模支牢于沟槽壁上。

7）最后进行整体调整。

（3）边墙采用木模板。

1）电缆沟可采用木模板，如双面覆模竹胶和木模板等。在浇筑混凝土前木模板应浇水湿润，但模板内不应有积水。

2）木模板拼装时，由于拼接处没有止口，易引起漏浆。因此，木模板拼接完后，接缝处应采取措施（如密封胶和密封条等）进行密封，防止漏浆。

3）木模板可采用对拉螺杆安装固定，确保边墙混凝土厚度一致。

4）周转使用的木模板在重新使用前，应进行清理和修整，防止变形引起工艺质量不美观，并应始终保持模板表面干净、平整。施工前涂刷隔离剂，以便于后期拆模。

（4）预埋件安装。

1）固定在模板上的预埋件、预留孔和预留洞均不得遗漏，应安装牢固。

2）预埋铁安装。首先按设计要求制作预埋铁，其中心标高、间距应符合施工图纸的要求，做到两边墙一一对应。预埋铁宜固定在边墙钢筋网及模板上，并应平贴边墙内模板。

3）对拉螺杆兼作预埋件。对拉螺杆的安装，主要用以确定边墙两侧模板间的间距，同时兼作为固定通长接地扁铁和电缆支架的预埋件。对拉螺杆分为上下两层进行预埋。模板拼装时，应考虑对拉螺杆的标高、位置和间距，做到两边墙一一对应。对拉螺杆伸出内墙面的距离应保持一致（与电缆支架主材宽度一致）。

（5）电缆预埋管安装。

1）电缆预埋管安装时，根据电缆管的位置，其预埋管应垂直或水平排列。

2）安装过程中，如有遗漏，预留孔应采用机械开孔，严禁人工随意凿孔。

（6）沉降缝及伸缩缝设置。

1）在模板安装过程中，电缆沟沉降缝设置应符合施工图纸设计的要求，并按要求设置止水带。

2）电缆沟凡遇变截面、沟深度变化大、过道路电缆沟处、不同地质交接处等，均应设置沉降缝。在沉降缝处，电缆沟基层、底板和墙体应在同一断面处结构完全断开。

3）在电缆沟沉降和伸缩缝内，可采用可伸缩性的填充材料进行填充，表面再用黑色硅胶压缝。

5.2.9 隐蔽工程质量检查验收

（1）在浇筑边墙混凝土之前，应进行钢筋隐蔽工程验收，验收合格后方可进入下道工序，同时做好隐蔽工程质量检查验收记录。

（2）隐蔽验收内容按本典型施工方法的5.2.6。

5.2.10 边墙混凝土浇筑及养护

（1）隐蔽工程质量检查验收合格后，方可进行电缆沟边墙混凝土浇制。

（2）边墙混凝土可以采用振动棒进行振捣，在沟内侧混凝土还可用振动棒或钢钎等进行再次振捣，以消除混凝土表面的气泡。

（3）边墙混凝土浇筑及养护要求按本典型施工方法的5.2.7。

5.2.11 边墙模板拆除

（1）应根据不同的气温条件确定拆模时间，但必须确保混凝土凝固后进行。

（2）边墙侧模拆除时，应保证其表面及棱角不受损伤，防止对拉螺杆变形。

（3）当边墙混凝土强度达到一定要求时，可进行电缆沟外侧土方分层回填与夯实，压实系数必须达到施工图纸的要求。

5.2.12 混凝土压顶制作及安装（含过水槽及过梁施工）

（1）电缆沟边墙一次浇筑成型无压顶。电缆沟边墙无压顶时，边墙混凝土一次浇筑成型，其标高符合设计要求，见图26–5–4。

图26–5–4 边墙混凝土一次浇筑成型

（2）电缆沟边墙有预制混凝土压顶。

（3）电缆沟边墙混凝土分两次成型：先浇筑边墙混凝

土至压顶底部，然后在边墙顶部安装预制混凝土压顶，见图 26–5–5。

1）预制压顶可采用塑模工艺，进行工厂化加工制作成型，然后集中运抵现场。

2）预制压顶安装采用坐浆法施工，沟两侧的压顶要对称安装，坐浆厚度一致，分格间距一致。

3）分格缝可采用水泥砂浆原浆勾缝或其他勾缝剂进行勾缝。

4）压顶顶部标高应沿场地排水方向进行放坡。安装时，同一处电缆沟两侧的压顶要对称安装。在转角、T 接、十字交汇处时，压顶宜采用 45° 切角嵌入安装。

5）过水槽设置：采用现浇或预制混凝土过水槽，过水槽宽度与盖板宽度保持一致，详细位置应符合沟盖板模数，侧面与电缆沟压顶外侧齐平。

6）过梁施工：电缆沟在十字、T 型和 L 型等转角或交叉处增加过梁，消除异型沟盖板，见图 26–5–6。

图 26–5–5　边墙有预制混凝土压顶

图 26–5–6　电缆沟转角或交叉处增加过梁

5.2.13　沟底排水找坡

（1）找坡前，应清理沟底积水、杂物，并进行扫浆。

（2）先用水准仪测定坡度标高线，沟底塌饼，冲筋较厚部位采用细石混凝土（或水泥砂浆）找平，找平应一次性完成。

（3）沟底混凝土采用铝合金直尺刮平，浇筑时应注意混凝土及砂浆，不得污染沟壁混凝土面层。

（4）掌握好混凝土面层水分，进行混凝土表面原浆压光，压光应在混凝土终凝前进行，且应不少于 3 遍压光，压光后面层应无砂眼、凹坑、抹纹，表面应洁净、光滑。

（5）沟底排水应根据施工图纸的要求进行纵向放坡；横向找坡时，两侧向中间排水，沟底中间设置 80～100mm 宽“沟中沟”，确保排水顺畅。

5.2.14　接地扁铁安装

（1）电缆沟支架接地扁铁由主地网引至沟底找平层内，然后沿边墙面垂直引向上与通长接地扁铁焊接，保证电缆沟接地扁铁与主接地网连通，并确保沟内美观。

（2）通长接地扁铁安装时，先将其点焊在预埋件（对拉螺杆或预埋铁）上，检查校正，确保扁铁在同一水平线上，紧贴沟壁，然后再按图纸焊接要求进行焊接固定。在转弯、搭接、穿入室内等处，接地扁铁须通过平弯或立弯工艺，确保工艺美观。

（3）在沟道的伸缝处，接地扁铁采用 V 型或 U 型伸缩节，见图 26–5–7。接地扁铁焊接应平整，搭接长度不应小于 2 倍扁铁宽度，三边焊缝饱满。

5.2.15　电缆支架制作及安装

（1）电缆支架加工制作应符合 GB 50205—2001《钢结构工程施工质量验收规范》的要求。电缆支架集中在加工厂加工制作，制作完成后进行校正。经校正后的电缆支架再进行镀锌防腐，运抵现场后，再进行二次校正。

（2）电缆支架安装时，在沟壁弹出支架顶部安装线，支架分别与对拉螺栓和扁铁焊接，然后进行防腐处理。电缆支架安装完后成品见图 26–5–8。

图 26–5–7　接地扁铁采用伸缩节

图 26–5–8　电缆沟成品

5.2.16　电缆沟盖板制作及安装

（1）电缆沟盖板制作及安装。

1）电缆沟盖板可采用塑模工艺浇注混凝土盖板，也可采用角铁（或扁铁）包边框混凝土盖板。所有盖板应在加工厂集中加工制作，然后集中运抵施工场地。

2）防火墙盖板字样应统一策划布置。

3）在施工期间，应严格控制电缆沟盖板表面标高和场地标高，避免出现连接处盖板标高不一致的现象。

4）电缆沟穿越道路时，可采取现浇混凝土代替预制盖板。电缆沟现浇混凝土面层与相邻道路面层标高一致。

（2）盖板止声垫或橡胶条设置。

1）为了保证盖板无响声，电缆沟边墙顶面或盖板上应设置止声垫或橡胶条。

2）边墙顶部盖板止声垫设置：当电缆沟边墙有预制压顶时，宜在预制压顶上按一定距离留置止声垫预留孔，然后安装止声垫，盖板安装后确保无响声。电缆沟无预制压顶时，可采用定点钻孔，然后安装止声垫，盖板安装后确保无响声。

3）边墙顶部橡胶条设置：先边墙顶部安装橡胶条，盖板安装后确保无响声。

5.2.17　质量检查验收

电缆沟全部施工完后，应及时通知监理单位进行验收，并做好相关验收记录。

6　人员组织

电缆沟施工过程中，管理人员施工组织见表 26–6–1。

表 26–6–1　　电缆沟一个流水施工段管理人员配置

序号	岗　位	数量	职　责　划　分
1	现场负责人	1	全面负责整个项目的实施
2	技术员	1	负责混凝土电缆沟钢模板施工方案的策划，负责技术交底，负责施工期间各种技术问题的处理
3	测量员	1	负责施工期间的测量与放样
4	质检员	1	负责施工期间质量检查及验收，包括各种质量记录
5	安全员	1	负责施工期间的安全管理
6	队长	1	负责施工期间各种资源的调配和安排
7	施工员	1	负责施工期间的施工管理
8	材料人员	1	负责各种物资、机械设备及工器具的准备

续表

序号	岗　位	数量	职　责　划　分
9	机械操作工	2	负责施工期间施工机械的操作、维护、保养管理
10	模板工	若干	负责模板工程的制作、拼装与安装工作
11	钢筋工	若干	负责钢筋加工制作和安装
12	混凝土工	若干	负责混凝土浇筑
13	泥工	若干	负责混凝土预制压顶的制作及安装
14	焊工	3～5	负责接地扁铁及电缆支架的安装固定
15	普通用工	若干	负责电缆沟其他工作

在以上人员中，测量员、质检员、安全员、机械操作工、电焊工等须持证上岗。

7　材料与设备

（1）混凝土电缆沟施工所需的主要材料见表 26–7–1。

表 26–7–1　　混凝土电缆沟施工所需要的主要材料

序号	名　称	规格	单位	数量	备　注
1	砂	中粗	t		
2	石	5～40mm	t		碎石、卵石
3	水泥	42.5 级	t		
4	钢筋		t		包括元钢及螺纹钢
5	ϕ14mm 对拉螺杆		kg		固定钢模板，并兼作预埋件
6	ϕ14mm 螺栓		kg		拼装钢模板用
7	钢模板（含支撑件）		t		根据具体情况进行配置
8	木模板（含支撑件）		m^2		钢模板安装完后，不够 600mm 宽模数的电缆沟可以采用木模
9	脚手钢管	ϕ48mm×3.5mm	t		
10	环氧富锌底漆		kg		用于焊接部分的补漆

（2）混凝土电缆沟施工所需的主要机械设备见表 26–7–2。

表 26–7–2　　主要施工机械设备

序号	所需机械设备	单位	数量	备　注
1	小型挖掘机	台	1	用于沟槽土方开挖
2	小型夯机	台	1	用于回填区沟槽地基夯实及电缆沟外侧回填土夯实
3	钢筋调直机与切割机	台	1/1	用于钢筋调直与切断
4	搅拌机	台	1	用于混凝土搅拌
5	振动棒	台	3	用于混凝土振捣
6	平板振动器	台	1	用于电缆沟底板及其垫层混凝土振捣

续表

序号	所需机械设备	单位	数量	备　注
7	机动运输车	台	1	运输混凝土
8	合灰机	台	1	拌制砂浆，预制压顶安装时用
9	电焊机	台	3	用于预埋件安装、接地扁铁及电缆支架的焊接
10	立弯机与平弯机	台	1/1	用于接地扁铁的弯折

8　质量控制

（1）本典型施工方法依据国家和国家电网公司颁发的技术规程、规范、质量评定标准要求，按正常的施工条件和合理的施工组织进行编制的。其依据的规程规范具体如下：

GB 175　硅酸盐水泥、普通硅酸盐水泥

GB 1499　钢筋混凝土用热轧带肋钢筋

GB 8076　混凝土外加剂

GB 50026—2007　工程测量规范

GB 50119　混凝土外加剂应用技术规范

GB 50164—1992　混凝土质量控制标准

GB 50202—2002　建筑地基基础工程施工质量验收规范

GB 50204—2002　混凝土结构工程施工质量验收规范

GB 50205—2001　钢结构工程施工及验收规范

GBJ 107—1987　混凝土强度检验评定标准

GB/T 13912—2002　热镀锌标准

GB/T 50214—2001　钢组合钢模板技术规范

JGJ 18—2003　钢筋焊接及验收规程

JGJ 52　普通混凝土用砂质量标准及检验方法

JGJ 53　普通混凝土用碎石或卵石质量标准及检验方法

JGJ 55　普通混凝土配合比设计规程

JGJ 63　混凝土用水标准

JGJ 104　建筑工程冬期施工规程

Q/GDW 183—2008　110kV～1000kV 变电（换流）站土建工程施工质量验收及评定规程

Q/GDW 248.3—2009　输变电工程建设标准　强制性条文实施管理规程

（2）混凝土电缆沟施工工艺要求如下：

1）电缆沟沟壁混凝土表面平整光洁，达到清水混凝土质量标准，无需进行二次粉刷，无空鼓、裂纹，色泽基本一致。

2）沟底表面平整，坡比适度，“沟中沟”顺直。沟壁无渗水，沟底排水通畅。

3）电缆沟有预制压顶时，压顶应顺直、表面平整光洁，色泽一致、勾缝顺直饱满，转弯或交汇处采用 45° 切角嵌入。

4）沉降缝按要求设置，缝宽一致，填充材料符合要求，沟体在沉降缝处整体断开。

5）对拉螺杆兼作预埋件时，其伸出电缆沟边墙墙面的长度一致，螺杆间的间距须保持一致，螺杆与沟顶面的距离须保持一致，且应满足电缆支架的安装要求。

6）电缆支架安装时，支架之间的间距须保持一致，支架与沟顶面的距离须保持一致。

7）焊缝表面不得有裂纹、焊瘤等缺陷。一级、二级焊缝不得有表面气孔、夹渣、弧坑裂纹、电弧擦伤等缺陷。且一级焊缝不得有咬边、未焊满、根部收缩等缺陷。

8）沟盖板安装后无晃动、无响声、色泽均匀、表面平整。

(3) 质量检查项目及要求。电缆沟质量检查项目及要求为：① 沟道中心线位移允许偏差±20mm；② 沟道顶面标高允许偏差 −10～0mm；③ 沟道截面尺寸允许偏差±20mm；④ 沟内侧平整度允许偏差≤8mm；⑤ 预留孔洞及预埋件中心位移允许偏差≤15mm；⑥ 沟道底面标高偏差±5mm；⑦ 沟道底面坡度偏差±10%设计坡度；⑧ 盖板安装表面平整度≤5mm；⑨ 焊缝高度：满足设计要求。

9 安全措施

在施工过程中，应自觉遵守 DL 5009.3《电力建设安全工作规程（变电所部分）》和《电力建设安全健康与环境管理工作规定》等的相关安全规定。

(1) 安全技术管理。在施工前应根据《国家电网公司输变电工程施工危险点辨识及预控措施》和电缆沟的施工特点，针对施工过程中的危险源和危险点进行辨识，并制订相应的预控措施。施工前应进行安全技术交底。

(2) 现场人员安全管理。

1) 施工过程中应设置安全员，及时消除各种不安全的隐患。

2) 进入施工现场必须正确佩戴安全帽，统一着装。严禁使用不合格的安全用品。

(3) 临时电源安全管理。

1) 开工前编制专项施工用电方案。现场由专业电工负责用电管理。

2) 现场配电箱必须上锁，并采取防雨措施。配电箱必须接地可靠，且引线规范。加强使用前及使用过程中的检查，保护零线与工作零线不得混接，开关箱漏电保护器灵敏可靠，漏电保护装置参数应匹配，严格执行“一机、一闸、一保护”的要求。

3) 施工及生活用电设备的金属外壳必须可靠接地，并装设漏电开关或触电保安器。

(4) 机械设备及电气设备安全管理。

1) 严格执行机械管理制度，定期检修、维护和保养。维修时悬挂“有人作业，严禁合闸”警示标志牌，并设专人负责监护。

2) 施工机械设备要求工况良好，严禁带病作业。机械设备金属外壳必须可靠接地。

3) 电气设备附近应配备适用于扑灭电气火灾的消防器材，发生电气火灾时应首先切断电源。

(5) 安全通道管理。

1) 在电缆沟施工过程中，每隔一定距离应设置临时通道，以便于现场人员安全通过电缆沟。临时通道应有护栏。

2) 在电缆沟内上下时，可采用临时上下爬梯，严禁直接踩踏电缆支架。

3) 电缆沟施工期间，应有隔离措施。

(6) 安全标识管理。

1) 严格按要求开展安全文明施工标准化工作，规范现场管理。

2) 危险设备、场所必须设置安全围栏和安全警示标志。警示标志应符合有关标准和要求。

3) 对各类装置型设施、安全设施、标志、标识牌进行统一制作，布置有序、位置合理，实现标准化管理。

(7) 焊接安全管理。

1) 焊工必须考试合格并取得合格证书后才能持证上岗。持证焊工必须在其考试合格项目及其认可范围内施焊。

2) 焊条、焊丝、焊剂、电渣焊熔嘴等焊接材料与母材的匹配，应符合设计要求及 JGJ 81《建筑钢结构焊接技术规程》的规定。

3) 焊接所需的气瓶等应单独隔离存放，避免阳光曝晒，且必须远离明火或热源。存放区域应设置安全警示标识。

(8) 现场定置化管理。钢模板及其他材料等运抵工地后应按指定位置集中堆放，在安装前运抵施工场地并进行安装，钢模板拆除后，应按施工布置的要求在指定位置放置。

(9) 作业规范化管理。现场作业人员施工作业应严格遵守各项安全规定，作业应标准化、规范化、程序化，严格按施工操作要点进行施工。

10 环保措施

(1) 本典型施工方法环保措施依据建质［2007］223号《绿色施工导则》编制的。发展适合绿色施工的资源利用与环境保护技术，鼓励绿色施工技术的发展，推动绿色施工技术的创新。在工程建设过程中，防止和尽量减少对施工场地和周围环境的影响。工程开工前，应针对粉尘、废水、噪声、废渣等对环境可能造成的危害制定环保措施。

(2) 施工现场非作业区达到目测无扬尘的要求。对现场易飞扬物质采取有效措施，如洒水、地面硬化、围挡、密网覆盖、封闭等，防止扬尘产生。混凝土搅拌站宜采用封闭、水雾除尘的方法，以减少粉尘外泄。

(3) 施工现场污水排放应达到GB 8978《污水综合排放标准》的要求。工程建设过程中的施工、生活用水，应按清、污分流方式，合理组织排放，施工污水应经沉淀池处理，达到GB 8978后排放，并优先安排在施工现场的复用。在施工现场应针对不同的污水，设置相应的处理设施，如沉淀池、隔油池、化粪池等。

(4) 在施工场界对噪声进行实时监测与控制。监测方法执行GB 12524《建筑施工场界噪声测量方法》。严格控制作业时间，在晚10时至次日早6时之间停止强噪声作业。严格控制人为噪声，最大限度地减少噪声扰民。混凝土搅拌尽量安排在白天施工，施工阶段噪声排放限值：白天≤65dB，夜间≤55dB。

(5) 工程建设过程中产生的建筑增产垃圾和生活垃圾，应及时清运至指定地点，集中处理，防上对环境造成污染。

(6) 电缆沟基槽土方开挖后，基槽余土可按施工组织计划就地平整，平整后多余的土运至指定的位置，以保证现场的文明施工。禁止将有毒、有害废弃物作土方回填。

(7) 应选用耐用、维护与拆卸方便的周转材料和机具。模板应以节约自然资源为原则，推广使用定型钢模、钢框竹模、竹胶板。

(8) 对需要加油检修的机械设备、工器具等，需在其下部铺垫塑料布或安放接油盘，确保不将废油流到地面，以防止污染周边环境。

(9) 施工人员在工作结束或暂时离开施工地点时，随时做好清理工作，及时带走所有工器具、电缆线头、废料等施工废弃物，清理油漆滴痕，全员做到工完、料净、场地清。

(10) 对施工现场如焊接、机械维修等易产生施工废弃物的作业，设置专用的废料收集器具，定时清理出场。

11 效益分析

采用本典型施工方法施工，具有良好的经济效益和社会效益，具体分析如下。

(1) 经济效益分析。

1) 采用本典型施工方法施工，可有效防止和减少施工质量通病现象，有效防止或降低因质量通病造成的经济损失。电缆沟主要质量通病如下：

a. 电缆沟沟壁混凝土表面不平整，有空鼓、麻面、龟纹等。

b. 沟底表面不平整，有积水，沟底排水不通畅。

c. 沉降缝未按设计要求设置，缝宽不一致，沟体在沉降缝处未断开，存在沉降不均易开裂的质量隐患。

d. 电缆沟预埋件与沟壁内侧表面不平齐，影响接地扁铁和电缆支架安装质量，外表工艺不美观。

2) 采用本典型施工方法，可以提高电缆沟施工工艺质量：

a. 利用钢模板不易变形的特点，尽量采用标准钢模板进行施工，模板拆除后，混凝土外观质量好。

b. 混凝土表面质量可以达到清水混凝土工艺标准，无需二次粉刷。

c. 钢模板左右两端均考虑 5mm 宽齿口拼接，钢模板拼装后，拼接处确保无漏浆。

d. 采用对拉螺杆作为预埋件时，对拉螺杆安装易操作，对拉螺杆孔距采用钢模板同步制作，确保其标高及间距一致，提高了接地扁铁、电缆支架的安装质量和安装效率。

3）采用本典型施工方法，可以有效降低施工材料费及人工费用，节约成本；提高工效、缩短工期。特别是电缆沟边墙采用定型钢模板，具有良好的经济性，分析如下：

a. 采用定型钢模板大大提高了模板周转次数。多次周转后，可以降低模板摊销费用和材料费。

b. 定型钢模板包括标准钢模板和非标准钢模板，通过组合拼装可以适合不同长度、不同深度、不同宽度电缆沟的施工需要。钢模板组合拼装操作简单，容易安装固定，因此可以大大提高模板安装工效，降低人工安装费、缩短工期。

（2）社会效益分析。采用本典型施工方法施工，成品电缆沟观感质量好，施工工艺质量优良，各项技术指标均达到优质工程质量标准，为工程创国优、网优等创造良好条件。特别是电缆沟边墙混凝土采用钢模板施工新技术，节约再生资源，模板进行工厂化加工，符合国家电网公司“两型一化”的建设总思路，大大提升企业的声誉和社会竞争力，因此具有良好的社会效益。

12 应用实例

本典型施工方法在荆门±500kV 换流站、金昌 750kV 变电站等项目中进行了运用和推广，特别是电缆沟边墙混凝土采用钢模板施工新技术在荆门±500kV 换流站中是首次运用，目前本典型施工方法在其他正在实施的项目中也将得到大力运用和推广。

12.1 荆门±500kV 换流站

（1）本典型施工方法在荆门±500kV 换流站中进行了运用，该项目于 2009 年 6 月开工，计划 2010 年 12 月完工，该换流站目前仍在施工过程中。该换流站全站电缆沟有 3446.18m，站内现浇混凝土电缆沟 3275.61m，占全站电缆沟的 95%。其中，交流区域混凝土电缆沟约有 2620.96m，约占全站电缆沟的 76.1%。该区域电缆沟宽度有 1.2m（钢筋混凝土沟）、1.0m（钢筋混凝土沟）、0.8m（素混凝土沟）、0.6m（砖沟）等几种形式。沟深一般在 0.91～1.51m 之间，其中绝大部分电缆沟沟深在 1.0～1.3m 之间。

（2）在电缆沟施工过程中，边墙混凝土模板采用标准钢模板分别和 5 种非标准钢模板拼装组合，配制成适用于不同深度、不同宽度、不同长度、不同坡度电缆沟的钢模板，提高了钢模板的通用性和安装工效。

（3）在该项目中，严格按典型施工方法中的施工程序和操作要点进行施工，取得了很好的经济效益和社会效益。特别是边墙混凝土采用钢模板施工新工艺，符合国家“两型一化”建设总思路，推动“绿色施工”技术的创新。本典型施工方法对今后其他变电（换流）站项目电缆沟的施工具有很好的借鉴价值。

12.2 金昌 750kV 变电站

图 26-12-1 素混凝土电缆沟边墙钢模板

（1）本典型施工方法在金昌 750kV 变电站项目中也进行了运用。该项目于 2009 年 7 月开工，计划于 2010 年 12 月完工，该变电站目前正在施工过程中。该变电站全站电缆沟全部为混凝土电缆沟，共有 5119m。

（2）与荆门±500kV 换流站不同的是，电缆沟边墙顶部未采用预制混凝土压顶，边墙混凝土一次浇筑成型，整体外观质量也很好，施工工艺质量优良，见图 26-12-1。

（3）在该项目中，电缆沟采用本典型施工方法进行，也取得了很好的经济效益和社会效益，对今后其他变电（换流）站项目电缆沟的施工也具有很好的借鉴价值。

典型施工方法名称：GIS 设备大体积混凝土浇筑典型施工方法

典型施工方法编号：GWGF027－2010－BD－TJ

编　制　单　位：青海省送变电工程公司

推　荐　单　位：青海省电力公司

主 要 完 成 人：何恩家　王鹏武　武文卫　孙冠杰　曾光昌

目　次

1 前言

随着电网建设技术水平不断提高，越来越多的变电站工程采用 GIS 设备，其基础形式多采用大板基础。依据 GB 50496—2009《大体积混凝土施工规范》对大体积混凝土的定义（混凝土结构物实体最小几何尺寸不小于 1m），变电站 GIS 设备基础均为大体积混凝土。为总结、推广大体积混凝土施工方法，特编写了本典型施工方法。

一般建筑工程的基础埋深较深，且基础施工完成后进行回填，受温差、冻融循环等外界环境的影响很小。变电站的大体积混凝土基础埋深较浅，且常年暴露，受温差和冻融循环等因素的影响很大，易出现混凝土表面裂纹现象，影响观感质量，其施工方法与一般建筑工程在施工技术上有较大的差异性。因此，如何有效控制 GIS 大体积基础表面裂纹、保证基础观感质量是一项重大的技术难题。

青海省电力公司组织相关人员历经三年，结合现场施工特点，通过对大体积混凝土裂缝出现的原因和机理的研究，针对施工中的各种不利因素，对人员、机械、材料、施工方法、施工环境进行分析，总结出了一套适合于常年外露的大体积混凝土施工的方法。该方法获得 2008 年度青海省省级工法及 2008 年度电力行业工法。

该典型施工方法在 750kV 西宁变电站工程、330kV 南郊变电站工程、750kV 日月山变电站工程中进行了应用，至今未发现贯通裂缝，取得了良好的效果。

2 本典型施工方法特点

（1）本典型施工方法相对于常规施工，减少了施工工序，降低了劳动强度，缩短施工工期，确保混凝土施工质量。

（2）使用新材料延缓混凝土水化热产生的速度和混凝土的初凝时间，使现场搅拌机械满足浇筑要求。

（3）使用新材料控制混凝土表面龟裂，减小使用期间强紫外线照射对大体积混凝土表面质量的影响。

（4）搭设遮阳棚，有利于减小混凝土内外温差和混凝土初凝期间与表面收光时由于混凝土表面失水过快引起的表面龟裂。

（5）对大体积混凝土表面进行切缝处理，减少在使用期间混凝土表面受外界环境的影响产生浅表性裂纹。

3 适用范围

本典型施工方法适用于变电站工程大体积混凝土基础施工。

4 工艺原理

（1）施工前的技术准备。

1）完成原材料（水泥、砂、石及各种外加剂）检验、复试工作，保证原材料质量达到各项相应技术指标要求。

2）确定浇筑方式：根据 GB 50496—2009 要求，按设计留置后浇带，采用分仓、分层法浇筑。

3）根据浇筑方式和最大浇筑量，确定混凝土搅拌设备和输送设备的数量。

4）根据混凝土搅拌设备和输送设备的数量，确定混凝土的最短初凝时间。

5）根据混凝土的最短初凝时间，委托试验室进行混凝土配比试验，配合比中掺入缓凝剂、高效抗裂防水剂、麦富纤维。

6）根据配合比试验报告中的初凝时间，对混凝土搅拌设备和输送设备进行复核，在尽量少投入设备的情况下，满足混凝土浇筑的相关技术要求。

7）通过热工计算软件的开发，使大体积混凝土热工计算更加快捷和准确，提高数据分析速度，在第一时间为施工技术人员提供依据，便于动态修正施工方法和技术参数，及时采取措施。

图 27–4–1　暖棚搭设示意图

（2）控制施工环境。在面层混凝土施工时，应搭设遮阳（隔热）棚，有利于减小混凝土内外温差和混凝土初凝期间和表面收光时由于混凝土表面失水过快引起的表面龟裂。暖棚搭设示意图见图 27–4–1。

（3）混凝土浇筑。

1）利用 3DMAX 计算机技术，为施工人员演示施工过程中关键控制点的控制方法和流程。

2）使用新材料延缓混凝土水化热产生的速度和混凝土的初凝时间。

3）运用建设部推广的十项新技术，实现混凝土超远距离泵送混凝土。

4）使用新工艺控制预埋件和基础表面平整度。

5）使用新材料控制混凝土表面龟裂。

5　施工工艺流程及操作要点

5.1　施工工艺流程

本典型施工方法施工工艺流程参见图 27–5–1。

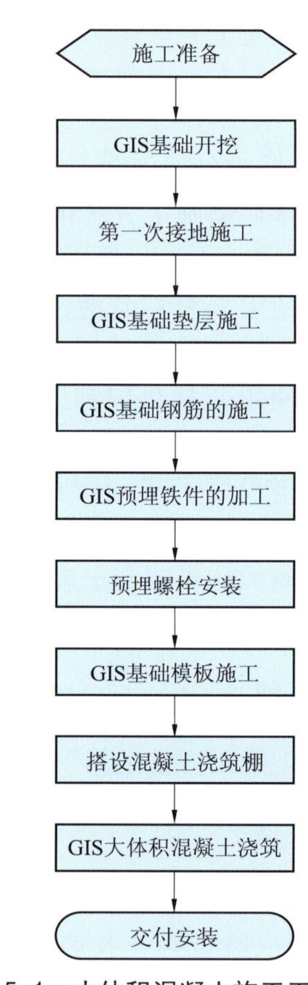

图 27–5–1　大体积混凝土施工工艺流程图

5.2　操作要点

5.2.1　施工准备

（1）施工现场的供水、供电应满足混凝土连续施工的需要，当有断电可能时，应有双路供电或自备电源等措施。

（2）对工人进行专业培训，并应逐级进行技术交底，同时应建立严格的岗位责任制和交接班制度。

5.2.2　GIS 基础开挖

GIS 基础土方工程采用机械开挖。基坑开挖完毕后，由设计人员验槽后方可进行下道工序。开挖顺序：开挖时应按基础长方向进行开挖。开挖出的土方需随挖随运至指定堆土场。

5.2.3　第一次接地施工

验槽完毕后进行第一次主网接地施工。

5.2.4　GIS 基础垫层施工

GIS 基础垫层为 100mm 厚 C15 素混凝土，由于基础垫层面积较大，因此混凝土采取分段浇筑。分段时施工缝采用 15mm 厚、100mm 高的条形模板分隔。在浇捣前，用间距不大于 2m 的混凝土灰饼做好控制标高。浇捣时用平板振动器振捣，表面平整密实，提浆抹平，不允许表面有松散、浮浆的现象发生。

5.2.5　GIS 基础钢筋的施工

（1）在钢筋成品加工前，必须认真熟悉施工图纸，对钢筋的型号、间距、锚固长度，都要严格按照设计及规范要求编制出钢筋下料单，并经项目部技术组审核后，方可进行制作。

（2）GIS 基础钢筋骨架为 ϕ20mm 螺纹钢为主，上下钢筋网均为 ϕ20mm 螺纹钢，四周用 ϕ12mm@200mm 双向钢筋封口，第一、二次混凝土面上浇筑预留 ϕ6mm@300mm 插筋。钢筋保护层厚度为 40mm，由于基础钢筋重量大，为确保保护层垫块不被破坏，特采用 40mm 厚的大理石垫块，间距 800～1000mm 梅花形布置。上层钢筋网片支撑用马凳筋应精确其下料高度，凳腿与垫层支撑牢固，采用 ϕ20mm 螺纹钢，间距 0.8～1.2m 梅花形布置，确保上层钢筋网片间距、高度准确，混凝土浇筑时钢筋不移位。

（3）按设计指定位置留置后浇带，在后浇带上下设横向ϕ16mm、间距150mm的加强筋，竖向采用直径10mm、间距100mm钢筋支架，后浇带的垂直支架系统宜与其他部位分开。在后浇带两侧的支架处绑扎两层镀锌钢丝网，遇钢筋开口时，底部向里插进5～10cm，同样遇钢筋时钢丝网开口并绑扎牢固，以挡住混凝土流入后浇带内。

5.2.6 GIS预埋铁件的加工

（1）GIS预埋件委托专业钢结构厂家进行加工制作，严格控制埋件的焊接变形和镀锌变形。设计要求所有埋件热浸镀锌，埋件运送到工地现场安装，安装时严格按照图示要求、轴线平面位置、标高、拉线就位、调平。

（2）预埋件加工及安装位置的偏差允许。

1）HM–200×150型钢上钻螺栓孔：孔距放样，样板的截面偏差、孔心距及轴线距要求≤±0.5mm。

2）围焊焊缝必须平直，无咬肉、夹渣、漏焊。

3）镀锌面应光洁、无流坠。接地点二次灌浆预埋采用200mm×200mm×200mm的定制铁盒，铁盒面板采用不锈钢盖板。

5.2.7 预埋螺栓安装

（1）按照设计图纸尺寸，将螺栓的纵横轴线位置在垫层表面弹出墨线，在基础外侧引测轴线桩。地脚螺栓安装前，首先对每一小组螺栓以4（6）根进行整体化，即在螺栓根部左右处套一根ϕ10mm箍筋，在螺栓头部用预先精确打孔（孔径ϕ25mm）的模板套住，将模板校核水平，并用上下螺母拧紧夹住模板。螺栓下部水平段要在同一平面上，螺栓与箍筋点焊固定，形成螺栓笼，将箍筋及螺栓模板均划出双向轴线（中心线），并应重合进行控制。具体施工过程见图27–5–2。

图27–5–2 GIS基础预埋螺栓定位

（2）在基础底板下层双向主筋安装绑扎完成后，按照埋件位置，逐组进行螺栓布置。螺栓的双向轴线与垫层及模板上的双向轴线吻合后，用ϕ20mm钢筋成“八”字式在四角做45°斜撑，斜撑的上部与螺杆焊接固定、下部与底板主筋焊接固定。每组螺栓，用带孔模板或木方连成整体并复核准确。分组螺栓安装合格后，由班组技术员对照施工图进行拉线及尺量检查、校正、验收。分组螺栓安装校验合格后，再对所有螺栓进行整体复验、校核。在复验校核过程中，若发现超标偏差，必须及时校正。

（3）在混凝土浇筑前，将轴线引测到基础外侧模板上进行标识。用红（或黄）色油漆标明埋件编号，埋件编号亦用同样方法在模板上标识。模板顶部轴线引测完成后再对螺杆的上部进行校核，经验收合格后方可进行混凝土浇筑。

5.2.8 GIS基础模板施工

因胶合板有良好的保温性能以及能很好的保证混凝土观感质量。GIS模板采用15mm厚黑色木胶合镜面模板，模板按施工图尺寸要求一次支设到位。

（1）外模支设：基础垫层浇筑时，沿四周在外模内侧距外模板1.50m处预埋ϕ12mm圆钢间距50～70cm，露出混凝土垫层面5cm。基础外立面模板用5cm×9cm方木作背方，间距25cm竖向设置。外模立好后，在外模上打孔，打孔位置距垫层面0.30m一道、1.2m一道，横向间距同垫层上预埋的圆钢（50～70cm）不等。最后将ϕ12mm螺杆一端与预埋圆钢焊接（预埋圆钢再与底板钢筋焊接），在模板内侧与螺杆交接焊接ϕ8mm长40mm的定位钢筋（统一沿水平方向焊接），一端将外模用水平钢管和蝶形卡进行拉接。由于第一次浇筑与第二次浇筑间隔时间较长，模板受自然环境影响，可能出现模板与已浇面的缝隙，在第二次浇筑前拧紧每个螺母，以尽可能减小两次浇筑接槎处的平整度偏差。在第二次浇筑前对模板拼缝处用腻子刮平。外模除用拉杆拉接外，顶面用水平钢管进行拉接，外侧设立斜撑进行加固。水平钢管与背方有间隙处需用小木楔逐个楔紧，避免细微胀模，如图 27–5–3 所示。

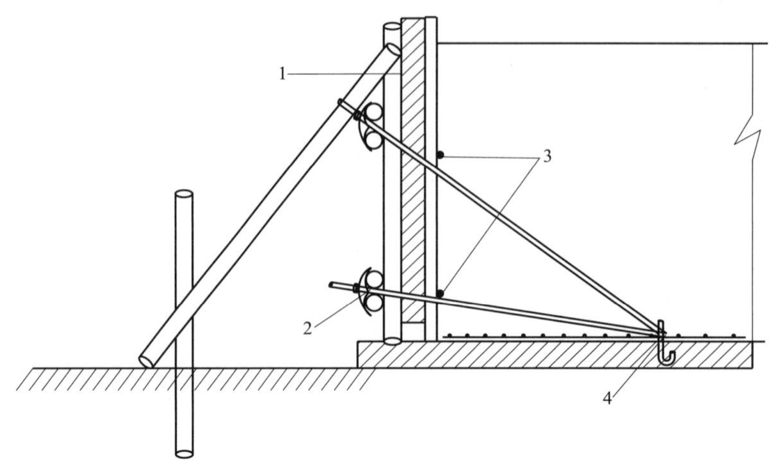

图 27–5–3 GIS 侧立面模板加固图

1—5cm × 9cm 背方；2—ϕ 50mm 钢架管蝶形卡拉接；3—ϕ 8mm 限位；4—ϕ 12mm 圆钢焊接

（2）电缆沟模板支设。基础内沟道根据电缆沟坡度配制模板，保证沟道上口的模板精准定位，以确保 GIS 基础表面的平整度，沟道模板置于水平钢筋限位上，沟道内壁设 5cm×9cm 方木、间距 25cm 竖向背方。其内横向、斜向作顶撑，加固牢靠，保证沟道截面尺寸。在电缆沟沟底垫层上预埋 ϕ 14mm@1000mm 竖向钢筋（将螺杆与 ϕ 14mm@1000mm 竖向钢筋焊接，并再与底板钢筋焊接）。然后沿电缆沟上部垂直于电缆沟方向设置方木（间距为 600～800mm），然后在木方上部平行于电缆沟方向用两根 ϕ 50mm 钢管和蝶形卡连接，压住电缆沟模板，防止浇筑混凝土时模板上浮。在电缆沟沟底模板开 ϕ 12mm@500mm 圆孔。以便浇筑混凝土时排出空气，保证混凝土的密实性，如图 27–5–4 所示。

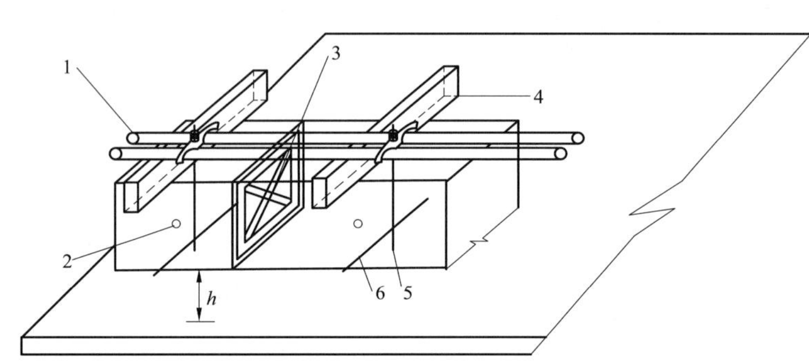

图 27–5–4 GIS 电缆沟道模板加固图

1—顶部 ϕ 50mm 钢管整体拉接；2—沟底模板 ϕ 12mm@500mm 排气孔；3—沟道内门型支撑；4—方木间距 600～800mm；

5—ϕ 14mm × 1000mm 竖向螺栓与底板钢筋焊接；6—ϕ 16mm × 500mm 的限位钢筋

h—依据排水坡度而定

（3）GIS 基础模板拆除应控制在全部浇筑成型后 5～7 天。

5.2.9 搭设混凝土浇筑棚（夏季作遮阳棚用，冬季作暖棚用）

（1）混凝土浇筑棚需进行两次搭设：第一次搭设时，将立杆立于 GIS 基础上部钢筋网（下设混凝土垫块）及电缆沟内，待第一次混凝土浇筑完毕后拆除；第二次搭设时，将立杆置于已灌浆完成的预埋件上和电缆沟内，待完成养护后进行拆除。

（2）混凝土浇筑棚搭设采取满堂搭设，混凝土浇筑棚搭设采用 ϕ 48mm×3.5mm 钢管和扣件搭设，搭设立杆纵横间距为 1.8m，立杆平均高度为 2.0m。施工棚搭设为双坡型利于排水，最低处不低于 1.8m。

（3）沿基础顶面 200mm 以上处设一道纵横向扫地杆，每根立杆不得悬空；混凝土浇筑棚顶部纵、横向水平杆间距设为900mm，混凝土浇筑棚顶部采用单块通长遮阳布（篷布），沿短边敷设；固定于钢管上用10号铁丝扎紧。

（4）混凝土浇筑棚四周将遮阳布（篷布）固定在钢管骨架外侧，并悬挂于GIS基础下部500mm，底部采用木条将遮阳布（篷布）固定在基础外侧模板上。

（5）混凝土浇筑棚内部设置剪刀撑，剪刀撑沿GIS基础四周连续设置，基础中部沿长方向连续设置，在GIS基础外侧四周适当部位加设斜撑确保遮阳（隔热）棚、暖棚骨架的稳定性。

（6）冬季施工时因提前在暖棚内生火保温，在保证连续24h棚内温度在10℃以上后，方可进行下道工序的混凝土浇筑工作。

（7）混凝土浇筑棚内在维护的遮阳布（篷布）设置通风口，通风口间距8m，冬季施工时应在顶部开设天窗，利于排烟。

（8）混凝土浇筑棚内设置照明措施，采用PVC电管穿线，明敷方式，220V低压电源，灯具以普通照明灯具为宜并设置灯罩，不可选用发热量较大的灯具，以$20m^2$设置一盏为宜，灯具照明要求以能保证满足施工照明需求即可。

5.2.10 GIS大体积混凝土浇筑

（1）大体积混凝土的供应能力应满足混凝土连续施工的需要，不宜低于单位时间所需量的1.2倍。

（2）基础采用中（低）热硅酸盐水泥加入（麦富纤维二次C35混凝土浇筑中使用）、UNF–2C型高效缓凝减水剂和膨胀剂、粉煤灰外加剂的方法进行施工，掺量由试验确定。依据试验室出具的C30、C35泵送混凝土配比进行泵送施工。符合现场施工条件后，方可投到大规模生产过程中。

（3）混凝土的测温监控设备标定调试应正常，保温用材料应齐备，并应派专人负责测温作业管理。

（4）用于大体积混凝土施工的设备，在浇筑混凝土前应进行全面的检修和试运转，其性能和数量应满足大体积混凝土连续浇筑的需要。

1）混凝土搅拌：在混凝土搅拌时工作人员必须要尽职尽责，要严格控制水、外加剂和掺合料的加入量。C30混凝土搅拌时间不得少于90s/盘。试验人员应及时检查砂、石料的含水量，当发生偏差时及时通知技术人员和质量专责进行复检和确认，以便及时采取相应措施进行调整。混凝土施工配合比的调整要征得现场监理的同意和认可。混凝土配合比的称量检查：每班都应进行检查，并且检查次数不少于两次，检查数量不大于$100m^3$混凝土。投料顺序为：水、砂、水泥、石子、掺合料、外加剂。砂、石料计量为电子计量；水泥由专人负责按袋投料；掺合料和外加剂按照每盘配合比制作专用容器（或提前称量成小包装）由专人负责投料。二次浇筑C35混凝土中掺入麦富纤维由专业人员现场指导操作。

2）混凝土浇筑：混凝土浇筑时，混凝土振捣工等作业人员应有足够的工作面，需搭设专用的施工平台用于支撑泵管和作业人员，专用架平面应与模板支撑及加固系统分开，施工平台架立管应设在GIS基础南北向中部，立管可浇入混凝土中，并铺设东西向架板搭设平台，立管应避开电缆沟道和预埋铁件螺栓，以防螺栓碰撞位移。

3）浇筑顺序及振捣方法：鉴于GIS基础厚度（1.30m）和面积均大的特点，采用分层浇筑、分层振捣的方法进行，混凝土浇筑厚度根据混凝土的初凝时间确定，要求实验室将初凝时间设置在13h以上。按最大施工段（即第Ⅲ施工段）混凝土浇筑量$990m^3$考虑，其中电缆沟沟底以下混凝土浇筑量为$520m^3$，电缆沟沟底以上混凝土浇筑量为$470m^3$。根据混凝土分层覆盖需在初凝时间（13h）内浇筑的原则，依据PLD1200型混凝土泵站23方/h的出料量（已经综合考虑不利因素），以及插入式振捣器的作用深度、混凝土的和易性，混凝土连续浇筑分层厚度为300～500mm计算，电缆沟沟底以下每层浇筑厚度为300mm，共分两层浇筑；电缆沟沟底以上每层浇筑厚度为350mm，共分两层浇筑。浇筑方向自东向西（基础宽23.5m），振捣人员共分3组排开振捣，依次推进。振捣时，严禁振动棒振捣模板，对放置测温点的部位，进行标记，在测试点周边0.5m半径范围内不得振捣，有效避免振捣对测温点的影响。插点梅花形布置，捣点间距不大于30cm。振捣棒的操作，要做到“快插慢拔”。在振捣过程中，宜将振捣棒上下略有抽动，以便上下振动均匀。分层连续浇筑时，振捣棒应插入下层50mm，以消除两层间的接缝。因每层浇筑厚度为30～35cm，故振捣时间不宜过长，30s/点左右为宜，还应视混凝土表面呈水平不再显

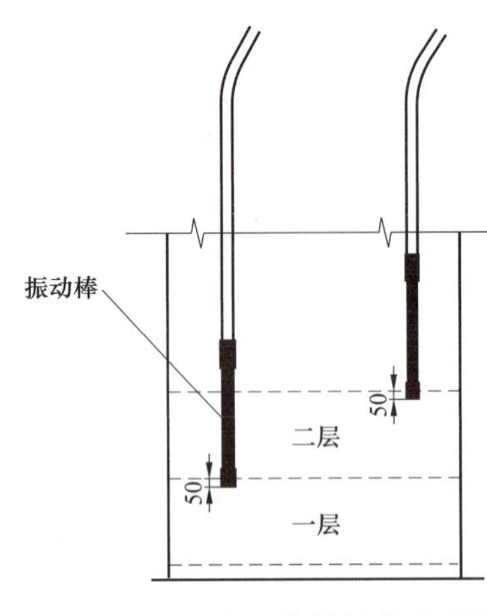

图 27–5–5　混凝土浇筑振捣示意图

著下沉、不再出现气泡、表面泛出灰浆为宜。同时，混凝土宜采用二次振捣工艺，在浇筑 20～30min 后进行第二次复振。特别注意在后浇带钢板网等特殊部位要细致振捣，但不得过振。严格控制振动棒的移动距离、振捣时间、插入深度，避免浇筑带交界处的漏振。浇筑过程中混凝土均匀上升，严格按浇筑顺序进行，避免混凝土拌和物堆积过高。混凝土振捣示意图见图 27–5–5。

4）标高控制及表面处理：分层浇筑时，应在钢筋上用红色油漆明显标识出每层混凝土的浇筑厚度。第一次 C30 混凝土浇筑完成后，在混凝土初凝后用钢丝刷或其他工具清除浇筑表面的浮浆、软弱混凝土层及松动的石子，并均匀的露出粗骨料，将混凝土表面的氧化层全部剔除。

5）泌水处理：大体积混凝土在浇筑、振捣过程中，会产生较多的泌水和浮浆，不予以彻底清除，将影响混凝土质量，给生产留下隐患。遇到这种情况：

a. 振捣手负责在合适位置留出振捣集水潭，使泌水集中在集水潭内，用盛水器具将泌水及时排除，并进行二次振捣。可以排除混凝土因泌水在粗集料、水平钢筋下部生成的水分和空隙，提高混凝土与钢筋的握裹力，防止因混凝土沉落而出现的裂缝，减少内部微裂，增加混凝土密实度，使混凝土的抗压强度提高，从而提高抗裂性。

b. 标高控制及表面处理：分层浇筑时，应在钢筋上用红色油漆明显标识出每层混凝土的浇筑厚度。

c. 第一次 C30 混凝土浇筑完成后，在混凝土初凝后终凝前用钢丝刷或其他工具清除浇筑表面的氧化层、浮浆、软弱混凝土层及松动的石子，并均匀的露出粗骨料。

6）混凝土养护。

a. 根据青海历年月度天气情况，六月是最适宜浇筑混凝土的天气，日平均气温在 20℃左右。

b. 浇筑后，做好保温、保湿养护工作，缓缓降温，降低温度应力。应在初期养护阶段（混凝土水化热达到峰值前），采用保温、保湿养护法。具体为：在混凝土表面铺设一层塑料薄膜、若干层毛毯养护。在后期养护阶段（混凝土水化热达到峰值后），采用蓄水养护法。

c. 采取长时间养护，连续养护至少 14 昼夜。应经常检查保温层的完整情况，保持混凝土表面湿润。等混凝土达到拆模强度值时拆模。

d. 养护前 7 天内不得在混凝土表面浇凉水，待混凝土内部温度处于降温阶段后转入正常养护工作。

e. 保温覆盖层的拆除应分层逐步进行，当混凝土的表面温度与环境最大温差小于 20℃时，可全部拆除。

f. 在保温养护过程中，应对混凝土浇筑体的里表温差和降温速率进行现场监测。当实测结果不满足温控指标的要求时，应及时调整保温养护措施。

（5）GIS 基础浇筑的测温及温度控制方法。

1）GIS 设备基础是几何尺寸大、混凝土方量较大的复杂结构。对于这类大体积混凝土结构由外荷载引起裂缝的可能性较小，但是由于水泥水化过程中释放的水化热引起的温度变化，以及混凝土收缩而产生的温度应力。因此，在施工过程中，必须严格控制基础内外温度差，控制裂缝的产生。

2）水化热温度计算过程（略）。

3）经计算可知：混凝土中心温度峰值为 35.6℃；混凝土表面温度峰值为 23.18℃；混凝土综合温差为 12.42℃，小于 20℃。

4）规范规定混凝土内外温差小于 25℃时，混凝土内部不产生裂缝，经计算混凝土内外温差控制在 20℃以内。

（6）根据大体积混凝土裂缝控制的计算可得：

1）测温点的布置范围，以所选混凝土浇筑体平面图对称轴线的半条轴线为测温区，在测温区内测温点按平面分层布置；在每条测试轴线上，监测点位宜不少于 4 处，应根据结构的几何尺寸布置；沿混凝土浇筑体厚度方向，每测点 3 根伸入混凝土的底部、中部及表层。混凝土浇筑体的外表温度，宜为混凝土外表以内 50mm 处的温度；中部测温探头设在基础中部，混凝土浇筑体底面的温度，宜为混凝土浇筑体底面上 50mm 处的温度，见图 27–5–6。其余测点宜按测点间距不大于 600mm 布置。

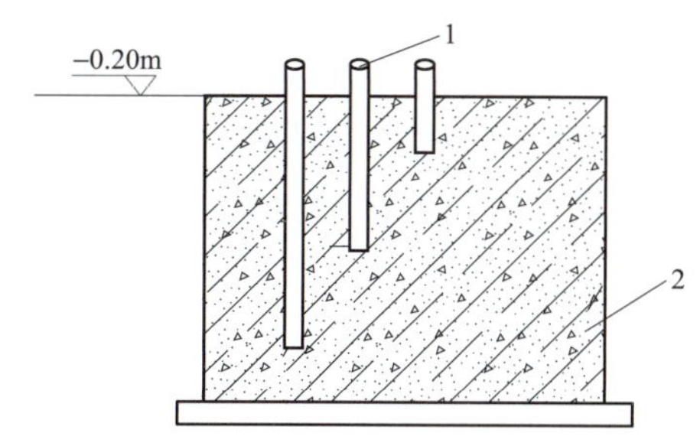

图 27–5–6　GIS 测温探头布置图

1—测温仪稳感探头；2—C30 混凝土

2）根据现场测温点布置，绘制平面测温点布置图，见图 27–5–7。在混凝土浇筑后，每昼夜可不应少于 4 次；入模温度的测量，每台班不少于 2 次。在降温阶段每 8h 测 1 次，7 天以后每天测 1 次，测温 21 天。测温工作由专业人员负责，坚持 24h 测温，混凝土表面温度用水银温度计进行测温，其测点除与温感探头测点相对应外，在平面合适位置还应加密。经过测温，若温差超过 25℃或温升梯度大于 15℃/m 或降温速率大于 2.0℃/d，则立即采取保温措施，加盖保温毯。大体积混凝土结构测温记录见表 27–5–1。

表 27–5–1　　　　　　　　**大体积混凝土结构测温记录**

编号：

<table>
<tr><td colspan="2">工程名称</td><td colspan="9"></td><td colspan="3">结构部位</td><td colspan="5"></td></tr>
<tr><td colspan="2">混凝土强度等级</td><td colspan="2"></td><td colspan="5">配合比编号</td><td colspan="3"></td><td colspan="4">混凝土数量（m^3）</td><td colspan="3"></td></tr>
<tr><td colspan="2">混凝土浇灌日期</td><td colspan="2"></td><td colspan="5">混凝土浇灌温度（℃）</td><td colspan="3"></td><td colspan="4">开始养护温度（℃）</td><td colspan="3"></td></tr>
<tr><td colspan="2">测温时间</td><td rowspan="3">气温（℃）</td><td colspan="15">各测点温度</td><td rowspan="3">备注</td></tr>
<tr><td rowspan="2">年、月、日</td><td rowspan="2">时、分</td><td colspan="3">1</td><td colspan="3">2</td><td colspan="3">3</td><td colspan="3">4</td><td colspan="3">5</td></tr>
<tr><td>表</td><td>中</td><td>底</td><td>表</td><td>中</td><td>底</td><td>表</td><td>中</td><td>底</td><td>表</td><td>中</td><td>底</td><td>表</td><td>中</td><td>底</td></tr>
<tr><td></td><td></td><td></td><td></td><td></td><td></td><td></td><td></td><td></td><td></td><td></td><td></td><td></td><td></td><td></td><td></td><td></td><td></td><td></td></tr>
<tr><td></td><td></td><td></td><td></td><td></td><td></td><td></td><td></td><td></td><td></td><td></td><td></td><td></td><td></td><td></td><td></td><td></td><td></td><td></td></tr>
<tr><td></td><td></td><td></td><td></td><td></td><td></td><td></td><td></td><td></td><td></td><td></td><td></td><td></td><td></td><td></td><td></td><td></td><td></td><td></td></tr>
<tr><td></td><td></td><td></td><td></td><td></td><td></td><td></td><td></td><td></td><td></td><td></td><td></td><td></td><td></td><td></td><td></td><td></td><td></td><td></td></tr>
<tr><td colspan="12">项目专业技术负责人：　项目专业质量检查员：　测温员：</td><td colspan="3">测温仪名称及计量编号</td><td colspan="4"></td></tr>
</table>

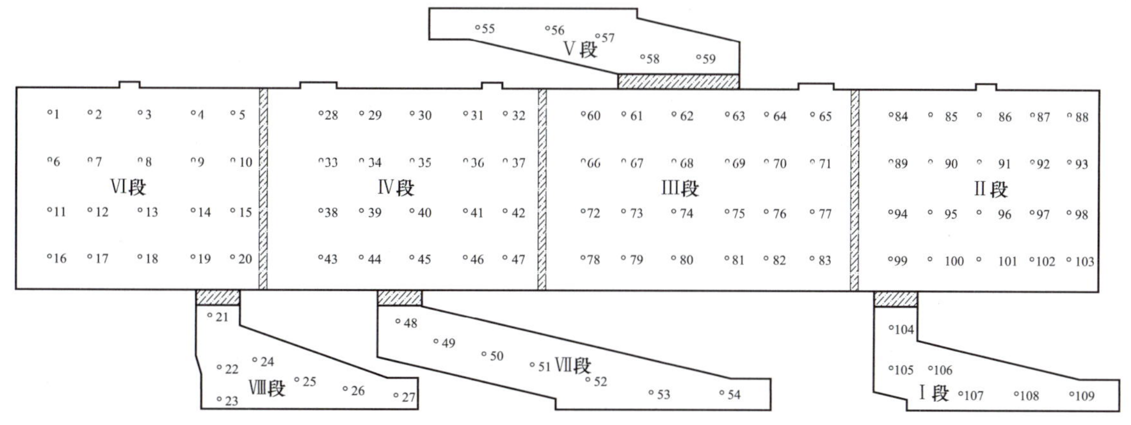

图 27–5–7　GIS 测温点平面布置图

3）温感探头的布置和标识：温感探头的平面布置如图 27–5–6 所示，在埋设温感探头时，按浇筑分区和各测点的埋设进行编号。为了保证测温数据的准确性，温感探头必须在水下 1m 处经过浸泡 24h 不损坏方可使用；接头安装位置应准确，固定应牢固，并与结构钢筋及固定架金属体绝热；引出线宜集中布置，并应加以保护；周围应进行保护，混凝土浇筑过程中，下料时不得直接冲击测试测温元件及其引出线；振捣时，振捣器不得触及测温元件及引出线。为防止温感探头的损坏，每只探头埋设到位后应进行检测，确认其完好，并派专人用开口盒对温感探头进行围遮保护和看护。

4）测温过程中应及时描绘出各点的温度变化曲线和断面的温度分布曲线，并按表 27–5–2 做好记录。发现温控数值异常应及时报警，并应及时采取相应措施。

表 27–5–2　　大体积混凝土结构测温示意图

编号：

<table>
<tr><td colspan="2">工程名称</td><td colspan="11"></td><td colspan="4">结构部位</td><td colspan="7"></td></tr>
<tr><td colspan="2">养　护
条　件</td><td colspan="22"></td></tr>
<tr><td colspan="24">测温点位示意图：</td></tr>
<tr><td colspan="24">点位温度—时间关系图：</td></tr>
<tr><td rowspan="5">最大温差（℃）</td><td>时间（d）</td><td>1</td><td>2</td><td>3</td><td>4</td><td>5</td><td>6</td><td>7</td><td>8</td><td>9</td><td>10</td><td>11</td><td>12</td><td>13</td><td>14</td><td>15</td><td>16</td><td>17</td><td>18</td><td>19</td><td>20</td><td>21</td><td>22</td></tr>
<tr><td>表面温度</td><td></td><td></td><td></td><td></td><td></td><td></td><td></td><td></td><td></td><td></td><td></td><td></td><td></td><td></td><td></td><td></td><td></td><td></td><td></td><td></td><td></td><td></td></tr>
<tr><td>中部温度</td><td></td><td></td><td></td><td></td><td></td><td></td><td></td><td></td><td></td><td></td><td></td><td></td><td></td><td></td><td></td><td></td><td></td><td></td><td></td><td></td><td></td><td></td></tr>
<tr><td>底部温度</td><td></td><td></td><td></td><td></td><td></td><td></td><td></td><td></td><td></td><td></td><td></td><td></td><td></td><td></td><td></td><td></td><td></td><td></td><td></td><td></td><td></td><td></td></tr>
<tr><td>最大温差</td><td></td><td></td><td></td><td></td><td></td><td></td><td></td><td></td><td></td><td></td><td></td><td></td><td></td><td></td><td></td><td></td><td></td><td></td><td></td><td></td><td></td><td></td></tr>
<tr><td colspan="2">制图人</td><td colspan="5"></td><td colspan="3">校核人</td><td colspan="7"></td><td colspan="2">日期</td><td colspan="5">年　月　日</td></tr>
</table>

（7）后浇带施工。

1）根据设计要求，后绕带的留置有利于散热和降低混凝土的内部温度。

2）因施工期相对较长（约 45 天），故在后浇带顶面用模板覆盖，以免杂物掉入后浇带内，尽管如此还可能有少数杂物进入后浇带内，故在顶面钢筋网上开洞 600mm×600mm 以便清理，开洞个数视清理量而定。清理完毕后，对其洞口钢筋焊接恢复。

3）后浇带混凝土掺膨胀剂（掺量由试验室确定），强度等级 C35。浇筑前冲洗干净和充分湿润，不得积尘。

4）后浇带施工完毕后，后浇带的养护与大体积混凝土的养护相同。

（8）预埋件、护角安装及第二次接地施工。

1）上部 HM 型钢及 22mm 厚钢板整体埋件，在第一次混凝土浇筑完成后进行安装。安装时测定钢板轴线及标高，用螺母调平，表面标高误差在±2mm 内，检修箱基础的 16 块 M–2 铁件安装较容易，但必须严格控制顶面标高、平整度及轴线位置。

2）电缆沟顶部镀锌角钢的预埋：采用“Z”型型钢，在电缆沟侧模内侧测出型钢上表面的标高，标于模板上，水平点布置 800～1000mm 设一点。后用六角机螺丝穿过角钢上预先打好的孔，按设计标高将其固定于模板上，然后在角钢内侧焊接ϕ8mm 锚筋。镀锌扁钢做法相同。

3）为保证 GIS 基础外边缘阳角方正、完整，沿 GIS 基础、主母线基础+0.1m 处四周阳角采用∟50mm×5mm 等边镀锌角钢护角，安装方法同电缆沟顶部“Z”型型钢。

4）电缆沟内壁两侧，只预埋上部两根镀锌扁铁，下部两根扁铁在拆模后根据电缆沟支架的间距采用植筋，将支架焊接到植筋上。

5）预埋件安装位置的偏差允许：预埋件安装中心线偏差控制在不大于±3mm；预埋件安装表面水平高差控制在不大于±2mm；预埋件安装表面标高控制在不大于±2mm；接地点二次灌浆预埋采用 200mm×200mm×200mm 的定制铁盒，铁盒面板采用不锈钢盖板，安装时必须保证盖板方向一致。

（9）在此期间进行第二次接地施工。

（10）CGM–2 灌浆料施工。

1）施工时灌浆层表面不得有碎石、浮浆等杂物，灌浆前应充分湿润基面。

2）灌浆严禁有跑浆、漏浆的情况出现，灌浆时用漏斗单侧进行浇筑，利用自重自流填充满 H 型底板。

3）灌浆开始后不得间断，并严禁振捣，充满后压光。

（11）二次浇筑。

1）在第二次 C35 混凝土浇筑前，应用压力水冲洗混凝土表面的污物，充分润湿，但不得有积水。面层混凝土浇筑后由于表面浮浆较厚，为保证混凝土的强度，故在初凝前均匀撒一层 10～20mm 石子，用振动器振实。初步按标高用铝合金刮尺刮平，初凝前用铁滚筒纵横碾压几遍，再用木抹打磨压实，混凝土终凝前再进行至少三次搓压，以闭合表面收缩裂缝。最后用铁抹子压光（严禁在混凝土表面使用干水泥或砂浆拌和物）进行二次抹压处理。在成型收光时，必须用水平仪、2m 靠尺进行绝对高程的控制和表面平整度的控制。混凝土表面平整度不大于 3mm。质量专责应对每次混凝土浇筑厚度、混凝土表面标高、平整度及时进行验证，并及时报请监理单位进行旁站。

2）在电缆沟阴角处、主母线阴角处（+0.1m）及预埋铁盒阴角处加设ϕ6mm@50mm 的加强筋，防止出现裂缝。

3）在混凝土终凝后，马上进行切缝处理，在 GIS 基础东西方向设置两道横向的切割缝，在变截面处以及电缆沟端头部位切通缝，以防止基础表面裂纹。切缝宽度以控制在 5～8mm，切缝深度控制在 30～50mm，但不得切断放射钢筋网片和混凝土表面的构造钢筋网片。切缝后及时用硅酮结构胶嵌缝，如图 27–5–8 所示。

4）上述工作完成后及时做好保温措施，底层铺设塑料薄膜然后加盖保温毯，做好保湿、保温养护。混凝土表面收光和养护如图 27–5–9、图 27–5–10 所示。

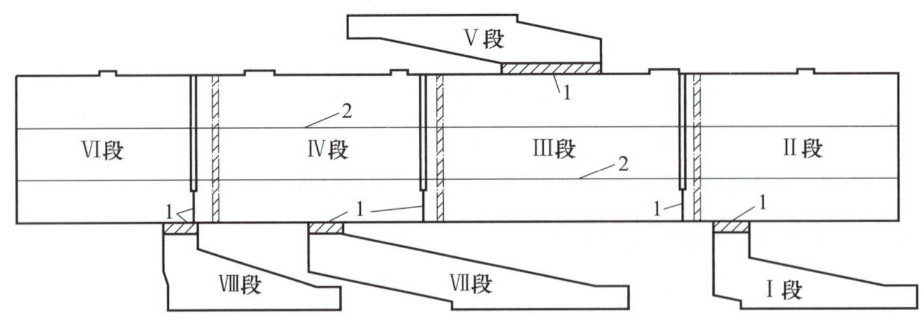

图 27-5-8 GIS 切缝与铝板平面布置图

1—铝板；2—切割缝

图 27-5-9 混凝土表面收光

图 27-5-10 混凝土表面养护

5）待面层混凝土达到拆模强度后即可将整个大体积混凝土模板一并拆除，地下结构应及时回填土，避免其侧面长期暴露。

6 人员组织

（1）混凝土浇筑人员应根据现场混凝土浇筑量及工作内容等情况进行配置，一般情况下，人员组织配置见表 27-6-1。

表 27-6-1 人员组织配置

序号	工种名称	人员数量	技术要求	职责划分
1	工作负责人	1	工程师职称	负责混凝土浇筑的现场组织、工器具调配等组织协调工作
2	技术员	2	助理工程师	负责现场技术工作
3	机械操作工	8	中级工	负责混凝土输送和机械操作
4	混凝土工	16	高级工	负责混凝土浇筑振捣及抹面收光工作
5	试验员	2	助理工程师	负责混凝土温度的监控工作
6	钢筋工	3	中级工	负责混凝土浇筑过程中钢筋监护和维护工作
7	木工	3	中级工	负责混凝土浇筑过程中模板监护和修补工作

（2）施工前，应按照要求对全体施工人员进行安全技术交底，交底要有记录，签字齐全。特殊作业人员必须经过安全技术培训、考试，合格后方可上岗。

7 材料与设备

（1）本典型施工方法材料配置见表 27-7-1。

表 27–7–1 材 料 配 置

序号	材料名称	规　格	主要技术指标	外观	要　求
1	钢筋	HIP335	抗拉强度：≥33.5MPa	螺纹	无锈蚀
2	砂	粗砂	含泥量：≤2%	粉状	级配均匀
3	石	1～2	含泥量：≤2%	颗粒状	级配均匀
4	中热硅酸盐水泥	42.5 级	水化热：≤293kJ/kg	粉状	混凝土水化热低
5	麦富纤维	直径不大于 5μm	抗拉强度：≥2.4MPa/mm^2	粉状	提高混凝土的抗拉强度
6	高效抗裂防水剂	WG–HEA	抗折强度：≥6.5MPa	粉状	提高混凝土的抗折强度
7	高效缓凝减水剂	UNF–2C	减水率：≥12	粉状	延长混凝土初凝时间
8	粉煤灰	散装 C 类	烧矢量：≤8%	粉状	二级以上

（2）本典型施工方法主要施工机械及工器具配置见表 27–7–2。

表 27–7–2 主要施工机械及工器具配置

设 备 名 称	型 号 规 格	单　位	数　量
挖掘机	WH12	台	1
装载机	ZL30、ZL50	台	各 1 台
自卸汽车	8t	辆	4
压路机	16t	辆	1
木工刨床	NLQ–3425	台	2
混凝土搅拌站	PLD1200	套	1
自落式搅拌机	350L	台	3
钢筋切断机	J03T–905	台	1
对焊机	UNI–100	台	4
电焊机	500 型	台	5
卷扬机	JJm–2	台	1
测温仪	TM–902C	台	2
温感探头		只	231
振捣器	ZN–70	套	10
水准仪	AP–128	台	1
	DH32H（精度 1mm）	台	1
经纬仪	苏光 J2–2	台	1
全站仪	苏光 RTS238/538	台	1
天平	JYT–5	套	1
坍落筒		套	1

8 质量控制

8.1 质量控制标准

本典型施工方法采用质量控制标准见表 27–8–1。

表 27–8–1　　采用质量控制标准

序号	标准名称	编号
1	混凝土强度检验评定标准	GBJ 107
2	混凝土质量控制标准	GB 50164
3	混凝土泵送施工技术规程	JGJ/T 10
4	普通混凝土配合比设计规程	JGJ 55—2000
5	建筑工程施工质量验收统一标准	GBJ 50300—2001
6	混凝土结构工程施工质量验收规范	GB 50204—2002
7	建筑地基与基础工程施工质量验收规范	GB 50202—2002
8	普通混凝土力学性能试验方法标准	GB/T 50081—2002
9	钢筋焊接及验收规程规定	JGJ 18—2003
10	输变电工程建设标准强制性条文实施管理规程	Q/GDW 248—2008
11	工程建设标准强制性条文（房屋建筑部分）	
12	《工程建设标准强制性条文电力工程部分（2006 年版）》	
13	大体积混凝土施工规范	GB 50496—2009
14	工程施工图纸	
15	混凝土减水剂质量标准和试验方法	JGJ 56
16	粉煤灰在混凝土和砂浆中应用技术规程	JGJ 28
17	粉煤灰混凝土应用技术规范	GBJ 146
18	混凝土中掺用粉煤灰的技术规程	DBJ 01–10–93
19	混凝土泵送剂	JC473–2001
20	混凝土矿物掺合料应用技术规程	DBJ/T 01–64–2002
21	混凝土外加剂应用技术规范	GB 50119—2003
22	中热硅酸盐水泥、低热硅酸盐水泥和低热矿渣硅酸盐水泥	GB 200—2003
23	混凝土用水标准	JGJ 63—2006
24	普通混凝土用砂、石质量及检验方法标准	JGJ 52—2006
25	通用硅酸盐水泥	GB 175—2007
26	混凝土外加剂	GB 8076—2008

8.2 质量控制措施

8.2.1 质量标准要求

施工应达到的质量标准要求见表 27–8–2。

表 27–8–2　　　　　　　　　　　　　**质 量 标 准 要 求**

<table>
<tr><th colspan="5">项　目　名　称</th><th>规范标准（mm）</th><th>内控标准（mm）</th></tr>
<tr><td rowspan="18">模板安装</td><td rowspan="10">预埋件、预留孔允许偏差</td><td rowspan="2">预埋件</td><td colspan="2">中心线位置</td><td>5</td><td>3</td></tr>
<tr><td colspan="2">水平高差</td><td>+3～0</td><td>+3～0</td></tr>
<tr><td colspan="3">预埋钢板中心线位置</td><td>3</td><td>2</td></tr>
<tr><td colspan="3">预埋管、预留孔中心线位置</td><td>3</td><td>2</td></tr>
<tr><td rowspan="2">插筋</td><td colspan="2">中心线位置</td><td>5</td><td>3</td></tr>
<tr><td colspan="2">外露长度</td><td>+10～0</td><td>+8～0</td></tr>
<tr><td rowspan="2">预埋螺栓</td><td colspan="2">中心线位置</td><td>2</td><td>2</td></tr>
<tr><td colspan="2">外露长度</td><td>+10～0</td><td>+8～0</td></tr>
<tr><td rowspan="2">预留洞</td><td colspan="2">中心线位置</td><td>10</td><td>8</td></tr>
<tr><td colspan="2">尺寸</td><td>+10～0</td><td>+8～0</td></tr>
<tr><td colspan="2" rowspan="8">模板安装允许偏差</td><td colspan="2">轴线位置</td><td>5</td><td>3</td></tr>
<tr><td colspan="2">底模上表面标高</td><td>±5</td><td>±3</td></tr>
<tr><td rowspan="2">截面内部尺寸</td><td>基础</td><td>±10</td><td>±8</td></tr>
<tr><td>柱、墙、梁</td><td>+4～−5</td><td>+4～−5</td></tr>
<tr><td rowspan="2">层高垂直度</td><td>不大于 5m</td><td>6</td><td>5</td></tr>
<tr><td>大于 5m</td><td>8</td><td>8</td></tr>
<tr><td colspan="2">相邻两板表面高低差</td><td>2</td><td>1</td></tr>
<tr><td colspan="2">表面平整度</td><td>5</td><td>2</td></tr>
<tr><td rowspan="14">混凝土现浇结构外观及尺寸偏差</td><td colspan="2" rowspan="3">轴线位置</td><td colspan="2">基础</td><td>15</td><td>10</td></tr>
<tr><td colspan="2">独立基础</td><td>10</td><td>5</td></tr>
<tr><td colspan="2">墙、柱、梁</td><td>8</td><td>5</td></tr>
<tr><td colspan="2" rowspan="3">垂直度</td><td rowspan="2">层高</td><td>不大于 5m</td><td>8</td><td>5</td></tr>
<tr><td>大于 5m</td><td>10</td><td>8</td></tr>
<tr><td colspan="2">全高（H）</td><td>H/1000 且≤30</td><td>H/1000 且≤20</td></tr>
<tr><td colspan="2" rowspan="2">标高</td><td colspan="2">层高</td><td>±10</td><td>±8</td></tr>
<tr><td colspan="2">全高</td><td>±30</td><td>±30</td></tr>
<tr><td colspan="4">截面尺寸</td><td>+8～−5</td><td>+8～−5</td></tr>
<tr><td colspan="4">表面平整度</td><td>8</td><td>5</td></tr>
<tr><td colspan="2" rowspan="3">预埋设施中心线位置（mm）</td><td colspan="2">预埋件</td><td>10</td><td>3</td></tr>
<tr><td colspan="2">预埋螺栓</td><td>5</td><td>3</td></tr>
<tr><td colspan="2">预埋管</td><td>5</td><td>3</td></tr>
<tr><td colspan="4">预留洞中心线位置（mm）</td><td>15</td><td>10</td></tr>
</table>

8.2.2　质量控制措施

（1）为保证大体积混凝土不产生结构裂缝和表面裂缝，采用了水化热低的普通硅酸盐水泥、膨胀剂和 C35 混凝土面层处的麦富纤维及高效抗裂剂。

（2）为保证 GIS 基础四周阳角在设备安装时不被破坏，将基础四周采用 L50mm×5mm 的镀锌角钢护角，增强了基础的美感。

（3）在二次混凝土浇筑前预埋 200mm×200mm×200mm 的定制不锈钢接线盒，灌浆结束后用不锈钢盖板罩面，并保证方向一致，增强了基础的美感。

（4）二次浇筑 C35 混凝土设计为一次浇筑，困难较大，为保证面层的平整和清晰感，在相应部位设置铝板分格缝。

（5）为保证电缆沟底部混凝土的密实性，将电缆沟沟底模板开ϕ12mm×500mm 排气孔，混凝土浇筑时空气从此孔内排出，保证了混凝土的密实性。

（6）为保证电缆沟顶部搁置的盖板处混凝土边角的完整，现改为“Z”型型钢，可保证盖板处混凝土边角的完整性。

（7）大体积混凝土测温取消了传统的水银温度计及温感探头，选用了先进的大体积混凝土电脑测温系统，能准确、及时地反映实际数据。

9 安全措施

（1）项目部制订安全领导小组，制订齐全各项安全责任制，明确分工，责任到人。对于新员工实行安全三级教育，以老带新的分工形式进行实际操作。

（2）对于工程中的重点：机械的使用及装、拆。临时用电的管理必须制订专项施工方案，并在施工过程中必须严格执行。

（3）临时设施：搅拌站、钢筋操作场、木工间均用钢管搭设主架，采用彩钢瓦围护和房顶覆盖。悬挂安全规程操作牌和安全宣传标语。

（4）临时用电电工应做好自身防护，戴好绝缘手套、穿好绝缘鞋，做好有电距离的围护和警示，经常对临电和中小型机具的检查，发现问题及时整改，特别大风雨后必须逐个检查，规范操作。对违规作业人员有权责令停工。

（5）安全材料的进场必须进行检验合格，不合格材料杜绝接收，同时必须有相关的检测资料。

（6）所有进场材料应堆放整齐，不得超高、乱堆、乱放，以免造成事故隐患。

（7）工地配备充足的值班人员。

（8）GIS 混凝土浇筑时，操作人员应搭设专用操作平台，严禁利用原有的模板支撑系统，严禁踩踏钢筋。

（9）混凝土浇筑前先填写详细的安全工作票，各负责人应各司其职，对施工人员做详细的安全交底。

（10）严格执行安全工作票制度和班前讲话制度，坚持每周根据 GIS 施工进度情况召开一次安全例会，总结施工中不安全因素和事故隐患，提出今后的防范措施。

（11）严格按照安全施工技术措施及作业指导书进行施工，整个施工过程项目部设专人监护。未经批准，施工队不得擅自更改施工方案。

（12）施工现场按符合防火、防风、防雷、防洪、防触电等安全规定及安全施工要求进行布置，并完善布置各种安全标识。

（13）各类房屋、库房、料场等的消防安全距离做到符合公安部门的规定，室内不堆放易燃品；严格做到不在木工加工场、料库等处吸烟；随时清除现场的易燃杂物；不在有火种的场所或其近旁堆放生产物资。

10 环保措施

（1）成立对应的施工环境卫生管理机构，在工程施工过程中严格遵守国家和地方政府下发的有关环境保护的法律、法规和规章，加强对施工燃油、工程材料、设备、废水、生产生活垃圾、弃渣的控制和治理，遵守有关防火及废弃物处理的规章制度，做好交通环境疏导，充分满足便民要求，认真接受城市交通管理，随时接受相关单位的监督检查。

（2）将施工场地和作业范围合理布置、规范围挡，做到标牌清楚、齐全，各种标识醒目，施工场地整洁文明，符合《国家电网公司安全文明施工标准化手册》的要求。

（3）对施工中可能影响到的各种公共设施制订可靠的防止损坏和移位的实施措施，加强实施中的监测、应对和验证。同时，将相关方案和要求向全体施工人员详细交底。

（4）设立专用排浆沟、集浆坑，对废浆、污水进行集中，认真做好无害化处理，从根本上防止施工废浆乱流。

（5）定期清运沉淀泥砂，做好泥砂、弃渣及其他工程材料运输过程中的防散落与沿途污染措施，废水除按环境卫生指标进行处理达标外，并按当地环保要求的指定地点排放。弃渣及其他工程废弃物按工程建设指定的地点和方案进行合理堆放和处治。

（6）优先选用先进的环保机械。采取设立隔音墙、隔音罩等消声措施降低施工噪声到允许值以下，同时尽可能避免夜间施工。

（7）对施工场地道路进行硬化，并在晴天经常对施工通行道路进行洒水，防止尘土飞扬，污染周围环境。

11 效益分析

（1）本典型施工方法有效解决了长期以来变电站大体积混凝土裂缝普遍，基础观感质量差的难题，使工程质量有大的飞跃，避免了由于质量缺陷造成的返工现象，节约工程施工成本，有效降低工程全寿命成本，经济效益显著。同时也有利于工程达标投产、创优活动的顺利开展。

（2）本典型施工方法推广后具有辐射带动作用，能提高变电站工程大体积混凝土基础的整体质量水平，为解决变电站工程中的其他技术难题提供思路和方向，对提升变电站工程的整体施工质量和工程管理水平具有积极的推动作用，具有显著的社会效益。

12 应用实例

12.1 实例1：750kV西宁变电站工程

工程概况：750kV西宁变电站GIS设备基础全长138.35m、宽（含局部突出）为46.8m。基础±0.00m高程为2614.1m。基础埋深−1.50m，露出地面100mm。基础垫层混凝土强度等级C10，基础混凝土强度等级采用C30、C35两种，二次灌浆采用CGM−2普通型高强灌浆料。基础顶部设ϕ4mm@200mm×200mm冷拔丝，保护层厚度20mm。基础钢筋保护层厚度40mm。钢筋使用Ⅰ级钢筋HPB235和Ⅱ级钢筋HRB335，钢筋总重约430t；混凝土总方量（含混凝土垫层）6650m^3。

GIS顶部设备基础埋件共计327组3784根预埋螺栓，预埋螺栓与HM200×150H型钢通过螺栓连接，HM200×150H型钢上焊22mm厚钢板作为设备埋件。埋件整体平整度要求很高，最终埋件顶面的高差在±2mm内，中心线偏差不超过±3mm。基础顶面的高差在同一间隔内不超过±2mm。基础顶面有东西向1000mm×1000mm电缆沟一道，总长度138.35m；500mm×650mm电缆沟四道，总长100.92m；南北向1000mm×1000mm电缆沟27道，总长度530.30m。电缆沟盖板采用为6mm厚花纹钢板外包铝合金条盖板，沟道拐角处按设计埋设L75mm×6mm角铁，用于支撑沟道花纹盖板。

该工程经过两个冬季，至今未发现裂缝。在2008年4月国家电网公司安全质量管理流动红旗检查中，得到了国家电网公司专家的一致肯定。业主单位予以高度评价。

12.2 实例2：750kV日月山变电站工程

工程概况：750kV日月山变电站750kV GIS设备基础，是目前青海省内GIS基础中体积最大、距离最长的GIS基础，GIS基础全长412.04m，最宽（含局部突出）为27.65m，最窄处为9.7m，基础及沟道混凝土强度等级采用C30，垫层采用C15，保护层厚度40mm，面层ϕ6mm@150mm×150mm钢筋的混凝土保护层厚度25mm。钢筋：Ⅰ级钢筋HPB235，Ⅱ级钢筋HPB335；其中主设备基础混凝土方量（含混凝土垫）6802.86m^3，主/分支母线基础方量从509～213.87m^{3}不等。

GIS基础埋深−1.50m，GIS主设备区基础上部有南北向700mm×1000mm电缆沟40道，总长度

346.4m，300mm×300mm 电缆沟 81 道，总长 791.72m，南北向 800mm×1000mm 电缆沟 1 道，总长度 9.7m。南北向 1000mm×1000mm 电缆沟 3 道，总长度 29.1m，东西向 500mm×500mm 电缆沟 120 道，总长度 120m。

GIS 顶部设备基础埋件共计 120 组 480 个埋件 1920 根螺栓。埋件敷设方式为每块根部均为 4 根 ϕ25mm 圆钢螺栓，螺栓与 HM200×150H 型钢连接，上敷设 22mm 厚钢板作为设备埋件，埋件整体平整度要求很高，同组要求在±2mm 内，水平施工高差不大于 3mm。

GIS 基础在清除基底冻土层至设计基底标高处，按设计要求每隔 30m 左右设置一条后浇带，根据计算主设备基础东西向，至少要设置 11 道后浇带；各分支母线基础部分与主设备基础连接处，设置密目钢丝网施工缝。主设备基础分 12 段浇筑，第一次浇筑采用 C30 混凝土，第二次浇筑采用 C35 细石混凝土。

目前此施工方法已运用到该工程的建设中，并取得显著成效。

12.3 最终效果展示

GIS 基础表面施工完成后效果见图 27-12-1。

图 27-12-1 GIS 基础表面施工完成后效果

典型施工方法名称：变电站屋面工程典型施工方法

典型施工方法编号：GWGF028-2010-BD-TJ

编　制　单　位：重庆电网建设有限公司

重庆电力建设总公司

推　荐　单　位：重庆市电力公司

主　要　完　成　人：岳　波　黄小桂　陈贤超

张力文　来　恩

目　次

1 前言

屋面渗漏是变电站建筑工程长期存在的一种质量通病，其施工质量的好坏直接影响建筑物的使用功能。

变电站工程主要有主控楼、配电室、继保室等建筑物，依据 DL/T 5218—2005《220kV～500kV 变电所设计技术规程》要求，这些建筑物屋面防水等级为Ⅱ级，当屋面防水等级为Ⅱ级时，设防要求为二道防水（详见 GB 50345—2004《屋面工程技术规范》中 3.0.1）。因不同地区的气候差异性较大，设计上采用的屋面防水做法也不尽相同。目前设防要求为二道防水的屋面，设计上常采用二道柔性防水或刚柔结合的二道防水，本典型施工方法主要介绍刚柔结合的二道防水施工。

2 本典型施工方法特点

本典型工法可有效防止屋面工程渗漏质量通病的发生，且具有防水效果好、使用寿命长、经济适用、屋面可上人等特点。

3 适用范围

（1）适用于屋面坡度≤15%的变电站建筑工程。

（2）适用于屋面防水等级为Ⅱ级的变电站建筑，可满足冬季保温和夏季隔热要求。不适用于受较大震动或冲击的屋面。

（3）适用于屋面设计为刚性防水和柔性防水相结合的变电站建筑工程。

4 工艺原理

（1）柔性防水层是以沥青卷材、高聚物改性沥青卷材、合成高分子防水卷材等柔性材料，经过不同的施工工艺与找平层基层粘结，再通过相邻卷材之间互相搭接、封边，形成一道严密的、全封闭的防水覆盖层。

（2）刚性防水以细石混凝土等刚性材料通过现浇成整体的防水层。刚性层内配置双向带肋钢筋网片后，可有效提高混凝土的抗裂度。刚性防水层既满足屋面防水，又兼作柔性防水层的保护层。

（3）两种材料结合使用，共同工作，发挥各自的优点，达到更好的防水效果。

（4）天沟、檐沟、檐口、女儿墙泛水、变形缝、水落口、伸出屋面管道等屋面防水薄弱部位，进行细部构造处理，可有效防止屋面渗漏。

5 施工工艺流程及操作要点

5.1 施工工艺流程

本典型施工方法施工工艺流程见图 28-5-1。

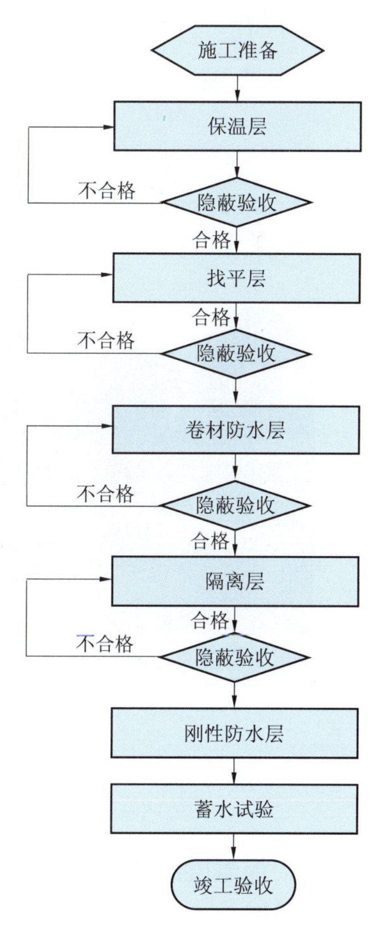

图 28-5-1 变电站屋面工程施工工艺流程图

5.2 操作要点

5.2.1 施工准备

（1）屋面的预留预埋工作全部完成，并验收合格。

（2）准备好所需用材料，并通过抽检合格。

（3）准备好所需用施工机具，并检查性能完好。

（4）所有作业人员已培训合格并进行了施工技术交底。

（5）混凝土、砂浆配合比应符合设计要求，由实验室通过试配确定。

图 28–5–2 屋面基层清理

（6）屋面基层处理（见图 28–5–2）。现浇混凝土屋面结构层采用原浆抹光找平。屋面保温层施工前，应将结构层上的松散杂物清理干净，凸出基层的硬块及水泥浆等要剔除干净，并去除表面的污染物，采用灰浆找补平整，做到屋面清洁干净，无空隙、无散裂、无松动骨料、无尖凸物；没有灰尘、灰泥、密封剂、养护剂、模油和其他有害物质。

5.2.2 施工顺序

主要施工顺利为：钢筋混凝土板原浆抹光找平→基层处理→保温层→找平层→卷材防水层→隔离层→刚性防水层→蓄水试验→竣工验收。

5.2.3 保温层施工

（1）弹线找坡：按设计坡度及流水方向，找出屋面坡度走向，确定保温层的厚度，见图 28–5–3（a）。

（2）隔汽层施工：膨胀珍珠岩类及其他板状屋面保温层必须设置隔汽层，隔汽层选用气密性、水密性好的防水卷材或防水涂料施工，隔汽层至女儿墙应沿墙面向上连续铺设，并与屋面防水层相连接，形成全封闭，见图 28–5–3（b）。

(a) (b)

(c) (d)

图 28–5–3 保温层施工示意图

（a）弹线找坡；（b）涂刷隔汽层；（c）整体现浇保温层施工；（d）整体现浇保温层成品

（3）保温层铺设。本典型施工方法的保温层采用板状材料保温层或整体现浇保温层，不应使用松散材料保温层。

1）板状材料保温层。方法一：干铺板状材料保温层。板状保温材料直接铺设在结构层或隔汽层上，分层铺设时上下两层板缝应错开，表面两块相邻的板边厚度应一致。一般在板状材料保温层上用松散料湿作找坡。方法二：粘结铺设板状材料保温层。板状保温材料平粘在屋面基层上，一般用水泥砂浆作胶结料；聚苯板材料应用沥青胶结料粘贴。

2） 整体现浇保温层。方法一：水泥石灰炉渣保温层。施工前用石灰水将炉渣闷透，不得少于3天，闷制前将炉渣过筛，粒径控制在5～40mm，最好用机械搅拌（一般配合比为水泥:石灰:炉渣=1:1:8）。铺设时分层滚压，控制虚铺厚度和设计要求的密度。方法二：水泥蛭石保温层。选用粒径为5～20mm膨胀蛭石（一般配合比为水泥:蛭石=1:12），采用人工拌和，先将水与水泥均匀地调成水泥浆，然后将水泥浆均匀地泼在定量的蛭石上随泼随拌至均匀，用手紧握成团不散，并有水泥浆滴下时为好。铺设保温层，虚铺厚度为设计厚度的130%，用拍板拍实、找平。

（4）沿女儿墙周边留30mm缝，在缝内嵌改性沥青油膏或刷聚氨酯防水胶进行处理。

（5）为使保温层及找平层排汽通畅，不致因防水层下部水分汽化而导致防水层破坏，需在保温层施工时按3m×3m距离留置排汽槽，排汽槽宽50mm，深为保温层厚度，中部填塞粒径为20～30mm的石块（粉状及小碎粒应筛去），上部覆盖一层宽300mm的卷材条，防止抹水泥砂浆层时砂浆流入排汽槽中将其堵塞。在排汽槽的交叉处和沿女儿墙四周做与大气相通的排汽孔，排汽孔按屋面面积9m^{2}设置一个，采用ϕ50mm的PVC管或不锈钢管埋设。

5.2.4 找平层施工（图28–5–4）

（1）非松散材料保温层上的找平层常见有水泥砂浆、沥青砂浆两种做法。

（2）找平层分格缝的留置。分格缝在结构层屋面转折处、防水层与突出屋面结构的交接处，并按房间轴线尺寸设置，纵横分格缝按间距不大于3m设置，分格缝宽宜为20mm。

（3）嵌设分格缝条，在其上弹线并标出砂浆的铺设高度，为准确控制砂浆的坡度和平整度，分格内应做灰饼和冲筋。

（4）铺设应按由远到近、由高到低的顺序进行，每分格内一次性连续铺成，用2m左右的尺方找平。

(a)

(b)

(c)

图28–5–4 找平层施工及成品图

（a）找平层分格缝；（b）找平层施工现场；（c）找平层成品

(5) 终凝后及时进行养护，养护时间不少于 7 天。

(6) 分格缝的处理：

1) 找平层硬化后，对分格缝进行清理，所有分格缝应纵横相互贯通，缝边如有缺边、掉角须修补完整，达到平整、密实。

2) 分格缝内必须干净，应清除缝内的砂浆及其杂物。

3) 采用嵌缝膏对清理好后的分格缝进行嵌填密实。

5.2.5 卷材防水层施工

(1) 基本要求。

1) 基层表面尘土、杂物应清扫干净，不得有空鼓、开裂及起砂、脱皮等缺陷。

2) 基层表面应保持干燥，含水率不大于 9%（干燥度的简易检验方法，将 $1m^2$ 卷材平坦地干铺在找平层上，静置 3～4h 后翻开检查，找平层覆盖部位与卷材上未见水印即可）。

3) 屋面坡度在 3%～15%时，可平行也可垂直屋脊铺贴。

4) 平行屋脊的搭接缝就顺流水方向搭接，卷材纵横方向的搭接宽度≥80mm，单层铺贴相邻两幅卷材的短边搭接缝应错开 500mm。

(2) 卷材防水层采用热熔法或冷粘法贴于屋面找平层。

1) 方法一：热熔法。首先按照弹放在找平层上的控制线，从屋面最低处开始，逐幅按顺序向屋脊方向铺贴。每贴一幅均先将卷材整卷打开，按线试铺，摆正顺直，定好所需长度和搭接缝位置，然后回卷。用燃气火焰喷枪对准热熔卷材与找平层的结合面，同时加热卷材与找平层，喷枪头距加热面 50～100mm。当烘烤到沥青熔化，卷材表面熔融至光亮黑色，应立即滚动卷材，并用胶皮辊辊压密实，排除卷材下面的空气，使其直接粘压于找平层上，粘结牢固。如此边烘烤边推压，当端头只剩下 300mm 左右时，将卷材翻放于找平层上加热，同时加热找平层，粘贴卷材并压实。卷材搭接时，先熔烧下层卷材上表面搭接宽度内的防粘隔离层，待热熔出改性沥青，立即刮封接口，其方法同卷材和找平层粘结。卷材粘贴后应大面平整，接缝顺直（偏差≤5mm 为宜）。搭接缝位置必须粘结牢固，封闭严密。热熔法卷材铺贴与搭接见图 28–5–5。

(a)

(b)

图 28–5–5 热熔法卷材铺贴与搭接

（a）热熔法卷材铺贴；（b）热熔法卷材搭接

2) 方法二：冷粘法。基层应涂刷基层处理剂，待基层处理剂基本干燥后，进行试铺、定位、弹基准线，将卷材反面朝上，将调制好的胶粘剂均匀涂刷在屋面找平层及卷材底面并晾开，但卷材搭接部位不得涂胶。胶粘剂晾开后，反转卷材沿弹好的标准线进行粘贴，铺贴的卷材不宜拉得过紧，每铺完一幅卷材，应立即用压辊沿卷材中间往两端辊压，排除粘结层空气，卷材内不得有空鼓及粘结不牢的现象，卷材搭接封口处采用专用封口胶封闭。卷材铺设应从最低处往最高处施工，且尽量减少搭接接头。

5.2.6 隔离层施工

隔离层在柔性防水表面与刚性防水混凝土中间施工，将刚性防水混凝土与柔性防水卷材隔离，隔离层材料可为 0.4mm 塑料薄膜、0.8mm 厚土工布、≤10mm 厚的 M0.4～M1.0 石灰浆或其他低标号砂浆，也可空铺卷材隔离。隔离层铺设及检查验收见图 28–5–6。

(a)

(b)

图 28–5–6　隔离层铺设及检查验收

（a）隔离层铺设；（b）隔离层检查验收

5.2.7　刚性防水层施工

（1）刚性防水层采用钢筋细石混凝土，混凝土强度等级不应低于 C30，厚度不应小于 50mm。

（2）分格缝模板支设。

1）分格缝基准线设定，其间距不宜大于 3m，缝宽不应大于 30mm，且不应小于 12mm。刚性防水层与山墙、女儿墙及突出屋面结构的交接处，应留置伸缩缝。

2）安装分格缝模板，模板支设应满足屋面排水坡度的要求，见图 28–5–7（a）。

（3）钢筋网片的施工，见图 28–5–7（b）。

(a)

(b)

图 28–5–7　刚性层分格缝模板及钢筋绑扎

（a）刚性层分格缝模板；（b）刚性层钢筋绑扎

1）钢筋的规格、大小、间距应符合设计要求，网片位置宜居中偏上。

2）钢筋要调直，不得有弯曲、锈蚀、油污。

3）分格缝处的钢筋网片要断开。

（4）细石混凝土施工。

1）混凝土配制：混凝土采用强制搅拌机集中配制，按配合比准确计量。

2）采用机械起吊运输至屋面。

3）混凝土的浇捣应按“先远后近，先高后低”的原则进行。

4）一个分格缝内的混凝土必须一次浇捣完毕，不得留施工缝，见图 28–5–8。

5）混凝土应摊铺平整、振捣密实并进行第一次压实收光，见图 28–5–9。

6）混凝土初凝后，用铁抹子第二次压实抹光，做到表面平整光滑；混凝土终凝前进行第三次压实抹光，要做到表面平光、不起砂、不起皮、无抹板压痕为止。抹压时，表面不得撒干水泥。

图 28–5–8　刚性层混凝土浇筑

图 28–5–9　刚性层混凝土表面收光

7）待混凝土终凝后，必须立即进行养护，应优先采用表面喷洒养护剂养护，也可用蓄水养护法或稻草、麦草、锯末、草袋等覆盖后浇水养护，养护时间不少于 14 天，养护期间保证覆盖材料的湿润。

5.2.8　细部构造

（1）天沟、檐沟的防水细部构造，见图 28–5–10。

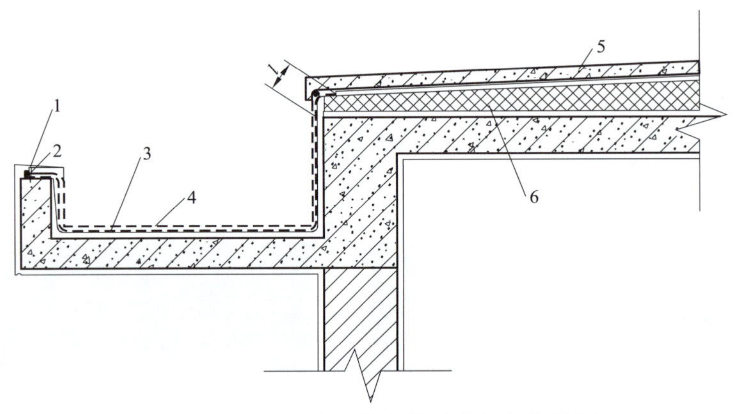

图 28–5–10　天沟、檐沟的防水细部构造图

1—水泥钉；2—密封胶；3—卷材防水层；4—附加层；5—刚性层；6—保温层

l—空铺 200mm

1）天沟、檐沟应增铺附加层。

2）在天沟、檐沟与屋面交界处宜空铺宽度不小于 200mm 的沟内附加层。

3）卷材防水层在沟底应上翻至主沟檐外部收头，应固定封严。

4）高低跨内排水天沟与立墙交接处，应采取能适应变形的密封处理。

5）在天沟、檐沟与细石混凝土防水层的交界处，留置凹槽并用密封材料嵌填严密。

（2）檐口的防水细部构造，见图 28–5–11。

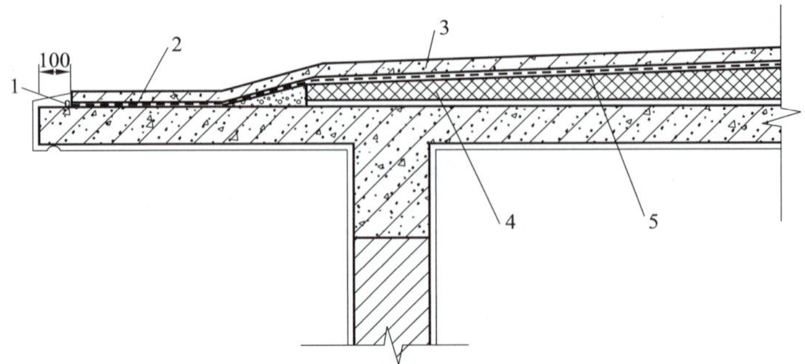

图 28–5–11　檐口的防水细部构造图

1—密封胶；2—柔性防水材料；3—刚性层；4—保温层；5—卷材防水

1）无组织铺贴檐口 800mm 范围内的卷材应采取满贴法。

2）将卷材收头压入凹槽，采用金属压条钉压，用密封材料封口。

3）檐口下端抹出鹰嘴造型和滴水槽。

（3）女儿墙泛水的防水细部构造，见图 28–5–12。

1）墙体为砖墙时，卷材收头可直接铺压在女儿墙压顶下，压顶下应做防水处理。

2）混凝土墙上的卷材收头应采用金属压条钉压，钉距不大于 450mm，并用密封材料封严。

3）泛水宜采取隔热防晒措施，可在泛水卷材面砌砖后抹水泥砂浆或浇细石混凝土保护；亦可采用涂刷浅色涂料或粘贴铝箔保护层。

（4）变形缝的防水细部构造，见图 28–5–13 和图 28–5–14。

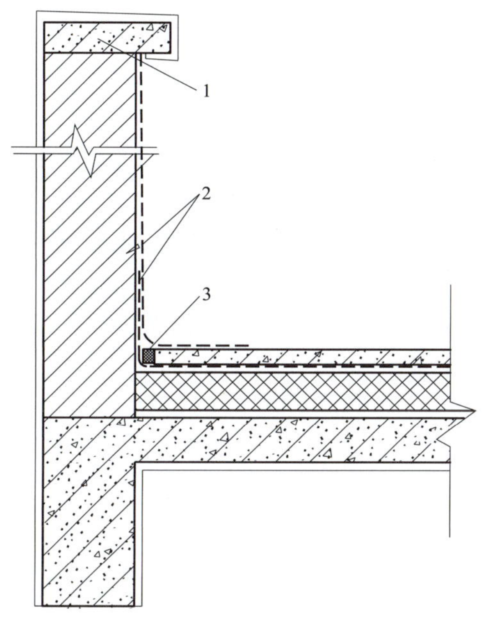

图 28–5–12　女儿墙泛水的防水细部构造图

1—压顶；2—卷材；3—密封胶

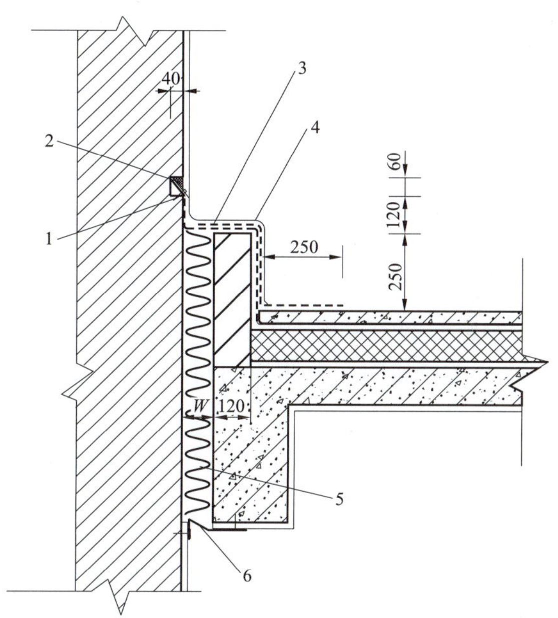

图 28–5–13　高低变形缝的防水细部构造图

1—水泥钉；2—密封胶；3—盖缝卷材一层；4—1mm 厚铝板；5—聚苯乙烯泡沫塑料板；6—1mm 厚铝板与墙面盖缝板搭接

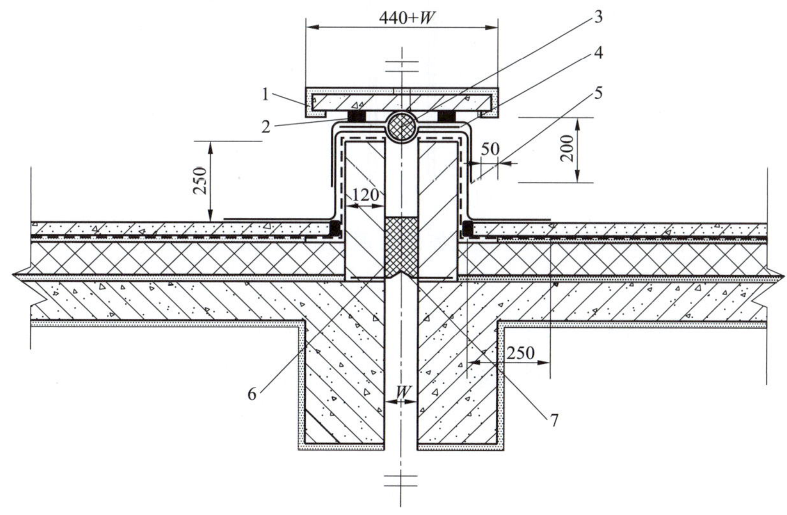

图 28–5–14　变形缝的防水细部构造图

1—1:2.5 水泥砂浆；2—M5 水泥砂浆座浆；3—聚乙烯泡沫塑料棒；4—附加卷材一层（托棒用）；5—盖缝卷材一层（顶部水平段不粘贴）；6—聚苯乙烯泡沫塑料板；7—1mm 厚铝板

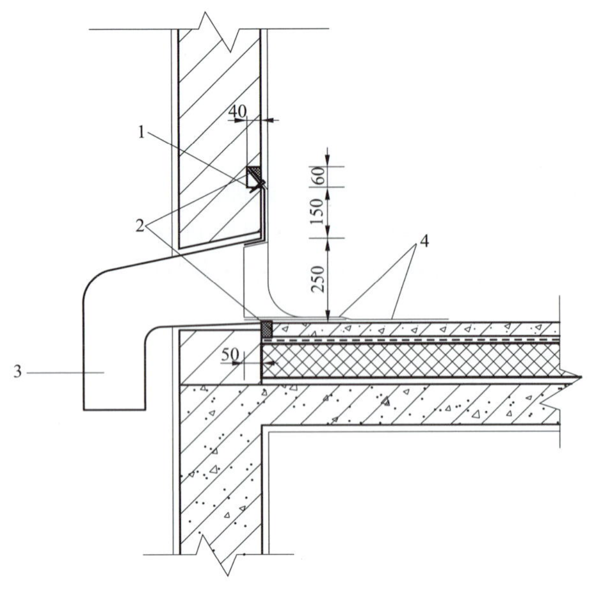

图 28–5–15　水落口的防水细部构造图

1—水泥钉；2—密封胶；3—落水管；4—附加卷材

1）变形缝内宜填充泡沫塑料或沥青麻丝，上部填放衬垫材料，并用卷材封盖，顶部应加扣混凝土盖板。

2）变形缝的泛水高度不应小于 250mm。

3）防水层应铺贴到变形缝两侧的砌体的上部。

（5）水落口的防水细部构造，见图 28–5–15。

1）水落口杯宜采用金属或塑料制品。

2）水落口杯埋设标高，应考虑水落口设防时增加的附加层和柔性密封层的厚度，以及排水坡度加大的尺寸。

3）防水层贴入水落口杯内不应小于 50mm。

4）水落口周围直径 500mm 范围内的坡度不应小于 5%，并采用防水涂料或密封材料涂封，其厚度不小于 2mm。水落口杯与基层接触处应留宽 20mm、深 20mm 凹槽，并嵌填密封材料。

（6）伸出屋面管道的防水细部构造见图 28–5–16。

1）伸出屋面管道周围的找平层应做成圆锥台，管道根部直径 500mm 范围内，找平层应抹出高度不小于 30mm 的圆锥台，并用密封材料嵌填严密。

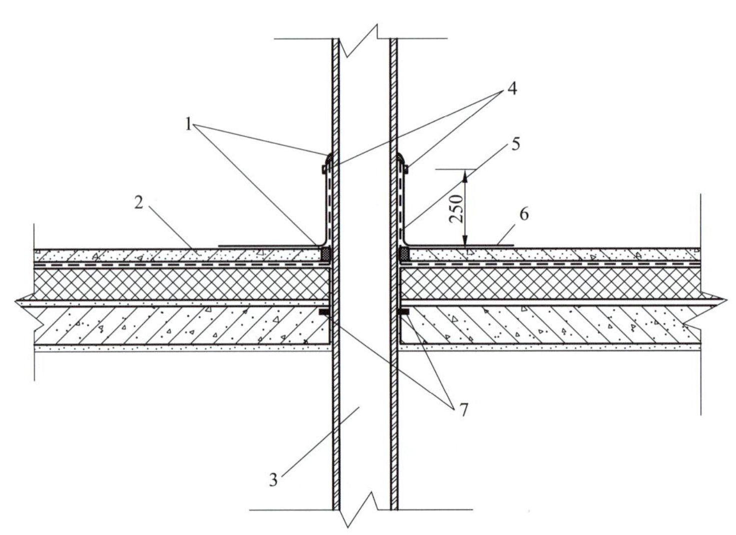

图 28–5–16　伸出屋面管道的防水细部构造图

1—密封胶；2—刚性层；3—管道；4—金属箍；5—卷材防水层；6—附加卷材；7—遇水膨胀止水条

2）管道根部四周应增设附加层，宽度和高度均不小于 300mm。

3）管道上的防水层收头处应用金属箍筋固定并用密封材料封严。

6　人员组织

屋面防水工程施工应根据现场作业条件、工程量大小、施工进度要求合理组织施工，施工人员基本配置见表 28–6–1。

表 28-6-1　　施工人员配备

序号	岗　位	人数	职　责
1	施工负责人	1	负责屋面防水施工全面管理工作，现场组织协调、物资供应、工器具准备，安全、质量、进度控制及对外联系等
2	作业班长	2	负责班内施工作业安排，督促检查作业质量、安全及文明施工
3	技术员	1	负责现场施工技术指导，对施工质量进行过程控制及检查验收，收集、整理技术资料
4	材料员	1	负责材料机具的组织供应，建立物资收发台账
5	安全员	1	负责现场的施工安全监督检查，确保施工安全
6	质检员	1	负责屋面防水施工质量检查验收
7	机械操作员	2	严格按规程进行搅拌机等机械操作，定期对机械进行检修、保养维护
8	电　工	1	负责现场用电操作及管理
9	焊　工	1	负责刚性层钢筋网片的焊接
10	浇筑工	2	进行混凝土浇筑施工作业
11	抹灰工	2	进行砂浆、混凝土面层抹面施工作业
12	防水工	2～4	严格按作业指导书进行卷材防水施工作业
13	钢筋工	2	负责钢筋的制作与绑扎
14	普　工	8～15	施工作业配合

7　材料与设备

7.1　主要施工材料

7.1.1　隔汽层

隔汽层常用材料见表 28-7-1，根据设计要求选用。

表 28-7-1　　隔汽层常用材料表

序　号	材　料	序　号	材　料
1	2mm 厚氯丁橡胶改性沥青防水涂料	4	1.2mm 厚弹性橡胶防水涂料
2	2mm 厚沥青基防水涂料	5	1.2mm 厚聚氨酯防水涂料
3	2mm 厚聚合物水泥防水涂料	6	防水卷材

7.1.2　保温层材料

屋面保温层采用非松散保温材料。拟用保温材料必须具有出厂合格证及质量检验报告。进场的保温材料应抽检合格，同一批材料至少应抽样一次。保温材料的堆积密度或表观密度、导热系数以及板材的强度、吸水率，必须符合设计及 GB 50207—2002《屋面工程质量验收规范》的要求。

保温材料应采取防雨、防潮措施，并分类堆码，防止混杂。板状保温材料在搬运时应轻拿轻放，防止损伤断裂、缺棱掉角，保证其外形完整。

7.1.3　找平层材料

依据 GB 50207—2002，非松散材料保温层上的找平层常见有水泥砂浆、沥青砂浆两种做法。水泥砂浆找平层材料配比采用水泥:砂为 1:2.5～1:3（体积比），水泥强度等级不得低于 32.5 级。沥青砂浆找平层材料配比采用沥青:砂为 1:8（质量比）。

7.1.4　防水卷材

防水卷材主要选用沥青卷材、高聚物改性沥青卷材、合成高分子防水卷材等，其外观质量和物理性能应符合 GB 50207—2002 的要求。

所有选购的卷材应具备出厂合格证及出厂检验报告。进场的卷材必须现场见证送检，检验合格后方可投入使用。

卷材应储存在阴凉通风的室内，避免雨淋、日晒和受潮，严禁接近火源。卷材应直立堆放，且高度不宜超过两层，不得倾斜和横压。

7.1.5　隔离层材料

可选用 0.4mm 塑料薄膜、0.8mm 厚土工布、不小于 10mm 厚的 M0.4～M1.0 石灰浆或其他低标号砂浆，也可采用油毡。

7.1.6　刚性防水层材料

刚性防水层的细石混凝土宜采用普通硅酸盐水泥或硅酸盐水泥，不得使用火山灰质硅酸盐水泥；刚性防水层内配置的钢筋宜采用带肋钢筋；细石混凝土中的粗骨料的最大粒径不宜大于 15mm，含泥量不应大于 1%；细骨料宜采用中砂或粗砂，含泥量不得大于 2%；水泥储存时应防止受潮，存放期不得超过三个月，受潮结块的水泥不得使用。混凝土水灰比不应大于 0.55；每立方米混凝土水泥用量不得少于 330kg；含砂率宜为 35%～40%；灰砂比宜为 1:2～1:2.5；混凝土强度等级不应低于 C30。

7.2　主要施工设备

主要施工设备一览表见表 28–7–2。

表 28–7–2　　主要施工设备一览表

序号	名　　称	规格型号	单位	数量
1	强制式混凝土搅拌机		台	2
2	25t 汽车起重机		台	1
3	砂浆搅拌机		台	2
4	钢筋调直机		台	2
5	点焊机		台	2
6	喷枪式火焰加热器		套	3

8　质量控制

（1）本典型施工方法依据的主要规程、规范：

GB 50207—2002　屋面工程质量验收规范

GB 50345—2004　屋面工程技术规范

Q/GDW 183—2008　110kV～1000kV 变电（换流）站土建工程施工质量验收及评定规程

基建质量［2010］19 号　国家电网公司输变电工程质量通病防治工作要求及技术措施

国家电网科［2009］642 号　关于印发输变电工程建设标准强制性条文实施管理规程

（2）本典型施工方法主要质量控制措施。

1）屋面防水工程施工队伍必须具备相应的资质，施工前编制切实可行的施工方案，并报监理审查确认；施工前应组织施工人员进行施工技术交底，让每个作业人员都了解施工质量要求及质量控制要点。

2）出屋面管道、空调室外机底座、屋顶风机口等，在防水层施工前必须按设计要求预留、预埋准确，避免在防水层上打孔及开洞。

3）在屋面防水施工前，可对结构屋面进行蓄水试验。如检查发现有明显的结构层渗漏点，需事先对结构层渗漏点采取防水补漏加强处理。

4）屋面找平层在基层与突出屋面结构的交接处和基层的转角处，必须做成圆弧形，圆弧半径宜为100～150mm；内部排水的水落口周围，找平层应做成略低的凹坑。

5）板状保温层基层应平整、干燥、清洁，保温材料应铺平垫稳。当分层铺设时应上下层错缝，板间缝隙用同类材料填嵌密实。保温层施工完后，应及时进行找平层及防水层施工；在雨季施工时，保温层应采取有效的遮盖措施。

6）防水卷材在热熔滚铺时，卷材与基层间隙内的空气应充分排尽，并辊压粘结牢固，不得空鼓；上下相邻两层卷材的搭接缝应相互错开，上下层卷材不得相互垂直铺贴。卷材应铺贴平直、接缝严密，不得扭曲、皱折。卷材防水层应排水通畅，不得有积水和渗漏的现象。

7）刚性层分格缝内嵌填防水油膏，并铺设高度、宽度均不小于250mm卷材附加层。

8）屋面排气系统的排气道应纵横贯通并保持通畅，不得堵塞。排气管应安装牢固，位置准确，排气端口应防雨。

9 安全措施

（1）施工前对施工作业人员进行安全技术交底和培训。

（2）进行卷材热熔施工时，现场应设置相应的灭火器材，作业人员应佩戴护目镜，防止火焰伤人。

（3）屋顶临空处无可靠的围护设施时，应搭设牢固可靠的围栏，并设置警告标志。

（4）作业人员不得坐在屋顶临空处，不得骑坐在栏杆上，不得在栏杆外或凭借栏杆起吊物件。

（5）施工使用的原材料应堆码整齐，不得随意摆放，影响施工。

（6）卷材施工使用的气瓶，应储存在专用的气瓶库内，室内应通风干燥，避免阳光直射；气瓶库应在显眼的位置放置灭火器具，并定期检查，保证能正常使用。

（7）对沥青、橡胶刺激过敏的人员，不得参加施工操作。

（8）按有关规定配给劳保用品，合理使用，操作人员不得赤脚或穿短袖衣服进行作业，应将裤脚袖口扎紧，手不得直接接触有毒材料并应戴口罩和加强通风。

（9）防水卷材和粘结剂多数属易燃品，在存放的仓库以及施工现场内都要严禁烟火，如需明火，必须有防火措施。

（10）屋面卷材施工时，不允许穿带钉鞋的人员进入。

10 环保措施

（1）进场前对作业人员进行专项教育，保证工人施工期间按照环保措施施工。

（2）施工现场应设置垃圾集中堆放点，并采取可靠的措施，防止垃圾污染周围的环境。

（3）清理垃圾时，应使用编织麻袋等吊运，严禁临空抛洒。

（4）禁止在施工现场焚烧有毒、有害和有气味的物资或垃圾。

11 效益分析

（1）在柔性防水卷材上面作细石混凝土刚性防水层，既增强了屋面防水效果，又起到保护柔性防水卷材的作用，具有防水效果好、使用寿命长、屋面可上人等特点，降低了工程造价、减少了工程维修费用，具有良好的经济效益。

（2）本典型工法可有效防止屋面工程渗漏质量通病的发生，为变电站工程的土建创优打下基础，具有较好的社会效益。

12 应用实例

（1）重庆巴南500kV输变电工程于2006年4月18日破土动工，2007年3月31日交付电气安装，于2007年11月7日竣工投运。主要建筑物有主控楼、500kV继电器室、220kV继电器室等；屋面建筑面积 1700m^2。

（2）重庆隆盛 500kV 输变电工程于 2006 年 8 月 6 日破土动工，2007 年 3 月 31 日交付电气安装，2007 年 12 月 4 日竣工投运。主要建筑物有主控楼、500kV 配电室、220kV 配电室、35kV 配电室等；屋面建筑面积 1500m^2。

以上两个工程均采用了本典型施工方法施工，柔性防水层采用了高聚物 SBS 改性沥青卷材，刚性防水层采用了 50mm 厚 C30 钢筋细石混凝土防水层，目前应用效果良好，未发现屋面渗漏现象。上述工程均获得了 2009 年度国家电网公司优质工程。

典型施工方法名称：主变压器安装典型施工方法

典型施工方法编号：GWGF029-2010-BD-DQ

编　制　单　位：山东送变电工程公司

推　荐　单　位：山东电力集团公司

主 要 完 成 人：王进弘　王兆坡　李　强　魏　毅

目　次

1 前言

主变压器是变电站内的核心设备，它的安装质量直接影响到变电站的正常运行和电网的安全运行。越来越多的高电压、大容量变压器在电网中的应用，使得变压器的运输方法、技术参数、安装方式等越来越多样化。为适应电网发展形势，保证变压器安装质量，确保变压器的安全投运和稳定运行，特编制本典型施工方法。

本典型施工方法按照变压器安装国家标准和行业、企业规程规范的要求，结合施工现场多种型号变压器的施工经验编制，本典型施工方法通用性强，具有较强的指导性。

2 本典型施工方法特点

（1）详细阐述了设备运输、到货检查及安装方法，从资料收集到设备外观、内部检查及试验，全面预控，细致到位，能有效避免返工现象，保证工作有效性。

（2）通过对环境控制、绝缘油的全过程管理、抽真空指标控制、器身暴露时间控制、油箱内部异物控制、防尘控制等，保证主变压器绝缘良好。

（3）从设备到达现场开始，设专人对设备密封进行检查并进行防设备渗油的预控。安装过程中，注重对密封垫、密封面的检查和安装控制，注重对设备部件和整体的密封检查试验，杜绝设备安装后渗油情况的出现。

（4）本典型施工方法工艺标准、技术成熟、通用性强、流程紧凑，工期合理、安全可靠、节约环保。能够保证设备的安全投运和稳定运行，创造较好的经济效益和社会效益。

3 适用范围

（1）本典型施工方法以“不吊罩进行器身检查的 500kV 变压器安装”为例进行编制。其他电压等级或安装方式的变压器安装可参照使用本典型施工方法。对“分解运输、现场组装变压器”（简称“ASA 变压器”）的安装，主要增加了防尘室的装拆和室内器身装配流程，其他流程与本典型施工方法相同。

（2）本典型施工方法中，机械设备选择和安装试验数据不具备绝对的通用性。使用时，应在符合国家标准和行业、企业规程规范的前提下，结合制造厂技术文件规定和现场实际情况参照使用。

4 工艺原理

（1）绝缘油集中处理工艺。建立由油罐群、进出油管、呼吸器（气管）组成的三母管油罐群系统（简称“三母管系统”）。采用“三母管系统”后，在绝缘油的现场处理过程中，最大限度地减少了绝缘油与空气的接触，减少了管道等受污染的可能性，保证了油质的可靠性。

（2）防绝缘受潮控制工艺。为保证变压器在安装过程中绝缘性能不出现降低，本典型工法从如下工艺进行严格控制。

1）器身检查前的工艺控制。

a. 对带油运输变压器：当器身温度高于环境温度 10℃及以上时，可边注入干燥空气边放油，然后进行器身检查。当器身温度未高于环境温度 10℃时，应在热油循环后进行放油和器身检查。

b. 对充干燥空气运输变压器：当器身温度未高于环境温度 10℃时，宜增加真空注油排气工作后再进行热油循环、放油和器身检查。

c. 对充氮气运输变压器：当器身温度高于环境温度 10℃及以上时，可抽真空排氮，经内部含氧量检查合格后，方可进行器身检查。

2）器身检查时的工艺控制。

a. 控制器身暴露时间。在环境温度不低于 0℃，相对湿度小于 75%，风力 4 级以下的前提下，器身暴露时间不能超过 16h。

b. 内部检查时，应保持露点不小于−40℃的干燥空气持续注入，防止潮气和粉尘进入器身内部。

上述工艺可有效避免外部潮气或粉尘造成的绝缘破坏和降低。

5 施工工艺流程及操作要点

5.1 施工工艺流程

（1）常规变压器施工工艺流程图见图 29-5-1。

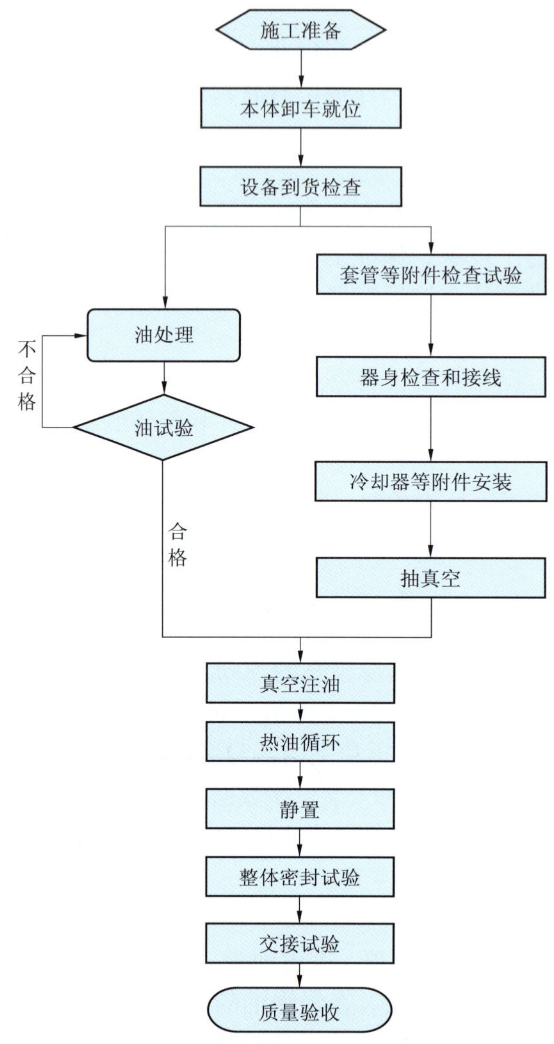

图 29-5-1 常规变压器施工工艺流程图

（2）ASA 变压器施工工艺流程图见图 29-5-2。

5.2 操作要点

5.2.1 施工准备

（1）相关建筑物、构筑物已通过中间验收，符合国家标准和行业、企业规程规范的要求及设计图纸的要求；变压器基础及相关构筑物达到安装强度要求。

（2）场地准备：道路通畅，场地平整密实，场地面积满足油罐、真空滤油机等设备的摆放要求。

（3）油务系统准备：油罐、真空滤油机等油务设备及连接管道落实到位，现场布局合理，方便过程连接使用，方便值班人员操作和监控。

（4）电源系统准备：布置合理，使用安全方便，满足负荷要求。

（5）施工作业指导书向监理单位报审并已审核通过，主要内容和要求已向全体施工人员进行了技术交底。

（6）人员、设备、材料等已落实到位。

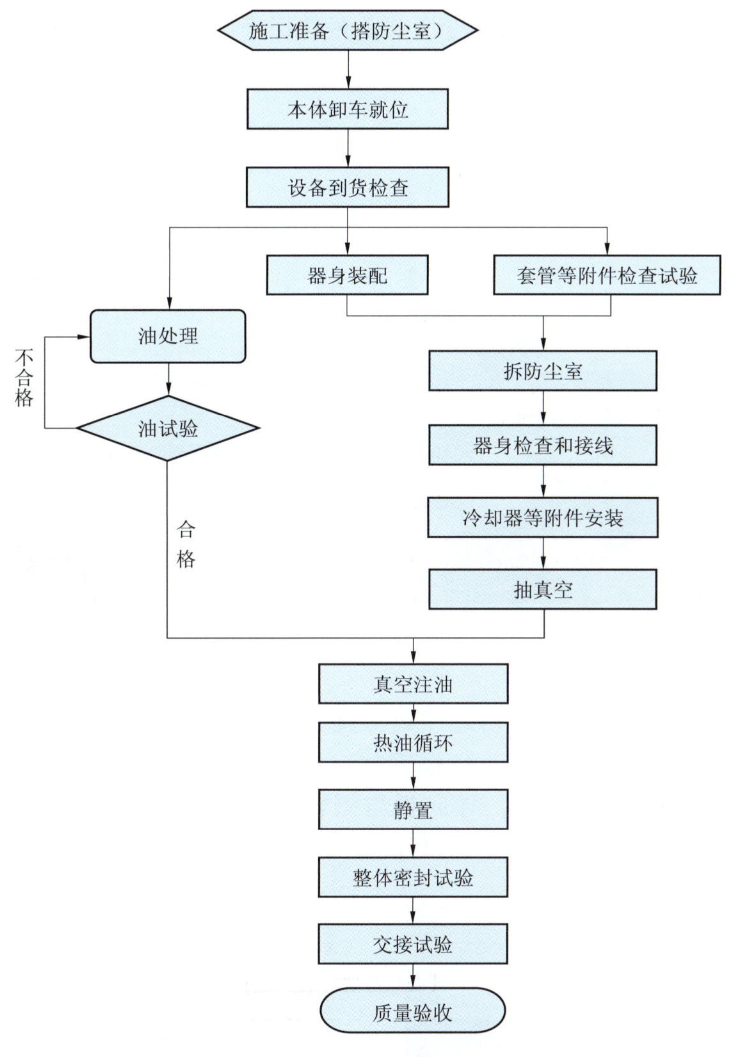

图 29-5-2　ASA 变压器施工工艺流程图

5.2.2　本体卸车就位

（1）由变压器运输承担方提前勘察现场作业条件，施工方密切配合，保证道路通畅、相关地面平整密实，达到设备进站、卸车及就位条件。确认主变压器安装方向正确，选择方便卸车就位地点停靠。停车后检查车况，防止车辆漏油污染情况发生。

（2）根据现场地面情况，运输车辆停靠情况，选择不同长度厚度的方木，垂直交叉式平铺于地面（如果地面松软需事先铺设走道钢板），见图 29-5-3～图 29-5-5。

图 29-5-3　就近停靠主变压器基础附近

图 29-5-4　铺设过道钢板

（3）运用 4 个 100t 液压千斤顶（根据主变压器重量选择千斤顶）顶升主变压器，顶升、下降时只允许在两端分次交替进行，其高度每次不超过 150mm，见图 29-5-6。严禁在 4 点同时顶空或越层升降，顶升时同侧千斤顶应保持同步。

图 29-5-5　方木交叉铺设

图 29-5-6　顶升主变压器

（4）在主变压器两端用钢板、方木搭建平台，使用千斤顶（必须顶在专用千斤顶垫上）升高变压器，当变压器升高 200mm 时，插入 2 根钢轨（见图 29-5-7），并在钢轨和变压器之间加垫 600mm×400mm 导向板（见图 29-5-8），导向板与钢轨接触面涂适量黄油。用 50t 推进器推进平移至基础，然后两端分别顶升后抽出钢轨、方木，再交换下降落到基础平面。

图 29-5-7　插入钢轨

图 29-5-8　加垫导向板

（5）开液压泵人员应密切注意油压大小，发现异常及时报告，查明原因，排除故障后方可继续推进；防止钢轨在主变压器推进过程中出现偏移，主变压器靠基础一侧需专人看守，见图 29-5-9。

（6）本体就位位置应符合设计要求，就位后立即做好外壳接地工作。

5.2.3　设备到货检查

变压器本体及附件到达现场后，建设单位、监理单位、施工单位、供货商进行验货交接。

（1）按照技术协议书、装箱清单目录核查各类出厂技术文件、各类附件、备品备件、专用工具是否齐全（主变

图 29-5-9　主变压器推进过程

压器本体基本型号、尺寸、外观检查应在卸车前进行）。

（2）油箱、附件外观良好（包装无破损），无锈蚀及机械损伤，密封良好，无渗漏；各部位连接螺栓齐全，紧固良好；充油套管油位正常，无渗漏，瓷套无损伤。

（3）对充气运输的变压器，应检查气体压力监视和补充装置是否工作正常，气体压力应在 0.01～0.03MPa 范围内。

（4）变压器就位后，检查冲击记录仪，记录值应符合制造厂技术文件规定，记录纸应妥善保管，便于工程资料移交。

（5）气体继电器、温度计等外观良好并应及时进行校验。

（6）检查过程中发现的问题应及时记录、拍照，并尽快反馈给相关方。

（7）绝缘油检查：

1）进行目测、气味检查。

2）核对到货数量符合要求。

3）检查绝缘油试验报告符合要求。

4）现场需取样进行简化分析试验。取样试验应按照 GB/T 7597—2007《电力用油（变压器油、汽轮机油）取样方法》的规定进行。取样数量应按照 GBJ 148《电气装置安装工程　电力变压器、油浸电抗器、互感器施工及验收规范》表 2.2.3 要求进行。试验标准应符合 GB 50150—2006《电气装置安装工程　电气设备交接试验标准》的规定。

（8）绝缘油处理。

1）对达不到 GB 50150—2006 的绝缘油，使用真空滤油机将油处理合格（如果绝缘油介质损耗因数偏大，一般情况下是无法用真空滤油机来处理的，应及时与相关方沟通后，退回原供货方）。

2）绝缘油的脱气、转罐及本体注入、放出等均应使用真空滤油机进行。压力式滤油机仅限使用于油罐、管道清洗及变压器残油收集等作业。

3）绝缘油处理应采用集中油处理系统方式。宜建立由油罐群、进出油管、呼吸器（气管）组成的三母管系统（见图 29-5-10），油罐必须安装防潮呼吸器。

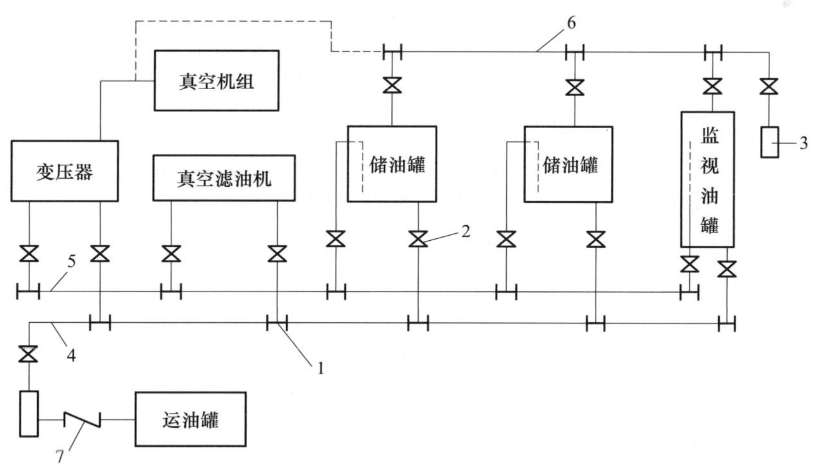

图 29-5-10　三母管系统油处理图

1—三通；2—阀门；3—呼吸器；4—母管 1；5—母管 2；6—母管 3；7—压力式滤油机

4）滤油管路宜采用热镀锌钢管连接，法兰对接方式，在法兰对接面加密封胶垫。

5）滤油前，采用合格变压器油冲洗滤油机内部、滤油管道、油罐等，保持滤油回路内部洁净。

6）应设置专用残油油罐。

7）滤油至“符合 GB 50150—2006 表 20.0.1 中的 2～9 项规定”时停止［其中：水分≤10mg/L（500kV）；击穿电压≥60kV/2.5mm（500kV）；90℃时介质损耗因数：tanδ（%）≤0.5］。

8）在注油之前，必须提交合格绝缘油试验报告，经技术、质检人员认可后，方可将油注入油箱。

5.2.4 套管等附件检查试验

5.2.4.1 冷却装置的检查

（1）外观检查应完好，无锈蚀、无碰撞变形。

（2）冷却装置应按照制造厂技术文件规定的压力值和时间，用气压或油压进行密封试验。如制造厂无明确规定，则用 0.25MPa 气压或油压持续进行 30min 的压力试验，应无渗漏。

（3）应使用合格的变压器油通过真空滤油机进行循环冲洗，并将残油排尽，接头处应密封，防止潮气进入（制造厂特别承诺并充干燥空气密封运输的可不冲洗）。

（4）散热器、风扇安装前，应检查其电机绝缘电阻良好；风扇电动机及叶片应安装牢固，无扭曲变形，转动灵活，无卡阻；手动试转应无扭曲变形、风筒碰擦等情况。

（5）管路中阀门开闭位置应正确，操作灵活，阀门及法兰连接处密封良好。

（6）外接油管、阀门等在安装前，应使用合格变压器油冲洗干净。

（7）油流继电器应校验合格。

5.2.4.2 储油柜检查

（1）外观检查应完好，无锈蚀、无碰撞变形。

（2）打开储油柜，检查内部应清洁，如有锈蚀、焊渣、毛刺及其他杂质应彻底清理干净。

（3）储油柜中的胶囊或隔膜应完整无破损；胶囊或隔膜应进行充气检漏，充气压力和时间按照制造厂技术文件规定执行。

（4）胶囊沿长度方向应与储油柜的长轴保持平行，不应扭偏；胶囊口的密封良好，呼吸应畅通。

（5）油位表动作灵活，油位表的信号接点位置正确，绝缘良好。

5.2.4.3 升高座检查

（1）外观检查应完好，无锈蚀、无碰撞变形。

（2）对充气运输升高座，应先将其内部气体放出后，方可将其封盖打开；对充油运输升高座，应注意将油排出到废油桶内集中存放。

（3）电流互感器试验应按照 GB 50150—2006 进行绝缘、极性、分接头变比、伏安特性等试验。

（4）电流互感器出线端子板应绝缘良好，其接线螺栓和固定件的垫块应紧固，端子板应密封良好，无渗油现象。

（5）试验完成后如不能立即安装，应重新充油或干燥气体。

5.2.4.4 套管的检查

（1）出厂试验报告和合格证应齐全。

（2）表面应无裂纹、伤痕，法兰连接处无渗油现象。

（3）套管安装法兰浇注密实，套管、法兰颈部、均压球内壁应清擦干净。

（4）无渗油现象，油位指示正常。

（5）按照 GB 50150—2006 进行绝缘、介损、电容量、绝缘油等试验。

5.2.5 器身检查和接线

（1）人员要求。器身检查人员必须为专业技术人员，应穿专用连体工作服、专用耐油防滑鞋（见图 29–5–11）。不得携带无关用品及容易掉落的物品。

（2）工具要求。器身检查人员携带的工具等应专人管理，在进入变压器前逐一登记。带入箱内的工具应做仔细检查，不得存在易脱落部件，而且要用白布带或带扣系牢在操作人员手腕上。工作结束后，由专人清点全部工具，防止遗漏在箱体内。

（3）环境要求。在环境温度不低于 0℃，相对湿度小于 75%，风力 4 级以下的前提下，器身暴露时间不能超过 16h。进入变压器前，应首先确认变压器内的含氧量不小于 18%，以防窒息事故的发生。

图 29–5–11　检查人员着装

（4）内部检查时，应保持露点不小于-40℃的干燥空气持续注入，检查内容应符合 GBJ 148—1990 第 2.4.5 条的要求和制造厂技术文件规定。

（5）作业结束封盖时，注意对密封胶垫的安装控制。

5.2.6 冷却装置等附件安装

5.2.6.1 冷却装置安装

（1）安装前已按照本典型施工方法 5.2.4.1 的要求检查完毕并完全符合要求。

（2）严格按照制造厂装配图进行安装。

（3）注意对密封胶垫的安装控制。

5.2.6.2 储油柜安装

（1）安装前已按照本典型施工方法 5.2.4.2 的要求检查完毕并完全符合要求。

（2）安装储油柜支架。

（3）安装储油柜。

（4）安装呼吸器连管及呼吸器（拆除呼吸器中的运输临时密封圈）。

（5）安装气体继电器连管及气体继电器。

（6）具体安装过程应符合制造厂要求。

5.2.6.3 升高座安装

（1）对充气运输的升高座，应先将其内部气体放出后，方可将其封盖打开；对充油运输升高座，应注意将油排出到废油桶内。

（2）按照制造厂编号安装，见图 29-5-12。

（3）电流互感器铭牌面向油箱外侧，放气塞位置应在最高处。

（4）电流互感器和升高座的中心应一致。

（5）绝缘筒安装牢固，其安装位置不应使变压器引出线与之相碰。

图 29-5-12　升高座安装

5.2.6.4 套管安装

（1）套管吊装应由专人统一指挥，专业操作人员进行操作。

（2）再次进行套管外观检查，表面应无裂纹、伤痕，法兰连接处无渗油现象；使用纯棉白布擦拭套管表面及连接部位。

（3）套管的安装顺序宜按照低压、中压、零序、高压套管进行（安装顺序可根据现场吊车位置进行调整）。

（4）高压套管起吊时，为防止损伤套管下部应力锥处的绝缘，宜采用双吊车起吊，应缓慢进行。应力锥进入均压罩内的角度和深度符合制造厂要求，其引出端头与套管顶部接线柱处应擦拭干净，接触紧密（不同结构设备，应按照制造厂技术文件规定进行），见图 29-5-13、图 29-5-14。

图 29-5-13　高压套管导体安装

图 29-5-14　高压套管安装

（5）对穿缆式套管，将一端带有螺栓环的穿芯绳从套管顶部穿入后，用螺栓拧入引线头部螺孔中，一边把套管落入升高座，一边将引线从套管中拉出，最后将套管固定好后将引线头用穿芯轴销固定住，拧下螺栓环，取下穿芯绳。

（6）套管顶部结构的密封垫应安装正确，密封良好，引线连接可靠、松紧适当。

（7）充油套管的油位计应面向外侧，套管末屏应接地良好。

5.2.6.5 分接开关检查

按制造厂技术文件规定进行安装。

（1）手动操作一周（从最大分接到最小分接，再回到最大分接），检查开关转动部件的灵活性。

（2）测试开关指示的分接位置是否正确（用变比法）。

（3）测试开关在各分接位置处线圈的直流电阻，与出厂值比较应无差异（换算到同一温度）。

5.2.6.6 气体继电器安装

安装顺序按照设备性能确定，可放在首次真空注油后进行。

（1）本体及有载分接开关气体继电器在安装前应校验合格。

（2）气体继电器应水平安装，其顶盖上标志箭头应指向储油柜，与连通管的连接应密封良好。

（3）气体继电器加装防雨罩。

5.2.6.7 压力释放阀安装

安装顺序按照设备性能确定，可放在首次真空注油后进行。

（1）出厂试验报告齐全。

（2）接点应动作正确，绝缘良好，检查记录应保存。

（3）阀盖和升高座内部应清洁。

（4）安装方向应正确。

5.2.6.8 其他附件安装

（1）控流阀安装方向正确。

（2）测温装置在安装前应进行校验，信号接点应动作正确，导通良好，顶盖上的温度计座内应注变压器油，密封应良好，无渗漏现象；闲置的温度计座应密封，不得进水。膨胀式信号温度计的细金属软管不得有压扁和急剧扭曲，其弯曲半径不得小于50mm。

（3）呼吸器与储油柜间的连接管应密封良好，管道应畅通，呼吸器内装吸湿剂应干燥，油封油位应满足制造厂要求。

（4）所有导气管必须清洗干净，其连接处应密封良好。

（5）将爬梯、铭牌等其他附件安装到本体上。

5.2.7 抽真空

（1）在油箱上部的注油阀处抽真空（应按照制造厂技术文件规定，对不能承受同样真空度的部件，如储油柜、散热器、气体继电器、压力释放阀等，必须先与油箱进行隔离。对安装有载调压装置的变压器，应按制造厂技术文件规定安装好抽真空专用旁通管）。

（2）抽真空过程中的密封检查：在真空抽起后，应短时关闭抽真空阀门和真空泵，对变压器抽真空系统进行密封检查（器身及抽真空管路无泄漏声响）。

（3）确认无泄漏后，重新启动真空设备，抽真空至小于133Pa（或满足制造厂技术文件的更高规定），且保持真空度不少于24h后，具备真空注油条件。此过程中，每小时检查一次真空度，并做好记录。

5.2.8 真空注油

（1）宜选择在无雨、无雾天气进行。

（2）连接好真空滤油机至主变压器油箱的管路，打开所有部件与变压器油箱的连接阀门。

（3）用油箱下部的油阀注油，注油速度不超过6000L/h，注入器身的油温不低于50℃。注油时，连接在油箱上部油阀处的抽真空设备保持在打开状态。

（4）注油至油箱顶部200mm处（或按制造厂技术文件规定），关闭真空滤油机停止注油，进行真空保持。达到制造厂技术文件规定时间后，关闭抽真空设备，进行气体继电器和压力释放阀的安装（对安装有载调压装置的变压器，应按制造厂技术文件规定拆除抽真空专用旁通管）。安装完成后，开启真空滤油机继续注油到气体继电器高度。

（5）储油柜补油时，必须按照制造厂技术文件规定的顺序进行注油、排气及油位计加油（对安装有载调压装置的储油箱，应按制造厂技术文件规定进行补油）。

（6）打开套管、升高座、冷却装置等部位放气塞，多次放气完毕后，调整储油柜内的油位，使油位符合制造厂技术文件规定。

5.2.9 热油循环

（1）散热器内的油应与油箱内的油同时进行热油循环（在环境温度较低时，为了保证油箱温度，可间断开关通往散热器的阀门）。

（2）热油循环应上进下出，进出油阀门不能在变压器同一侧。

（3）滤油机出口油温度维持在50℃及以上，变压器器身油温度维持在40℃及以上。

（4）循环时间同时满足不得少于48h和3倍变压器总油量/滤油机每小时过油量（或按照制造厂技术文件更高规定）。

（5）循环后的油应达到：色谱:总烃＜20μL/L、H_2＜10μL/L、C_2H_2=0μL/L；水分≤10mg/L（500kV）；含气量≤1%（500kV）；击穿电压≥60kV/2.5mm（500kV）；90℃时介质损耗因数：tanδ（%）≤0.5。

5.2.10 静置

（1）热油循环后，在施加电压前，静置时间应不小于 72h。

（2）静置72h后，应从套管、升高座、冷却装置等部位，多次放气，并启动潜油泵，直至残余气体排尽。

5.2.11 整体密封试验

（1）应在储油柜上用气压或油压进行，一般采用加气压（干燥空气或氮气）方法进行。

（2）加压前应将变压器油箱及附件表面擦拭干净，便于渗漏检查。

（3）加压前采取防压力释放阀误动措施。

（4）从储油柜上加压0.03MPa，保持24h，应无渗漏。在加压过程中，应该密切关注变压器油箱及附件表面变形情况，如有异常，应立即停止加压，处理后继续试验。

5.2.12 交接试验

其他交接试验，按照GB 50150—2006的规定进行。

6 人员组织

主要人员组织及岗位职责见表29–6–1。

表29–6–1　　主要人员组织及岗位职责

序号	人员名称	岗位职责	数量（人）	备　注
1	总指挥/现场总负责人	全部工作的总负责人	1	
2	技术负责人	技术监督	1	
3	安全负责人	安全监督	1	
4	质量负责人	质量监督	1	
5	安装负责人	安装指挥	1	
6	吊装负责人	吊装指挥	2	
7	油务负责人	油务指挥	1	
8	保管负责人	机械、器具、材料管理记录	1	
9	一般安装人员	安装操作	10	
10	一般油务人员	油务操作	4	
11	试验负责人	试验操作	2	
12	安装指导	厂家技术指导	1	制造厂人员
总计：26人				

7 材料与设备

主要机械、材料配置见表 29-7-1。

表 29-7-1 主要机械、材料配置

序号	名　称	规格/主要性能	单位	数量	用　途
1	汽车吊	25～50t	台	2	装配起吊
2	吊索、U 型环		套	1	装配起吊
3	手动起重葫芦	5t/3t	只	1/2	装配
4	储油罐	10～30t	套	1	储油
5	真空滤油机	滤油能力：6000L/h	台	1	油处理 抽真空
6	真空泵	抽真空能力>2300m^3/h 真空度≤1.3Pa	台	1	抽真空
7	抽真空、注油管及阀门	ϕ50mm	套	1	抽真空、注油
8	真空表	麦式真空计	只	1	测真空
9	温度湿度仪	YHC-46HT-002	只	1	测温湿度
10	露点测试仪	-40～+20℃	只	1	
11	干燥空气发生器	干燥空气流量 3m^3/min 露点-40℃	套	1	内检和内部接线送风
12	便携式氧气检测报警仪	0%～25%体积	只	1	检测箱体内部氧气含量
13	兆欧表	250～5000V；5，10，20，500，1000GΩ	只	1	测绝缘电阻
14	介质损耗测量仪	3～60 000pF/10kV	台	1	试验用
15	绝缘油介电强度测试仪	AC：0～80kV，2kV/s±10%，间隙2.5mm	台	1	试验用
16	绝缘油微量水分测试仪	方法：库仑法，范围 3～200mg 水，库仑滴定 2.4mgH_2O/min（最大）	台	1	试验用
17	绝缘油含气量测试仪	0.1%～10%	台	1	试验用
18	绝缘油气相色谱分析仪	HRSP-9	台	1	试验用
19	直流高压发生器	输出电压：300kV	台	1	试验用
20	有载分接开关测试仪	0.3～40Ω	台	1	试验用
21	直流电阻测试仪	1mΩ～4Ω	台	1	试验用
22	变比测试仪	1～5000	台	1	试验用
23	互感器综合特性测试仪	0～950V	台	1	试验用
24	绕组变形测试仪	扫描检测范围：1～1000kHz，频率间隔：<1.7kHz，采样速率：20MHz	台	1	试验用
25	局放设备	450kW 变频电源，补偿电抗器，JFD-201 局放仪	套	1	试验用
26	力矩扳手		套	1	紧固螺栓
27	梅花扳手		套	2	紧固螺栓

续表

序号	名　称	规格/主要性能	单位	数量	用　途
28	叉口扳手		套	2	紧固螺栓
29	活扳手		套	2	紧固螺栓
30	尼龙绳、棕绳		宗	1	吊装、传递
31	起钉器		把	2	开箱
32	手锤		把	2	开箱
33	手钳		把	3	
34	剪刀		把	2	
35	消防器材		套	1	防火灾
36	安全带		条	10	高空作业
37	电源箱、线		套	1	提供电源
38	梯子	3m /5m	架	2/2	
39	专用连体工作服		套	3	器身检查
40	专用耐油防滑鞋		套	3	器身检查
41	照明灯具、线		套	1	外部备用
42	安全行灯及变压器	12V	只	2	内部检查用
43	空油桶		个	足够	储存废油
44	聚乙烯薄膜		捆	足量	防尘防污染
45	原白布	纯棉	捆	2	油务用
46	清洁纸		卷	4	油务用
47	乙醇		瓶	足量	擦拭
48	铁丝	8 号/12 号	捆	1/1	
49	塑料带、粘胶带		卷	4	

8　质量控制

（1）严格执行下列设计、规程、规范、制造厂要求：

GB 50150—2006　电气装置安装工程　电气设备交接试验标准

GB 50168—2006　电气装置安装工程　电缆线路施工及验收规范

GB 50169—2006　电气装置安装工程　接地装置施工及验收规范

GBJ 148　电气装置安装工程　电力变压器、油浸电抗器、互感器施工及验收规范

DL/T 5161.1～17—2002　电气装置安装工程质量检验及评定规程

Q/GDW 248—2008　国家电网公司输变电工程建设标准强制性条文实施管理规程

国家电网公司输变电工程施工工艺示范手册　变电电气部分

国家电网公司输变电工程标准化作业手册　变电工程分册

设计图纸、变压器安装说明书、试验报告等技术文件

（2）明确相关人员职责，责任到人、监督到位，注重多方把关。

（3）做好设备到货检查及相关试验，把好质量第一关。

（4）加强对绝缘的检查和控制。

1）对充气运输的变压器，应检查气体压力监视和补充装置是否工作正常，气体压力应在 0.01～

0.03MPa 范围内。

2）尽量选择晴好天气进行内部检查工作。环境条件控制在温度不宜低于 0℃，空气相对湿度小于 75%，风力 4 级以下。

3）对充气运输的变压器，在注油前应将残油放干净。

4）对绝缘油应从到货检查、过滤、真空注油、热油循环等所有环节进行全过程控制，避免油质不好造成对油箱内部的污染。

5）参加内部检查及引线安装的人员应提前熟悉变压器内部结构、熟练掌握内部工作内容、合理安排工作流程，尽量减少器身暴露时间。当空气相对湿度小于 75%时，器身暴露时间不得超过 16h。

6）抽真空指标符合制造厂技术文件规定。

7）采用合格变压器油冲洗等措施确保冷却装置、管道、油阀、滤油机内部、滤油管道、油罐内部洁净，并注意残油排尽，接头处应密封，防止潮气进入。

8）防止异物残留在器身内部。对器身内部需要拆除的临时支撑等应边拆除、边递出，不得多处拆除完后同时递出；拆除时应专人监督；在进行内部连接线安装时，注意对螺栓、弹平垫的控制，避免遗漏在器身内部。

9）防尘措施。在器身检查时，周围场地应平整清洁，并应提前洒水降尘；对 ASA 变压器应设置专门的防尘室。

10）油罐必须安装防潮呼吸器。

（5）重点加强对渗油点的检查和控制。

1）把好设备到货检查关，对可疑油迹处都要认真检查，如有必要，在安装过程中要及时跟踪检查。

2）用过的密封胶垫严禁再用，使用的密封胶垫材质必须满足标准要求，尺寸必须与密封槽匹配。

3）法兰面（密封槽）平整度符合标准要求；密封槽在放置密封胶垫之前，必须使用纯棉原白布擦拭干净，确保槽内接触面平整清洁；密封胶垫擦拭和安装时不能受外力拉伸变形。

4）对有密封槽的法兰，其螺栓紧固力矩应符合制造厂技术文件规定；对无密封槽的法兰，其橡胶密封垫的压缩量不宜超过其厚度的 1/3。

5）在抽真空过程中，注意对异常声音的监听。

6）真空度达到 0.02MPa 时，关闭真空设备，检查油箱密封情况。30min 后，需进行密封性检查试验（真空度具体数据应按照制造厂技术文件规定进行）。

7）严格进行冷却装置密封试验和整体密封试验。

8）变压器安装完成后到移交前，应设专人定期对变压器油箱、附件的外部进行检查。

（6）滤油管路宜采用热镀锌钢管连接，法兰对接方式，在法兰对接面加密封胶垫。此方式密封效果良好，可有效避免管路渗漏，大大提高真空滤油效果。

（7）做好详细过程记录，出现问题，便于查找分析原因。

（8）加强对常见质量问题的预控。常见质量问题及预控见表 29-8-1。

表 29-8-1　　常见质量问题及预控

序号	常见问题	预 控 措 施
1	部件未试验就安装	严格按照规程标准执行部件试验后安装
2	储油柜假油位	必须按照制造厂技术文件规定的顺序进行注油、排气，确保排尽储油柜内的残存空气，防止假油位的出现
3	热油循环不彻底	热油循环应上进下出，进出油阀门不能在变压器同一侧
4	气体继电器、压力释放阀进线处进水	电缆引线在接入气体继电器、压力释放阀处应有滴水弯，进线孔应封堵严密

续表

序号	常见问题	预控措施
5	电流互感器绕组分接头变比与铭牌值不符	试验人员核对电流互感器各绕组分接头变比与铭牌值相符，如不符应及时通知制造厂
6	电流互感器备用绕组运行开路	电流互感器备用绕组应可靠短接并接地
7	呼吸器不畅通或吸附剂受潮严重	专人检查
8	油流方向不正确	专人检查油流方向正确
9	连接螺栓紧固不合理	使用力矩扳手，确保力矩值符合制造厂要求
10	铁心绝缘不合格	铁心绝缘检查时设监护人；试验设备应选用2500V绝缘电阻表，测量值不小于200MΩ（或符合制造厂技术文件规定）
11	中性点接地部位未按绝缘等级增加防护措施	严格按图施工；对图纸审核，如出现设计遗漏，应及时与设计人员联系解决
12	固定接地点少于2个	严格按图施工；对图纸审核，如出现设计遗漏，应及时与设计人员联系解决
13	排油充氮灭火装置的连接管道渗漏	对设备厂家提出要求；现场监督执行到位；进行压力试验
14	穿芯螺栓两侧露出长度不一致	技术交底到人，安装过程监督到位
15	计量器具超出检定有效时间	计量器具使用人在使用前必须核对检定有效期；保管人员必须按照计量器具管理台账的记录，严格控制超期计量器具存放在现场

9 安全措施

9.1 人员技术控制

（1）所有施工人员应经相关安全知识培训，考试合格持证上岗；所有施工人员必须已经过安全技术交底和安全工作票“唱票”。

（2）制定特殊情况下的应急预案，包括高空坠落、电击伤害、天气突变、火灾、窒息等，并根据应急预案的要求，做好对应的技术交底和物质准备。

9.2 施工区域安全控制

（1）设置安全围栏，无关人员严禁入内，悬挂安全警示牌。

（2）区域内配置灭火器、铁锹、灭火砂，挂设 “禁止烟火”警示牌。

（3）区域内不宜使用电、气焊作业。必须动火时，应严格按照动火工作票要求进行。

（4）设备拆箱后应立即将包装箱板清运出作业区域，集中堆放在安全的预留空地处。

9.3 主要机械、安全防护用品的控制

（1）起重设备（吊车、吊具）、安全用品（安全带、绝缘手套、安全帽）等，均有合格有效的检定证书；各种设备、工器具、安全用品等在使用前，必须经专人检查，符合安全要求后才能使用。

（2）设专人加强对施工用主要机械（滤油机、真空泵等）运转状态的监控，设备不得在无人监守的状态下运行。

（3）真空泵应装有逆止阀门，防止停电时真空泵内的油进入变压器油中。

9.4 吊装过程安全控制

（1）吊车手续齐全， 并在检验有效期内；吊车操作人员应持证上岗；吊装前应对吊车操作人员进行现场安全技术交底。

（2）吊车吨位必须符合吊重的要求，位置置放合适，支撑腿支撑在坚实的地面上。

(3) 设备吊装时由专人指挥，吊臂下严禁站人。吊车司机应与指挥人员统一指挥方式（旗语、手势）。

（4）吊件绑扎后应由工作负责人检查确认牢固后方可起吊，吊件离开地面 100mm 时停止起吊，经检查确认无误后方可继续起吊。

（5）落钩时，应在指挥人员的指挥下缓慢进行。

9.5 安全接地

（1）主变压器就位后及时进行可靠接地。

（2）滤油机、真空泵、油罐、金属滤油管路等必须有可靠接地。

（3）真空注油、热油循环期间，必须将主变压器所有出线套管短接后可靠接地。

9.6 加强对常见安全危险点的预控

常见安全危险点及预控见表 29-9-1。

表 29-9-1　　常见安全危险点及预控

序号	危险点	预 控 措 施
1	朝天钉扎脚	设备拆箱后应立即将包装箱板清运出作业区域，集中堆放在安全的预留空地处
2	高空坠落	施工前，将变压器外壳尤其是顶部的油迹擦拭干净；施工时，高处作业人员必须扎好全方位安全带方可登高，安全带应高挂低用；登梯作业时，应有专人扶梯或梯子顶部绑扎牢固，梯子斜度 60°为宜
3	高压电击	在试验区域设置安全围栏，悬挂“高压危险、止步”警示牌；设专人监控试验区域周围情况，对有可能误入区域的车辆、人员加以制止；试验完成后，应对被试设备接地放电
4	低压触电	临时电源采用三相五线制接线方式；主接线截面积经过专人计算，满足负荷要求，绝缘良好；漏电保护器等保护装置动作可靠；电动工具使用前外壳必须接地，使用的电源线必须为软胶皮线，绝缘良好，不能使用花线
5	火灾	滤油机、真空泵及油罐等设备必须良好接地；滤油工作区内应禁止烟火，并配备足够的消防器材；宜采用彩钢板搭设滤油棚
6	硬物坠落	在安装过程中，工具上下传递应使用绳索进行，严禁抛扔；拆除的封盖等应用绳索系好后溜下，不准抛掷；扳手等小型工具应用白布带拴在手腕上，螺栓应装在专用袋中背在操作人员身上
7	窒息	在芯部检查过程中，油箱内部氧气含量不小于 18%，在芯部检查过程中，应向箱内连续吹入干燥空气
8	套管损坏	在套管的开箱检查阶段和吊装阶段，操作人员应该严格预控套管碰撞事故；套管吊装时采用尼龙绳套或包有橡胶套的钢丝绳套；安装及紧固套管连接螺栓时，应均匀紧固，防止受力不均损坏套管
9	跑油	滤油区域应有防止大型车辆进入的警示和限制措施，滤油管路应采用可靠防护措施，滤油管路采用热镀锌钢管连接，法兰对接方式，在法兰对接面加密封胶垫，杜绝跑油

10 环保措施

10.1 噪声防治

（1）在技术性能满足使用要求的前提下，应优先使用噪声小的设备。

（2）施工机械噪声较大的工作应尽量安排在白天。

（3）工作异常产生噪声的设备应立即停止使用，查明原因处理后方可再使用。

10.2 油污染防治

（1）滤油管路采用热镀锌钢管法兰对接方式，在法兰对接面加密封胶垫，杜绝渗漏，避免油污染。

（2）对有可能出现油污染的场地，应预先铺设塑料布，上面撒砂覆盖；对施工区域内的基础，应预先铺设塑料布。

（3）运输车辆、吊装车辆等机械，应防止机油、润滑油污染路面等情况发生。

（4）对不用的残油、废油不能就地排掉，应集中在废油桶中，统一处理。

（5）取油样时阀门下部放置油盘，取完油样要擦净放油阀，试验完毕后的油样应倒入废油桶内。

10.3 固体废弃物控制

（1）施工现场应遵循“随做随清、谁做谁清、工完料净场地清”的原则，达到固体废弃物最长 4h 内离开工作区域的要求。

（2）固体废弃物应在施工区域以外定点分类存放和标识。

（3）严禁焚烧塑料、橡胶、含油棉纱等固体废弃物，以免产生有毒气体，污染大气。

11 效益分析

主变压器是变电站内的核心设备，主变压器的安装质量直接影响到变电站的正常运行和电网的安全运行。因此，变压器的安装质量直接关系到整个电网的运行效益。

在严格遵守国家标准和行业、企业规程规范要求的前提下，本典型施工方法结合了多台变压器的施工经验，使安装流程更加标准化、规范化，施工准备时间和安装时间有效缩短，使安装工作更加节约、环保、经济。

本典型施工方法有效控制了设备绝缘和本体的渗漏点，避免了常见质量通病，避免了返工现象的出现。采用本典型施工方法安装的变压器，安全投运率达 100%，未出现过因变压器安装质量问题而引发的电网事故，创造了较好的经济效益和社会效益。

12 应用实例

12.1 莱阳 500kV 变电站 2 号主变压器安装应用实例

莱阳 500kV 变电站 2 号主变压器是国内首台超高压、大容量的 ASA 三相自耦无励磁调压变压器，主要技术参数：型号为 OSFPS−750000/500；容量为 750/750/200 MVA；电压为 525/230±2×2.5%/36kV；接线方式为 YNa0d11；冷却方式为 OADF（强油风冷）。

主变压器于 2004 年 1 月 1 日进行了现场防尘室安装，防尘室内装备了 50t 行车和干燥空气发生器，既方便了室内的卸车和吊装，又有效地控制了装配环境的浮尘和湿度；1 月 23 日开始，在防尘室内进行内部器身装配；3 月 13 日开始进行器身检查、附件安装、抽真空等工作；3 月 31 日安装工作结束；4 月 29 日全部试验完毕；6 月 20 日一次送电投产成功。

本典型施工方法在莱阳 500kV 变电站安装中的应用，获得了山东电力科学技术进步二等奖；且 500kV 三相一体、分解运输的电力变压器（ASA）安装施工方法入选了 2009 年中国电力建设工法。

12.2 其他应用实例

2004 年至今，500kV 鲁中、闻韶等变电站工程的近百台 500、220kV 变压器安装，使用或参照本典型施工方法，安装顺利，安全投运率达 100%。

施工实践证明，本典型施工方法工艺标准、技术成熟、安全可靠、节约环保、流程紧凑、工期合理、通用性强，能够保证设备的安全投运和电网的稳定运行，创造了较好的经济效益和社会效益。

典型施工方法名称：断路器安装典型施工方法

典型施工方法编号：GWGF030-2010-BD-DQ

编　制　单　位：湖南省送变电建设公司

推　荐　单　位：湖南省电力公司

主　要　完　成　人：邓德良　曹　强　彭凌烟

肖向阳　周　卓

目　次

1 前言

断路器是电力系统的重要设备，根据灭弧介质可划分为自动产气、磁吹、多油、少油、压缩空气、真空和六氟化硫等型式，根据结构特征可划分为瓷柱式、罐式。断路器的操动机构也有气动、液压、弹簧等多种型式。

根据国家电网公司基建质量［2010］1 号《关于开展输变电工程典型施工方法研究工作的通知》的安排，湖南省电力公司承担断路器安装典型施工方法的研究。湖南省电力公司于 2007 年编制了《输变电工程施工标准化作业指导书　变电安装工程分册》，断路器安装部分在湖南怀化艳山红 500kV 开关站、新化鹅塘 220kV 变电站等工程中推广应用，取得良好效果，湖南省送变电建设公司总结各工程的应用情况，根据国家电网公司有关要求编制了本典型施工方法。

2 本典型施工方法特点

（1）施工方法成熟、应用范围广。本典型施工方法按照电网中使用普遍、安装程序复杂的 500kV 瓷柱式 SF_6 交流断路器进行编写，施工方法成熟，对于 110～500kV 电压等级同类型断路器安装具有指导性，对于安装程序更为简单的断路器安装具有很好的参考性。

（2）可操作性强。本典型施工方法符合标准化作业的要求，工序流程完整、工艺标准统一，可操作性强。

（3）安全环保、质量可控。吊车及吊具的选择经过受力分析和计算，安全系数高。使用 SF_6 回收装置能杜绝 SF_6 向大气中排放，利于环境保护。通过细化各关键工序的施工要求，保证断路器的施工质量。

（4）工作效率高。施工准备充分考虑各种因素，现场严格按定置化进行布置，使用吊车进行吊装作业，采用专用工具和 SF_6 回收装置对三相断路器同时抽真空、充气，可有效提高工作效率。

3 适用范围

本典型施工方法适用于 110～500kV SF_6 交流断路器的安装，对 35kV 交流断路器安装具有较好的参考作用，换流站工程直流断路器安装也可供参考。

4 工艺原理

（1）本典型施工方法采取标准化作业流程，断路器安装工作的主要流程为：吊装、抽真空、充气、调整。其中吊装分四个步骤，即吊装支架、机构箱、瓷柱、灭弧室，见图 30-4-1。

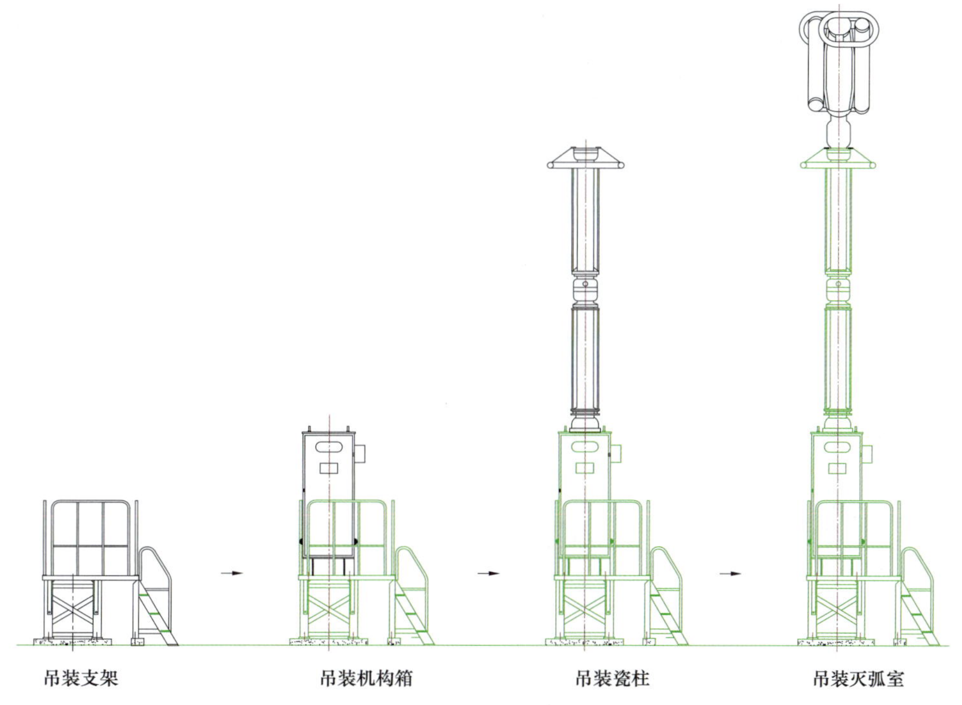

图 30-4-1　500kV 瓷柱式 SF_6 断路器吊装示意图

因断路器结构型式不同，吊装程序会存在一定差异，但吊装过程的安全、工艺质量的控制方法是相同的。

（2）通过抽真空，对气室进行干燥和检漏。在高真空度下，真空泵将灭弧室、瓷柱、三联箱和 SF_6 气体管路内绝缘材料、金属材料、气室空间内的微量水分抽吸出来，实现干燥的目的。同时可通过真空度下的负压检漏，判断断路器的密封情况。

（3）充 SF_6 气体的作用是灭弧和建立断路器内部绝缘，同时可通过额定气压下的正压检漏，进一步判断断路器的密封情况。

5 施工工艺流程及操作要点

5.1 施工工艺流程

本典型施工方法施工工艺流程见图 30-5-1。

5.2 操作要点

5.2.1 施工准备

5.2.1.1 技术准备

（1）收集前期资料。主要收集断路器施工图纸、技术协议、设备外形尺寸图和安装使用说明书等。

（2）核对参数和尺寸。

1）设备出厂技术参数是否满足设计图纸要求。

2）基础螺栓预埋尺寸、外形尺寸，是否与电气、土建施工图纸一致。

3）基础二次电缆预留孔位置，是否与电气、土建施工图纸一致。

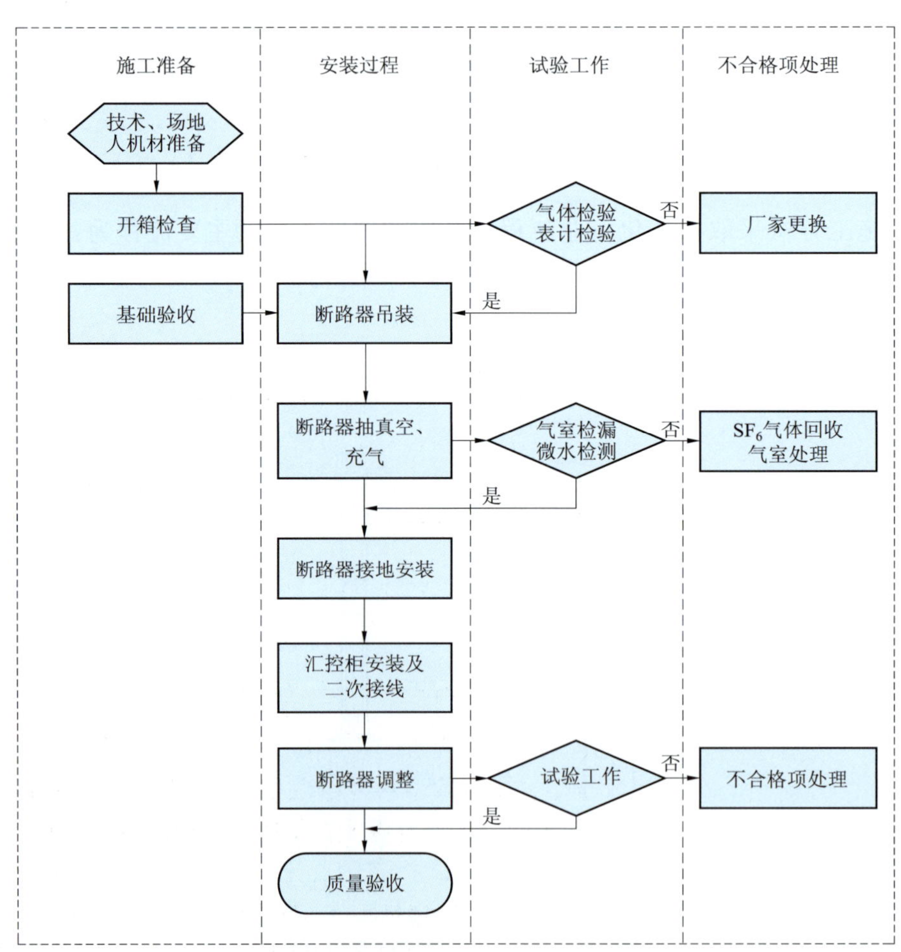

图 30-5-1 断路器安装施工工艺流程图

4）设备供货是否与合同相符，附件如基础螺栓、厂供电缆、安装试验专用工具、备品备件等供货是否明确。

（3）编写安装技术措施。根据所收集的资料，结合现场实际情况制定《断路器安装技术措施》，对断路器安装方法，所需的人员、机具、材料进行整体策划，并明确安全、质量、环境、工期控制措施。安装技术措施按要求审批后，报监理进行审查批准。

（4）交底。根据审批后的方案对全体施工人员进行交底，确保每一位施工人员均了解断路器安装工作的安全、环境、技术、质量控制要点。

5.2.1.2 场地准备

检查作业范围内的场地应平整、夯实，施工道路应通畅。设备的摆放位置、地面组装作业区域设置合理，吊车、高空作业车有足够的作业空间。安装作业前，应装设安全围栏将作业区进行围护，并悬挂标示牌。施工平面应进行定置化布置管理。

（1）设备摆放区应考虑设备运输单元外形尺寸和重量，设备到达施工现场后，在摆放位置垫放枕木，将小型附件按相序摆放在基础附近，本体等大型设备摆放于靠近吊车停放位置附近的空地上。三相设备摆放应整齐，设置防潮和防碰撞标识，宜采取围护措施。

（2）地面组装作业区应按最大组装单元的外形尺寸和重量设置，一般选择道路进行地面组装作业，作业区域铺设彩条布进行衬垫，在设备下部垫设枕木进行保护。

（3）吊车、高空作业车摆放，应保证其作业半径可满足断路器安装的需要。

5.2.1.3 人员准备

（1）所有施工人员应进行作业前培训和交底。起重指挥、吊车操作员、高空作业车操作员、安全员、质检员等应持证上岗。

（2）人员配置详见表 30–6–1。

（3）安装工作宜在厂家服务人员指导下进行。

5.2.1.4 工机具准备

（1）工机具应按要求到达施工现场，并经验收合格，能够满足施工现场需要。

（2）通过受力分析计算选择吊车和吊具，以满足安全吊装断路器的要求（受力分析计算过程见本典型施工方法的 13）。

（3）其他安装施工机具配置详见表 30–7–1。

5.2.1.5 材料准备

（1）安装材料全部到达施工现场，并经验收合格。

（2）断路器安装用材料配置详见表 30–7–2。

5.2.2 开箱检查

5.2.2.1 开箱检查程序

（1）根据设备到货情况及后续工作安排，提前向监理提交设备开箱申请表。

（2）开箱由监理组织，物资管理单位代表、厂家服务人员、施工人员参加。

（3）开箱时确认设备装箱清单所在位置，进行针对性开箱，获取设备装箱清单、出厂合格证、试验报告、安装使用说明书等。

（4）核对确认断路器型号、参数正确，备品备件、专用工具等符合技术协议要求，并对设备外观进行检查，如发现问题及时对问题部位拍照，在开箱记录表上登记，由厂家、物资、监理和施工单位代表会签后，填写设备缺陷通知单上报。

5.2.2.2 开箱检查项目及要求

（1）开箱前检查包装应无残损。

（2）设备的零件、备件及专用工器具应齐全、无锈蚀和损伤变形。

（3）绝缘件应无变形、受潮、裂纹和剥落；瓷件表面应光滑、无裂纹和缺损；铸件应无砂眼。

（4）检查灭弧室瓷套或罐体和绝缘支柱内预充的 SF_6 气体，在存放和运输中是否有泄漏，检查方法是取下充气阀封盖，用工具向内按逆止阀的阀碟，应能听到清晰的嗞嗞声。

（5）出厂证件及技术资料应齐全。

（6）开箱检查结束后，应将密度继电器送试验单位进行检验。

5.2.3 基础验收

（1）检查断路器基础朝向正确，基础长、宽、露出地面高度及间隔位置符合图纸要求。若有汇控柜须对其基础及电缆沟进行验收。

（2）测量基础螺栓露出基础长度符合设备安装要求。

（3）对基础尺寸误差的要求：

1）用水平仪测量断路器基础高度及中心距离误差，不应大于 10mm。

2）用卷尺及琴线测量基础螺栓中心线误差，不应大于 2mm。

3）用卷尺检查断路器预留电缆孔中心线误差，不应大于 10mm。

5.2.4 断路器吊装

根据断路器的结构特点和运输包装形式，对断路器进行分步组装和吊装，吊装流程见图 30-5-2。

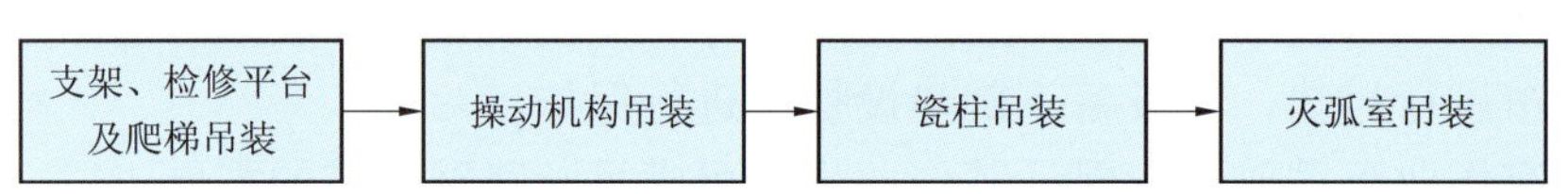

图 30-5-2 断路器吊装流程图

5.2.4.1 支架、检修平台及爬梯吊装

将支架吊装到混凝土基础上，顶面校平，A、B、C 三相之间拉通线保证在一条直线上，初步拧紧基础螺栓，再安装检修平台及梯子。

5.2.4.2 操动机构吊装

将操动机构按相序编号吊装到支架上，初步拧紧操动机构底座与支架间的连接螺栓。用水平尺和线锤找平、校正，在三相之间拉通线，将三相机构箱顶面调至水平、立面垂直、三相平齐。按标准力矩，将操动机构底座螺栓、支架基础螺栓等用力矩扳手对称紧固，用记号笔做好终拧标记。

5.2.4.3 瓷柱吊装

（1）将底部装有钢质保护罩的瓷柱用两根吊带，从包装箱中平稳吊出并转移到作业区枕木上。

（2）用白布或棉纱头蘸适量酒精（或丙酮）清理瓷套表面，再次检查瓷套有无裂纹、损伤。

（3）用两根吊带捆在瓷柱最上节瓷套上法兰下边，对称绑扎牢固。以瓷柱底部的钢质保护罩为支点将支柱顶部缓慢从地面扳起、直立，直至支柱底部高出地面 500mm 左右，拆去钢质保护罩（该保护罩用于下一相瓷柱的吊装），用塑料薄膜封装好。

（4）拆去操动机构箱顶部连接座的保护罩，用白布蘸适量酒精将连接座法兰表面及密封槽清洁干净，在法兰面涂密封胶，装好密封圈，用塑料薄膜封装好。

（5）将瓷柱起吊到操动机构箱顶部连接座正上方后垂直缓慢落下，拆去两侧塑料薄膜，使支柱拉杆对准连接座中心插入，完成瓷柱下法兰与连接座法兰的对接，按标准力矩对称拧紧法兰螺栓，用记号笔做好终拧标记。

（6）将支柱拉杆下法兰与工作缸活塞杆上法兰之间用螺栓连接，支柱下部的充气接头与机构箱内的气管中间装 O 型密封圈用螺栓连接，按标准力矩对称拧紧，用记号笔做好终拧标记，见图 30-5-3。

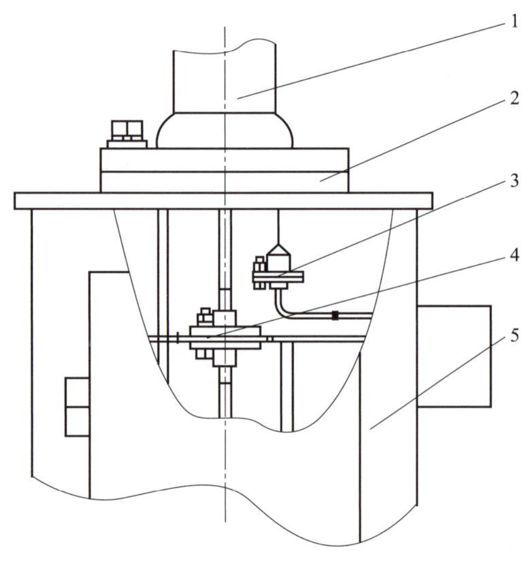

图 30-5-3 瓷柱与机构箱连接示意图

1—绝缘支柱；2—连接座法兰；3—气管法兰；4—拉杆法兰；5—操动机构箱

（7）按上述方法，利用拆下来的钢质保护罩安装另外两相瓷柱。

（8）将检测合格的密度继电器安装在机构箱内的气管末端。

5.2.4.4 灭弧室吊装

（1）均压电容器组装。电容器开箱后，进行表面清洁和容值及介损试验。用细砂纸清除其与灭弧室连接面的毛刺，再用白布蘸酒精擦拭干净后涂抹电力脂。用吊带倾斜吊起均压电容器，使其倾斜角度与灭弧室的一致，完成对接，螺栓按标准力矩紧固，用记号笔做好终拧标记。

（2）灭弧室吊装。灭弧室吊装前，检查三联箱内预充 SF_6 压力值正常，用回收装置将三联箱内 SF_6 气体进行回收。

将均压环安装在灭弧室静触头端部。拆除瓷柱上端的保护帽，用白布蘸酒精将密封面和密封圈擦拭干净，用塑料薄膜封装好。

将专用吊具按图 30-5-4 所示安装在灭弧室上。

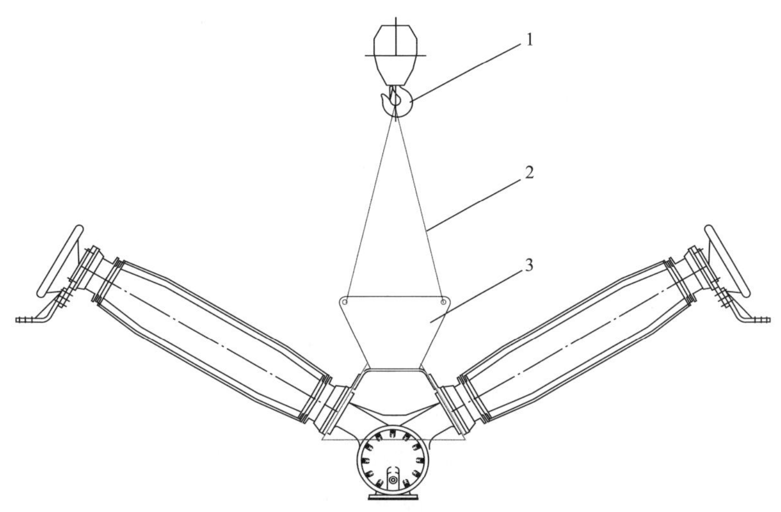

图 30-5-4 灭弧室吊装示意图

1—吊钩；2—吊带；3—专用吊具

拆除灭弧组件的包装底板，将灭弧组件吊离地面 300mm 左右，将均压环套在下法兰上。用白布蘸酒精将三联箱下法兰端面擦拭干净，并用塑料薄膜封装好。灭弧组件吊至瓷柱的正上方后拆除塑料薄膜，确认灭弧组件的两个灭弧室与支柱法兰上两个自封接头方向一致，用穿孔销将上下法兰对准，按标准力矩对称拧紧连接螺栓，用记号笔做好终拧标记。

在三联箱中将传动杆用轴销、垫圈、卡环连接，将上下两侧的 SF_6 气体自封接头可靠连接并进行确认。

上述连接完成后，慢分慢合工作缸几次，确认三联箱中拐臂、连板动作正常。

（3）更换吸附剂。在灭弧组件起吊前，打开三联箱的手孔盖将吸附剂取出，并在烘箱内恒温干燥 2h 以上（温度设定按厂规）。打开后的三联箱用塑料薄膜封装好。

当灭弧组件与瓷柱的连接和调整工作全部结束后，拆除塑料薄膜，用白布蘸酒精将三联箱两侧密封面擦拭干净，更换密封圈，将吸附剂从烘箱中取出，迅速装于三联箱内，盖上手孔盖，按标准力矩对称拧紧螺栓，用记号笔做好终拧标记。

5.2.5 断路器抽真空、充气

5.2.5.1 断路器抽真空、充气系统

采用 SF_6 回收/抽真空/充气装置和专用工具、真空管等，与三相断路器连接成一个密封系统，实现三相断路器同时进行 SF_6 回收、抽真空和充气处理，见图 30-5-5。

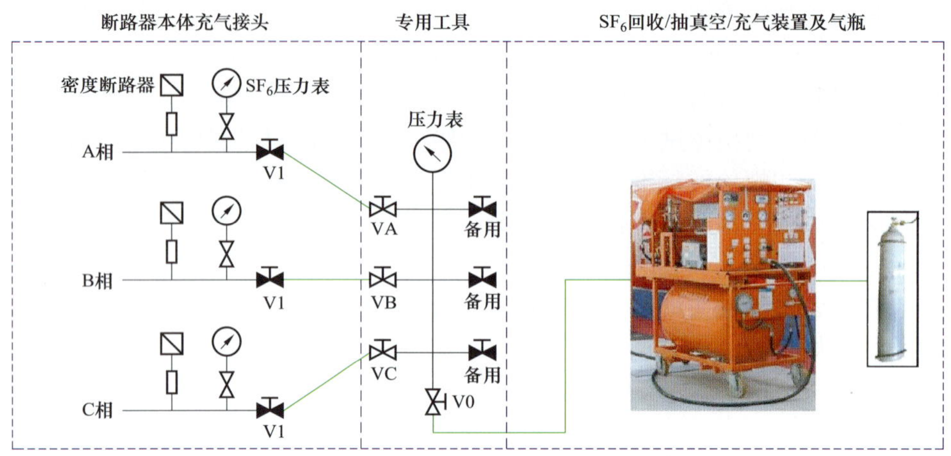

图 30-5-5　SF_6 回收、抽真空、充气系统图

5.2.5.2　断路器抽真空、充气程序

（1）把断路器充气接头、回收装置充气接头的端盖打开，对接头内部进行检查、清洁，确保无水分、无油污。

（2）管道检漏：开启真空泵对真空管和专用工具进行抽真空检漏。

（3）回收余气：将灭弧室及瓷柱内 SF_6 气体回收至储气罐。对于预充 SF_6 气体断路器，如厂家未要求进行 SF_6 气体回收并抽真空，且在设备保管及安装过程中未发生漏气现象，含水量及检漏合格，则可不抽真空，直接补气至额定压力即可。

（4）抽真空：管道检漏合格后，对断路器抽真空至 133.3Pa，维持 2h 以上。

（5）充气：将 SF_6 气瓶连接至回收装置的进气阀门，缓慢打开气瓶阀门，开启加热器，对三相断路器同时充气。根据“压力—温度”曲线，由密度继电器压力表监测充入气体的压力值，充至额定压力（对于带温度补偿功能的则可不换算校正）。在充气过程中检查密度继电器报警、闭锁压力值应符合产品规定，及时做好记录。

（6）气密性检查：充气至额定压力后，对灭弧室、三联箱、瓷柱的法兰面、气体管道及接头、密度继电器及接头进行初步密封检查，静置 24h 后再次检测密封情况。

（7）若充气后检测气室含水量超标，应分析原因并对气室进行抽真空、充氮干燥处理，具体方法为：SF_6 回收、抽真空操作与前述相同，抽真空后向气室充 0.2～0.3MPa 高纯氮气（高纯氮气质量标准见表 30-5-1），停留 12h 以上，检测氮气的含水量，其值应明显小于 150μL/L，否则应再次进行回收、抽真空、充氮处理，直至含水量测试合格。最后充入 SF_6 气体至额定压力。

表 30-5-1　　高纯氮气质量标准

项目名称	单　位	指　标
氮气（N_2）纯度	10^{-2}	≥99.999
氧气（O_2）含量	10^{-6}	≤3
氢气（H_2）含量	10^{-6}	≤1
一氧化碳（CO）含量	10^{-6}	≤1
二氧化碳（CO_2）含量	10^{-6}	≤1
甲烷（CH_4）含量	10^{-6}	≤1
水（H_2O）含量	10^{-6}	≤3

5.2.6 断路器接地安装

（1）断路器基座上应有两个表面镀锡的接地处，并有接地标志，接地螺栓的直径大于 12mm，接地桩头的尺寸与接地引线规格相匹配。

（2）每相断路器或通过断路器基座横梁连接成一个整体的每组断路器，均需进行两点接地，且两接地点应分别接至主接地网的不同干线上。

（3）除瓷套法兰面之外的所有法兰面之间、断路器基座与支架之间、断路器操作平台、梯子等附件与支架之间，均需进行跨接接地。

（4）接地引线与主地网进行连接时应采用搭接焊，搭接长度必须符合 GB 50169—2006《电气装置安装工程　接地装置施工及验收规范》的要求。

（5）与断路器接地端子相连的热镀锌螺栓应有防松垫片，接触面无漆皮、光滑无毛刺，涂抹电力复合脂，螺栓紧固符合标准力矩要求。

（6）接地扁钢的弯制应采用机械冷弯工艺。接地扁钢从接触面下端至入地处刷间距 100mm 黄绿相间油漆。

5.2.7 汇控柜安装及二次接线

（1）将汇控柜吊至基础上，用水平尺和吊线锤找平找正，同一轴线上的汇控柜拉通线保证在一条直线上，按标准力矩拧紧基础螺栓。

（2）汇控柜应可靠接地。

（3）汇控柜二次接线的工艺应与站内其他部分的工艺保持一致。

（4）断路器各相与汇控柜间的连接电缆应严格按照厂家的编号进行敷设，有电缆插头的要与机构箱及汇控柜内的插座一一对应，连接电缆插头应在不带电状态下进行。

（5）二次接线完毕后应对电缆孔洞封堵密实。

5.2.8 断路器调整

断路器调整的目的是调整其各项动作参数以符合产品的技术规定，以相对复杂的液压机构为例，调整方法如下：

（1）调整前，检查管道回路安装牢固、SF_6 气体压力正常、断路器的位置指示和动作计数器正确、各转动部分正常且涂抹润滑脂（如二硫化钼）。

（2）按厂家说明书将机构的电机交流电源接入，并检查相序正确，电机运转正常。

（3）宜对机构油箱进行清洗，将油箱内残油和脏物排尽。在低压油箱内注入约 1/2 高度的液压油，对断路器进行慢分、慢合操作［在操作过程中进行（4）～（8）项］。

（4）慢分、慢合操时，打压和储能过程声音正常，操作应灵活无卡阻现象，打压时间符合要求。

（5）对液压油回路检漏。检查油管道接头与阀门位置有无外渗油情况，内部阀体密封情况，是否漏油造成泄压。

（6）对液压油回路排气。将排气嘴按厂家要求连接至相应位置对液压油回路进行排气，直至排气嘴排出液压油且无气泡。

（7）在动作特性测试时，在手孔部位同步检查断路器总行程，调整其压缩行程符合产品技术参数要求。

（8）检查调整液压系统各动作特性压力值：贮压筒预压力、额定操作油压、油泵启动油压、油泵停止油压、合闸闭锁油压、合闸闭锁解除油压、分闸闭锁油压、分闸闭锁解除油压、重合闸闭锁油压、重合闸闭锁解除油压、安全阀打开油压、安全阀关闭油压是否符合产品技术参数要求。

测量压力 p_t 时，环境温度 t(℃)与标准环境温度 t_0(℃)不一致时，按下式进行换算

$$p_t=pt_0+0.09p(t-t_0)$$

（9）对机构进行防慢分检查，在合闸状态将油压泄至零压，再启动打压至额定值开关应不动作。

（10）将油压泄至零压，排尽油箱内的液压油，重新注入洁净的液压油至额定油位。

（11）检查机构箱内的元器件、各辅助开关安装牢固，动作可靠，照明和加热元件启动正常。

（12）整理调整中的各项数据，填写调整记录。

其他类型操动机构调整相对简单，可参照本方法及厂家技术资料进行。

5.2.9 试验工作

断路器本体及 SF_6 气体的试验按照 GB 50150—2006《电气装置安装工程　电气设备交接试验标准》进行。

5.2.10 质量验收

断路器安装完毕后，应对断路器进行质量验收：

（1）实物检查。断路器及机构的联动正常，无卡阻，分合闸指示正确，辅助开关动作正确可靠，电机响声正常，微动开关动作可靠，电气连接接触良好。固定牢靠，外观清洁，油漆完整，相色标志正确，接地可靠。备品备件及专用工具齐全。

（2）资料检查。检查《SF_6 断路器安装分项工程质量检验评定表》（DL/T 5161.2 表 2.0.1）、《断路器调整记录》（DL/T 5161.2 表 8.0.2）数据填写真实、准确、完整。设备出厂资料齐全。施工措施、交底记录、开箱记录、试验报告、数码照片等符合要求。

6 人员组织

在安装前应针对现场特点、工期计划、质量安全等对施工人员进行安全/技术交底。起重指挥、吊车操作、高空作业车操作、安全员、质检员等人员需持证上岗。主要人员配置参考表 30-6-1。

表 30-6-1　断路器主要安装人员配置表

序号	岗　位	数量（人）	职　责　划　分
1	施工负责人	1	全面负责断路器的安装工作，现场组织协调人员、机械、材料、物资供应等，针对安全、质量、进度进行控制
2	技术负责人	1	全面负责施工现场的技术指导工作，编制施工方案并进行技术交底，协助施工班组长进行工作
3	安全员	1	负责作业面的安全管理和控制
4	质检员	1	负责作业面的质量管理和控制
5	起重指挥	1	负责断路器安装的起重指挥作业，确保起重指挥作业安全、稳定、有效进行
6	车辆操作	2	负责高空作业车的操作，吊车的操作
7	材料、机具	1	负责作业面的材料和机具管理
8	试验人员	2～3	负责断路器的试验工作，并做好相关试验记录，及时出具试验报告
9	施工人员	4～8	负责断路器安装时的各项配合工作，了解断路器安装的安全、质量、工艺控制要点

7 材料与设备

7.1 主要工机具

主要工机具投入使用前必须做好性能测试及保养，试验仪器须检定合格，确保使用安全。主要工机具配置参考表 30-7-1。

表 30-7-1　断路器安装主要工机具配置表

序号	名　称	规　格	单位	数量	图　例
1	吊车		台	1	

续表

序号	名　称	规　格	单位	数量	图　例
2	高空作业车		台	1	
3	SF_6气体回收装置		台	1	
4	罗茨真空泵		台	1	
5	烘箱	400℃	台	1	
6	经纬仪		台	1	
7	水平仪		台	1	
8	尼龙吊带		对	2	
9	卸扣		个	4	
10	水平尺	500mm	把	2	
11	撬　棍	500mm	根	4	
12	梅花扳手	全套	套	2	
13	开口扳手	全套	套	2	
14	力矩扳手	200N·m、760N·m	把	各1	
15	移动线盘	配漏电保安器	个	2	
16	干湿温度计		块	1	
17	对孔钢棒	ϕ14mm 圆钢、L=400mm	根	2	
18	裁纸刀		把	2	
19	斜口钳		把	2	
20	剥线钳		把	2	

续表

序号	名　称	规　格	单位	数量	图　例
21	螺丝刀		把	4	
22	钢卷尺	5m、10m	把	各 1	
23	断路器特性测试仪		台	1	
24	接触电阻测试仪		台	1	
25	SF_6 气体微量水分测量仪		台	1	
26	SF_6 检漏仪		台	1	
27	绝缘电阻表		台	1	
28	断路器耐压设备		套	1	

7.2　主要材料

断路器安装主要材料需求配置参考表 30-7-2。

表 30-7-2　　断路器安装主要材料需求配置表

序号	名　称	规　格	单位	数量	备　注
1	SF_6 气体		kg		厂家配供
2	防水密封胶		支	若干	
3	酒精/丙酮		瓶	若干	
4	二硫化钼		kg	若干	
5	导电脂		支	若干	
6	塑料布		m	若干	
7	白布		m	若干	

8　质量控制

8.1　主要引用文件

GB 50150—2006　电气装置安装工程电气设备交接试验标准

GB 50169—2006　电气装置安装工程接地装置施工及验收规范

GBJ 147　电气装置安装工程高压电器施工及验收规范

DL/T 5161.2—2002　电气装置安装工程质量验收及评定规程

Q/GDW 248—2008　输变电工程建设标准强制性条文实施管理规程

基建质量〔2010〕19 号　国家电网公司输变电工程质量通病防治工作要求及技术措施

国家电网生技［2005］400号　国家电网公司18项电网重大反事故措施

国家电网公司输变电工程施工工艺示范手册（电气部分）

8.2 质量控制措施

（1）施工前必须编制专项技术措施，经审批后，对全体施工人员进行技术交底和培训，让每个作业人员了解施工质量控制要求及要点。

（2）测量工具、试验仪器应经检测合格，并在有效周期内。

（3）在断路器吊装前，应检查基础尺寸误差满足规范要求，核实基础混凝土强度达到安装要求。

（4）安装全过程避免气室受潮。选择晴朗、微风、少尘天气，空气相对湿度小于80%时进行断路器安装，吸附剂烘烤的温度和时间达到要求，抽真空时真空度和时间达到要求，并应及时检漏和处理。

（5）每吊装一部分，应对水平度和垂直度进行校正，避免误差累积。

（6）吊装时按制造厂的部件编号、相序和规定顺序进行组装，不可混装。

（7）断路器密封槽面应清洁，无划伤痕迹。已用过的密封垫（圈）不得使用。涂密封脂时，不得使其流入密封垫（圈）内侧而与SF_6气体接触。

（8）吊装过程中对暴露的断路器密封面，用塑料薄膜进行临时包扎，防止灰尘对安装质量的影响。

（9）断路器各部位的螺栓应使用力矩扳手进行紧固，并及时做好终拧标记，力矩值参考表30-8-1或遵厂规。

表30-8-1　　通用螺栓紧固件推荐使用紧固力矩

螺纹规格	适用扭矩（N·m）		
	4.8级	6.8级	8.8级
M8	9.8		
M10	19		
M12	39	59	
M14	69	98	137
M16	98	137	206
M18	137	206	284
M20	176	296	402
M22	225	333	539
M24	314	470	686
M27	441	637	1029
M30	588	882	1225

（10）充气时应慢充，使液态气体充分气化后进入气室，保证气室中的SF_6气体压力为真实压力，同时可避免充气管路结霜、变硬。

（11）试验工作应编制试验方案，过程中有专人记录、整理、保管试验数据，切实做到“不错项、不漏项、有分析、有结论”。

9 安全措施

9.1 主要引用文件

DL 5009.3—1997　电力建设安全工作规程（变电所部分）

国家电网安监［2009］664号　国家电网公司电力安全工作规程（变电部分）

国家电网科［2009］211号　国家电网公司输变电工程安全文明施工标准

9.2 危险辨识

对断路器安装过程进行危险辨识，其主要危险点为：无安全技术措施或未交底施工；吊装时的起重伤害、物体打击、设备倾倒；高空作业中的高处坠落；室内安装时 SF_6 气体泄漏造成人员窒息；SF_6 气瓶存放不当造成容器爆炸；操动机构动作时人员伤害；临电不规范造成触电；电气试验时触电等。

9.3 控制措施

（1）施工前应对全体施工人员进行安全技术交底和培训。工作时设监护人在现场进行安全监督。

（2）选择合格的吊车及吊具，按产品的技术规定确定吊点及吊装程序。

（3）高处作业系好安全带，使用高空作业车配合进行高空作业，严禁攀爬瓷柱。

（4）室内安装时应保持工作场所通风良好，防止人员窒息。

（5）SF_6 气瓶存放宜设置专用储存室，有防晒、防潮措施，且不准靠近热源及有油污的地方。瓶帽、防振圈要齐全，气瓶应直立放置、标志向外。

（6）操动机构在进行储能或分、合闸动作时，机构箱内不得有人员工作。对工作缸内部检查、调整时，应断电泄压。

（7）临电使用应符合施工用电规范要求，配备漏电保护设施，回收装置、电焊机等机具应可靠接地。

（8）试验区域设置围栏，有专人监护，断路器及电容器试验后应经充分放电。

（9）抽真空时应有防止真空泵油倒吸入断路器中的措施，并安排专人密切注意真空泵的运转情况。

10 环保措施

10.1 主要引用文件

国家电网工［2003］168 号　国家电网公司电力建设安全健康与环境管理工作规定

建质［2007］223 号　绿色施工导则

10.2 环境危害辨识

对断路器安装过程进行环境危害辨识，其主要环境因素为：SF_6 气体、作业车辆尾气对大气的影响；废弃物（如包装材料）、液压油对周围土壤的影响；能源（如电能）消耗；材料资源消耗等。

10.3 控制措施

（1）SF_6 气体不直接排放，采用 SF_6 气体回收装置进行回收。

（2）合理安排工序，提高吊车和高空作业车使用效率，减少吊车和高空作业车尾气排放。

（3）开箱后的包装纸、包装袋、包装带，使用后的空防水胶盒、密封胶盒、临时保护罩等，应及时分类回收处理，严禁在现场进行焚烧。

（4）采取防护措施，避免液压机构内的液压油污染周围土壤。

（5）施工用电不浪费，减少施工过程的能源消耗。如抽真空、使用烘箱烘烤吸附剂时严格控制时间，电焊机不用时关掉电源开关等。

（6）节约施工材料，减少物资消耗。

11 效益分析

（1）断路器安装通过标准化施工、全过程质量控制，提高了断路器的安装质量，延长断路器的使用寿命，提升了质量效益。

（2）断路器安装通过全过程安全控制，切实采取措施降低安全风险，如使用高空作业车降低高处坠落的风险，确保了人员、设备的安全，提升了安全效益。

（3）采取回收装置回收 SF_6 气体，工业垃圾分类回收处理，减少材料消耗等措施将施工过程对环境的影响减到最小，提升了环保效益。

（4）使用专用工具实现断路器三相同时抽真空注气，缩短了施工时间，提高工作效率，提升了经济效益。

12 应用实例

12.1 湖南怀化艳山红 500kV 开关站

2008 年 11～12 月，利用本典型施工方法完成湖南怀化艳山红 500kV 开关站的 9 台 500kV SF_6 断路器（其中 8 台为杭州西门子开关制造有限公司生产的 3AT2E1，1 台为河南平高电气股份有限公司生产的 LW10B-550/CYT）安装工作，安全、质量、进度情况良好。

12.2 湖南新化鹅塘 220kV 变电站

2008 年 11～12 月，利用本典型施工方法完成湖南新化鹅塘 220kV 变电站工程的 6 台 220kV SF_6 断路器（全为杭州西门子开关制造有限公司生产的 3AP1F1）及 7 台 110kV SF_6 断路器（全为河南平高电气股份有限公司生产的 LW35-126W）安装工作，安全、质量、进度情况良好。

12.3 湖南岳阳依江 220kV 变电站

2009 年 6 月，利用本典型施工方法完成湖南岳阳依江 220kV 变电站工程的 8 台 220kV SF_6 断路器（其中 6 台为西安西电高压开关有限责任公司生产的 LW25-252W，2 台为河南平高电气股份有限公司生产的 LW10B-252W）及 10 台 110kV SF_6 断路器（全为西安西电高压开关有限责任公司生产的 LW25-126）安装工作，安全、质量、进度情况良好，该工程被湖南省电力公司授予“双零工程”称号。

13 吊车及吊具的选择

13.1 吊车选择

通过计算吊车最大作业半径 R、吊臂最大长度 L、最大力矩 F 进行吊车型号的选择，以 LW10B-550/CYT 型断路器为例计算如下吊臂长度，分析示意图见图 30-13-1。

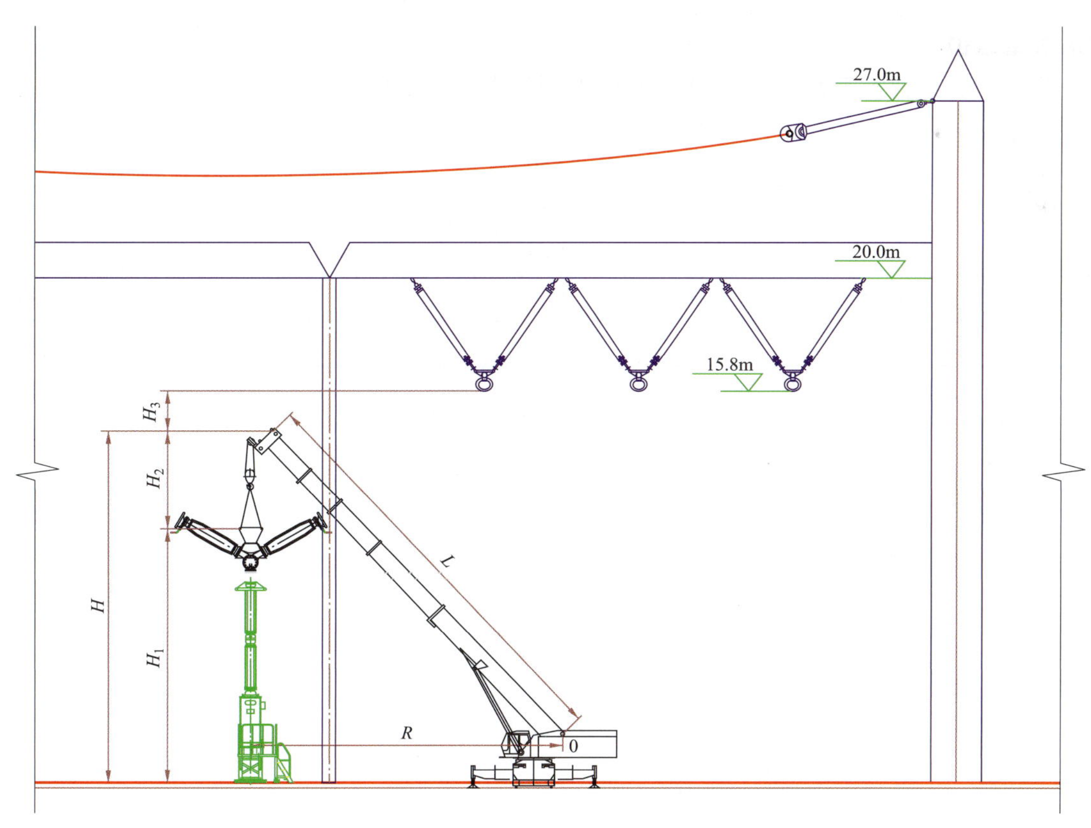

图 30-13-1 吊臂长度分析示意图

0—吊车摆放位置；L—吊车吊臂最大长度；R—吊车最大作业半径；H—最大起升高度；H_1—吊物最大高度；H_2—吊钩、吊绳、吊物起升高度之和；H_3—吊臂与管形母线最小距离

L 与 R、最大起升高度 H 的相互关系为

$$L=\sqrt{R^2+H^2}$$

根据图 30–13–1 可知，R 应满足下列关系

$$R \geqslant L_1 \text{ 且 } R \geqslant L_2+L_3$$

式中 L_1——相间距离的一半，m；

L_2——地面作业区长度，m；

L_3——吊车与起吊物最小距离，m。

由表 30–13–1 可知，吊车距离起吊物的最小距离 L_3=3m，若地面作业区长度为 7m，则 L_2=7m，可得出 L_2+L_3=10m。

表 30–13–1　　　　吊车主要技术参数表

最大额定起重量（t）	最小额定幅度不小于（m）	起重力矩不小于（kN·m）		起升高度不小于（m）		作业状态整机自重不大于（t）
		基本臂	最长主臂	基本臂	最长主臂	
3	2.5	84	60	5.5	10	4.5
5	3.0	150	105	6.7	11	8.0
8	3.0	240	150	7.5	12	13.5
10	3.0	300	220	8.0	13	15.0
12	3.0	360	240	8.6	14	17.0
16	3.0	480	280	9.0	22	23.0
20	3.0	600	380	9.5	23	25.0
35	3.0	750	480	9.5	24	30.0
32	3.0	960	600	10.0	25	35.0
40	3.0	1200	750	11.0	29	40.0
50	3.0	1500	850	11.0	32	48.0
63	3.0	1890	950	11.5	25	60.0
80	3.0	2400	1050	12.0	38	72.0
100	3.0	3000	1150	12.5	40	85.0
125	3.0	3750	1250	13.0	42	100.0

吊车最大作业半径 $R \geqslant L_2+L_3 \geqslant$10m，取吊车最大作业半径 R 的最小值，则 R=10m。

由图 30–13–2 可知，断路器最大高度 H_1=10.27m。吊装时考虑吊钩、吊绳长度及起升距离，取 H_2=4m，则可得出

$$H=H_1+H_2=10.27+4=14.27\text{(m)}$$

综上所述，可计算出吊车吊臂最大长度 L 为

$$L=\sqrt{R^2+H^2}=\sqrt{10^2+14.27^2}\approx 17.43\text{(m)}$$

断路器吊装时的最大力矩计算公式为

$$F=(m_1+m_2)gR$$

式中 m_1——起吊物最大重量，取 3100kg；

m_2——吊钩、吊具、吊绳重量，取 230kg；

g——重力加速度，取 9.8N/kg；

R——吊装最大作业半径，取 10m。

则断路器吊装时的最大力矩 F 为

$$F=(m_1+m_2)gR=(3100+230)\times 9.8\times 10=326.34(\text{kN}\cdot\text{m})$$

根据表 30–13–2、表 30–13–3 可知，16t 吊车可满足断路器安装的要求。

16t 吊车在断路器安装时的最小工作裕度τ计算式为

$$\tau\ (\%)\ =\frac{G_{max}-(m_1+m_2)}{G_{max}}\%$$

式中 G_{max}——16t 吊车在 10m 起重幅度下的最大起重量，取 4500kg；

m_1——起吊物最大重量，取 3100kg；

m_2——吊钩、吊具、吊绳重量，取 230kg。

则 16t 吊车在断路器安装时的最小工作裕度τ 为

$$\tau\ (\%)\ =\frac{G_{max}-(m_1+m_2)}{G_{max}}\%=\frac{4500-(3100+230)}{4500}\%=26\%$$

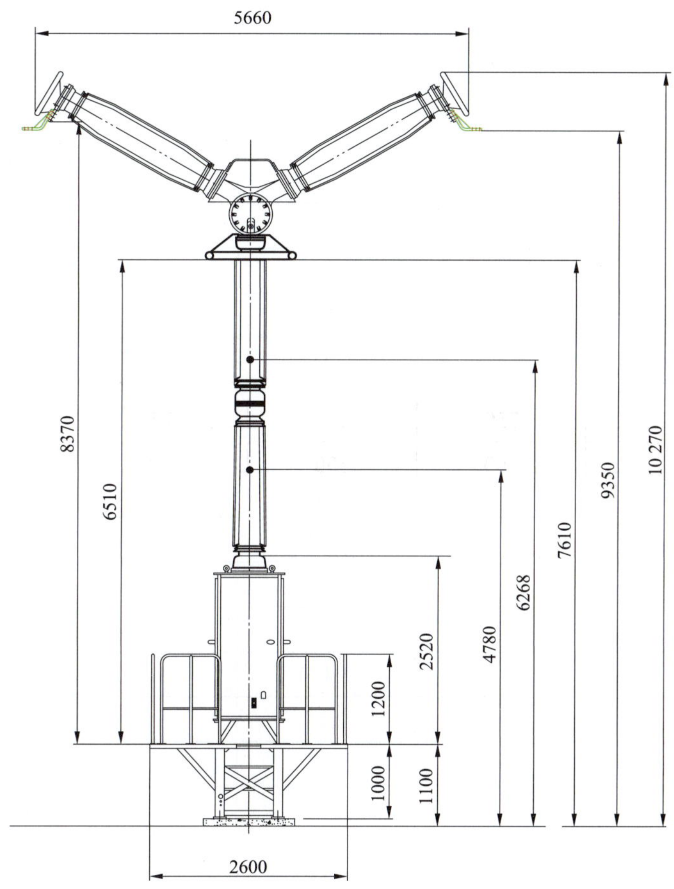

图 30–13–2 LW10B–550/CYT 型 SF_6 断路器外形图

表 30–13–2 常用吊车主要参数

型　号	最大起重量（t）	最大起重力矩（kN·m）	最大起升高度（m）			最大起重幅度（m）		
			基本臂	伸缩臂	副臂	基本臂	伸缩臂	副臂
长江 QY8	8	240	7.12	11.75	16.75	6.0	10.5	19.0
武陵 QY8B	8	240	7.7	14	19.3	6.7	12.7	19.0
长江 QY12	12	384	9.11	17	23.04	7	14	20.5
武陵 QY12	12	400	9.1	16.5	23.0	8.0	14.0	20.0

续表

型号	最大起重量(t)	最大起重力矩(kN·m)	最大起升高度(m)			最大起重幅度(m)		
			基本臂	伸缩臂	副臂	基本臂	伸缩臂	副臂
东岳 QY12	12	400	8.87	21.68	27.98	7.0	19.0	22.0
长江 QY16	16	480	9.4	23.0	30.9	7.0	21.0	26.0
锦州 QY16	16	480	9.5	23.8	31.8	8.0	20.0	28.0
徐工 QY16	16	738	9.9	23.6	30.6	8.2	20.5	28.5
武陵 QY16	16	480	9.0	23.0	30.0	8.2	19.8	19.8

表 30-13-3　　徐工 **QY16** 全液压吊车性能表

臂杆长、幅度(m)	基本臂 10.0m		中长臂 17.1 m		全伸臂 24.2m	
	起重量(t)	起升高度(m)	起重量(t)	起升高度(m)	起重量(t)	起升高度(m)
3.0	16	10.17				
3.5	16	9.93	12	17.65		
4.0	16	9.66	12	17.37		
4.5	14.9	9.34	11.4	17.20	7	24.59
5.0	14.1	8.98	10.8	17.02	7	24.46
5.5	13.2	8.57	10.2	16.82	6.7	24.33
6.0	11.52	8.10	9.7	16.60	6.4	24.18
7.0	8.61	6.92	8.7	16.11	5.9	23.85
8.0	6.7	5.21	6.9	15.53	5.5	23.47
9.0			5.61	14.85	5.1	23.04
10.0			4.368	14.06	4.5	22.55
11.0			3.312	12.04	3.4	21.39
12.0			2.470	9.08	2.6	19.96
14.0			2.14	6.82	2.38	19.11
16.0					1.97	18.17
18.0					1.52	15.90
20.0					1.20	12.90
21.0					1.10	10.91
22.0					1.00	8.27
			吊钩重量：230kg			

13.2　吊带及卸扣的选择

由图 30-13-3 可知，吊带所受拉力与吊物重力、吊车拉力的关系为

$$F=G=mg,\quad \vec{F_1}+\vec{F_2}=\vec{F},\quad F_1=F_2=\frac{F/2}{\sin(\alpha/2)}$$

式中　G——吊物重力，N；

m——吊物最大重量，mg；

g——重力加速度，取 9.8N/kg；

F ——吊车拉力，N；

F_1——吊带 1 受拉力，N；

F_2——吊带 2 受拉力，N；

α ——吊带夹角，（°）。

吊带长度 L 与吊带夹角α及吊具宽度之间的关系为

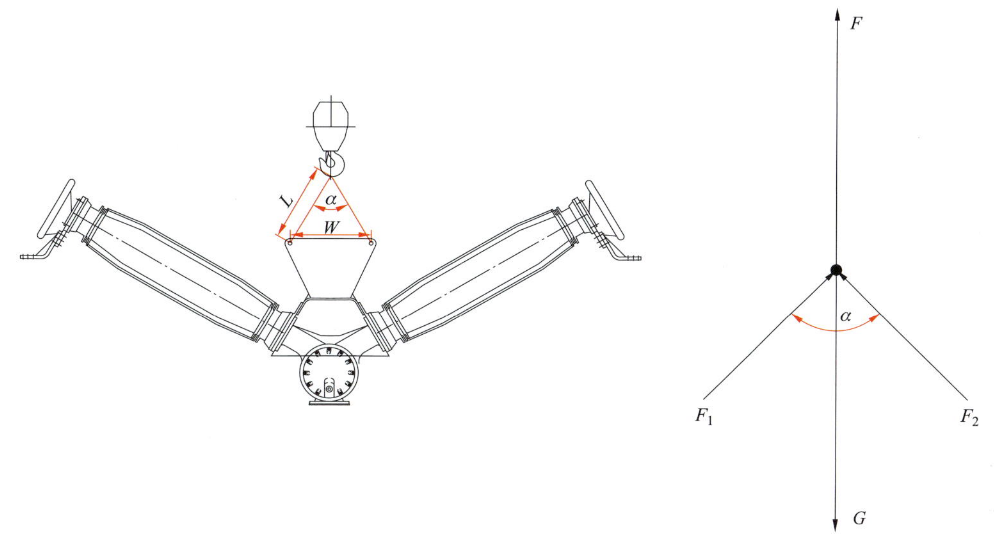

图 30-13-3 吊带受力分析图

$$L=\frac{W/2}{\sin(\alpha/2)}$$

式中 L ——吊带长度，m；

W ——吊具宽度，m。

由断路器参数可知，最重吊装单元为灭弧室吊装单元，重量 1300kg，则吊物最大重量 m=1300kg。

吊物重力 $G=mg$=1300×9.8=12 740(N)。

因《国家电网公司电力安全工作规程（变电部分）》中规定：吊索（吊带）的夹角一般不大于 90°，最大不得超过 120°，故取α的最大值 120°。

则吊带 1 受拉力、吊带 2 受的最大拉力为

$$F_1=F_2=\frac{F/2}{\sin(\alpha/2)}=\frac{6370}{\sin 60^\circ}=7355.5(\mathrm{N})$$

专用吊具宽度 W=1000mm。

吊带的最小长度 L 为

$$L=\frac{W/2}{\sin(\alpha/2)}=\frac{500}{\sin 60^\circ}=577.37(\mathrm{mm})$$

综上所述，尼龙吊带的抗拉强度大于 7355.5N，长度大于 577.37mm 时即可满足受力要求。出于安全考虑，要求单根吊带可承受起吊物的全部重量，则要求 $F_1=F_2 \geqslant 12\,740$N，综合考虑吊带的经济性、通用性，选择 20kN、4m 的尼龙吊带。

卸扣选择载荷为 2t 与尼龙吊带匹配。

如选用钢丝绳，其计算过程一致，但需考虑保险系数的要求。

典型施工方法名称：换流变压器安装典型施工方法

典型施工方法编号：GWGF031-2010-BD-DQ

编 制 单 位：国家电网公司直流建设分公司

推 荐 单 位：国家电网公司基建部

主 要 完 成 人：肖安全 种芝艺 黄 杰 王茂忠

目　次

1 前言

我国能源（水力资源和煤炭资源）主要集中在西南、中南、西北及华北地区，而负荷则主要集中在京津地区、东北、华东及华南地区，能源与负荷分布不均，所以不可避免需要进行大容量远距离输电。同时，随着我国直流工程建设的快速发展，换流站工程特别是特高压换流站工程也将越来越多。

国内参与特高压换流站工程的施工单位相对较少，而特高压换流变压器的安装也只是借鉴和结合±500kV 换流变压器的安装经验进行，本典型施工方法就是在±800kV 复龙换流站和奉贤换流站工程基础上形成的。该典型施工方法能够有利于换流站的施工组织、标准化管理、施工培训等，可以指导现场施工作业指导书的编制。

另外，本典型施工方法也已在±500kV 宝鸡换流站、德阳换流站工程中成功实施，施工流程清晰、实用，能够降低换流站大型设备安装的施工风险，降低施工成本，提高社会效益和经济效益，效果良好。

2 本典型施工方法特点

目前换流变压器典型施工方法有两种：

（1）典型施工方法一：在换流变压器广场上将换流变压器安装完成后再推上基础，一般需要 18 天时间完成 1 台换流变压器安装，见表 31-2-1。

（2）典型施工方法二：在换流变压器广场上将换流变压器附件安装完成后就推上基础，再进行油处理等其他工作，一般需要 15 天时间完成 1 台换流变压器安装，见表 31-2-2。

表 31-2-1　　换流变压器安装典型施工方法时间进度

方法一	附件安装	抽真空	真空注油	热油循环、本体二次接线	静止及常规试验	密封试验	局部放电试验	牵引就位、本体固定	汇控箱二次接线	合计
时间	2 天	3 天	1 天	3 天	3 天	1 天	1 天	1 天	3 天	18 天

表 31-2-2　　换流变压器安装典型施工方法二时间进度表

方法二	附件安装	牵引就位	抽真空	真空注油	热油循环、本体二次接线（含汇控箱二次接线）	静止及常规试验	密封试验	局放试验	合计
时间	2 天	1 天	3 天	1 天	3 天	3 天	1 天	1 天	15 天

注 1. 上述两个换流变压器安装方法为常规计划，未列出的工作都穿插进行。
2. 根据厂家要求可以进行适当调整。
3. 方法二换流变压器只能在阀厅内做局部放电试验，则要求试验设备能够满足进入阀厅的条件，为此，一般选择方法一进行换流变压器安装。
4. 高端和低端换流变压器安装时间差异 2 天，如天气良好，则时间可以适当缩短。
5. 如增加试验项目，则需增加相应试验时间。

在附件安装过程中，详细介绍了各附件的安装方法和安全措施，有效保障了施工质量，降低了施工难度，提高了施工效率。

3 适用范围

适用于±800kV 特高压及以下新建直流换流站工程换流变压器安装，改、扩建工程可参照执行。

4 工艺原理

（1）变压器油主要起到绝缘和冷却散热作用，其性能指标需满足规范要求，在注入换流变压器前需做简化试验合格，热油循环后需进行油的全分析。

（2）换流变压器油是流动的液体，在安装过程中要求密封良好，不能渗漏。在抽真空时，进行检漏和做整体密封试验来检验。

（3）注油前和注油时需抽真空，抽真空的目的是为了换流变压器器身干燥。

（4）换流变压器安装完毕后，各项性能指标需满足厂家及规范要求。

5 施工工艺流程及操作要点

5.1 换流变压器安装的两个典型施工方法流程

换流变压器安装的两个典型施工方法流程图见图 31-5-1。

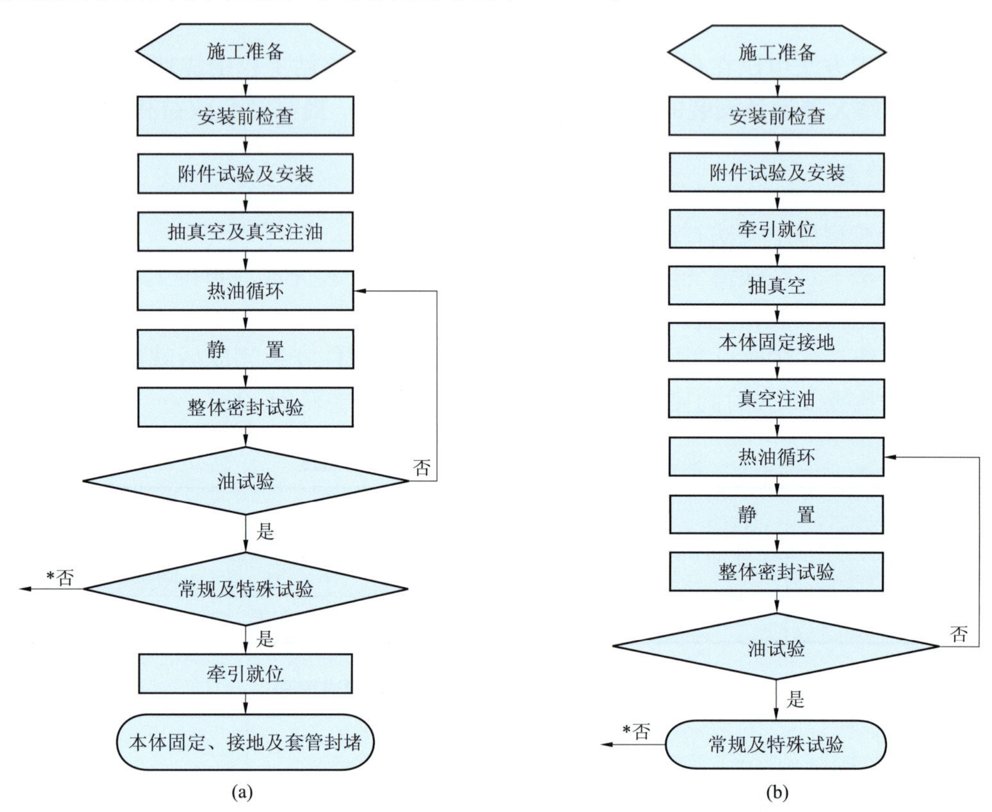

图 31-5-1　换流变压器安装的两个典型施工方法流程图

（a）典型施工方法一流程图；（b）典型施工方法二流程图

*表示需专题研究处理方案。

5.2 操作要点

本典型施工方法中的两种流程只是施工工序不同，其他包括每道工序的施工方法完全一样。这里只介绍流程一，流程二的每道工序施工方法同样适用。

5.2.1 施工准备

5.2.1.1 技术准备

安装前应结合厂家换流变压器安装指南，编制施工组织方案和作业指导书，经审批后，方可实施，并对所有施工人员进行技术和安全交底。

5.2.1.2 场地准备

（1）换流变压器广场轨道及基础等土建施工均已完成，并验收合格后交付电气安装单位，如图 31-5-2 所示。

图 31-5-2　安装前换流变压器广场实例图

（2）滤油机、油罐等滤油设施的合理布置，滤油机需搭设防雨棚及派专人值守，如图 31-5-3 所示。

(a)

(b)

图 31-5-3 滤油机防雨棚及连接实例图

(a) 实例图一；(b) 实例图二

(3) 提前与厂家沟通，根据换流变压器的进场顺序，计划好不同型号、不同编号换流变压器在换流变压器广场上的安装位置和进场路径，防止出现因某台换流变压器就位安装位置后，阻挡后续换流变压器出现不能进场的现象。

(4) 策划好换流变压器油及每台换流变压器安装附件的堆放位置，换流变压器安装附件应尽量堆放在对应本体编号起重机能够起吊的范围内，减少二次倒运，为提高安装效率打下基础。

(5) 换流变压器的滤油场地已经布置完毕。

5.2.1.3 机具、工器具、材料及安全用具准备

(1) 安装前，应将换流变压器安装机具、工器具、安全用具、牵引器具和消耗性材料准备齐全。

(2) 主要施工机具应试用检验合格，其数量和规格满足施工要求。

5.2.2 安装前检查

(1) 安装前应先进行现场检查，同时记录冲击记录仪在运输和装卸中的受冲击情况以及换流变压器本体的气体压力，且应符合相关技术规范。

(2) 附件开箱检查：

1) 安装前应在监理单位组织下对附件进行开箱验收、检查。

2) 检查附件包装箱应无破损，根据出厂文件一览表核对所提供的出厂资料及附件。

3) 所有附件应无锈蚀和机械损伤，密封应良好。

4) 冷却装置、连接管道应无锈蚀、积水或杂物。

5) 充油套管的油位应正常，无渗油，瓷体无损伤、砂眼等。

6) 充气套管的保管压力应正常，硅橡胶无损伤。

7) 油枕内胶囊在安装前应做检漏试验，其充气压力与时间按制造厂规定。

8) 开箱检查后做好开箱检查记录并签证。

(3) 内部检查。

1) 充氮运输的换流变压器在内部检查前，按厂家说明书要求进行排氮。充干燥空气运输的换流变压器直接补充合格的干燥空气进行内部检查。内检人员需穿专用工作服，检查前应确保内部氧气含量不小于 18%。

2) 内部检查的内容：一般由厂家现场技术人员负责内检，如发现异常与厂家现场协商解决。

(4) 在换流变压器真空注油之前，应将换流变压器绝缘油处理完毕并经试验合格。

5.2.3 附件试验及安装

5.2.3.1 油枕安装

(1) 气囊的安装：用干燥空气充入气囊，直到气囊充满为止，检查是否完整无破损，维持 30min 后应无漏气现象。胶囊沿长度方向与储油柜的长轴保持平行，不得扭偏，胶囊口应密封良好，呼吸通畅。

图 31-5-4　安装完毕的油枕

油枕内壁要清洗，并检查有无毛刺、焊渣等情况。油位计应按指示原理调整正确，不得出现假油位现象。

（2）吊装时利用油枕上的专用吊点进行吊装，安装程序为：支架安装、柜体吊装就位、连接支架螺栓，螺栓暂不紧固，待安装气体继电器及其连管，调整好位置后再一并紧固。安装完毕的油枕如图 31-5-4 所示。

5.2.3.2　冷却器的安装

（1）分离式冷却器的安装：

1）安装前需将支架连管上盖板和冷却器连管上相应的盖板拆下，将端口的污物用洁净的抹布擦拭干净。

2）将冷却器放在垫有木板的地面上，在冷却器端部（有放油塞的一端）应垫橡胶垫或其他隔离层，防止冷却器在起立时与地面磕碰而损伤。

3）检查冷却器在运输过程中应无损坏，密封完好。

4）按照厂家规定的编号顺序起吊，对于直立式冷却器从专用吊孔处采用两点起吊的方法起吊。

5）打开冷却器下部放油塞，放掉内部残油后再拧紧。

6）拆除冷却器临时盖板，将冷却器安装到支架上，紧固螺栓后再拆除吊绳（注：有序地紧固冷却器上、下法兰连接，确保密封良好）。

7）将油泵安装在冷却器油路管上。

8）当冷却器为水平方向安装时，从专用吊孔处采用四点起吊。吊装时，应保持平稳、水平。

（2）组合式冷却器安装：

1）安装前，需将支架汇流连管上盖板和本体汇流连管对应的盖板拆下，将端口的油用洁净的抹布擦拭干净。

2）采用平衡调节方法吊装组合冷却器，汇流管法兰结合面应平行接触。

（3）安装完毕的冷却器如图 31-5-5 所示。

图 31-5-5　安装完毕的冷却器

5.2.3.3　升高座的安装

（1）在升高座安装前，应先做常规试验，合格后方可安装。

（2）升高座的安装应用起重机、高空作业车配合安装，同时搭设脚手架或工作台，且应有齐腰护栏，便于施工人员安全操作。

（3）升高座安装应注意：升高座应对号安装，并注意升高座的落位方向，放气孔位置在最高处，同时需注意防止工具、灰尘及其他异物等遗留在换流变压器内。

（4）阀侧升高座有一定的倾角。在安装时，用钢丝绳和吊带拴在升高座顶部的两个吊孔上、在升高座和起重机吊钩之间拴上链条葫芦。为防止链条葫芦断裂，在吊点两端加一根软吊带作为二道保护。在安装过程中，链条葫芦可以任意调整升高座的倾斜角度，以方便安装。吊装倾斜角度应严格按照厂家要求，防止在对接过程中发生碰撞造成设备损伤，阀侧套管升高座安装示意图及实物图如图 31-5-6 所示。

5.2.3.4　套管安装

（1）在安装套管前，应先做常规试验，试验合格后才能安装。

（2）安装方法：

1）安装前应用洁净的抹布将套管表面擦拭干净。

2）套管的吊装固定方式和竖立方法，应符合厂家说明书的要求。

3）网侧套管安装：拆除升高座顶部上盖板，吊装时将厂家的标志对准，吊装完毕后从升高座侧面人孔处连接引线。吊装过程中宜采用升降车配合取下专用吊环和吊绳。

4）阀侧套管安装：拆除升高座顶部上盖板，吊装时将厂家的标志对准，吊装中用链条葫芦随时根据需要调整套管的倾角，吊装完毕后从升高座侧面的人孔处连接引线。注意，在起重机吊点与套管吊点之间应增加一根载重为 5t 的吊带，以防止链条葫芦断裂而对套管进行二次保护，安装时采用脚手架或工作平台配合，套管安装实例图如图 31-5-7 所示。

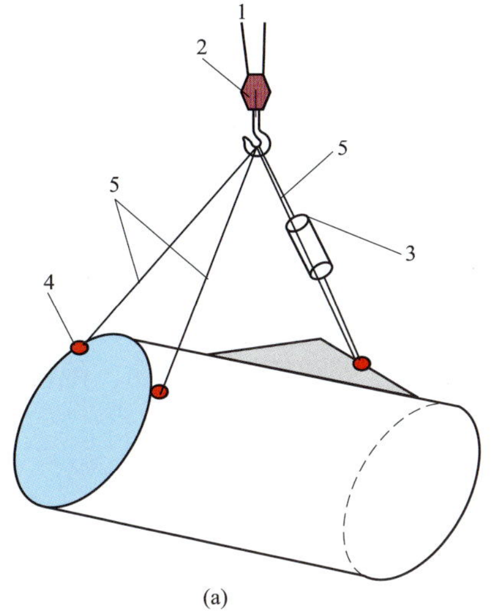

(a)

(b)

图 31-5-6　阀侧套管升高座安装示意图及实物图

(a) 示意图；(b) 实物图

1—吊车；2—吊勾防脱销；3—5t 手拉链条葫芦；4—5t 吊环；5—5t 吊带

5）网侧和阀侧套管内部引线的连接：对于穿缆（铜棒）式套管，方法是从升高座侧面的人孔处，将引线与套管底部的铜棒或铜杆用螺栓紧固；对于穿杆式套管，方法是待套管进入升高座内适当的位置时，由厂家专业人员负责完成内引线的连接，再落位和穿杆的紧固。此过程中需采取措施防止异物掉入油箱内，螺栓应按照规定的力矩紧固。

6）中性点套管的安装：用吊绳将套管法兰上吊环固定，用一根吊带固定套管芯子，将套管竖立，拆除套管尾部的保护筒，在换流变压器箱盖处将套管芯子同油箱内另一半引线固定牢固，再紧固套管外部螺栓即可。

图 31-5-7　套管安装实例图

5.2.3.5　其他附件安装

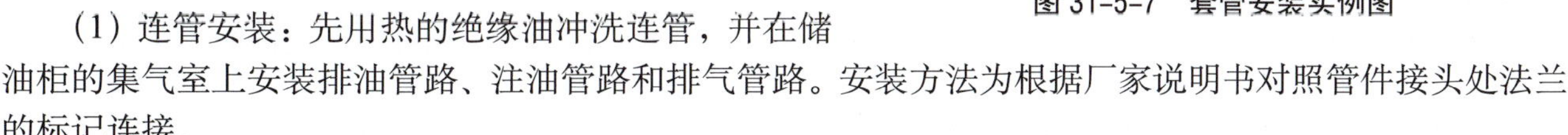

（1）连管安装：先用热的绝缘油冲洗连管，并在储油柜的集气室上安装排油管路、注油管路和排气管路。安装方法为根据厂家说明书对照管件接头处法兰的标记连接。

（2）气体继电器安装：安装前应经过校验合格，安装时应拆去运输防振用的临时绑扎绳。气体继电器安装在储油柜与油箱的水平连接管路上，箭头应指向储油柜，连通管的连接应密封良好。

（3）压力释放阀安装：安装前应检查阀盖和升高座内部是否清洁，密封是否良好，微动开关动作和复位情况是否正常。安装时应注意喷油方向是否符合厂家要求。

（4）吸湿器安装：吸湿器内硅胶应干燥，运输密封垫应拆除，底部罩内应注入清洁的换流变压器油至规定的油面线，以阻止空气直接进入吸湿器，同时除去空气中的机械杂质。

（5）温控器的安装：

1）温控器主要由温包、毛细管和压力表组成。安装前应经过校验合格，并检查表计外观有无损坏，毛细管有无压扁和急剧扭曲，其弯曲半径不得小于 50mm。

2）温包需垂直安装在注有换流变压器油的箱盖温度计座内，密封应良好。闲置的温度计座也应密封，不得进水。

3）压力表安装在箱壁上，线缆应敷设美观。

（6）换流变压器有载调压开关的现场检查与安装。根据厂家说明书进行检查、安装、调整。

（7）本体端子箱安装。安装时应注意对端子箱表面漆层进行保护，吊装时须采取防倾倒措施，移动过程中须有人扶持防止碰撞。

（8）附件安装完毕后，对所有阀门进行专项检查，要求连接螺栓紧固，阀门开闭灵活、标识清晰。

5.2.3.6 二次接线

（1）配线前应先将电缆在本体端子箱下部排列整齐，用电缆夹固定，要求热塑管长度一致、位置统一，二次配线一般采用成束配线法，将每根电缆芯线用塑料扎带绑扎成圆形，扎带间距宜为 60～80mm。

（2）宜将换流变压器本体上电缆规整后放入槽盒内，达到整齐、美观的效果。

（3）二次接线总体要求为：符合设计要求，接线正确，二次线紧固牢固、无损伤、绝缘良好，配线横平竖直、整齐美观。

5.2.4 抽真空及真空注油

5.2.4.1 抽真空

（1）根据厂家说明书或图纸资料连接真空注油系统。

（2）检查真空泵、真空管路及换流变压器各处阀门状态及密封状况，确认无误后，启动真空机组，待真空机组运转正常后，打开真空机组的真空阀门，对换流变压器本体、冷却器及开关进行抽真空，当主体内残压达到 20kPa 时，检查各部位。如无异常情况，继续抽真空，直到真空度满足厂家说明书的要求。

（3）在抽真空过程中，采用泄漏检测仪进行检查。

（4）抽真空至 133Pa，进行换流变压器泄漏率测试。关闭抽真空阀门，并停止真空泵，时间 1h 后记录真空表读数 A；再过 30min，读取真空表读数 B，A、B 的差即为泄漏率，一般要求≤30Pa/30min，则认为换流变压器密封良好；如果不满足，查找漏点并处理完毕后，再做泄漏率，直到合格为止。

（5）泄漏试验完成后，须继续抽真空至厂家规定值，并维持到厂家规定的时间为止。

5.2.4.2 真空注油

（1）在真空注油前，绝缘油需经高真空滤油机进行脱水、脱气和过滤处理，并经试验合格。

（2）真空注油时，其阀门应根据厂家说明书或图纸资料中的规定开启或关闭。

（3）注油的油温、油速应按厂家说明书的规定执行。油注至厂家规定的位置时停止。

5.2.5 热油循环

（1）热油循环前，应对油管抽真空，将油管中空气抽干净，采用滤油机对换流变压器进行对角热油循环。

（2）热油循环过程中，滤油机出口油温应控制在（60±5）℃范围内，循环时间应同时不少于下述两条规定：

1）热油循环时间满足厂家说明书的规定。

2）总循环油量应符合厂家说明书的规定。

（3）对换流变压器本体及冷却器宜同时进行热油循环，如环境温度较低，可间隔 4h 打开一组冷却器，以保持器身温度。

（4）热油循环结束后，应关闭注油阀门，开启换流变压器所有组件、附件及管路的放气阀排气，当有油溢出时，立即关闭放气阀。

（5）如环境温度较低，可采取保温措施或用短路法直接加热方式辅助加热。

5.2.6 静置

（1）换流变压器注油完毕后，在施加电压前，其静置时间不应少于厂家说明书的规定值，静放期间应多次打开放气塞进行放气。

（2）热油循环后静置时间应达到厂家说明书的规定值。

5.2.7 整体密封试验

从呼吸器阀门处充入干燥气体进行整体密封试验，充气压力按照规范规定执行，24h 内无渗漏，整体密封试验过程应注意温度变化对充气压力的影响。

5.2.8 油试验

在热油循环停止后，本体应取油样送检进行全分析，其试验结果应满足 Q/GDW 111—2004《直流换流站高压直流电气设备交接试验规程》和厂家要求，一般包括表 31-5-1 所列的试验项目。

表 31-5-1 绝缘油的试验项目及标准

<table>
<tr><th>序号</th><th colspan="2">项　目</th><th colspan="3">标　　准</th><th>说　明</th></tr>
<tr><td>1</td><td colspan="2">外观</td><td colspan="3">透明，无沉淀及悬浮物</td><td>5℃时的透明度</td></tr>
<tr><td>2</td><td colspan="2">苛性钠抽出</td><td colspan="3">不应大于 2 级</td><td></td></tr>
<tr><td rowspan="2">3</td><td rowspan="2">安定性</td><td>氧化后酸值</td><td colspan="3">不应大于 0.2mg（KOH）/g 油</td><td></td></tr>
<tr><td>氧化后沉淀物</td><td colspan="3">不应大于 0.05%</td><td></td></tr>
<tr><td>4</td><td colspan="2">凝点（℃）</td><td colspan="3">（1）10 号油，不应高于−10℃；
（2）25 号油，不应高于−25℃；
（3）45 号油，不应高于−45℃</td><td>油浸电容式套管、互感器用油：气温不低于−5℃的地区，凝点不应高于−10℃；气温不低于−20℃的地区，凝点不应高于−25℃；气温低于−20℃的地区，凝点不应高于−45℃；
换流变压器用油：气温不低于−10℃的地区，凝点不应高于−10℃；气温低于−10℃的地区，凝点不应高于−25℃或−45℃</td></tr>
<tr><td>5</td><td colspan="2">界面张力</td><td colspan="3">不应小于 35mN/m</td><td>（1）按 GB/T 6541《石油产品油对水界面张力测定法（圆环法）》；
（2）测试时温度为 25℃</td></tr>
<tr><td>6</td><td colspan="2">酸值</td><td colspan="3">不应大于 0.03mg（KOH）/g 油</td><td></td></tr>
<tr><td>7</td><td colspan="2">水溶性酸（pH 值）</td><td colspan="3">不应小于 5.4</td><td>按 GB/T 7598《运行中变压器油水溶性酸测定法》</td></tr>
<tr><td>8</td><td colspan="2">机械杂质</td><td colspan="3">无</td><td>按 GB/T 511《石油产品和添加剂机械杂质测定法（重量法）》</td></tr>
<tr><td>9</td><td colspan="2">闪点（℃，不低于）</td><td>10 号油为 140℃</td><td>25 号油为 140℃</td><td>45 号油为 135℃</td><td>按 GB/T 261—2008《闪点的测定　宾斯基·马丁闭口环法》闭口法</td></tr>
<tr><td>10</td><td colspan="2">击穿电压</td><td colspan="3">（1）使用于 60～220kV 者：不应低于 40kV；
（2）使用于 330kV 者：不应低于 50kV；
（3）使用于 500 kV 者：不应低于 60kV</td><td>（1）按 GB/T 507—2002《绝缘油击穿电压测定法》；
（2）油样应取自被试设备；
（3）对注入设备的新油均不应低于本标准</td></tr>
<tr><td>11</td><td colspan="2">介质损耗因数 tanδ（%）</td><td colspan="3">90℃时不大于 0.5</td><td>按 GB/T 5654—2007《液体绝缘材料　相对电容率、介质损耗因数和直流电阻率的测量》</td></tr>
<tr><td>12</td><td colspan="2">体积电阻率（Ω·m）</td><td colspan="3">90℃时不小于 6×10^{10}</td><td>按 GB/T 5654—2007 的要求</td></tr>
<tr><td>13</td><td colspan="2">颗粒度</td><td colspan="3">一般 5～100μm 的颗粒不应多于 2000 个/100mL，无 100μm 以上颗粒</td><td>按 Q/GDW 111—2004 的要求</td></tr>
</table>

注　第 11 项为新油标准，注入电气设备后的 tanδ标准，90℃时不应大于 0.7%。

5.2.9 常规及特殊试验

换流变压器交接试验项目应参照 Q/GDW 111—2004，并根据设备定购合同的技术条款、厂方技术资料和业主要求加以确定。

5.2.10 牵引就位

（1）牵引方案应经监理审核确认。

（2）在安装换流变压器小车之前，要求换流变压器同一侧的两点应同步顶升，顶升必须在顶位位置，并用高度不大于 50mm 的木板在换流变压器底部两点逐次垫高，每次顶升超过 50mm 时，应用木板垫好，以防止千斤顶失稳。再以同样的方法顶升换流变压器另一侧，两侧交替顶升。当千斤顶顶升行程达到 160mm 时停止顶升，并用枕木替换木板。直到顶升高度满足换流变压器小车的安装高度为止。

（3）换流变压器置于小车上后，利用卷扬机滑轮组沿搬运轨道平移换流变压器至基础位置。在整个平移过程中，牵引速度应保持在 1.2～1.5m/min，同时保持换流变压器的平稳。由专人负责观察换流变压器的位移情况，如发现换流变压器发生偏移，及时通报并调整两个滑轮组牵引力的平衡，及时纠正换流变压器的位移。

（4）换流变压器就位。换流变压器临近就位位置时，电气人员在阀厅内量出需到达位置，顶升换流变压器，撤除小车。方法与起升时相反，每次下降不超过 50mm，交替进行，最终撤出千斤顶，使换流变压器平稳地降落在基础底座上。

5.2.11 本体固定、接地及套管封堵

当换流变压器的中心线满足设计要求后，需将换流变压器本体与基础连接牢固，并进行本体接地。阀侧套管封堵应避免形成闭合磁路。

6 人员组织

（1）换流变压器安装班组人员应根据换流变压器安装紧张等情况配置。一般情况下，换流变压器安装人员组织见表 31-6-1。

（2）施工前，应按照要求对全体施工人员进行安全技术交底，交底要有记录，签字齐全。特殊作业人员必须经过安全技术培训、考试，合格后方可上岗。

表 31-6-1　　换流变压器安装人员组织

序号	岗 位	数量（人）	职 责 划 分
1	施工负责人	1	负责换流变压器安装的全面组织、指挥、协调，包括现场劳动力组织、机具配置、工器具调配、现场设备及机具布置和现场指挥等工作
2	技术负责人	1	（1）负责熟悉施工图纸，提前与厂家进行技术交流，了解设备到货情况； （2）负责编制安装作业指导书，内容齐全、实用，具有指导性，并包含安全措施、环保措施； （3）负责施工安全、技术交底
3	安全监护人	1	负责换流变压器安装的安全监护，消除安全隐患
4	司索指挥	1	（1）经考试合格后持证上岗； （2）完全熟悉对起重机操作手册中规定的内容； （3）负责确定负荷重量，考虑一切可能影响到起重机吊装能力的因素，并据此调整吊装的重量； （4）指挥手势正确，同起重机司机保持良好、有效的沟通
5	起重机司机	1～2	（1）经考试合格后持证上岗； （2）完全熟悉对起重机操作手册中规定的内容； （3）明白司索的指挥手势，同司索指挥保持良好、有效的沟通； （4）能够估算或判定起重机的实际吊装能力； （5）负责确定负荷重量，考虑一切可能影响到起重机吊装能力的因素，并据此调整吊装的重量； （6）平稳、安全的吊装作业

续表

序号	岗 位	数量（人）	职 责 划 分
6	高空作业车司机	1	（1）经考试合格后持证上岗； （2）完全熟悉对高空作业车操作手册中规定的内容； （3）保证高空作业车平稳、安全的升降
7	卷扬机操作手	1	熟悉卷扬机操作规程
8	施工人员	14	6 人配合试验、开箱等，8 人负责安装
9	厂家指导人员	2	指导施工

注 此人员数量为典型配置，具体施工时可根据实际情况调整。

7 材料与设备

（1）本典型施工方法主要机具设备配置见表 31–7–1。

表 31–7–1 **主 要 机 具 设 备 配 置**

序 号	机具、材料名称	规格、型号	单 位	数 量	备 注
1	真空滤油机	12000 L/ h	台	1	带精滤设备
2	真空泵	真空度达≤0.3mbar、2500m³/ h	台	1	
3	压力式滤油机	LY−100，100L/min，p=0.6MPa	台	1	根据需要
4	干燥空气发生器	露点−50℃	套	1	
5	起重机	25t、8t	台	各 1 台	
6	卷扬机	10t 或 5t	台	1	根据需要
7	油试验设备		套	1	
8	真空泄漏检测装置		套	1	

（2）本典型施工方法主要工器具与材料配置见表 31–7–2。

表 31–7–2 **主要工器具与材料配置**

序 号	机具、材料名称	规格、型号	单 位	数 量	备 注
1	电热烘箱		台	1	
2	牵引装置	含 20t 滑车 5 组，ϕ(18～24)mm 钢丝绳	套	1	根据需要
3	真空表	−30～1Pa	套	1	
4	干湿温度计		个	1	
5	压力表	0～1MPa	个	2	
6	活动扳手	6～32mm	把	适量	
7	固定扳手	6～32mm	把	适量	
8	液压千斤顶	200t	台	4	
9	储油罐	≥15t	个	适量	
10	高纯氮气	纯度≥99.9%	瓶	适量	
11	滤油管	抗高真空、内径ϕ51mm	m	适量	
12	喉箍	ϕ40～60mm	mm	适量	
13	枕木	宽度 220mm；厚度 160mm；长度 2500mm	根	适量	
14	木板	长度 1000mm；宽度 250 mm；厚度 50mm	块	适量	顶升用

8 质量控制

（1）本典型施工方法参照 GBJ 148《电气装置安装工程　电力变压器、油浸电抗器、互感器施工及验收规范》、DL 5009.3《电力建设安全工作规程（变电所部分）》，并按照 Q/GDW 111—2004 交接试验项目、要求及验收标准等相关的设计标准、技术规程、规范、质量评定标准和安全技术操作规程，按正常的施工条件和合理的施工组织设计编制。

（2）质量保证措施。

1）检查储油柜冷却装置、净油器等油系统上的油门，均应打开且指示正确，换流变压器所有阀门的开、闭与施工图纸及厂家要求一致。

2）本体冷却装置及所有附件应无缺陷，整体密封试验中检查换流变压器有无渗漏。

3）采用真空滤油机加装精滤机进行油处理，确保油的各项指标特别是颗粒度满足厂家要求。

4）换流变压器在运输过程中，当运输方式改变时，应及时检查设备受冲击等情况并做好记录。

5）用千斤顶顶升换流变压器时，应将千斤顶放置在油箱千斤顶支架部位，升降操作应协调各点受力均匀并垫好垫块保护。

6）接地引下线及其与主接地网的连接，应满足设计要求接地牢固、可靠。

7）储油柜油位正常、呼吸畅通，充气套管压力符合厂家要求。

8）有载调压切换装置的远方操作应动作可靠，指示位置正确。

9）测温装置指示正确，整定值符合要求。

10）冷却装置试运行应正常联动，采用水冷却装置的油压应大于水压，强迫油循环的换流变压器应启动全部冷却装置进行循环。

11）换流变压器上应无遗留杂物。

12）满足《工程建设标准强制性条文　电力工程部分（2006 年版）》的要求。

9 安全措施

（1）换流变压器安装须严格执行现行 DL 5009.3《电力建设安全工作规程（变电所部分）》规定。

（2）严格执行环境保护标准，进行环境因素识别，制订环境管理目标、指标和管理方案，施工前必须编制安全措施并进行审批，对换流变压器安装人员进行安全技术交底和培训。

（3）建立健全岗位责任制和安全规章制度，在现场醒目的位置悬挂“起重机操作规程”和“卷扬机操作规程”标志牌。

（4）进入施工现场人员应正确佩戴安全帽，穿好工作服，不能穿拖鞋、凉鞋、高跟鞋，不能酒后进入施工现场。

（5）起重机司机等特殊工种作业人员应持证上岗。

（6）遇有大雾、沙尘、雷暴雨雪天气，严禁吊装作业。

（7）换流变压器安装前应办理安全施工作业票，有厂家专业人员和施工单位的施工技术负责人在现场指导，由经验丰富的施工人员操作。

（8）换流变压器内检控制措施：要求通风良好，并与内部检查人员在入口处派专人保持联系，采用照明度较好的手电筒，穿耐油防滑靴，要求工作人员去除随身饰品，穿无纽扣、无口袋的工作服。带入的工器具必须拴绳，专人清点登记，进出数量须完全一致。

（9）登高人员应穿防滑软底鞋，正确使用防坠落安全用具。

（10）起重机工作位置、行驶道路应平整坚实，吊装距离、角度正确，不能超载吊装。

（11）吊装作业应由专人指挥，起吊前应详细检查绑扎点、吊具、缆风绳及补强措施等正确无误；牵引时由专人指挥，牵引前应仔细检查钢丝绳、地锚、滑车组等完好无损伤，性能、承重量满足作业要求。

（12）安装过程中设安全监护人，非工作人员未经许可不得进入安装现场，吊臂回转范围内严禁有人逗留，严禁在吊件下方作业。

（13）司索人员和起重机司机应用专业的指挥手势和旗语。

（14）在抽真空时，在真空泵与换流变压器本体管道之间加装逆止阀，防止真空泵油被吸入换流变压器本体内。

（15）在安装场地附近，应放置器材，以防发生火灾事故。

10 环保措施

（1）各施工现场的布置应提前做好策划，在满足安全施工的前提下尽量减少施工占地；施工作业人员必须从事先规划好的施工通道内进出。

（2）施工现场应设置临时休息室和垃圾桶。

（3）施工场地须做到工完、料净、场地清，所有施工垃圾必须统一回收处理。

（4）牵引装置、卷扬机、钢丝绳等工器具与地面不得直接接触，应用彩条布进行隔垫，以防油污渗入土中。

（5）施工时应采取措施防止换流变压器绝缘油漏在道路、油坑内鹅卵石等地方，费油应回收处理，严禁排放到站内排水沟内引起环境污染。

11 效益分析

（1）社会效益。本典型施工方法可作为不熟悉换流变压器安装的施工单位的培训教材，也可作为施工单位编制换流变压器施工方案的参考资料。

（2）经济效益。本典型施工方法可以为施工单位做好换流变压器施工准备，熟悉安装流程，保障施工质量，保证施工安全，节约施工时间，提高工作效率，降低施工成本，提高经济效益。

12 应用实例

12.1 ±800kV 特高压复龙换流站

（1）工程概况。复龙换流站是向家坝—上海±800kV 特高压直流输电工程的送端换流站，位于宜宾市宜宾县复龙镇，站址总用地面积 21.03hm^2，围墙内用地面积 16.91hm^2。

复龙换流站容量为 6400MW，直流额定电压为±800kV；每极两个 12 脉冲阀组串联接线方式；换流变压器（单相双绕组）共 28 台（其中 4 台备用），每台容量 322MVA；交流滤波器 4 大组 14 小组，总容量 3080Mvar。1 回±800kV 特高压直流输电线路，1 回接地极线路。交流出线本期 9 回（泸州变电站 3 回、向家坝水电站 4 回、凤仪换流站 2 回），远景 10 回。

该工程于 2008 年 5 月土建开工，2010 年 6 月双极投产。

油罐布置实例见图 31-12-1。

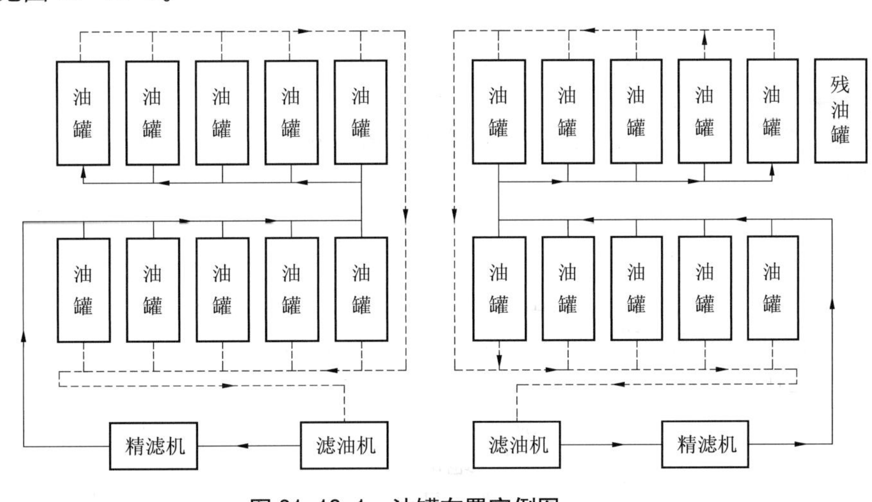

图 31-12-1 油罐布置实例图

------回油路 ——出油路

注：每个油罐区均需要做接地网，保证每个油罐均由 2 点可靠。

(2) 机具及工器具应用。由于特高压复龙换流站换流变压器安装工期极短，现场施工单位的施工机具、工器具按照同时安装两台换流变压器进行准备，详见表 31–12–1。

表 31–12–1　　施工机具、工器具清单

序 号	名　称	规　格	单位	数量	备　注
1	吊车	8t/25t	台	各 1	
2	升降车		台	1	
3	真空滤油机	VH120RS 型	台	2	带分子筛及精滤设备
4	牵引绞磨	5t	台	2	配 H320×4D 滑轮组
5	牵引钢丝绳	ϕ20mm，200m/根	根	2	
		ϕ32mm，20m/根	根	2	
6	单门滑车		个	16	
7	烘箱		台	1	调节式 1500℃
8	干燥空气发生器	AD–200	台	1	漏点：−55℃以下
9	电源箱		只	2	
10	干粉灭火器		瓶	50	
11	移动脚手架		套	2	
12	油灌	15t	只	20	带干燥呼吸器
13	真空泵		台	2	
14	电、氧焊工具		套	各 1	
15	防护围栏		m	100	
16	道木	100mm×150mm×1000mm	根	100	
17	干湿温度计		只	2	
18	温湿度计	TES–1360A	个	1	温度、湿度及露点测量
19	麦式真空表			1	
20	压力真空表		只	2	
21	链条葫芦	5t/3t		各 1	
22	尼龙吊带	5t/3t/1t	根	各 2	
23	钢丝绳	ϕ18.5mm	根	4	
24	力矩扳手		套	4	
25	电动扳手		套	4	
26	套筒扳手		套	4	
27	梅花扳手		套	4	
28	开口扳手	14～32	套	4	
29	活动扳手	8～18 寸	套	4	
30	锤子		只	2	
31	管钳	大、小	只	2	
32	螺丝刀		套	4	

续表

序 号	名　称	规　格	单位	数量	备　注
33	锉刀		套	2	
34	丙酮	99.99%	箱	10	
35	白布		m	100	
36	白棕绳		根	4	粗、细各 2 根
37	白纱带、皱纹纸			适量	绝缘材料
38	塑料布		m^2	50	
39	内检工作服		套	3	
40	高纯氮气		瓶	10	纯度≥99.99%
41	硅胶		kg	30	
42	应急照明灯		个	3	
43	SF_6检漏仪	便携式	台	1	
44	含氧量测试仪		台	1	
45	油中颗粒含量分析仪	PZG10089	台	1	
46	微水含量分析仪	JF-3	台	1	
47	油介损电强度测试仪	GJZ-80	台	1	
48	溶解气体色谱分析仪	2000A	台	1	
49	闪口闪点全自动测定仪	ZHB202	台	1	
50	油介损电阻率测试仪	A1-6000	台	1	
51	绝缘油酸值测试仪	ZHSZ601	台	1	
52	界面张力测定仪	ZHZ501	台	1	
53	绝缘油含气量测试仪	ZHYQ3500	台	1	

注　以上工器具准备是按照同时安装 2 台换流变压器准备的。

（3）施工情况。

1）施工负责人：负责策划、指挥、协调场地准备、设备安装，对现场安装过程的人员、设备安全负全责。

2）施工技术人员：负责与设计、厂家进行技术交流，编制施工方案和安全措施，对施工人员进行技术、安全环保交底。

3）单台换流变压器安装工序安排：考虑到换流变压器局部放电试验能够在阀厅内进行和安装工期短的因素，采用换流变压器安装的两个典型施工方法流程图的顺序进行，待换流变压器附件安装完毕后就牵引就位，再进行其他后续工作，包括抽真空、真空注油、热油循环、耐压试验等，同时穿插开展二次电缆敷设、二次接线、设备引下线制作、阀厅内换流变压器套管金具制作、降噪设施安装等工作，大大节约了总体安装时间。

a. 换流变压器进场后，监理首先组织厂家、运输单位和施工单位进行冲击记录仪的检查，冲击记录仪检查如图 31-12-2 所示。

b. 附件安装时需选择湿度满足厂家要求的天气进行，并按照本典型施工方法的 5.2 中的安装方法进行，但施工流程采用换流变压器安装的两个典型施工方法流程图的顺序进行安装，如图 31-12-3、图 31-12-4 所示。

c. 通过采用图 31-5-1（b）的顺序进行安装，按期完成了特高压复龙换流站换流变压器的安装目标，为向家坝—上海±800kV 特高压直流输电工程按期投运提供了必要条件，为上海世博会保电提供了有力保障，取得了良好的经济效益和社会效益。安装完毕的高端换流变压器实物图如图 31-12-5 所示。

图 31-12-2　冲击记录仪检查

图 31-12-3　阀侧套管安装

图 31-12-4　换流变压器牵引就位

图 31-12-5　安装完毕的高端换流变压器实物图

12.2　±800kV 特高压奉贤换流站换流变压器安装

±800kV 特高压奉贤换流站工程换流变压器安装根据安装场地的需求，采用了图 31-5-1 所示的两种施工顺序，按期、保质、保量地完成了换流变压器的安装目标，为向家坝—上海±800kV 特高压直流输电工程按期投运提供了必要条件，为上海世博会保电提供了有力保障，取得了良好的经济效益和社会效益，如图 31-12-6、图 31-12-7 所示。

图 31-12-6　采用典型施工方法一安装的换流变压器

12.3　±500kV 宝鸡换流站换流变压器安装

±500kV 西北—华中（四川）直流联网工程是国家电网公司支援四川汶川地震灾后重建的重点工程，宝鸡换流站作为±500kV 西北—华中（四川）直流联网工程的起点，由于其换流变压器到货时间太晚，现场根据安装场地的需求和安装工期的要求，采用了图 31-5-1 所列的两种施工流程图，保证了安装工期，赢得了安装时间，为按期投运提供了必要条件，解决了四川枯期电力缺额问题，为支援四川灾后重建保电提供了有力保障，也取得了良好的经济效益和社会效益。安装完毕的成品如图 31-12-8 所示。

图 31-12-7　采用典型施工方法二安装的换流变压器

图 31-12-8　宝鸡换流站换流变压器安装成品图